Springer
海洋工程手册

[美]曼哈·R. 达纳克(Manhar R. Dhanak),尼古劳斯·I. 希洛斯(Nikolaos I. Xiros)主编

海洋油气技术

[美] R. 坚吉兹·埃尔泰金(R. Cengiz Ertekin)
多米尼克·罗迪耶(Dominique Roddier) 主编
白 勇 主审 船海书局 译

上海交通大學出版社

内容提要

本书分为11章，从海洋平台系统稳性、涡激振动、结构动力学、缆索动力学、浮标技术、海上救助、溢油及回收等方面对海洋油气技术及未来的发展趋势进行了系统的阐述。本书适用于从事海洋装备研究和设计的工程技术人员，对于从事海洋科学研究的科技工作者也有非常重要的参考作用。

图书在版编目(CIP)数据

海洋油气技术 / (美) R. 坚吉兹 · 埃尔泰金(R. Cengiz Ertekin)，(美)多米尼克 · 罗迪耶(Dominique Roddier) 主编；船海书局译. --上海：上海交通大学出版社，2019
(海洋工程手册)
ISBN 978-7-313-21163-7

Ⅰ. ①海… Ⅱ. ①R… ②多…③船… Ⅲ. ①海上油气田—石油工程—工程技术—手册 Ⅳ. ①TE5-62

中国版本图书馆 CIP 数据核字(2019)第 070651 号

Translation from the English language edition:
Springer Handbook of Ocean Engineering
edited by Manhar R. Dhanak and Nikolas I. Xiros

海洋油气技术

主　　编：[美] R. 坚吉兹 · 埃尔泰金(R. Cengiz Ertekin)
　　　　　　多米尼克 · 罗迪耶(Dominique Roddier)
翻　　译：船海书局
出版发行：上海交通大学出版社
地　　址：上海市番禺路 951 号
邮政编码：200030
电　　话：021-64071208
印　　刷：武汉精一佳印刷有限公司
经　　销：全国新华书店
开　　本：787mm×1092mm　1/16
印　　张：27
字　　数：645 千字
版　　次：2019 年 11 月第 1 版
印　　次：2019 年 11 月第 1 次印刷
书　　号：ISBN 978-7-313-21163-7
定　　价：350.00 元

出　　品：船海书局
网　　址：www.ship-press.com
告 读 者：如发现本书有印装质量问题请与船海书局发行部联系。
服务热线：4008670886

Springer Handbook of Ocean Engineering

Manhar R. Dhanak, Nikolaos I. Xiros (Eds.)

Springer Handbooks

施普林格手册是为专业读者提供物理和应用科学领域关于研究方法、通则和函数关系以及经过认可的重要信息的简明汇编。该手册每卷的章节均由世界领先的物理或工程领域的著名专家撰写。章节的内容由这些专家从施普林格资源(书籍、期刊、线上读物)和近年来出版的与科学或信息技术相关的出版物中选取。现将这些重要的知识点编辑成有价值的案头参考书,方便读者快速全面地阅读和掌握这些重要内容。该手册还包括表格、图表、参考书目等简便检索工具,并为读者提供了扩展资源的参考文献。

Springer
海洋工程手册

总主编

曼哈·R.达纳克(Manhar R. Dhanak),博士,海洋工程教授,佛罗里达大西洋大学(FAU)海洋和系统工程学院(海洋技术)院长。他是伦敦大学帝国理工学院毕业的研究生,佛罗里达大西洋大学海洋工程系的前主任。他曾任帝国理工学院的助理研究员,英国剑桥 Topexpress Ltd.公司研究科学家,在加入佛罗里达大西洋大学之前任剑桥大学的高级助理研究员。达纳克博士以流体力学、物理海洋学、自治水下航行器(AUV)以及海洋能量为研究方向。他赞助的研究活动包括先进的节能自动表面交通工具以及先进的壳体船评估工具的开发,沿海环境中与海洋学特性有关的电磁场的鉴定,以及民用海底电缆相关的电磁场的发射评估。

尼古劳斯·I.希洛斯(Nikolaos I. Xiros)是新奥尔良大学造船与海洋工程学的助理教授。其 15 年的职业生涯跨越了工业界和学术界。他的专业在海洋、电气和海洋工程领域。他有电气工程师学位以及海洋工程博士头衔。他的研究方向为处理建模与仿真、系统动力学、识别与控制、可靠性、信息及数据分析。他是很多技术论文和施普林格专题的作者。目前他的研究包括非线性工艺动态项目、应用数学、能源工程和船舶系统。

总前言

我们很荣幸也很高兴地参与这本施普林格手册(Springer Handbook)的编辑工作。该手册旨在作为海洋工程师,包括海洋产业和政府的从业人员、研究人员、教育工作者和学生的参考资料。该手册的魅力在于其重要的基础原理、应用材料的综述以及海洋工程和海洋技术的介绍与时俱进。我们相信,这本手册应该会吸引那些在诸多方面参与海洋工程研究的人们,包括海上交通工具,海岸系统和近海技术的设计、开发和操作以及可再生海洋能源开发的人们的兴趣。同时,它还是任何对海洋、海上和近海环境中人类活动感兴趣的人们的入门书籍。该手册分为五个分册,共47章,涵盖了海洋工程基础和四个重要的应用领域:无人潜水器、海洋新能源、海岸工程设计和海洋油气技术。其涵盖范围包括基础概念、基本理论、方法、工具和涉及这些主题各个方面的技术。各分册的作者都是来自世界海洋工程领域内的专家,包括学术界、工业界和政府部门的成就卓著的人才。每一章都经过同业互审。这些作者和同行评审者的参与有助于确保本手册的杰出性和时效性。施普林格编辑团队完美地制作每一章,包括众多的定制图纸和数字。为了方便读者浏览手册,每个页面都恰当地引用了关键词,使其相对容易地找到手册中感兴趣的内容。

首先,我们要由衷感谢五个分册的编辑对各个部分的努力斟酌、甄别及选用论题的专家——作为每一章的作者,指导每部分章节的安排,跟踪作者的进度,最后为章节寻求同业互审,从而确定手册的范围和保证其质量。其次,我们衷心感谢所有的作者。他们从繁忙的日程安排中拨冗来参与这个项目,投入大量的时间认真准备各自章节的内容。再者,我们非常感谢同业评审人员无私地努力对各章节进行评论。最后,我们要特别感谢施普林格的整个出版团队,包括 Werner Skolaut, Leontina Di Cecco, Veronika Hamm, Judith Hinterberg 以及 Constanze Ober,感谢他们的知识性建议、指导、付出、巨大的耐心以及快速有效的编辑,这对确保该手册的及时、高质量制作具有重大意义。海岸工程设计部分归功于已故的 Robert Dean 教授,他在海洋工程方面有很多重要的贡献。

曼哈 · R. 达纳克
尼古劳斯 · I. 希洛斯

海洋油气技术

主编

R.坚吉兹·埃尔泰金(R. Cengiz Ertekin)自1986年起在夏威夷大学海洋和资源工程系担任流体动力学教授。在此之前他在雪弗龙和壳牌石油公司工作。他拥有加州大学伯克利分校的博士学位，一直从事海洋可再生能源、流体弹性、非线性波浪、海上结构和移动的波浪载荷及其他方面的教学和研究工作。他是造船与轮机工程师学会和美国机械工程师学会的会员。

多米尼克·罗迪耶(Dominique Roddier)博士是一位专门处理复杂流体动力学问题的船舶工程师。他担任主动力的首席技术官，负责风浮动技术的开发及管理公司的工程队伍。他积极参与造船与轮机工程师学会以及美国机械工程师学会工程会议管理。他还是海洋工程领域多个学术期刊的助理编辑。

《海洋油气技术》编译委员会

（以下排名不分先后）

分册前言

《海洋油气技术》从海洋平台系统稳性，波浪、流和风载荷，细长结构的涡激振动，结构动力学，缆索动力学，波浪-海床-结构相互作用，浮标技术，液化天然气运输船，海上救助，溢油及回收等方面对海洋油气技术及未来的发展趋势进行了系统的阐述。

第 1 章介绍了海上勘探中所开发的各种结构概念的海洋平台（如固定式、重力式、顺应式、浮式和水下平台）。重点介绍了影响项目开发和设计过程中结构选择的各种因素，并对各种海上开发场景的优缺点进行了概述。

第 2 章为分析海洋平台的浮态稳性提供了理论依据，并讨论了包括制定稳定衡准的国际海事组织规定在内的法规框架。这些标准适用于浮式结构的复原力矩，并考虑适当的安全系数。目的是防止与过大的纵倾或横倾、倾覆、灾难性的浮力损失，甚至与沉没有关的事故。在本章中也考虑了浮式结构的完整稳性和破损稳性，复原力矩的计算方法，同时详细论述了规则的实质和实际应用。

第 3 章描述了固定或浮式海洋平台上的各种载荷。在规则波和不规则波范围内讨论了线性和非线性波。本章还讨论了波-流的相互作用和由流引起的力，包括涡激振动。

第 4 章综述了柔性结构在横流中的振动，这种振动是由于尾流的不稳定引起的涡流形成的。这一现象对于海洋和近海工程的应用来说很重要，因为可能会造成疲劳损伤和拖曳力增加。本章重点介绍柔性立管和缆索的响应，以及对有效的涡流去除装置的回顾。

第 5 章介绍了与柔性海洋结构动力学相关的理论。本章的主要关注点是对规则波和不规则波的线性响应，但也延伸到非线性系统的讨论。本章提出了一种具有黏性和滞回阻尼的单自由度系统在时域和频域上的运动方程，然后将这些概念推广到多自由度的系统中。对耦合结构和流体模型的水弹性进行了研究，给出了空间和时间离散化和积分的数值解。

第 6 章提供了与细长缆（如系泊缆）的动力特性有关的信息，尤其是在海上的应用。本章节的范围是通过缆索在船舶尤其是海洋领域中的实际应用将动力学中线性和非线性的方面联系起来。

第 7 章为海洋沉积物中波浪作用下的海床响应提供了理论模型。本章介绍了现有的三种知名模型，以沉箱型防波堤为例，提出了一种数值模型的应用。利用新模型，比较了不同近似值下的防波堤的液化区，并辨别其中的差异。

第 8 章介绍了用于海洋或其他海洋监测目的的小型浮标系统。本章描述了典型的浮标和锚泊类型及其应用，浮标和锚泊设备的选择，特殊的强力构件，以及预期的动态特性和用于分析浮标/锚泊耦合系统的特定分析技术。

第 9 章讨论了液化天然气运输过程中所面临的挑战。

第 10 章概述了船舶工程的各种原则，以及评估受损船舶的强度和稳性。侧重于海上救助的各个方面，重点关注从计划到调查到报告的关键步骤，并传递成功操作所必需的关键信息。

第 11 章是处理不同规格形式的随机溢油现象。本章总结了溢油的响应和回收。溢油的去向决定了它将会对环境产生的影响。一旦溢出，海上的石油通常都是用围油栏来控制，并且用溢油回收器进行回收。

R. 坚吉兹 · 埃尔泰金，多米尼克 · 罗迪耶
2018 年 7 月

目录

第1章　海洋平台

Arisi S. J. Swamidas，Dronnadula V. Reddy

本章概述海洋平台的最新技术，重点介绍了在过去的75年中开展海上勘探和开发活动的各种结构概念(如固定式，重力式和顺应式，浮式平台和水下平台)。首先鸟瞰海洋空间的各种平台。讨论影响选择使用的结构概念的一些优点和缺点。整体和部分结构性能取决于环境对平台的重要组成部分在许用应力、允许的转动/变形、疲劳承受能力、涡激振动、碳氢化合物无阻流量和整体结构性能超载的影响；综述也提到了上述对海上立管，导管架，油井和管道的影响。最后，讨论将来可能发生的海洋结构发展的可能性。

海上钻井平台和储油平台在世界各地的石油和天然气开发中发挥着重要作用。通过在全球范围内进行海上勘探和生产活动，尤其是深海钻探活动，对扩大能源需求的日益增长的需要正在推动着市场的增长。根据石油和天然气储备的水深，可以使用不同类型的固定式、浮式和水下平台。此外，通过海底管道输送石油和天然气，促进了海上资源向陆上设施的转移。对于超深水深而言，半潜式钻井平台的增长率最高，并且是与其他浮式生产储油卸油装置(FPSO)配合使用的最优选钻井平台。其他浮式平台，如钻井船，也用于深海领域，并与水下结构相结合，也有良好的增长率。拉丁美洲在全球海上浮式钻井平台市场占据主导地位，因为它在深海和超深海中拥有大量的海上油气储量。亚太地区在印度尼西亚、马来西亚和澳大利亚水域的浅水勘探和生产增幅最大，其中浅水导管架和重力式平台的增长率最高。尽管页岩开采(陆上和海上)减少了美国和全球对新能源的依赖，但随着全球能源需求持续增长，对原油和天然气的依赖程度将继续增加。为了满足这种不断增长的能源需求，钻探和开发将继续从近海转移到超深的和寒冷的北极水域。此外，平台技术以更强、模块化和轻量化结构形式的改进将在未来多年影响现有海上平台的结构创新。

1.1　关联

在海洋中安装了许多平台用来开采现有的天然资源，如图1.1所示。除了上述海上平台外，在海洋运输领域所见的船舶类型和模式还包括：集装箱船、双体船、气垫船、浮式码头和超大型原油船，以及大量在内河上航行的船舶和驳船。运输的发展增加了开发更多海洋替代能源的能力，如海洋温差发电(OTEC)和波浪和流能量的转换，通过直接驱动波浪能转换器和海洋能源涡轮机，这些具有很强的生产能源的潜力。海洋沉积物被认为是矿物资源的主要来源，包括固体的矿物和石油。目前，海上石油和天然气供应几乎占全球能源需求的三分之一。虽然锰结核已经从热带和亚热带地区的深海中找到，但也利用挖泥装置来开采沿海沉积物，因为它们富含金、锡、铬、铂等金属，甚至是砂子和砂砾。

图 1.1　开发海洋结构的因素

海上碳氢化合物是一种备受追捧的能源资源，主要与世界大陆架有关。这些大陆架环绕着大陆，占海洋总面积的 25%。大陆架由海岸延伸至深海底，由三个部分组成：大陆架、大陆坡和大陆隆。沉积物通常堆积在沿海平原和大陆架上。这些沉积物作为浊流周期性地沿着大陆坡向下流动，形成巨型海底流和泥石流通道。

由于其沉积性很强，大陆架估计有 99% 的海洋可开采的碳氢化合物，深海沉积物只有 1%。此外，据初步估计，这些碳氢化合物中的 65%会在水深小于 200 m 处发现，30%将在 200 到 2 500 m 处发现，只有 5%在更深的水深处；这些数据已有近 30 年的历史。这种情况很可能会随着越来越多的当前获得的离岸数据被整合和提供而改变。根据 Indexmundi 网站 2015 年原油预测中的数据，全球每天的石油消耗量(2013 年)为 90.35 百万桶，一年为 329.8 亿桶。

世界上最大的石油探明储量(以百万桶计)为：

(1) 委内瑞拉(297 600)；

(2) 沙特阿拉伯(267 910)；

(3) 加拿大(173 105)；

(4) 伊朗(154 560)；

(5) 伊拉克(141 035)；

(6) 科威特(104 000)；

(7) 阿联酋(97 800)；

(8) 俄罗斯(80 000)；

(9) 利比亚(48 010)；

(10) 尼日利亚(37 200)。

另外，世界十大石油消耗国为：

(1) 美国(19.15 百万桶/天)；

(2) 中国(9.40 百万桶/天)；

(3) 日本(4.45 百万桶/天)；

(4) 印度(3.18 百万桶/天)；

(5) 沙特阿拉伯(2.64 百万桶/天)；

(6) 德国(2.50 百万桶/天)；

(7) 加拿大(2.22 百万桶/天)；

(8) 俄罗斯(2.21 百万桶/天)；

(9) 韩国(2.20 百万桶/天)；

(10) 墨西哥(2.07 百万桶/天)。

因此，开发和使用旧的和新开发的海上平台将取决于上述大多数国家在开发海上油田方面的投资。

尽管近海海洋勘探、开采和维护面临挑战，但近 35%的全球石油产量和 27%的天然气产量来自近海地区。虽然预计大陆架将满足未来石油和天然气需求的很大一部分，并且对化石石油资源的依赖将持续至少 50 年，但石油工业已经在大陆斜坡寻找未来石油供应的深海区域。该行业已经持续投资用于深水区的基础设施和新技术，从而提高了水下设施的能力。看来，现在使用的巨大的固定式钻井平台将来会越来越多地被浮式生产平台和直接部署在海床上的小型海底生产技术所取代，类似于北海和挪威海盆边缘、巴西的坎普斯盆地和墨西哥湾已经存在的那样。在恶劣和不适合居住的北极地区，包含近 30%世界上未被发现的碳氢化合物，开采和运输这一地区的石油和天然气储备需要新型的结构开发和管理策略。

1.2　海洋平台种类

目前，全世界有超过9 500个海上平台正在使用，工作水深从 10 英尺到近 10 000 英尺不等，上部模块重量从 5 吨到 5 万吨不等，开采石油、天然气或两者兼有。在海洋石油和天然气开采领域使用的一些主要海上石油和天然气平台如图 1.2 所示。

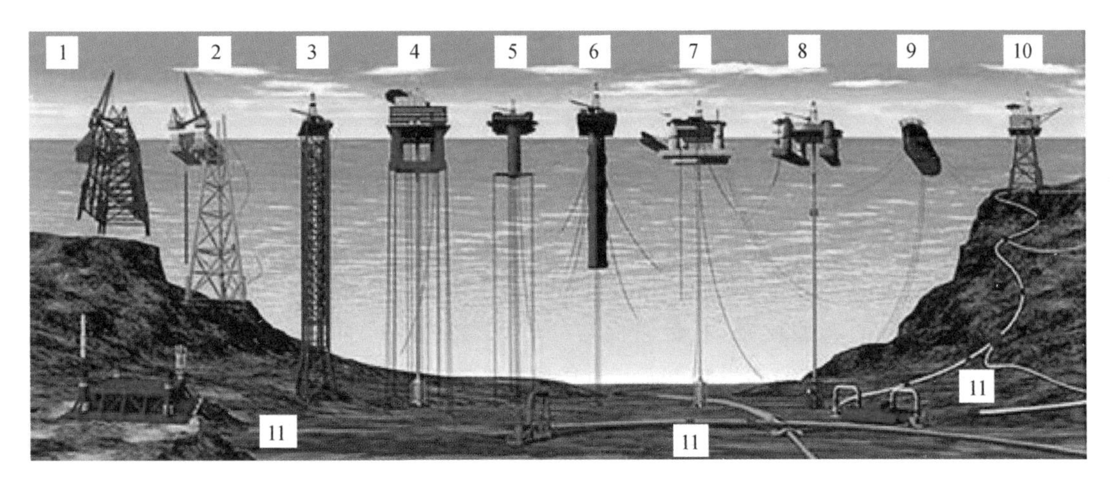

图 1.2　海上海洋结构概念

1，2—常规固定式平台；3—顺应塔式采油平台；4，5—系泊张力腿采油平台；6—单柱式采油平台；7，8—半潜式钻井平台；9—浮式生产、储存和卸油装置；10—海底完井回采设备；11—海底系统和水下管线

(1) 常规固定式平台(包括重力式平台)(壳牌公司的“Bullwinkle”号，位于墨西哥湾 412 m 深的水域)。

(2) 顺应塔平台(ChevronTexaco 的 Petronius 号位于墨西哥湾 534 m 深的水域)。

(3) 垂直系泊的张力腿和微型张力腿平台(Conoco-Phillips 的 Magnolia 号位于墨西哥湾 1 425 m 深的水域)。

(4) 单柱式平台(Dominion 的 Devils Tower 号，位于墨西哥湾1 710 m 深的水域)。

(5) 半潜式(壳牌公司的 NaKika 油田，位于墨西哥湾1 920 m 深的水域)。

(6) 浮式生产、储存和卸油装置(位于巴西海外坎普斯盆地1 600 m 深的水域中)。

(7) 海底集群完井与回采设备(壳牌公司的库仑油田，位于墨西哥湾2 307 m 深的水域中，与 NaKika 油田相连)。

(8) 海底系统与水下管线连接到主固定框架平台(壳牌公司的 Mensa 油田,位于墨西哥湾 1 620 m 深的水域,并系在浅水导管架平台上)。

平台的种类包括固定式和顺应式,浮式和水下系统。

如图 1.2 所示,被列为类别 1～6(以及 10)的平台可以分为固定式和顺应式平台。因此,固定式和顺应式平台包括:钢质导管架/塔(有或没有系缆),混凝土重力平台、自升式、顺应塔、张力腿平台(TLP)和单柱式平台(Spar)。浮式装置包括:半潜式,浮式生产、储存和卸油装置(FPSO),系泊平台和驳船(7～9 类中列出)。水下系统包括:①位于海床上的钻井和生产单元(类别 11,适用于边远油田和其他超深水域且与现有设施相连接);②石油和天然气管道运输系统。

一般而言,海洋平台的主要功能是允许从海底以下提取碳氢化合物,同时具有最低限度的处理能力和高度的安全性。然后将生产的碳氢化合物安全运输到附近海岸的碳氢化合物精炼厂,以便在商业化应用之前进行处理。由于海上施工成本高昂,通过最大限度地实现陆上预制和模块化装配,因此必要的海上设施的成本能维持在最低水平。

1.2.1 固定式和顺应式海洋平台

如前所述,这类平台通过固定在海床上进行作业。根据固定(或坐底)条件,平台可以分为:

(1) 固定式(刚性或弹性);

(2) 坐底式(有或没有沉垫和桩腿,提供横向阻力);

(3) 顺应式。

这些平台的使用主要取决于它们所处的最大海水深度。图 1.3 给出了在离岸情况下使用的各种固定平台的典型比较,并将它们与一些著名的陆上地标进行比较。当水深超过 450～500 m 时,固定导管架和坐底重力式平台成本变得过高;因此需要顺应式平台(固定在海底)来增加作业水深(高达1 300 m),这些平台在经济上具有很大的优势。尽管张力腿平台

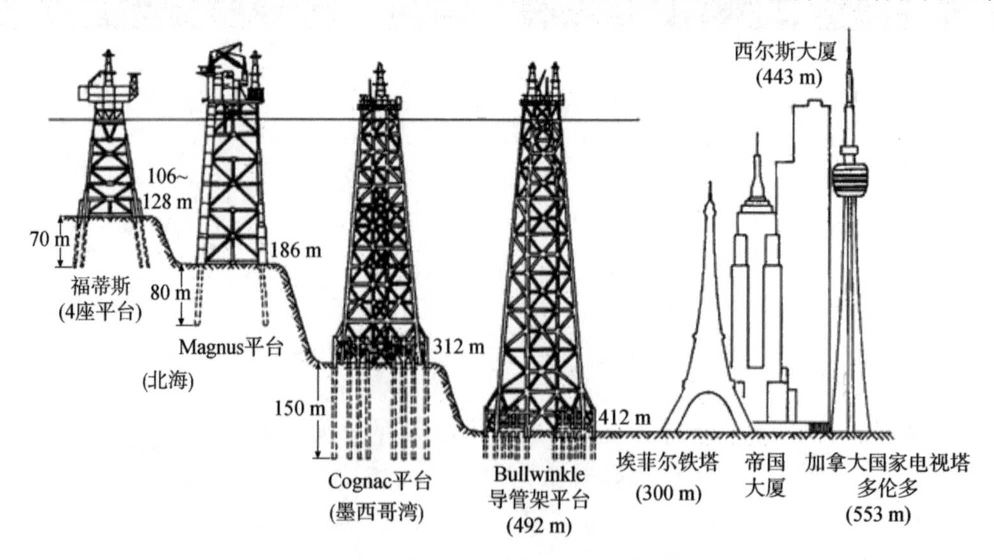

图 1.3 与已知地标性的建筑物相比的固定式平台

和单柱式平台通过弹性约束张力腿、系缆和海上立管(类似于一些浮式装置，如半潜式和FPSO)系泊在海底，但它们仍列在固定或顺应式平台下，因为它们的横向运动受限于海洋立管系统可以正常运行的深度。

(1) 施加在导管架上的大的弯曲应力(来自立管系统传输的负载)。

(2) 由于其底部允许有限的转动(2°)，以保证碳氢化合物不间断地流过立管。

在最近的一些张力腿平台(TLP)和单柱式平台(Spar)系统中，这些限制已经取消(通过使用新的立管补偿系统)，现在可以将它们列为浮式平台，因为横荡运动没有受到限制。这些浮式平台可在深达 3 000 m 的水深下工作。

与顺应式和浮式系统相比，固定平台具有很多优势。这些平台可以支持非常大的甲板载荷(配有提取石油和天然气的设施)，可以不在安装现场(在陆上区域或干船坞)预制模块化部分，组装，然后运输到安装现场，为长期使用提供稳定的支持，并且受桩基周围的海底冲刷影响很小。它们的缺点是平台成本非常高，由于疲劳和腐蚀，它们的维护成本也很高，而且它们不能重复使用。重力式平台(最大允许的工作水深为 350 m)(见图 1.4)也具有类似固定导管架平台的优点，维护成本较低；它们也更耐疲劳和腐蚀。主要缺点是它们比框架式钢质导管架平台更昂贵，并且在使用寿命期间会经历更大的地基沉降/冲刷。自升式平台具有可伸缩的桩腿，用于勘探钻井和为海上风力发电场服务。自升式平台很容易从一个地方移动到另一个地方。工作水深限制在最大 165 m。

顺应式海洋平台(在此类别下列出)的最大水深限制为 1 300 m。这些平台通过在波浪激励下的横向移动来承受和消散大的横向波浪力。由于它们在支撑底座处的刚度较低(在其底部的铰接端部条件下)，这些结构的纵荡固有频率远低于波浪激励频率。因此，避免了共振现象，并且结构来回移动，进行缓慢的振荡运动。如图 1.5 所示的张力腿平台(TLP)，与四腿半潜式(具有横向水下浮筒)平台类似，通过垂直张紧筋腱固定位置(具有非常小的横向运动)，通过桩靴和桩基与海底相连，并通过它们打入海底。张力腿平台(TLP)的水深限制为 1 300 m；最近，张力腿平台(TLP)也用于 2 000 m 水深。

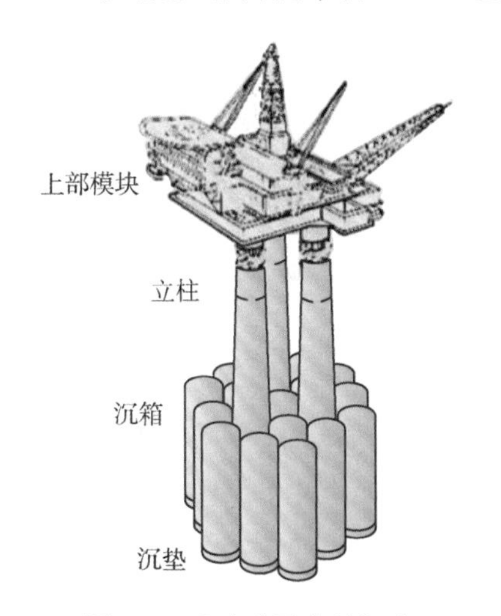

图 1.4　重力式平台的组成

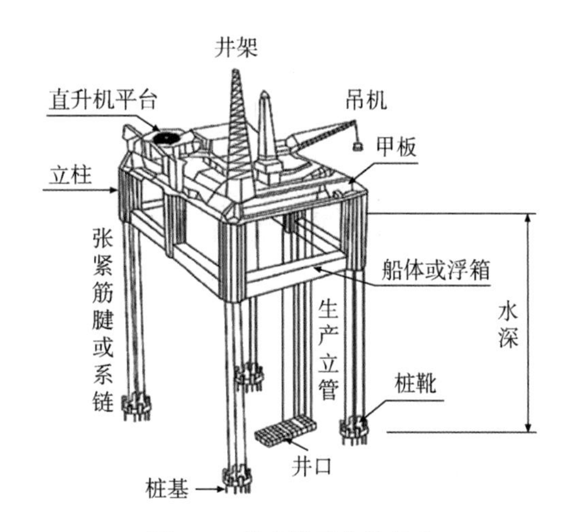

图 1.5　张力腿平台的组成

单柱式平台(Spar)的结构包括一个相对较长的圆柱形塔体，长度为 200～250 m(其他类型的单柱式平台称为桁架式单柱式平台，是方形的形式)，水密立式圆筒形罐(位于长圆柱形塔体内，具有压载和卸载的能力)。单柱式平台通过张紧长圆柱形缆索锚泊在海底，通过大抓吸力锚连接到海床上。传统的单柱式平台通过导体上允许的弯曲应力对其横向运动施加限制。此外，在立管柱基座的旋转被限制为 2°以保证钻探碳氢化合物合理流动。最初的单柱式平台作业水深限制为 1 300 m。

1.2.2 浮式海洋平台

如前所述，浮式海洋平台如图 1.6 所示，包括改进的单柱式平台和张力腿式平台(TLP)、半潜式平台、浮式生产储存和卸油装置(FPSO)、系泊的船式平台和驳船。在使用这些结构的深度超过 1 300 m 的水深时，通过使用壁厚增加的大直径套管来消除先前对船用筒体弯曲应力的限制；大直径管的使用增加了它们 5～10 倍的疲劳寿命。设置在筒体顶部的防喷器组(BOP stacks)减小了的导体站立长度(即海底和 BOP 组的底部之间的距离)，以便优化许用应力水平。此外，通过使用带嵌入式微玻璃或陶瓷球体的复合泡沫元件，可提高立管接头的浮力。随着立管柱张力的增加，立管还设置有螺旋列板以最小化或抑制涡流引起的振动应力；此外，立管接头设有由钛制成的节流和压井管线，以使腐蚀程度降至最小。这些改进使得单柱式平台和其他浮式结构能够在大于 3 000 m 的作业水深中高效运行。

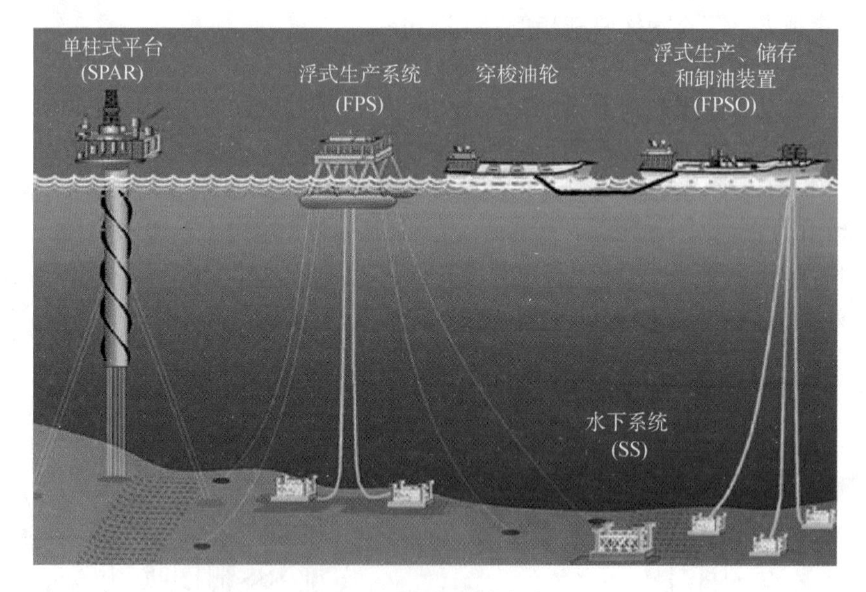

图 1.6　浮式海洋平台结构

浮式生产、储存和卸油(FPSO)装置可能是半潜式平台或船式平台，它们依靠浮力漂浮在水面上，通常用柔性悬链线形钢丝绳和/或聚酯缆索系泊，但如果需要的话，它们也可以通过使用动力定位保持在适当的位置上。它们配有海底生产系统，其中一组井在安装在海床上的井架上进行预钻。然后，将生产装置安装在钻井上方并用水下井口装置完井。FPSO 装置相对于钻探的水下油井停泊在中心位置；然后这些水下油井通过刚性(或柔性)管线连接，以将来自井口的储层流体运送到水面储油船上(具有载油浮筒)，储层流体可以从这些储油船卸载到油船上。其他小直径柔性管称为脐管，将海底生产单元连接到位于浮船上的水面单元;这包括从水面控制井口所需的电缆和液压油。钻井船是装有钻井设备的船舶。大多数情况下,它们被用于深水油气开发的勘探钻井。大多数钻井船都配有动力定位系统以保持井位。它们可以在深达 3 660 m 的水深进行钻探作业。

1.2.3　水下系统和管线

海底井由井口座架组件和湿式采油树组成,采油树是阀门、阀芯和配件的水下组件,用于控制从钻井中流出的油气;由于该系统在海床上起作用,所以其设计成始终可靠运行。通常,独立海底油井用于固定式或浮式平台,用于回收位于水平钻柱范围之外的储量。大型多井水下系统也已安装遥控水下机器人(ROV)实现监控。在这些海底系统的一些作业中,它们与一些现有的深水或浅水平台相连。一个显著的回接(位于 113 m 深处的固定平台)是 Mensa 油田水下开发,与墨西哥湾 1 645 m 水深、101 km 长度的管线连接。最近,更长更深(约1 830 m)的水下海底系统已经在巴西的陆上系统与回接系统中进行了开发。

海底管线铺设在海床上或埋在海床沟槽内,用于将海洋深处开采的石油和天然气运输到岸上系统。图 1.7 显示了在北海海上开发项目中,最理想和最有效的一种管线连接方式,将石油和天然气输送到其海岸附近的国家,即爱尔兰、苏格兰、英国、挪威、丹麦、瑞典、比利时、荷兰、法国、德国和捷克共和国。管线的设计和建造考虑到了现有的海床生态,以维持其沿海岸路线的生物多样性,国际边界,地质灾害以及施加在系统上的环境负荷。管线直径通常从 76(对于气体管道)~1 800 mm(对于高流量),壁厚在 10~75 mm 之间变化。管线采用

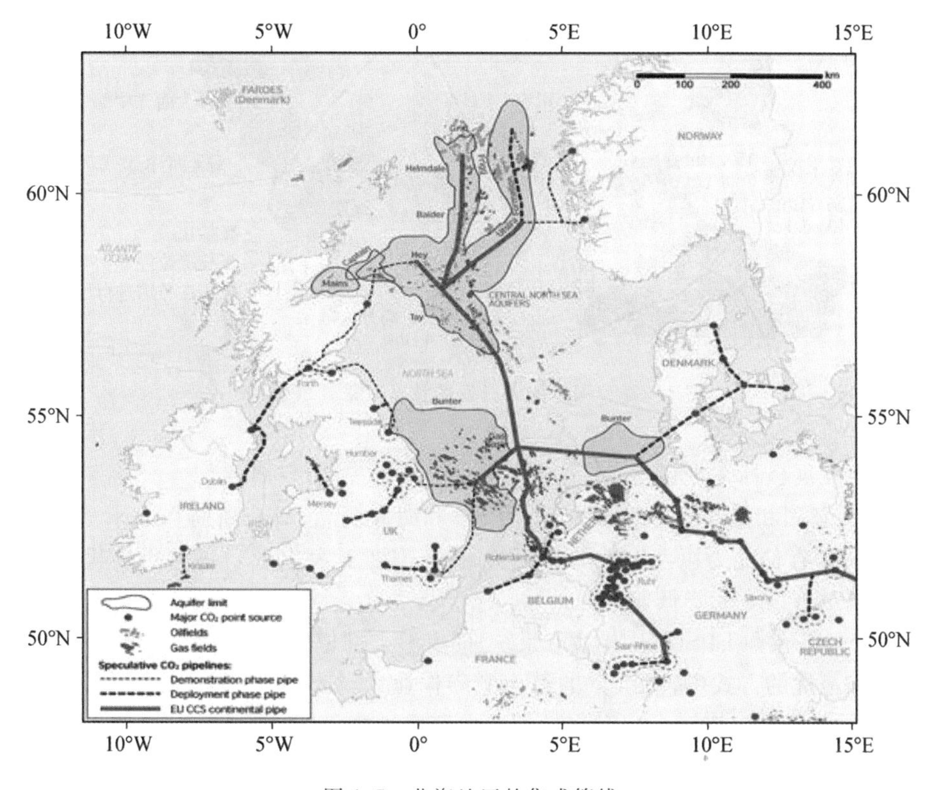

图 1.7　北海地区的集成管线

环氧树脂或沥青涂层防腐蚀，通常用混凝土衬里加重。设计的最大内部压力取为 10 MPa。

1.3 海洋平台未来发展的趋势

预计到 2035 年，全球能源消耗量将比 2010 年增长 1.8 倍，同期原油消费量预计将增长 30%以上，主要集中在发展中国家。预计到 2035 年天然气消费量将比 2010 年大幅增长 50%或更多。现有油田的枯竭将要求发现新的海上油田以维护稳定的石油和天然气供应。

为了说明美国周围可能发生的海洋开发情况，图 1.8 给出了近海未开发的技术可采油气资源。因此，当美国海上油气田可用于开发时，新型结构的开发仍有很大的空间。图 1.8 给出了美国周围海上油田油气资源可能的近海开发范围；显示的区域包括 899 亿桶石油和 404.6 万亿立方英尺的天然气。海洋行业预计未来几年内将在海上平台和相关设施方面进行大量投资(相当于目前水平的 3～4 倍)。据信北极地区拥有大量的石油和天然气；直到现在，北极开发和生产的投资相当小，而且大部分投资在轻度至中度冰况和相对较浅的海域，使用人工岛或重力式坐底平台基础结构。

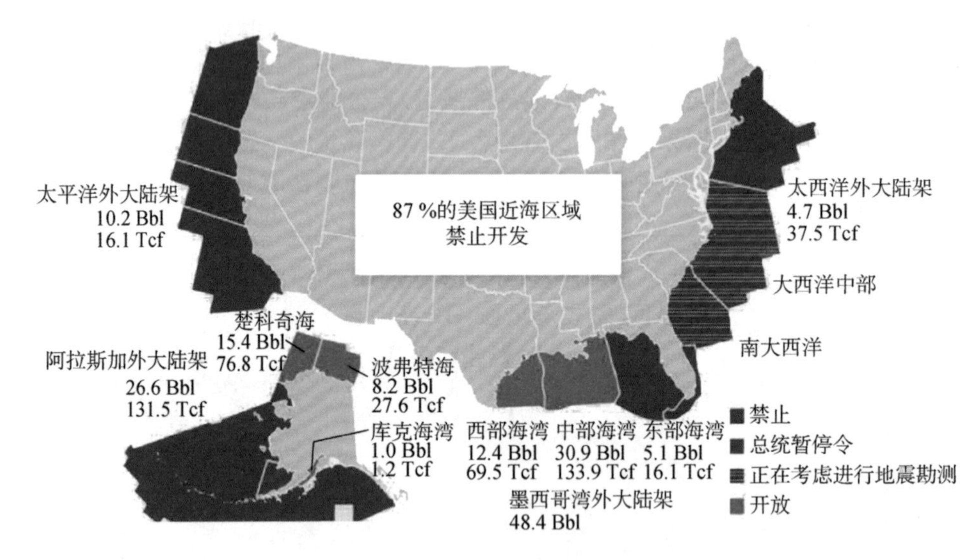

图 1.8 美国近海未开发的技术可采油气资源

许多技术发展目标正在设定，并将继续进行。其中一些目标包括：

(1) 轻型、坚固和模块化导管架平台，FPSO 和海底概念，具有所需作业水深(从1 000～4 000 m 不等)的存储能力以及有效的长距离回接，需要对海上项目进行更多投资。通过管线进行多相泵送可以大大降低成本。

(2) 导管架平台和 FPSO(及其系泊系统)的完整上部模块浮装和自行安装的创新发展，需要以可靠和最优的方式(避免沉重的海上升降作业，错综复杂的连接/调试以及随之发生的事故)。石油和天然气资源可靠和自动控制的海底处理，从上面进行最少的干预将使这些作业在经济性上更具吸引力。

(3) 大直径、顶部张紧的干式采油树立管(位于立管阵列顶部的连接阀，阀芯和附件)的进展，以及具有悬链线剖面的阵列，从而实现接触，最佳碰撞，流量保证和超深水深中保持结构长期完整性非常重要。

(4) 通过对筒体和立管进行智能化井下远程监测，以及提供额外的水平钻孔筒体，防范在超深水域发生井喷的特殊风险，当油层压力增大时，这将成为一种有效的方法。

参考文献

[1.1] T. Moan: Marine Structures for the Future-A Sea of Opportunities (National University of Singapore, Singapore 2003)

[1.2] D. V. Reddy, A. S. J. Swamidas: Essentials of Offshore Structures-Framed and Gravity Platforms (CRC, Boca Raton 2014) pp. 1-2

[1.3] J. Morelock: Terrigenous Sediments. http://geology.uprm.edu/Morelock/dpseaterrig.htm (2015)

[1.4] G. A. Lock: Technological factors in offshore hydrocarbon exploration, The Future of Offshore Petroleum. United Nations, Natural Resources and Energy Division, Ocean Economics and Technology Branch, Expert Meeting on the Future of Offshore Petroleum (McGraw-Hill, New York 1981) pp. 87-146

[1.5] Offshore Operations Subgroup, Operations and Environment Task Group: Working Document of the NPC North American Resource Development Study. Subsea Drilling, Well Operations and Completions, Paper No. 2/11, 27-45, available at https://www.npc.org/Prudent_Development-Topic_Papers/2-11_Subsea_Drilling-Well_Ops-Completions_Paper.pdf

[1.6] IndexMundi: Oil production country by country. In: The World Factbook 2013-2014 (Central Intelligence Agency, Washington 2013), available at http://www.indexmundi.com/map/? v=88

[1.7] A. Nagraj: Top Ten Countries With the World's Biggest Reserves, Gulf Business in Home/Energy/Features/Insights at http://gulfbusiness.com/2013/04/top-10-countries-with-the-worlds-biggestoilreserves/#.Vi5kb4QnWFI (2013)

[1.8] Central Intelligence Agency: The World Factbook, https://www.cia.gov/library/publications/resources/the-world-factbook (2014)

[1.9] Eurasia Group: Opportunities and Challenges for Arctic Oil and Gas Development, http://www.wilsoncenter.org/sites/default/files/Artic%20Report_F2.pdf (Wilson Center, Washington 2013)

[1.10] NOAA Ocean Explorer Gallery: Types of Offshore Oil and Gas Structures, http://oceanexplorer.noaa.gov/explorations/06mexico/background/oil/media/types_600.html (2010)

[1.11] P. O'Connor, J. Buckness, M. Lalani: Offshore and subsea facilities. In: Petroleum Engineering Handbook, Vol. 3, ed. by L. W. Lake (Society of Petroleum Engineers, Richardson 2014)

[1.12] Offshore Structures, Course Material Presented for OCE 3016 on Introduction to

Coastal and Oceanographic Engineering, available at http://www. essie. ufl. edu/ ~sheppard/OCE3016/Offshore%20Structures. pdf (2015)

[1.13] B. Middleditch: Deepwater drilling riser technical challenges, Technical paper (2H Offshore, Aberdeen 2011) pp. 10-35, http://www. 2hoffshore. com

[1.14] N. Terdre: Refloating Norway's Concrete Giants-Is it practical?, Offshore 71 (8), 88-91 (2011)

[1.15] H. M. Refat, A. R. El-gamal: Influence of the density of water on the dynamic behavior of square tension leg platform, Amer. J. Civil Eng. Architecture 2(4), 122-129 (2014)

[1.16] American Petroleum Institute: Offshore Access to Oil and Natural Gas Resources, Unlocking America's Offshore Energy Opportunity, available at http:// www. api. org/oil-and-natural-gasoverview/exploration-andproduction/offshore/ ~/media/Files/Oil-and-Natural-Gas/Offshore/OffshoreAccess-primer-highres. pdf, p. 15, (2015)

[1.17] R. S. Haszeldine: Carbon capture and storage-How green can black be?, Science 325(5948), 1647-1653(2009)

[1.18] J. M. Masset: Deep offshore, Proc. ASPO Conf. (2011)

[1.19] D. V. Reddy: Offshore pipelines. In: Offshore Structures, Vol. 2, ed. by D. V. Reddy, M. Arockiasamy(Krieger Publications, Malabar 1991)

[1.20] N. Huddleston: Ocean Exploration, Highlights of National Academies Reports, Ocean Science(National Academics, Washington 2008), available at http://dels. nas. edu/resources/staticassets/osb/miscellaneous/exploration_final. pdf

[1.21] American Petroleum Institute: Offshore Access to Oil and Natural Gas Resources, Producing Offshore, available at http://www. api. org/oiland-naturalgas-overview/exploration-and-production/offshore/~/media/Files/Oiland-Natural-Gas/Offshore/OffshoreAccess-primer-highres. pdf, p. 1,(2015)

[1.22] Kobelco Welding Worldwide, Trends in Global Demand for Offshore Structures, http://www. kobelco-welding. jp/education-center/technicalhighlight/vol04. html (2014)

[1.23] petrofed. winwinhosting. net: Offshore Oil and Gas Production Systems, available at http://petrofed. winwinhosting. net/upload/OffshoreoilandProd. pdf (2014)

[1.24] M. Efthymiou: In deep water, http://www. offshore-technology. com/_features/ feature52918/(2009)

[1.25] Det Norske Veritas: Riser Interference, Recommended Practice DNV-RP-F203 (Det Norskie Veritas, Høvik 2009) https://rules. dnvgl. com/docs/pdf/DNV/ codes/docs/2009-04/RP-F203. pdf

第2章 海洋系统稳性

Alexia Aubault，R. Cengiz Ertekin

稳性研究是海洋平台设计最重要的一环。其主要可避免与过度横倾或纵倾相关的事故、倾覆、浮力巨大损失，甚至沉没。本章包括从理论上和监管角度对海洋平台浮力和稳性进行分析。也对浮式结构的完整稳性和破舱稳性进行讨论，并介绍相关问题的基本公式。以此，通过比较复原力矩与外部载荷作用所引起倾覆力矩来评估平台稳性（稳性系指平台在一定横倾或纵倾角范围能处于平衡或恢复平衡的能力）。并讨论随角度变化的复原力矩计算方法。在小横倾角和纵倾角下，稳性高度和排水量可直接用于计算复原力臂。倾覆力矩需考虑所有静载荷，包括环境载荷、操作载荷。本章也列出了动载荷。计算作用载荷需做一些假设，稳性分析通常不包括扰动的动态力。为解决这些问题，监管机构设定衡准，衡准中包含安全系数，他们要求平台平衡以外，还应具有足够的储备稳性。本章通过船体分舱与破舱稳性分析来解决与进水相关的稳性问题和风险。

稳性是海洋工程最重要的方面之一，也是海洋结构物的基础。稳性旨在验证船舶在平衡状态下保持漂浮的能力，并且不会有过大的横倾而使船舶进水。商船稳性需满足相关国际规范。稳性计算规范以典型的刚体力学为基础，并依赖于许多变量的计算，这些变量常见于任何浮体的稳性分析中。

稳性分析框架与许多现代数学概念类似，都建立于18世纪中叶。法国数学家皮埃尔·布格（Pierre Bouguer）在其1746年的海洋结构物论文中首次提出稳性概念。同一时期，欧拉也提出复原力矩的概念以评估船舶的稳性。随着第一批船级社在19世纪建立，这些方法被纳入新制定的规范中并沿用至今。

规范继续扩充以吸纳过去事故的经验教训，这有利于减少海上人员伤亡。起初，规范仅针对船形结构。然而，随着其他类型漂浮船舶的建造和运营，也制定了新规范。虽然数学方法仍保持不变，但由于浮式结构受不同环境载荷作用，因此，它们的稳性计算方法不同。例如，一座吃水较深的平台依靠较低的重心来保持稳性，从而补偿相对较小的水线面面积。相比之下，传统的船形结构通常以较大的水线面面积获得大部分稳性。船舶的功能进一步证明了稳性衡准的变化。虽然散货船稳性易受到货物移动所引起的影响，而永久系固的海上平台的稳性衡准却须考虑脐带缆和系泊的影响。船舶类型、功能以及环境载荷的变化导致稳性规范不同。本章主要介绍海洋平台和系统的稳性衡准。

2.1 稳性衡准

海洋平台和船舶通常用于石油储存、勘探和生产。海上平台有多种类型。五种基本类型如图 2.1 所示。

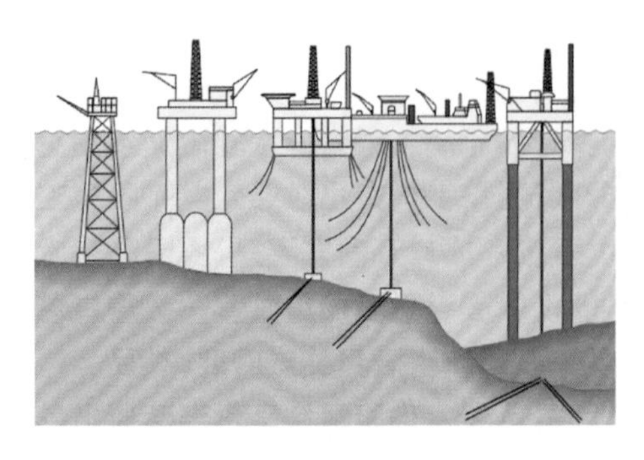

图 2.1　海洋平台的类型
从左至右依次为导管架平台(简称导管架)、重力式平台、半潜式平台(简称半潜)、浮式生产储卸油装置(FPSO)、张力腿平台(TLP)。

导管架平台是自 20 世纪 40 年代末以来现存最古老的平台。第一座导管架平台安装水深仅 6 m。而今,导管架平台可以安装于更深水域。石油钻采通过立管实现,立管从甲板打入海底,并延伸至海底以下石油储存的更深位置。这类平台通常可分成很多部分或模块,由驳船从船厂运输至安装位置。然后将它们从驳船吊放至安装位置。模块的吊装与布放需在安装前对平台的浮态特性和稳性进行详细分析。应通过计算机对导管架平台安装进行模拟,以确保各模块成功吊装,并与其他模块相匹配。

重力式平台分混凝土制与钢制两种。尽管重力式平台由重力座底作用于海底,但与导管架平台类似,重力式平台应由桩腿固定。

半潜式平台为更常见的海洋平台。浮力由水面以下的浮筒和立柱提供。因此,作用在平台上的波浪力相对其他方式更小,反过来导致平台运动更小,这非常有利。半潜式海洋平台的另一个优点是可移动,也就是说,在需要时半潜式海洋平台可依靠自身动力移动至新位置,或有时带有沉箱的运输船也可将半潜式平台运输到新位置。半潜式海洋平台也可以通过推进器动力定位。

张力腿平台由于其具有非常好的运动特性,近年来广泛应用于油气生产中。张力腿平台通过张紧连接平台的桩腿(或平台立柱)与海底的张力腿(基本上是管)来实现非常小的动态运动。平台垂向(静态)平衡需考虑平台张力腿的重力、浮力与预张力。现在有很多张力腿式平台工作于墨西哥湾和北海。

最后,还有重力式储油和勘探/生产平台,一般都配有挡泥板,防止在波浪作用下滑动。它们的圆锥形状主要用于打破冰盖,从而防止结构在巨大的压力下失效。这类平台的优势是,如果需要可以将其运送至不同位置。目前,全世界有许多这类平台在工作。这类平台的安装也需考虑浮力和稳性问题。

本章将介绍海洋结构物与机械力学的基本概念,包括如稳心、复原力矩等稳性分析典型量,并给出其公式的推导与解释。因为这些理论计算适用于任何结构,因此在某些情况下,可能以船舶做简化计算。基于此,需注意关于船舶浮力和稳性的许多专著均可用于海洋结构的完整稳性与破舱稳性计算。稳性分析本质上与静力学有关。然而,动态载荷也可能会暂时影响结构稳性,本章也将对其进行描述。理解作用于船舶的载荷对于设定和应用适当的稳性衡准至关重要。因此,本章概述了环境、操作及静载荷、动载荷对海洋平台稳性的潜在影响。

本章将讨论海洋平台的稳性衡准。应区分完整稳性与破舱稳性。监管机构要求海上平台执行稳性规范,并对结构全生命周期使用一系列工具进行检测。本章也会对这些规范的目的及实施条件进行说明。

2.2　基本原理

2.2.1　静态运动与船体漂浮位置

所有平台运动包含与三个基平面相关的三类旋转运动，基平面分别介绍如下。

(1) 横剖面：平台受到如重物吊装等静载作用，可能会向左舷或右舷倾斜。从静态而言，与时间相关的运动称作倾斜角或横倾角，如图 2.2 所示。就动态而言，与时间相关的运动称作横摇。

(2) 中纵剖面：平台受到如货物移动等静载作用，可能会向船首或船尾倾斜。就静态而言，该运动称为纵倾，如图 2.3 所示。就动态而言，该运动又称为纵摇。

(3) 水线面：平台受到如稳定风或洋流等静载作用时，可能会向左舷或右舷偏移。就静态而言，该运动称为偏航，如图 2.4 所示。就动态而言，该旋转被称为首摇。无论是动稳性和静稳性均不受该平面内的运动影响。

在小倾角条件下，这些运动的叠加可以线性计算。

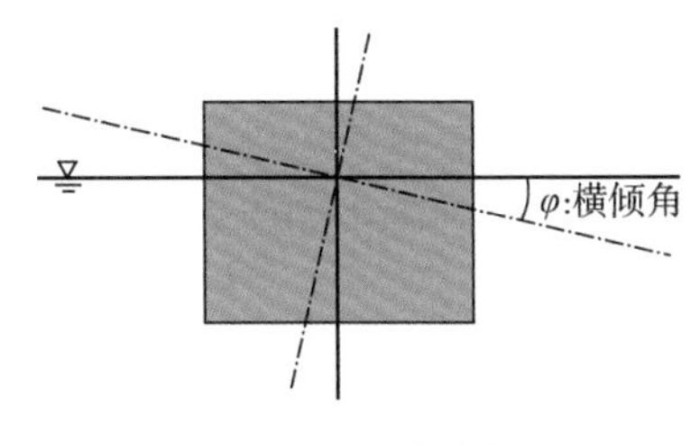

图 2.2　平台横倾

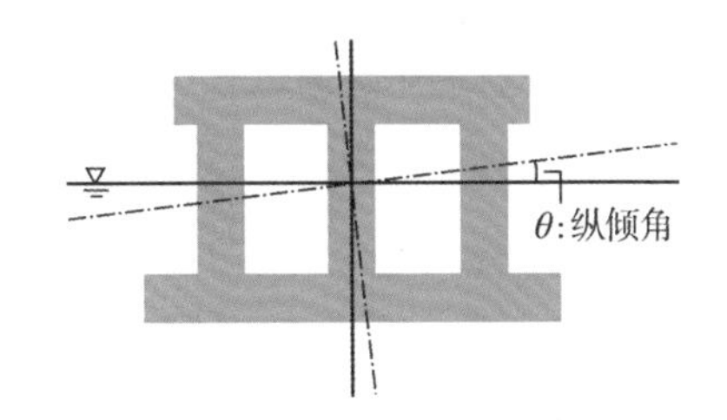

图 2.3　平台纵倾

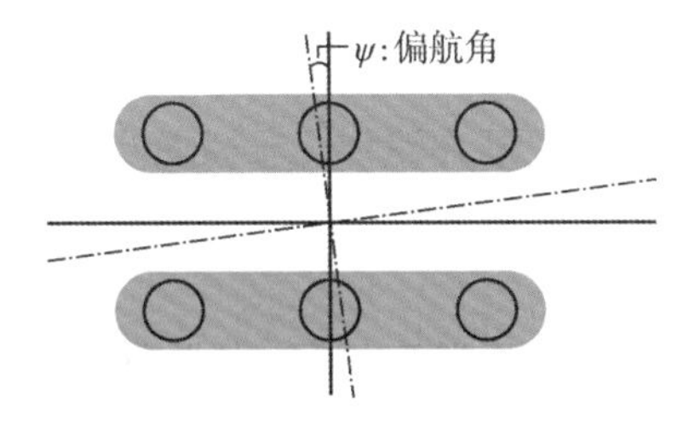

图 2.4　平台偏航角

2.2.2　动态运动

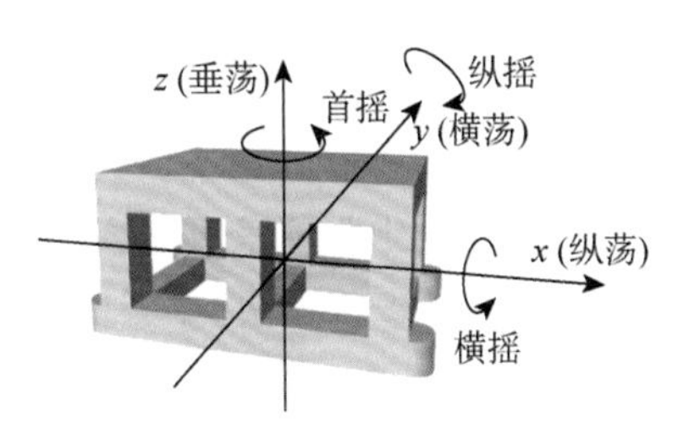

图 2.5　平台动态运动

与任何三维刚体类似，船舶也有六自由度运动。这些动态运动如图 2.5 所示。x 轴通过中心线，x 正方向指向船首。y 轴正方向指向船舶左舷，z 轴正方向向上，与重力方向相反。

x 轴方向上随时间变化的运动称作纵荡，y 方向上运动为横荡，z 方向上运动为垂荡。以上均为平移运动。

绕 x 轴的旋转或角运动称为横摇，绕 y 轴的旋转或角运动称为纵摇，绕 z 轴旋转或角运动称为首摇。船舶的动态运动源于周期性波浪的压力作用，因此，船舶六自由度运动也是周期性的，并且等于波浪周期。船舶平移和回转运动不在本章说明。除了垂荡、横摇与纵摇将在 2.4.9 小节讨论外，本章将不再对船舶运动做更深入的讨论。

2.2.3 几何定义

第 2.2.1 小节中讨论的三个平面能同时用于船舶和海洋平台。另外，一些其他重要的几何定义如下。

• 龙骨：通过平台最下端的基线，通常沿着浮筒或立柱最下端平面，并通常与水线平行。

• 吃水：平台龙骨线与水线之间的距离。

• 干舷：水线与最上层水密甲板之间的距离。

• 右舷：面向船首时，平台的右侧。

• 左舷：面向船首时，平台的左侧。

• 漂浮纵向中心（漂心纵向坐标，*LCF*）：结构在预期吃水线（也称为装载或设计吃水线）下，水线面面积形心的纵向坐标。

2.2.4 浮心与重心

结构在浸水状态下，水下体积的质心即为浮心 B。后续几节将对水下体积的质心进行讨论，其主要用于静力学的一些计算中。同样地，结构重心也是很重要的一个量，并且重心位置用于稳性计算。我们假定结构的全部重量作用于结构重心 G。重心与浮心的第一力矩相对自己为零。

浮心 B 在中线面的纵向位置用 *LCB* 表示；横剖面上横向位置用 *TCB* 表示；从龙骨测量的垂向位置用 *VCB* 表示（或用 $\overline{KB}$）。类似的符号用于表示重心位置（*LCG*、*TCG*、*VCG*）。

2.2.5 不规则形状与数值积分

在浮力与稳性的计算中，我们将在之后确定如面积、体积及其力矩等多个积分量。而大多情况下，对这些量均采用数值计算，因为不可能采用分析的方式计算这些量。因此，首先我们需要讨论一些基本的积分，这些积分用于二维(2D)形状与三维(3D)形状的积分。

1) 面积、一阶与二阶力矩

大多数情况下，海上平台由小的、不同的几何形状组成，如矩形、三角形、圆形等。然后我们可以写出它们的面积、一阶力矩及面积形心的组合方程：

$$A_T = \sum_{i=1}^{N} A_i, \quad M_x = \sum_{i=1}^{N} y_i A_i, \quad M_y = \sum_{i=1}^{N} x_i A_i$$

$$\bar{x}_c = \frac{\sum_{i=1}^{N} x_i A_i}{A_T}, \quad \bar{y}_c = \frac{\sum_{i=1}^{N} y_i A_i}{A_T} \tag{2.1}$$

式中，N 为各面积的数量；A_i 是各形状面积；A_T 为总面积；M_x、M_y 分别为关于 x 轴与 y 轴的一阶力矩；x_c、y_c 分别为面积形心的纵向与横向坐标值。

惯性力矩（也称面积的二阶力矩）用于稳性计算，基于水线面面积的存在将在之后讨论。

以图 2.6 为例，一般而言，可以得到

$$\mathrm{d}I_x = y^2\mathrm{d}A = y^2\mathrm{d}x\mathrm{d}y \quad I_x = \sum \mathrm{d}I_x = \sum y^2\mathrm{d}x\mathrm{d}y \tag{2.2}$$

$$\mathrm{d}I_y = x^2\mathrm{d}A = x^2\mathrm{d}x\mathrm{d}y \quad I_y = \sum \mathrm{d}I_y = \sum x^2\mathrm{d}x\mathrm{d}y \tag{2.3}$$

2）平行轴定理

已知面积关于某轴的惯性矩时，有时需较容易计算得到面积关于另一个轴的惯性矩，该轴平行于已知的计算二阶力矩的轴。如果我们知道面积关于某轴的惯性矩，该轴通过面积形心，那么，可以确定面积关于其他平行于该已知轴的惯性矩，如图 2.7 所示，计算公式为

$$I_x = I_{x'} + \bar{y}^2 A, \quad I_y = I_{y'} + \bar{x}^2 A \tag{2.4}$$

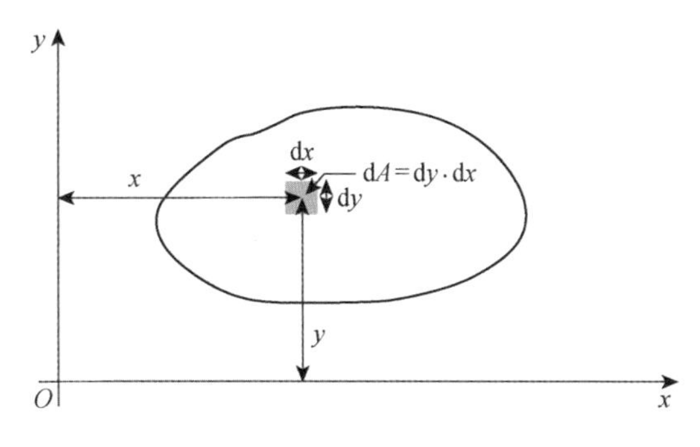

图 2.6　微分面积

$\bar{x}$、$\bar{y}$ 为距原点的转换坐标，如图 2.7 所示。注意到，$I_{x'}$、$I_{y'}$ 为方程中较小的惯性矩，因为 x'、y' 通过面积的中性轴（定义为通过面积形心的轴），因此加号在式(2.4)右边的第二项前。

3）三维形状

三维形状涉及体积及与体积相关的矩。这些计算对于确定结构浸水体积的形心很有必要。如果平台由许多相互连接浮力构件（如立柱和浮筒）组成，那么体积可以直接计算。如图 2.8 所示，用 $i=1,2,\cdots,N$ 表示各浮力构件，那么体积为

$$\nabla = \sum_{i=1}^{N} V_i \tag{2.5}$$

式中，V_i 为构件 i 的体积。

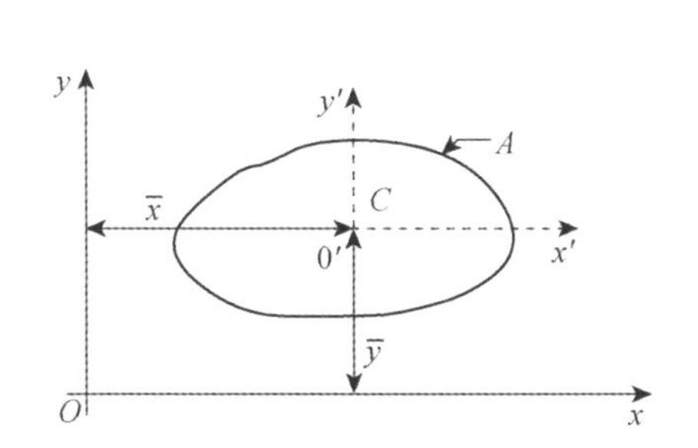

图 2.7　平行轴定理计算中的转换坐标原点

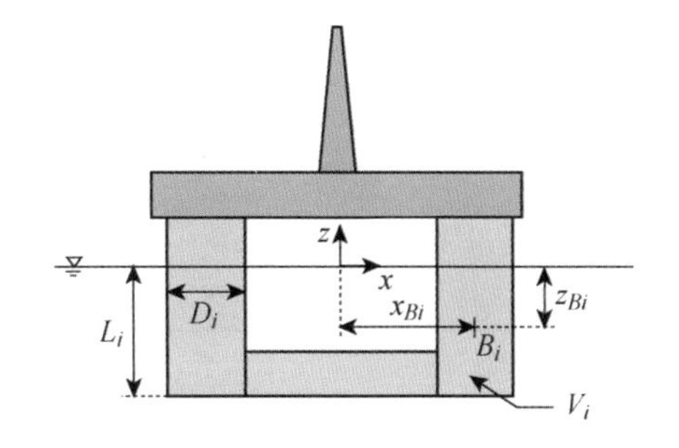

图 2.8　漂浮平台浮力构件

平台浮心坐标等于各组成构件的静矩之和除以其体积，即

$$x_{\mathrm{B}} = \frac{1}{\nabla}\sum_{i=1}^{N} x_{Bi}V_i \quad y_{\mathrm{B}} = \frac{1}{\nabla}\sum_{i=1}^{N} y_{Bi}V_i \quad z_{\mathrm{B}} = \frac{1}{\nabla}\sum_{i=1}^{N} z_{Bi}V_i \tag{2.6}$$

式中，x_{Bi}，y_{Bi}，z_{Bi} 为结构构件 i 水下体积 V_i 的形心 B_i 的坐标。

4）数值积分

有很多种数值积分方法，但最常用的两种方法如下。

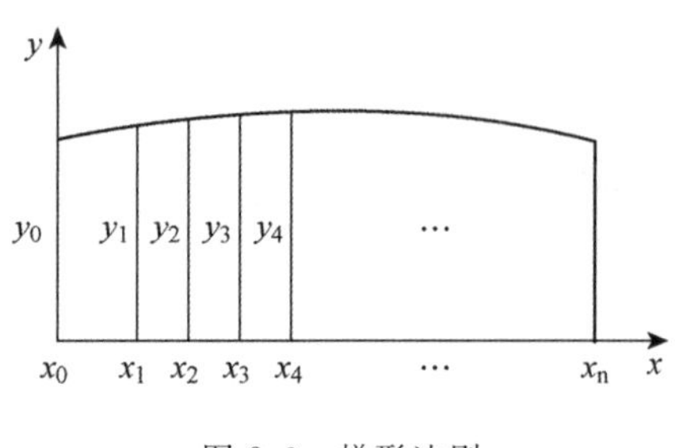

图 2.9 梯形法则

(1) 梯形法则:复合梯形法(见图 2.9)可以通过相邻区域的梯形积分与一阶多项式作为纵坐标的近似多项式得到。面积为

$$A = \frac{h}{2}(y_0 + 2y_1 + 2y_2 + \cdots + 2y_{n-1} + y_n) \tag{2.7}$$

式中,n 等于节点数减 1;h 是连续恒定的区域长度或区域大小或区间长度。注意:此方法中的截断误差是 $O(h)$。

对 y 轴的静矩可以近似计算:

$$M_y = \int_0 xy\,\mathrm{d}x = \frac{h}{2}(0 \times y_0 + h \times 2y_1 + 2h \times 2y_2 + 3h \times 2y_3 + \cdots + (n-1)h \times 2y_{n-1} + nh \times y_n) \tag{2.8}$$

式中,原点位置假定为 $x=0$。原点可设在任何想要的位置,而距离的乘积,即式(2.8)中的 $0,h,2h,3h,\cdots,nh$ 须适当调整。类似地,可以得到二阶力矩方程。

(2) 辛普森第一法则:该方法通过对二次多项式匹配纵坐标值得到。辛普森(第一)法则基于对相邻积分求和:

$$A = \frac{h}{3}(y_0 + 4y_1 + 2y_2 + 4y_3 + 2y_4 + \cdots + 4y_{n-1} + y_n) \tag{2.9}$$

注意点(或节点)的个数必须为奇数($n+1=3,5,7$ 等),或者间隔数必须是偶数,如 $n=2,4,6$ 等偶数。并且,区间长度为常数。以式(2.9)为例,纵坐标前系数(或截面计算中的偏移值)1,4,2,4,…,4,1 称为辛普森系数或简称为 *S. M.*。注意辛普森公式对于三次多项式也正确。式(2.9)中的截断误差为 $O(h^3)$。当无量纲量 $h \ll 1$ 时,该截断误差显然比式(2.7)中截断误差小得多。类似地,可以得到静矩与惯性矩计算公式。

2.2.6 单位制

大多数国家现在都采用国际单位制,只有少数国家使用英制。表 2.1 给出静力学和稳性计算中一些物理量的单位换算系数。

表 2.1 单位制换算

物理量	英制单位	国际单位
长度	1.0 ft	0.304 8 m
长度	1.0 in	0.025 4 m
长度	1.0 yd	0.914 4 m
长度	1.0 n mile(国际)	1 852 m
长度	1.0 n mile(英国)	1 853.18 m
长度	1.0 mile	1 609.344 m
面积	1.0 ft^2	0.092 903 m^2
面积	1.0 in^2	645.16×10^{-6} m^2

（续表）

物理量	英制单位	国际单位
面积	1.0 yd^2	0.836 127 m^2
体积	1.0 in^3	16.387 1×10^{-6} m^3
体积	1.0 ft^3	0.028 316 8 m^3
速度	1.0 ft/s	0.304 8 m/s
速度	1.0 kn（国际）	0.514 44 m/s 或 1.852 km/h
速度	1.0 kn（英国）	0.514 72 m/s 或 1.853 km/h
重力加速度	32.174（32.2）ft/s^2	9.806 65（9.81）m/s^2
力	1.0 lbf	4.448 22 N
力	1.0 long tonf（2 240 lbf）	9 964.012 8 N
力	1.0 short tonf（2 000 lbf）	8 896.44 N
质量	1.0 slug	14.59 kg
质量	68.54 slug	1 ton=1 000 kg（公制）

2.3　静水力与力矩

浮力是结构在流体中保持垂向平衡的能力。浮力也是流体力学领域的一部分，流体力学包括静力学与动力学。大部分浮力问题出现于漂浮在无论淡水还是海水中的物体上，包括船舶和平台。所有在本章讨论的理论均可用于其他流体中的浮力问题，只须调整流体密度即可。本章讨论的浮力均指结构在水中的平衡，即静力学。

2.3.1　浮力和排水量

首先讨论静力学以及流体单元在静态条件下的受力及力矩。

如果流体单元受力平衡，那么其 z 向（垂向）受力累加为零。对于自由漂浮的结构，z 在静水位（以下简称 SWL）上为正，静水位也称作平均水位（MWL）。这导致静水压力 $p=p_0-\rho g z$，p_0 为表面大气压（21 161 lbf/ft^2 或14.7 lbf/in^2(psi)* 或 101 325 Pa）。一般而言，大气压相对静水压力 p 较小。并且由于 SWL 上压力连续性要求，SWL 上下表面压力 p_0 必须相等。由于结构内也存在大气压，因此对压力 p 添加大气压并不改变结构上静压力；结构内外压力相互抵消。因此，忽略大气压，静水压力 p_0 可表示为

$$p=-\rho g z \quad z\leqslant 0 \tag{2.10}$$

式中，p 为静水压力。静水压力作用于结构横剖面的典型受力分布如图 2.10 所示。

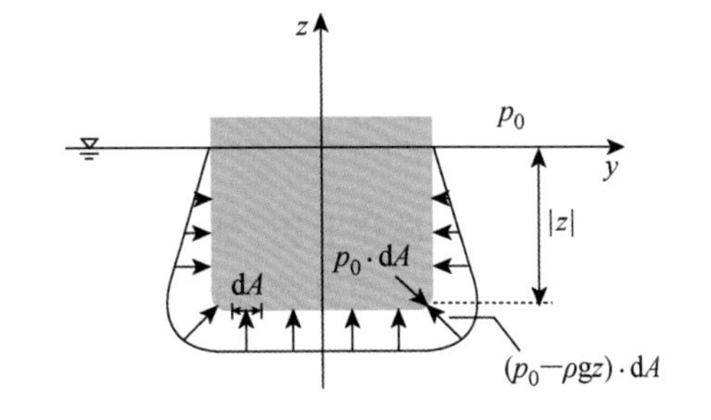

图 2.10　漂浮结构横剖面周围压力

* 译注：原文为 304 704 lb/in^2，有误，应为14.7 psi。

阿基米德原理可以表述为作用在浸入流体中结构上的压力等于排开流体的重量。该力仅存在于垂向。该原理导出作用在漂浮或浸没结构上的静水力为：

$$F_x = 0,\quad F_y = 0,\quad F_z = -w\int_A -\mathrm{d}\nabla = +w\nabla = \rho g\nabla \equiv \Delta \tag{2.11}$$

式中，∇为结构水下(浸没)体积。换句话说，$F_z = w\nabla = \rho g\nabla \equiv \Delta$，其中$\Delta$为排水量(重力)或浮力。因$F_x$和$F_y$为0，那么$x$、$y$方向无静恢复力。式(2.11)可通过高斯理论对作用在结构表面的静压力积分得到。

流体静压力力矩可通过对作用于结构表面的垂向压力积分得到：

$$M_x = wy_B\nabla,\quad y_B = \frac{\int_A y\,\mathrm{d}\nabla}{\nabla},\quad M_y = -wx_B\nabla,\quad x_B = \frac{\int_A x\,\mathrm{d}\nabla}{\nabla},\quad M_z = 0 \tag{2.12}$$

式中，x_B、y_B为浮心坐标(水下体积形心)。

$$x_B = \frac{-M_y}{\Delta},\quad y_B = \frac{+M_x}{\Delta} \tag{2.13}$$

假定式(2.12)或式(2.13)中体积一阶力矩的计算与浮心纵横向坐标x_B、y_B的测量在同一坐标系。注意M_x为关于纵轴x的横向力矩，M_y为关于横轴y纵向力矩。$M_z = 0$表明在静水位下没有静水力矩，即没有静漂力矩(见第2.2.1小节)。

综上所述，水平面内无静水力或力矩(因此无静压力恢复)，这很容易明确；只有垂向力(排水量)及关于x轴的静水力矩(横倾力矩)与关于y轴的静水力矩(纵倾力矩)。

2.3.2 力与力矩平衡

在此，讨论复原力及复原力矩，即结构平衡。因为在水平面上无静水力和力矩，因此将不对该平面力与力矩的平衡做讨论。可以说结构处于垂向与旋转平衡。但如果：

(1) 结构重力(W)与浮力(或排水量Δ相等)，即$\sum F = 0$(力平衡)，或为

$$W = \Delta = \rho g\nabla \tag{2.14}$$

(2) 浮心与重心作用在同一垂线上，即$\sum M = 0$(力矩平衡)。即

$$\sum M_y = 0:+Wx_g - \rho g x_B\nabla = 0,\quad \sum M_x = 0:-Wy_g + \rho g y_B\nabla = 0$$

使用式(2.14)后，因此有

$$x_B = x_g\quad y_B = y_g \tag{2.15}$$

式中，x_g与y_g为重心坐标值。与之前相同，x_B与y_B为浮心坐标值。这意味着浮心纵向位置(LCB)必须与重心纵向位置(LCG)一致；结构在平衡状态下，浮心纵向位置与重心纵向位置在垂直龙骨的同一铅垂线上。同样地，浮心横向位置与重心横向位置也必须在同一铅垂线上。

如果有任何缆索、立管或系泊缆绳处于张紧状态，那么力平衡方程须考虑这些力。以张力腿平台为例，张力腿中预张力必须添加到平台重量中，平台重力将与排水量相等。

接下来，必须注意如图2.11所示的储备浮力。储备浮力即设计吃水线(加载水线)与主甲板(水密甲板)之间体积。如果用∇'来表示储备浮力，那么：

(1) 如果$W > \rho g(\nabla + \nabla')$，那么结构将下沉，即结构垂向不稳定。

(2) 如果$W < \rho g(\nabla + \nabla')$，结构垂向稳定；如果一个小的重量增加或减少，那么结构将

恢复平衡状态。因为 z 方向提供了静水恢复力。

(3) 如果 $W=\rho g(\nabla+\nabla')$，那么结构处在中性平衡状态(如小的重量添加可能使结构失去平衡)。

可以认为各平衡状态为势能的存在情况，分别为最大(不稳定)、最小(稳定)、恒定(中性)的平衡模型，如水平面的平衡即为中性平衡。

2.3.3 重量与体积的移动

通常情况下，需要移动、增加、减少结构上重量、面积、体积等。经典的移动(移除/添加)质心(质量/重量/面积)定理可以较容易地执行以上操作。

作用在漂浮或浸没结构上的扰动力可能源于如重物移动等因素。后续将对船上重物移动引起重心的移动进行说明。同样地，当平台横倾，平台一部分浸入水中，一部分浮出水中，这将使平台水下体积改变。为明确这些移动的发生，考虑下面的定理(见图 2.12)。

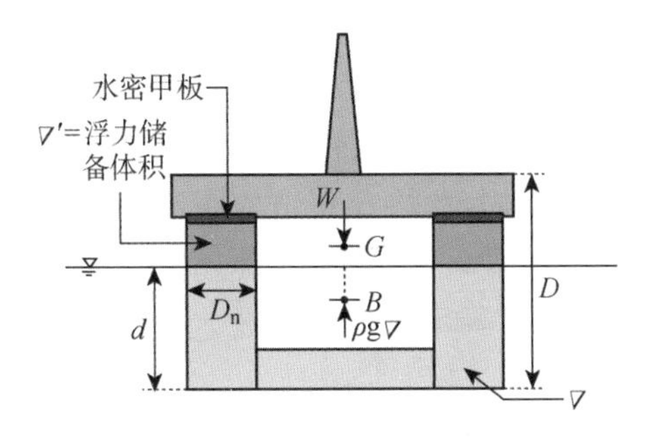

图 2.11　储备浮力

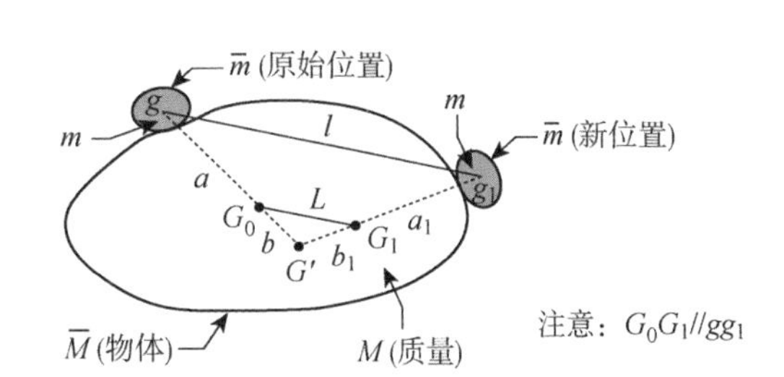

图 2.12　结构质量中一部分移动至新位置

定理 2.1

以 $\overline{M}$ 表示重量为 M、重心为 G_0 的结构物，$\overline{m}$ 表示重量为 m、重心为 g 的结构物中某部分。$\overline{m}$ 被移动至新的重心位置 g_1。那么结构物新的重心位置为 G_1，那么连线 G_0G_1 平行于 gg_1 连线。而且，如果 $l=\overline{gg_1}$，$L=\overline{G_0G_1}$ 则有 $ML=ml$。

没有详细的证明过程，可以给出最终结果为

$$\frac{M}{m}=\frac{a+b}{b}=\frac{a_1+b_1}{b_1}=\frac{l}{L} \tag{2.16}$$

因此 $ML=ml$。注意式(2.16)中质量的移动同样适用于其他如体积、面积、重量等物理量。该定理也可用于此类物理量的移除和增加，因此其可用于静水力几何稳性的计算。以第 2.4.4 小节为例，将对该定理做一些应用。

2.4 稳性

无论水中结构处在静止或如下沉、横倾、纵倾等静态移动中，结构物稳性可通过平衡位置的存在确定。结构物在受到以上静态移动时，是否具有恢复平衡的能力。这可以通过计算结构物的稳性并将其与任何其他外力矩做比较来实现。这些外力矩可能使结构物倾斜。首先，将对复原力臂及复原力矩(静稳性)的概念进行说明。

2.4.1 小倾角下复原力臂、复原力矩、稳性高度

如图 2.13 所示，给出浮式结构的一个横剖面。由于外部力矩（风、重物移动等形成的力矩）的作用，结构横倾或倾斜小角度 $d\varphi$ 并达到新的平衡位置。注意小角度（小于 10°）的前提是结构有固定稳心的关键。稳心为船舶中心线与垂直于 SWL 的线的交点，源于新的浮心位置 B'。稳心固定点 M 的计算依据平台倾斜时，一边的出水体积等于另一边入水体积的条件进行。在小倾角条件下有，$\sin(d\varphi) \approx \tan(d\varphi) \approx d\varphi$。浮力（或排水量）$\Delta = \rho g \nabla$，保持不变（因为没有重量添加或移除，因此有 $\Delta = W$），但浮心移动到新位置 B'，因为结构一边一些体积出水，另一边一些体积入水。

复原力矩为 $W\overline{GZ}$，可以根据以下公式得到：

$$W\overline{GZ} = \Delta\overline{GZ} = \rho g \nabla\overline{GZ} = w\nabla\overline{GM}\sin d\varphi \approx w\nabla\overline{GM}d\varphi \quad d\varphi \ll 1 \text{ rad} \tag{2.17}$$

式中，$\overline{GM}$为横稳性高度（同样地，纵稳性高度也存在）。简而言之，这些称为稳性高度或初稳性高度。其中初稳性中的“初”强调式(2.17)的推导以小倾角($d\varphi < 10° = 0.175$ rad)假设为前提。$\overline{GZ}$为复原力矩的力臂或简称为复原力臂。

稳性高度 $\overline{GM}$ 是稳性表征的一种方式。为明确这点，假定重心 G 在稳心 M 之上，即$\overline{GM} < 0$，如图 2.14 所示。重量引起的复原力矩方向与倾斜方向相同，这将导致结构倾覆。如果$\overline{GM} = 0$，那么船舶上无复原力矩作用，船舶将处于中性平衡，如图 2.15 所示。如果$\overline{GM} > 0$，复原力矩将与横倾方向相反，如图 2.13 所示。因此，$\overline{GM}$ 可以用于确定结构初稳性。稳性高度计算式为

$$\overline{GM} = \overline{KB} + \overline{BM} - \overline{KG} = \overline{KM} - \overline{KG} \tag{2.18}$$

式中，$\overline{KB}$ 为水下体积质心距基线的垂向距离；$\overline{BM} = \overline{BM_T}$ 为横稳心半径（计算得到）；$\overline{KG}$ 为重心垂向距离（可计算/估算得到或通过倾斜试验确定）。

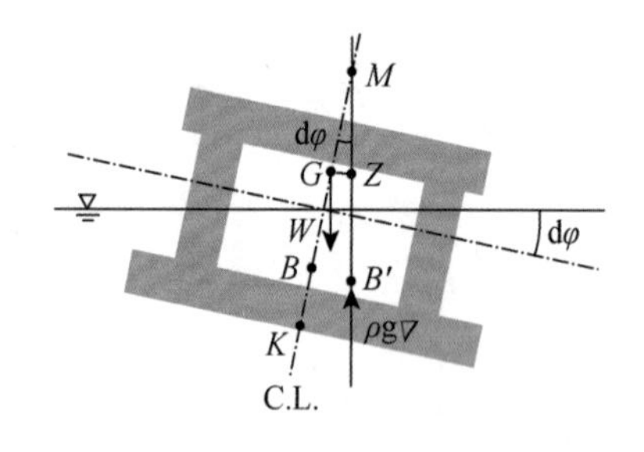

图 2.13 结构倾斜状态下横剖面（重心在稳心之下）

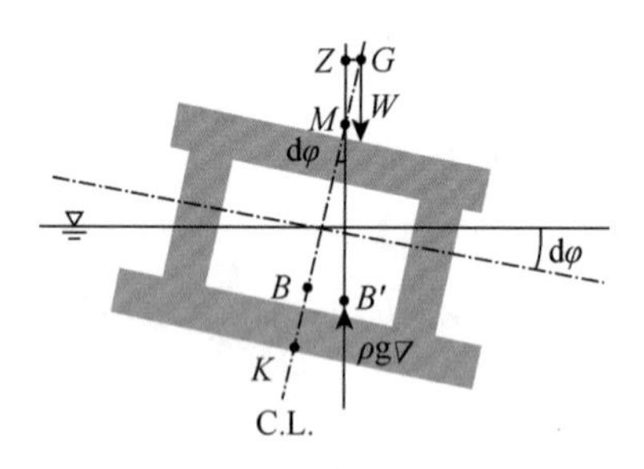

图 2.14 重心位于稳心之上的情况

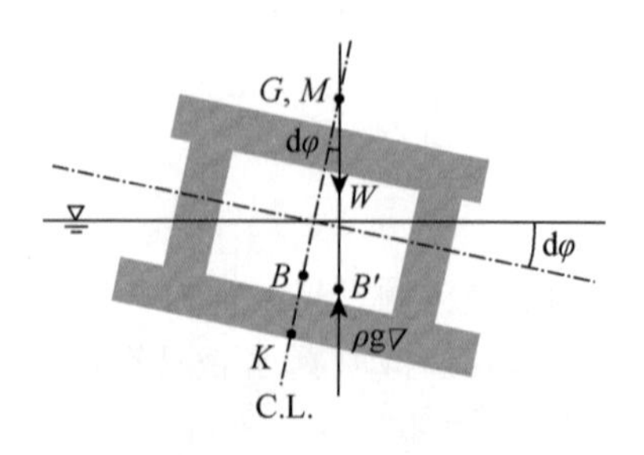

图 2.15 重心与稳心重合的情况

2.4.2　横稳心半径

式(2.18)中包含的横稳心半径 $\overline{BM}$ 须在小倾角条件下计算。横稳心半径可以通过水线处楔形纵向水切片得到，并计算结构受外力矩作用发生倾斜时排水量的变化。在小倾角条件下，有

$$\overline{BM} \equiv \overline{BM_{\mathrm{T}}} = \frac{1}{\nabla}\frac{2}{3}\int_{L} y^{3}\,\mathrm{d}x = \frac{I_{T}}{\nabla} = \frac{I_{x}}{\nabla} \tag{2.19}$$

式中，I_x 或 I_{T}(下标 T 代表横向)为整个水线面面积关于 x 轴的惯性矩；∇为结构水下排水体积。为表明$\overline{BM}$是横向旋转或关于 x 轴的旋转，通常用$\overline{BM_{\mathrm{T}}}$表示横稳心半径。

2.4.3　纵倾与纵向初稳性

朝船尾纵倾意味着超出的纵倾在尾柱(A. P.)，朝船首纵倾意味着超出的纵倾在首柱(F. P.)。以图 2.16 为例，纵倾向首倾。可以得到

$$纵倾 = t = d_{\mathrm{A}} - d_{\mathrm{F}}$$

$$\tan\theta = \frac{t}{L} \Rightarrow \theta = \frac{t}{L}\ 对于\ \theta(< 10^{\circ}) \tag{2.20}$$

式中，θ 为纵倾角。式(2.20)定义的纵倾，首倾为负。

如果结构在纵倾中排水量保持不变，那么可以证明结构关于漂心纵向位置 LCF 旋转。

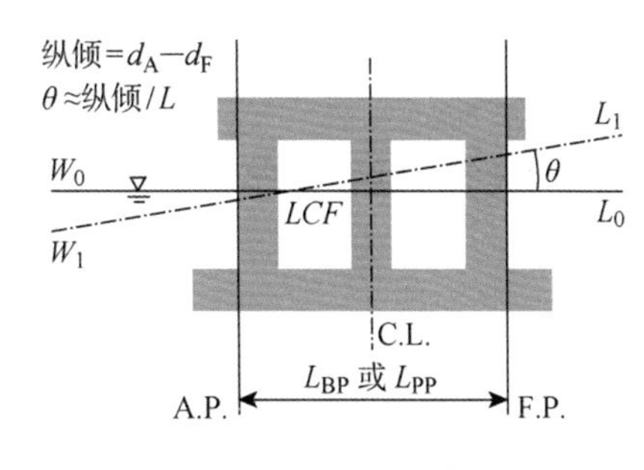

图 2.16　朝首纵倾

一旦引起纵倾的力矩确定，那么纵倾值可按下式计算：

$$t = \frac{纵倾力矩}{MCTC}$$

$$MCTC = \frac{\Delta\,\overline{G_0 M_{\mathrm{L}}}}{100L}\quad(\mathrm{tf \cdot m/cm}) \tag{2.21}$$

式中，纵倾值 t 单位为 cm；Δ 为 tf；$\overline{G_0 M_{\mathrm{L}}}$与 L 为 m，除以 100 是由于 $MCTC$ 是按每 cm 计算定义的。$MCTC$ 表示引起 1 cm 纵倾所需力矩，用于计算纵倾，因为其在静水力曲线中给定。英制中，纵倾值为

$$t = \frac{纵倾力矩}{MCT1''}$$

$$MCT1'' = \frac{\Delta\,\overline{G_0 M_L}}{12L}\quad(\mathrm{tf \cdot ft/in}) \tag{2.22}$$

式中，纵倾值 t 的单位为 in；Δ 为 tf(1 吨力为 2 240 lbf)；$\overline{G_0 M_{\mathrm{L}}}$与 L 为 ft。

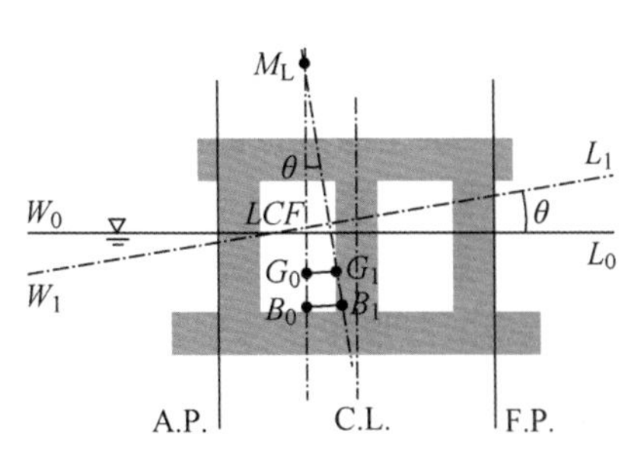

图 2.17　纵稳性

纵向初稳性与横向初稳性计算非常相似。纵向倾斜(纵倾)初稳性高可写为

$$\overline{GM_{\mathrm{L}}} = \overline{KB} + \overline{BM_{\mathrm{L}}} - \overline{KG} \tag{2.23}$$

式中，$\overline{GM_{\mathrm{L}}}$ 为纵稳性高(初稳性)；$\overline{BM_{\mathrm{L}}}$ 为纵稳心半径，如图 2.17 所示；$\overline{KB}$ 为浮心垂向位置；$\overline{KG}$ 为重心垂向位置；$\overline{KB}$、$\overline{KG}$ 与横稳性计算中的量相同。

式(2.23)中纵稳心半径$\overline{BM_L}$为

$$\overline{BM_L} = \frac{I_L}{\nabla} \tag{2.24}$$

式中,I_L 为水线面面积关于横轴 y'的惯性力矩,该轴通过漂心纵向位置 LCF。

船形结构纵稳性高度远大于横稳性高度,因此,船舶稳性中的纵稳性大多数时候无须考虑,除非排水量很小的情况。尽管如此,在一些情况下仍然需要计算纵稳性。并且,纵倾计算中纵稳性高度的知识在破舱稳性计算中也是必要的。

2.4.4 重量的增加、移除与移动

重量的增加、移除与移动会引起重心及浮心位置的变化。通过使用第 2.3.3 小节中的质心移动定理,很容易计算这些移动。

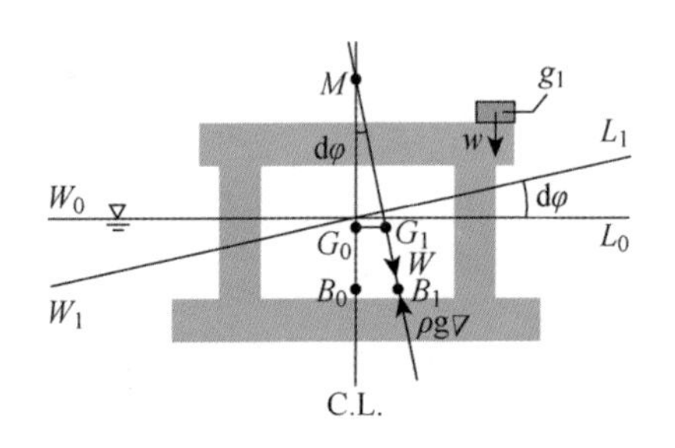

图 2.18 结构上某一重物移动至另一边

例如,假定船舶上的某重物向另一边移动 $\overline{g_0g_1}$ 距离(见图 2.18)。重心与浮心均将朝相同的方向移动,直至位于同一垂线,该垂线通过稳心 M。注意由质心移动定理可知:$\overline{G_0G_1}$ 必须平行 $\overline{g_0g_1}$。因此有

$$\tan\varphi = \frac{\overline{G_0G_1}}{\overline{G_0M}} \tag{2.25}$$

式(2.25)可通过横倾角 φ、初始重心 G_0、M 确定重心新位置 G_1。也可写为(或使用质心移动定理公式,使式中 $L=\overline{G_0G_1}, M=W, m=w, l=\overline{g_0g_1}$):

$$\overline{G_0G_1} = \frac{w\,\overline{g_0g_1}}{W} \tag{2.26}$$

那么横倾角可通过 $\tan\varphi = \overline{G_0G_1}/\overline{G_0M}$,或

$$\varphi = \arctan\left\{\frac{w\,\overline{g_0g_1}}{W\,\overline{G_0M}}\right\} \tag{2.27}$$

那么易得到横倾 $List$ 为

$$List = d_{\text{port}} - d_{\text{starboard}}, \quad \tan\varphi = \frac{List}{B} \Rightarrow List \approx B\varphi$$

对于小倾角,d_{port},$d_{\text{starboard}}$分别为左右舷吃水。

对于重量增加的情况,常用的量为单位厘米纵倾排水量 TPC(或为单位英寸排水量 TPI,根据单位制确定)。在新的浮心位置推导中,当重量 w 添加到船上时,假定一个切片体积增加到船上。能否找到该体积切片的近似解?为回答该问题,假定重量 w 使结构下沉 1 cm。那么,对于较小的重量,该重量使结构下沉的体积可近似为 $A_{WP}\times 1.0$ cm。增加重量的质量 $m_w = w/g = A_{WP}\times\rho\times 1.0$ cm。

TPC 定义为单位厘米吃水吨(水线面面积 A_{WP}在国际制中单位为 m^2)。

$$TPC = \frac{m_w}{1.0\ \text{cm}} = \frac{\rho A_{WP}}{100} = 0.010\,25 A_{WP} \tag{2.28}$$

式中,分母上 100 来源于 m 到 cm 的转换,以上最后一个等式中密度 $\rho = 1.025$ t/m^3(海水)。

再次注意吨指质量，而非重量(1 000 kg=1 t)，A_{WP}单位为 m²。

英制中，单位英寸排水吨定义为引起结构在水线面平行下沉的重量 w 为 1 in(英寸)。如果 A_{WP}的单位为 ft²(平方英尺)，使结构下沉 1 in 所须重量由式(2.29)中 TPI(单位英寸排水吨)给定。

$$TPI = \frac{w}{1.0\ \text{in}} = \frac{\rho g A_{WP}}{12} \tag{2.29}$$

式中，密度 ρ=2.0 slug/ft³(海水)，重力加速度 g=32.0 ft/s²，上式变为

$$TPI = \frac{A_{WP}}{12} \cdot \frac{64\ \text{lb/ft}^3}{2\ 240\ \text{lb/tf}} = \frac{A_{WP}}{420}$$

式中，$1/(\rho g)$=2 240/64≈35 ft³/tf 为海水的相对重量密度；1.0 longtf=2 240 lb；A_{WP}的单位为 ft²。

平行下沉可定义为

$$s = \frac{w(\text{tf})}{TPI}\ (\text{in})\ \text{或}\ s = \frac{w(\text{tf})}{TPC}(\text{cm}) \tag{2.30}$$

式中，w 为增加的重量[同样地，r 可定义为重量 w 移除(或为负)的上浮值]。式(2.30)中的下沉量 s 对于直壁结构的计算为准确值，对于其他结构为近似值。

当重量沿中心线移除时，平行下沉理论同样适用，只是重量应为$-w$，结构上浮 r(也称作平行上浮)。

2.4.5　液舱中自由液面的影响

浮式结构中的许多内部舱室部分或完全充满液体。这些舱可以是压载舱、油舱、粪便舱，等等。当结构受到外力作用横倾时，这些舱室中的自由液面也将倾斜。自由液面的移动将使液体重量发生改变。重量的改变将使初稳性高度 $\overline{GM}$降低，因此，船舶的稳性将受到影响。

可以计算液舱中自由液面改变引起的力矩，以及确定船舶重心的偏移量。因为稳性高已改变，该方法可以通过减小复原力臂得到

$$\overline{GM_{\text{Eff}}} = \overline{G_0M} - \frac{\rho_l}{\rho_s}\frac{i_T}{\nabla} \tag{2.31}$$

式中，ρ_l 为液舱内液体密度；ρ_s 为结构漂浮于水中，水的密度；∇为结构水下体积，i_T 为液舱中自由液面关于其自身的惯性矩；$\overline{GM_{\text{Eff}}}$为虚拟或有效稳性高。公式右边第二项$(\rho_l/\rho_s)\cdot(i_T/\nabla)$为稳性高虚拟损失。如果有多个舱室，稳性高损失应为所有液舱自由液面引起损失之和。注意该结果的前提为小倾角下倾斜。

液舱内部自由液面存在所引起的稳性损失，有时能通过增加每个液舱的分舱来减少，每个液舱稳性高的虚拟损失改变为$(\rho_l/\rho_s)(i_T/\nabla)(1/n^2)$，其中 n 为分舱数。

2.4.6　Scribanti 公式

该公式能用于计算直壁结构(或在静水平面近似为直壁结构)的复原力臂$\overline{GZ}$，计算的结构或船舶倾斜角度可达到 25°。该式通过计算截面楔形体积，并沿结构长度方向积分得到，之后确定新的复原力臂，参见第 2.3 节。直壁面公式：

$$\overline{GZ} = \left(\overline{GM} + \frac{1}{2}\overline{BM}\tan^2\varphi\right)\sin\varphi \tag{2.32}$$

须注意对于小倾角条件下，之前有 $\overline{GZ} = \overline{GM}\varphi$。复原力臂$\overline{GZ}$ 由式(2.32)给出，也称 Scribanti 公式。复原力矩为 $M_{st} = \Delta\overline{GZ}$。

2.4.7 大倾角稳性

回顾式(2.17)给出的浮式结构或船舶在小倾角条件下的静态力矩或复原力矩。式中假定稳心为固定点。大倾角横倾或纵倾条件下，稳心 M 不再是固定点，但稳心沿曲线移动，该曲线称为稳心曲线或 M 曲线。当船舶横倾或纵倾角度 φ 较小时，船舶沿中心线和水线的交点旋转。大倾角条件下，结构将不再沿中心线和水线的交点旋转，除非为直壁结构。

无论横倾或纵倾角度多大，为计算复原力臂$\overline{GZ}$，都须确定浮心与重心位置。重心通常先假定，然后修正。因为一旦准确重心确定，那么将易于计算复原力臂。

总结计算过程如下：

(1) 假定船舶平浮，意味着重心 G 与浮心 B 在同一垂线上(无纵倾)，如图 2.19 所示。

(2) 如图 2.20 所示，无纵倾下，将船舶绕 x 轴旋转。浮心将水平移动，因此，重心 G 与浮心 B 将不再在同一垂线上。

(3) 为满足重量-浮力与纵倾公式，使船舶纵倾；即重心 G 与浮心 B 如图 2.21 所示，在同一垂线上。图 2.21 右边显示的复原力臂$\overline{GZ}$ 为修正之后的结果，其必须由该位置确定。

(4) 为确定 $\overline{GZ}$，需计算结构或船舶的静态力矩或复原力矩 M_{st}。复原力臂可通过公式 $\overline{GZ} = M_{st}/\Delta$ 得到。

(5) 上述过程在如图 2.22 所示的一系列水线、横倾角 φ、纵倾角 θ 下重复计算。对于一系列给定横倾角 φ(或纵倾角 θ)、重心高$\overline{KG}$，通过该方法，可以得到复原力臂$\overline{GZ}$关于排水量 Δ 的函数，如图 2.23 所示，称为稳性横截面曲线。

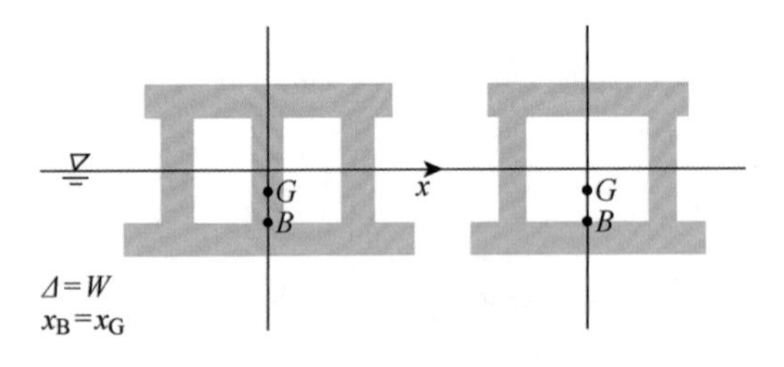

图 2.19　船舶平浮

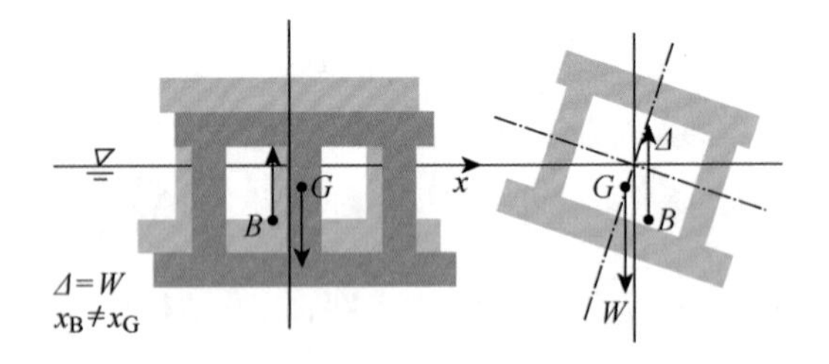

图 2.20　船舶横倾，无纵倾

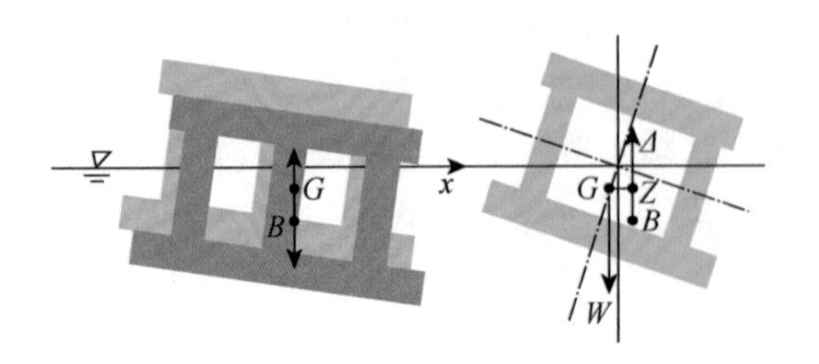

图 2.21　船舶横倾并纵倾

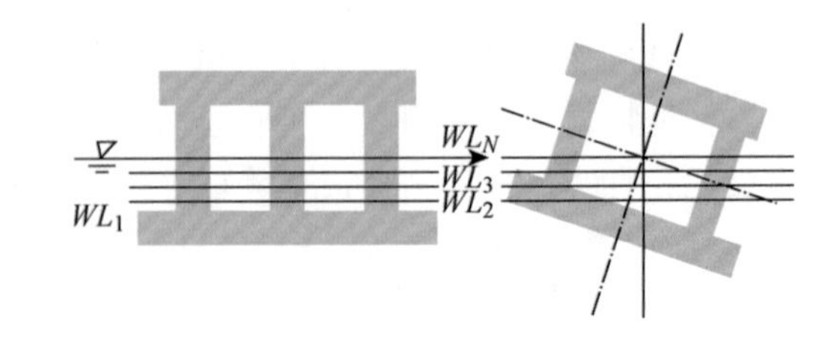

图 2.22　复原力臂计算使用的水线

(6) 为得到稳性横截面曲线，须对一系列倾斜角重复操作以上步骤，其中以重心高$\overline{KG}$

为常数,如图 2.23 所示。也可以绘制以排水量为常数的曲线,称为静稳性曲线,如图 2.24 所示。

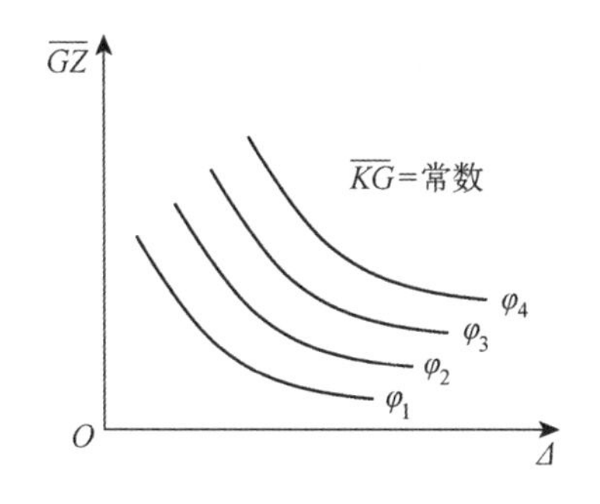

图 2.23　不同横倾角下稳性横截面曲线

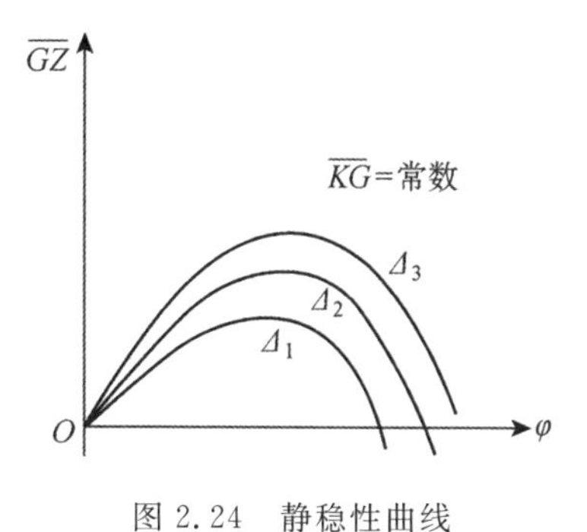

图 2.24　静稳性曲线

2.4.8　动稳性:能量衰减

突然性施加的横倾力矩(重的货物掉落,阵风等)给结构带来动稳性问题。接下来讨论动稳性,并考虑以下横倾力矩 M:

$$\begin{aligned} M &= 0 \qquad \text{对于 } t < 0 \\ M &= \text{常数} \quad \text{对于 } t \geqslant 0 \end{aligned} \tag{2.33}$$

式中 $t=0$ 表示初始时间,该力矩使结构倾斜至一个新角度。

我们定义动稳性为使结构倾斜至角度 φ 所做的功。为了解所做的功与船舶倾斜之间的关系,考虑力学中讨论物体的稳性,如图 2.25 所示。该物体重力等于 mg,其中 m 为质量,重心位置为 G,距离地面高度为 h_0。R 为地面施加的反作用力。如果将物体从一侧抬起,那么物体重心 G 将升高并距离地面高度 h_1。因此,如果 $h_1 > h_0$,当释放物体,物体受到力矩作用并将回到其初始位置。也就是说,物体被抬高之后,势能增加。在物体被抬高之前,势能最小(稳定平衡)。对物体的做功改变了其势能。换而言之,重心 G 位置与反力 R 作用点的垂线距离差($h_1 - h_0$)决定物体势能的变化。通过动稳性可定义以上例子中势能的变化,如式(2.34)所示。

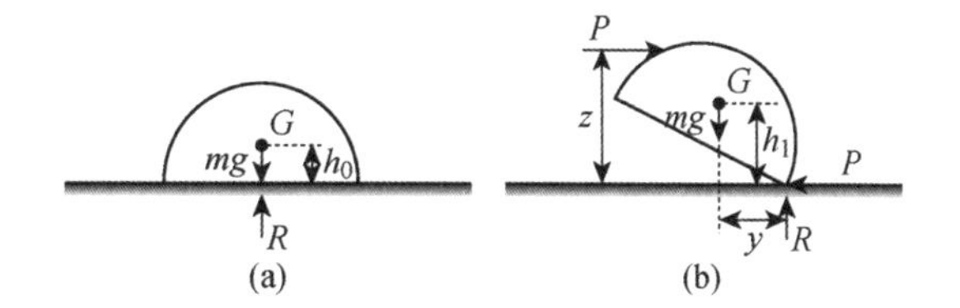

图 2.25　物体稳性

$$E_{st} = mg(h_1 - h_0) \tag{2.34}$$

式中,势能变化量 E_{st} 与功的单位相同。注意,式(2.35)为达到力矩平衡的条件。

$$Pz = mgy \tag{2.35}$$

对于漂浮结构,Pz 为横倾力矩(或倾覆力矩),mgy 为复原力矩(或恢复力矩)。势能变化量可写为

$$E_{st} = \Delta\int_0^{\varphi} \overline{GZ}\,\mathrm{d}\varphi', \quad \Delta = W \tag{2.36}$$

式(2.36)为漂浮结构横倾至角度 φ 时的结构动稳性。该公式表明 $\overline{GZ(\varphi)}$ 曲线下面积等于势

能。E_{st}单位为 tf·m,因此,该计算中横倾角 φ'的单位必须为弧度,而不是度。横倾力矩(或倾覆力矩)M 所做功为

$$W_h = \int_0^{\varphi} M d\varphi' \tag{2.37}$$

当 $W_h = E_{st}$时,结构受力平衡。

2.4.9 静力学刚度系数

刚体有六自由度运动(纵荡、横荡、垂荡、横摇、纵摇、首摇)。分别给以上六自由度运动标志为 1 到 6。由第 2.3.1 小节我们已知,1,2,6 自由度上运动为零。

作用在浮式结构上的力和力矩受运动方程控制,根据牛顿第二运动定律,浮式结构将处于静态或动态平衡。换言之,外力必须等于质量乘以加速度,即 $F_i = m_{ij}a_j$,力矩必须等于质量乘以惯性矩。结构线性运动方程可写为

$$(\boldsymbol{M}_{ij} + \boldsymbol{\mu}_{ij})\ddot{x}_j + \boldsymbol{\lambda}_{ij}\dot{x}_j + \boldsymbol{C}_{ij}x_j + \boldsymbol{k}_{ij}x_j = \boldsymbol{F}_i + \cdots \tag{2.38}$$

下标为 j 的爱因斯坦求和公式为下标 i 从 1 到 6 累和,$\boldsymbol{M}_{ij}$ 为质量矩阵;x_j 为自由度 j 上随时间变化的运动;$\dot{x}_j$ 为结构速度;$\ddot{x}_j$ 为加速度;$\boldsymbol{\mu}_{ij}$ 为附加质量力矩;$\boldsymbol{\lambda}_{ij}$ 为阻尼矩阵各分项;$\boldsymbol{C}_{ij}$ 为静水力复原矩阵;$\boldsymbol{k}_{ij}$ 为系泊刚度矩阵各分项;$\boldsymbol{F}_i$ 为波浪激振力 / 力矩各分项矢量;$i,j = 1,2,\cdots,6$,i 为力或力矩。j 为运动自由度。静力学复原力与力矩为

$$\boldsymbol{F}_{Hi} = -\boldsymbol{C}_{ij}x_j \quad i,j = 1,2,\cdots,6 \tag{2.39}$$

因为结构运动的静水力复原系数在水平面均为 0,有 $\boldsymbol{C}_{ij} = 0$,其中 $i,j = 1,2,\cdots,6$。并且矩阵 $\boldsymbol{C}_{ij}$ 为对称阵,有 $\boldsymbol{C}_{ij} = \boldsymbol{C}_{ji}$。

垂荡复原力可写为 $F_{H3} = -(C_{33}x_4 + C_{34}x_4 + C_{35}x_5)$,垂荡复原系数为

$$C_{33} = \rho g A_{WP}, \quad A_{WP} = \sum_{m=1}^{M} A_{WPm} \tag{2.40}$$

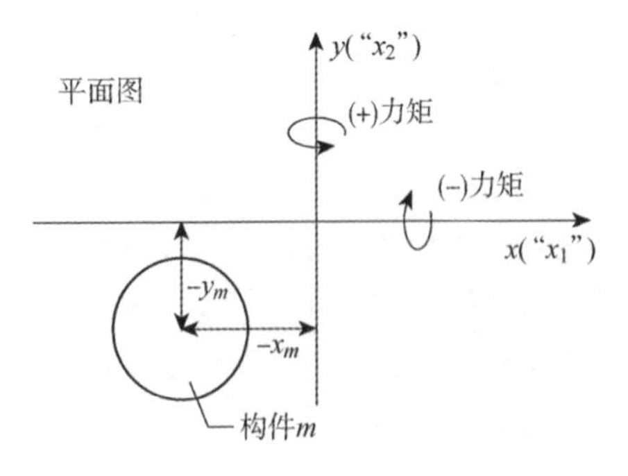

图 2.26 垂荡-横摇与垂荡-纵摇复原系数(z 朝上为正)

不难理解,如果结构处在于平衡,并且没有水线面面积,那么结构就没有垂向静水复原力作用。下标 $m = 1,2,\cdots,M$ 仅涉及穿越水面的构件。换言之,如果构件没有穿越水面,将不计入式(2.40),因为 x_3 方向上的运动将不会导致结构体积变化(如同完全浸没的结构)。

垂荡-横摇复原系数如图 2.26 所示。

$$C_{34} = C_{43} = \rho g \iint_{A_{WP}} y \mathrm{d}S = \rho g \sum_{m=1}^{M} y_m A_{WPm} \tag{2.41}$$

注意平台常关于 x-z 平面对称,有 $C_{34} = C_{43} = 0$。

另一方面,垂荡-纵摇复原系数如图 2.26 所示,可写为

$$C_{53} = C_{35} = -\rho g \iint_{A_{WP}} x \mathrm{d}S = -\rho g \sum_{m=1}^{M} x_m A_{WPm} \tag{2.42}$$

由式(2.42)易理解,如果平台关于 y-z 平面对称,则有 $C_{53} = C_{35} = 0$。平台一般也关于

y-z 平面对称。

横倾复原力矩可写为 $F_{H4}=-(C_{43}x_3+C_{44}x_4+C_{45}x_5)$，横倾复原系数 C_{44} 为

$$
\begin{aligned}
C_{44} &= \rho g\nabla(z_B-z_G)+\rho g\iint_{A_{WP}} y^2\,\mathrm{d}S \\
&= -\rho g\nabla\overline{BG}+\rho g\nabla\overline{BM_T}=\Delta\overline{GM_T}
\end{aligned}
\tag{2.43}
$$

注意式(2.43)假定角位移(横摇和纵摇)很小(根据线性理论，小于 10°)。也须注意，当横倾角 $x_4=\varphi$ 时，$C_{44}x_4$ 为横倾复原力矩。

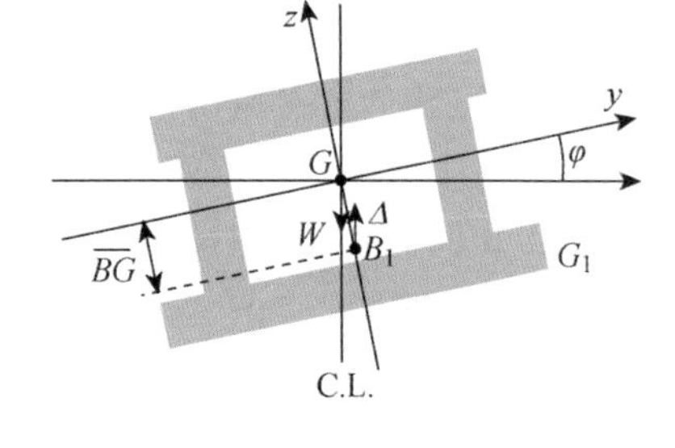

图 2.27　横倾复原系数计算

另外，横摇-纵摇复原系数为

$$
C_{45}=C_{54}=-\rho g\iint_{A_{WP}} xy\,\mathrm{d}S=-\rho g\sum_{m=1}^{M}x_m y_m A_{WPm}
\tag{2.44}
$$

注意，如果平台关于 x-z 和 y-z 平面对称，则有 $C_{45}=C_{54}=0$。

纵倾复原力矩为 $F_{H5}=-(C_{53}x_3+C_{54}x_4+C_{55}x_5)$，其中纵倾复原系数为

$$
C_{55}=\rho g\nabla(z_B-z_G)+\rho g\iint_{A_{WP}} x^2\,\mathrm{d}S=-\rho g\nabla\overline{BG}+\rho g\nabla\overline{BM_L}=\Delta\overline{GM_L}
$$

式中，$C_{55}x_5$ 为纵向复原力矩，$x_5=\theta$ 为纵倾角。注意当结构运动较小或线性时，这些静水力复原系数均有效。

2.4.10　深潜器的稳性

深潜器完全浸没时，没有水线面面积，因此，横稳心半径 $\overline{BM_T}$ 和纵稳心半径 $\overline{BM_L}$ 往往为 0。这意味着浮心 $B\rightarrow$ 稳心 M，并将高于重心 G。深潜器的情况完全与浮体结构相反。结果，深潜器的稳性力矩变得非常简单，即

$$
M_{St}=\Delta\overline{GZ}=W\overline{BG}\sin\varphi=W\overline{GM}\sin\varphi
\tag{2.45}
$$

因为深潜器中压载舱自由液面将进一步降低稳性高，所以在潜入和浮出水面的期间须非常小心。深潜器稳性衡准为 $\overline{GM}$ 大于 0。

2.4.11　目的

1) 服务要求

稳性分析适用于所有浮式结构。稳性旨在确定结构在受到倾覆载荷作用时，能够在允许的倾斜角度内保持漂浮。通常通过比较所有预期工况下复原力矩曲线与极限倾覆力矩曲线来评估船体稳性范围。如图 2.28 所示，给出一条典型的复原力矩曲线。倾覆力矩曲线与复原力矩曲线在平衡处相交，该交点对应倾覆力矩应小于更横倾角度下的复原力矩，以提供储备稳性。

浮式结构稳性不足将导致：

(1) 倾覆。复原力臂的减小会导致船体倾斜超出允许范围，并且在一些情况下使船翻转。

(2) 浮力损失。由水密完整性的丧失和持续进水造成,并且可能会导致船舶和平台沉没。

稳性的持续能力通过保证船体在一定范围工作吃水和横倾角下水密来实现。最小水密范围定义为吃水和横倾工况下的包络范围,图 2.28 通过横倾角进行了说明。如果任何加载工况的平均水线超出该包络范围,水将通过非水密开口进入船体。一些船体开口可以处在水密范围内,只要这些开口在一定压力水头下完全浸没时能保持水密即可。如螺栓紧固的舱口盖及一些加盖的测深管等均为此类开口。

另外,我们定义风雨密范围为平均水线以上可接受自然水和动态波浪的范围。图 2.29 给出典型半潜平台风雨密水线范围。风雨密范围内的开口应设计为能承受一定的低水压。例如带止回阀或盲法兰的通风口,一些快速通道开口及类似开口设计为风雨密。

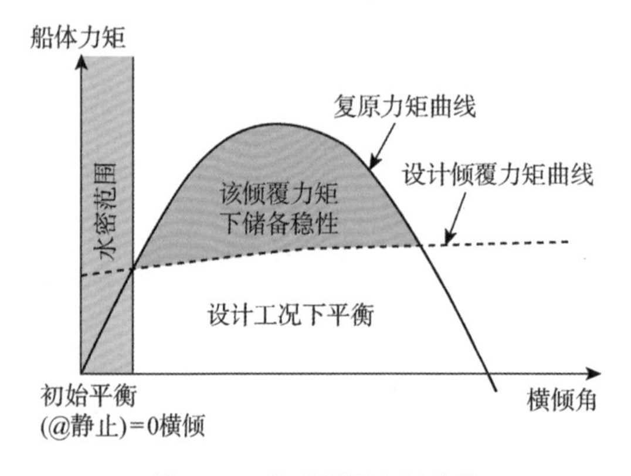

图 2.28　典型复原力矩曲线

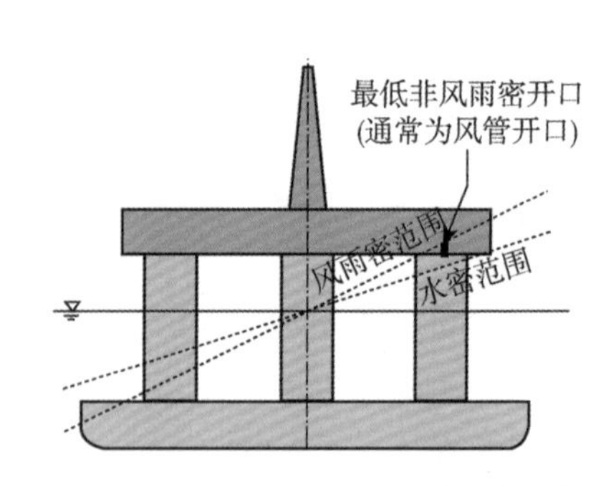

图 2.29　半潜平台水密及风雨密范围

2) 倾覆

倾覆定义为静水复原力矩损失,将导致船体横倾加剧并超出允许角度。一些如单体帆船类的船体可能会最小化地来设计平衡范围,这样船体一旦倾覆,将不会保留在倾覆位置,而是自动复原。

对于自由浮式结构,倾覆通常由一种或两种现象引起:

(1) 如果船体完整,重心和浮心保持原位。然而,超出预期的倾覆载荷将导致平台平衡和横倾损失。该载荷可为静载荷或动载荷。如果复原力矩在任何横倾角下相对过小,船体将在达到平衡位置前一直横倾。除非随着船体横倾或复原能量开始减少,倾斜能量再次增加,船体将倾覆,并可能翻转至一边或完全翻转。图 2.30 以复原力矩对此进行了说明。

(2) 船体质量或浮力特性的改变也能导致倾覆。这些改变影响结构稳性高度,并连续改变复原力矩曲线。复原力矩可能变为负值或相对预期倾覆力矩过小。图 2.31 对此进行说明。

浮力损失将导致浮心位置改变,因此复原力矩曲线也将改变。该现象常发生在船体水密完整性丧失的情况中。这可能由于舱室外舱壁结构完整性损失导致舱室进水引起。也可能由于如淹没或淹水等意外进水引起。

质量特性的改变可能与货物的意外损失、内部泄漏质量或货物意外移动等有关。这些情况可能导致吃水和重心改变。重心改变将影响稳性高度,并可能导致倾覆。

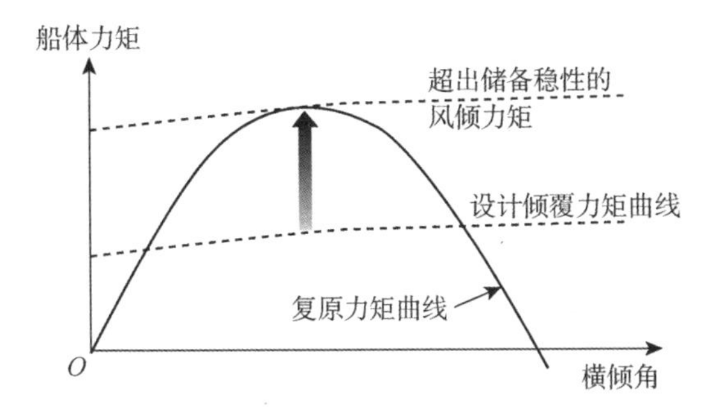

图 2.30　倾覆力矩过大引起倾覆：对力矩曲线影响

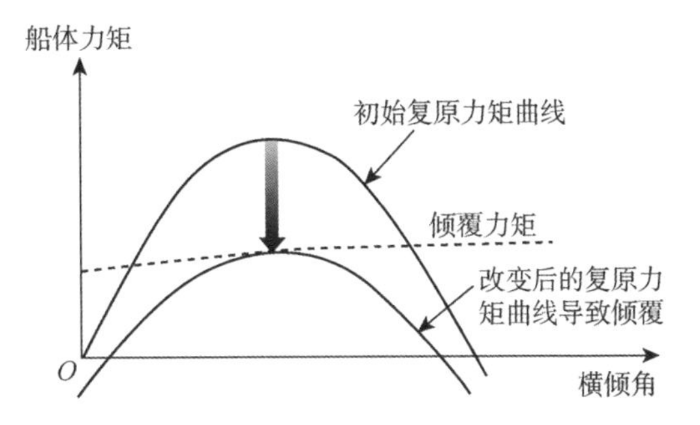

图 2.31　稳性特性改变引起倾覆：对力矩曲线影响

其他机械故障可能导致结构由于静约束增加而倾覆。该情况对应如 TLP(张力腿)平台等有高系泊张力的系泊结构。系泊预张力对稳性有利。可以通过对重心和重量进行修正来模拟预张力，因此影响排水量，如式(2.46)所示。

$$W_{\text{corr}} = W + T, \quad VCG_{\text{corr}} = \frac{VCG \times W + z_{\text{fairlead}} \times T}{W_{\text{corr}}} \tag{2.46}$$

式中，W 为重量；T 为系泊预张力；VCG 为重心垂向位置；z_{fairlead} 为导缆器垂向位置。类似公式可用于重心水平位置修正，即 TCG(重心横向位置)和 LCG(重心纵向位置)。

如果张力腿中预张力损失，平台修正质量特性受影响，平台可能倾覆。

3）进水

船体进水点标志风雨密限制范围。如果由波浪引起自然水达到该点，那么船体有水进入。风雨密损失可能会导致船体沉没。

进水点通常为甲板上或外部舱壁上风管、门或其他类似非风雨密开口。每一个操作吃水工况都可能要定义进水角。进水角为水线达到进水点的横倾角。图 2.32 给出一座半潜平台达到进水点的例子。对所有预期极限倾覆力矩，进水角都应大于船体平衡角，以保持船体稳性。

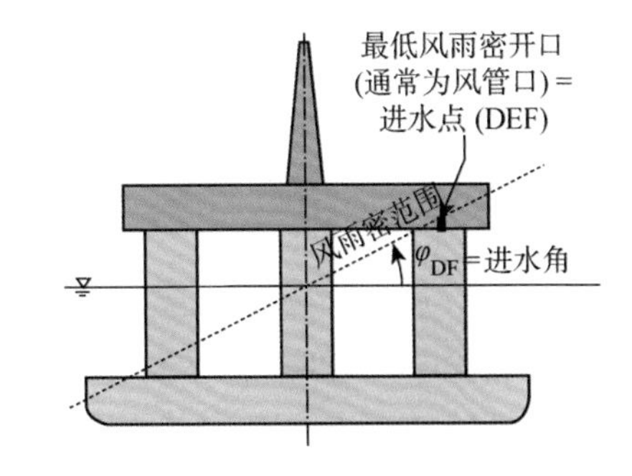

图 2.32　半潜平台船体上进水点例子

如果船体横倾超过进水角，船体进水，同时可能由于浮力损失(重量增加)导致下沉，并由于稳性高度和重量分布改变导致横倾。根据船体设计及进水位置，船舶可能先下沉，也可能先倾覆。即使平台平均横倾角保持在进水角以下，仍须考虑动态横倾和波高的影响。因为动态横倾和波高可能会导致风雨密损失和进水。基于此，规范通常要求静载下的最大平均横倾角和进水角之间有储备浮力存在。船体进水角为一个重要参数，须添加到复原力矩曲线中(见图 2.33)。

4）累进进水

累进进水指由于系统故障而意外进水。例如，可能会涉及开式管路系统。开式管路系统能将外部海水泵入舱室。由于人为失误或控制失败，该系统可能将超过允许范围的海水从海洋中泵入船体。如果海洋系统或舱壁开口以扩大舱室之间进水的方式操作，累进进水

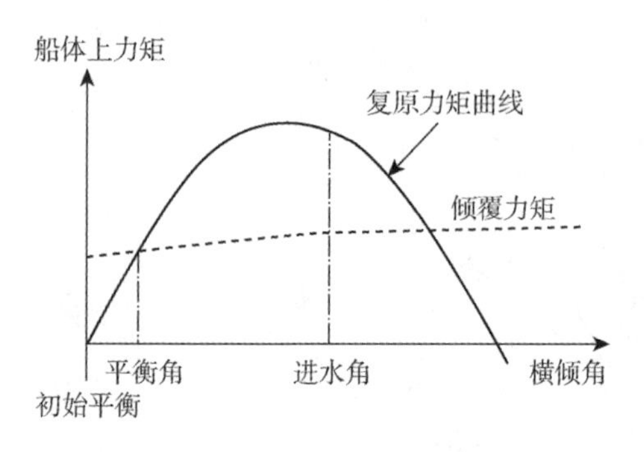

图 2.33　复原力矩曲线上进水角

也可能会发生。这将导致船体质量特性改变，并有沉没和倾覆风险。

可通过如下多种途径减小累进进水风险：

(1) 冗余报警，提醒操作人员液舱内异常水位，异常吃水或横倾工况，内部泄漏等。

(2) 故障-安全系统，限制液舱容量，以避免累进进水引起巨大故障。

(3) 污水系统，控制集成进水探测系统。这对由于舱室内部泄漏至其他舱室或风管引起的累进进水非常有效，从而触发外部水泵排水以替代损失。

5) 人为因素

浮式平台安装多个复杂系统与水密开口(人行通道，舱口盖)，以帮助分块管理。这些系统由设计人员与海员实施维护与运营。设计、生产，操作错误会导致结构缺乏足够稳性，水密完整性损失，累进进水等。

设计上的人为错误常常源于忽略或低估了重要临界倾覆载荷，以及计算稳性高度和复原力臂曲线的误差。质量控制与质量保证能减少此类错误。监管机构通常需要第三方机构审查，意味着需要独立的稳性计算来验证设计。

相反地，安全的设计可以提高操作稳性。设计中适当的故障-安全方法实施有助于更好地控制稳性情况。这包括冗余控制系统及被动控制系统设计。闭式船用系统为被动系统，因为它们不允许海水进出。使用冗余或止回阀来关闭管道及使用水密分舱均为被动解决方法。另外，应急操作计划也应包含在设计中。稳性方面，污水系统设计允许在水密完整性丧失的情况下采取纠正措施。控制系统的设计应能识别所有故障模式，并能通过报警系统和直接措施进行适当反应。

生产和安装为船体稳性重要步骤。船舶一旦投入运营，舱壁建造，管路系统安装，甚至船体标志中人为错误等均可导致船体稳性迅速丧失。开式系统中止回阀的不正确安装并不罕见，这会导致累计进水。这些问题可以通过系统测试、水密边界测试及建造中检查等来解决。

操作中的稳性风险按程序解决，操作手册详细介绍如何正确操作管路，包括压载水系统，开启和关闭水密舱室的程序。操作手册也提及可接受的吃水极限及动载荷模式，以及它们对稳性的影响。对水密边界、腐蚀系统、舱底系统、进水检测系统的检查和维护也应为整体缓解计划中的一部分，以减少外部浸水风险。

2.4.12　行业实践

1) 监管机构

行业实践由国际推荐指导，如国际海事组织(IMO)的国际完整稳性规则。这些 IMO 指南通常被当地监管机构采纳，如美国海岸警卫队，以及将其编入其规范的船级社。

规范旨在防止船舶在任何运营工况下丧失稳性，导致倾覆或沉没。规范为所有海上运营船舶设定共同标准。规范还强制执行认证程序，以验证给定船舶满足预期稳性特性。该程序适用于船舶整个生命周期。船级社通常需要第三方设计审查，船级社和船旗国定期检验，以记录实际稳性特性并确保满足要求。稳性规范经常更新，以考虑技术进步和从船舶运营和伤亡事故中获得的经验教训。

规范根据船舶不同类型、形状以及操作工况、静载荷、对如波浪载荷等动载荷特殊敏感性等进行调整。它们一般用船形船体表述。其他考虑因素通常针对特殊的功能：客船、油船、货船、高速艇、渔船、近海补给船、移动式海上钻井平台（MODU）均须满足特殊规范。船级社和国家监管机构可以根据船舶类型和功能定义更多子类别，以完善规范。以美国船级社（ABS）或挪威船级社（DNV）的移动式钻井平台规范为例，均对自升式平台、浮式平台、柱稳式平台（例如半潜平台）加以区分。所有这些类型需要计算和分析的变量均相同。然而，根据形状和对环境典型的响应不同，对应的衡准会略有不同。

需要根据海上生命和环境风险进行调整。稳性衡准之间会有差异，相似船舶除外。例如，相对其他船舶，客船必须满足额外衡准。该衡准既反映具体的装载，也反映生命风险的增加。尽管用于新能源应用和油气提炼工业的船舶在外形和结构上均相似，但稳性指南却差异很大，因为前者风险更小。

监管机构使用变量来定义给定船舶的稳性衡准。这些给定船舶的变量由前面提到的特征值组成。尤其是，通常用稳性高度、横倾平衡角、复原力臂曲线来评估稳性。对于给定运营工况排水量均为恒定的船舶，通常使用复原力矩曲线代替复原力臂曲线。限定这些基本参数；它们形成了给定船舶衡准的设定。下一节将对最典型的衡准进行回顾。尽管船级社和国家监管机构之间的衡准会略有差异，但它们都依据相似的原则和相同的变量。并且，国际组织，如 IMO 和国际船级社协会（IACS），对于全球监管机构制定衡准的标准化非常有帮助。

2）第一原则

稳性衡准的设计旨在确保在所有运营工况下，船舶能保持在一定可接受横倾角范围内。衡准由行业指南制定，并大大依赖于一些计算参数来评估船舶整体稳性。大部分标准中，对于给定类别船舶，均采用一刀切的方法，即为所有相关参数设置最小值。这是因为在设计阶段难以可靠预测船舶受到的破坏稳性的组合。鉴于船舶风险与船舶类型和作业相关，标准根据相似船舶的统计分析定义可接受的静载荷包络范围。

以下变量通常用于稳性衡准定义：

（1）稳性高度 $\overline{GM}$。所有操作工况下，船舶平浮稳性高度均须为正值。这是最低的稳性要求，因为负的 $\overline{GM}$ 值意味着船舶在较小倾斜角下复原力矩为负值，将导致横倾和 / 或纵倾过度，并可能倾覆。确保一个最小的 $\overline{GM}$ 正值，该值能提供足够复原力矩以抵抗任何倾覆力矩，这是一种很好的做法。IMO 法规推荐所有船舶的最小 $\overline{GM}$ 为 0.15 m。该值源于对伤亡人数的统计分析，并包含一个最小安全系数，以计算稳性高度的误差。行业标准可能根据船舶类型设定尽可能大的最小 $\overline{GM}$ 值。

（2）衡准通常应用于复原力臂曲线（因其代表了一艘横倾船舶的储备复原能力）。完整船舶的复原力臂曲线在最小横倾角时预期增加，并达到一个可接受值（这里称为 α）。IMO 推荐船舶横倾角在 $\alpha=25°$ 前复原力臂保持增加；对一些特殊船舶，该规定会做调整。该规定是通过验证船舶复原力臂在大于角度 α 后的下降来确保的，如图 2.34 所示。复原力臂在一定横倾角度 α 范围内须保持为正值。

(3) 为保证船舶具有足够的储备浮力使船舶复原，也应有一个适用于能量的衡准。该衡准结合了复原力矩曲线幅度与可接受横倾角范围来评估船舶稳性。该衡准通常要求船舶至少应具有一个最小的 λ 值，该值通过对复原力臂曲线或复原力矩曲线以横倾角积分得到，横倾角范围为 0°到极限横倾角(见图 2.35)。极限横倾角根据船舶特征定义。极限横倾角通常为进水角与复原力臂变为零时角度两者之间较小者。当考虑天气条件及操作工况时，极限横倾角还涉及一个平衡角，该角度为复原力臂与外部载荷作用下倾覆力臂平衡时的对应角度。接下来会对此进行更进一步说明。

(4) 天气的影响通常通过计算由外部载荷引起的倾覆力矩来考虑，尤其是风载荷。行业标准给出所须考虑最低风速及倾覆力臂计算方法指导。该计算方法根据船舶类型和功能变化。通常倾覆力矩计算为

$$M_O = \overline{OP} \times F \tag{2.47}$$

式中，P 为水平力 F 的中心点；O 为旋转中心。

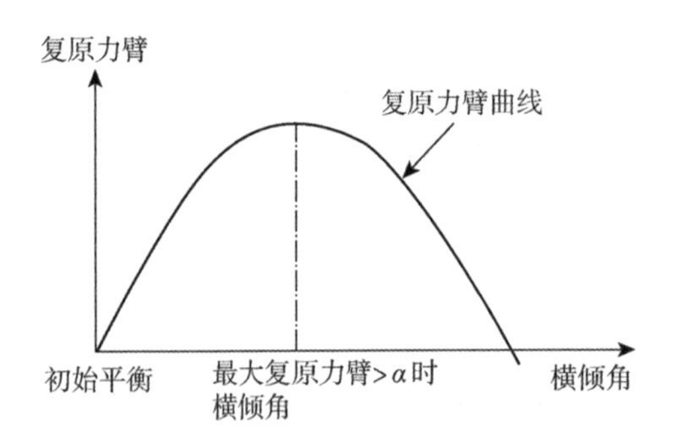

图 2.34 复原力臂稳性衡准说明

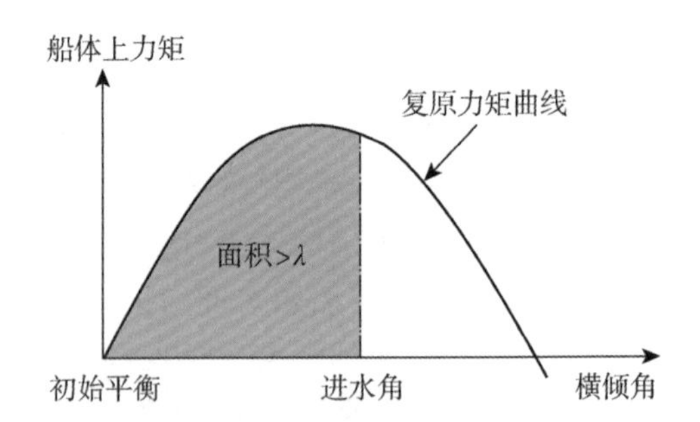

图 2.35 稳性能量衡准说明

通常倾覆力矩的力臂 $\overline{OP}$ 取为风压中心点与船体浸没部分侧压力中心点之间的垂向距离，因为船舶的准确旋转中心难以确定。作用力 F 应代表作用在船舶上的极限静倾覆载荷。作为最小值，作用力 F 应包括风的影响，计算为横向风压与投影暴露面积或风阻面积的乘积。风阻面积可能随横倾角变化。

浮式海上平台稳性分析通常通过比较力矩曲线得到。大部分船形结构物将受到最大倾覆力矩，该力矩的风向与最小复原力矩有关。船形结构物纵向风阻面积的确大于横向风阻面积，并导致更大的旋转力矩，但这些结构由于横稳性高度较低，对横摇更敏感。然而，在一些情况下，因为不同的装载方式，结构纵稳性可能更低，以海流为例，或当结构为非船形结构物时。对半潜平台和 Spar 平台，所有方向的倾斜角均须研究，以确定最恶劣的方向。

倾覆力矩衡准并不单一存在。其稳性衡准的充足性通过比较复原力矩来确定。该比较应遍及所有相关加载和倾斜角方向。

在倾覆力矩和复原力矩的比较中，涉及两组变量：

(1) 船舶受倾覆力矩作用时平衡角。涉及两个类似角度，即第一交角和第二交角。第一交角为第一平衡角，复原力矩曲线与倾覆力矩曲线在该点相交。第二交角也为水密极限角。进水角可能小于第二交角，但必须大于第一交角，以为动载荷提供储备稳性。这些变量如图 2.36 所示。

(2) 复原能量与倾覆能量比值也可用于评估稳性。该衡准通常考虑达到进水角的能

量——意味着在风雨密范围内。

波浪动力通常直接考虑在基本稳性衡准中。倾覆力矩旨在得到极限静载荷对船舶的影响。而波浪、不稳定风等其他动力影响将通过给以上变量添加安全系数来解决。风雨密范围内的复原能量与倾覆能量比值必须足够大,以允许倾覆力矩的临时增加(以 MODU 规范为例,该比值通常为 1.4)。

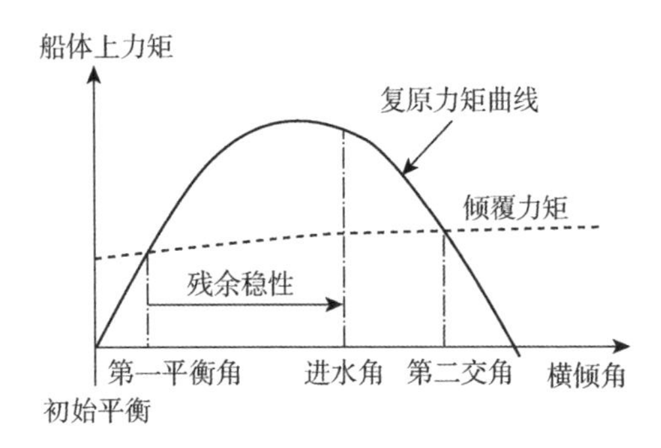

图 2.36　复原力矩与倾覆力矩交角

3) 替代性能衡准

稳性衡准广泛应用于各类船舶。在一些情况下,满足衡准要求可能过于保守或不足。对于几乎不属于任何之前定义类型的新概念结构尤其如此。

在这种情况下,替代性能衡准产生。衡准必须考虑所有以上定义变量。然而,相对使用标准公式来计算动力的影响和评估稳性,衡准可能源于特殊船舶数据。如果认为更合适,替代变量可从稳性参数定义。例如,复原与倾覆能量的比值衡准可能被储备复原能量与初始复原能量比值替代。

替代衡准导出时,必须考虑载荷的不确定性及足够的船舶特性和复原能力的误差。

常用的替代衡准考虑船舶的动态响应,而不是使用标准的动横倾角。地方当局可能接受当地遭遇的海洋数据,而不是更大的风速。这对于航行区域受限制的船舶尤为有用。数值分析可以用于证明平台预期可替代响应的有效性。监管机构通常要求这些计算由模型试验与风洞试验来支撑,以证明阻力系数和数值参数的合理性。

2.5　载荷

我们之前提到复原力矩需要与所有可能使浮式结构倾覆的外部力矩做比较。一些不利外力或力矩作用在结构上,这可能暂时或永久改变结构平衡位置。这些力可能由风等环境因素引起,或由船舶甲板上活动引起(在船边起吊重物),或由意外重量或运行中重量改变等引起。本节将对作用在海洋平台上的常见载荷及其对海洋平台稳性的影响进行讨论。

2.5.1　环境载荷

复原力矩曲线和倾覆力矩曲线的推导必须考虑环境载荷。这些载荷可能会根据船舶应用和运行的区域进行调整,尤其应考虑以下载荷的影响。

1) 风载荷

风压主要集中于上层建筑,因为风速在静水面以上呈指数增长,因此引起使结构偏离正浮位置而发生横倾或纵倾的力矩。风力正比于风速平方乘以阻力系数再乘以包括上层建筑在内的船舶暴露于静水平面(SWL)以上的投影面积。自由结构(无系泊结构)的唯一反作用力为黏滞阻力或水阻力。

船舶重力与浮力引起力矩等于风倾力矩时,船舶达到平衡。通过计算船舶上部分倾覆力矩来考虑作用在船舶上风对稳性的影响。

作用在船舶上风力公式通常为

$$F = \int_{\text{Windage Area}} p\mathrm{d}A \tag{2.48}$$

式中 p 为风压。稳性标准可能根据船舶类型固定风压 p，也可能需重新计算。IMO 对常规应用结构指定最小风压为 756 Pa(其中 504 Pa 为稳定风压)。风压通常通过阻力公式计算：

$$p = \frac{1}{2}C_{\mathrm{d}}\rho_{\mathrm{air}}U^2 \tag{2.49}$$

式中，C_{d} 为阻力系数；U 为极限风速。阻力系数可能根据甲板上结构的形状及其与风所成角度变化。对于 MODU 规范，一系列许用阻力系数通常用于风压计算中，并被监管机构普遍接受。外形的 C_{d} 必须通过模型试验确定。

风速可由规范确定。完整稳性计算中，风速常常高于 50 kn。对于永久系泊结构，该风速通常增加到 100 kn。

在特殊情况下，根据当地气象数据和特定应用(如新能源应用)，可接受其他的风速。必须进行充分的数据分析，以确定极限风速。阵风的影响也必须纳入当地的风力评估中。

并且，极限风速通常以平均水线面以上 10 m 高度位置的风速表达。对于风速中心高于 10 m 的船舶，应考虑风的剪力效应。许多规范给出风剪力计算公式。

2）海流载荷

海流载荷对稳性不利，尤其是如果预见海流作用方向与风力影响相反时。在极限风速基于气象数据确定情况下，应考虑海流影响。海流可以基于船舶湿表面积上阻力计算。必要时，海流载荷的影响应添加到倾覆力矩中，以评估稳性。

3）波浪载荷

波浪载荷为动态载荷。波浪载荷可通过添加适当的安全系数解决，这些安全系数可提供储备稳性，以抵抗这些动载荷及诱导运动(横摇和纵摇)。在某些情况下，高阶波浪载荷，如慢漂，与船舶系泊结合，可能会间接导致船舶纵倾或横倾。例如，系泊船舶可能会发生该情况。系泊阻止慢漂运动，并可能将船舶往一边拉倒。稳性计算应考虑这些不利的系泊影响。它们将在下面的操作载荷描述中解决。

4）冰载荷

冰载荷对稳性影响与船舶顶面结冰相关。船舶甲板上积冰导致船舶重量特性改变。特别地，甲板上冰盖的形成将可能影响以下几点：

(1) 船舶总排水量(质量)改变。这应转化为复原力矩曲线调整。

(2) 重心位置。甲板上冰将使重心高度增加，这对船舶稳性有不利影响。但冰盖可能分布不均匀，可能也将导致重心横向位置改变，进而导致船体横倾、纵倾或纵横倾同时存在。该影响应再次与复原力矩曲线修正关联。

(3) 在某些情况下，积冰可能增大风阻面积，因此影响倾覆力矩曲线。

冰载荷的影响应作为稳性工况中包含的变量。然而，冰载荷对如小型客船等小型船舶以及有较大甲板面积与排水量比值的船舶(船形平台)影响更大。

考虑冰载荷时，通常根据作业区域当地规范确定最大冰层厚度。所有在北冰洋、白令海和靠近南极的船舶都应考虑积冰的影响。IMO 稳性规范定义了需要考虑的最小结冰厚度以及发生结冰的准确位置。然而，当地政府可能会根据当地气象知识实施不同标准。

预期将在冰区航行的船舶应设计为尽量减少顶面结冰。

5）残留的波浪溅起水和雨水

如果由于大雨、波浪溅起或一些其他原因引起船舶甲板上积水，船舶稳性可能受到影响。积水对稳性的影响与冰载荷类似：船舶质量特性应调整以考虑积水。重心可能向上或向一边移动，并且排水量也可能增加，因此导致船舶复原力臂损失。此外，由于水线面部分损失，$\overline{GM}$可能会减小。

甲板顶面应设计足够的排水系统，以减少甲板积水。

2.5.2 静载荷

静载荷对应于船上永久安装和设备的重量。以下部分应包含在静载中：

（1）截至建造结束前，结构和永久安装系统的空船重量。

（2）任何永久安装的顶面结构。

（3）作业时，系泊预张力的相当重量。这对于系泊可能对船舶稳性有害的情况尤为重要。当系泊对稳性有影响时，可能会建议考虑系泊破损情况，以确保船舶在锚链断裂情况下仍能保持稳性。

2.5.3 动载荷

动载荷是船体结构中的可变重量，该重量各部分在船舶全生命周期过程可能变化或移动。例如，如果已经在甲板上的重物横向移动至一个新位置，平台重心也将移动，并且将出现横倾。结果，浮心将移动。当重心与浮心在同一铅垂线上时，结构将达到新的平衡。已经在甲板上的重物纵向移动时，也将使结构重心纵向移动，导致结构发生纵倾。动载荷包括：

（1）压载：船舶运行过程中，压载水可能由海水泵入，在液舱之间移动及泵出到海中。配载的这些改变影响船舶的重量特性。排水量随着压载水的泵入和泵出而改变。船舶重心也随之改变。所有这些影响必须在复原力矩曲线计算中加以考虑。应明确识别压载舱，并应对极限压载工况说明及用于稳性分析。配载中间过程的稳性也应分析。

另外，需特别注意部分压载舱自由液面的影响。在此类液舱中，船舶横倾将使液体向横倾方向移动，因此重心将进一步移动至倾斜边并可能增加横倾。这称为自由液面效应。对深舱（深度与宽度比较大的液舱），可在稳性分析中考虑自由液面存在使稳性高度降低（见第 2.4.5 小节）。对较浅的液舱或水移动可能达到液舱顶部的那些液舱，可能需对每个横倾角下的复原力臂进行修正。对于常规液舱的典型充满度（50%、95%和 98%），参数表通常是可用的。该类表格可以在如路易斯的海洋结构原理中找到。

（2）货物和乘客载荷。这些货物包括所有货物类型，从液舱中液化石油气到散货，也包括集装箱、汽车和乘客。对于液体货物，自由液面的影响比例应包括在稳性分析中，对复原力臂进行修正，正如上面描述的压载舱。自由移动载荷如谷物及散货船中的碎石，或悬挂载荷（渔船上渔网或吊机上货物）对稳性的不利影响也应考虑。对于货物和乘客，必须导出允许的动载荷范围，以及关联的排水量和重心。必须确保该载荷范围内稳性。国际和国家标准根据船舶类型和应用，通常设定货物和客运载荷大小和分布的最小要求。一般准则可以在 IMO 稳性规则中找到。

2.5.4 作业载荷

作业载荷相当于与船舶作业相关的附加载荷。作业载荷源于被动和主动控制系统，以及船上设备的使用。如果这些载荷对稳性有不利影响，那么它们必须计入稳性分析中。如果控制和系统有足够的冗余启动和维持船舶上负荷，那么稳性效应也必须包含在其中。作业载荷包括：

(1) 螺旋桨或推进器推进载荷和动态定位载荷，以及源于减摇装置的载荷。只有在减摇系统有足够冗余水平的情况下，后者的回稳效应才允许用于分析中。

(2) 慢漂引起的有害系泊载荷也应考虑在稳性分析中。

(3) 船边吊装重物：当重物在结构的一侧起吊，重心将升高并向吊起的重物一侧移动。结果，在新的浮心与重心位置达到同一铅垂线之前，结构将横倾或纵倾。

(4) 另外，应考查与船舶功能相关的所有载荷。例如，海上风机由于涡轮机上推力而具有特殊倾覆风载荷。类似地，波能转换装置可能受到来自发电机增加的静态和动态载荷。作业中的海上移动钻井平台(MODU)以及石油生产平台受到井口作业和立管的连接载荷。脐带与立管的连接对平台稳性有特殊意义，因为该连接将影响平台排水量和有效重心，这类似于系泊预张力对稳性的作用。

2.5.5 意外载荷

意外载荷由超出平台作业范围的事件引起。意外载荷包括碰撞、搁浅、货物损失等引起的载荷。此类事件造成的静力可能也要考虑在稳性分析中。

搁浅：如果船舶搁浅，那么船舶搁浅点将受到一个反作用力。该作用力产生一个横倾或纵倾力矩。回顾漂浮结构由于重力和浮力到达垂直平衡的情况，那么我们应将由于搁浅引起的反作用力添加到垂向平衡方程中，则船舶重量等于该反作用力与浮力之和。由于船舶重量保持不变，浮力必然减小，由于搁浅，船舶将如预期上浮(平行上浮)。

2.6 空船参数

2.6.1 技术和商业意义

正如前面部分所讨论，船舶稳性评估很大程度取决于设计者和操作者准确预估和控制排水量及重心位置的能力。如果船舶重量特性已知，这是有可能做到的。这意味着，尤其是以下几点：

(1) 船舶上货物、乘客和作业载荷容易理解，并可以在可接受的精度范围内计算。设计者通常做出假设，并在船舶作业手册中说明。作业人员有责任将货物和乘客载荷控制在该范围内。

(2) 必须充分计算船体结构以及所有永久系统的重量和重量分布。这些参数用于整个设计过程，以评估稳性。

作业之后可在作业手册中获得空船参数。结合已知货物情况，这些参数能用于重新准确计算船舶稳性特性。

为保证连续准确预估空船参数，监管机构制定了一些程序和指南。

2.6.2　监管方法

监管机构依靠对船舶全生命周期过程的审查和检测来确定给定船舶的空船参数为准确的。以下的三个阶段非常重要：

(1) 设计阶段的审查关注计划和设计计算的一致性。尤其是对稳性计算，水密和风雨密完整性，以及液舱自由液面计算的审查。空船参数在该阶段是预估的。

(2) 建造阶段，调查和检查以确保计划与船舶建造的一致性。它们也对船体空船参数进行试验检查。这是确定阶段。

(3) 运营船舶在整个运营期内都会定期检查，以确保计划的准确性。这是控制阶段。

监管机构给每个完成阶段颁发证书，以证明船舶设计、建造和运营满足国家、国际或船级社规范的要求。

2.6.3　预估

船舶设计和建造过程中，空船重量不能直接测量。相反，空船重量必须通过预估船体重量分布来计算。

这通过谨慎的重量控制得到。记录船上所有构件的重量和位置，并通过所有构件的总和计算空船的重量重心。建造计划应根据设计和建造调整持续更新，并应记录其对重量的影响。

现代软件，通过 3D 建模和大容量的数据库，通常能提供非常准确的重量重心计算。

2.6.4　确定

空船参数一般通过船舶建造和施工阶段的检测直接测量。尤其是以下试验和检查：

(1) 吃水线标志与设计图纸和监管机构要求一致性检查。吃水线标志位于船体周围，以读取船舶在任何载重线下吃水。如果吃水线标志位于首尾，也可用于确定船体纵倾和横倾。

(2) 船舶建造过程的其他稳性要素检查。尤其是，水密通常是通过对水密舱壁的气密性试验来确保。船体开口的水密和风雨密根据其位置进行检查。检查舱室尺寸和舱壁尺度以确保浮力和舱室尺寸与工程设计一致。

(3) 卸货时，船体没有任何货物和操作载荷下的重量可通过读取吃水线标志上吃水来验证。比较读取值与空船预估值，以预报船舶没有货物时重量，这即为空船重量。

(4) 最后，通常需进行倾斜试验来确保船体空船重量分布及船体结构重心的准确位置。不难理解，通过空船上每一个重物的力矩来确定重心位置是一项非常烦琐的工作(但当然也可以完成)。另一方面，通过空船的倾斜试验可以非常准确得到$\overline{KG}$值(下水或投入运营后)。倾斜试验包括将已知质量(通常为甲板上重物或如果允许，可为液舱内压载水)加载于船舶，并偏离重心。记录船舶试验过程中的横倾角，该角允许准确计算重心位置。倾斜试验中，使用摆锤(铅垂线)，如图 2.37 所示。使倾斜力矩等于重量改变的力矩，则有(船体平浮)：

$$w\overline{g_0 g_1} = \varphi W(\overline{KB} + \overline{BM} - \overline{KG}) \quad 或 \quad \overline{KG} = \overline{KB} + \overline{BM} - \frac{w\overline{g_0 g_1}}{W\varphi} \tag{2.50}$$

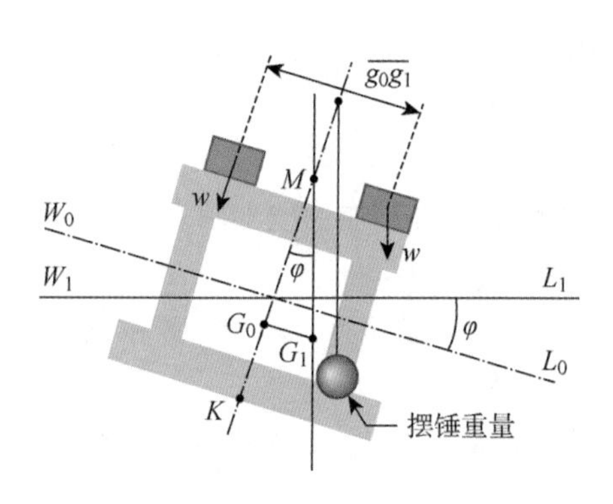

图 2.37　通过摆锤和重物移动进行倾斜试验

式中，$\overline{KB}$ 和$\overline{BM}$ 可通过船舶静水力曲线确定；重量通过 $W=\Delta$ 确定；一旦横倾角 φ 测量得到(因为摆锤长度和偏转可通过测量得到)，则可通过式(2.50)准确计算$\overline{KG}$ 值。该实验也可得到初稳性高度。也可通过多个重物的横向移动来提高精度。

倾斜试验中必须满足多个重要条件，即甲板上所有重物必须安全(或非常小)并在无风条件下。这些条件由认证机构规定，并必须严格遵守。比较计算重心和根据设计和建造图纸的预估值。为保证倾斜试验的成功，预估和测量位置之间误差预计在百分之几以内。这些试验也必须在船东、船级社或保险公司要求的海上检查下进行，例如，在结构大检修后。

当地机构和船级社参与这些检查，以确保其遵循批准程序。这些程序通常由国际标准设定，并根据船舶类型调整。标准确定船舶试验前的条件，可接受空船重量测量方式及倾斜试验范围。空船重量测量和倾斜试验结果必须提交给相关机构和对应验船师。它们被记录在船舶手册中，并可能进一步用于稳性计算。

对于同类船舶已建造，并且空船重量确认在一定可接受范围内的情况，当地机构可能不要求进行倾斜试验。空船重量和倾斜试验成功完成后，将给船东颁发证书。

2.6.5　控制

对船舶全生命周期进行空船参数控制。大多数类型船舶都需进行定期检查，至少每五年一次。至少可以在此类检查中通过查看吃水验证空船重量。测量吃水应根据给定货物条件对应预估载重线。通常需对改造或改装船体进行空船参数重新认证。

2.7　分舱

2.7.1　目的和衡准

由于与船(如与补给船)的碰撞及结构中因腐蚀或环境载荷等引起结构中产生的裂纹，海上平台易受进水影响。后者可通过定期检查加以注意。各程序可降低碰撞风险。然而，为了保证船舶在海上有足够的可靠性，船舶仍设计为能够在一舱进水的情况下保持足够的稳性。这通常通过分舱来确保。

与大多数商船类似，海上平台进行内部分舱。这些舱室，不管是空舱、压载或货物等液舱、机舱或生活区，都布置为防止进水在整个船体蔓延。它们之间通过水密边界(舱壁、甲板或平板)相互隔离。舱室之间开口通过提供封闭的方式防止进水，这些封闭方法的必须与其所在边界有相同的水密特性。

如果考虑破舱稳性，水密程度定义为完整稳性中定义的最恶劣极限水线和最终破损水线。水密边界设计为能承受破损水线下压头所引起的水压。

破舱稳性分析的目的旨在确保船舶内舱室布置能提供足够分舱，也就是说，当一舱进水时，船舶不会倾覆或下沉，并能避免渐进进水。

2.7.2　监管机构的要求

大部分类型海上船舶都受到地方当局和船级社的破舱稳性监管要求。然而，要求取决于船舶潜在损失对海上生命和海洋环境造成的风险。

在船舶内，经常对作业吃水情况下全部或部分与海相连的舱室及其他舱室加以区分。

最严格的要求适用于与碰撞破损相关的舱室。大部分规范都要求在规定范围内的任何内部舱壁或平板均假定为破损，那么与其相连的被这些舱壁分开的舱室均同时进水。破损范围水平方向定义为渗透深度，垂向定义为垂向破损范围。这些变量如图 2.38 所示。渗透深度和垂向范围随平台类型和功能变化。大部分海上平台的设计仅考虑1.5 m深度的水平渗透（参见 ABS MODU 规范及 DNV 海洋规范 C301）。结果，水密舱壁通常位于离外壳 1.5 m 更近的位置，以最大限度提高设计效率。

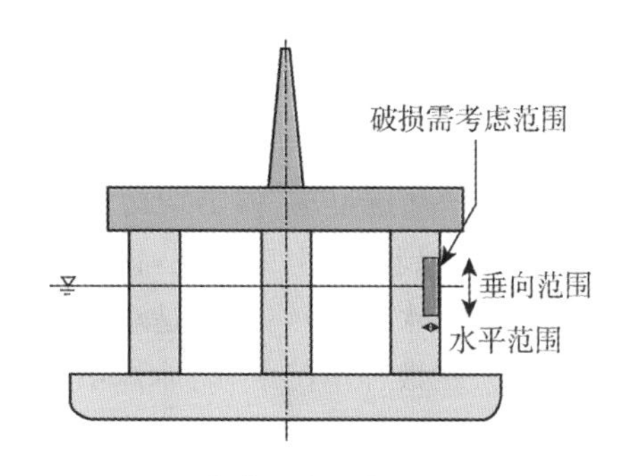

图 2.38　半潜平台船体破损范围说明

对柱稳式平台和深吃水平台，如 Spar 平台，破损的考虑可能仅限制为预先定义的水线区域垂直范围的舱室。碰撞破损也可能局限于平台外部，而忽略那些不太可能被靠近船碰撞的柱体和平台部分。然而，应考虑所有可能的运输和运营水线。对于其他类型平台，如自升式平台或船式结构物，所有龙骨以上与海相连的舱室均应考虑破损。

另外，根据装置的类型，稳性衡准可能也适用于所有舱室，不管它们的位置，或柱稳式平台中所有部分或全部处在运营水线以下的舱室。不管机舱位于何种位置，机舱进水可能也要考虑。

最终，分析中破损范围的考虑均由船级社规范及当地和国家规范确定，这些规范以与船舶相关的风险为基础。例如，设计为海上风力发电的柱稳式平台不需要满足碰撞破损的破舱稳性要求，与海上移动式钻井平台（MODU）不同，由于其不需要大型供应船，所以发生碰撞的风险很低。

设计者应根据以下几点确定哪些舱室可能进水需计算破舱稳性：

（1）船舶类型需考虑（船式、自升式平台、深吃水平台等）。

（2）船舶功能（海上移动钻井平台、居住、可再生能源生产等）。

（3）对应于设计的监管机构。如果平台预计入级，应适用给定船级社的规范。当地机构（如美国海岸警卫队）也有特定的要求。

2.7.3　破舱稳性和残余稳性

破损稳性衡准根据破损工况下的稳性特性计算。这些计算与完整工况下稳性计算很相似。与完整稳性类似，计算复原力矩和倾覆力矩曲线以评估破损稳性。然而，倾斜角通常以其余完整船体部分的平衡来定义。以下两种方法用于确定复原力矩曲线：

（1）浮力损失法：假定船舶总重量（或排水量）和重心在破损前后保持为常数。浮力在

水线面 W_0L_0 以下进水舱室部分损失，同样数量的浮力在 W_0L_0 和 W_1L_1 之间增加。该方法也称为恒定浮力法(这为更合适的术语)。在这种情况下，如果进水舱室没有液货或压载水，船舶质量特性是不会改变的。

水线和浮心将调整，以考虑操作吃水下浮力损失。船体由于进水将下沉，以恢复平台排水量，排水量由质量和附加静力(系泊预张力等)确定。调整的水线和浮心可以用于计算平台破损吃水和破损倾斜。倾斜以完整平直龙骨位置计算。如果进水舱室在任何相关横倾角下通过水线面，水线面面积可能也会受影响，导致船体水线面面积损失。

舱室和水线面面积的浮力损失导致稳心高度损失。复原力臂和力矩曲线与完整稳性工况计算相似。破损复原力臂在完整稳性倾斜角下的零纵倾角为负值。船体在平衡点恢复稳性，该平衡点确定破损倾斜角。

(2) 增加重量法：假定结构在进水后保持完好，尽管其平衡位置有所改变。通过假定一个重量增加到结构上来实现，该重量为一舱或多舱进水的重量。问题在于重量未知，因为它取决于最终水线，最终水线是求解必须确定的部分。当考虑一舱进水时，这提出一种迭代求解程序。在该种情况下，船体体积、浮心和水线面面积与完整稳性相同。

排水量和重心根据新的质量属性调整。计算破损水线，并且这将导致浮心位置的调整。破损倾斜角根据调整后浮力和重量之间平衡来计算。

表 2.2 列出破损后，使用两种不同方法时改变量和未改变量的对比。

表 2.2　破损稳性计算中浮力损失(或恒定浮力)法(LBM;CBM)和增加重量法(AWM)在舱室进水后，物理量改变和未改变对比表

量	损失浮力法	增加重量法
Δ, ∇	相同	不同
漂心	不同	相同
I_L, I_T	不同	相同
$\overline{BM_T}$, $\overline{BM_L}$	不同	不同
$\overline{GM_T}$, $\overline{GM_L}$	不同	不同
$\overline{KG}$	相同	不同
$\overline{KB}$	不同	不同
$MCTC$, $MCT1''$	不同	相同
TPC, TPI	不同	相同

注：除非破损舱室以上有水平水密舱壁(或平板)(且在完整水线以下)，否则舱室进水后，水线面保持完整。

可对任何破损舱室计算复原力矩曲线，因为根据上述的任意一种方法，复原力矩曲线均针对任何完整载重线。复原力矩曲线可能需根据内部自由液面来调整。可比较复原力矩曲线与静外力作用引起的倾覆力矩。倾覆力矩通常与平均风速相关，其强度小于完整稳性下考虑的强度。

应用一些衡准，以保证足够的破损稳性。用于破损稳性计算的主要变量如图 2.39 所示。

(1) 破损工况中平衡：对复原力矩曲线做分析，可得到基本信息。尽管在破损倾斜的零倾角的情况下,复原力矩为负值,但该角度时复原力矩开始再次变为正值。该角度必须远低于进水角。一些设计规范要求复原力矩在进水角前的预定义横倾角范围内必须保持为正值。

(2) 残余稳性:另外一些衡准通常用于验证船体具有足够的残余稳性。残余稳性可定义为船体复原力矩保持充足时(根据监管机构和船舶类型,复原力矩为正或大于作用的倾覆力矩)的横倾角范围。以柱稳式平台为例,定义复原力矩曲线和倾覆力矩曲线之间交点为第一、第二交角。该情况下残余稳性定义为第一交角与进水角或第二交角之间横倾角的差值。有时通过验证进水点位于第一交角的最终破损水线足够远来执行。最终破损水线定义为静载工况下破损船体最大平衡角,图 2.40 给出半潜式平台最终破损水线。更一般地,残余稳性通常定义为船舶复原力矩曲线为正值的横倾角范围。

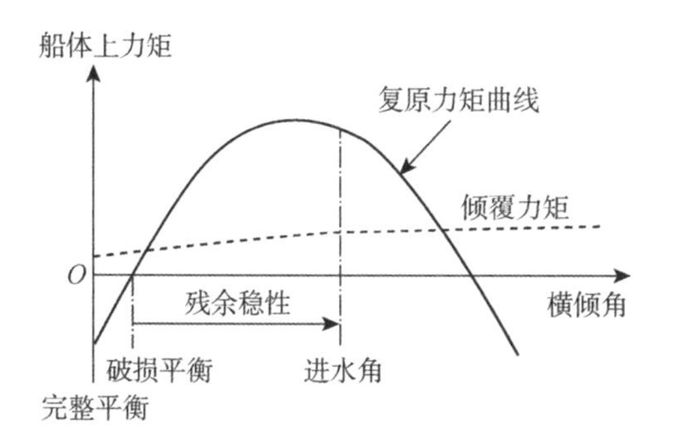

图 2.39　破损后复原力矩曲线(完整船体平衡位置下 0°横倾角)

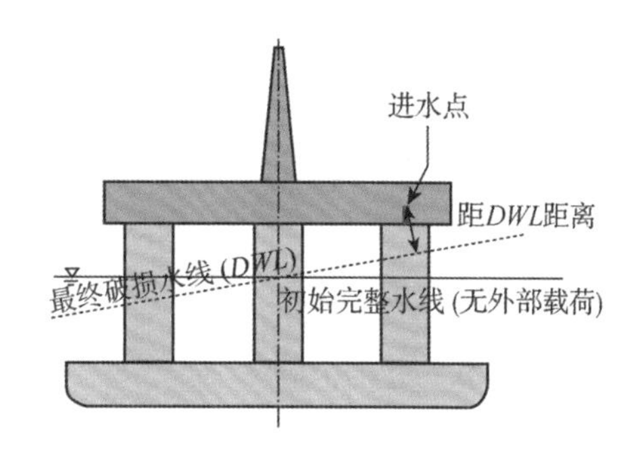

图 2.40　半潜式平台残余稳性相关的稳性衡准:最终水线(包括倾覆力矩)与进水点之间最小距离

2.8　分析

2.8.1　静态和准静态分析

静水力分析依赖于以龙骨为基准的排水量或吃水的船体外边界的定义以及船体重心位置。设计者可以基于这些数据,并使用本节提出的方法,通过商业工具或手算来确定相应的浮心、初稳性高度和复原力矩曲线。

对于复杂的几何体,设计者通常依赖于商业软件。这些软件可以计算船体水下几何不连续部分,并更新每一个倾斜角的稳性特性。

同样地,使用简单模型计算倾覆力矩。根据风向确定风阻系数数值,并以此计算风倾力矩。这可以通过对暴露于风中面积做任意方向投影的手工计算。另外,对于复杂形状的上层建筑,也可使用数值程序和商业软件计算。

2.8.2　基于动态响应的分析

常见的可替代稳性衡准设计基于响应的分析。随着数值分析进步和可靠性的提高,更容易证明对所有类型船舶使用一刀切规范和特定设计之间的差异。一些船舶类型相对其他类型对设计更敏感。移动式海上钻井平台中的半潜式平台尤其如此。相对于其他海上钻井平台,柱稳式半潜平台受到的约束更小,设计方法对平台在波浪中响应影响显著。然而,传统的稳性衡准捕捉不到更好的平台动态性能,从而对动态稳性更好的半潜式平台设计产生影响。

作为代替,已经推导出考虑船舶实际动态响应的稳性衡准,而不是预测平均值。一些船级社发表的规范提供了详细方法,以进行基于动态响应的分析。参考文献[2.10]中给出柱稳式移动海上钻井平台的案例。当采用基于动态响应的方法,舍弃复原力矩与倾覆力矩比值为常数的想法,取而代之的为以下几点考虑因素:

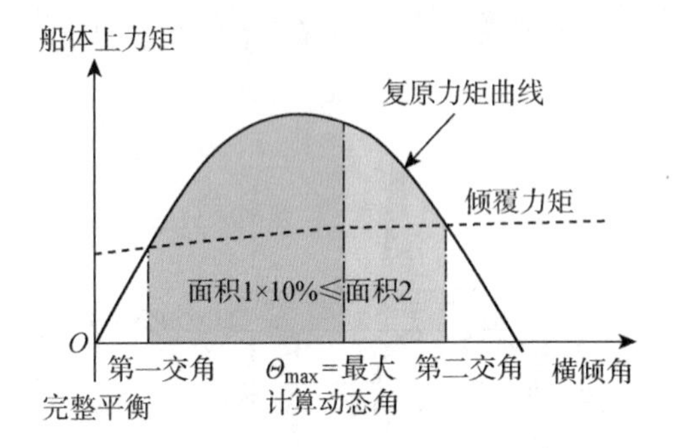

图 2.41　动稳性衡准

(1) 用动态角度衡准来验证最大预计动态倾斜角和倾覆力矩第二交角之间有足够的残余稳性。这通过最大动态角与第二交角之间能量至少为第一交角和最大动态角之间能量的 10% 来实现,如图 2.41 所示。这确保设计及加载和动态响应计算的不确定性。

(2) 用进水衡准来确保在风速降低的情况下,最大波峰和进水点之间有足够的间距。比较平均水线和进水点之间初始进水距离与进水距离的预计减少量。后者可通过 IMO 稳性规则和多家船级社指南中给定公式计算。该公式中包含安全系数,并考虑了平台相对运动。

这些衡准取决于船舶动态响应。通常有两种方法可接受。设计者可以根据集合特性和质量特性使用经验公式。或者,可使用完整的数值计算。如果这样,数值模型必须考虑作用在船上的线性和非线性载荷,而且如果必须校核,可能需要比较数值模型与测量数据的模型试验结果。

参考文献

[2.1]　P. Bouguer: Traité du Navire (Research Publications, New Haven 1746), Microfilm

[2.2]　B. Padmanabhan, R. C. Ertekin: Setdown of a catenary-moored gravity platform, Mar. Struct. 9(7), 721-742 (1996)

[2.3]　K. J. Rawson, E. C. Tupper: Basic Ship Theory, Vol. 1, 3rd edn. (Longman, London 1983)

[2.4]　W. Muckle: Muckle's Naval Architecture, Marine Engineering Series, 2nd edn. (Butterworths, London 1987)

[2.5]　E. V. Lewis: Principles of Naval Architecture: Stability and Strength, Vol. 1 (Society of Naval Architects and Marine Engineers, Alexandria 1988)

[2.6]　D. R. Derrett: Ship Stability for Masters and Mates, 5th edn. (Butterworth-Heinemann, Oxford 1999)

[2.7] A. Biran: Ship Hydrostatics and Stability, 1st edn. (Butterworth-Heinemann, Amsterdam 2003)

[2.8] O. M. Faltinsen: Sea Loads on Ships and Offshore Structures, Ocean Technology Series (Cambridge Univ. Press, Cambridge 1990)

[2.9] I. M. Organization: The International Code on Intact Stability (International Maritime Organization, London 2009)

[2.10] A. B. Shipping: Rules for Building and Classing Mobile Offshore Drilling Units-Part 3: Hull Construction and Equipment (American Bureau of Shipping, Houston 2014)

[2.11] D. N. Veritas: Offshore Standard: Stability and Watertight Integrity (Det Norske Veritas AS, Nøvik 2013)

第3章　波浪、流及风载荷

R. Cengiz Ertekin, George Rodenbusch

本章介绍作用在海上固定式或浮动式平台上的波浪、流和风载荷。在规则和不规则海洋环境中讨论线性波和非线性波。线性波是基于摄动方法的更普遍波动理论的子集。非线性波包括深水中的斯托克斯波、浅水中的椭圆波和孤立波。表述了大型和细长结构上的波浪载荷,并介绍其求解的方法,如格林函数法。对于大型结构,线性势流理论是在频域中提出的。然而,也讨论了时域法和漂移力。对于细长结构,引入了莫里森(Morison)方程及相关的阻力和惯性系数。

其次是波-流相互作用,各种类型的均匀和不均匀海流,波-流运动学,海流诱导力以及涡激振动。还介绍了许多重要的量,如多普勒频移,通过幂律的速度估计,升力和阻力系数。

通过稳定和不稳定的风剖面和风力,以及通过谱分析来讨论海上结构的风载荷。其他考虑因素包括模型测试和相似性法则部分以及各种物理量如何缩放为原型,商业和开源计算流体动力学(CFD)工具以及极端响应预估。

3.1　波浪力

3.1.1　线性波

线性波的特征是波幅与波长的比值为小量。假定流体不可压缩、无黏性并且无旋运动,那么质点速度 $\boldsymbol{u}$ 可按下式求得:

$$\boldsymbol{u} = \nabla \phi \tag{3.1}$$

式中 ϕ 表示速度势。由于假设流体不可压缩,根据 $\nabla \boldsymbol{u}=0$ 得出了连续(或质量守恒)方程。结果,连续方程可以变换成拉普拉斯方程:

$$\Delta \phi = 0 \tag{3.2}$$

也可以通过欧拉积分由下式求得:

$$\frac{\partial \phi}{\partial t} + \frac{1}{2} \| \nabla \phi \|^2 + \frac{p}{\rho} + g x_2 = \frac{p_A}{\rho} \tag{3.3}$$

式中,p_A 表示大气压;ρ 表示流体密度;g 表示重力加速度;x_2 表示垂向坐标(见图3.1)。式(3.3)用来确定压力,有时也称作不稳定的伯努利方程。这个方程是动量守恒方程的结果,不需要同时用质量守恒方程求解,因为这个方程只有一个未知数:速度势。

在任何物质表面,不管是否为自由面,都具有一般的运动学边界条件:

$$\boldsymbol{u} \cdot \boldsymbol{n} = \frac{\partial \phi}{\partial \boldsymbol{n}} = \boldsymbol{q} \cdot \boldsymbol{n} \tag{3.4}$$

式中，$\boldsymbol{u}$ 表示流体质点速度矢量；$\boldsymbol{q}$ 表示固体边界速度矢量；$\boldsymbol{n}$ 表示边界上的单位法向量，指向流体外。显然，由于表面没有流量，式(3.4)也是物面边界条件和海底边界条件。根据方程 $F(x_1,x_2,x_3,t)=x_2-\eta(x_1,x_3,t)=0$ 定义边界面，式中 η 为自由表面升高，同时要求略去 F 的随体导数，得到运动自由表面条件：

在 $x_2=\eta$ 时，

$$\frac{\partial\phi}{\partial x_2}-\frac{\partial\eta}{\partial t}-\frac{\partial\phi}{\partial x_1}\frac{\partial\eta}{\partial x_1}-\frac{\partial\phi}{\partial x_3}\frac{\partial\eta}{\partial x_3}=0 \tag{3.5}$$

自由面的动力学条件是压力是连续的，即在 $x_2=\eta$ 时，$p=p_A\cong 0$。

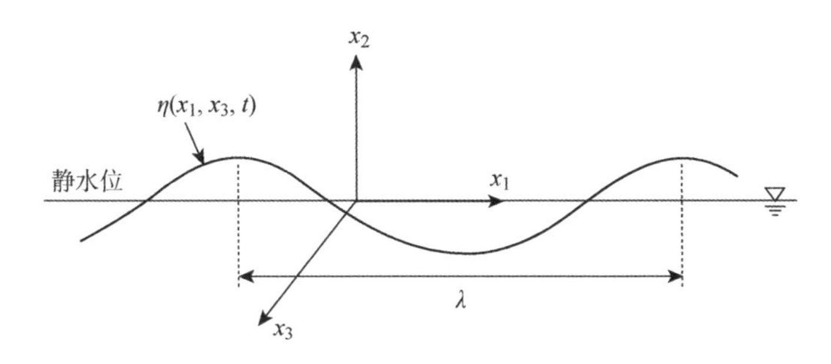

图3.1 一个波长 λ 的自由面

在这里，让大气压等于零而不失一般性。忽略表面张力，意味着波浪在这里不包含毛细波(波长小于1.5 cm)。因此，通过欧拉积分式(3.3)，得到动力学自由面条件：

$$\frac{\partial\phi}{\partial t}+\frac{1}{2}\|\nabla\phi\|^2+g\eta=0 \quad 在\ x_2=\eta\ 时 \tag{3.6}$$

与这些边界条件相关的两个困难是：①它们必须被强加在一个未知的边界上；②它们是非线性的。然而，请注意，控制方程式(3.2)是线性的。

摄动展开

为了克服求解非线性自由面边界条件相关的困难，一般采用对所涉及的量作摄动展开，然后对问题进行线性化。要做到这一点，通常假设波的运动是小的，因此，可以略去非线性项，因为它们的量级将小于线性项的。在这方面，可以假定速度势以及表面升高，可以作扰动展开，如果扰动参数 ε 等于 Ak，其中 A 是波幅，k 是波数，那么，$k=2\pi/\lambda$，式中 λ 表示波长。然而，在浅水波问题中，更愿意处理两个小参数，一个表示非线性，另一个表示长波的色散。

摄动级数是关于已知函数的未知函数的级数展开，只要未知函数与已知函数的偏差很小(例如已知函数是速度势，可以处处为常数；这相当于静止流体)。然后，可以写成：

$$\begin{aligned}\phi&=\varepsilon\phi^{(1)}+\varepsilon^2\phi^{(2)}+\varepsilon^3\phi^{(3)}+\cdots\\ \eta&=\varepsilon\eta^{(1)}+\varepsilon^2\eta^{(2)}+\varepsilon^3\eta^{(3)}+\cdots\\ \varepsilon&=Ak\end{aligned} \tag{3.7}$$

式中，$\phi^{(1)}$ 称作一阶速度势，$\phi^{(2)}$ 称作二阶速度势，$\eta^{(1)}$ 称作一阶表面升高，$\eta^{(2)}$ 称作二阶表面升高。式(3.7)中的展开式，在 $\varepsilon=0$ 时，没有流体运动，那么，ϕ 和 η 消失。

现在，如果波动很小，意味着 $\varepsilon\ll 1$，那么不需要任何必要的理由，在边界条件下替换这些展开式之后，去除所有的高阶项。此外，还可以对边界条件的每一项关于静止水面，$x_2=0$ 进行泰勒展开。例如，速度势的时间导数可以写成：

$$\frac{\partial \phi}{\partial t}(x_1, x_2 = \eta, x_3, t) = \frac{\partial \phi}{\partial t}(x_1, 0, x_3, t) + \eta \frac{\partial^2 \phi(x_1, 0, x_3, t)}{\partial t \partial x_2} + \cdots \tag{3.8}$$

因为 η 和 ϕ 很小，高阶项有时可以忽略。这意味着只有涉及 ϕ 和 η 线性项，并且必须在静水面($x_2 = 0$)，而不是在确切的边界面[$x_2 = \eta(x_1, x_3, t)$]去评估，这是需要和摄动展开一致的。因此，可以得到由式(3.5)和式(3.6)给出的边界条件的线性化版本。即

$$\frac{\partial \eta^{(1)}}{\partial t}(x_1, x_3, t) = \frac{\partial \phi^{(1)}}{\partial x_2}(x_1, 0, x_3, t) \quad (运动) \tag{3.9}$$

$$\eta^{(1)}(x_1, x_3, t) = -\frac{1}{g}\frac{\partial \phi^{(1)}}{\partial t}(x_1, 0, x_3, t) \quad (动态) \tag{3.10}$$

总之，一阶问题 $O(\varepsilon)$ 变成：

$$\begin{aligned} &\Delta \phi^{(1)}(x_1, x_2, x_3, t) = 0 \\ &\phi_{x_2}^{(1)}(x_1, -h, x_3, t) = 0 \\ &\phi_{x_3}^{(1)}(x_1, 0, x_3, t) - \eta_t^{(1)}(x_1, x_3, t) = 0 \\ &\phi_t^{(1)}(x_1, 0, x_3, t) + g\eta^{(1)}(x_1, x_3, t) = 0 \end{aligned} \tag{3.11}$$

其中下标表示相对于指示变量的分量。对于 $O(\varepsilon)$ 问题，由线性化欧拉积分给出流体任何位置的动压力：

$$p^{(1)}(x_1, x_2, x_3, t) = -\rho \phi_t^{(1)}(x_1, x_2, x_3, t), \quad x_2 < 0 \tag{3.12}$$

现在可以假设有二维或长峰的线性波，那么相关函数就不需要依赖于 x_3 坐标。当然，在代表海洋的实际情况的短峰波的情况下，不能排除对 x_3 的依赖。

现在假设有一个单色波，在正的 x_1 方向上传播，即

$$\eta(x_1, t) = A\cos(kx_1 - \omega t) \tag{3.13}$$

这里，A 表示波幅。方程(3.13)不依赖于运动坐标系中的时间，它是恒速(相位)由 $c = \omega/k$ 给出，换句话说，运动在运动坐标系中是稳定的。在一个固定的坐标系中，η 是正弦时变函数。因为 η 是周期性的，ϕ 也必须是周期性的，所以可以写成：

$$\phi(x_1, x_2, t) = \mathrm{Re}\{Y(x_2)\mathrm{e}^{\mathrm{i}[kx_1 - \omega t]}\} \tag{3.14}$$

式(3.14)是求解线性偏微分方程的变量分离法的结果。

通过执行动力学自由面边界条件和无流量海底条件，可以得到速度势的线性解

$$\phi(x_1, x_2, t) = \frac{gA}{\omega}\frac{\cosh[k(x_2 + h)]}{\cosh(kh)}\sin(kx_1 - \omega t) \tag{3.15}$$

然而，还没有用到式(3.11)中第三个方程给出的运动学自由面条件，当用方程(3.15)来执行这个条件时，得到了色散关系：

$$\omega^2 = gk\tanh(kh) \tag{3.16}$$

式中，h 表示水深；k 表示波数。在深水中，$kh \to \infty$，得出 $\omega^2 = gk$；在浅水中，$kh \ll 1$，得出 $\omega^2 = ghk^2$。

在深水情况下，入射波速度势的实部(或入射波势)变成：

$$\phi(x_1, x_2, t) = \frac{gA}{\omega}\mathrm{e}^{kx_2}\sin(kx_1 - \omega t) \tag{3.17}$$

通过式(3.15)给定有限水深的质点速度分量(线性)是有用的。

$$u_1 = \frac{\partial \phi}{\partial x_1} = \frac{gAk}{\omega} \frac{\cosh[k(x_2 + h)]}{\cosh(kh)} \cos(kx_1 - \omega t)$$
$$u_2 = \frac{\partial \phi}{\partial x_2} = \frac{gAk}{\omega} \frac{\sinh[k(x_2 + h)]}{\cosh(kh)} \sin(kx_1 - \omega t) \tag{3.18}$$

总压力(线性)可以通过欧拉积分求得：

$$p(x_1, x_2, t) = \rho g A \frac{\cosh[k(x_2 + h)]}{\cosh(kh)} \cos(kx_1 - \omega t) - \rho g x_2 \tag{3.19}$$

式中右边第一项代表动力学,第二项代表静水压力。

水质点加速度(线性)通过下式求得,即

$$\frac{Du_1}{Dt} \approx \frac{\partial u_1}{\partial t} = gAk \frac{\cosh[k(x_2 + h)]}{\cosh(kh)} \sin(kx_1 - \omega t) \tag{3.20}$$

$$\frac{Du_2}{Dt} \approx \frac{\partial u_2}{\partial t} = - gAk \frac{\sinh[k(x_2 + h)]}{\cosh(kh)} \cos(kx_1 - \omega t) \tag{3.21}$$

式中 D/Dt 表示物理量导数,这里只近似为局部时间导数,这是因为问题是线性的。表 3.1 列出了线性波的一些其他物理量。

表 3.1 线性理论产生的一些物理量

物理量	公式
粒子垂直位移	$\zeta = A \frac{\sinh[k(x_2 + h)]}{\sinh(kh)} \cos(kx_1 - \omega t)$
粒子水平位移	$\xi = A \frac{\cosh[k(x_2 + h)]}{\sinh(kh)} \sin(kx_1 - \omega t)$
群速	$c_g = \frac{1}{2}\left[1 + \frac{2kh}{\sinh(2kh)}\right] c$
平均能量密度	$E_m = \frac{1}{2} \rho g A^2$
能量通量	$P = E_m c_g$

3.1.2 非线性波

为了获得线性波的解,在最后一节引入的摄动展开在 $O(\varepsilon)$ 处截断。显然,这种展开式可以进行到更高阶,这通常应用在海洋工程和深海领域,可达到第五阶。更高阶微元波浪理论可以参考文献[3.1],它是基于在 $\varepsilon = Ak$ 的系统幂级数展开。可以在文献[3.2]中找到收敛的证明。施瓦兹利用计算机算法得到无限水深的展开到 $O(\varepsilon^{117})$。然而,由于代数的复杂性和渐近级数的快速收敛,除非水深很浅,通常不需要考虑 $O(\varepsilon^6)$ 以及更高阶的问题。但是,浅水中的斯托克斯展开一般会导致不准确的结果,因此,如果水深较浅,则不应该使用。相反,椭圆余弦波理论可用于浅水中。海洋工程中常用的第五阶斯托克斯波,由式(3.6)计算求得。

在使用泰勒级数展开函数及其导数后,将其替换为式(3.7)中所见的每一个摄动项的边界条件,可以得到在二维空间中的第一阶和第二阶运动自由面边界条件。

$$O(\varepsilon): \phi_{x_2}^{(1)} - \eta_t^{(1)} = 0, \quad O(\varepsilon^2): \phi_{x_2}^{(2)} - \eta_t^{(2)} = \phi_{x_1}^{(1)} \eta_{x_1}^{(1)} - \phi_{x_2}^{(1)} \eta_{x_2}^{(1)} \tag{3.22}$$

请注意,一旦一阶问题得到求解,那么式(3.22)中第二阶边界条件的右边项就是已知的,因此,它可以被视为位于静止水面处自由液面上一个施加或外部压力。

下面考虑式(3.6)中给出的二维动力学自由面边界条件。按照同样的步骤,也就是说,使用摄动展开中每个项的泰勒展开,就可以得到:

$$\phi_t = \varepsilon\phi_t^{(1)} + \varepsilon^2(\phi_t^{(2)} + \phi_{x_2 t}^{(1)}\eta^{(1)}) + \varepsilon^3(\phi_t^{(3)} + \phi_{x_2 t}^{(1)}\eta^{(2)} + \cdots) + O(\varepsilon^4)$$

$$\frac{1}{2}\{\phi_{x_1}^2 + \phi_{x_2}^2\} = \frac{1}{2}\Big\{[\varepsilon\phi_{x_1}^{(1)} + \varepsilon^2(\phi_{x_2 x_1}^{(1)}\eta^{(1)} + \phi_{x_1}^{(2)}) + \cdots]^2 + [\varepsilon\phi_{x_2}^{(1)} + \varepsilon^2(\phi_{x_2 x_2}^{(1)}\eta^{(1)} + \phi_{x_2}^{(2)}) + \cdots]^2\Big\} + O(\varepsilon^5) \tag{3.23}$$

然后,可以求得:

$$O(\varepsilon):\phi_t^{(1)} + g\eta^{(1)} = 0$$

$$O(\varepsilon^2):\ \phi_t^{(2)} + g\eta^{(2)} = -\phi_{x_2 t}^{(1)}\eta^{(1)} - \frac{1}{2}(\phi_{x_1}^{(1)^2} + \phi_{x_2}^{(1)^2}) \tag{3.24}$$

每一项 $O(\varepsilon)$ 和 $O(\varepsilon^2)$ 可以用动力学和运动自由面条件组合成一个等式。即

$$O(\varepsilon):\phi_{tt}^{(1)}(x_1,0,t) + g\phi_{x_2}^{(1)}(x_1,0,t) = 0$$

$$O(\varepsilon^2):\phi_{tt}^{(2)}(x_1,0,t) + g\phi_{x_2}^{(2)}(x_1,0,t) = -\eta^{(1)}[\phi_{ttx_2}^{(t)} + g\phi_{x_2 x_2}^{(1)}] - 2(\phi_{x_1}^{(1)}\phi_{tx_1}^{(1)} + \phi_{x_2}^{(1)}\phi_{tx_2}^{(1)}) \tag{3.25}$$

式(3.25)中第一个等式是式(3.11)中第三和第四个方程的分别组合形式。

值得注意的是,如果是无限水深,那么一阶势,后面会明确地给出,也会满足二阶问题:

$$\phi(x_1,x_2,t) = \frac{gA}{\omega}e^{kx_2}\sin(kx_1 - \omega t) + O(\varepsilon^3) \tag{3.26}$$

然而,二阶表面升高。即

$$\eta = \varepsilon\eta^{(1)} + \varepsilon^2\eta^{(2)} + O(\varepsilon^3) \tag{3.27}$$

与式(3.13)给出的一阶表面升高是不一样的。给出斯托克斯波的二阶和五阶求解。

接下来,简要地讨论另一种类型——发生在水深较浅时的非线性波。

3.1.3 浅水波

在相对较浅的水深当中,当波长大于 8 倍的水深时,斯托克斯展开式不再有效,必须使用另一种波浪理论。该理论称为椭圆余弦波理论,由文献[3.7]建立。

椭圆余弦波的无限长度极限称为孤立波。这些波通常用来模拟海啸在海洋中的传播和到达时间。近年来,基于 Green-Naghdi 理论的孤立波理论也得到了发展。

在文献[3.5]中列出了一些等式,可以用于工程计算椭圆余弦波和孤立波。

3.1.4 不规则波

可以认为不规则海浪是无限数量的正弦波(每一个都有不同的振幅和频率),其相位角是随机的。在一般情况下,每个组成波的振幅可以用 $A(\omega,\gamma)$ 表示,它本身是一个随机变量。这里,ω 代表波浪角频率,γ 代表入射波的航向角。由于波浪的这种随机性,需要用概率的方法来描述与汹涌的海洋有关的各种参数。首先,丹尼斯和皮尔森介绍了船舶运动中海洋流体动力学的概率描述。作为不同(但无穷小)高度和频率的规则波叠加的例子(见图 3.2),即使这种有限的规则波,当它们叠加时也会产生不规则的波形。而且,产生的不规则形状是

完全随机的，也就是说，波的振幅、频率或相位的微小变化将导致不规则波的不同形状（见图3.3，这也显示了频域和时域表示的波在长峰波中是如何相互联系的）。因此，不规则波不能通过它们的形状（表面升高）来识别。因为不能用它的形状来描述一个不规则的波，所以需要另一个标准来确定我们的方法。这个标准是，不规则波列的总（势能和动能）能量 E 是所有组成的单个波的能量之和。即

$$E=\frac{\rho g}{2}\{A_1^2+A_2^2+\cdots\}=\frac{1}{2}\rho g\sum_{n=1}^{N}A_n^2 \tag{3.28}$$

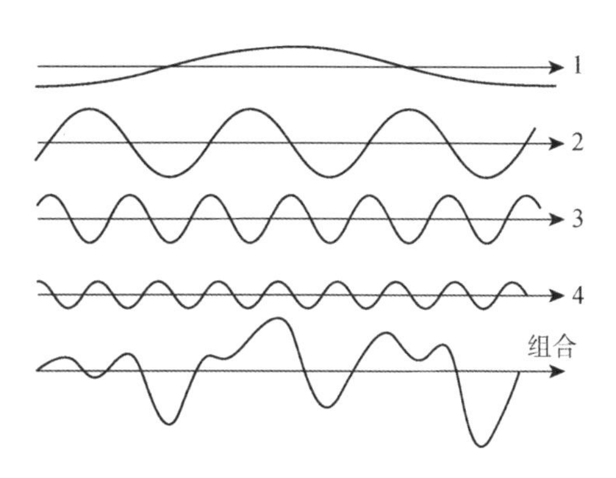

图 3.2　四个不同振幅和波长的规则波的叠加，形成随机波

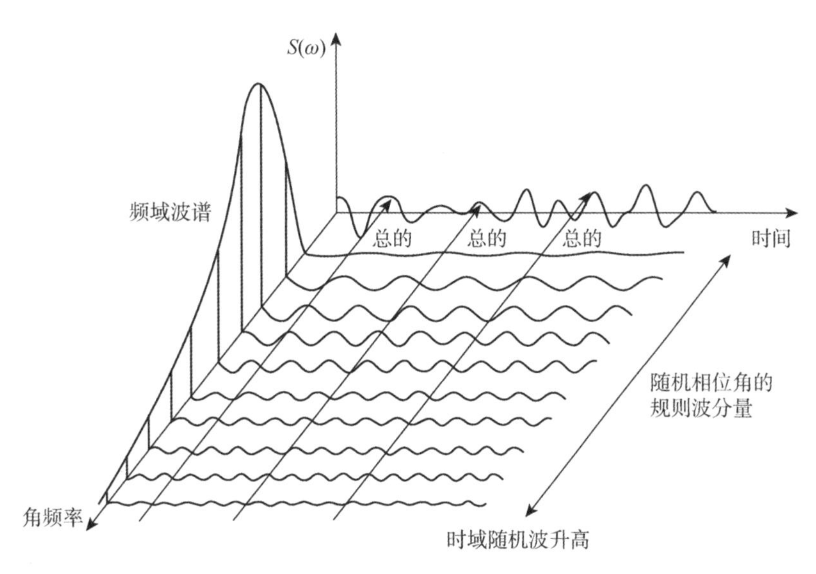

图 3.3　长峰波中频域和时域表示波的相互关系

这个概念把人们带入到多个频率波的能量谱中。在极限情况下，单个波的分量 N 趋于无穷，求和就变成了积分，例如：

$$\eta(x_1,x_3,t)=\mathrm{Re}\left\{\int_0^{\infty}\int_0^{2\pi}A(\omega,\gamma)\exp\{\mathrm{i}k(\omega)(x_1\cos(\gamma)+x_3\sin(\gamma))-\mathrm{i}\omega t\}\mathrm{d}\gamma\mathrm{d}\omega\right\} \tag{3.29}$$

式中波幅 $A(\omega,\gamma)$ 是一个随机量。式(3.29)允许所有可能的波向和频率。

波谱也可以通过考虑式(3.30)定义的自相关函数（表面升高）来计算：

$$R_{\mathrm{T}}(\tau)=\frac{1}{T}\int_{-\frac{T}{2}}^{\frac{T}{2}}\eta_{\mathrm{T}}(t)\eta_{\mathrm{T}}(t+\tau)\mathrm{d}t \tag{3.30}$$

给出了长峰不规则波系（单向）的单边波谱，即

$$S(\omega)=\frac{1}{2\pi}\int_{0}^{\infty}R_{\mathrm{T}}(\tau)\cos(\omega\tau)\mathrm{d}\tau \tag{3.31}$$

波系的总平均能量是

$$\bar{E}=\frac{1}{2}\rho g\int_{0}^{\infty}\int_{0}^{2\pi}S(\omega,\gamma)\mathrm{d}\gamma\mathrm{d}\omega \tag{3.32}$$

因为单色波的均方值是 $A^2/2$，所以可以表示一个随机过程，即

$$\eta(t)=\lim_{\Delta\omega\to 0}\left\{\sum_{n=1}^{N}\sqrt{2S(\omega_n)\Delta\omega\cos(\omega_n t+\varepsilon_n)}\right\}\quad N\to\infty \tag{3.33}$$

式中，ε_n 表示在区间 $0\sim 2\pi$ 中随机相位角的平均分布；$\omega_n=n\Delta\omega$。尽管选择不同的 ε_n 会产生不同的时间历程，但是所得到的波谱是一样的。$\eta(t)$ 表示谱密度与频率曲线下的面积。

考虑 $\eta(t)$ 的平均值，即

$$\langle\eta(t)\rangle=\frac{1}{T}\int_{0}^{T}\eta(t)\mathrm{d}t \tag{3.34}$$

以及标准差 σ，即

$$\sigma=\sqrt{\frac{1}{T}\int_{0}^{T}[\eta(t)-\langle\eta(t)\rangle]^2\mathrm{d}t} \tag{3.35}$$

标准差 σ 是衡量 η 偏离均值的程度。假设水面升高是零均值的高斯概率分布，那么方差 σ^2 变成：

$$\sigma^2=\langle\eta^2(t)\rangle=\frac{1}{T}\int_{0}^{T}\eta(t)^2\mathrm{d}t=\int_{0}^{\infty}S(\omega)\mathrm{d}\omega=m_0 \tag{3.36}$$

也就是说，谱密度函数下的面积是 $\eta(t)$ 的方差，m_0 称作谱的 0 阶谱矩。换言之，如果概率分布是高斯分布，那么 $\eta(t)$ 的均方根（RMS）等于式（3.35）给出的标准差，即

$$RMS=\sqrt{\langle\eta^2(t)\rangle}=\sqrt{m_0}=\sigma \tag{3.37}$$

任何波浪谱，例如平台运动或外力作用，都可以通过下式在随机波浪中得到：

$$S_y(\omega)=|H(\omega)|^2S_x(\omega) \tag{3.38}$$

式中，$S(\omega)$ 的模数（或量级）由传递函数 $H(\omega)$ 表示，也可以是一个关于频率的复变函数。换言之，输出的波浪谱与传递函数的平方成线性比例关系。一个典型的传递函数可以等于力除以波幅。这个力随着角频率 ω(rad/s)（有时也用圆频率，$f=\omega/2\pi$）的变化而明显变化。

只要系统是线性的，传递函数 $H(\omega)$ 就可以表示波浪力、波浪爬高、水面上升幅度等。换句话说，$L[\,]$ 是关于输入 $x(t)$、输出 $y(t)$ 以及它们之间的关系 $y(t)=L[x(t)]$ 的一个算子，必须有 $L[x_1(t)+x_2(t)]=L[x_1(t)]+L[x_2(t)]$。同时，对于任何常量 α，$L[\alpha x(t)]=\alpha L[x(t)]$ 都需要满足。这只是线性算子的定义。在这里，$x_1(t)$ 和 $x_2(t)$ 是两个输入，分别对应两个输出 $y_1(t)$ 和 $y_2(t)$。

对于窄带状谱（波中存在的大部分能量集中在一个很小的波频率范围内），可以用瑞利概率分布来表示任何物理量，即

$$\bar{y}^{1/3}\approx 4.0\sqrt{m_0}=4.0\sigma \tag{3.39}$$

式中，m_0 表示谱曲线下的面积；σ 表示式（3.37）给出的均方根（RMS）。如果 $y(t)$ 等于波高 $H(t)$，那么可以得到

$$H_{1/3} = 4.0\sqrt{m_0} = 4.0\sqrt{\int_0^{\infty} S(\omega)\mathrm{d}\omega} \tag{3.40}$$

式中，$H_{1/3}$ 表示有义波高；$S(\omega)$ 表示波浪谱。注意如果 m_0 作为响应谱下的面积，那么无论输出对应的是什么，$y_{1/3}$ 都会给出有义波高（双振幅）的力，如力矩、运动等。

如果对有义振幅响应感兴趣，如

$$F_{1/3} = 2.0\sqrt{m_{\mathrm{R}}} = 2.0\sqrt{\int_0^{\infty} S_{\mathrm{R}}(\omega)\mathrm{d}\omega} = 2.0RMS(\text{力}) \tag{3.41}$$

那么，将是有义力幅值，而 $S_{\mathrm{R}}(\omega)$表示力幅值的响应谱，即

$$S_{\mathrm{R}}(\omega) = |H(\omega)|^2 S_{\mathrm{W}}(\omega) \tag{3.42}$$

式中，$H(\omega)$ 表示力幅值的传递函数，即 $F(\omega)/A$；$S_{\mathrm{W}}(\omega)$ 表示波幅谱。

一旦知道了有义响应，就可以根据下式来预报（如果瑞利分布是有效的）短期设计极限：

$$y_{\mathrm{extreme}} = y_{1/3}\left(\frac{1}{2}\lg\frac{N}{0.01}\right)^{1/2} \tag{3.43}$$

式中，N 表示风暴期间预期遭遇的波数。如果风暴持续 3 个小时，平均周期是 15 s，那么 $N=3\times60\times60/15=720$，因此 $y_{\mathrm{extreme}}=1.5584y_{1/3}$。

有时可能知道由一个量的函数给出的波浪谱，例如波的圆频率或周期，可能需要把它转换成一个波频谱作为另一个量的函数。为此，必须谨记，无论使用什么坐标系统，波浪的能量必须保持相同（这叫做伽利略不变性），包括稳定运动之一。例如，在计算中使用波的圆频率 $f=1/T$（Hz）是很常见的。在这种情况下，可以通过下式将角频谱转换成圆频谱：

$$S(f)\mathrm{d}f = S(\omega)\mathrm{d}\omega, \quad \omega = 2\pi f \Rightarrow S(f) = 2\pi S(\omega) \tag{3.44}$$

到目前为止，已经研究了长峰波浪谱。海洋中的波浪实际上是短峰波，这意味着它们通常向不同的方向移动。如果波是多方向的，并且是短峰，主波航向角 γ，方向波能量谱密度可以写成

$$\bar{S}_{\mathrm{W}}(\omega,\theta) = S_{\mathrm{W}}(\omega)G(\theta)$$

$$G(\theta) = \frac{2}{\pi}\cos^2\theta, \quad -\frac{\pi}{2} \leqslant \theta \leqslant \frac{\pi}{2} \tag{3.45}$$

式中 θ 表示每个组成波的航向角，可以从主波航向角坐标轴测量；$G(\theta)$ 称作扩散函数，如果 $|\theta|>\pi/2$，则 $G(\theta)$ 可以设为 0。注意，存在着不同于式(3.45)的扩散函数。这是因为在特定的海洋场所中，一个特定的扩散函数更适合于观测数据。

一般给定位置的波谱是无法从观测数据中获得的。因此，必须使用一个或多个用于估算波谱的公式。在这里，总结了其中的一些内容，读者也可以参考其他著作，以便对主题进行更详细的分析。

布氏波浪谱是基于有义波高 H_{s} 和波峰（角）频率 $\omega_{\mathrm{p}} = 2\pi/T_{\mathrm{p}}$，式中 T_{p} 表示波浪谱的波峰周期，也就是说，它是双参数谱。对于充分发展的海洋，海浪谱表示为

$$S(\omega) = \frac{5H_{\mathrm{s}}^2}{16\omega_{\mathrm{p}}}\frac{1}{(\omega/\omega_{\mathrm{p}})^5}\exp\left\{-\frac{5}{4}\left(\frac{\omega}{\omega_{\mathrm{p}}}\right)^{-4}\right\} \tag{3.46}$$

波浪谱的维数是 L^2T。图 3.4 为一个布氏波浪谱的例子。

P-M 谱仅基于风速 U_{w}（m/s），它是单参数谱，由下式给出：

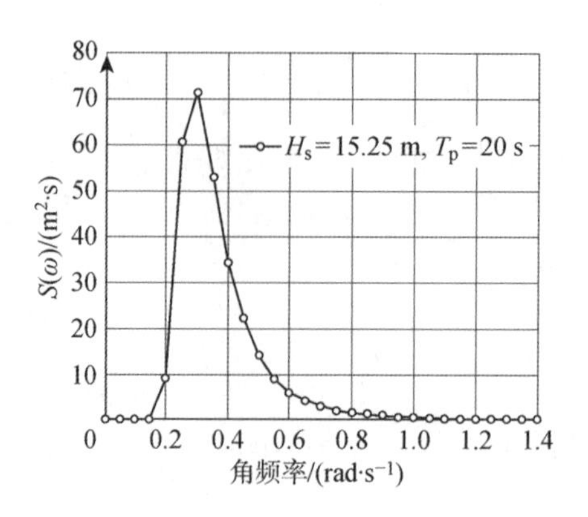

图 3.4　有义波高 15.25 m 以及波峰周期 20 s 的布氏波浪谱

$$S(\omega) = \frac{\alpha g^2}{\omega^5}\exp\left(-\frac{B}{\omega^4}\right) \tag{3.47}$$

式中，$\alpha=8.1\times10^{-3}$，表示菲利普常数；$B=0.74(g/U_w)^4$；g 表示重力加速度。有可能用有义波高 H_s 表示 P-M 谱，H_s 即三分之一波的平均波高。回想一下，H_s 是由式(3.40)给出，即

$$H_s = 4.0\sqrt{m_0} = 4.0\sqrt{\int_0^{\infty} S(\omega)\mathrm{d}\omega} = \frac{2U_w^2}{g}\sqrt{\frac{\alpha}{0.74}} \quad 或 \quad U_w^{-4} = \frac{0.044}{g^2(H_s)^2} \tag{3.48}$$

代入式(3.47)中，现在可用 H_s 来写一个单参数 P-M 谱。即

$$S(\omega) = \frac{8.1-3g^2}{\omega^5}\exp\left(-0.032\frac{g^2}{\omega^4(H_s)^2}\right) \tag{3.49}$$

3.1.5　大尺度物体

如果一个离岸结构物很大(一般来说，结构的尺寸，甚至可能每个构件都不比波长要小)，那么可以认为，与波浪载荷相关的黏性效应要比惯性效应小得多。在本节，在非黏性和不可压缩流体无旋流动的假设下，利用对于波陡很小的线性势流理论，讨论了在大型结构上的波浪力。

1) 势流理论

由于是线性系统，这意味着控制方程(拉普拉斯方程)和边界条件不包含任何非线性项，所有与响应有关的物理量应该与波幅成线性关系。结果表明，线性波浪对自由浮动结构的复杂问题可以分解为多个问题，每一个问题都比较容易求解。只要线性假设成立，那么所有的解的总和将是这个复变问题的解，也就是说波陡很小。

在没有向前运动的情况下考虑自由漂浮的物体。假设物体在六个自由度中做小运动，那么可以写成

$$x_j = x_j^0 e^{i\omega t}, \quad i=\sqrt{-1}, \quad j=1,2,\cdots,6 \tag{3.50}$$

每一个 x_j，$j=1,2,3$，分别指的是纵荡、垂荡和横荡的平移位移，以及每一个 x_j，$j=4,5,6$，分别指的是横摇、首摇和纵摇的角位移(或转动)，而 x_j^0 表示运动的复振幅。

由于波浪与物体的相互作用而产生的复总势能可以写成紧凑的形式，即

$$\Phi_T = \sum_{j=0}^{7}\phi_j(x_1,x_2,x_3)e^{-i\omega t} \tag{3.51}$$

式中，$\phi_0 \equiv \phi_I$，表示入射波势；ϕ_j，$j=1,2,\cdots,6$，表示辐射势；$\phi_7 \equiv \phi_D$，表示绕射势；都是独立空间变量的复变函数。入射波势仅由周期波在没有物体的情况下传播的，绕射势是由入射波冲击固定体引起的，而辐射势是由于物体在规定的运动模式中振荡，一次一个，是在没有入射波的情况下产生的。

式(3.51)中的每一个势能必须满足：

$$\nabla^2 \phi_j(x_k)=0,\quad x_k \in D$$

$$\frac{\partial \phi_j(x_k)}{\partial x_2}-\frac{\omega^2}{g}\phi_j(x_k)=0,\quad x_k \in S_f$$

$$\frac{\partial \phi_j(x_k)}{\partial x_2}=0,\quad x_k \in S_s \tag{3.52}$$

$j=0,1,2,\cdots,7$ 以及 $x_k \equiv (x_1,x_2,x_3)$（见图 3.5）。

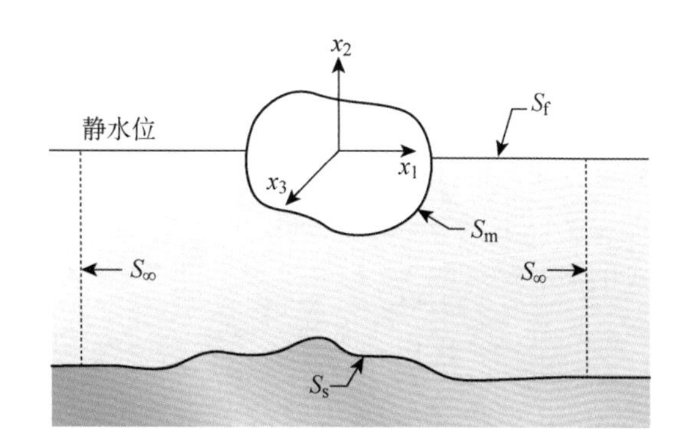

图 3.5　流体中的控制体积、物体界限、静水表面、海床和大的半径为 R 的控制圆柱

海底条件(这里使用的)表明水深是不变的(尽管这不是一个必要的假设)。

此外，必须有以下物体边界条件需要满足：

$$\frac{\partial \phi_j(x_k)}{\partial n}=n_j \quad j=1,2,\cdots,6, x_k \in S_m$$

$$\frac{\partial \phi_7(x_k)}{\partial n}=-\frac{\partial \phi_0(x_k)}{\partial n} \quad x_k \in S_m \tag{3.53}$$

所有的 ϕ_j，$j=1,2,3,\cdots,7$，除了入射波势，还必须满足索末菲尔德辐射条件：

$$\lim_{r\to\infty}\left[\sqrt{r}\left(\frac{\partial}{\partial r}-\mathrm{i}k\right)\phi_D\right]=0 \tag{3.54}$$

这个方程基本上说明了粒子速度→0，因为 $r\to\infty$，波浪是流出的。方程(3.54)称为辐射条件(或索末菲尔德条件)，用于水平面上无限范围流体(具有自由面)内的三维(3D)有界物体。请注意，在水平面有

$$r=\sqrt{x_1^2+x_3^2}$$

这个方程必须由绕射和辐射势来满足，而不是由入射势来满足。

总压力可以从线性化的欧拉积分中得到：

$$p_T=-\rho g x_2-\rho\frac{\partial \Phi_T}{\partial t} \tag{3.55}$$

合力($j=1,2,3$)和力矩($j=4,5,6$)可以从式(3.56)中得到：

$$F_{Tj}=-\int_{S_m} p_T n_j \mathrm{d}S \quad j=1,2,\cdots,6 \tag{3.56}$$

在式(3.55)右边的第一项的静水力和力矩可以写成：

$$F_{Si}=-k_{ij}^{(S)}x_j \quad i,j=1,2,\cdots,6 \tag{3.57}$$

式中，$k_{ij}^{(S)}$ 表示静刚度(或恢复)系数；$k_{22}^{(S)}=\rho g A_{WP}$ 表示垂荡的恢复系数；A_{WP} 表示物体的水线面面积。因为在水平面没有恢复力，很显然，如果 $i,j=1,3,5$，那么 $k_{ij}^{(S)}=0$。同时，请注意，在线性系统当中，对于刚度，$k_{ij}^{(S)}=k_{ji}^{(S)}$，也就是说，静水力刚度矩阵(张量)是对称的。对于弹性(或变形)体，也可以显示出来。

式(3.56)给出的合力和力矩包括静水力、波浪激励力和辐射力及其力矩。波浪激振力可以写成：

$$F_{Wj} = -\rho e^{i\omega t}\int_{S_m}\left(\frac{\partial \phi_0}{\partial t}+\frac{\partial \phi_7}{\partial t}\right)\eta_j \mathrm{d}S = AE_j e^{i\omega t} \quad j=1,2,\cdots,6 \tag{3.58}$$

式中 E_j 表示激振力除以波幅 A 的复数幅值。注意式(3.58) 包含傅汝德 — 克雷洛夫力($\partial\phi_0/\partial t$ 项) 和散射力($\partial\phi_7/\partial t$ 项)。

一旦求解了辐射势，就可以确定每种模式下物体运动所产生的水动力(或辐射)力。它们可以通过下式求得：

$$F_{Ri} = -\mu_{ij}\ddot{x}_j - \lambda_{ij}\dot{x}_j,\quad i,j=1,2,\cdots,6 \tag{3.59}$$

式中：

$$\mu_{ij} = \rho\int_{S_m}\phi_j^{(R)}\frac{\partial \phi_i^{(R)}}{\partial n}\mathrm{d}S$$

$$\lambda_{ij} = \rho\omega\int_{S_m}\phi_j^{(I)}\frac{\partial \phi_i^{(R)}}{\partial n}\mathrm{d}S \tag{3.60}$$

式中，$\phi_j^{(R)}$ 和 $\phi_j^{(I)}$ 分别表示第 j 阶辐射势的实部和虚部；二阶张量的分量 μ_{ij} 称作附加质量系数；λ_{ij} 称作波浪阻尼，或者简单地说是波浪阻尼系数。请注意，在无界流体情况下，没有自由表面，因此，没有波产生。阻尼系数是不存在的，因为没有能量被波携带到无穷远处。

考虑一个由自由表面、物体表面、海床以及虚拟的 $r=\infty$ 圆柱体封闭的控制体积，通过使用第二格林恒等式，可以证明 $\mu_{ij}=\mu_{ji}$ 以及 $\lambda_{ij}=\lambda_{ji}$。注意，如果没有向前运动，这些结果是有效的。它也可以通过物体上的流体与 λ_{ij} 成正比显示功完成的平均速率，因此，对于所有的 ω，矩阵 λ_{ij} 必须是正定的。尤其是对于所有的 $i=1,2,\cdots,6$ 以及 ω，$\lambda_{ij}>0$，但在某些情况下，$i\neq j$ 时，λ_{ij} 可能为负。

可能有附加在物体上的系泊缆绳来保持它的位置。这些系泊缆绳有助于恢复物体的运动，因此，可以被视为恢复系数：

$$F_{Mi} = -k_{ij}^{(M)}x_j,\quad i,j=1,2,\cdots,6 \tag{3.61}$$

它们可以在所有的运动模式中提供恢复(无论大小)，而不像流体静力学的恢复。

可以得到合成力和力矩：

$$F_{Ti} = -(k_{ij}^{(S)}+k_{ij}^{(M)})x_j - \mu_{ij}\ddot{x}_j - \lambda_{ij}\dot{x}_j + AE_i e^{-i\omega t} \tag{3.62}$$

式(3.62)包含系泊缆载荷[式(3.56)不包括]。

现在可以考虑利用牛顿方程控制物体的运动。这些方程可以写成：

$$F_{Ti} = m_{ij}\ddot{x}_j \quad i,j=1,2,\cdots,6 \tag{3.63}$$

式中：

$$m_{11}=m_{22}=m_{33}=m,\quad m_{44}=I_1,\quad m_{55}=I_2,$$

$$m_{66}=I_3,\quad m_{54}=m_{45}=-I_{12},\quad m_{46}=m_{64}=-I_{13},$$

$$m_{56}=m_{65}=-I_{23}$$

$$I_{jk}=\int_V \bar{x}_j\bar{x}_k\rho_B \mathrm{d}V,\quad I_1=I_{22}+I_{33},$$

$$I_2=I_{11}+I_{33},\quad I_3=I_{11}+I_{22} \tag{3.64}$$

式中对任何未确定的质量或质量矩，m_{ij} 都为零。如果 F_{Ti} 指的是一个坐标系，它是固定在物

体的平均位置 S_m，它的原点与物体的重心重合。这里，ρ_B 表示物体的质量密度。当 $i=j$ 时，I_{ij} 称为惯性系数矩，当 $i\neq j$ 时，称为惯性积。

现在可以设置式(3.62)等于式(3.63)，然后通过移项得到这个方程，即

$$(m_{ij}+\mu_{ij})\ddot{x}_j+\lambda_{ij}\dot{x}_j+(k_{ij}^{(S)}+k_{ij}^{(M)})x_j=AE_i e^{-i\omega t} \tag{3.65}$$

考虑式(3.50)，可以通过式(3.65)给出的运动方程，即

$$\frac{x_j^0}{A}=[-\omega^2(m_{ij}+\mu_{ij}-i\omega\lambda_{ij}+(k_{ij}^{(S)}+k_{ij}^{(M)})]^{-1}E_i \tag{3.66}$$

回顾 x_j^0 是复数，可以写成：

$$x_j^0=x_j^{0R}+ix_j^{0I}=|x_j|e^{-i\delta}$$

式中，δ 表示相对于入射波峰的运动的相位角。结果，式(3.66)转换成两组联立的 6×6 的线性方程组来求解运动响应 $|x_j^0|/A$。这个运动响应通常称作传递函数。传递函数的平方有时称为响应振幅算子(*RAO*)。然而，称传递函数本身而不是它的平方为 *RAO*，这并不少见。传递函数用于不规则海域分析确定一个浮体在不规则波的随机运动或随机响应。还应注意的是，传递函数也用于单位波振幅 A 的波浪力或力矩。

2) 求解方法

可以求解上述边界值的问题，得到绕射势和辐射势，从而计算水动力系数和波浪载荷。这些势能可以用三维源分布法评估。在无限水深中，脉动源势是一个复变函数，可在文献[3.27]中找到。这个格林函数可以用另一种形式表示。格林函数的另一级数展开也在文献[3.27]中给出。虽然这一级数展开更精确，计算效率更高，但与文献[3.27]中给出的积分形式相比，它仅限于 kr 不太小的情况。另一方面，文献[3.28]给出的格林函数的评估更为有效，而且在 kr 的大小方面没有任何困难。

分布源的未知强度积分方程的求解需要用板元离散物体表面。一旦通过约束物体边界条件确定物体边界上源的未知强度(由恒定板元离散)，绕射势和辐射势就可以确定。这些计算可以由一些商业上可用的计算机程序来执行。

格林函数也称为源函数，它是求解离岸和近海工程绕射和辐射问题的基础方法之一。有一种数值方法，称为边界元法(BEM)。然而，边界元法使用简单的 Rankine 源，而不是复杂的格林函数，因此，需要将流场的所有边界离散化。格林函数(GFM)需要离散的边界上有未知的强度分布奇点。例如，在浮体的线性问题的情况下，只需要离散物体边界。边界元法或格林函数与有限元法(FEM)不同，要求对整个流体域及其边界进行离散化来求解速度势和速度。有关边界元法的更多信息，读者可参考文献[3.29]。

求解流体力学问题的另一种方法是有限元法。相对于 GFM，这种方法的缺点是需要计算域中任何位置的 ϕ。而 GFM 法提供了特定的格林函数并且是可用的。另一方面，①有限元法得到了一个可以有效求解的带状矩阵；②在有限元法中计算的函数更简单；③相比 GFM，有限元法需要较少的数学和流体力学的知识。还有一种可以使用的数值方法是有限差分法，尽管它很少涉及浮体的流体—结构相互作用问题。

3) 时域方法

有时，前面讨论的频域方法不足以将某些非线性或相互作用纳入系统中，因此，需要借助于时域方法来计算离岸结构的载荷和/或运动。典型的例子包括流和波相互作用的问题，以及平台的低频运动。在大多数情况下，这些时域方法是基于以前通过频域方法计算的流

体动力学系数和载荷,并利用系统的频率和时间内容通过傅里叶变换来关联。值得注意的是,在这些计算中,一些载荷和/或运动方程可能是非线性的。

通过基于速度的卷积积分包含记忆效应。记忆效应的考虑主要是基于文献[3.30]、[3.31]和[3.22]的早期工作在时域里线性势流理论的应用以及文献[3.32]的研究。黏性的影响可能包括通过 Morison 方程的非线性阻力项。对线性和非线性时域运动计算方法的早期回顾可以在文献[3.33]中找到。这是一个重要的参考,因为它并不总是可以使用基于线性水动力系数的时域方法,或使用格林函数板元法的频域方法得到激振力,因为一些物理事件是非线性的,甚至是瞬态的。

在各种海洋工程问题上应用的时域方法有很多,包括波浪能转换(WEC)问题[3.34]。还有一些软件包,如使用了这些方法的 ANSYS AQWA。

4) 漂移力

目前讨论的一阶波载荷是时间谐波,因此不会产生稳定的分量。这主要是因为,在线性问题上,物体上压力的二阶分量在线性问题上被假定为零,见式(3.3)。很明显,如果这一项包含在内,即使使用了一阶(线性)的势,时间平均力也会是二阶的。此外,如果物体穿越表面,就会有一个与物体运动有关的附加项。在规则波中,这个平均力称为漂移力;在不规则波中,则称为平均漂移力;除此之外还有缓慢变化的漂移力。所有这些力,虽然与一阶力相比量级要小得多,但可能会变得非常重要,尤其是对于那些锚泊的物体,因为它们会由于系统中可能发生的共振而放大运动。

Maruo 表明[3.35],平均漂移力可以表示为与反射波振幅的平方成正比,并且由于反射波可以被认为是反射系数乘以入射波幅,所以平均漂移力可以看作是与入射波幅度的平方成正比。参考文献[3.36]利用远场辐射势(动量)方法获得浮体上的漂移力,这些在稍后被用来计算浮体上的漂移力和力矩。动量方法导致涉及 Kochin 函数的表达式。Pinkster[3.37]利用近场势能计算了所有六个自由度的平均漂移力和力矩,这个方法后来被文献[3.38]结合基于格林函数的板元法用于三维浮式结构。这些研究是针对单体;由于计划建造非常大的漂浮结构(VLFS),多体漂移力的计算变得非常重要[3.39,3.40]。

在不规则波的刚体上漂移力的缓慢变化分量首先由文献[3.41]进行了实验研究,之后文献[3.42]进行理论上的研究。

3.1.6 细长结构构件

细长结构构件被定义为其特征尺寸,如直径相较于波长是小量。考虑到这一点,讨论了有时用于海洋工程初步设计阶段的莫里森方程。

1) 莫里森方程

圆柱形结构构件上的波浪力,如一个平台或桩延伸到海底的浮箱或浮筒,当惯性和黏性力很重要的时候,将在这里讨论。由于 Navier-Stokes(N-S)方程的非线性和边界条件,许多人都试图简化对筒桩所受的波浪力的计算。大多数的研究都是基于实验测定的在 Morison 方程中[3.43]出现的惯性和阻力系数。Morison 方程发展成为针对有限的实验数据的一种特别方法。然而,由于在近海工程(自升式平台)和海岸工程(码头桩、桥梁柱等)中柱形桩的重要性,在几乎每个不同的案例中,都有很多关于适当系数的研究。几个不同的情况包括倾斜圆柱体、圆柱体组、粗糙圆柱体和水平圆柱体[3.5]。

Morison 方程的原始形式如下：

$$\delta F = (1 + C_a)\rho\pi\left(\frac{D}{2}\right)^2\dot{u}_1 + \frac{1}{2}\rho DC_d u_1 \mid u_1 \mid \tag{3.67}$$

式中，δF 表示截面[处于 x_2（垂直）方向] 水平力；D 表示竖直桩的直径；u_1 表示水平波速；$\dot{u}_1$ 表示波浪水平加速度；C_a 称为附加质量或虚质量系数；C_d 表示形状阻力系数。C_a 和 C_d 是无量纲系数。$C_m = 1 + C_a$，称为惯性系数。注意，不同于基于线性势流理论的 MacCamy 和 Fuchs 理论[3.44]，u_1 是粒子的速度，只取决于入射波，没有计入衍射效应。这样做的理由是由于圆柱体很细，因此衍射效应很小；因为所产生的误差很小，因而 u_1 和 $\dot{u}_1$ 在柱轴上进行了评估。

考虑一个振荡流，在无界流体中（没有自由表面或海床），周期为 $T = 2\pi/\omega$，速度 $u_1(t) = U\cos(\omega t)$，其中 U 是速度的幅值。作用于物体上（单位长度）的力的函数关系，其特征长度为 D，可以写成：

$$\delta F = f(U, D, \rho, \nu, T) \tag{3.68}$$

通过将量纲分析应用到式(3.68)中，可以得到：

$$\frac{\delta F}{\frac{1}{2}\rho DU^2} = C_d\left(\frac{UD}{\nu}, \frac{UT}{D}\right) \tag{3.69}$$

或者对于合力，有

$$\frac{F}{\frac{1}{2}\rho D^2U^2} = C_d(Re, KC) \tag{3.70}$$

式中，$Re = UD/\nu$，表示基于直径的雷诺数；$KC = UT/D$，称为 KC（Keulegan-Carpenter）数。对于 KC 数大值，当 $KC \gg 1$ 时，认为力系数 C_d 在式(3.70) 中接近稳定（形状）阻力系数的值，因此大 KC 数对应长周期。也就是说，

$$C_d(Re, KC) \rightarrow C_d(Re), \quad KC \gg 1 \tag{3.71}$$

当 $KC \ll 1$ 时，惯性效应将由黏性效应主导，因为时间持续的结尾必定形成边界层，不会出现流体分离。因此，基本上是非黏性流，因为 $Re \rightarrow \infty$，或

$$C_d(Re, KC) \rightarrow C_d(KC) \quad Re \gg 1, \quad KC \ll 1 \tag{3.72}$$

如果现在考虑一个周期自由表面的存在，就可以根据下式预测力，即

$$F = f(h, H, \lambda, D, \rho, g, \nu) \tag{3.73}$$

式中，h 表示水深；λ 表示波长；H 表示波高。事实上，通过量纲分析，这并不难求得：

$$\frac{F}{\rho gHD^2} = f\left(\frac{h}{\lambda}, \frac{H}{\lambda}, \frac{D}{\lambda}, Re\right) \tag{3.74}$$

如果问题是线性的并且流体是无黏性的，可以写成：

$$\frac{F}{\rho gHD^2} = f_1\left(\frac{D}{\lambda}, \frac{D}{h}\right) \tag{3.75}$$

因此，如果流体是无黏性的，则式(3.74)中给出的力系数只取决于 D/λ 的比值，因为刚体的几何尺寸和水深的比值即 D/h 是常数。所以 $F = F(\omega)$，式中 ω 表示通过线性色散关系与波长相关的波浪角频率。如果在上面的方程中明确地包含频率（或周期），KC 数也会出现。

考虑物体尺寸、波高和波长对垂直圆柱的力的影响（见图 3.6）。可以看到，因为 D/λ 变成小量，黏性效应（如分离）变得重要。对于圆柱体，如果 $D/\lambda > 0.15$，绕射效应更重要。图 3.6 中给出的 KC 为

$$KC = \frac{\pi H/\lambda}{\frac{D}{\lambda}\tanh(kh)} \tag{3.76}$$

在静水水位下进行评价，并用于有限水深。在无限水深，因为 $\tanh kh \to 1.0$，那么式(3.76)变成 $KC = \pi H/D$，此外，可以由图3.6推断，如果 $H/D > 1$，固定的 D/λ 比值的黏性效应变得很重要，因此，在工程计算中，建议对于延伸到海床的垂直圆柱：

- 如果 $H/D < 1.0$ 并且 $D/\lambda \geqslant 0.15$，使用绕射理论；
- 如果 $H/D \geqslant 1.0$ 并且 $D/\lambda < 0.15$，使用莫里森方程。

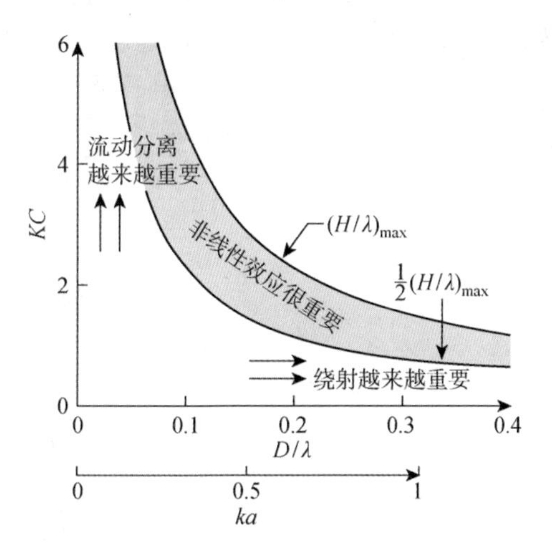

图3.6　不同波浪力机制

值得注意的是，这些应谨慎地用于其他几何形状的物体。在图3.6中，$(H/\lambda)_{max}$ 是最大波陡(在波浪破碎之前发生)，由下式给出(针对水深有限但算不上浅水的深度 h)：

$$\frac{H}{\lambda} = 0.14\tanh(kh) \tag{3.77}$$

在深水中，显然变成 $H/\lambda = 0.14$。

莫里森(Morison)方程是通过对惯性和阻力项求和得到的。这个总和没有合理性的基础，特别是因为系数 C_a 和 C_d 都是常数，并且可以很容易地显示出 $(1+C_a)$ 项只不过是傅汝德-克雷洛夫力和附加质量力之和，这两者都可以通过无黏流体和无旋流动假设获得。实际上，惯性和阻力系数也是波频的函数。然而，这个公式在海洋工程和海岸工程中广泛应用于确定细长圆柱体上的波浪和水流力，例如钻井立管或码头桩，而且相当成功。

显然，阻力项是非线性的。这导致使用莫里森方程的一个小问题，尤其是当物体自由漂浮时，因为 u_1 计算的位置是未知的，并且如果物体自由浮动，必须使用总相对速度而不是 u_1。为了克服这个问题，并且为了与线性假设一致，通过定义线性阻力系数来将阻力项线性化。还有一个原因使阻力项线性化，它与在不规则波中使用频谱分析有关，这要求系统是线性的。

为了解决线性阻力系数的问题，写出粒子速度的水平分量：

$$u_1 = u_0\cos(\omega t) \quad 位于\ x_1 = 0\ 处 \tag{3.78}$$

式中 u_0 是速度的幅值。波动方向的阻力变成

$$\delta F_d = \frac{1}{2}\rho DC_d u_0^2\cos(\omega t)\,|\cos(\omega t)| \tag{3.79}$$

线性阻力现在可以通过等同于阻力 δF_d 完成的净功(有差异的圆柱单元)来定义，阻力由式(3.79)给出，那么可以得到线性化的阻力，即

$$\delta F_{dL} = \frac{1}{2}\rho DC_{dL} u_0\cos(\omega t) \tag{3.80}$$

这意味着无论使用式(3.79)还是式(3.80)，耗散的黏性能量(每个波周期)都是相同的。因此，要求每个波周期有相等的能量耗散，必须有 $E_d = E_{dL}$。

$$E_{\mathrm{d}}=\int_0^{\lambda}\frac{1}{2}\rho C_{\mathrm{d}}Du_0^2\cos(\omega t)\mid\cos(\omega t)\mid \mathrm{d}x_1$$

$$=E_{\mathrm{dL}}=\int_0^{\lambda}\frac{1}{2}\rho C_{\mathrm{dL}}Du_0\cos(\omega t)\mathrm{d}x_1 \tag{3.81}$$

回顾 $u_1=\mathrm{d}x_1/\mathrm{d}t$ 或者 $\mathrm{d}x_1=u_0\cos(\omega t)\mathrm{d}t$，并且在 $0\leqslant t\leqslant T/4$ 时，$|\cos(\omega t)|\ \cos(\omega t)=\cos^2(\omega t)$，那么，对于常数 C_{d} 和 C_{dL}，总能量等于四分之一波长的能量的四倍，从式(3.81)可以得到

$$C_{\mathrm{dL}}=C_{\mathrm{d}}\frac{\int_0^{T/4}u_0^3\cos^3(\omega t)\mathrm{d}t}{\int_0^{T/4}u_0^2\cos^2(\omega t)\mathrm{d}t}=\frac{8}{3\pi}C_{\mathrm{d}}u_0 \tag{3.82}$$

注意 C_{dL} 为有速度的量纲，不像 C_{d} 为无量纲。

在线性势流理论中，水平速度的幅值由下式给出：

$$u_0=\frac{gAk}{\omega}\frac{\cosh[k(x_2+h)]}{\cosh(kh)} \tag{3.83}$$

将式(3.82)代入式(3.80)，可以得到：

$$\delta F_{\mathrm{dL}}=\frac{4}{3\pi}\rho DC_{\mathrm{d}}u_0^2\cos(\omega t) \tag{3.84}$$

需要注意的是，与这里讨论的方法不同，阻力项的线性化还有其他的方法。此外，请参见文献[3.47-3.49]关于海流存在以及随机波浪时的阻力的线性化。

在圆柱体的邻域内也可能有流。用 $u_c=u_c(x_2)$ 来表示稳定的剪切流速度。此外，圆柱体可能移动。在圆柱体延伸到海底的情况下，运动的唯一可能的方式是在水平面上，为 x_1-x_3，称为纵荡。然而，莫里森方程不仅用于确定固定式平台（如自升式钻井平台）上的波浪力，还用于浮动式平台（如半潜式平台），这些平台可能具有管状结构构件，如立柱、浮筒或支撑件。这些构件也可能是倾斜的，而不仅仅是垂直或水平的。因此，一般来说，对于结构运动可以具有三个平移和三个旋转（或角度）的速度分量。在这种情况下，式(3.67)中计算的速度必须是相对速度：

$$u_{\mathrm{r}}=u_{\mathrm{p}}+u_{\mathrm{c}}-u_{\mathrm{b}} \tag{3.85}$$

式中，u_{r} 表示相对速度；u_{p} 是质点的速度；u_{c} 表示流的速度；u_{b} 表示物体的速度。

2）阻力和惯性系数

莫里森方程中使用的阻力和惯性系数已经有许多实验研究。关于这个问题的最全面的文献[3.5]和文献[3.50]引用了几乎所有的惯性系数和阻力系数的实验研究成果。例如，图 3.7 和图 3.8 分别给出了光滑圆柱体的阻力系数和惯性系数，试验在 U 型水槽中进行，这些系数是 KC 数的函数，并且 $\beta=Re/KC$，式中 KC 表示库尔根-卡培数，Re 表示雷诺数（见第 3.1.6 节）。

一些组织也公布了它们推荐的系数，如文献[3.52]建议下列阻力系数和惯性系数（$C_{\mathrm{a}}=C_{\mathrm{m}}-1$），如图 3.9 和图 3.10 所示。

其他一些推荐使用某些系数的组织是美国石油学会、ABS（美国船级社）和造船与轮机工程师学会以及其他许多船级社，它们的出版物经常被管理机构引用。

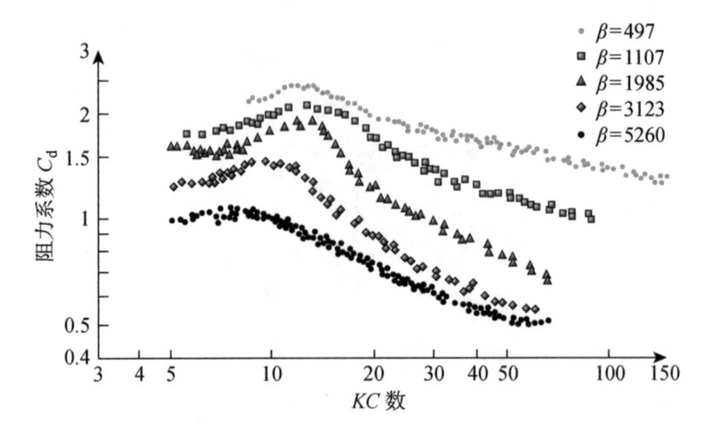

图 3.7　光滑圆柱体的阻力系数

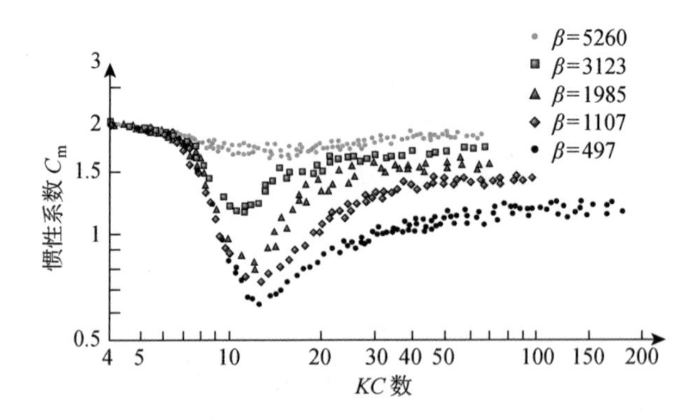

图 3.8　光滑圆柱体的惯性系数

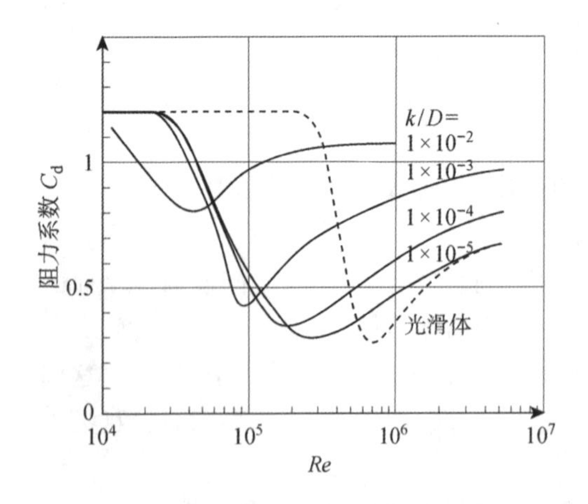

图 3.9　圆柱体的阻力系数，它是粗糙度和雷诺数的函数

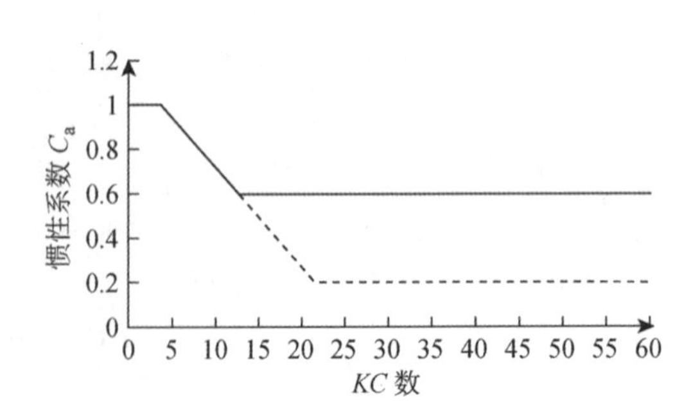

图 3.10　圆柱体的惯性系数，它是 KC 数的函数；实线代表光滑圆柱体，虚线代表粗糙圆柱体

3）黏性漂移力

黏性力的产生主要是由于在平台构件的瞬间浸没长度上存在阻力、流以及波浪-流相互作用的影响。习惯上，这些力是使用莫里森方程的阻力项来计算的，以确定平均力和力矩。1995 年之前对黏性漂移力的大部分研究集中在单个圆柱体的分析和/或实验结果上。例如，Chakrabarti[3.53]提出了一个垂直圆柱体的黏性和势能漂移力的解析表达式，并将预测结果与实验数据进行了比较，也讨论了黏性和势能贡献的相对重要性。

伯恩斯用莫里森方程的相对速度模型，考虑平台纵荡运动，确定物体与流体之间总的相对速度。本文还提出了一种求解非线性黏性漂移力传递函数的方法，该方法可用于确定不规则海洋中的平均和缓慢变化的纵荡漂移力。黏性漂移力对张力腿平台(TLP)的其他研究也仅限于分析纵荡漂移力和运动。Ertekin 和 Chitrapu[3.56]计算了 TLP 全部六个自由度的波-流引起的黏性漂移的力和力矩。在该项研究中，以及文献[3.57]中，平台在全部六个自由度的一阶运动，由频域的运动传递函数给出用于计算物体速度，所得到的相对速度用来计算漂移力和力矩。

由于漂移力是波高的非线性函数，所以不规则波中黏性漂移力的计算是复杂的。从规则波分析得到的结果来看，在流存在的情况下，黏性漂移力与波的振幅三次方成正比，而势能漂移力与波的振幅的平方成正比。利用规则波与谱分析方法相结合的方法，得到了不规则波中势能的漂移力。另一种方法是使用时域方法，在这种方法中，所有的非线性项都可以包括在内。然而，在初步设计阶段，对于不规则波中的黏性漂移力计算，虽然时域分析对于最终设计目的是必不可少的，但是频域方法仍是首选，因为其计算更高效。出于这个原因，正在进行几项调查，以开发计算不规则波中黏性漂移力的频域方法。

3.2　流载荷

在海洋工程中，水平流是人们感兴趣的。海流对于船舶锚定、安装工作、立管干扰和涡激振动(VIV)非常重要。在固定式和浮动式结构中，表层和中层流会引起轴向力和横向力。海底水流可能引起建筑物和管道周围的冲刷。这种冲刷可能破坏结构基础或在管道中产生无支撑的跨距。底部的流也可能导致无支撑管道产生涡激振动。

海洋中的流有许多成分。其中一些流延伸到几千米的深度，但人们却知之甚少。当前类型包括：① 潮汐流；② 风海流；③ 海洋环流；④ 边界流，包括回流和涡流；⑤ 内波和孤立波。

这些流分量的叠加产生总流。流可以用流剖面表示，给出速度和方向是深度的函数。

在海洋结构物设计中，流通常被认为是不随时间改变的，但在大多数情况下，它们(包括紊流)是速度和方向随时间变化的流。流通常以几分钟内水平流矢量的平均值为特征。图 3.11 说明了流的方向和大小在不同深度和时间上的变化。

对流的描述应包括该地区的一般环流模式，如潮汐流和风海流。在世界大部分地区，由于费用和需要长期观察来获取合理数量的严重事件，目前的数据稀少。然而，设计、安装计划和营运需要关于当前速度和方向的发生频率和季节性变化的信息。在可能的情况下，应在整个水体中获得特定地点的测量结果，并在足够的时间内捕获几个主要事件。当使用当前模型代替现场测量时，应该根据附近的测量数据对模型进行验证。

出于设计目的，应收集足够的海流信息，以允许估计 100 年(百年一遇的概率)事件。

3.2.1 非均匀流

海流在深度上很少均匀。海流剖面通常模拟为分段线性函数，使用深度、速度和方向的表格描述剖面。简单的剖面图，例如表面附近的均匀流和水中的零点，通常用于设计。为了设计计算，通常忽略或简化方向随深度的变化。当简化是保守的，并且没有不合理地增加成本时，就会使用这些简化。

一个地区的海流将是当地地形和海洋学的函数，包括密度分布和流入或流出该地区的流量(见图 3.12)。浅水流经常受到潮汐的驱动，速度与深度的简单剖面提供了足够的描述。如图 3.11 所示的深水流在速度和方向上随深度变化很大，可能需要更复杂的描述。

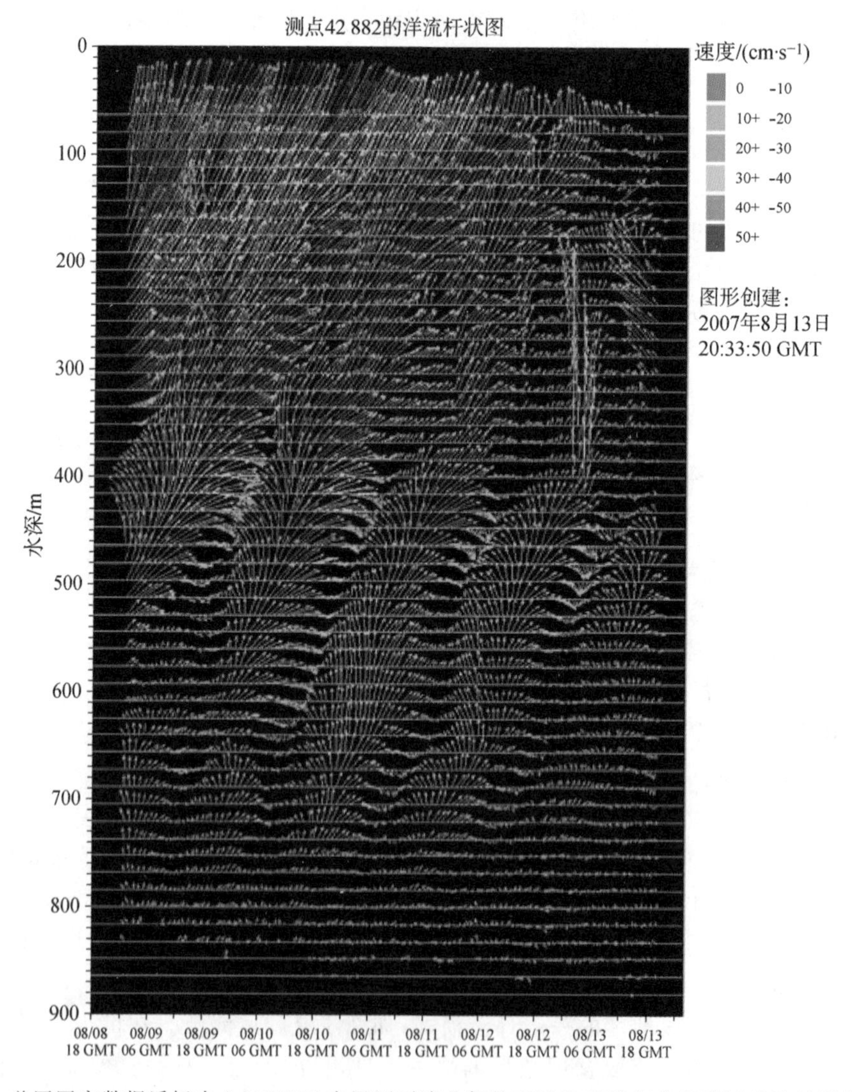

图 3.11 美国国家数据浮标中心(NDBC)在墨西哥湾北部的石油和天然气公司附近获取的洋流杆状图

浅水和近底流通常表现出幂律剖面，由下式给出：

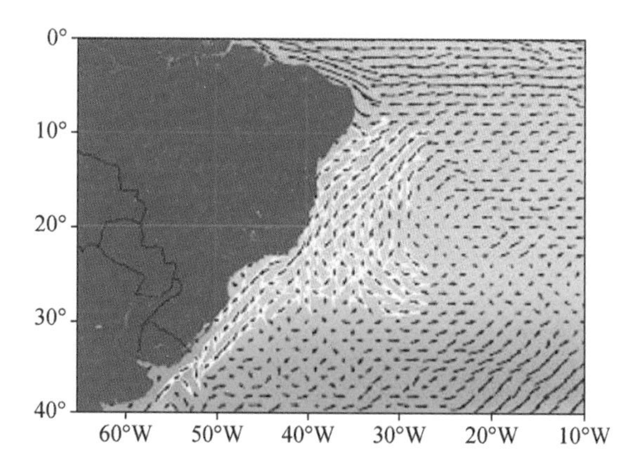

图 3.12　由马里亚诺全球表面速度分析(MGSVA)所代表的巴西洋流

$$U_c(z) = U_{c0}\left(\frac{z+h}{h}\right)^{\alpha} \tag{3.86}$$

式中，$U_c(z)$ 表示 z 方向的海流速度；U_{c0} 表示在表面 $z=0$ 处的海流速度；h 表示水深；α 表示指数(通常为 1/7)。

文献[3.62]描述了从长期测量的海流剖面数据集开发设计海流剖面的方法。利用经验正交函数对数据进行参数化，然后通过一阶逆可靠性方法(FORM)来选择具有所需返回周期的设计海流剖面。

3.2.2　波浪-流相互作用

当波在海流上传播时，波遭遇到固定体的频率不同于波的固有频率。波的固有频率取决于波长和波动力学。从固定平台收集大量波数据以测量遭遇频率。这种固定平台的数据必须校正到固有频率，因为标准的波谱通常用固有频率表示。

对于有效的流速 U，与波的方向相同，遭遇波的频率比波频率高。遭遇频率是 $\omega_A=2\pi/T_A$，T_A 是一个固定观察者看到的遭遇周期。这两个频率与多普勒频移有关，即

$$\omega = \omega_A - kU \tag{3.87}$$

式中，k 表示波数；ω 表示固有频率。式(3.87)中的最后一项称为对流频率。多普勒效应是根据波的方向上环境流的分量计算的。如果当前剖面不均匀，Kirby 和陈[3.63]表明，遭遇波周期是从式(3.87)和下列方程中计算出来的。

$$\omega^2 = gk\tanh(kh) \tag{3.88}$$

$$U = \frac{2k}{\sinh 2kh}\int_{-h}^{0} U_c(z)\cosh[2k(z+h)]\mathrm{d}z \tag{3.89}$$

式中，h 为水深；$U_c(z)$表示海流剖面。

波谱公式(见第 3.1.4 节)中的频率参数是固有频率。一个固定式或浮动式的稳定结构在有海流的波场中的响应是对遭遇频率而不是固有频率的响应。对于波浪响应计算，应将波浪频率谱转换为遭遇频率谱。每个频带的波能独立于参考坐标系，因此 $S(\omega)\mathrm{d}\omega = S(\omega_A)\mathrm{d}\omega_A$。式(3.87) 用于频率变换，其中波数 k 是固有波频率 ω 的函数，固有波频率 ω 通过式(3.88)得到。

3.2.3 波流动力学

通过将海流矢量添加到波速矢量中，可以简单地建立在均匀流中传播的波的动力学模型。当海流剖面通过波区显著变化时，这个简单的模型就不适用了。业已提出了几种建立组合规则波和流速模型的近似方法。这些近似是在没有海流时估计自由表面附近波动运动的近似的扩展。

从平均水线到底部定义海流剖面。波浪改变自由表面的位置，并且当它们通过时改变海流的剖面。

海流剖面的线性变换包含拉伸因子 F_s：

$$F_s = \frac{\eta + h}{h} \tag{3.90}$$

式中，η 表示从静水面向上测量的水面升高；h 是静水深度。

在瞬时水面下方转换后的海流是 $U_c\left(\frac{h+z_s}{F_s} - h\right)$，式中 z_s 是从静止水位向上测量的高度，$U_c(z)$ 表示无波浪的海流剖面。线性拉伸的海流剖面与文献[3.66]所应用的线性波动力学的拉伸完全类似。

在高度 z_s 处的非线性变换海流是 $U_c(z)$，式中 z 通过求解下式来确定：

$$z_s = z + \eta \frac{\sinh[k_{nl}(z+h)]}{\sinh(k_{nl}h)} \tag{3.91}$$

式中，k_{nl}是考虑水深 h、波峰高度 η 和固有波频率 ω 的规则波的波数。k_{nl}使用非线性波理论的色散关系来计算。

上述非线性规则波方法的简单修改可以用于非规则波。在这种情况下，波周期和波长对应于谱峰频率的周期和波长。

一旦海流剖面被转换成对应的瞬时波，一个高度处的总水平水流速度就是该高度处的水流矢量和波速矢量之和。

3.2.4 流诱导力

海上结构物上的海流引起的力通常被模拟为恒定的。这些力是非线性的，因此必须考虑波和结构物运动的相互作用。稳定流中的结构物的构件经受与流速的平方成比例的阻力。

$$f = \frac{1}{2}\rho U^2 A C_d \tag{3.92}$$

式中，ρ 表示流体的质量密度；U 表示流速；A 表示构件的面积；C_d 表示阻力系数。阻力系数是雷诺数(Re)和表面相对粗糙度(e)的函数(见第 3.1.6 节)。

这个相同的阻力是振荡流中一个构件上的力的一个分量，用莫里森方程(见第 3.1.3 节)计算。在振荡流动中，阻力系数也是已经在第 3.1.6 节中讨论的库尔根-卡培(KC)数的函数。还要注意，由于莫里森方程中的阻力项的二次非线性，稳流速度和振荡波诱导速度的组合导致物体上的平均阻力增加。

海流还会引起垂直于海流方向、被称为升力的非线性时变力：

$$f_L = \frac{1}{2}\rho U^2 A C_L \tag{3.93}$$

式中，C_L 表示升力系数。即使在稳定的流动中，升力也是随时间变化的。因此，升力系数在一段时间内反映了 RMS 升力或最大升力，包括升力的多个振荡。这些横向力也被称为涡激力，当在结构尾流中的涡流脱落周期接近结构的自振周期时，可能导致细长结构自由振动的大变形称为涡激振动(VIV)或柔性结构的大变形称为涡激运动(VIM)。物体尾流中涡流的脱落也会引起与海流方向一致的不稳定力。这些不稳定的内联力通常小于横向力，比平均内联海流力小得多。不稳定的内联力通常发生在横向力的两倍频率处，当它们以接近结构的固有振动频率的频率发生时可引起显著的运动。

看起来流可穿透的结构会引起明显的流阻塞。这种结构使一些流绕着结构转动，而不是通过它。海流以降低的速度流过这些结构。结构设计者可能对减少的水流计算感兴趣，特别是布置大量套管或立管时。在文献[3.67]中提供了关于导管架平台的水流减速系数范围在 7 至 9 之间。将这些因素应用到未受扰动的流剖面，以获得水流力的计算。

位于另一物体上游的几个直径范围内的物体的尾流将影响下游物体上的力。屏蔽将减少下游物体上的阻力，尾流中的切变会引起对下游物体的升力。阻力和升力取决于物体的间距。在湍流尾流中，下游 x 点、横向距水流 y 处的平均流速为

$$U_w = U - k_2 U \sqrt{\frac{C_d D}{x_s}} e^{-0.693\left(\frac{y}{b}\right)^2} \tag{3.94}$$

$$x_s = x + \frac{4D}{C_d} \tag{3.95}$$

$$b = k_1 \sqrt{C_d D x_s} \tag{3.96}$$

式中，经验系数 $k_1 = 0.25$；系数 $k_2 = 1.0$；D 表示上游圆柱体直径；C_d 表示上游圆柱体阻力系数。上游尾流中的水流速度用来计算下游物体的阻力。

屏蔽可能是有益的，因为它减少下游物体上的力；如果减少的力导致物体之间的距离减小，造成碰损，则可能是有害的。这种碰损对于深水中密集的立管尤为令人关注。

对于包含多个紧密间隔柱体的布局形式，应该使用可能由计算流体动力学(CFD)支持的实验数据。否则，应忽略干扰效应，在需要考虑相互冲突的情况下，应该考虑有益的实验。

利用莫里森方程计算海流力(见第 3.1.6 节)。当波浪引起的水运动的局部振幅大于所考虑的构件的半径时，应考虑水流和波速的叠加。在计算力之前，应增加水流矢量和波速度矢量。由于在莫里森方程中阻力的非线性特性，水流可以影响动力，因此当动力学很重要时，应当建模。

3.2.5 涡激振动

涡激振动(VIV)可由任何流体流过结构引起。旋涡在结构的尾流中脱落，引起垂直于流动方向的力，可能会导致垂直于流体的运动，反过来又可能加强旋涡脱落。这可能导致大的振荡，特别是在长轴方向的细长的物体上。

影响涡激振动(VIV)的参数包括：细长比 (L/D)，质量比$(m^* = m/(1/4\pi\rho D^2))$，阻尼系数$(\zeta)$，雷诺数$(Re = UD/\nu)$，折算速度$[V_R = U/(f_n D)]$以及流动特性，如振动、紊流$(\sigma_U/U)$以及剖面形状。其中 L 表示构件长度，D 表示构件直径，m 表示单位长度质量，ζ 表示阻尼和临界阻尼之间的比值，ρ 表示流体密度，f_n 表示构件自振周期，σ_U 表示流速的标准偏差。

对于稳流，旋涡脱落频率为

$$f_s = Sr\frac{U}{D} \tag{3.97}$$

式中，Sr 表示斯特劳哈尔数。在稳流中的光滑固定的圆柱体，斯特劳哈尔数是关于雷诺数的函数，如图 3.13 所示。

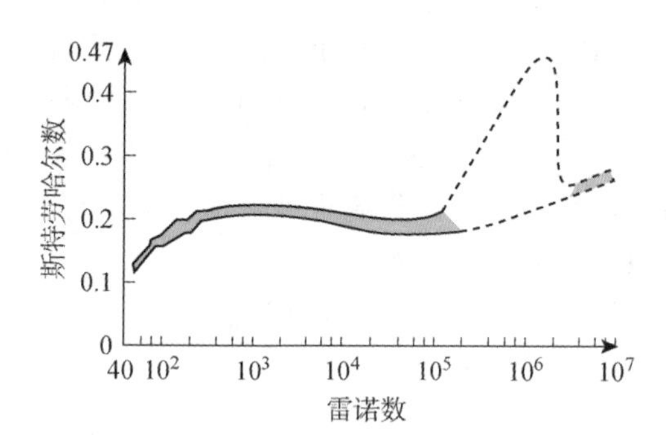

图 3.13　光滑圆柱体的斯特劳哈尔数

当涡流脱落频率与振动的固有频率一致时，可能会出现大振幅运动。这种现象称为锁定(lock-in)，因为运动和涡流脱落将在一定的流速范围内发生在物体的固有频率上。由于流体引起的附加质量变化，物体的固有频率可能与静止水中观察到的频率不同。锁定可以发生在与流动一致的方向上，也可以与流动方向垂直。当折减速度 V_R 接近斯特劳哈尔数的倒数时发生锁定。

质量比 m^* 是物体质量和流体力相对重要性的指标。高的质量比表示流体力相对于物体惯性较小。对于低质量比，例如水中的管道，锁定范围为 $3<V_R<16$；对于高质量比，例如空气中的电线，锁定范围为 $4<V_R<8$。

细长构件上的涡激振动(VIV)会造成疲劳损伤，可能会增加构件的阻力系数，造成额外的载荷并可能发生碰撞，也可能激发下游物体的振动和涡激振动(VIV)。

结构物对流体诱导振动的响应可以通过模型试验，基于响应的方法，基于力的方法或基于流动的方法来预估。基于响应的方法使用结构和水动力参数的函数预估系统的稳态响应，这些参数是保守的实验数据包络值。基于力的方法利用由经验数据确定的惯性和阻尼力激发的结构模型，试图明确地建立流动模型，并且包括求解与结构模型耦合的纳维-斯托克斯(Navier-Stokes)方程的 CFD。

涡流脱落也可能引起漂浮的船体运动。这些运动很重要，因为这些运动会影响系泊和立管设计。横流振荡通常大于顺流振荡，因此是最受关注的。对于像单柱式平台(Spar)这样的大圆柱体，涡激运动(VIM)的振幅可以达到直径的 80%。使用抑制装置可以将这个数值减少到 40%或更少。通常使用模型试验来估计这些结构在具有和不具有抑制装置的情况下的运动。

涡激振动(VIV)的抑制通常是利用破坏尾流并且减少沿着结构的涡流脱落的连贯性的装置完成的。这可以通过鳍翅来完成，并有助于保持尾流对称并减小脱落涡流的大小。尾流也可以通过用螺旋板条或螺旋线条包裹构件(见表 3.2)使其沿长度方向不规则。

表 3.2　螺旋板条和螺旋线条效率

	线圈数	螺旋板条高度	螺距	升力系数 C_L	阻力系数 C_d
螺旋板条	3	0.11D	4.5D	0.238	1.6
	3	0.11D	15D	0.124	1.7
螺旋线条	3～4	0.118D	5D	0.2	1.17
	3～4	0.118D	10D	0.2	1.38
无扰流板				0.9	0.7

3.3 风载荷

海上平台暴露在风场中，会对整个平台结构系统以及直升机平台、钻井井架、起重机和生活区等上部组件造成严重的超载威胁。脉动风载荷以及涡激振动(VIV)会导致疲劳损伤并导致结构失效。抵御这些失效机制的可靠设计需要对风环境以及风载荷机制有良好的理解。

风速和风向随时间和空间而变化。很少有足够详细描述空间和时间变化的数据可资利用，而且对于大多数应用是不必要的。风场描述基于统计参数，例如速度的平均值和标准偏差以及平均方向。长度尺度和时间尺度都影响这些统计参数的定义。

必须考虑风对平台的局部影响和总体影响。局部效应影响甲板结构和设备的设计。总体效应，例如倾覆力矩和总的侧向载荷，推动了地基和系泊系统的设计。必须考虑平均和脉动力。顺应式结构如张力腿平台(TLP)在水平面上运动的固有频率，可以被风力激发，并使其对风的缓慢变化的脉动敏感。

在设计海上结构物时，应指定极端和正常的风况。结构对风的响应将影响哪些工况是要关注的。风的三维空间尺度与湍流阵风的持续时间有关。因此，持续几秒的阵风对大型结构的影响要比持续一阵的阵风的影响小。对于具有明显动力响应的结构，应该考虑通常以频谱为特征的风的时间变化。

对一个位置的风环境的描述应该包括对特定方向的极端风速估计，并将平均时间指定为重现间隔的函数。应提供有关测量点的信息和用于生成环境描述的测量数据的描述。应评估在使用寿命期间超出特定方向的特定阈值的频率。应描述造成强风的风暴类型。应提供类似的信息，以正常或短期条件提供月度或季度描述。图 3.14 是这种月度描述的一个例子。

3.3.1 风速剖面

即使是在最大的海上结构物的典型长度尺度上，在 1 h 的持续时间内，风速的平均值和标准偏差，在水平面内不会产生变化，但它们随海拔而变化。对于平均持续时间短于 1 h 的情况，会有平均速度较高的时段，并且空间变化会增加。具有意义的是，风速值必须通过其高度和持续时间的平均值来定义。将平均海平面以上 10 m 的海拔作为标准参考高度。

风暴条件下的平均风速剖面 $U_w(z)$ 可以用比传统的幂律剖面更准确的对数剖面描述。对数剖面描述由下式给出：

$$U_{w,1h}(z) = U_{w0}[1 + C\ln(z/z_r)] \tag{3.98}$$

式中，$U_{w,1h}(z)$ 表示在平均海平面以上高度 z 处 1 h 持续风速；U_{w0} 表示在参考海拔处 1 h 持续风速，是持续风的标准参考速度；C 是一个无因次系数，它的取值取决于参考海拔和风速 U_{w0}，当 $z_r = 10$ m 时，$C = 0.0573\sqrt{1+0.15U_{w0}}$，其中 U_{w0} 的单位是 m/s；z 表示平均海平面以上的高度；z_r 表示平均海平面以上的参考海拔高度($z_r = 10$ m)。

对于相同的条件，平均时间短于 1 h 的平均风速可以用式(3.99)表示，使用式(3.98)表示的 1 h 持续风速 $U_{w,1h}(z)$。

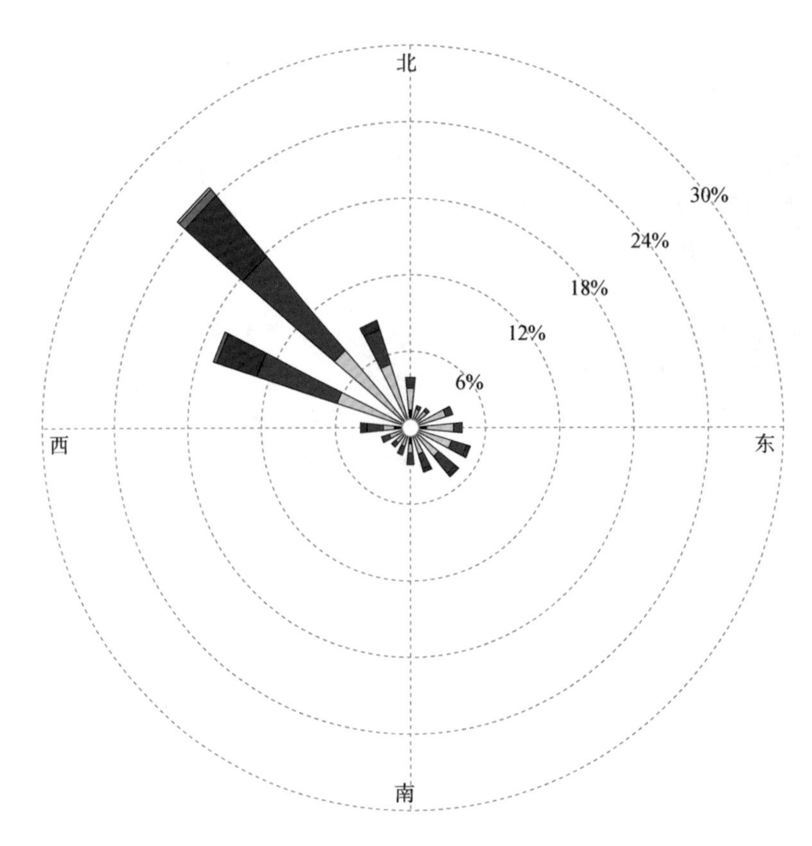

风速/$(m \cdot s^{-1})$

- > 11.06
- 8.49~11.06
- 5.40~8.49
- 3.34~5.40
- 1.80~3.34
- 0.51~1.80

建模者 萨拉·韦斯	日期 8/19/2002	公司名 USDA-ARS
显示 风速	单位 m/s	意见
平均风速 3.61 m/s	无风 7.53%	
方向 方向（从哪吹来）	显示年-日期-时间 1961 4.1–4.30 午夜11点	

图 3.14　显示月度风向和风速的统计变化风向图

注：每一条线的长度表示风在这个月从这个方向吹来的百分比。颜色显示不同的风速范畴。

$$U_{w,T}(z) = U_{w,1h}(z)\left[1 - 0.41 I_u(z)\ln\left(\frac{T}{T_0}\right)\right] \tag{3.99}$$

式中，$U_{w,T}(z)$表示平均海平面以上高度 z 处的持续风速，且平均时间间隔 $T<3\ 600$ s；$U_{w,1h}(z)$ 表示在平均海平面以上高度 z 处 1 h 持续风速；T 表示平均时间间隔，并且 $T<T_0=3\ 600$ s；T_0 表示 1 h 风速的标准参考平均时间间隔；$I_u(z)$表示在平均海平面以上的高度 z 处的无量纲风湍流强度，按式(3.100)确定，其中 U_{w0} 的单位是 m/s。

$$I_u(z) = 0.06\left[1 + 0.043 U_{w0}\left(\frac{z}{z_r}\right)^{-0.22}\right] \tag{3.100}$$

注意，本节中的公式是通过对可用数据进行曲线拟合而得出的，其中包含的数值常数仅在以米和秒为单位的国际单位中有效。上述方程式不适用于短时间事件如风暴和龙卷风的描述，因为持续时间通常少于 1 h。在特定的位置或在特定的条件下对风剖面的调整可以在来自海上位置的特定适当的测量数据可用的情况下进行(即用于设计的这类事件的测量数据)。

3.3.2 风谱和阵风

风谱表征了风的时变特性。这些变化是由于边界层湍流。这取决于风速和空气的热稳定性。下面的风谱公式是基于文献[3.73]中记载的接近中性的热稳定性条件下的测量值。

式(3.101)描述了空间某一点处的风速谱，与第 3.1.4 节中用于描述波浪时变动力学的谱类似：

$$S(f,z)=\frac{320\left(\frac{U_{w0}}{U_{ref}}\right)^2\left(\frac{z}{z_r}\right)^{0.45}}{(1+\tilde{f}^n)^{5/(3n)}} \tag{3.101}$$

式中，$S(f,z)$ 表示频率为 f、高度为 z 时的风谱(频谱或能量密度函数)，单位为 m^2/s；U_{w0} 表示在参考高度 z_r 处的 1 h 持续风速(持续风的标准参考速度)；U_{ref} 表示参考风速，$U_{ref}=10$ m/s；f 表示在0.001 67～0.5 Hz 范围内的频率；z 表示平均海平面以上的高度；z_r 表示平均海拔以上的参考高度($z_r=10$ m)，$\tilde{f}$ 是无因次频率，按式(3.102)确定，其中数值因子 172 具有秒(s)的单位；n 是一个系数，等于 0.468。

$$\tilde{f}=172f\left(\frac{z}{z_r}\right)^{2/3}\left(\frac{U_{w0}}{U_{ref}}\right)^{-0.75} \tag{3.102}$$

在适用的频率范围内，积分频谱会产生风速的标准偏差。当将频谱与数据进行比较时，应使用可比较的频率范围。

空间和当时的风场是相关的。因此，风谱应补充空间一致性的描述。假设风速在一个完整的结构上是完全相关的，通常是保守的。但在估算结构上的载荷时，利用减小的相关性是合理的。方程(3.103)描述了 P_1 和 P_2 两点之间的相关性，其中在风向方向的位置为 x_1 和 x_2，针对风向方向的横向位置 y_1 和 y_2，平均水面以上的高度 z_1 和 z_2。

$$F_{Coh}(f,P_1,P_2)=\exp\left[-\frac{1}{U_{w0}}\left(\sum_{i=1}^{3}A_i^2\right)^{1/2}\right] \tag{3.103}$$

式中，$F_{Coh}(f,P_1,P_2)$表示 P_1 和 P_2 处湍流脉动的相干函数；U_{w0} 是在平均海平面以上 10 米处的 1 h 持续风速，单位为 m/s；A_i 是频率和位置的函数，由式(3.104)计算，单位为 m/s。

$$A_i=\alpha_i f^{r_i} D_i^{q_i}\left(\frac{z_g}{z_r}\right)^{-p_i} \tag{3.104}$$

式中，f 表示单位为 Hz 的频率；D_i 表示点 P_1 和 P_2 之间的距离，$i=1,2,3$ 分别测量 x,y,z 方向(见表 3.3)；z_g 表示两点的几何平均高度，$z_g=\sqrt{z_1 z_2}$；z_r 表示平均海拔以上的参考高度，$z_r=10$ m；α_i,p_i,q_i,r_i 是系数。

风谱的概念只适用于稳定的风况。在暴风或龙卷风中风速的时空变化不能用风谱来描述。暴风和龙卷风造成的力和响应分析需要风速时间序列的说明。

表 3.3 式(3.103)中点 P_1 和 P_2 的系数

i	D_i	α_i	p_i	q_i	r_i
1	$\lvert x_1 - x_2 \rvert$	2.9	0.4	1.00	0.92
2	$\lvert y_1 - y_2 \rvert$	45.0	0.4	1.00	0.92
3	$\lvert z_1 - z_2 \rvert$	13.0	0.5	1.25	0.85

风速通常被分为持续的风或阵风。持续风力通常是指每小时平均值,阵风通常是指一分钟或更短时间的每小时平均风速的最大值。在任何一种情况下,平均持续时间应该和海拔一样。持续时间取决于被分析结构的尺寸和固有周期。小型结构应该设计成比较大的结构更短的阵风持续时间(并且因此有了更高的阵风风速)。由于风的扰动,阵风自然产生,可以认为是局部最大值,而不是瞬时风况。阵风的风速一般来自风谱。

式(3.99)可用于计算各种阵风持续时间的阵风速度。风暴、雷暴、下击爆流、龙卷风和喷水是相对比较短暂的现象,可能会引起极端风。在这些例子中,任何一个位置处的最大阵风风速与每小时平均风速之比可能很大。在平均风速较高的时段,湍流本身就会产生阵风,但在这种情况下,最大阵风风速与海上 1 h 平均风速之比通常小于 1.5 左右。

3.3.3 稳态力

对于固定式结构物来说,总的风力一般比波浪和潮流所引起的力造成的影响要小得多。然而,风力对这些结构物的各个组成部分可能很重要。结构物上的总风力是以持续风速形式的时间平均风速来确定的。对于单个结构部件的设计,时间平均风速也可以适用,但平均持续时间应折减,以便允许可能影响单个部件的较小湍流尺度。3 s 阵风速度适合确定单个构件的最大静风载荷; 5 s 阵风速度适合确定最大水平尺寸小于 50 m 的结构上的最大总载荷; 15 s 阵风速度适合大型结构物的最大总静风载荷。

风作用于水面以上的结构,以及位于结构上部的任何设备,如甲板室、桥楼、火炬臂和井架。估算风速时应考虑海平面以上部件的高度。

式(3.99)可用于计算给定高度 z 的各种阵风持续时间的阵风速度。

稳定的风压 q 按下式计算,即

$$q = \frac{1}{2}\rho U^2 \tag{3.105}$$

与物体轴线或表面垂直的风力 F 按下式计算,即

$$F = qC_S A\sin\alpha \tag{3.106}$$

式中,ρ 表示空气密度(标准温度和大气压下为 1.22 kg/m^3);U 表示风速(m/s);A 表示物体面积(m^2);α 表示风的方向与暴露构件或表面的轴线之间的角度;C_S 表示形状系数。

对于光滑的圆管结构,对于雷诺数$>5\times10^5$,形状系数为 $C_S=0.65$,对于雷诺数$<5\times10^5$,形状系数 $C_S=1.2$。文献[3.52]给出了长体和有限长体的良好形状系数收集。表 3.4 提供了在文献[3.67]中为部分物体推荐的垂直风向角的形状系数。

在大多数结构物上,暴露在风载荷中的物体之间的距离是非常近的,并且在风的方向上相互遮蔽。如果使用了一个详细的风载荷对象模型,那么应该包括屏蔽系数来解释这种交互作用。类似于式(3.94)中的尾流模型可以用来估算屏蔽效应。

表 3.4 风形状系数

面积	形状系数 C_S
梁	1.5
建筑物侧面	1.5
圆柱截面	0.5
平台的总投影面	1.0

应考虑通过风洞试验来确定复杂结构的压力和由此产生的载荷。试验应该包括风速随着高度和湍流的变化。

3.3.4 不稳定力

模拟风的时空变化应考虑对风载荷作出动力响应的结构和部件。当风场包含接近结构固有振动频率的频率处的能量时，通常需要对结构进行动力分析；对于顺应式坐底平台以及浮动式结构物来说，情况通常如此。随时间变化的风力会引起浮动锚固结构纵摇、横荡和首摇运动的共振。

良好的载荷和响应估计可以通过边界层风洞试验和 CFD 获得。合理的结果可以通过使用风谱的时域合成式(3.101)模拟力和响应，并将其添加到平均风速中来获得。风速的空间变化也可以通过利用相干函数式(3.103)来建模。

瞬时风力可以通过暴露在风中的各个部件上的力的总和来计算。压力 q 可以通过下式估算

$$q=\frac{1}{2}\rho_a\mid U_{w,T}+u-\dot{x}\mid(U_{w,T}+u-\dot{x}) \tag{3.107}$$

式中，$U_{w,T}$ 表示平均风速；u 表示阵风速度，它可能随空间和高度的变化而变化；$\dot{x}$ 表示物体的速度；ρ_a 表示空气密度(干燥空气在 15 ℃时为 1.226 kg/m^3)。

当结构的速度 $\dot{x}$ 与风速相比可以忽略不计时，风压可以线性化为

$$q=\frac{1}{2}\rho_a U_{w,T}^2+\rho_a U_{w,T}u \tag{3.108}$$

这些随时间变化的压力可运用式(3.106)计算时变力。

动力响应的一个特例是受到稳定风影响的相对较细长结构的涡激振动(VIV)，其中交替涡旋脱落激发组件振动。在建造和运输过程中，固定式钢结构物的部件可能会受到风的影响。火炬结构和电信塔也可能在整个寿命中容易受风涡激振动(VIV)的影响。在风中的涡流脱落和涡激振动(VIV)与海流的大致相同，见第 3.2.5 节讨论的这些现象。

3.4 模型试验

无论我们认为物理量的理论预测有多好，由于使用特定的建模或者执行数值分析中的误差，总是会有误差，尽管很小。也可能有截断和舍入的误差，更不用说可能出现的任何人为误差。所有这些潜在的误差都可以通过进行模型试验以综合的方式进行评估。然而，必须认识到，模型试验本身并不一定没有潜在的误差，主要是由于试验是在一个相当有限的区

域中进行的,而这可能是导致水池壁反射的原因,造波机和吸收海滩反过来可能会污染测量的数据。

物理建模是量纲分析可应用的最重要的领域。物理建模,指的是以更大或更小的尺度再现物理现象的技术。海洋平台上的运动或波浪载荷可以通过模型试验在一个试验水池中进行测量,这是更小尺度测试的例子。在任何模型试验中,有两个基本问题需要解决:①如何进行实验,以使在模型尺寸上获得的数据是准确的;②如何将数据外推到原型尺寸?

在大多数海洋工程问题中,长度(L)、质量(M)和时间(T)三个尺寸是基本尺度,所有物理量可以用这三个基本尺度来衡量。然而,有一些物理量,如温度和角度,可能偶尔会当作基本尺度。如果测量结果是实数,可以直接与这些基本尺度中的一个尺度进行比较,那么测量就称为直接测量。例如,5 m 的距离是一个直接测量,因为它的单位是基本单位之一,即长度。如果测量是给出实数的各种比较的结果,其尺度是两个或更多个基本单位的组合,则这种测量被称为派生测量。典型的示例是速度,因为长度和时间两者都必须测量以获得速度。在派生测量中,总是用一个函数来表示直接测量之间的关系。在速度测量的情况下,例如,该函数是 $f(x,t)=\mathrm{d}x/\mathrm{d}t$。

3.4.1 原理和相似定律

任何原型系统的比例模型必须满足一定的条件,称为相似性或相似定律,以便可以准确地再现原型现象的行为。相似性可以指以下的一个或多个:

(1) 几何相似性(指长度)。

(2) 运动相似性(指速度)。

(3) 动力相似性(指力)。

海洋平台上的波浪载荷、运动或任何其他感兴趣的物理量都必须遵守这些相似律中的一个或多个相似规律,以便能够正确地进行试验[3.74]。

在这一点上有必要引入真实流体流动中存在的各种力学机制。这种必要性的产生是因为,在所研究的具体问题的某些特定条件下,一些力学机制可能占主导地位。因此,可以通过选择适当的相似性定律来隔离甚至忽略较小的力。在真实流体中,三种主要类型的内力机制为:① 惯性力;② 重力;③ 黏性力。

惯性力是由流体粒子的加速度引起的,并与 $\rho u(\partial u/\partial x)$ 成正比,ρ 表示流体质量密度,u 是 x 方向上的质点速度分量(在不失一般性的情况下忽略其他项)。重力是由于流体本身的重量造成的,与 ρg 成正比,其中 g 是重力加速度。黏性力是由于作用在流体单元上的剪切力之间的差异造成的,并且正比于 $\mu\partial^2 u/\partial x^2$,其中 μ 表示动力黏性系数(再次忽略其他项)。所有这些力都包含在 Navier-Stokes 方程中。

内力(单位体积)相互之间的比例给了这些力相对重要性或主导地位。可以写出以下比例:

$$\frac{\text{惯性力}}{\text{重力}} \propto \frac{\rho u \dfrac{\partial u}{\partial x}}{\rho g} = \frac{u}{g}\frac{\partial u}{\partial x} \propto \frac{U^2}{gl} \tag{3.109}$$

式中,U 表示特征速度;l 表示问题的特征长度;ρ 和 g 分别表示流体的质量密度和重力加速度。可以看出,这个比例与 $U^2/(gl)$ 成正比。同样地,可以写出以下比例:

$$\frac{\text{惯性力}}{\text{黏性力}} \propto \frac{\rho u \dfrac{\partial u}{\partial x}}{\mu \dfrac{\partial^2 u}{\partial x^2}} \propto \frac{Ul}{\nu} \tag{3.110}$$

式中，$\nu = \mu/\rho$，是运动黏性系数。第三个比率，即重力与黏性力的比值，可以通过(3.109)和式(3.110)的结合来获得，因此不需要考虑。式(3.109)的平方根是傅汝德数 Fr，式(3.110)本身就是雷诺数 Re。因此，对于小的傅汝德数 Fr，可以说流动是由于重力支配，而对于大的雷诺数 Re 而言，可以说流动是惯性占主导地位或黏度可以忽略不计(或无黏流体假设是一个好的假设)。

如果要求在模型和原型尺度上关于一个物体的流动是完全相似的，那么模型和原型中的傅汝德数 Fr 和雷诺数 Re 有必要是相同的。换句话说，模型尺度的傅汝德数必须与原型尺度的傅汝德数相同，即 $Fr_m = Fr_p$，雷诺数也类似，即 $Re_m = Re_p$，其中下标 m 和 p 分别指模型和原型。除非在非常特殊的情况下，实际上是不可能同时通过保持傅汝德数 Fr 和雷诺数 Re 数值相同来缩放原型的。要看到这一点，请考虑傅汝德数和雷诺数，保持模型和原型的比例不变，即

$$Fr_m = \frac{U_m}{\sqrt{g_m l_m}} = Fr_p = \frac{U_p}{\sqrt{g_p l_p}}$$

$$Re_m = \frac{U_m l_m}{\nu_m} = Re_p = \frac{U_p l_p}{\nu_p} \tag{3.111}$$

式中的第一个方程要求：如果 $l_m < l_p$，那么 $U_m < U_p$，假设 $g_m = g_p$。而第二个方程要求：如果 $l_m < l_p$，则 $U_m > U_p$，假设 $\nu_m = \nu_p$。因此，除非在实验期间重力加速度显著增加(这并不罕见，如在离心机中进行的一些土力学实验)或者 ν_m 显著降低或两者的某种组合，则傅汝德数 Fr 与雷诺数 Re 不能同时保持不变。

根据特定的应用，必须使用两个相似定律之一，即由式(3.111)中的第一个方程给出的傅汝德定律或第二个方程给出的雷诺定律。傅汝德定律(或缩放)通常与平台运动和表面波实验结合使用。雷诺定律(或缩放)用于与深度淹没的物体、管道流动等有关的实验。

另一种力学机制是表面张力，虽然它不是原则问题。例如，如果考虑惯性力与表面张力的比值(单位体积)，可以得到：

$$\frac{\text{惯性力}}{\text{表面张力}} \propto \frac{\rho u \dfrac{\partial u}{\partial x}}{\dfrac{\sigma}{L^2}} \propto \frac{\dfrac{\rho U^2}{L\sigma}}{L^2} = \frac{\rho L U^2}{\sigma} \tag{3.112}$$

式中 σ 表示表面张力(磅/英尺或牛/米)，最后一个数学等式称为韦伯数，即

$$We = \frac{\rho L U^2}{\sigma} \tag{3.113}$$

海洋工程中还有许多重要的数，举两个例子：斯特劳哈尔数，$Sr = fD/U$，其中 f 是涡旋脱落频率，D 是特征长度，如直径；KC 数，$KC = UT/D$，其中 T 是波周期。表3.5 列出了所用的一些无量纲数，其中 U 表示速度，g 表示重力加速度，L 或 D 表示特征长度，f 表示圆频率，ν 表示水的运动黏度，T 表示波周期，H 表示波高，h 表示水深，E 表示杨氏模量，p 表示压力，σ 表示表面张力。

表 3.5 一些常用的无量纲数的符号和定义

无量纲数	符号	定义
傅汝德数	Fr	$U/\sqrt{gL}$
雷诺数	Re	UL/ν
斯特劳哈尔数	Sr	fD/U
库尔根-卡培数	KC	UT/D
欧拉数	Eu	$p/\rho U^2$
柯西数	Cy	$\rho U^2/E$
Ursell 数	Ur	HL^2/h^3
韦伯数	We	$\rho U^2 L/\sigma$

3.4.2 载荷的缩放

在规划模型试验时，必须决定使用哪个缩放定律。在大多数海洋工程模型试验中，采用傅汝德缩放定律，因为海洋平台大多在自然界中遭遇重力波。这意味着在这样的实验中，必须确保满足 $Fr_m = Fr_p$。同时 $S_L = L_m/L_p$ 也决定使用什么样的长度比例，因此可以相应地缩放其他物理量。例如，如果想通过使用傅汝德定律来缩放波浪力，那么 $U_m = U_p S_L^{1/2}$，首先可以确定时间和加速度的比例

$$U_m = \sqrt{S_L} U_p = \frac{L_m}{t_m} = \sqrt{S_L} \frac{L_p}{t_p} \Rightarrow t_m = \sqrt{S_L} t_p$$

$$a_m = \frac{U_m}{t_m} = \frac{\sqrt{S_L} U_p}{\sqrt{S_L} t_p} = a_p \tag{3.114}$$

式中，t 表示时间。在模型和原型尺度上，加速度的尺度是一样的，这并不奇怪，因为模型和原型尺度的重力加速度是相同的，即 $g_m = g_p$。

还需要缩放模型和原型的质量。即

$$S_m = \frac{m_m}{m_p} = \frac{\rho_m L_m^3}{\rho_p L_p^3} = S_\rho S_L^3 \tag{3.115}$$

因为加速度的缩放比例是 1.0，则力的缩放可以写成：

$$S_F = \frac{m_m \dot{U}_m}{m_p \dot{U}_p} = \frac{m_m}{m_p} = S_m = S_\rho S_L^3 \tag{3.116}$$

这种获得力的缩放的方法可以用于任何其他物理量以确定如何缩放到模型。然而，还有另一种获得相同缩放结果的方法。可以通过一个例子说明这一点。考虑力的维度并把它写成 $[F] = (L, M, T^{-2}) = (1, 1, -2)$，即作为三维空间 (L, M, T) 中的一个向量。把力的函数形式写成 $F = f(\rho, L, g)$，把取得的集合 (ρ, L, g) 作为一个在尺寸上独立的数量集合，人们可以使用 Pi 定理[3.75]来获得单一的无量纲 π：

$$\begin{aligned}[F] &= (L, M, T^{-2}) = (1, 1, -2) = [\rho]^p [L]^q [g]^r \\ &= (-3, 1, 0)^p (1, 0, 0)^q (1, 0, 2)^r\end{aligned}$$

或

$$p=1, q=3, r=1 \Rightarrow \frac{F^3}{\rho L^3} g=\pi \Rightarrow \frac{F_{\mathrm{m}}}{\rho_{\mathrm{m}} L_{\mathrm{m}}^3}=\frac{F_{\mathrm{p}}}{\rho_{\mathrm{p}} L_{\mathrm{p}}^3} \Rightarrow S_{\mathrm{F}}=S_\rho S_{\mathrm{L}}^3 \tag{3.117}$$

这与式(3.116)给出的结果相同。

表 3.6 给出了海洋工程实验中一些感兴趣的物理量的模型尺度(L 是长度,M 是质量,T 是时间,$S_L=L_{\mathrm{m}}/L_{\mathrm{p}}$ 是长度比值,$S_\rho=\rho_{\mathrm{m}}/\rho_{\mathrm{p}}$ 是海水的比重)。文献[3.74]给出了许多其他的模型尺度,但 $S_\rho=1.0$ 是特例。

3.4.3　弹性结构

弹性结构的模型测试给问题带来了额外的复杂性,因为在许多情况下,要在模型尺度上正确地缩放结构的刚度是不现实的。这种弹性结构可以是 TLP 筋腱、石油平台的立管、悬链系泊绳等,但是结构本身也可以是弹性的,尤其是非常大的浮动结构(VLFS)[3.76]。要看到这一点,考虑一个管形梁状物体,按照表 3.6 写出轴向和弯曲刚度及其直径的缩尺为:

$$S_{EA}=\frac{(EA)_{\mathrm{m}}}{(EA)_{\mathrm{p}}}=\frac{F_{\mathrm{m}}}{F_{\mathrm{p}}}=S_F=S_m=S_\rho S_L^3$$

$$S_{EI}=\frac{(EI)_{\mathrm{m}}}{(EI)_{\mathrm{p}}}=\frac{F_{\mathrm{m}} L_{\mathrm{m}}^4}{L_{\mathrm{m}}^2} \frac{L_{\mathrm{p}}^2}{F_{\mathrm{p}} L_{\mathrm{p}}^4}=S_F S_L^2=S_\rho S_L^5$$

$$\frac{D_{\mathrm{m}}}{D_{\mathrm{p}}}=\frac{L_{\mathrm{m}}}{L_{\mathrm{p}}}=S_L \tag{3.118}$$

表 3.6　通过使用傅汝德的缩放比例定律获得的一些模型比例

物理量	量纲	缩尺
长度	L	S_L
质量	M	$S_\rho S_L^3$
质量惯性矩	L^2M	$S_\rho S_L^5$
面积惯性矩	L^4	S_L^4
时间	T	$S_L^{1/2}$
加速度	LT^{-2}	1
速度	LT^{-1}	$S_L^{1/2}$
线性弹簧常量	MT^{-2}	$S_\rho S_L^2$
轴向刚度	LMT^{-2}	$S_\rho S_L^3$
弯曲刚度	L^3MT^{-2}	$S_\rho S_L^5$
功	L^2MT^{-2}	$S_\rho S_L^4$
功率	L^2MT^{-3}	$S_\rho S_L^{7/2}$
能量	L^2MT^{-2}	$S_\rho S_L^4$
力	LMT^{-2}	$S_\rho S_L^3$
力矩	L^2MT^{-2}	$S_\rho S_L^4$
应力	$L^{-1}MT^{-2}$	$S_\rho S_L$
压强	$L^{-1}MT^{-2}$	$S_\rho S_L$
弹性模量	$L^{-1}MT^{-2}$	$S_\rho S_L$

无论是弯曲还是剪切应力 τ,其缩尺为

$$S_\tau = \frac{F_m}{L_m^2}\frac{L_p^2}{F_p} = \frac{S_F}{S_L^2} = \frac{S_\rho S_L^3}{S_L^2} = S_\rho S_L \tag{3.119}$$

而面积惯性矩缩尺为

$$S_I = \frac{I_m}{I_p} = \frac{L_m^4}{L_p^4} = S_L^4 \tag{3.120}$$

因此,杨氏模量的缩尺为

$$S_E = \frac{E_m}{E_p} = \frac{S_{EI}}{S_I} = \frac{S_\rho S_L^5}{S_L^4} = S_\rho S_L \tag{3.121}$$

基本上有两个问题是由于这些缩尺而遇到的:①由于 D_m 通常比 D_p 小 50～100 倍,几何尺度难以缩小这么多;②试验中模型使用的材料的弹性模量要求比原型使用的小 50～100 倍。这些问题的一些工程解决方案是进行实验所必需具备的。例如,Dillingham[3.77]在 TLP 的筋腱建模中提出,除了轴向刚度通过放置在筋腱的顶部或底部的弹簧来建模,以提供正确的刚度之外,所有参数均可正确地缩放筋腱。即使这样的近似也涉及一些必须仔细评估的误差。

有时可以通过扭曲结构来降低结构刚性,如文献[3.78]所述。另一种类型的扭曲模型可以在相当浅的水域中的海洋模型试验中实现,因为水平长度尺寸远大于垂直长度尺寸。在这种情况下,实验中使用两种不同的模型比例[3.74,3.79]。再次将水平长度比例设置为 S_L,但是将垂直长度比例设置为 $S_V = h_m/h_p$,式中 h_m 和 h_p 分别是模型和原型的水深,并且 S_V 通常不同于 S_L。接下来,考虑线性浅水相速度 $c_p = (gh)^{1/2}$,并用 S_V 写出傅汝德比例定律,得到:

$$\frac{c_m}{\sqrt{gh_m}} = \frac{c_p}{\sqrt{gh_p}} \Rightarrow c_m = \sqrt{S_V}\, c_p \tag{3.122}$$

并且由于 $c = \lambda/T$,式中 λ 是由 S_L 缩放的波长,$S_L = \lambda_m/\lambda_p$,所以对于波周期具有以下缩尺:

$$\frac{T_m}{T_p} = \frac{\lambda_m}{c_m}\frac{c_p}{\lambda_p} = \frac{S_L}{\sqrt{S_V}} \Rightarrow T_m = \frac{S_L T_P}{\sqrt{S_V}} \tag{3.123}$$

当然,如果水不是很浅,当基于线性波理论的完全色散关系可以用来推导当前涉及双曲线函数的相应尺度。最后,回想一下,如果根据傅汝德缩放定律使用单个长度缩放,那么加速度缩放为 1.0。然而,在扭曲的模型中,情况并非如此。扭曲模型中的加速度将会缩放为

$$a_m = \frac{U_m}{T_m} = \frac{\sqrt{S_V}\,U_p\,\sqrt{S_V}}{S_L T_p} \Rightarrow \frac{a_m}{a_p} = \frac{S_V}{S_L} \tag{3.124}$$

3.5 CFD 工具

随着电脑和基于服务器的计算机硬件和数值方法的快速发展,以及近年来商业软件的发展,CFD 正在成为一种可行的工具,用于计算波浪、水流和风载荷,以及由此产生的海洋平台的运动。在这里,使用术语“CFD”来表示受到瞬时边界条件的精确控制方程的解。控制方程可以是雷诺平均纳维-斯托克斯(RANS)方程(稳定或不稳定)或欧拉方程,尽管 CFD 计算的定义通常是适用于黏性流,但控制方程里的黏度假定可以忽略不计。之所以可以这样做是因为在海洋工程中存在许多问题,其中黏度的影响可以忽略不计。

尽管计算机硬件和软件的发展非常迅速了,但使用 CFD 工具的障碍集中在与用户有关的问题(其中有些是与培训和缺乏容易使用的图形用户界面有关)和理论问题。理论问题:①波浪破碎后计算的延续;②模拟波浪水池或开敞海洋条件的辐射/反射条件;③流体—结构相互作用包括多相流结构建模;④高阶离散化方法;⑤黏性模型选择。这么多问题中,何时会遇到何种问题不清楚。当然,即使并行计算被大量使用,计算完成的速度也是另一个主要问题。据估计,到 2030 年,晶体管数量将超过 10^{11} 个,计算速度将超过 1.0E +18(百万兆级)。随着计算速度的提高,预计在 2030 年运行同一模型尺寸或实际全尺寸计算的成本将比 2013 年减少 250 倍,因为多达2 500个内核。

然而,由于目前这个领域存在的一些不足,有很多商用或开源软件已经被用来解决与海上平台有关的问题,其中一些开源软件是 ANSYS AQWA, CD-ADAPCO, Reef3D, FLOW3D 和 OpenFOAM。这个最后的开源软件似乎是目前最受欢迎的一个软件,不仅因为它是免费的,而且还因为它相对比较容易使用,灵活性好,速度快。作为使用 OpenFOAM 软件的例子,请参见文献[3.81]用于计算半潜式平台上的波浪力和水流力(黏性流体)[3.82],以及用于沿海船桥甲板上的非线性(无黏性流体)波浪载荷的计算。

3.6 极端响应预估

海洋结构物设计的基础是结构的配比,以抵抗在设计寿命中可能发生的行动(力),并具有适当可靠性。对于一个随机环境,如海风、波浪和流所呈现的环境,需要对环境施加的极端负荷或响应进行评估,以评估结构是否适合其预期用途。把响应的长期分布中超指标的概率用于设定这些极端响应。

每年超过概率 10^{-2} 或 10^{-4} 被用来表示环境载荷的极限和偶然极限状态。散射图和联合概率密度函数用于描述来自多个来源或具有多个感兴趣的参数(如频率和方向)的力的可变性。这些图表或函数用于生成对应于感兴趣的超出概率的环境参数的组合。

发生的联合概率用于创建导致极端载荷的风、波浪和流的条件的组合。对于大多数固定式、塔式、重力式和沉箱类型的平台,设计环境载荷主要是由波浪引起的,流和风起着次要作用。设计条件包括设计波浪和可能与设计波浪共存的流和风。对于顺应式结构,对波浪的响应减少,因此风和水流变得相对更重要。

对于固定式结构,共线环境通常控制设计,并且各种环境载荷源的强度可从表 3.7 中选择[3.83]。

对于浮动式装置,需要考虑涉及方向差异大的环境条件。

表 3.7 预期环境力的平均值和年超概率的组合

极限状态	风	浪	流
最大极限状态	10^{-2}	10^{-2}	10^{-1}
	10^{-1}	10^{-1}	10^{-2}
	10^{-1}	10^{-1}	10^{-1}

（续表）

极限状态	风	浪	流
偶然极限状态	10^{-4}	10^{-2}	10^{-1}
	10^{-2}	10^{-4}	10^{-1}
	10^{-1}	10^{-1}	10^{-4}

当由于风力而产生的设计载荷需要与由于浪和流而引起的载荷相组合时，以下是合适的：

(1) 对于动力响应可忽略不计的结构，1 h 持续风可以用来确定由于浪和流引起的极端或偶然载荷引起的准静态全局作用。

(2) 对于适度动态敏感但不需要全面动力分析的结构，1 min 平均风可以用来确定由风引起的准静态全局载荷，再将风与由于浪和流引起的最大的或偶然准静态载荷相结合。

(3) 对于周期超过 20 s 的激励具有显著的动力响应的结构，应考虑脉动风的全动力响应分析。

在设计事件期间无人的或已撤离的，或者严重损坏的或失去不会导致高失效的结构，其设计或重新定位都可以降低设计要求。风险分析可以判断设计标准的重现间隔是更长或更短。如果有足够的资料，可以考虑从不同方向发生的预期环境条件下的变化。

图 3.15 举例说明了在四个不同海洋盆地中风、浪和流环境的组合。

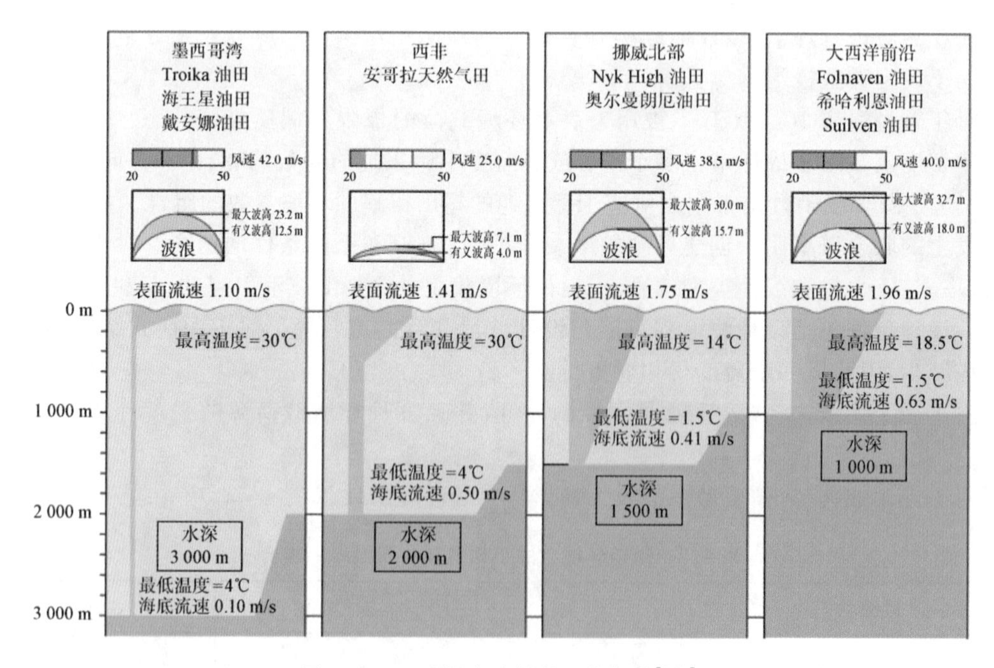

图 3.15　一些深水水域的环境条件[3.84]

参考文献

[3.1] G.G. Stokes: On the theory of oscillatory waves, Trans. Camb. Phil. Soc. 8, 441-455 (1847)

[3.2] T. Levi-Civita: Determination rigoureuse des ondes permanentes d'ampleur finie, Math. Ann. 93, 264-314 (1925)

[3.3] L.W. Schwartz: Computer extension and analytic continuation of Stokes' Expansion for gravity waves, J. Fluid Mech. 62, 553-578 (1974)

[3.4] R.L. Wiegel: Oceanographical engineering (Prentice-Hall, New Jersey 1964)

[3.5] T. Sarpkaya, M. Isaacson: Mechanics of wave forces on offshore structures (Van Nostrand Reinhold Co., New York 1981)

[3.6] L. Skjelbreia, J.A. Hendrickson: Fifth order gravity wave theory, Coast. Eng. Proc. (1960) pp. 184-196

[3.7] D.J. Korteweg, G. de Vries: On the change of form of long waves advancing in a rectangular canal, and on a new type of long stationary waves, Phil. Mag. 39(5), 422-443 (1895)

[3.8] E.V. Laitone: The second approximation to cnoidal and solitarywaves, J. Fluid Mech. 9, 430-444 (1960)

[3.9] J.E. Chappelear: Shallow water waves, J. Geophys. Res. 67, 4693-4704 (1962)

[3.10] R.C. Ertekin, J.M. Becker: Nonlinear diffraction of waves by a submerged shelf in shallow water, J. Offshore Mech. Arct. Eng. 120(4), 212-220 (1998)

[3.11] J. Boussinesq: Théorie de l'intumescence liquide appelée onde solitaire ou de translation, Comptes Rendus Acad. Sci. Paris 72, 755-759 (1871)

[3.12] J.D. Fenton: A ninth-order solution for the solitary wave, J. Fluid Mech. 53, 237-246 (1972)

[3.13] A.E. Green, N. Laws, P.M. Naghdi: On the theory of water waves, Proc. R. Soc. Lond. A 338, 43-55 (1974)

[3.14] B.B. Zhao, R.C. Ertekin, W.Y. Duan, M. Hayatdavoodi: On the steady solitary-wave solution of the Green-Naghdi equations of different levels, Wave Motion 51(8), 1382-1395 (2014)

[3.15] M.S. Denis, W.J. Pierson: On the motions of ships in confused seas, Trans. Soc. Nav. Archit. Mar. Eng. 61, 280-357 (1953)

[3.16] W.H. Michel: Sea spectra simplified, Mar. Technol. 5(1), 17-30 (1968)

[3.17] O.M. Faltinsen: Sea loads on ships and offshore structures, Ocean Technology Series (Cambridge Univ. Press, Cambridge 1990)

[3.18] J.N. Newman: Marine hydrodynamics (MIT Press, Cambridge 1978)

[3.19] S.K. Chakrabarti: Hydrodynamics of offshore structures (Comput. Mechanics, Southampton 1987)

[3.20] L. L. Huang, H. R. Riggs: The hydrostatic stiffness of flexible floating structures for linear hydroelasticity, Mar. Struct. 13, 91-106 (2000)

[3.21] R. C. Ertekin, H. R. Riggs, X. L. Che, S. X. Du: Efficient methods for hydroelastic analysis of very large floating structures, J. Ship Res. 37(1), 58-76 (1993)

[3.22] J. V. Wehausen: The motion of floating bodies, Ann. Rev. Fluid Mech. 3, 237-268 (1971)

[3.23] H. Goldstein: Classical mechanics, 2nd edn. (Addison-Wesley, Reading 1980)

[3.24] R. W. Yeung: A singularity-distribution method for free-surface flow problems with an oscillating body, Rep. No. 73-6 (University of California, Berkeley 1973)

[3.25] O. M. Faltinsen, F. C. Michelsen: Motions of large structures in waves at zero Froude number, Int. Symp. Dyn. Mar. Veh. Struct. Waves (1974) pp. 91-106

[3.26] C. J. Garrison: Hydrodynamic loading of large offshore structures: Three-dimensional source distribution methods. In: Numerical Methods in Offshore Engineering, ed. by O. C. Zienkiewicz, R. W. Lewis, K. G. Stagg (Wiley, New York 1978)

[3.27] J. V. Wehausen, E. V. Laitone: Surface waves. In: Handbuch der Physik, Vol. 9, ed. by S. Flugge(Springer, Berlin, Heidelberg 1960)

[3.28] J. N. Newman: Algorithms for the free-surface Green function, J. Eng. Math 19, 57-67 (1985)

[3.29] C. A. Brebbia: The boundary element method for engineers(Wiley, New York 1978)

[3.30] A. E. Cummins: The impulse response function and ship motions, Schiffstechnik 9(47), 101-109 (1962)

[3.31] T. F. Ogilvie: Recent progress toward the understanding and prediction of ship motions, Proc. 5th Symp. Nav. Hydrodyn. (1964) pp. 3-79

[3.32] J. O. de Kat, J. R. Paulling: The simulation of ship motions and capsizing in severe seas, Soc. Nav. Archit. Mar. Eng. 97, 139-168 (1989)

[3.33] R. F. Beck: Time-domain computations for floating bodies, Appl. Ocean Res. 16, 267-282 (1994)

[3.34] J. Nolte, R. C. Ertekin: Wave power calculations for a wave energy conversion device connected to a drogue, J. Renew. Sustain Energy (AIP) 6(1), 013117-1-013117-21 (2014)

[3.35] H. Maruo: The drift of a body floating on waves, J. Ship Res. 4(1), 1-10 (1960)

[3.36] J. N. Newman: The drift force and moment on ships in waves, J. Ship Res. 6(1), 10-17 (1967)

[3.37] J. A. Pinkster: Mean and low frequency wave drifting forces on floating structures, Ocean Eng. 6, 593-615 (1979)

[3.38] C.J. Garrison: Hydrodynamic interaction of waves with a large displacement floating body, Rep. No. NPS-69GM77091 (Naval Postgraduate School, Monterey 1977)
[3.39] M. Takaki, Y. Tango: Wave drift forces on very huge floating structures, Int. J. Offshore Polar Eng. 5(3),204-211 (1995)
[3.40] X. Q. Liu, R. C. Ertekin, H. R. Riggs, D. Xia: Mean wave-drift loads on connected semisubmersible modules, Proc. 17th Int. Conf. Offshore Mech. Arct. Eng. (OMAE) (1998)
[3.41] F. H. Hsu, K. A. Blenkarn: Analysis of peak mooring forces caused by slow vessel drift oscillations in randomseas, Offshore Technol. Conf. (1970) pp. 135-146
[3.42] J. N. Newman: Second-order slowly varying forces on vessels in irregular waves, Int. Symp. Dyn. Mar. Veh. Struct. Waves (1974) pp. 182-186
[3.43] J. R. Morison, M. P. O'Brien, J. W. Johnson,S. A. Schaaf: The force exerted by surface piles,Petroleum Trans. 189, 149-154 (1950)
[3.44] R. C. MacCamy, R. A. Fuchs: Wave forces on piles:A diffraction theory, Tech. Memo. No. 69 Beach Erosion Board (Army Corps of Engineers, Washington 1954)
[3.45] G. H. Keulegan, L. H. Carpenter: Forces on cylinders and plates in an oscillating fluid, J. Res. Nat. Bureau Stand. 60(5), 423-440 (1958)
[3.46] M. de S. Q. Isaacson: Wave induced forces in the diffraction regime. In: Mechanics of wave-induced forces on cylinders, ed. by T. L. Shaw (Pitman, London 1979) pp. 68-89
[3.47] J. R. Paulling: Frequency-domain analysis of OTEC CW pipe and platform dynamics, Offshore Technol. Conf. (1979) pp. 1641-1651
[3.48] J. R. Paulling: An equivalent linear representation of the forces exerted on the OTEC CW pipe by combined effects of waves and current, Ocean Eng. OTEC (1979) pp. 21-28
[3.49] L. P. Krolikowski, T. A. Gay: An improved linearization technique of frequency domain riser analysis,Offshore Technol. Conf. (1980) pp. 341-353
[3.50] T. Sarpkaya: Wave forces on offshore structures, 1st edn. (Cambridge Univ. Press, Cambridge 2010)
[3.51] T. Sarpkaya: In-line and transverse forces on smooth and sand-roughned cylinders in oscillatory flow at high reynolds numbers, Rep. No. NPS-69SL76062 (Naval Post Graduate School, Monterey 1976)
[3.52] DNV: Recommended practice DNV-RP-025. Environmental Conditions and Environmental Loads (Det Norske Veritas, Høvik 2010)
[3.53] S. K. Chakrabarti: Steady drift force on vertical cylinder-viscous vs. potential, Appl. Ocean Res. 6,73-82 (1984)
[3.54] G. E. Burns: Calculating viscous drift of a tension leg platform, Proc. 2nd Int.

Offshore Mech. and Arct. Eng. Conf., ASME, Houston (1983) pp. 22-30

[3.55] D. L. R. Botelho, T. D. Finnigan, C. Petrauskas, S. M. Lui: Model test evaluation of a frequencydomain procedure for extreme surge response prediction of tension leg platforms, Proc. 16th Annual Offshore Technol. Conf., Houston, Texas OTC 4658(1984) pp. 105-112

[3.56] R. C. Ertekin, A. S. Chitrapu: Wave and currentinduced viscous drift forces on floating platforms, Proc. 6th Int. Symp. Offshore Eng. (1987) pp. 625-629

[3.57] A. S. Chitrapu, R. C. Ertekin, J. R. Paulling: Viscous drift forces in regular and irregular waves, Ocean Eng. 20(1), 33-55 (1993)

[3.58] Y. Li, A. Kareem: A description of hydrodynamic forces on tension leg platforms using amultivariate Hermite expansion, Proc. 9th Int. Offshore Mech. Arct. Eng. Conf. (1990) pp. 133-142

[3.59] P. D. Spanos, M. G. Donley: Stochastic response of a tension leg platform to viscous drift forces, Proc. 9th Int. Offshore Mech. Arct. Eng. Conf. (1990) pp. 107-114

[3.60] NDBC: Does NDBC measure ocean current velocities? http://www.ndbc.noaa.gov/adcp.shtml(2013)

[3.61] B. Bischof, E. Rowe, A. J. Mariano, E. H. Ryan: The Brazil current, http://oceancurrents.rsmas.miami.edu/atlantic/brazil.html (2004)

[3.62] G. Z. Forristall, C. K. Cooper: Design current profiles using Empirical Orthogonal Functions (EOF) and Inverse FORM methods, Offshore Technol. Conf. (1997)

[3.63] J. T. Kirby, T. M. Chen: Surface waves on vertically sheared flows, approximate dispersion relations, J. Geophys. Res. 94(C1), 1013-1027 (1989)

[3.64] R. A. Dalrymple, J. C. Heideman: Non-linear water waves on a vertically-sheared current, E&P Forum Workshop (1989)

[3.65] J. W. Eastwood, C. J. H. Watson: Implications of wave-current interactions for offshore design, E&P Forum Workshop (1989)

[3.66] J. D. Wheeler: Method for calculating force produced by irregular waves, J. Petroleum Tech. 22, 473-486 (1970)

[3.67] A. R. Pf. Planning: Designing and constructing fixed offshore platforms: working stress design, 21st edn. (American Petroleum Institute, Washington 2000)

[3.68] H. Schlichting: Boundary layer theory, 2nd edn. (McGraw-Hill, New York 1968)

[3.69] R. D. Blevins: Flow-induced vibration, 2nd edn. (Van Nostrand Reinhold, New York 1990)

[3.70] DNV: Recommended practice DNV-RP-F105. Free Spanning Pipelines (Det Norske Veritas, Nøvik 2006)

[3.71] DNV: Recommended practice DNV-RP-F204. Riser Fatigue (Det Norske Veritas, Nøvik 2005)

[3.72] NRCS: Wind rose data, http://www.wcc.nrcs.usda.gov/climate/windrose.html (2002)

[3.73] O.J. Andersen, J. Løvseth: The Frøya database and maritime boundary layer wind description, Mar. Struct. 19(2/3), 173-192 (2006)

[3.74] S.K. Chakrabarti: Offshore structure modeling (World Scientific, Singapore 1994)

[3.75] E. Buckingham: On physically similar systems; illustrations of the use of dimensional equations, Phys. Rev. 4(4), 345-376 (1914)

[3.76] R.C. Ertekin, J.W. Kim (Eds.): The proceedings of 3rd international workshop on very large floating structures (VLFS '99) (SOEST, Honolulu 1999)

[3.77] J.T. Dillingham: Recent experience in model-scale simulation of tension-leg platforms, Mar. Technol. 21(2), 186-200 (1984)

[3.78] M.P. Tulin: Hydroelastic scaling, Proc. 3rd Int. Workshop Very Large Float. Struct. (VLFS) (1999) pp. 483-487

[3.79] S.A. Hughes: Physical models and laboratory techniques in coastal engineering (World Scientific, Singapore 1993)

[3.80] W.Y. Duan: Report of the 1st workshop on numerical wave tank, Int. Theory Advis. Panel Numer. Tank (College of Shipbuilding Engineering, Harbin Engineering University, Harbin, China 2014)

[3.81] M.A. Benitz, D.P. Schmidt, M.A. Lackner, G.M. Stewart, J. Jonkman, A. Robertson: Comparison of hydrodynamic load predictions between engineering models and computational fluid dynamics for the Oc4-DeepCWind semi-submersible, Proc. 33rd Int. Offshore Mech. Arct. Eng. Conf. (OMAE) (2014)

[3.82] B. Seiffert, M. Hayatdavoodi, R.C. Ertekin: Experiments and computations of solitary-wave forces on a coastal-bridge deck. Part I: Flat plate, Coast. Eng. 88, 194-209 (2014)

[3.83] S. Norway: NORSOK Standard N-003: Actions and action effects (Standards Norway, Lysaker 2007)

[3.84] A. Moros, P. Fairhurst: Production riser design: Integrated approach to flow, Mechanical Issues, Offshore Mag. 59(4), 82 (1999)

第4章 涡激振动

Michael S. Triantafyllou，Rémi Bourguet，
Jason Dahl，Yahya Modarres-Sadeghi

从大约50的低雷诺数开始，一直达到记录的最高雷诺数，在这个变化过程中，放置在流体中的钝体在外部流体的作用形成不稳定的尾迹，并最终导致形成有规律的涡流：卡门涡街。如果这些结构是柔性的或柔性安装的，则这些涡流可能引起振动，导致应力和疲劳损伤。这些结构物的运动反过来又会影响涡流的形成过程，建立一个反馈机制从而形成稳定或不稳定的动态平衡。引起的结果就是，涡激振动被这种具有丰富的动态属性的复杂的物理机制所控制。当细长的、柔性的结构物被放置在一个剪切的横向流中时，流体—结构物之间的相互作用过程是随着它们的长度方向分布的，结果就会增加了复杂性，因为结构物的一部分会将能量从流体转移到结构物，而其他部分则相应地产生阻尼响应。

涡激振动对于海上操作和系泊缆索、拖缆、立管和系泊的钝体结构，如立柱形浮筒等的结构完整性都是严重的、值得关注的问题。本章讨论涡激响应的一些基本性质和涡流消除设备的效果。

关于涡激振动(VIV)主题的文献数量是如此巨大，以至于我们不能奢望能够包罗万象，甚至对所有重要的成果都能作出客观公正的评价。不仅如此，一些综述文章和书籍已经涵盖了其中的几个主题[4.1-4.10]。

在本章，我们将提供这些概念的概要，这对于理解涡激振动的物理原理是很重要的，然后我们将介绍涡激振动最近的发展技术，并确定关键的问题。特别强调的是在水中的振动，在该环境下增加的质量力在涡激振动的特性形成过程中起着非常重要的作用。

由于丰富的动态反应，柔性安装的钝体的涡激振动主题已经成为研究非流线型物体的流体—结构物相互作用的典型问题。同时，涡激振动对一些实际应用非常重要，例如，海上油气生产中使用的立管和浮动结构、拖带、锚泊的船舶和浮标、声拖阵列、遥控水下机器人(ROV)以及电缆敷设等。另外，锚泊在水流中的带有钝体形状的结构物，如立柱形浮筒和张力腿平台等，也表现出涡激运动(VIM)。当提到这些反应的时候，我们将统一称这些反应为涡激振动(VIV)，尽管有时我们会称圆柱浮标所产生的响应为涡激运动(VIM)。

对于静止圆柱而言，其阻力系数的常规值约为1.2左右。在拖缆和锚链中，由于涡激振动的作用，并且随着涡激振动的振幅扩大，系缆的阻力系数可以从1.2左右放大到3.0或以上。阻力系数影响静态形状，而不稳定载荷可以引起相对高频的振动并因此导致疲劳失效[4.11-4.16]。同样，在锚泊的船舶和结构物中，特别是在开阔水域，由于涡激振动的作用，阻力系数可能被放大，从而导致作用在系泊缆绳上的阻力即整个系统的阻尼大幅上升。由于停泊在海上的系统有着一个长周期的固有频率，大约是 100 s 级的，是欠阻尼的，因此对系统总阻尼的很好的估计是至关重要的。由于系泊缆的存在而产生的阻尼约占总阻尼的30%～80%[4.17-4.20]。另一个由于涡激振动引起的阻力系数放大而受到显著影响的应用是在电缆的敷设中，因为电缆敷设时，电缆最终会降落的准确位置以及为避免屈曲所需要的张力大小都取决于阻力。在公海上的系泊处，最重要的载荷是由于涡激振动所带来，这严重限制了他们在海上的寿命。海上系泊设备和立管设备如今经常被用在2 500米甚至更深处。人们普遍认识到一点，也即：特别是对于立管来说，涡激振动是引起大的静态载荷以及引起动态载荷所带来的疲劳的最重要的原因。

最后，立柱浮筒式的超大结构物在当今海洋中使用，如 Genesis 平台直径 37 m，垂直高度 198 m，配有铁箍以降低涡激振动。这些平台工作在 $Re=10^8$ 左右出现 VIV，不可能在低雷诺数 VIV 数据基础上预报的那样可靠。

VIV 的水动力问题涉及柔性结构物与湍流尾迹中涡旋脱落的相互作用一直是热门研究领域，众多的参考文献[4.24-4.28]即是证明。受激振动的系缆和立管后面的黏性流由复杂的流动机制主宰，包括涡旋形成模式的改变，次涡旋结构的形成，在尾迹流中的湍动以及相关长度效应。一系列海上试验表明系缆在海中的行为受剪力的影响很大，会导致阻力系数可观改变[4.14-4.15]。在离岸行业中，类似 VIV 问题在立管上得到应用。在浅水中，立管由其弯曲刚度主宰，其举止像梁，只有很少的激励模式，VIV 的预报较为简单，因为基于经验模型[4.21-4.22]或水池试验的单模型预报程序能够逼真地预报。

随着水深的增加，立管的动态趋于增长，接近于张紧缆，在剪切流中有多模式响应的可能性。离岸行业中密集的活动已经开发出基于实验的立管预报程序，其结果通常可与全尺度试验相媲美，尽管可预报多模式响应和高雷诺数动态，但仍留有突出问题[4.29-4.32]。

突出问题之一是公开的高雷诺数 VIV 的文库资料稀少。当静止的圆柱处于横向流中，众所周知出现了显著的转换现象，急剧地影响涡旋形成的频率和载荷[4.33]，对振动圆柱体有用的资料远远不够[4.34-4.35]。

4.1　均匀横向流中大跨度刚性圆柱结构物的涡激振动预测

首先概述应用于均匀流场中的均匀、宽跨度、柔性安装的圆柱结构物的涡激振动预测的基本概念，因为他们很容易被理解，而且其中的很多概念也可以扩展到剪切流。关于这个话题的文献非常多，由于它展示了印象深刻的行为，已经成为了一个典型的流激振动问题。

4.1.1　流体不稳定性和卡门涡街的形成

我们所描述的所有现象的主要原因，至少在最初，都是由于卡门涡街的形成，这是一个显著的现象，因为它实际上发生在超过了阈值雷诺数 $Re\approx 50$ 时的每一个尺度下；例如，在云层中观测到在岛屿后面涡街的形成发生在雷诺数 $Re\approx 10^{11}$（见图 4.1）。卡门涡街由在频率 f 上形成的交错排列的涡旋组成，遵循斯特鲁哈尔(Strouhal)定律：基于圆柱直径 d 和流速 U，有 $fd/U=St$，其中对于超过雷诺数 $Re=150$ 的次临界流，斯特鲁哈尔数 $St\approx 0.20$，对于超临界流则具有更高的值。

卡门涡街是由于一种产生在钝体后面的不稳定的分流而自发形成的。这种不稳定性等同于在有限维系统中的一个不稳定极点，它总被哪怕是很微小的扰动而激发。作为雷诺数的函数，它的数值变化与阻力系数的变化相似，需要重点强调的是斯特劳哈尔数基本上是一个尾流参数，因此，相比而言，它与尾迹的宽度——而不是圆柱的直径——更加相关。事实上，如果用尾迹的宽度 h 来定义斯特劳哈尔数，即 $St_h=\dfrac{fh}{U}$，则对于所有雷诺数可以得到一个近乎通用的值。

通过区分得到如下情况(见图 4.1)：

(1) 在雷诺数小于 50 的机制下，没有卡门涡街现象产生。

(2) 在雷诺数大于 50 而小于 150 的机制下，斯特劳哈尔数随着 Re 的变化，从 $St\approx 0.1$ 到 $St\approx 0.2$ 呈近乎线性的变化。

(3) 在雷诺数大于 150 而大略地小于250 000的机制下，斯特劳哈尔数大略地保持为 $St\approx 0.2$。

(4) 在雷诺数大于250 000而大略地小于500 000的机制下，对于放置在非常低的湍流中的理想的光滑圆柱，卡门涡街现象消失。

(5) 而对于雷诺数大略地高于500 000的机制下，卡门涡街现象重新出现而且斯特劳哈尔数最终达到一个较大的常值：$Sr\approx 0.26$ 。

对于固定圆柱体的涡激振动，在关注斯特劳哈尔数的同时，有几个其他参数也同样重要。

从雷诺数约 250 开始，一个次级不稳定现象在水流中发生。定期间隔旋涡，其旋转轴大致与水流平行(流向旋涡)，出现在卡门涡街的顶部。旋涡之间的距离在 1 个到 2 个圆柱体的直径之间；这些小圈的高涡旋，因为它们的形状而被称为编织涡或发夹涡(见图 4.2)。随

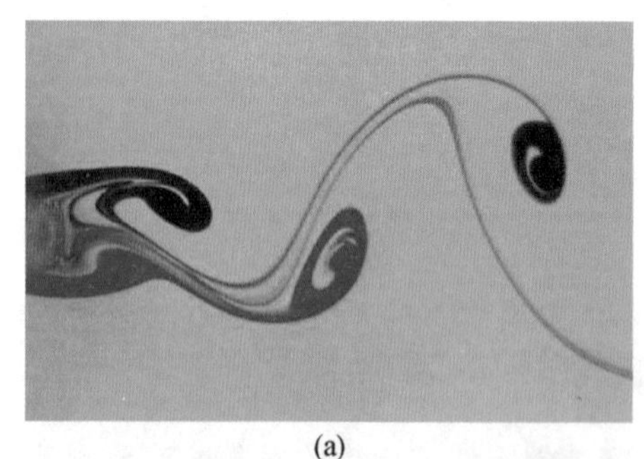

(a)

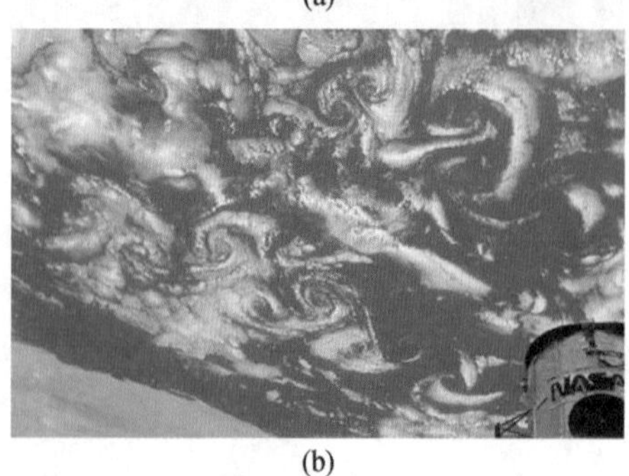

(b)

图 4.1 (a)雷诺数 $Re=250$ 时圆柱后的卡门涡街 (b) 雷诺数 $Re\approx 10^{11}$ 时岛屿后的卡门涡街

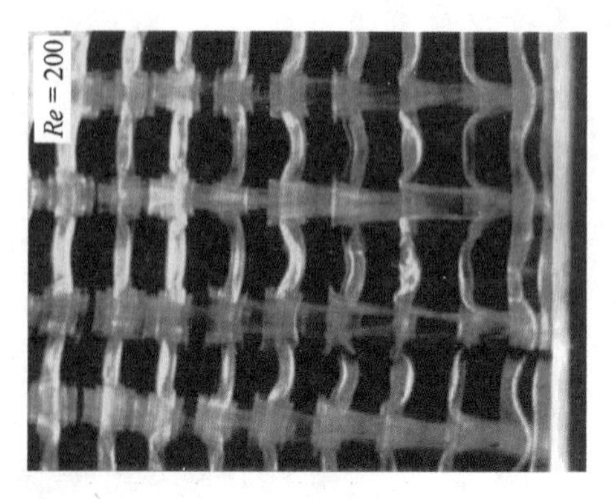

图 4.2 次级不稳定导致的编织涡，影响升力和卡门涡街特性

着雷诺数的增加，这些发夹涡引起水流加速紊乱；在雷诺数超过1 000时，圆柱体的尾流就彻底紊乱了。编织漩涡显著地减少了升力系数的值，并导致了卡门涡街的基本性质的稳定。最终，在临界雷诺数，也即大约在 $Re = 250\ 000$ 左右，再次出现了二次不稳定。

在临界机制的开始，也即在 $Re = 250\ 000$ 的时候，发生了阻力危机，其中的边界层变得紊乱，迫使流体的分离点从相对前面驻点平均 86° 的位置，移动到 120°位置；阻力系数从接近 1.2 的值下降到低至 0.20。最重要的是，不对称流在最终分离点到达之前重新附着，因此时均流动的对称性就被坏了。结果就是流体的不稳定性被改变，没有出现卡门涡街现象。圆柱体表面的粗糙度或外部流体的湍流度可以扰动流体的流动，流体对这种扰动非常敏感——特别是粗糙度可导致对称分离的恢复。因此，根据不同的实验条件，研究得出的临界机制内的特性可能会有很大的变化。

在固定的圆柱体后面产生的卡门涡街的丰富度是雷诺数、圆柱体表面状况、流体扰动性的函数是非常显著的[4.10]。在此仅对这些结果做概述性的讨论，因为主要关注的是当圆柱体结构柔性安装时由于卡门涡街所产生的振动。

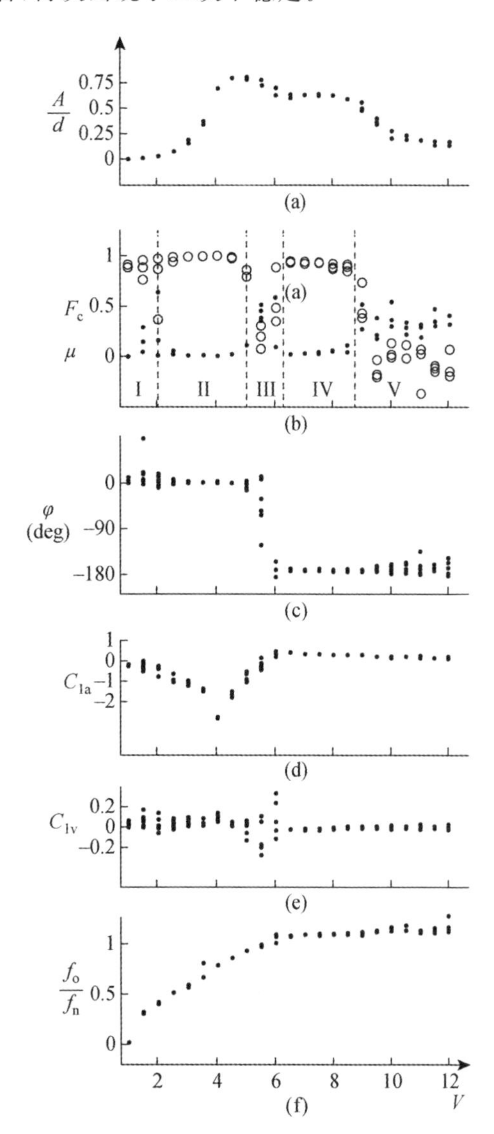

图 4.3　柔性安装圆柱体的响应与标称换算速度

(a) A/d　(b) 圆柱体末端的关联系数　(c) 相对于运动的升力相位角　(d) 与加速度同步的升力系数　(e) 与速度同步的升力系数　(f) 响应频率和固有频率之比与换算速度之间的关系。雷诺数为 30 000，纵横比为 26，质量比为 3，阻尼比为 3.5%

4.1.2　横向流中柔性安装的圆柱体的涡激振动

考虑一个圆柱体可以随着迎面的流体横向摆动。圆柱体安装在弹性系数为常数 k 的线性弹簧上，有一个线性阻尼器阻尼系数为常数 b，圆柱体有质量 m。对于这个圆柱体，涡激振动可能会因为周期性的脱落涡旋在圆柱体上施加不稳定载荷而被激发。在同步条件下，漩涡脱落会以结构的振动频率而发生，系统会以一个接近于结构物在静流中的固有频率的频率振荡，但精确的频率则取决于振幅、频率以及结构物的尾流。

图 4.3 显示了一个横向响应的振幅的例子，用直径进行无量纲化，A/d 成为一个关于换算速度 $V_{rn} = U/f_n D$ 的函数。f_n 表示静水中系统的固有频率，也就是说，附加质量系数为 1。所产生的响应取决于圆柱体的质量 m 与位移质量 m_d 的比值，$m^* = m/m_d$，$m_d = \rho\pi s d^2/4$，其中 ρ 代表水密度，s 表示跨度，通常包括标称换算速度的宽

广范围。与经典欠阻尼的质量—阻尼—弹簧系统相反，只在接近固有频率的一个狭窄的参数频率范围内表现出很高的响应。正如我们下面阐述的那样，造成这种差异的原因是横向流中振动圆柱体的附加质量是换算速度的强函数；实际上，它可以取负值。这是涡激振动中最重要的概念之一。

如图 4.3 所示，涡激振动响应有着不同的机制特征。随着 V_{rn} 的增加，响应的初值在 3 左右；随后开始增加，在 $V_{rn}=5$ 时达到最大值；然后，响应的振幅减小，在 $V_{rn}=6$ 附近到达了一个稳定水平，一直持续到 10 左右的值。在这个值之后，响应迅速下降，最终消失。

4.1.3 圆柱体的强迫振动

在动力学中，系统的强迫振动是通过外部振荡输入造成的。尽管在涡激振动的情况下，产生了(稳定的)外部流，然而，振动却是由流体的不稳定引起的，同时它也决定了力的频率和大小函数。因此，只有在一种松散的方式下这些振动才能被看作是强迫振动。同样，在经典动力学中，自由振动指的是在没有外部力作用下动态系统由于非零初始条件所引起的瞬态振荡。因此，涡激振动并不是一个自由振动，因为外部始终有一种流体力在持续驱动这种振动。

最后，应该提到的是在轻阻尼延伸结构的强迫振动中，结构的固有频率在很大程度上决定了响应的频率和幅度。然而，在涡激振动中，力的作用却受到了结构体运动的显著影响。通过这个反馈机制造成使用原来的固有频率，尤其是在固有模式到涡激振动中，大部分场合会出现可疑值。

此外，当与涡激振动联系起来的时候，强迫振动和自由振动有着非常特殊的含义，就如在相关文献中已确立的那样。一个强迫振动和涡激振动实验指的是结构物被固定在驱动器上并按照规定的轨迹在流体中移动的实验。通常情况下，结构物上施加的水动力是在强迫运动中被测量的。在这种情况下，因为轨迹是预先规定的，因此结构物并不会对流体力产生响应，这与经典定义的强迫振动不同。

同样，在涡激振动实验中，圆柱体是弹性安装在弹簧上的，自由地对流体力作出反应，这被称为自由振动。这种振动之所以被称为自由振动是因为没有振荡的外力来驱动这个振动；能量的输入是以迎面而来的流体的动能消耗为代价的，是从流体的不稳定中提取出来的。在稳态振荡下，流体力抵消了结构阻尼力，从而提供了一种类似于零阻尼非受迫系统响应的振动。对于余下的章节，强迫振动和自由振动指的是有关涡激振动实验的定义。

为了解释涡激振动中的基本流体力，我们将使用强迫振动而不是自由振动的结果。圆柱体在迎面而来的流体 U 中被迫以一种振幅为 A 和频率为 f，或圆频率为 $\omega=2\pi f$ 的谐波运动方式做横向振动。横向载荷 $Y(t)$ 和流向载荷 $X(t)$ 分别是时间的函数；流向力的平均值提供了稳定的阻力。如果横向运动和它的导数可以描述如下：

$$y(t)=A\cos(\omega t)$$

$$\frac{\mathrm{d}y}{\mathrm{d}t}=-\omega A\sin(\omega t)$$

$$\frac{\mathrm{d}^2y}{\mathrm{d}t^2}(t)=-\omega^2A\cos(\omega t) \tag{4.1}$$

那么，流向力包含一个常数阻力项 $\overline{X}$ 和一个不稳定项，其主成分甚至是振动频率的谐波；二

次谐波 X_2 通常是最重要的。横向力被发现包含很大的谐波成分 $Y_h(t)$，它有一个相对位移而言的相位 ϕ，因此可以写为

$$
\begin{aligned}
Y_h(t) &= Y_0\cos(\omega t+\phi) \\
&= Y_0\cos(\phi)\cos(\omega t) - Y_0\sin(\phi)\sin(\omega t) \\
&= -[-Y_0\cos(\phi)]\cos(\omega t) - [Y_0\sin(\phi)]\sin(\omega t) \\
&= -Y_a\cos(\omega t) - Y_v\sin(\omega t)
\end{aligned} \tag{4.2}
$$

如式(4.2)所示，谐波的横向力被分解为与加速度相对应的成分 Y_a 和与速度相对应的成分 Y_v；后者决定能量是否能从流体转移到结构物(当为正值时)，或反之亦然。

对该力适当地无量纲化，则提供了平均阻力系数 C_D 和阻力系数的非稳定分量，如二次谐波分量，其频率是振动频率两倍，记作 C_{d2}。向流动方向的垂直方向分解，则升力的标称力和分解力给出了与速度相对应的升力系数 C_{lv}，以及与加速度相对应的升力系数 C_{la}。假设结构体做谐波运动，则可用以重新确定附加质量系数 C_m。

$$C_D = \frac{\overline{X}}{\rho d s U^2/2} \quad C_{d2} = \frac{X_2}{\rho d s U^2/2} \tag{4.3}$$

$$C_{lv} = \frac{Y_v}{\rho d s U^2/2}, \quad C_{la} = \frac{Y_a}{\rho d s U^2/2}, \quad C_m = \frac{Y_a}{A\omega^2 \rho \pi d^2 s/4} \tag{4.4}$$

对于非黏性流而言，附加质量力的概念已经建立得很好了，在非黏性流中它被证明为一个结构物沿着一条直线方向的加速度，例如，在无界流体里面引起的反应力的大小等于加速度的一个常数倍。这常数只取决于结构物的形状，因此它等于一个(常数)附加质量。结构物在六个自由度中的一般运动可以类似地用一个附加质量的张量和转动惯量来表示[4.42]。

然而，即使是在潜流中，附加质量可能为非常数，例如，液体在自由表面附近变动。对于穿越表面的结构物的谐波运动，附加质量(由于辐射波的衰减)是频率的强函数。这是一个有效的附加质量，从某种意义上说它对谐波运动是非常有效的。附加质量的可变性是由于在流体表面形成的不同的波型是频率的函数。如果运动不是谐波，我们必须将有效的附加质量作为频率的函数进行傅里叶反变换，从而找到脉冲响应，然后用结构物的加速度做卷积来计算施加在结构物上的力。值得注意的是，对于一个被浸没在非常接近自由表面的结构物，也存在附加质量为负的情况。由于结构物和剩余自由表面之间包裹的液体质量不稳定，波浪垂荡中的附加质量可以变为负值。

因此，熟悉自由表面流动的人，并不会很惊讶地发现横流中振动圆柱结构物的附加质量是频率的函数，甚至可以成为负值的，因为一个钝体的尾迹也支持波的形成，所以这里会存在一个与自由表面流动相似的情况。涡激振动的另一个复杂问题是非线性在其中扮演了一个强大的角色，因此叠加原理，它对于线性化的自由表面流动非常有用，但是在此却是不适用的。提到负质量，如果没有进一步的解释，可能会使人困惑；然而，重要的是要注意，这是由两种机制的融合所形成的一种有效的质量：一方面，“流离失所”的流体粒子的惯性(经典附加质量的定义)，另一方面，由于旋涡所形成的力与加速度是同步的并且拥有相同的频率。如表 4.1 所示，定义了真空(无附加质量)中的固有频率，也即标称固有频率 NF 具有附加质量系数为 1，而水中实际的 NF 则随速度的降低而变化。

文献[4.7]提供了另一种负的有效附加质量的解释，文中解释说有效附加质量力不是一

个真正的附加质量力，而是涡旋力的结果，也就是说，是由脱落涡旋引起的力。这种解释让我们进一步了解了该问题的物理性质，并强调了涡旋脱落与圆柱结构物运动同步的重要性。

表 4.1　质量(m)-弹簧(k)-阻尼器(b)系统的固有频率(NF)定义

真空中的固有频率	$\sqrt{k/m}$
水中的标称固有频率	$\sqrt{(k/(m+m_a))}$
水中的固有频率	$\sqrt{(k/(m+m_{ae}))}$

注：m_a 为静流中的附加质量，m_{ae} 为有效附加质量。

当附加质量系数和与速度相结合的升力被绘制成关于响应振幅和频率的函数时，如图 4.4 所示，很容易看出这些量对振动频率的依赖性很强。附加质量系数的变化特别显著，因为与标称值 1 相比，它可以低到 −0.5，也可以高至超过 2。

附加质量的变化原因是由于相对于圆柱体运动的涡流形成时间的变化，例如，相对于振荡圆柱体在振荡运动中达到最大值时的顺时针涡旋的脱落时间。如图 4.5 所示，随着振荡频率的变化，在周期较早的时候形成顺时针涡旋；注意，这种情况发生处的无量纲频率的值

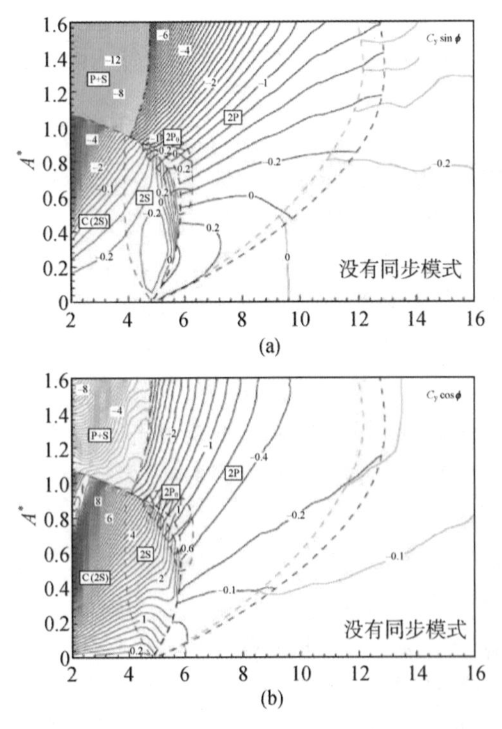

图 4.4　在自由流中做正弦强迫运动的圆柱体所受到的流体力

(a) 与速度相关的升力系数 c_{lv}　(b) 和加速度相关的升力系数 c_{la}；两者均是 A/D 和换算速度的函数

注：雷诺数为20 000。叠加的是三种不同阻尼系数值的自由振动试验。

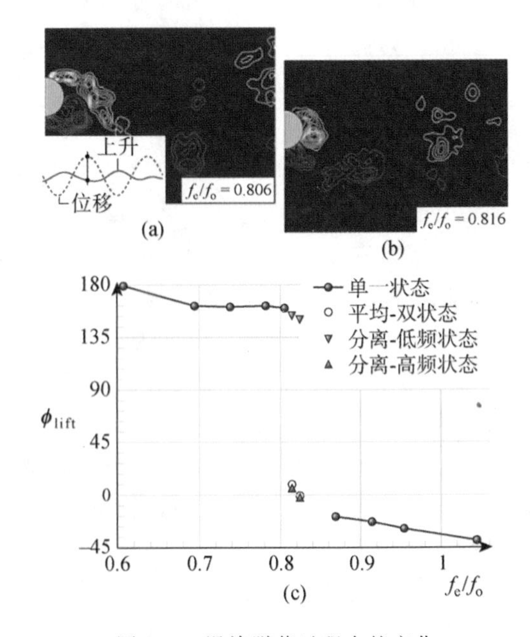

图 4.5　涡旋脱落过程中的变化

恰好是附加质量系数的快速变化值(见图 4.5)。升力的变化是很容易解释的,因为当一个涡旋靠近圆柱体时,由于与涡旋有关的低压,它会形成吸力。因此,涡旋形成的时序改变了涡旋在圆柱体上形成的吸力。如果吸力是在圆柱体加速度的方向上,则会降低惯性力,从而减少附加质量;如果吸力方向相反,则明显增加了附加质量。

4.1.4　升力系数、速度和幅度

正如与加速度相对应的升力提供了系统的一个有效附加质量,与速度相对应的升力提供了一个有效的整体阻尼。当有效阻尼为负值时(与速度相对应的升力减去结构阻尼力,结果为正值时),它将把系统推向更高的振幅,而当有效阻尼为正值时,它将把系统推向更小的振幅。因此,这个流体强迫项与系统结构阻尼的平衡决定了振荡的振幅。

在无量纲条件下,与速度相对应的升力系数 C_{lv} 提供了驱动涡激振动的能量。该系数在换算频率附近达到峰正值,为

$$f^{*} = fd/U \approx 0.17$$

峰值激励频率对于涡激振动的预测至关重要,同时也与有效附加质量的最大变异性相吻合。

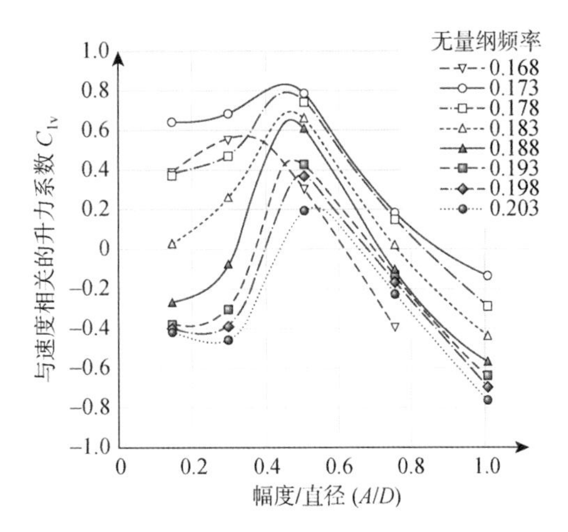

图 4.6　与速度相对应的升力系数是振幅的函数

当被绘制成关于响应幅值的函数时,就可以建立 C_{lv} 的一个临界性质,以保持振动的恒定频率。它遵循如图 4.6 所示的曲线,即随着振幅的增加,当升力沿跨度的相关性越来越好时它开始增加,但是随后,当超过一个典型值 $A/D=0.5$ 时,它会随着 A/D 的值增加几乎线性地减少,在 A 接近一个直径时达到 0 值(这个值从低雷诺数时的 0.6 变化为大的亚临界雷诺数时的值为 1.2 或更大,然后返回到超临界雷诺数时大约 0.9 的值)。对于大振幅,当 C_{lv} 变为负值时,系统的有效阻尼将始终是正值,使系统的振幅减小。高振幅下 C_{lv} 最终的符号变化解释了涡激振动的自我限制特性,因为超出一个直径的振动是不可持续的。

从能量平衡的角度来看,在自由振动的系统中,C_{lv} 的最终值必须能够平衡结构阻尼。当阻尼可以忽略时,C_{lv} 必须等于零。这意味着动态平衡必须达到的一个条件。

1) 斯特劳哈尔频率和峰值激励频率

正如前述,流体的不稳定性是产生涡激振动的原因,所以人们可能会认为,对于接近斯特劳哈尔频率的频率,圆柱体所受的激发是最强烈的。但要注意的是,当圆柱被允许振动时,涡旋的形成过程会受到影响。振动发生在那些附加质量系数支配的频率,我们将在下一节予以解释。峰值涡激振动响应的值是接近但不等于斯特劳哈尔频率的,对于亚临界雷诺数,其无量纲值接近于 0.17(相对于斯特劳哈尔数为 0.20 左右)。应该注意到,这是附加质量系数经历它的最大变化时的值。

2）自由振动和强迫振动

当自由振动表现为纯简谐运动时，在自由振动和强迫振动实验中，力与运动之间有直接对应关系。实际上，自由振动的结果与恒定的 C_{lv} 的等高线密切相关，如图 4.4 所示。

因此，流体动力系数是通过串流中圆柱体的强迫运动来确定的，它是预测涡激振动的基本构件。可以把一个弹性安装的圆柱体的振动 $y(t)$ 写成运动方程：

$$m\frac{\mathrm{d}^2}{\mathrm{d}t^2}y(t)+b\frac{\mathrm{d}}{\mathrm{d}t}y(t)+ky(t)=f(t) \tag{4.5}$$

其中 $f(t)$ 代表流体力，如前所述，将其分解为与速度相对应的一部分和与加速度相对应的一部分。假设谐波运动的复振幅为 Y 和频率为 $\omega=2\pi f$，$y(t)=\mathrm{R}[Y\mathrm{e}^{\mathrm{i}\omega t}]$，则方程可写作

$$f(t)=\mathrm{R}\left[\left(-C_{\mathrm{m}}\frac{\pi}{4}d^2 s\omega^2 Y+\mathrm{i}\frac{1}{2}\rho C_{1\mathrm{v}}dsU^2\frac{Y}{|Y|}\right)\mathrm{e}^{\mathrm{i}\omega t}\right] \tag{4.6}$$

其中 $\mathrm{R}[x]$ 代表 x 的实数部分。将其代入式(4.5)解出实部和虚部，得到：

$$M\omega^2=k,\ b\omega A=\frac{1}{2}\rho C_{1\mathrm{v}}dsU^2 \tag{4.7}$$

式中 $M=m+m_{\mathrm{a}}$，表示质量 m 加上附加质量 $m_{\mathrm{a}}=C_{\mathrm{m}}\frac{\pi}{4}d^2 s$；$A$ 为 Y 的绝对值。式(4.7)可以求解响应的幅值和频率。它们的解必须是迭代的，因为附加质量和阻尼系数是振幅和频率的函数。

第二个方程表示流体的能量通过阻尼来平衡，因此，如果阻尼可以忽略不计，自由振动将发生在 $C_{lv}=0$ 的值上。式(4.7)的第一部分仅仅表达了振动发生于共振的事实，而没有表明固有频率会因附加质量系数的可变性而变化。事实上，这种可变性是非常显著的，原因是在广泛的参数范围内引起的涡激振动响应。准确的涡激振动预测是一个至关重要的概念。

可以用质量比 m^*、阻尼比 ζ、在真空中的固有频率 ω_n、附加质量系数 C_{m}、与速度相对应的升力系数 C_{lv}、换算速度 V_{r} 和无量纲频率 f/f_n 的定义，把式(4.7)以无量纲形式表示，即

$$m^*=\frac{m}{\rho\pi\frac{d^2}{4}s} \tag{4.8}$$

$$\omega_n=\sqrt{\frac{k}{m}} \tag{4.9}$$

$$\zeta=\frac{b}{2m\omega_n} \tag{4.10}$$

$$V_{\mathrm{r}}=\frac{U}{fd} \tag{4.11}$$

$$f^*=\frac{f}{f_n} \tag{4.12}$$

在无量纲形式中，发现式(4.5)给出了实部和虚部的两个方程，其中无量纲幅值和频率由流体力项直接决定：

$$\frac{A}{d}=\frac{C_{lv}V_{\mathrm{r}}^2 f^*}{4\pi^3 m^*\zeta} \tag{4.13}$$

$$f^*=\sqrt{\frac{m^*}{m^*+C_{\mathrm{m}}}} \tag{4.14}$$

通过如下两个简单的例子可以看出附加质量变异性的重要性：

(1) 假设一个系统的固有频率 $m^*=1$，利用名义附加质量系数 $C_m=1$，$\hat{f}_n$ 满足 $\hat{f}_n d/U=0.10$，在激励边缘。当考虑附加质量系数的真值 $C_m=-0.5$ 时，可知真正的固有频率已变化到 $f_n d/U=0.16$，接近峰值激励。

(2) 假设速度发生变化，再次使用标称固有频率，我们发现 $f_n d/U=0.20$，在激发态的另一边。当再次考虑附加质量系数的真值 $C_m=2.0$ 时，可知真正的自然频率已变化到 $f_n d/U=0.163$，回到接近峰值激励。

这两个例子说明了为什么在如图 4.4 所示的附加质量变化的特殊情形下会使激励扩散到一个广泛范围的无量纲参数（标称换算频率）$f_n^*=\hat{f}_n d/U$，或等价地称作标称换算速度 $V_{rn}=U/(\hat{f}_n d)$ 范围内。如果附加质量有相反的趋势，也即在高频率下的负值和低频率下的大值，涡激振动将是一个不重要的现象，因为它几乎不可能找到一个共振峰值。

3）尾迹捕获和激励引起的锁定

强迫振动产生的两个基本概念是尾迹捕获和尾迹激励区域。尾迹捕获是如图 4.7 所示的灰色阴影区域，在这个区域里，振动圆柱体的尾迹形成的涡旋恰好落入圆柱体的振动频率，而不是斯特劳哈尔频率。在这个区域外，载荷被发现包含两个频率：一是圆柱体振动频率；二是接近斯特劳哈尔频率。

在图 4.7 中的另一个区域表示正能量区域，该区域与速度相对应的升力系数为正值，从而从流体向系统提供能量。自由振动只在这个区域内发生，因为流体提供了振动所需的能量，并通过结构阻尼衰减。这两个区域之间重叠区域的振动是单色自由振动；因此，重叠区域通常被称为锁定区域。

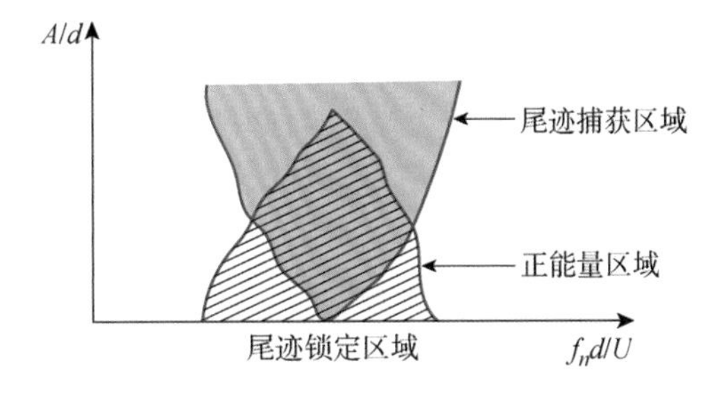

图 4.7　尾迹捕获和尾迹激励（正能量）区域

锁定的一个显著特征是有效共振。在经典力学中，当系统被激励到其固有频率时，就会产生共振。当储存在运动系统质量的动能和系统弹簧的势能之间达到平衡时，大的运动就会发生在共振中。如上所述，在涡激振动中，系统振荡的频率依赖于附加质量，而附加质量则是振荡频率和振幅的函数。系统的振荡频率充当圆柱体的有效固有频率，得到的结果是动态平衡，所以可得到：

$$f_{n,\mathrm{eff}}=\sqrt{\frac{k}{m+m_a}} \tag{4.15}$$

由于有效的固有频率是作为有效的附加质量的函数而变化的，而这种有效的固有频率等于系统振荡的频率，所以当锁定发生时，圆柱体总是处于有效共振状态。

4）振荡体的涡旋模式

一旦结构物开始运动，流体力就会改变，因此涡旋的形式就会改变。如果稳态振动发生，则是结构力和流体力之间的一种动态平衡，其中必须考虑到改变流体力的强反馈机制。

我们从只经受自由横流振动的结构物开始。作为换算速度 V_{rn} 的函数，最初的尾迹类似于卡门涡街，每周期形成两个涡旋（2S 模式）。然而，在达到峰值响应后，每周期出现四个涡旋，呈现为两对反向旋转涡（2P 模式）；最初，这两个额外的涡旋较弱，并且随着换算速度的增加而增强。Williamson 和 Roshko 在文献[4.25]中绘制了作为振幅和振动频率的函数的强迫横流振动的形式,发现了各种各样的模式。当适用于一个自由度的自由振动时,最基本的模式是 2S 和 2P 模式。

当圆柱体受迫振荡运动足够大时,会出现更复杂的模式[4.25],包括非对称模式。当结构物的流向运动被允许与横向振动结合时,例如在两个自由度振动或悬臂圆柱体振动时,可能形成多种涡旋模式,其中包括一个 2T 模式,即每半个周期出现三个涡旋。

特殊的涡旋脱落模式与圆柱体的运动相结合,控制了对结构体施加的力的大小、相位和频率。这种特殊的脱落模式可以与观测到的升力和结构体横向运动之间的相位变化,以及与有效附加质量的符号变化直接相联系。在涡旋脱落的 2S 模式中,结构体在尾流中向最近的脱落涡移动。如果系统中有正阻尼,则该运动稍微滞后于力;然而,力与结构物运动之间的相位差很小。当尾流过渡到 2P 模式时,当结构物离开这一对涡时,这对涡中的第二个涡旋就形成了。因此,结构物是从最近的脱落涡旋离开,而不是朝向它。这将导致 180°的相移,因为相对于涡旋激励力而言,结构物的运动符号改变了。这个符号的变化也对应着有效附加质量的符号变化,因为此刻涡旋所施加的力的方向是与结构体的运动方向相反的(但它与结构物的加速度相位完全一致)。

4.1.5 关联长度

由于重要的涡激振动发生,涡旋脱落,以及由此产生的激振力,必须与结构物的长度紧密相关,也就是说,激振力必须沿着跨度具有相同的相位。研究表明,圆柱体的运动增强了这种关联性;一个三维(3D)的不稳定性导致了流向强涡旋的出现,但是低周期(与卡门涡旋相比)肋骨旋涡(rib vortices)是关联性明显下降的原因之一。尽管如此,通过适当的滤波,可以发现在均匀或轻度剪切流中的振动圆柱体,关联长度是很大的。

然而,人们已经发现,对于接近峰值响应的换算速度的值,在有限跨度的圆柱体截面末端上测量到的升力的关联性下降到一个非常低的值[4.41]。对于一个均匀流中的锥形圆柱体,这种关联性的缺乏与涡旋脱落的混合模式的出现有关[4.48]。数值模拟[4.49]显示了在线性剪切流中均匀截面柱体中这种混合模式形成的细节。

在大范围的雷诺数中发现了关联性的下降,表明这种基本现象是由大规模的涡旋动力学控制的。将光滑圆柱体的响应和关联长度与缠有线条的圆柱体相比,这种线条用于迫使圆柱体的边界层早些过渡到湍流,结果显示在减速区域内,缠有线条的圆柱体的关联性下降,但定性特征仍然保持不变。值得注意的是,低关联性区域与高振幅响应区域有关。在文献[4.40]中利用热线测速法对圆柱体的尾流进行了详细的研究,表明关联性的缺乏主要出现在下游不同位置和沿圆柱体跨度的速度波动中。

考虑到结构阻尼很小的情况下,在 2S 和 2P 模式之间的过渡过程中发现了自由振动,从而解决了关联性缺乏的问题。因此圆柱体的一部分处于 2S 机制下,剩下的部分处于 2P 机制下,这是有可能的。流入的流量或直径的微小变化都会引起涡旋模式的变化,当圆柱体直径逐渐减小时,这种变化会更容易观察到。然而,悖论仍然存在,因为人们必须解释不相关的升力是如何导致最大振动的。

事实上,低关联性与高振幅振动有关,这并不是一个悖论。在混合模式形成的场合,这些是结构稳定的模式,而不是随机变化的激励。同样,重要的是要注意到,与速度相对应的升力系数的大小并不能控制响应的高度，至少对于非常低的阻尼系统来说是这样的。该控制参数为 C_{lv} 系数变为零时的 A/d 值。图 4.6 显示了恒定换算速度下的一个典型的 C_{lv} 与 A/d 关系曲线，以及与加速度相对应的关联升力系数。在零点处的斜率等于水动力阻尼[4.53]，而升力的最大值并不像最大振幅那样是一个要考虑的关键量。

在实验测试中，与涡激振动有关的动力学通常被简化为仅研究结构体的横向运动，因为对于一个完全柔性的结构物来说，结构物的横向振动通常比流向振动更大。然而，这种简化所施加的约束，会让圆柱体不能自由地对流动方向的流体力量作出反应，从而会导致不同的力施加在结构物上。在经历涡激振动时允许将流向和横向运动相结合，将会使其产生相比尾迹涡旋脱落更大振幅的振荡、更大幅度的力以及由于圆柱体和尾迹涡旋脱落之间相对运动的变化而引起的更大的力的谐波分量。

如上所述，振荡阻力的峰值频率通常是升力频率的两倍。这种不稳定的阻力也可能导致柔性体在流线方向上的显著振动。如果在产生的流向和横向运动中始终保持 2∶1 的频率比，结构就会以 8 字形或月牙形振荡，这取决于两个运动之间的相位关系。如果我们在横向上定义一个频率为 ω 的谐波运动 $y(t)$，以及在流向上的频率为两倍横向频率的谐波运动 $x(t)$，可以用 θ 表示这些运动之间的相位差，则

$$y(t) = A_y \sin(\omega t) \tag{4.16}$$

$$x(t) = A_x \sin(\omega t + \theta) \tag{4.17}$$

相位角 θ 改变了圆柱体的轨道运动，这样圆柱体就可以以 S 形、8 字曲线形或月牙形的形状振动(见图 4.8)。根据这个相位的不同值，8 字曲线或新月形状可能是朝向上游或朝向下游的曲线。此外，轨道形状路径的方向也依赖于相位。例如，在相位角为 0°和 180°的两个时刻，都会看起来像一个常规的 8 字形；然而，在这些情况下，相对于自由流体的路径方向两者却是相反的。为了定义 8 字形运动的方向，我们可以使用圆柱体在处于横流运动的顶部时的运动方向。例如，如果流体从左到右流动，圆柱体振荡以至于使其在横流运动的两个极端时向它的上游移动，这时我们就将圆柱体定义为逆时针移动并且定义相位角是在 −90° 到 90°之间。如果圆柱体正朝着相反的方向运动，这样它在横流运动的两个极端时则向它的下游移动，那么它就是一个朝着顺时针方向的运动，此时的相位角就是在−180°到−90°和 90°到 180°之间。

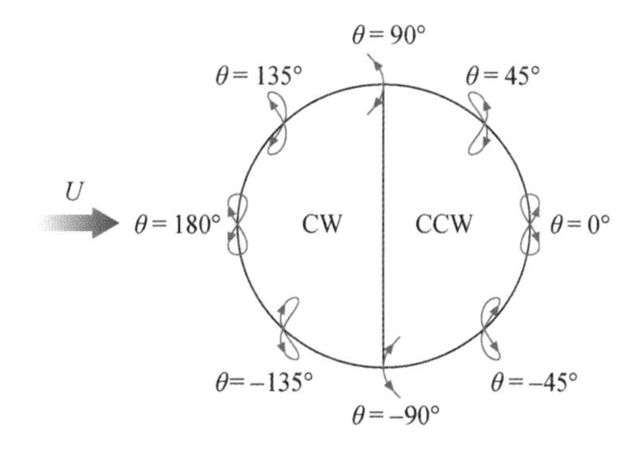

图 4.8　基于正弦运动定义流向和横向运动的相位角

注：定义流体从左到右流动；逆时针(CCW)和顺时针(CW)轨道的定义见文中描述；结构体的余弦运动将造成相位角 θ 的 90°移相。

流向运动的激励频率通常是横向运动激励频率的两倍，双共振的一个条件可以定义为圆柱体将以 2∶1 的流向和横向频率比振动，这样系统的有效固有频率就拥有 2∶1 的比率[4.35]。对于长的柔性结构，结构物将表现为张紧梁或张紧弦，这样就有大量的固有频率与结构物的各种模式激振相关联。因此，对于长的柔性结构物，可以沿着结构物的长度方向拥有不同的固有频率比，这取决于结构物的哪种模式被激发。这一现象可以用一个弹性固定的刚性圆柱体通过在顺流和横流方向上分别调整圆柱体的真空固有频率来建模。自然频率

比为 1∶1 表示在流向和横向上相等的自然频率，这将导致在长而柔性的结构上激发相同的模式。频率比为 2∶1 表示流向固有频率是横向固有频率的两倍。例如，对于无限弦，这将导致激发横向的基本模式运动和顺流向的第二模式运动。

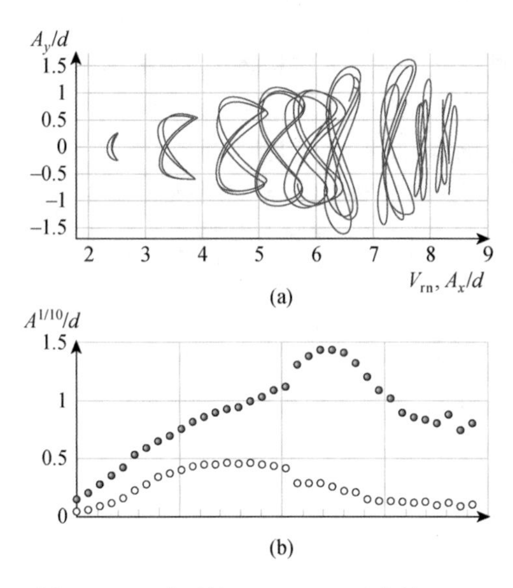

图 4.9 (a)水平轴 V_{rn}，A_x/d；垂直轴 A_y/d（水平轴同时绘制了 V_{rn} 和流向运动 A_x，其中 V_{rn}用 2，3，4 等予以标记，A_x 用子图展示） (b) 水平轴 V_{rn}，A_x/d；垂直轴 $A^{1/10}/d$。定义：d 代表圆柱体的直径；A_x 为流向运动的幅度；A_y 为横向运动的幅度；$A^{1/10}$ 为横向运动（黑色圆圈）和轴向运动（白色圆圈）的最高平均幅度的十分之一；V_{rn} 为换算速度，定义为 $V_{rn}=U/(f_n d)$，其中 U 为水流速度，f_n 为柔性圆柱体的固有频率[4.54]

图 4.9 为流向和横向的响应，以及以恒定速度被拖曳的柔性梁的中段随着换算速度变化的轨迹。图 4.9 中逆时针轨迹主导了峰值振动响应[4.54]。

该实验技术已被应用于研究弹性安装、允许横向和流向组合运动的自由振动的刚性圆柱体的响应。一般情况下，圆柱体在两个自由度自由振荡的情况下观测到响应的大小明显大于只限制在横向运动下的响应。一个有着较低质量比和阻尼、受限于横向运动的圆柱体，通常会在 $A_y/d\approx1$ 附近达到最大响应，而一个在流向和横向上都可以自由振荡的类似圆柱体，则可以超过 $A_y/d=1.5$ 这样一个横向振幅。随着这些运动响应的增加，在尾流中可能会以三联涡的形式出现额外的涡旋脱落，这就导致了 2T 尾迹模式，它在每周期运动中包含了两个三联涡的涡旋脱落。

除了增加圆柱体的运动和对尾迹的轻微改变外，由于横向运动和流向组合运动而作用于圆柱体的力可能与仅在相同的横流运动中所观察到的力有显著的不同。最大的区别是在升力和阻力中存在更高次的谐波力。对于两自由度的涡激振动，在升力中观测到有大幅度的三阶谐波力。当涡旋从圆柱体脱落时，圆柱体与涡旋脱落之间的相对运动控制着施加在结构体上的力的大小和频率。对于一个典型的卡门涡街脱落，并以 8 字形振荡的圆柱体，其相对运动可以产生显著的三阶谐波力，即使圆柱体的主要响应发生在基频上[4.35]。图 4.9 说明了三阶谐波的相对大小是如何随固有频率比和轨道形状的变化而变化的。

虽然在流向和横向上的固有频率的比值可能会有所不同，但是由于有效附加质量的显著变化，当锁定在两个方向上发生时，在流向和横向之间的有效固有频率比将是 2∶1。这种情况称为双共振[4.35]，因为系统在流向和横向两个方向上产生共振。无论名义上的固有频率比是多少，在双共振中，在流向和横向上的有效附加质量的值都是一直在变动的，直到它们提供了双共振条件。只要尾迹涡流的形式可以持续提供适当的附加质量值，这种情况就会一直持续（见图 4.10）。

在类似的现象中，研究表明，在横流振荡和质量比小于阈值约 0.56 的情况下，有效的附加质量会调整为负值，从而使有效的固有频率覆盖无限的换算速度范围。

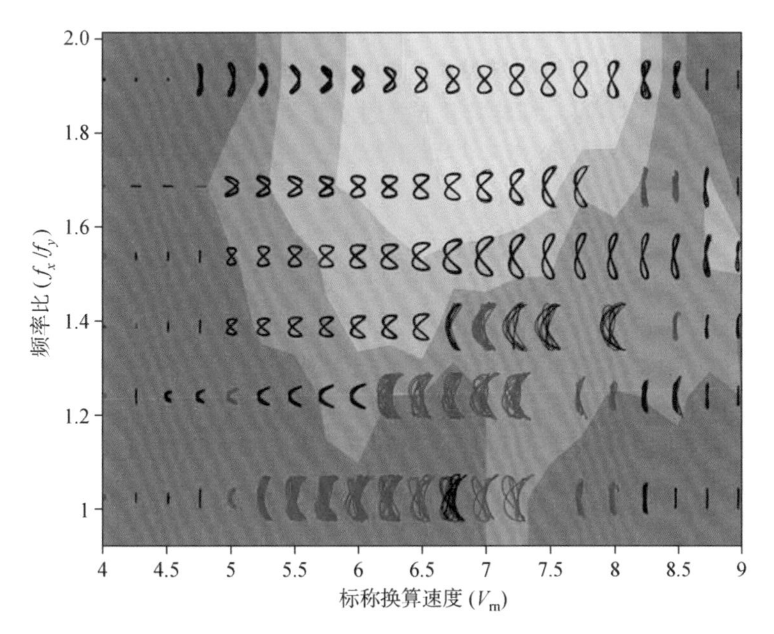

图 4.10　柔性安装的圆柱体随着换算速度和流向与横向固有频率比 f_x/f_y 变化的响应轨迹

注:黑色表示逆时针运动,蓝色表示顺时针运动;底色代表高阶谐波力的强度(黄色最高,绿色最低)。

4.2　非均匀流中柔性结构物的涡激振动预测

移动到一个稳定的横向流中的柔性圆柱体的情况下,必须重新构建控制方程以考虑振动是沿跨度方向的长度和时间的函数这一事实。式(4.7)转化为积分关系(沿跨度积分)而不是代数关系。包括数值实现在内的细节可以在文献[4.58]中找到。

在涡激振动中的细长柔性体可以被建模为流体力作用下的线性张紧梁。正如第4.1.3节介绍的那样,如果 x 和 y 分别表示流向和横向位移,它们现在是时间 t 和展向位置 z 的函数,而 X 和 Y 表示流体施加在结构体截面上的力,那么这样结构的动力学方程可以表示如下:

$$\begin{cases} m\dfrac{\partial^2 x}{\partial t^2} - T\dfrac{\partial^2 x}{\partial z^2} + EI\dfrac{\partial^4 x}{\partial z^4} + b\dfrac{\partial x}{\partial t} = X \\ m\dfrac{\partial^2 y}{\partial t^2} - T\dfrac{\partial^2 y}{\partial z^2} + EI\dfrac{\partial^4 y}{\partial z^4} + b\dfrac{\partial y}{\partial t} = Y \end{cases} \tag{4.18}$$

式中,m 是结构体单位长度的质量;T 是张力;EI 是抗弯刚度;b 是结构阻尼。这个二阶系统必须用初始和边界条件来补足,例如,对于一个简支的结构而言,在端点处有 $x = y = \partial^2 x/\partial z^2 = \partial^2 y/\partial z^2 = 0$ 。在适当的模式基础上进行结构物位移的扩展,以及在此基础上表达的伽辽金投影(Galerkin projection),导致了以下色散关系,它把真空中无量纲的空间波长 $\lambda_n = 2L/nD$ 的第 n 阶结构模式,连接到相应的无量纲的自然频率 f_n:

$$f_n = \frac{nD}{2L}\sqrt{\frac{1}{mU^2}\left(T + EI\frac{n^2\pi^2}{L^2}\right)} \tag{4.19}$$

其中 U 为迎面而来的流体速度。一个细长的柔性结构物呈现出无限的固有频率组合。由于涡激振动的特点是在斯特劳哈尔频率附近的频率范围内，结构物的振荡和涡旋同步形成，因此上述色散关系可以提供对可能的激发模式的一种粗略估计。它还表明，当这样的物体浸没在剪切流中时，也就是说，随着结构跨度的变化，涡旋脱落的频率会发生变化，振动可能涉及多种结构模式。

4.2.1 移动的结构波和剪切流中的多模式响应

当迎面而来的流动为剪切流时，就会降低振动的振幅[4.59-4.60]。然而，剪力的一个重要影响是，在长的系缆和立管中会引起多频响应的出现。事实上，因为迎面而来的流体速度是变化的，结构物的各个部分会在不同的频率下受到激发。能量是在或接近当地的斯特劳哈尔频率下的一个特定的位置输入的，沿着结构物移动，然后在另一个位置被驱散。这就需要在涡激振动的数值预报中引入复杂的模式[4.27-4.58]。在经典的驻波分析中，能量不能超越节点，因此需要一种不同的方法，一种允许驻波或行波或两者结合的方法。这是通过假设振幅是复数来实现的，它在结构物的每个位置引入一个振幅和一个常数相位。如今，一个突出的问题是在剪切流中存在的长结构物中多个频率之间的能量分配问题。

Gopalkrishnan 等人在文献 [4.62]中处理了一个刚性圆柱截面的多频振动问题(两个或三个同步频率)。在这样的条件下，从流体到结构物转移的总能量，在参与振动的频率之间进行分配；此外，升力和阻力系数也受到影响。然而，没有一种通用的理论可以用来对一根经受剪切流影响的很长的系缆或立管的(几种)频率之间的能量分配进行建模。

海洋工程结构物，如海洋系缆或立管，经常暴露在非均匀速度剖面的水流中。在非均匀流中，细长柔性圆柱体的涡激振动通常涉及高阶结构模式，并且由驻波和行波的混合模式组成[4.42,4.63-4.67]。

为了说明在此背景下观察到的典型振动，在图 4.11 中给出了用三维 Navier-Stokes 方程直接数值模拟耦合系统[式(4.18)]得到的结构物响应。在这些模拟中，圆柱体张紧梁的长度直径比为 200；它浸没在剪切的横流中，有两个不同的速度剖面，要么是线性的，要么是指数型的，如图 4.11(a)(b)所示。在这两种情况下，基于最大流入速度的雷诺数等于 330。针对线性和指数型流速度剖面，绘制了选定时间序列下沿跨度方向的横向位移，如图 4.11(c)(d)所示。在线性剪切流的情况下，结构波的出现主要从高流入速度区域流向低流入速度区域。相反，在指数型剪切流的情况下，不能确定波的优先方向。这种现象将在第 4.2.2 节中被解释为激励/阻尼区域沿跨度方向上的分布。图 4.11(e)(f)中给出了沿跨度方向的振动幅值的均方根值(RMS)。沿跨度方向的振动节点的缺失证实了结构响应的强行波性质。这些图也说明了速度剖面形状对响应振幅的影响。

基于结构响应的二维快速傅里叶变换的时空频谱分析，使我们能够澄清激发频率和结构波数/波长之间的联系，我们称之为模式。在图 4.12 中，与上述振动相关的横向位移功率谱密度(PSD)被绘制为时间频率和空间波数的函数。两个流入速度剖面都导致了多频率的振动，但结构响应在激振频段的宽度上有所不同。在线性流速剖面的情况下三种主要的振动频率在窄带范围内沿着跨度方向被激发，而在指数型剖面的情况下却观察到宽带响应。因此，窄带和宽带涡激振动都可能被激发，而这取决于迎面流入的流速剖面的形状。应该提到的是，即使是在剪切流条件下，单一频率下的响应也仍然是可能的，特别是当流体切变的影响被结构物的曲率抵消时[4.68]。每个激发频率通常都与一个单一的结构波数相关。

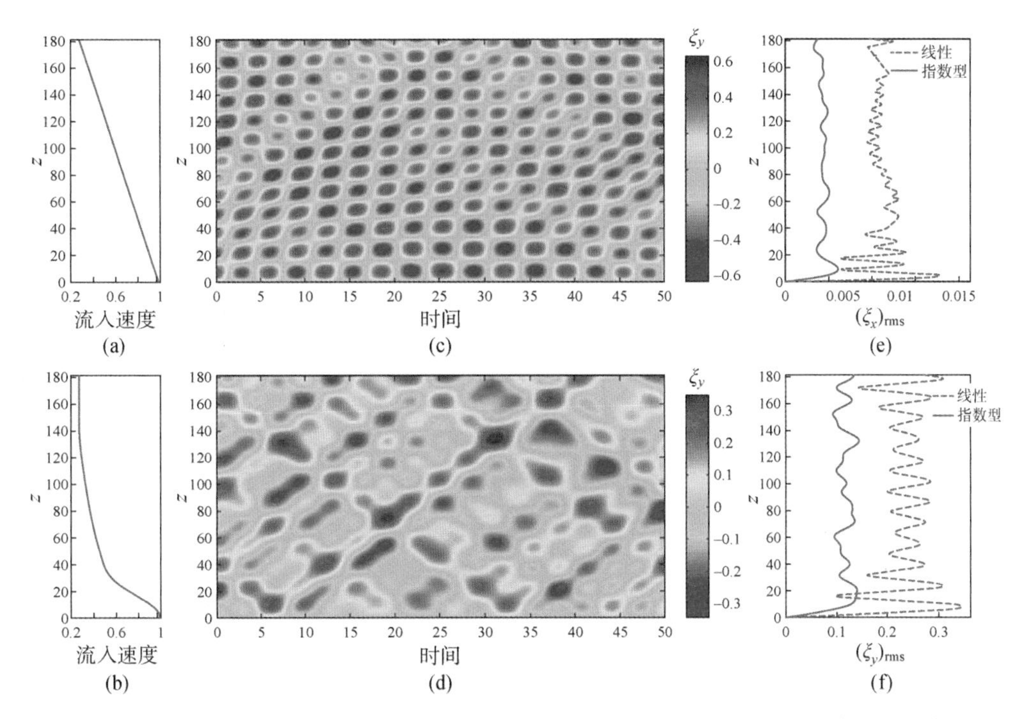

图 4.11 (a)线性速度剖面 (b)指数型速度剖面 (c)在线性剪切流时,选定时间序列下沿跨度方向的横向位移 (d)在指数型剪切流时,选定时间序列下沿跨度方向的横向位移 (e)沿跨度方向的流向位移的均方根值 (f)沿跨度方向的横向位移的均方根值

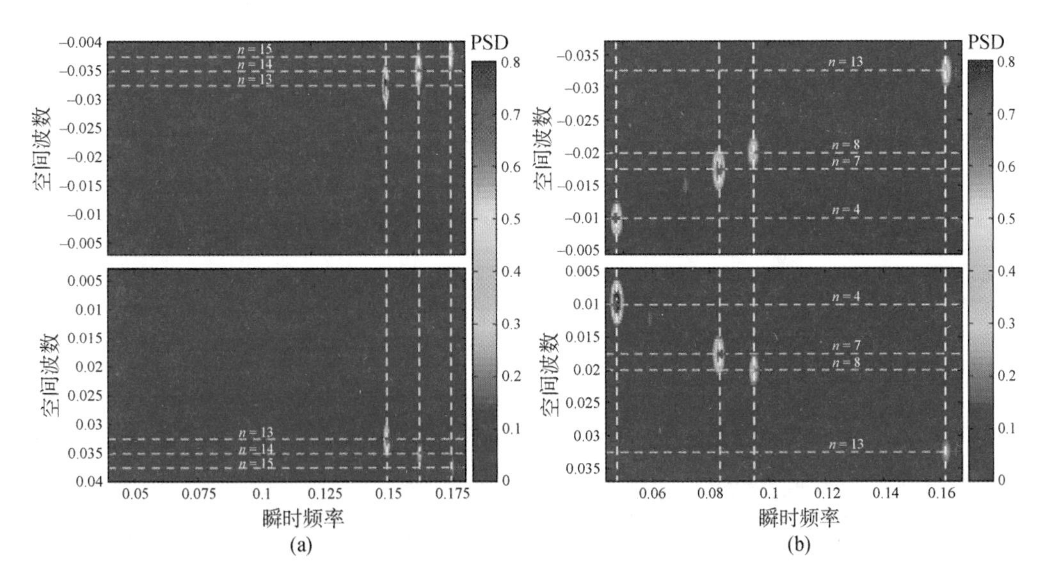

图 4.12 (a)线性流速剖面时横向位移的时空频谱分析 (b)指数型流速剖面时横向位移的时空频谱分析

注:被选择的振动频率由白色的垂直虚线表示;所选模式的波数由黄色水平虚线表示;红色叉点表示与这些波数相关的固有频率。

当结构物被淹没在液体中时,为了估计被激发的结构模式的固有频率,真空中的色散关系式(4.19)可能会修正如下:

$$f_n' = f_n \sqrt{\frac{m}{m + c_m \rho \pi \frac{D^2}{4}}} \tag{4.20}$$

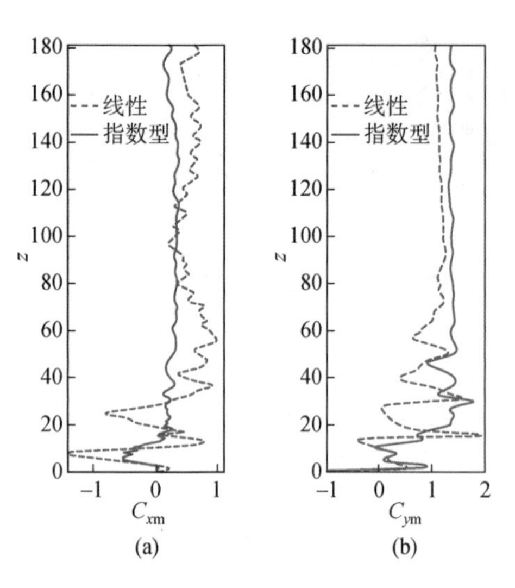

图 4.13 (a) 沿跨度方向的流向有效附加质量系数 (b) 沿跨度方向的横向有效附加质量系数

注:势流的附加质量系数等于 1。

其中 c_m 是附加质量系数，为了推导这一新关系，假定 c_m 沿跨度方向为常数。考虑附加质量系数 $c_m=1$(势流的理论值)所预测的固有频率,由图 4.12 中的红色叉点表示。可以观察到与实际峰值的显著偏离;这与有效附加质量的强变化性有关,也对刚性圆柱体的涡激振动产生显著影响。如图 4.13 所示,有效的流向和横向的附加质量系数呈现了大的沿翼展方向的调制,与势流中的附加质量值 1 相差很大。

正如在刚性圆柱体中所注意到的,在横向的每一个激发频率都可以通过一个比值为 2 的比率来与在流向上的激发频率相关联。与流向/横向响应频率相反,相应的空间波数(结构模态)通常表现出非 2 的比率;这种表现是由于张紧梁的非线性色散关系与频率和波数有关。

谱分析表明了在不同结构模态被激发的情况下,多频响应的存在。在给定的跨度方向位置上,若干结构波数可以对总振动作出贡献。产生的问题是,响应是频率随时间变化的瞬间的单频,还是在任何时候都是多频率的。图 4.14(a)中绘制了若干振动频率表现出重要贡献时

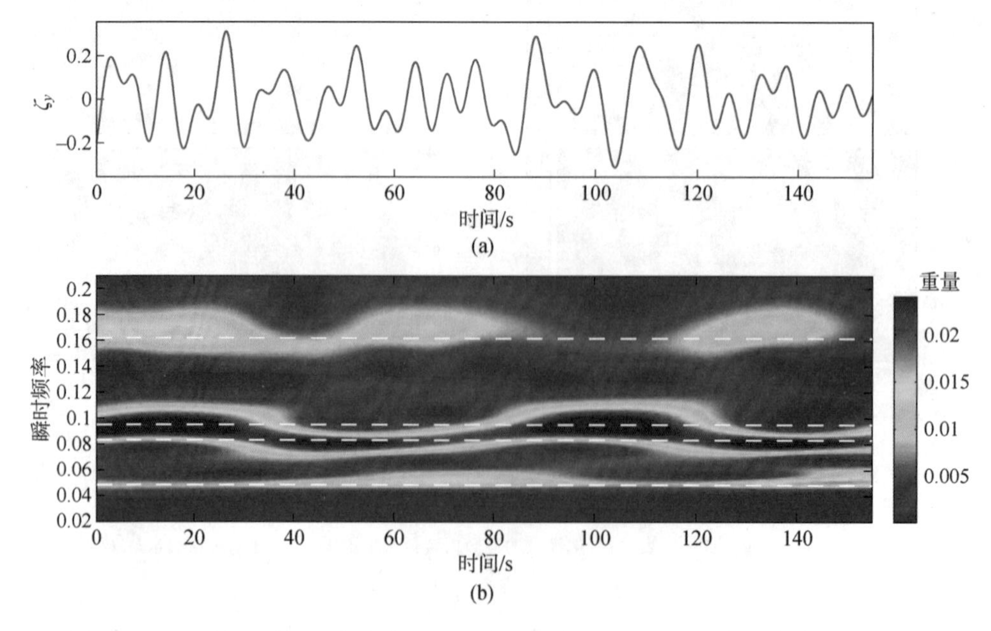

图 4.14 (a)时间序列下的横向位移 (b)作为时间函数的相应的频率内容(尺度谱图)

注:虚线代表图 4.12 中识别的主导频率。

典型时间序列下跨度方向区域内的横向位移。在图 4.14(b)中使用小波分析绘制了相应的尺度谱图,它表示了瞬时频率作为时间的函数的内容。在与相邻结构模式相关联的频率之间可以看得到时域偏移。然而,如果考虑到所有的振动频率,它显然会出现多个频率,如此一来结构模态可以同时响应。因此,柔性体的涡激振动可以是瞬时多频率的。

4.2.2　剪切流中的锁定和流体-结构能量转换

对于一个自由振动的刚性圆柱体,将能量从流体转移到结构物的锁定状态,被定义为与涡旋脱落和结构物振动同步的涡激振动。该定义可扩展到受多频涡激振动影响的细长柔性体的情况。当结构物振荡频率与局部涡旋形成频率之间存在着局部同步时,在每个跨度方向位置和每一个横向振动频率上都定义了锁定状态;其他情况下,则称其为非锁定状态。在之前考虑的线性和指数剪切流的情况下,涡旋脱落频率沿跨度方向的情况分别绘制在图 4.15(a) 和(b)中,主要的横向振动频率由垂直虚线表示。

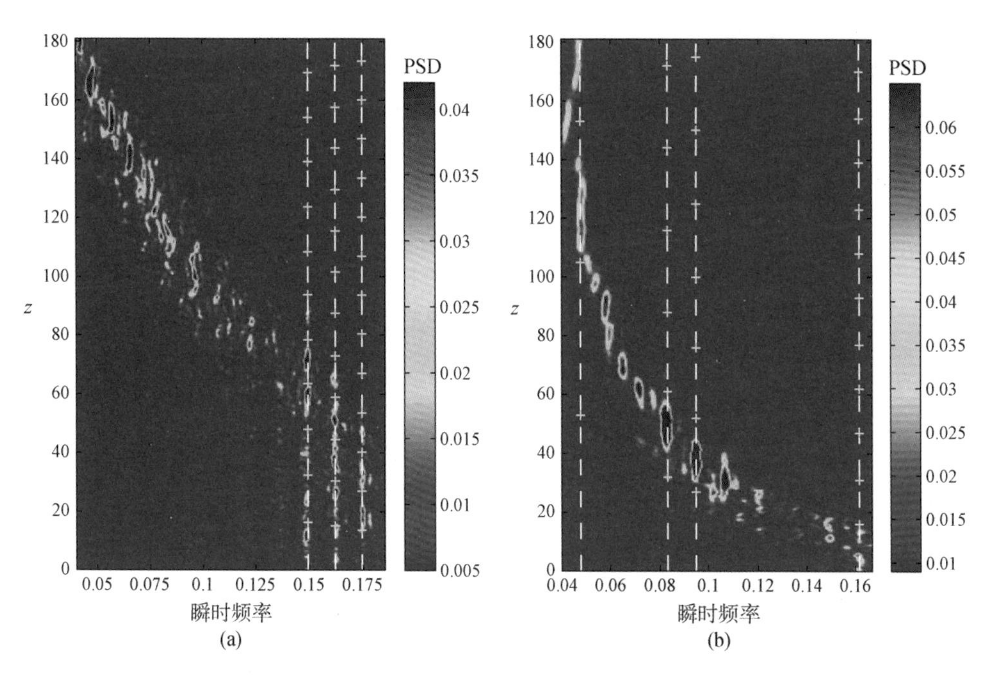

图 4.15　用尾迹中的沿跨度方向的流动速度的横流分量的 PSD 表示的涡旋脱落频率

(a)为线性剪切流速度剖面的情况　(b)为指数型剪切流速度剖面的情况

同样对于不同的跨度方向条件的静止圆柱体,也就是说,对于有着不同直径的圆柱体或非均匀速度剖面的静止圆柱体,尾迹呈现出一种由恒定涡脱落频率的涡旋细胞组成的不连续的模式[4.70-4.72]。在两个相邻涡胞之间的涡旋脱落频率的降低总体上是通过斯特鲁哈尔(Strouhal)关系、由流入速度的降低而引起的。在窄带响应情况下[见图 4.15(a)],锁定状态发生在有限长度上,在高流入速度侧,而涡旋脱落和结构物振荡与结构物的其余部分并不同步。与这种局地发生的尾迹-结构物同步情况相比,宽频振动情况[见图 4.15(b)]的特点是锁定状态沿跨度方向分布。在剪切流中,锁定状态可能会同时出现在沿结构长度方向的大部分结构物上,从而导致宽带振动。正如之前观察到的刚性圆柱体的涡激振动情况,在锁

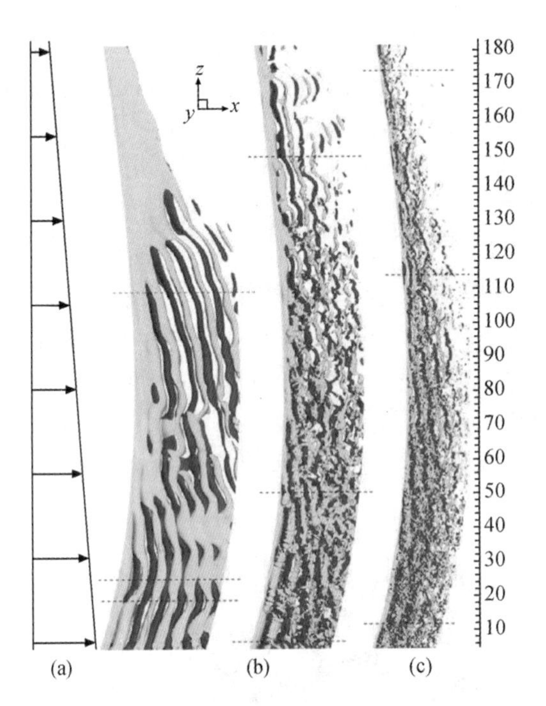

图 4.16 张紧梁下游沿跨度方向涡旋的瞬间等值面

(a) $Re=110, \omega_Z=\pm 0.13$ 时 (b) $Re=330, \omega_Z=\pm 0.3$ 时 (c) $Re=1\,100, \omega_Z=\pm 0.8$ 时

注:箭头表示线性剪切迎面流[4.67]。

定的情况下,涡旋脱落频率相对于斯特罗哈尔脱落频率有很大的偏离。在锁定状态下,即使有几个振动频率共存,尾迹通常在沿跨度方向的每个点上只与一个单一的结构频率同步。因此,即使在宽带结构响应的情况下,锁定现象仍然是当地的单一频率事件[4.61]。

为了更好地可视化地显示尾迹模式,在线性剪切流涡激振动作用下,在 3 个雷诺数($Re\in\{110,330,1100\}$)时,一个柔性圆柱体下游沿跨度方向的涡旋的瞬时等值面如图 4.16所示。由于在每个涡胞内的涡流对流速度的变化,将尾流划分为跨度方向具有恒定涡旋脱落频率的涡胞,导致了涡旋流的每一行按照它们形成的过程呈斜向排列。当涡旋脱落频率不连续时,为了保证沿跨度方向的涡旋线的连续性,在相邻的涡胞之间发生了类似于涡流分离的涡分裂事件[4.69,4.71,4.73-4.74]。

对于刚性圆柱体,是通过与结构物速度相对应的流体力系数来对流体与振荡结构之间的能量传递进行量化的。如图 4.17 所示,

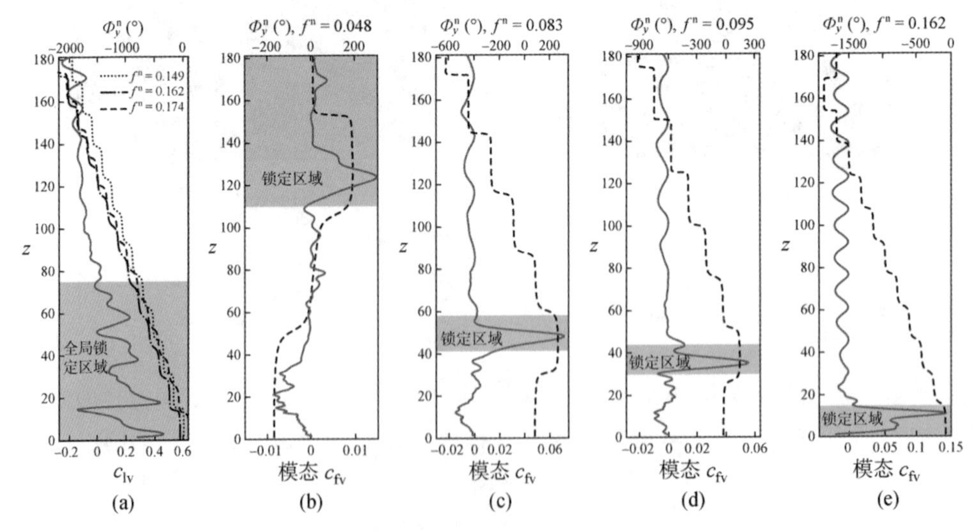

图 4.17 沿跨度方向的与结构速度(下轴、纯棕色线)同相位的力系数和横向振动的空间相位(上轴、不连续黑线)

(a) 窄带响应情况下,三个主要振动分量的空间相位和总的 c_{lv} (b)~(e) 宽带响应情况下,振动分量的空间相位和模态 c_{fv}

注:图(a)中的全部锁定区域和图(b-e)中与每个振动频率相关的锁定区域用棕色标示。

绘制了窄带和宽带振动情况下这一数量沿跨度方向的变化，正能量转移的区域，即流体激发结构物振动的区域，位于锁定区域内。在锁定区域之外，流体阻尼了结构物的振动。与窄带的情况不同，对于宽带响应，可以注意到激励区沿着结构物的长度分布；高波数的振动来自高流入速度侧而低波数响应来自低流入速度侧的。对于每个激发频率，无论振动是窄带还是宽带性质，结构波都从激发区向阻尼区移动，如图 4.17 所示，由波的空间相位方向所示。因此，宽带结构的响应可能是由向两个方向移动的波组成，即向流入速度下降或增加的方向。这种行为与窄带响应的情况形成了对比，在窄带响应的情况下，行波都是从高流入速度到低流入速度的区域。

4.2.3 流向和横向涡激振动的同步

与刚性圆柱体涡激振动的情况一样，柔性体的流向和横向响应也是通过流体力而非线性耦合的，它们的同步与锁定状态的发生密切相关，因此也与结构物和流体之间的能量传递有关。流向和横向的振动分量通常表现出相对频率比为 2 的关系。在单频率响应的情况下，这将导致类似于刚性圆柱体在垂直于结构物轴线的平面上形成 8 字形轨迹的情况。8 字形轨迹的形状和方向由流向和横向位移之间的相位差控制。与刚体结构物的情况相比，结构物的柔性使沿跨度方向的相位差有所不同。流向与横向位移的瞬时相位(ϕ_x 和 ϕ_y)之间的差值可以计算如下[4.75]：

$$\Phi_{xy} = [\phi_x - 2\phi_y,\ \mathrm{mod}\ 360°] \tag{4.21}$$

Φ_{xy} 值的范围分别为 0°～180°(或者 180°～360°)，对应于当张紧梁向上游(或下游)移动到达横向振荡最大值时的 8 字形轨迹。这两种轨迹分别称为逆时针和顺时针[4.47]。

从数值模拟和实验中得到的流向/横向响应相位差沿跨度方向的演化例子如图 4.18 所示。在这两种情况下，所研究的系统都是由放置在线性剪切流中的长张紧梁所组成；该结构物在每个方向上都有单频涡激振动。一种引人注目的现象是，在锁定状态建立的跨度方向区域，逆时针轨迹为主导。因此，流向和横向振动被锁定在锁定区域内的特定相位差范围内。顺时针轨道主要发生在锁定区域之外，因此主要与阻尼流体力有关。尾迹—结构物同步情况下振动分量的锁相机制被发现扩展到了多频涡激振动的情况下，包括宽带响应的情况，其中高、低结构波数都被激发：流向和横向响应的傅里叶展开以及流向与横向分量之间 2∶1 的比率关系，允许我们对每个类似的一对之间的相对相位差进行识别；对于单频响应，相位差角被包含在同一范围内，且与逆时针轨迹有关。

4.3 实验研究和疲劳分析

在可控的实验室环境中或在现场，对柔性圆柱体的涡激振动进行了一些实验研究。在这些测试中，用应变仪或加速度计测量了圆柱体沿长度方向的不同点的结构响应。这其中的一些测试可以在 MIT 的涡激振动数据存储库中在线获取[4.76]。

挪威深水项目(NDP)的立管高模式涡激振动测试[4.77]是研究柔性圆柱体涡激振动的最全面的实验之一。这些测试包括均匀流动的情况，即沿立管的流速是恒定的，而在不同的情况下，流速 U 设置为从 0.3 到 2.2 m/s，每次变动 0.1 m/s。线性剪切流情况下，流速在一端为零，沿长度呈线性增加，流速 U 以 0.1 m/s 的步长从 0.3 到 2.2 m/s 变化。实验中使用的

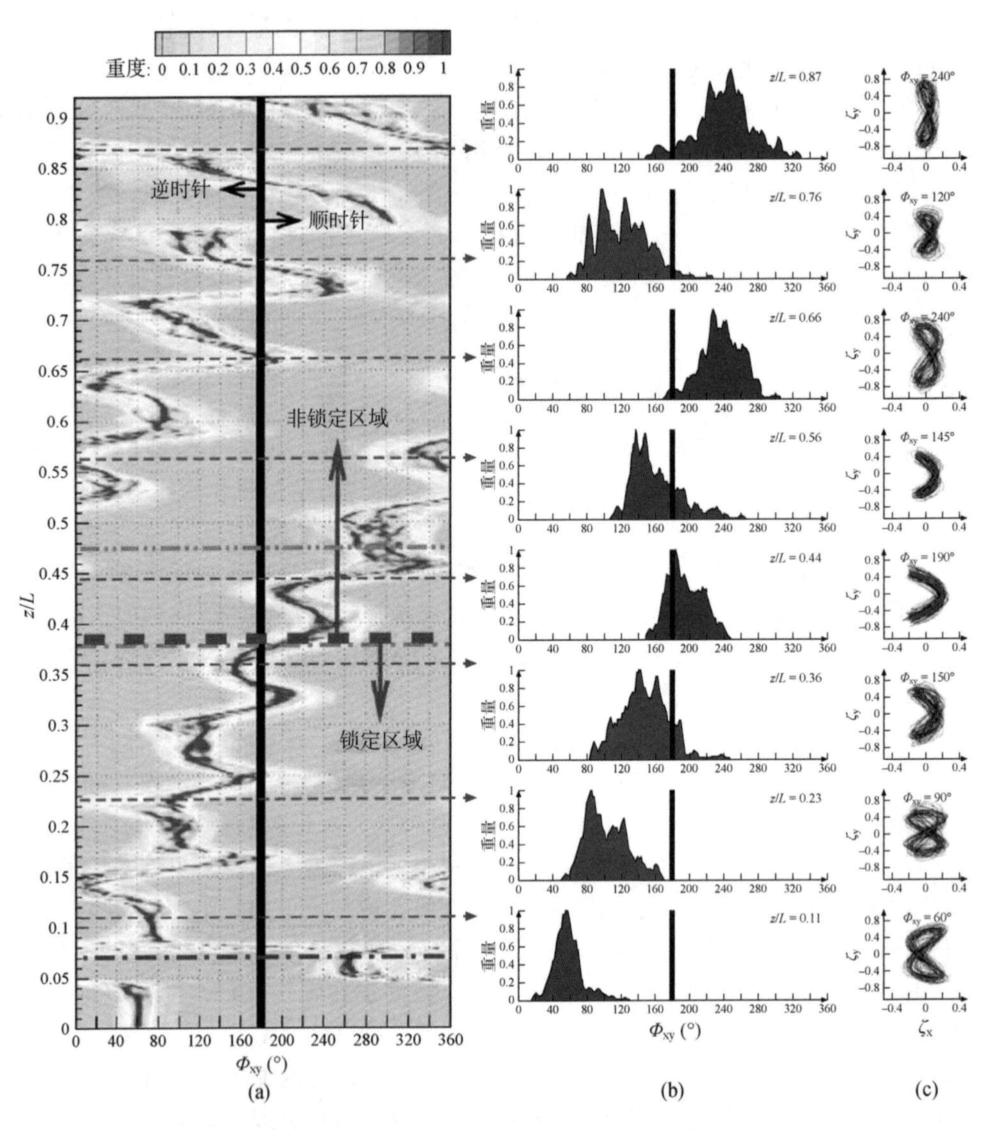

图 4.18 沿跨度方向演变的流向和横向位移之间的相位差 Φ_{xy} 直方图

(a) 数值模拟 (b)实验 (c)横向与流向位移

注:在(a)中,锁定区域的极限由一条红色虚线(模拟)表示;对于实验,估计的上限是由橙色点划线和双点划线表示,下限是用蓝色的点划线表示。(b)中测量点的位置在(a)中用灰色虚线箭头表示。在(b)(c)中,直方图和特征轨迹按优先方向着色:逆时针用红色,顺时针用蓝色。

立管的物理性质如表 4.2 所示。模型立管是水平拉紧的并在不同的速度下被拖曳,如果两端以相同的速度被拖拽,则会产生均匀的流体剖面或者在一端固定,另一端被拖拽的情况下,则会产生线性的剪切流剖面。在沿长度方向选取的 40 个点上测量流向应变,在 24 个点上测量横向应变,并选取 8 个点测量流向和横向加速度。在沿长度方向上有 8 个点,同时测量了横向和流向的应变和加速度。实验既在裸立管上进行也在有着不同的铁箍板条缠绕的立管上进行。

表 4.2 NDP 立管的物理属性

外径 D/m	0.027
长度 L/m	38
质量/长度 m_a/(kg·m^{-1})	0.576
平均张力 T/N	4 000～6 000
弹性模量 E/GPa	2.25

另一组实验是墨西哥海湾流试验[4.30,4.78]，该试验采用的是一种复合材料圆柱体，其属性列在表 4.3中，以观察高模态数涡激振动(模态大于第 10 阶模态)。实验是通过一艘船拖曳圆柱体来进行的。在立管的底部末端安装了一个轨道车轮用以提供张力。立管是一种简支的张力控制系统，在其两端使用万向接头来建立牵制连接。利用光纤应变仪测量振动；利用声多普勒水流剖面仪(ADCP)测量入射流剖面的大小和方向。

表 4.3 墨西哥海湾流试验立管的物理属性

内径/m	0.024 9
外径/m	0.036 3
EI/N·m^2	613
EA/MN	3.322
海水中的重量/(kg·m^{-1})	0.197 2
空气中的重量/(kg·m^{-1})	0.760
管材密度/(kg·m^{-3})	1 383
有效平均张力/N	3 225
材料	玻璃纤维
长度/m	152.524

4.3.1 立管轨道运动和激励区

立管的响应数据并不是暂态的、统计学上固定不变的。然而，有些数据段却由数十个静止的周期组成。对于这样一个静止的片断，结构物的轨道运动——通过绘制横向振荡和流向振荡的关系得到的——表现出了一种 8 字形或新月形的运动。如果将信号切割成子区间，每一个对应于一个横向和两个流向周期，则通过计算横向和流向位移之间的相位差，可以找到每个子信号对应的立管轨道运动的方向。在每个子信号中所考虑的短周期使得我们可以假设这期间的信号是正弦信号。因此，可以假设如下：

$$y = Y\sin(\omega t) \tag{4.22}$$

$$x = X\sin(2\omega t + \Psi) \tag{4.23}$$

其中 Ψ 可以通过测量横向位移的向上交越零点(在每个子信号的第一点)与接下来的流向位移的向上交越零点之间的时差 δ 获得。一旦这些测量完毕，相位差可以通过下式计算：

$$\Psi = 2(2\pi/\delta)/(\Delta t) \tag{4.24}$$

根据轨道和计算的相位差，运动被表征为顺时针或逆时针；逆时针的定义是当立管处于其运动轨迹的顶端，并沿着从左向右的横向流向上游移动。对于 NDP 数据情况，在获得加速度测量值的每个点计算了立管的轨道运动。逆时针的 8 字形运动主要出现在当地流速较高的区域。

4.3.2 高次谐波应变和柔性结构体中的加速度分量

在许多的涡激振动实验数据中，如果横向应变和加速度信号的基本振动频率是由 f_{CF} 表示的，那么在这个频率的三倍处，即 $f_{3CF}=3f_{CF}$ 时出现峰值，这被称为高次谐波分量。在各种各样的实验数据中都观察到了高次谐波。

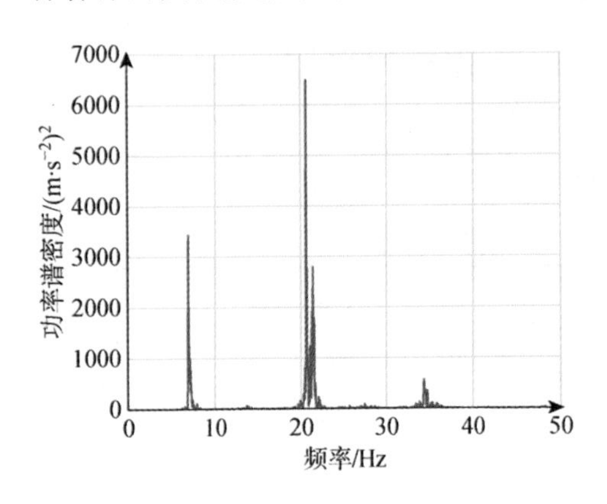

图 4.19 一个带有较大的三次谐波峰值(21 Hz 左右)和一个较小的五次谐波峰值(35 Hz 左右)的测量点的典型功率频谱密度(PSD)

例如，图 4.19 显示了一个在 NDP 数据中 $U=1.3$ m/s 的均匀流的加速度信号的功率谱密度(PSD)图。基本频率 $f_{CF}\approx 7$ Hz，这在预期的斯特劳哈尔脱落频率附近，$f=USt/D\approx 8$ Hz。较大的三次谐波峰值存在于 $f_{3CF}\approx 21$ Hz $=3f_{CF}$，而在 $f_{5CF}\approx 35$ Hz$=5f_{CF}$ 时则有一个较小的峰值。与预期的一样，流向的主频率是在 $f_{IL}=2f_{CF}$ 附近。通过评价 PSD 图中的高次谐波峰下的面积与整个 PSD 线下的面积之比，确定了高次谐波分量对横向振动的影响。如果三次谐波和五次谐波峰值下的区域分别为 A_3 和 A_5，则比值 A_3/A_{Total} 和 A_5/A_{Total} 是这些高次谐波分量相对重要性的度量，而 A_{Total} 是在 PSD 下的总区域。

对于 NDP 均匀一致流的情况，普遍观察到约 0.5(50%)的三次谐波分量。对于线性剪切流的情况，三次谐波的贡献主要为 30%～40%，有一些特殊的点，可以观察到相对高达 80%的贡献。而在 0.3(30%)左右的三次谐波对疲劳寿命的影响已经是不可忽略的。对于五次谐波分量，对均匀一致流和线性剪切流的情况，分别观察到 15%～20%的贡献率，也有一些五次谐波的贡献率达到 30%。

4.3.3 周期信号(Ⅰ型)和混沌信号(Ⅱ型)

立管的响应数据并不总是在统计学上平稳的；事实上，长挠性立管的涡激振动的特征是时间间隔的混沌响应，在统计学上稳态响应的周期之后出现或在之前出现。混沌响应区域包含明显不同的响应特征，对立管的疲劳分析具有重要意义。虽然统计学上稳态响应区域的特点是单频率的行波，并在立管的两端附近有一定的小驻波，并可能伴有尖锐的第三次和第五次谐波力峰值，然而混沌响应的特征是宽带频谱与几个单独峰值以及行波和驻波的混合。

图 4.20(a)展示了一个罕见案例的时间历程，该案例被特别选择以展示通常假定会发生的统计学上的稳态响应。图 4.20(b)则显示了一种更为常见的响应，显示了混沌信号的特征。

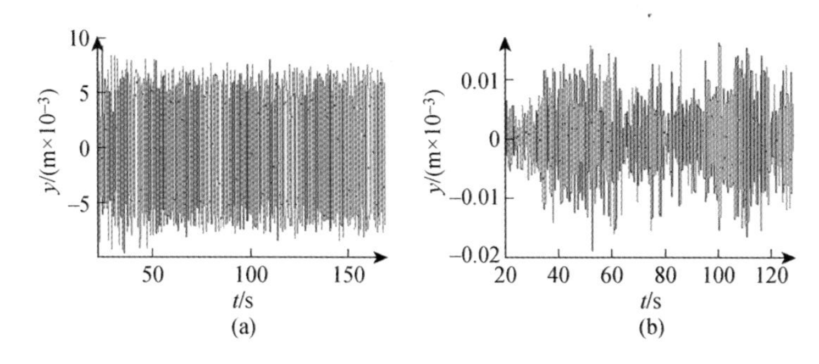

图 4.20　(a) $U_{max}=0.3$ m/s 的线性剪切流剖面情况下，NDP 数据为 2 310时，点 1($z\cong4$ m)处的全部信号，展示了实际中较为罕见的稳定的涡激振动现象　(b)线性剪切流剖面情况下，NDP 数据为 2320 时，点 1($z\cong$ 4 m)处的全部信号，展示了流场实验中较为普遍的涡激振动的混沌响应

利用长柔性圆柱体的涡激振动实验数据，观察了三种类型的涡激振动行为：

(1) 完整信号主要是准周期的情况。

(2) 信号呈现出被混乱打断的准周期振荡的情况。

(3) 全部信号是混沌的，甚至是最小的子信号也表现出混沌特性。

如果也考虑更高次的谐波，聚焦于响应谱的斯特劳哈尔区域，则在统计学上稳态响应方面给出了充分的结果，但是对于混沌响应是不够的，其疲劳性能受到整个宽带频谱的影响。值得注意的是，剪切流和均匀一致流剖面都引起准周期和混沌响应。混沌振荡不仅在不同的时间间隔，而且在立管的不同位置，并且在均匀一致流的和线性剪切流的情况下都可以观察得到。

4.3.4　用实验数据进行的响应重构

响应测量是在柔性结构物的沿长度方向上的若干个点处进行的，通常使用应变计和加速度计。一个连续的涡激振动响应可以利用来自其长度方向上的有限数量的传感器的数据进行重构。当传感器数量(N_s)足够时(即 $N_s\geqslant N_{m+1}$，其中 N_m 为空间谐波的数量)，重构立管的涡激振动响应的问题可以作为空间傅里叶分解而提出。在任何时刻，立管的移位形状都被写成空间傅里叶级数。重构问题可以形成一种线性方程组，在每一时刻都对未知的空间傅里叶系数进行求值。由于传感器的数量大于临界值，所以这是一个超定线性方程组。该方程组采用使最小二乘误差最小的伪逆方法求解。该方法允许对立管的连续运动进行估算(在其沿长度方向的每一点上)，因此疲劳寿命估计不仅限于被测量点。在这种重构方法中有三种主要的不确定性因素：

(1) 实验数据中的噪声带来的不确定性。

(2) 使用有限的正弦、余弦项所带来的不确定性。

(3) 加速度测量和张力测量所带来的不确定性。

由于这些不确定性的存在，沿长度方向的每一点的重构响应的幅值都有一个上界和下界。

4.3.5 疲劳计算

为了计算立管的疲劳损伤，采用了 $N = A(1/S)^B$ 的 S-N 曲线，其中 N 为循环次数，S 为以 MPa 为单位的应力，A 和 B 为取决于材料的常数值。对于在 NDP 测试中使用的立管，这些参数是 $A=4.8641\times10^{11}$，$B=3.00$。基于雨流(rainflow)疲劳预报方法进行疲劳损伤计算[4.84]。

1) 高次谐波对疲劳损伤的影响

在 NDP 实验中，应变和加速度的高次谐波分量是显著的。疲劳损伤计算考虑到较高的谐波分量，使疲劳损伤值比仅根据第一次谐波信号计算的值大一个数量级。以下讨论了均匀一致流和线性剪切流的两个 NDP 案例。

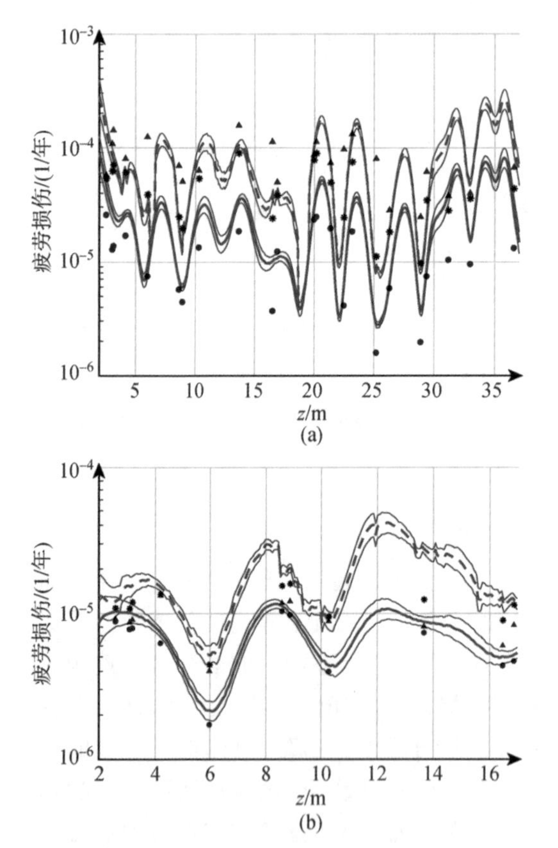

图 4.21 两个样本 NDP 案例的疲劳损伤

(a) 均匀一致流 (b) 线性剪切流

注：数值是基于纯粹的一次谐波而重构的横向(CF)运动(连续线)和基于一次、三次和五次谐波，采用了受迫数据库(虚线)的高次谐波预报而计算的，而细线则对应于由于重建过程中出现的不确定性所造成的界限；直接疲劳计算是利用测量的 CF 应变信号，基于：只有一次谐波(•)；一次、三次和五次谐波(*)；以及未过滤的信号(▲)而进行的。

疲劳计算可以直接使用测量信号进行。使用未过滤的信号，可以计算出最真实的疲劳损伤。两个 NDP 数据样本案例在图 4.21 中用三角形显示。利用在基本频率附近进行滤波后的信号，计算出了较小的疲劳损伤(在图 4.21 中用圆点表示)，因为不考虑高次谐波分量的影响。这些点可以与基于重构信号而得到(因此纯粹是一次谐波)的疲劳损伤的连续线进行比较。由于重构过程中出现的不确定性而产生的界限用细线表示。一旦疲劳损伤是用单纯的一次谐波信号来计算的，可以使用下面的程序来估计更真实的疲劳损伤。假设在最坏情况下，总应力的大小等于每个谐波产生的应力大小的总和，那么总应力为

$$S_T = S_1 + S_3 + S_5 \tag{4.25}$$

或

$$S_T = S_1(1 + H_3 + H_5) \tag{4.26}$$

其中，S_1，S_3，S_5 分别是一次、三次、五次谐波应力的强度，且不是时间的函数，而 H_3，H_5 是利用未过滤的信号计算的高次谐波分量。因此，疲劳寿命可以被预报为 $N = A(1/S_T)^B$。图4.21 中的星号显示了测量信号经过此过程处理后估计的疲劳损伤。这些值可以相对较好地与使用未过滤的信号所预报的损伤相比较。在此方法中，假设三次谐波应力的幅值等于一次谐波应力幅值的 H_3 倍，而 H_3 则是整个时间的时间平均值。这些时间平均高次谐波系数的使用导致了估

计的(星号)和实际的(三角形)疲劳寿命值之间的差异,如图 4.21 所示。

该方法也可用于重构响应;在本例中,H_3 和 H_5 是使用刚性圆柱体数据库进行估计的。图 4.21 中的虚线是由此产生的疲劳损伤计算,而它们周围的细线表示由于一次谐波响应重构中的不确定性而导致的界限。可以观察到,对于图 4.21(a)的线性一致流情况,最大疲劳损伤是在 $z\cong35$ m 时,为 3.3×10^{-4}/年左右,而如果仅限于使用经过滤波的测量信号并且仅在测量点,计算得到的最大损伤为在 $z\cong20$ m 处,为 0.2×10^{-4}/年。关于预报的临界疲劳损伤的一个有趣的事实是,它发生在一个没有测量点可用的点($z\cong35$ m)。对于图 4.21(b)的线性剪切流的情况也可以进行类似的观测。临界疲劳损伤被预报为 $z\cong12$ m 处,为 3.3×10^{-5}/年,而过滤后的测点则给出的计算结果为 $z\cong9$ m 处,为 1×10^{-5}/年。

2) 混沌信号对疲劳损伤的影响

如果一个混沌信号通过一个主要包含斯特劳哈尔频率的等效周期信号来近似,就像通常半经验方法所使用的一样,疲劳寿命计算就会严重低估了疲劳损伤。

混沌信号具有相对较小的三次、五次谐波分量。以 $U_{max}=2$ m/s 的剪切流情况,NDP 数据 2 480 为例,应变的三次谐波分量为总应变的 0.05。然后你可以争辩说,因为这是一个可以忽略的高谐波分量,你可以只考虑到斯特劳哈尔频率附近的频率。然而,如果这样做了,结果是疲劳寿命将被高估 70%,因为过滤后的应变给出的疲劳寿命为 13.7×10^4 年,而实际的疲劳寿命为 4.1×10^4 年。因此,在一般情况下,为了计算疲劳寿命,使用应变的过滤部分(在斯特劳哈尔频率附近)是不安全的,即使在高应变谐波很小的情况下,因为这些信号可能是混沌的。当信号混沌时,利用滤波的涡激振动信号计算疲劳寿命与实际疲劳寿命之间的差异较大,主要是因为这种情况下的频谱为宽带。

4.3.6 涡激振动预报工具

用于预报立管涡激振动使用的最广泛的方法是半经验预报程序,如 VIVA[4.29]、SHEAR7[4.85] 和 VIVANA[4.86]。这些程序一般包括两部分:

(1) 流体-结构物的相互作用模型。

(2) 实验室衍生的或经验数据库,这些数据库通常会根据与全尺度试验或中试规模研究相比较的结果,考虑尺度效应进行调整。

流体-结构物相互作用模型包括流体力模型和结构动力学方程。

水动力数据库主要包含升力系数(与速度和附加质量系数同相的升力系数)和阻力系数形式的水动力信息。这些力系数通常是通过刚性圆柱体的大量实验室实验获得的。它是一种常见的实践[4.29]即使用切片理论方法将柔性结构物细分成类似于一系列相互连接的,弹性安装刚性圆柱体小段,并估计在这些小段上的涡激力:这些激发力与速度和加速度相关。如 Triantafyllou 和 Grosenbaugh 在文献[4.58]中所示,估计这些力需要附加质量系数和与速度同相的升力系数的数据库。从结构动力学的角度,该结构物被充分地建模为具有适当边界条件的张紧梁,并由形成的涡结构所引起的外部水动力施加作用。

在 VIVA 中使用的大量数据库是从麻省理工学院的拖曳水池和在纽芬兰的纪念大学(Memorial University)的高雷诺数(超临界状态)实验中获得的。升力系数和附加质量系数是换算速度和响应振幅的函数。这些数据库是在①雷诺数约为10 000,并且②针对在单频率下并且仅限在横流方向进行谐波运动的圆柱体的情况下获得的。

为了克服这些局限性，Mukundan 等人开发了一种系统方法[4.82]，从流场中提取信息并获得立管的实验数据，进而更新现有的数据库。Mukundan 等人讨论了优化这一过程的一种正式程序，Chasparis 等人[4.88]则使用了一种启发式方法，该方法允许少量的参数变化。

4.4 涡旋消除装置的有效性

如上节所述，涡激振动对于长条形结构物的重大影响可能包括由于周期振荡和结构物静载荷，由于对平均阻力系数的放大作用所带来的增加对结构产生严重的疲劳损伤。这些问题可能引起结构物失效或者造成海上操作所不能接受的立管变形量增加；因此在很多情况下，理想的情况是能够完全消除涡激振动。涡旋消除装置的设计目的就在于解决由涡激振动所带来的三个主要问题：①振荡运动；②增加阻力系数；③可能的全方位流。因此在涡旋消除装置的设计中，主要期望能够通过它减少振动幅度，获得低的阻力系数，并能够改变流的方向。

涡旋消除装置可通过减弱结构体的振荡力的幅度或通过降低结构体沿长度方向力之间的关联程度，最终避免结构物上流的分离，从而来抑制涡激振动。涡旋消除装置可分为两个群属：被动装置和主动装置。被动装置无需能量的输入，它可以是结构物上的某些静态结构物，也可以是能够将迎面而来的水流进行整流的被动结构。板条和整流罩都是被动涡旋消除装置的实例。

相比而言，主动抑制装置需要能量的输入来抑制涡旋的形成。这些设备或需要将动量注入边界层或需要对结构物表面进行一些主动操作。由于大多数的主动装置都比较昂贵难以得到实际的应用，目前在大型海上结构物上还没有典型的应用。因此，我们主要致力于研究已经在行业中得到广泛应用的被动涡旋消除装置。

4.4.1 螺旋列板

列板是一个三角形的、矩形的或梯形的附着于圆柱体表面的突出部分，以螺旋的方式沿圆柱体的长度方向缠绕。螺旋列板一般以三道螺旋的方式实现，三列板沿圆柱体的长度方向以螺旋的方式进行缠绕。有效的涡激振动抑制发生在三倍列板的螺距直径比 15 和 17 之间的范围内；单列板的直径螺距比接近 5 时能够得到对涡激振动的有效抑制效果。有趣的是，由于这种三道列板构型，有效的螺距直径比是在 5 到 6 之间。列板的高度必须足够高，要能越过圆柱体的边界层。0.15 的高度直径比已经被验证为对涡激振动的抑制是有效的。

列板并不抑制涡旋脱落，而是为涡旋脱落将要产生的地方设定一个尖锐的分离点。通过以螺旋的方式沿着圆柱体的长度方向设置的列板，可以沿圆柱体长度方向，在不同角度位置提供这个清晰的分离点。在任何给定截面，涡旋脱落的相位将会与在圆柱体不同的跨度位置的相位略有不同。这些涡旋脱落相位的改变导致沿圆柱体长度方向不相关的振荡力，从而减少振荡力的振幅。当采取合适的列板方向时，结构物产生的振动响应即可以显著降低。

虽然列板可能会非常有效地降低圆柱形结构物的振动响应，但是减少振动振幅是以阻力的增加为代价的。如前所述，由于振荡结构后面大的尾迹亏损，一个振动的圆柱结构物意味着平均阻力系数的增加。由于列板大大降低了结构物的振动，尾迹亏损小于结构物振动时观测到的亏损。然而,由于圆柱体上突出列板的存在,此时的尾迹亏损仍大于没有列板的圆柱体在静水流中时的亏损。例如,在亚临界流速的柔性圆柱体上,由于涡激振动作用,在最大振荡幅度为一个直径范围内时,根据水流中剪切力的不同,平均阻力系数为 1.8~3 之间。同一圆柱体在水流中静置时的阻力系数为 1.2,然而,同等圆柱体设置高度为直径 25% 的列板,振荡减少了,但产生的阻力系数则约为 1.7。这种阻力系数的增加,在特定的操作条件下可能是我们所不期望的,因此列板并不总是适合涡激振动的抑制。

列板的特点在于减少激发与速度同相位的升力[4.31],因此可以半经验的方式建模,用于提供带列板或带部分列板的立管的预报[4.89]。

4.4.2　整流罩

整流罩是流线型的,通常是围绕圆柱体拟合的翼状结构。它通过减轻结构物下游侧的逆压梯度,减少了分离的可能性,消除了在结构物尾流中的大尺度相关涡旋结构的形成;同时,大大减少了阻力系数。因为整流罩只有在与流速一致时才有效,因此它必须可以自由旋转,否则它会引起严重的问题,如出现冒空或驰振。如果系缆是弯曲的,拖曳系缆上的整流罩可能会卡住,因而导致失效。当整流罩的方向和水流方向不一致时,引起稳态升力,导致系缆横向偏离,引起所谓的“冒空”。与此同时,整流罩的阻力会大幅增加,而转矩的产生则可能造成系缆扭转缠绕。失调的整流罩所带来的不稳定的升力和扭矩在一定条件下可以造成驰振。错位的整流罩周围的不对称流线会导致系缆振动力和力矩的增加;根据结构物阻尼的不同,正反馈可能导致临界速度以上的大的振幅振动,或者驰振,也可能导致灾难性的结构失效。非自衰减的驰振出现在远低于自衰减的涡激振动的频率处。

4.4.3　其他的涡激振动抑制装置

除了结构物列板或整流罩,Zdravkovich 介绍了一些其他的涡激振动被动抑制装置[4.3]。其中一套设备包括沿着长度方向的螺旋沟槽,达到类似凸出列板的应用效果。螺旋缠绕的缆绳也作为一种列板变体出现,因为缆绳本身就起着螺旋凸体的作用。Zdravkovich 还提出了一些其他的抑制装置,包括一种小的圆柱体附着到较大的主圆柱体上的装置。这种在主圆柱体附近适当安置一个小的控制圆柱的方式已被证明能够改变大圆柱体尾迹中的流体动量,在正确的安装位置条件下,可以使水流不分流[4.90]。和安装控制圆柱体的方法类似,Grimminger 测试了在圆柱体上的各种叶片安装配置[4.91],用于对圆柱体后的尾流进行重定向。试验证明这些叶片可以消除涡激振动和减少阻力,然而它们仍然需要根据水流方向进行方向定位。近来,Galvao 等人[4.92]测试了多种在圆柱体附近附着翼剖面的各种组合方式,用于圆柱体后的尾流重定向。

Zdravkovich 还介绍了一种护罩用作可能抑制涡激振动的装置。护罩是一个外壳,开有一定形式的孔洞可以允许流体流过护罩和圆柱体周围。不同的孔分布百分比可以为护罩带来不同的涡激振动抑制效果。其他的各种不同的涡激振动抑制装置,包括分流板、肋状整流罩、发状整流罩以及允许流体穿越圆柱体的开放管道等。这些装置根据水流的方向和状况也都获得了不同的成效。其他如在文献[4.94]~[4.99]中描述的那种通过在圆柱体沿跨度引入周期性变异的主动和被动的去掉涡旋脱落相关性的手段,也被证实在一定的参数组合下,能够有效减少 20% 的平均阻力系数并大大减少不稳定升力。Lee 和 Nguyen 在文献

[4.100]中指出，当波长与平均直径比 λ/D_m 接近 2 的时候，它们的作用是最大的。Lam 等在文献[4.96]中指出，波长与平均直径比 λ/D_m 为 6 时，存在第二个最优值，能够获得更好的性能表现。跨度方向的波动有效性归因于波动尾流的形成，去掉了诱导力的相关性以及流向涡的形成。后者的数值，也即波长与平均直径比 λ/D_m 为 6，和使用列板时最优波长直径比是一致的。报告指出，对于单列板波长与平均直径比 λ/D_m 为 5 左右，对于三道列板为 15～17，也即波长直径比在 5～5.6 之间是有效的。

4.5 多重干涉的阻流体

带平行轴的多个圆柱体在横流中会遭受尾流干涉现象。这个问题出现在许多应用中，如海上立管的阵列、多个系泊缆绳以及输电线路中。对于非振荡圆柱体，存在不同的流动机制，这取决于流向和横向分离距离和直径之比[4.101-4.103]。对于低于典型值 2.5 的小的流向分离距离与直径之比 s，前导圆柱体的剪切层流回贴至随后的圆柱体上，可导致双稳态裂开水流。准稳态的再循环涡胞，伴随着耦合涡的形成，会在较大的距离直径比(4 以下)时产生，而前导的圆柱体会在距离直径比高于 4 时产生涡旋卷曲，此时这样的耦合会减弱。

对于两个串联圆柱体的强迫振动，尾流被锁定在 0°和 180°的极限运动相位，而且对于小的 s 值[4.105]这种锁定的尾流运动会在极大的振幅和频率扩展范围内出现。在试验中，两个圆柱体顺从地安装，当间距直径比约 5～7，且横向偏置比在 1.5 以下时，两个圆柱体会出现大幅度振动[4.102]。振动被限制在换算速度的一个特定范围内，通常比单圆柱体以较低的值开始。Bokaian 和 Geoola 考虑了一种固定的前导圆柱体和顺从安装的后续圆柱体的情况[4.106]，找到了一个最初的涡激地区，它覆盖一个特定换算速度范围，然后驰振不稳定，一直持续到高换算速度。这两种类型的响应可以根据分离距离的情况，独立或重叠出现。

前导圆柱体的尾流频率通常不会受到后续圆柱体的影响，但后续圆柱体的尾流表现出较低的斯特劳哈尔频率，符合由于屏蔽效果而减少的平均流量。因此。频率锁定相比于单个圆柱体而言发生在一个相对较高的值。Hover 和 Triantafyllou 考虑以雷诺数 3×10^4 的方式顺从地安装圆柱体，发现后续圆柱体的振动响应出现在分离比高达 17 的时候[4.108]。

Assi 等指出[4.109]，类似驰振的响应是由于一种被称为“尾迹刚度”的物理原理造成的，它是一种从圆柱体上游到下游的涡旋结构碰撞引起的类似弹簧的恢复力。这种原理很好地解释了从下游圆柱观察到的现象。

4.6 雷诺数的影响

雷诺数 Re，只在两个区域对斯特劳哈尔数和横流中的固定光滑圆柱体的阻力系数有显著的影响：第一，是在较低的 Re 值时，也即低于典型值 1 000，第一次不稳定出现在 $Re = 56$ 时，引起卡门涡街，然后第二次不稳定出现在 $Re = 250$ 左右，引起尾迹的湍流。第二，在临界雷诺数区域中，开始在 $Re = 250\ 000$ 附近时，边界层的流动在流动分离点处从层流到湍流转变，大大影响了分离点的位置和涡旋的形成过程。阻力系数经历从 $C_d = 1.2$ 到 $C_d = 0.25$ 的急剧下降，引起所谓的“阻力危机”。当 Re 上升时，阻力又从这个较低值逐渐恢复，当 $Re \approx 10^6$ 时到达 $C_d = 0.7$，此时到达临界区域的结尾。在这个区域外，Re 的作用是渐进的，而且大部分时候是温和的。

类似地是，当一个圆柱体被允许横对水流方向振荡或横对水流与顺流运动组合振荡时，雷诺数在动态移动的圆柱体的边界层和分离点的形成中扮演一个重要的角色。最近的研究表明，在亚临界雷诺数，*Re* 通过改变尾迹状态过渡对结构物的流体力产生影响。相对于圆柱体的运动而言，圆柱体表面脱落点的小变化可以显著改变尾迹涡旋脱落的相位[4.110]。

由于涡旋的脱落相位可能由于亚临界雷诺数而略有改变，这种改变会导致施加在圆柱体上的力的变化，进而导致圆柱的运动产生变化。对亚临界雷诺数，可以观察到非定常升力的大小会随着雷诺数的增加而增加，进而导致圆柱体运动的加剧[4.111]。Govardhan 和 Williamson 在文献[4.111]中基于系统的质量阻尼特性，评估了振动圆柱体在不同亚临界雷诺数下的响应幅度极限。同时还有资料表明，对于横流自由振动，最大振幅纯粹是系统阻尼和雷诺数的函数[4.112]。

目前，几乎还没有涡激振动在临界或亚临界雷诺数状态下的实验数据。在横流中自由振动的圆柱体，已经被发现横流响应在临界雷诺数流型初始时可能超过两个直径[4.34]。这些在临界雷诺数流型初始时产生的大振幅运动，即使在大的质量阻尼情况下也曾被观测到[4.113]。利用圆柱体表面的粗糙度影响边界层，从而带来与在临界雷诺数流型下影响所观察到的相似影响结果，也可以在不同雷诺数下引发大的振幅运动[4.114]。在临界雷诺数流型内，光滑圆柱体表现出很小的涡激振动；然而，引入少量的粗糙度或外部流动骚乱器却会改变这个状态，导致很大的涡激振动。因此，在临界流型下确切的涡激振动响应形状是高度依赖于结构体的表面粗糙度的[4.34]。

在超临界雷诺数下、横流涡激振动总是表现出比在亚临界区域小的响应振幅，不超过直径的 0.9 倍。当圆柱体合并流向和横流振荡时，也会出现类似的趋势，也就是说，观测到的结构物振荡的振幅小于同类系统在亚临界雷诺数下的振幅[4.35]。虽然由于雷诺数效应运动会轻微减小，但是必须指出的是锁定的共振现象仍然会发生，也即涡旋脱落和结构物在超临界雷诺数时出现的运动之间的动态关系有与亚临界雷诺数下产生相同的动态关系。

参考文献

[4.1]　T. Sarpkaya: Vortex-induced oscillations, J. Appl. Mech. 46, 241-257 (1979)

[4.2]　R. D. Blevins: Flow-induced vibrations (Nostrand Reinhold Co., New York, 1977)

[4.3]　M. M. Zdravkovich: Review and classification of various aerodynamic and hydrodynamic means for suppressing vortex shedding, J. Wind Eng. Ind. Aerodyn. 7, 145-189 (1980)

[4.4]　P. W. Bearman: Vortex shedding from oscillating bluff bodies, Annu. Rev. Fluid Mech. 16, 195-222(1984)

[4.5]　C. H. K. Williamson: Vortex shedding in the cylinder wake, Annu. Rev. Fluid Mech. 28, 477-539(1996)

[4.6]　M. M. Zdravkovich: Flow Around Circular Cylinders(Oxford Univ. Press, Oxford 1997)

[4.7] C. H. K. Williamson, R. Govardhan: Vortex-induced vibrations, Annu. Rev. Fluid Mech. 36, 413-455(2004)
[4.8] T. Sarpkaya: A critical review of the intrinsic nature of vortex-induced vibrations, J. Fluids Struct. 19, 389-447 (2004)
[4.9] T. L. Morse, C. H. K. Williamson: Prediction of vortex-induced vibration response by employing controlled motion, J. Fluid Mech. 634, 5-39 (2009)
[4.10] P. W. Bearman: Circular cylinder wakes and vortex-induced vibrations, J. Fluids Struct. 27,648-658 (2011)
[4.11] C. M. Alexander: The complex vibrations and implied drag of a long oceanographic wire in crossflow,Ocean Eng. 8, 379-406 (1981)
[4.12] D. A. Chapman: Towed cable behaviour during ship turning maneuvers, Ocean Eng. 11, 327-361(1984)
[4.13] P. L. Bourget, D. Marichal: Remarks about variations in the drag coefficient of circular cylinders moving through water, Ocean Eng. 17, 569-585(1990)
[4.14] D. R. Yoerger, M. A. Grosenbaugh, M. S. Triantafyllou, J. J. Burgess: Drag forces and flow-induced vibrations of a long vertical tow cable-Part I:Steady-state towing conditions, J. Offshore Mech. Arct. Eng. 113, 117-127 (1991)
[4.15] M. A. Grosenbaugh, D. R. Yoerger, M. S. Triantafyllou, F. S. Hover: Drag forces and flow-induced vibrations of a long vertical tow cable-Part II:Unsteady towing conditions, J. Offshore Mech. Arct. Eng. 113(3), 199-204 (1991)
[4.16] S. Welch, M. P. Tulin: An experimental investigation of the mean and dynamic tensions in towed strumming cables, J. Offshore Polar Eng. 3, 213-218 (1993)
[4.17] E. Huse, K. Matsumoto: Mooring line damping due to first and second order vessel motion, Offshore Technol. Conf. (1989), OTC 5676
[4.18] W. Koterayama: Viscous damping forces for slow drift oscillation of the floating structure acting on the hull and the mooring lines, Proc. 18th Int. Conf. Offshore Mech. Arct. Eng. (1989)
[4.19] M. S. Triantafyllou, D. K. P. Yue, D. Y. S. Tein: Damping of moored floating structures, Offshore Technol. Conf. (1994), OTC 7489
[4.20] M. S. Triantafyllou: Cable dynamics for offshore applications. In: Developments in Offshore Engineering:Wave Phenomena and Offshore Topics,ed. by J. B. Herbich (Gulf Publ. , Houston 1999)
[4.21] I. H. Brooks: A pragmatic approach to vortex-induced vibrations of a drilling riser, Offshore Technol. Conf. (1987), OTC 5522
[4.22] D. W. Allen: Vortex-induced vibration analysis of the Auger TLP production and steel catenary export risers, Offshore Technol. Conf. (1999), OTC 7821
[4.23] D. W. Allen, D. L. Henning: Prototype VIV tests for production risers, Offshore Technol. Conf. (2001),OTC 13114
[4.24] T. Sarpkaya: Vortex Shedding and Resistance in Harmonic Flow About Smooth

and Rough Circular Cylinders at High Reynolds Numbers, Tech. Rep. NPS-59SL76021 (NSF, Washington 1976)
[4.25] C. H. K. Williamson, A. Roshko: Vortex formation in the wake of an oscillating cylinder, J. Fluids Struct. 2, 355-381 (2004)
[4.26] A. Ongoren, D. Rockwell: Flow structure from an oscillating cylinder part 1. Mechanisms of phase shift and recovery in the near wake, J. Fluid Mech. 191, 197-223 (1988)
[4.27] C. Evangelinos, G. E. Karniadakis: Dynamics and flow structures in the turbulent wake of rigid and flexible cylinders subject to vortex-induced vibrations, J. Fluid Mech. 400, 91-124 (1999)
[4.28] R. Govardhan, C. H. K. Williamson: Modes of vortex formation and frequency response of a freely vibrating cylinder, J. Fluid Mech. 420, 85-130(2000)
[4.29] M. S. Triantafyllou, G. S. Triantafyllou, D. Y. S. Tein, B. D. Ambrose: Pragmatic riser VIV analysis, Offshore Technol. Conf. (1999), OTC 10931
[4.30] J. K. Vandiver, S. Swithenbank, V. Jaiswal, V. Jhingran: Fatigue damage from high mode number vortex-induced vibration, 25th Int. Conf. Offshore Mech. Arct. Eng. (2006)
[4.31] C. M. Larsen, R. Yttervik, K. Vikestad, E. Passano: Lift and damping characteristics of bare and straked cylinders at riser scale Reynolds numbers, 20th Int. Conf. Offshore Mech. Arct. Eng. (2001)
[4.32] R. Bourguet, G. E. Karniadakis, M. S. Triantafyllou: Phasing mechanisms between the in-line and cross-flow vortex-induced vibrations of a long tensioned beam in shear flow, Comput. Struct. 122(0), 155-163 (2013)
[4.33] W. C. L. Shih, C. Wang, D. Coles, A. Roshko: Experiments on flow past rough circular cylinders at large Reynolds Numbers, J. Wind Eng. Ind. Aero. 49, 351-368 (1993)
[4.34] Z. J. Ding, S. Balasubramanian, R. T. Lokken, T.-W. Yung: Circular cylinder wakes and vortex-induced vibrations, Offshore Technol. Conf. (2004), OTC 16341
[4.35] J. M. Dahl, F. S. Hover, M. S. Triantafyllou, O. H. Oakley: Dual resonance in vortex-induced vibrations at subcritical and supercritical Reynolds numbers, J. Fluid Mech. 643, 395-424 (2010)
[4.36] W. Koch: Local instability characteristics and frequency determination of self-excited wake flows, J. Sound Vib. 99, 53 (1985)
[4.37] G. S. Triantafyllou, M. S. Triantafyllou, C. Chryssostomidis: On the formation of vortex streets behind stationary cylinders, J. Fluid Mech. 170, 461-477 (1986)
[4.38] P. Huerre, P. A. Monkewitz: Local and global instabilities in spatially developing flows, Annu. Rev. Fluid Mech. 22, 473-537 (1990)
[4.39] A. E. Perry, M. S. Chong, T. T. Lim: The vortexshedding process behind two-

dimensional bluff bodies, J. Fluid Mech. 116, 77-90 (1982)

[4.40] F.S. Hover, J.T. Davis, M.S. Triantafyllou: Is mode transition three-dimensional?, Conf. Bluff Body Wakes Vortex-Induced Vib. (2006)

[4.41] F.S. Hover, A.H. Techet, M.S. Triantafyllou: Forces on oscillating uniform and tapered cylinders in crossflow, J. Fluid Mech. 363, 97-114 (1998)

[4.42] J.N. Newman: Marine Hydrodynamics (MIT Press, Cambridge 1977)

[4.43] T.L. Morse, C.H.K. Williamson: Fluid forcing, wake modes, and transitions for a cylinder undergoing controlled oscillations, J. Fluids Struct. 25, 697-712 (2009)

[4.44] J. Carberry, J. Sheridan, D. Rockwell: Controlled oscillations of a cylinder: forces and wake modes, J. Fluid Mech. 538, 31-69 (2005)

[4.45] M.S. Triantafyllou, R. Gopalkrishnan, M.A. Grosenbaugh: Vortex-induced vibrations in a sheared flow: A new predictive method. In: Hydroelasticity in Marine Technology, ed. By O. Faltinsen, C.M. Larsen, T. Moan, A.A. Balkema (Taylor Francis, Rotterdam 1994)

[4.46] N. Jauvtis, C.H.K. Williamson: The effect of two degrees of freedom on vortex-induced vibration at lowmass and damping, J. Fluid Mech. 509, 23-62 (2004)

[4.47] J.M. Dahl, F.S. Hover, M.S. Triantafyllou, S. Dong, G.E. Karniadakis: Resonant vibrations of bluff bodies cause multivortex shedding and high frequency forces, Phys. Rev. Lett. 99, 144503 (2007)

[4.48] A.H. Techet, F.S. Hover, M.S. Triantafyllou: Vortical patterns behind tapered cylinders oscillating transversely to a uniform flow, J. Fluid Mech. 363, 79-96 (1988)

[4.49] D. Lucor, L. Imas, G.E. Karniadakis: Vortex displocations and force distribution of long flexible cylinders subjected to sheared flows, J. Fluids Struct. 15, 641-650 (2001)

[4.50] A. Fage, J.H. Warsap: The Effects of Turbulence and Surface Roughness on the Drag of a Circular Cylinder, Reports and Memoranda of the GBARC, No. 1283 (HMSO, London 1929)

[4.51] D.F. James, Q.S. Truong: Wind load on cylinder with spanwise protrusion, Proc. ASCE J. Eng. Mech. Div. 98, 1573-1589 (1972)

[4.52] T. Igarashi: Effect of tripping wires on the flow around a circular cylinder normal to an airstream, Bull. Jpn. Soc. Mech. Eng. 29, 2917-2924 (1986)

[4.53] M.S. Triantafyllou, M.A. Grosenbaugh: Prediction of flow-induced vibrations in sheared flows, Proc. 6th Int. Conf. Flow-Induc. Vib. (1994)

[4.54] M.S. Triantafyllon, F.S. Hover, A.H. Techet, D.K.P. Yue: Vortex-induced vibrations of slender structures in shear flow, Proc. IUTAM Symp. Integr. Modeling Fully Coupled Fluid-Struct. Interact. Using Anal. Comput. Exp. (2003)

pp. 313-327

[4.55] T. Sarpkaya: Hydrodynamic damping, flow induced oscillations and biharmonic response, J. Offshore Mech. Arct. Eng. 177, 232-238 (1995)

[4.56] J. M. Dahl, F. S. Hover, M. S. Triantafyllou: Forces and wake modes of an oscillating cylinder, J. Fluids Struct. 22, 807-818 (2001)

[4.57] M. M. Bernitsas, K. Raghavan, G. Duchene: On hydrodynamic coefficients for combined crossflow and in-line vortex induced vibrations, Proc. ASME 27th Int. Conf. Offshore Mechanics Arctic Eng. (OMAE) (2008)

[4.58] G. S. Triantafyllou, M. A. Grosenbaugh: Vortex induced vibrations of flexible structures, Summer Meet. Am. Soc. Mech. Eng. (1998)

[4.59] P. K. Stansby: The locking-on of vortex shedding due to the cross-stream vibration of circular cylinders in uniform and shear flows, J. Fluid Mech. 74, 641-665 (1976)

[4.60] J. A. Humphreys, D. H. Walker: Vortex excited response of large scale cylinders in sheared flow, J. Offshore Mech. Arct. Eng. 110(3), 272-277 (1988)

[4.61] R. Bourguet, G. E. Karniadakis, M. S. Triantafyllou: Multi-frequency vortex-induced vibrations of a long tensioned beam in linear and exponential shear flows, J. Fluids Struct. 41(0), 33-42(2013)

[4.62] R. Gopalkrishnan, M. A. Grosenbaugh, M. S. Triantafyllou: Influence of amplitude modulation on the fluid forces acting on a vibrating cylinder in cross-flow, Proc. 3rd Int. Symp. Flow Induced Vib. Noise (ASME) (1992)

[4.63] J. R. Chaplin, P. W. Bearman, Y. Cheng, E. Fontaine, J. M. R. Graham, K. Herfjord, F. J. Huera Huarte, M. Isherwood, K. Lambrakos, C. M. Larsen, J. R. Meneghini, G. Moe, R. J. Pattenden, M. S. Triantafyllou, R. H. J. Willde: Blind predictions of laboratory measurements of vortex-induced vibrations of a tension riser, J. Fluids Struct. 21, 25-40 (2005)

[4.64] H. Lie, K. E. Kaasen: Modal analysis of measurements from a large-scale fVIVg model test of a riser in linearly sheared flow, J. Fluids Struct. 22(4), 557-575 (2006)

[4.65] D. Lucor, H. Mukundan, M. S. Triantafyllou: Riser modal identification in CFD and full-scale experiments, J. Fluids Struct. 22, 905-917 (2006)

[4.66] J. Kim Vandiver, V. Jaiswal, V. Jhingran: Insights on vortex-induced, traveling waves on long risers, J. Fluids Struct. 25(4), 641-653 (2009)

[4.67] R. Bourquet, G. Karniadakis, M. S. Triantafyllou: Vortex-induced vibrations of a long flexible cylinder in shear flow, J. Fluid Mech. 677, 342-382(2011)

[4.68] R. Bourguet, Y. Modarres-Sadeghi, G. E. Karniadakis, M. S. Triantafyllou: Wake-body resonance of long flexible structures is dominated by counterclockwise orbits, Phys. Rev. Lett. 107, 134502(2011)

[4.69] R. Bourguet, G. E. Karniadakis, M. S. Triantafyllou: Distributed lock-in drives broadband vortex-induced vibrations of a long flexible cylinder in shear flow, J. Fluid Mech. 717, 361-375 (2013)

[4.70] M. Gaster: Vortex shedding from circular cylinders at low Reynolds numbers, J. Fluid Mech. 46, 749-756 (1971)

[4.71] P. S. Piccirillo, C. W. Van Atta: An experimental study of vortex shedding behind linearly tapered cylinders at low Reynolds number, J. Fluid Mech. 246, 163-195 (1993)

[4.72] A. Mukhopadhyay, P. Venugopal, S. P. Vanka: Numerical study of vortex shedding from a circular cylinder in linear shear flow, J. Fluids Eng. 121,460-468 (1992)

[4.73] C. H. K. Williamson: The natural and forced formation of spot-like in the transition of a wake,J. Fluid Mech. 243, 393-441 (1992)

[4.74] H. Q. Zhang, U. Fey, B. R. Noack, M. König, H. Eckelmann: On the transition of the cylinder wake,Phys. Fluids 7(4), 779-794 (1995)

[4.75] F. J. Huera-Huarte, P. W. Bearman: Wake structures and vortex-induced vibrations of a long flexible cylinder-Part 1: Dynamic response, J. Fluids Struct. 25, 969-990 (2009)

[4.76] MIT: VIV data repository, http://oe. mit. edu/VIV/(2007)

[4.77] H. Braaten, H. Lie: NDP Rise High Mode VIV Tests Main Report, Report No. 512394. 00. 01 (Norwegian Marine Technology Research Institute, Marintek 2004)

[4.78] J. K. Vandiver, S. Swithenbank, V. Jaiswal, V. Jhingran: Final Report, DeepStar 8402: Gulf Stream Experiment (Deepstar, Miami 2006)

[4.79] V. Jhingran, J. K. Vandiver: Incorporating the higher harmonics in VIV fatigue predictions, Proc. 26th Int. Conf. Offshore Mech. Arct. Eng. (2007) pp. 891-899

[4.80] Y. Modarres-Sadeghi, H. Mukundan, J. M. Dahl, F. S. Hover, M. S. Triantafyllou: The effect of higher harmonic forces on fatigue life of marine risers, J. Sound Vib. 329, 43-55 (2010)

[4.81] Y. Modarres-Sadeghi, F. Chasparis, M. S. Triantafyllou, M. Tognarelli, P. Beynet: Chaotic response is a generic feature of vortex-induced vibrations of flexible risers, J. Sound Vib. 330,2562-2579 (2011)

[4.82] H. Mukundan, Y. Modarres-Sadeghi, F. S. Hover, M. S. Triantafyllou: Monitoring fatigue damage on marine risers, J. Fluids Struct. 25, 617-628 (2008)

[4.83] A. D. Trim, H. Braaten, H. Lie, M. A. Tognarelli: Experimental investigation of vortex-induced vibration of long marine risers, J. Fluids Struct. 21(3), 335-361 (2005)

[4.84] L. Christian: Mechanical Vibration and Shock (Taylor Francis, New York 2002)

[4.85] J. K. Vandiver, H. M. Marcollo: High mode number VIV experiments, Proc.

IUTAM Symp. Integr. Modeling Fully Coupled Fluid-Struct. Interact. Using Anal. Comput. Exp. (2003)

[4.86] C. M. Larsen, K. Vikestad, R. Yttervik, E. Passano, G. S. Baarholm: VIVANA Theory Manual (MARINTEK, Trondheim 2005)

[4.87] R. Gopalkrishnan: Vortex Induced Forces on Oscillating Bluff Cylinders (MIT, Massachusetts 1993)

[4.88] F. Chasparis, Y. Modarres-Sadeghi, F. Hover, M. S. Triantafyllou, Y. Contantinides, H. Mukundan: Hydrodynamic data extraction from field data, Proc. 28th Int. Conf. Offshore Mech. Arct. Eng. (2009) pp. 891-899

[4.89] H. Zheng, R. Price, Y. Modarres-Sadeghi, G. Triantafyllou, M. Triantafyllou: Vortex-induced vibration analysis (VIVA) based on hydrodynamic databases, Proc. 30th Int. Conf. Offshore Mech. Arct. Eng. (2011)

[4.90] P. J. Strykowski, K. R. Sreenivasan: On the formations and suppression of vortex shedding at low Reynolds numbers, J. Fluid Mech. 218, 71-107(1990)

[4.91] G. Grimminger: The effect of rigid guide vanes on the vibration and drag of a towed circular cylinder, Tech. Rep. 504 (David Taylor Model Basin, Washington 1945)

[4.92] R. Galvao, E. Lee, D. Farrel, F. Hover, M. S. Triantafyllou, N. Kitnev, P. Beynet: Flow control in flow-structure interaction, J. Fluids Struct. 24, 1216-1226 (2008)

[4.93] V. Jacobsen: Vibration suppression devices for long, slender tubulars, Offshore Technol. Conf. (1996), OTC 8156

[4.94] A. Ahmed, B. Byram: Transverse flow over a wavy cylinder, Phys. Fluids A: Fluid Dyn. 4(9), 1959-1967(1992)

[4.95] K. Lam, F. H. Wang, R. M. C. So: Three-dimensional nature of vortices in the near wake of a wavy cylinder, J. Fluids Struct. 19, 815-833 (2004)

[4.96] K. Lam, Y. F. Lin, L. Zhou, Y. Liu: The effect of wavy surface on vortex shedding froman inclined cylinder in turbulent flow, Int. J. Offshore Polar Eng. 3(1), 1343-1350 (2009)

[4.97] E. J. Lee: Airfoil Vortex Induced Vibration Suppression Devices, Ph. D. Thesis (Massachusetts Institute of Technology, Massachusetts 2007)

[4.98] J. C. Owen, A. A. Szewczyk, P. W. Bearman: Suppression of Karman vortex shedding, Phys. Fluids 12(9), 1-13 (2000)

[4.99] M. M. Zhang, L. Cheng, Y. Zhou: Closed-loop manipulated wake of a stationary square cylinder, Exp. Fluids 39, 75-85 (2005)

[4.100] S. J. Lee, A. T. Nguyen: Experimental investigation on wake behind a wavy cylinder having sinusoidal cross-sectional area variation, Fluid Dyn. Res. 39, 292-304 (2007)

[4.101] M. M. Zdravkovich, D. L. Pridden: Interference between two circular cylinders; series of unexpected discontinuities, J. Ind. Aerodyn. 2, 255-270(1977)

[4.102] M. M. Zdravkovich: Flow induced oscillations of two interfering circular cylinders, J. Sound Vib. 101, 511-521 (1985)

[4.103] T. Igarashi: Characteristics of the flow around two circular cylinders arranged in tandem (First report), Bull. Jpn. Soc. Mech. Eng. 24, 323-331(1981)

[4.104] G. V. Papaioannou, D. K. P. Yue, M. S. Triantafyllou, G. E. Karniadakis: Evidence of holes in the Arnold Tongues of flow past two oscillating cylinders, Phys. Rev. Lett. 96, 014501 (2006)

[4.105] N. Mahir, D. Rockwell: Vortex formation from a forced system of two cylinders. Part 1: tandem arrangement, J. Fluids Struct. 10, 473-489(2008)

[4.106] A. Bokaian, F. Geoola: Wake-induced galloping of two interfering circular cylinders, J. Fluid Mech. 146, 383-415 (1984)

[4.107] D. Brika, A. Laneville: The flow interaction between a stationary cylinder and a downstream flexible cylinder, J. Fluids Struct. 13, 579-606(1999)

[4.108] F. S. Hover, M. S. Triantafyllou: Galloping response of a cylinder with upstream wake interference, J. Fluids Struct. 15, 503-512 (2001)

[4.109] G. R. S. Assi, P. W. Bearman, B. S. Carmo, J. R. Meneghini, S. J. Sherwin, R. H. J. Willden: The role of wake stiffness on the wake-induced vibration of the downstream cylinder of a tandem pair, J. Fluid Mech. 718, 210-245 (2013)

[4.110] J. Carberry, J. Sheridan, D. O. Rockwell: Forces and wake modes of an oscillating cylinder, J. Fluids Struct. 15, 523-532 (2001)

[4.111] R. Govardhan, C. H. K. Williamson: Defining the modified Griffin plot in vortex-induced vibration: revealing the effect of Reynolds number using controlled damping, J. Fluid Mech. 561, 147-180(2006)

[4.112] J. T. Klamo, A. Leonard, A. Roshko: The effects of damping on the amplitude and frequency response of a freely vibrating cylinder in cross-flow, J. Fluids Struct. 22, 845-856 (2006)

[4.113] K. Raghavan, M. M. Bernitsas: Experimental investigation of Reynolds number effect on vortex induced vibration of rigid circular cylinder on elastic supports, Ocean Eng. 38, 719-731 (2011)

[4.114] M. M. Bernitsas, K. Raghavan, G. Duchene: Induced separation and vorticity using roughness in VIV of circular cylinders at 8103 to Re 1:5105, Proc. Int. Conf. Offshore Mech. Arctic Eng. (2008) pp. 15-20

第 5 章　结构动力学

H. Ronald Riggs, Solomon Yim

本章介绍结构动力学的基础理论,并着重介绍与其相关的柔性海洋结构物动力学。本章内容主要集中在线性结构动力学,但是讨论也扩展到了非线性系统。第 5.1 节介绍了单自由度的弹簧-质量-阻尼系统,给出了在时域及频域下的运动方程,讨论了黏性和迟滞阻尼模型,并提供了方程的通解。对特别感兴趣的海洋结构物进行了讨论,随后对时域相应的数值解进行了讨论。第 5.2 节介绍多自由度系统的基本概念。第 5.3 节讨论了水弹性多自由度耦合,柔性结构模型以及流体模型(如第 3 章所示),为了获得流固耦合响应。同时,本节还将附加质量和水动力阻尼的概念延伸到了柔性结构模型。第 5.3.6 小节讨论规则波的线性响应,第 5.4 节延伸到随机海浪。第 5.5 节讨论非线性水弹性,即流固耦合,对相应的求解方略也进行了简要的讨论。

尽管本章介绍了结构动力学的基础知识,但是这是个丰富的话题,很多书籍对此进行了更为深入的研究。本章对一些参考文献做了简要介绍,以便于读者进行更深入细致的研究(同时也提供了结构动力学的发展历史)。第一本关于结构动力学概论是文献[5.1],该书中介绍了基础的线弹性问题,包括单自由度系统(SDOF)及多自由度(MDOF)离散系统的线性振动,同时对连续系统也进行了研究。之后的版本增加了环状物、薄膜以及板的振动研究[5.2]。Thomson 除了研究离散及连续系统的结构动力学基础,还研究了非线性及随机振动[5.3]。随后版本中介绍了有限元方法(FEM)在结构动力学中的应用[5.4-5.5]。Hurty 和 Rubinstein 研究了能量微分方程以及积分方程[5.6]。他们细致地研究了非比例阻尼和随机激励下的响应。文献[5.7]对单自由度及多自由度离散系统及连续系统的动力学进行了更深入的研究。

地震产生的结构响应(地震响应)属于结构工程中的一个重要应用领域。1970 年起,结构动力学相关书籍就开始囊括该应用。具体来说,Clough 和 Penzien 针对包含随机振动和地震响应的结构动力学进行了非常好的介绍[5.8-5.9]。Chopra 的工作[5.10],最开始发表于 1995 年,对结构动力学相关的结构地震响应进行了更为专业的介绍。Tedesco 等人[5.11]研究了地震和爆炸载荷,同时也研究了海洋结构物动力学的相关内容。

针对近海结构物,Brebbia 和 Walker 研究了随机海浪的基本原理[5.12],主要集中在细长构件上,同时研究了单自由度及多自由度离散结构系统的衍射问题。Hooft[5.13]介绍了流体运动及特性,水动力激励力,以及线性和非线性的单自由度及多自由度系统的运动。Wilson[5.14]详细介绍了确定性及随机性海浪在单自由度及多自由度结构系统(包括桩基座支撑)中的应用,近海结构物的断裂力学以及疲劳性能。文献[5.15][5.16]着重讨论了水动力载荷。Chakrabarti 一系列书籍[5.17-5.20]对近海结构物的动力学课题作出了突出贡献。文献

[5.17]研究了近海结构物的水动力，主要针对流体载荷及效应。文献[5.19]深入描述了近海结构物在大尺度波的实验室实验的物理建模。随后出版的书籍[5.20]描述了水动力学及振动的理论及实践，并对两个课题进行了很好的简介。海洋结构物的非线性行为是个具有挑战性的课题，由于海浪固有的随机性，研究中必须包含随机振动特性。文献[5.18]描述了短期及长期随机特性的风、浪、流以及非线性近海结构物相应的运动响应。文献[5.21]针对非线性海洋结构物的随机激励行为进行了详细的综述。

5.1 单自由度系统

5.1.1 运动方程

图 5.1(a)所示的弹簧-质量-阻尼系统是用于介绍结构动力学经典的单自由度(SDOF)系统。单自由度系指仅用一个变量 $u(t)$ 就能完全描述质量块的运动，这意味着质量块仅限于在一个方向上运动。速度为 $\dot{u}(t)$，加速度为 $\ddot{u}(t)$。弹簧代表着结构的回复力，即结构刚度；回复力 f_r 为位移的函数。但是，假如 f_r 是关于 u 的多值函数，则 f_r 将取决于位移的历程(路径相关)和 $\dot{u}(t)$ 的潜势。阻尼代表着能量损耗，其作用在质量块上的阻尼力为 f_d。通常情况下，在时域内的公式，阻尼力均假定取决于速度，尽管有可能也取决于位移。图中施加的激励为外力 $p(t)$。图 5.1(b)为系统的自由体。除非另有说明，以下讨论均是针对上述系统。

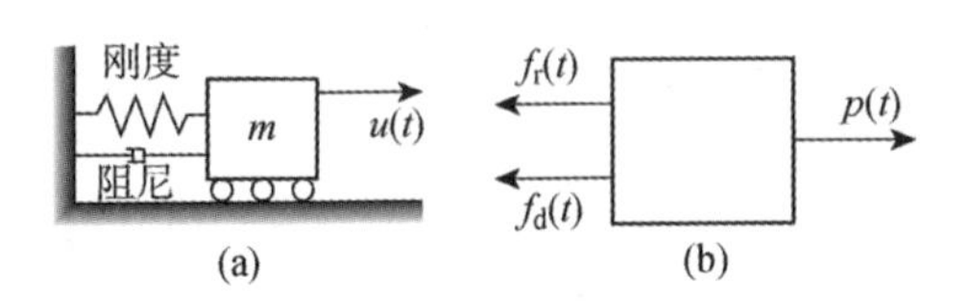

图 5.1 (a) 弹簧-质量-阻尼系统 (b) 自由体

根据图 5.1(b)以及牛顿第二定律，可以直接推导出时域内的运动方程；具体而言，外力的合力等于动量的改变。通常情况下，结构动力学问题是质量不随时间改变。因此，运动方程如下：

$$p(t) - f_d - f_r = f_I \tag{5.1}$$

式中，f_I 表示质量和加速度的乘积。对于结构动力学，方程更习惯于写成以下形式：

$$f_I + f_d + f_r = p(t) \tag{5.2}$$

f_I 称为惯性力，同达朗贝尔原理。方程可以理解为内部阻力等于外部合力。这就产生了动力平衡的概念，常用于结构动力学研究。

式(5.2)包含线性和非线性系统。线性系统下的弹簧为线性弹簧，即 $f_r(t)=ku(t)$，式中，刚度系数 k 表示单位位移的作用力。同时，线性系统下的阻尼也为线性阻尼，即 $f_d(t)=c\dot{u}(t)$，阻尼系数 c 表示单位速度的作用力。对于具有定常质量 m 的系统，$f_I(t)=m\ddot{u}(t)$，质量 m 表示单位加速度的作用力。运动方程变为

$$m\ddot{u}(t) + c\dot{u}(t) + ku(t) = p(t) \tag{5.3}$$

注意到以上讨论均假定为线性黏性阻尼，故选用更加接近海洋结构物的阻尼模型进行随后的讨论。

上述方程均是假定结构受到的动态激励为外部施加的动态力。实际上激励也有可能来自支撑的运动，比如地震导致的地表运动。如图 5.1(a)所示，令 $p(t)=0$，并假定支撑腿处的地表位移为 $u_g(t)$，相应的加速度为 $\ddot{u}_g(t)$。则质量块的总位移等于刚体位移 $u_g(t)$与相对

地表运动的位移 $u(t)$ 之和。惯性力取决于总的加速度，但是结构的抗力 f_r 和 f_d 仅取决于相对运动。运动方程式(5.3)的线性方程可以写成以下形式：

$$m\ddot{u}(t)+c\dot{u}(t)+ku(t)=-m\ddot{u}_g(t) \tag{5.4}$$

式中 $-m\ddot{u}_g(t)$ 项可以视为有效载荷。既然上述方程是基于相对运动，假如使用了商业软件，用户应该理解到底报告的是相对位移还是总位移。

尽管图 5.1(a)中的系统可能与任何实际结构不同，但是它提供了一个很好的基础，以帮助学者更好地理解结构动力学。此外，至少对于一些初始研究，将某些系统简化成单自由度系统还是比较合理的。如图 5.2 所示，如果做以下假定，则将图 5.1(a)所示的简化模型用于研究张力腿平台(TLP)的线性垂向响应是合理的：①垂向运动和其他方向的运动不耦合；②忽略系索的质量或者将其质量部分集中到张力腿平台上；③暂时忽略流体产生的附加质量，则 m 仅代表是平台质量，并假定平台为刚体；④刚度系数 k 表示系索的垂向刚度总和(暂时忽略浮力)；⑤阻尼系数 c 需要特别说明。结构的动态能量耗散由一系列物理机制导致，通常情况下，阻尼系数很难量化及不能明确地建模。因此，对于如图 5.1(a)所示的黏性阻尼模型，通常通过在相同水平能量耗散下的现场测试，获得等效特性的阻尼值。

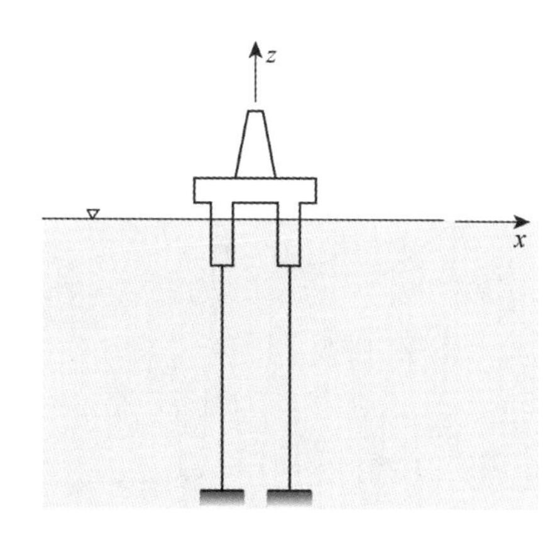

图 5.2　TLP 示意图

对图 5.1(b)中的自由体稍加修正后，即可应用到张力腿平台(TLP)解耦的纵摇运动。在此情况下，u 表示张力腿平台的转动位移(弧度)，力为力矩，m 为张力腿平台的转动惯量，k 为系索提供的纵摇运动的阻抗(单位弧度的力矩)。阻尼系数 c 应根据实验数据获得。因此，本章中所有方程均可应用到解耦的垂荡运动和纵摇运动中。随后的讨论将会对张力腿平台的应用给出更多的物理解释。需要表明，实际结构有不止一个自由度，后文将考虑多自由度的结构物。

5.1.2　自由振动的时域响应

本节主要考虑线性动态响应，因为：①可能有解析解；②线性结构性能比非线性结构性能更易于理解。

结构动力学中自由振动系指系统在初始位移 $u(0)$ 以及初始速度 $\dot{u}(0)$ (初始条件)下的响应，但不施加载荷，即 $p(t)=0$。等式两边同时除以 m，得到下式：

$$\ddot{u}(t)+2\xi\omega_n\dot{u}(t)+\omega_n^2u(t)=0 \tag{5.5}$$

式中，$\omega_n=\sqrt{k/m}$ 为无阻尼的固有频率(单位为 rad/s)；$\xi=c/(2m\omega_n)$ 为无量纲系数，等于阻尼系数 c 与系统临界阻尼的比值。临界阻尼是自由振动过程中阻碍振动最低水平的阻尼。对于大多数实际结构，阻尼相对较小，经常会被当作临界阻尼的百分比，如结构有 2% 的阻尼。假如结构阻尼小于临界阻尼，则式(5.5)的解为

$$u(t)=e^{-\xi\omega t}\left(\frac{\dot{u}(0)+u(0)\xi\omega_n}{\omega_D}\sin\omega_Dt+u(0)\cos\omega_Dt\right) \tag{5.6}$$

式中，$\omega_D=\omega_n\sqrt{1-\xi^2}$ 为考虑阻尼的固有频率。无阻尼和有阻尼的固有周期分别为 $T_n=2\pi/\omega_n$ 和 $T_D=T_n/\sqrt{1-\xi^2}$ 。也可将式(5.6)写为以下不同的形式：

$$u(t)=\rho e^{-\xi\omega_n t}\cos(\omega_D t-\theta) \tag{5.7a}$$

式中：

$$\rho=\sqrt{\left(\frac{\dot{u}(0)+u(0)\xi\omega_n}{\omega_D}\right)^2+[u(0)]^2} \tag{5.7b}$$

$$\theta=\tan^{-1}\frac{\dot{u}(0)+u(0)\xi\omega_n}{\omega_D u(0)} \tag{5.7c}$$

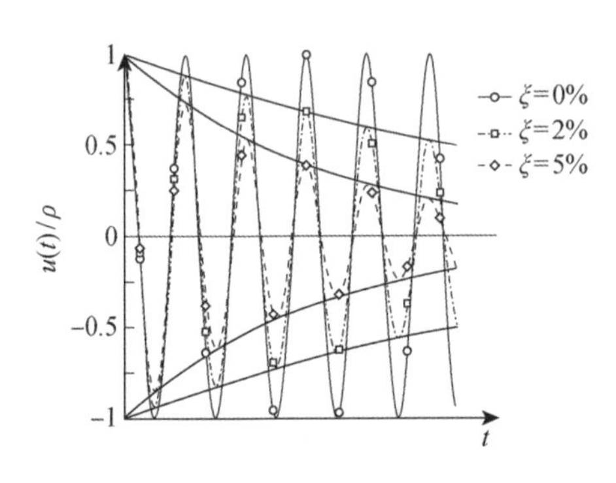

图 5.3　三种阻尼比下的自由振动响应。虚线边界线表示幅值在阻尼下的衰减

从响应式(5.6)和式(5.7)可以看出：①对于非零级别的阻尼，响应随时间按指数规律衰减，然而当阻尼为零时，响应幅值保持不变；②无阻尼时，结构振动频率为 ω_n，周期为 T_n。考虑阻尼时，结构振动频率为 ω_D，周期为 T_D。结构阻尼感兴趣的范围一般低于5%，这意味着在实际使用中，考虑阻尼和不考虑阻尼的固有频率基本一致。图5.3显示的是在5个运动周期内，考虑无阻尼、2%阻尼以及5%阻尼的结构响应。黏性阻尼使得周期稍微延长，但这个级别的阻尼系统和无阻尼系统在周期上的差异很小。由图可以看出，阻尼导致的幅值衰减；定义连续峰值振幅比率的自然对数为对数衰减 δ。即

$$\delta\triangleq\ln\frac{u_j}{u_{j+1}}=\frac{2\pi\xi}{\sqrt{1-\xi^2}}=2\pi\xi\frac{\omega_n}{\omega_D} \tag{5.8}$$

式中，u_j 为第 j 个峰值的峰值位移。对于5%阻尼，两个周期的振动后幅值衰减了大概50%；对于2%阻尼，大概需要五个周期幅值才衰减50%。

由上文讨论可以看出，单自由度模型可以分别运用到其垂向运动和纵摇运动，只要它们之间没有耦合，即垂荡运动不会产生纵摇运动，纵摇运动也不会产生垂荡运动。因此，很显然该系统会有一个垂荡固有频率和一个纵摇固有频率。众所周知，结构固有频率的数量等于其动态自由度的数量。

5.1.3　简谐载荷作用下的时域响应

通常情况下，运动方程包括载荷，即

$$\ddot{u}(t)+2\xi\omega_n\dot{u}(t)+\omega_n^2u(t)=\frac{p(t)}{m} \tag{5.9}$$

解析解通常表达为齐次解和特解之和。当 $p(t)=0$ 时方程的解为齐次解，对于特定的 $p(t)$，方程的解为特解。齐次解有两个待定常数，可以通过让组合解满足 $t=0$ 时的初始条件计算获得。

近海结构物受到的波浪载荷一般表现为随机性和非线性。但是，对于线性结构响应分析，波浪载荷可当作一系列随机相位的正弦力之和，即

$$p(t) = \sum_q p_q \cos(\omega_q t + \varepsilon_q) \tag{5.10}$$

式中，ε_q 为第 q 个分量的随机相位角。结构响应为各正弦谐波分量的响应之和。基于此，可以先研究在周期载荷作用下的结构响应。周期载荷可以分解为傅里叶级数，即一系列正弦项和余弦项之和。同理，由于载荷与响应间的线性关系，响应也可以表达为各个谐波分量的响应之和。因此，有充分的理由来着重讨论在单个谐波分量载荷作用下的结构响应。首先假定 $p(t) = p_q\cos(\omega_q t)$，式中 p_q 为激励频率分量 ω_q 的幅值，响应为

$$u(t) = e^{-\xi\omega t}(A\sin\omega_D t + B\cos\omega_D t) + \frac{p_q}{k}\frac{(1-\beta^2)\cos(\omega_q t) + 2\xi\beta\sin(\omega_q t)}{(1-\beta^2)^2 + (2\xi\beta)^2} \tag{5.11}$$

式中，$\beta = \omega_q/\omega_n = T_n/T_q$。若载荷为正弦力，只需将式(5.11)中 $\sin(\omega_q t)$ 替换为 $-\cos(\omega_q t)$，将 $\cos(\omega_q t)$ 替换为 $\sin(\omega_q t)$ 即可。显然，只需让通解满足初始条件就能求得齐次解首项中的 A、B 两个系数。然而，由于首项的乘子为 $e^{-\xi\omega_n t}$，这表示阻尼导致齐次解随着时间快速衰减，因此，被称作瞬态响应。第二项为特解，称为稳态响应(谐波响应)。

对于海洋结构物，波浪激励通常是长期的，瞬态响应已经衰减，因此可以忽略。既然不考虑其他类型的载荷，如砰击、碰撞、爆炸或者地表运动(地震)等。主要考虑波浪导致的结构响应，因此，将主要介绍稳态解，并假定瞬态响应忽略不计。注意，对于非线性波浪响应，应该包含初始条件以及瞬态响应；仿真计算必须运行足够长的时间以等待瞬态响应衰减，收敛得到一个(或多个)稳态解，作为结构路径依赖的结果。

根据式(5.11)可以得到稳态响应的峰值位移：

$$\frac{u_{\text{peak}}}{(p_q/k)} = \frac{1}{\sqrt{(1-\beta^2)^2 + (2\xi\beta)^2}} = R_d \tag{5.12}$$

式中 u_{peak} 被 p_q/k(结构的静态响应位移)无量纲化。R_d 称为变形响应因子，位移响应因子，或者有时候被称作动态放大系数。图 5.4 为位移响应因子 R_d 在不同阻尼水平下的曲线。如果 $\beta\to 0$，即载荷变化相对于结构的固有频率变化非常缓慢，响应趋近于静态位移($R_d\to 1$)。这为缓慢变化的载荷进行静态或准静态分析提供了理论依据。当 $\omega_q = \omega_n\sqrt{1-2\xi^2}$ 时，得到最大位移响应。对于结构阻尼的实际值，峰值位移处的激励频率与无阻尼的固有频率非常接近。将 $\beta=1$ 代入到式(5.12)中，则峰值响应为静态响应的 $1/(2\xi)$。因为阻尼很小，这意味着在相同的载荷幅值下，共振时的结构响应相对于静态响应非常大。因此，尤其是对于周期性激励(如波浪载荷)而言，必须确保结构的固有频率不在重要激励的频率范围内。随着激励频率的增大，当频率值远远大于固有频率时(β 大)，位移响应趋于 0。可以用一个简单的物理实例解释该现象，假设一个很大的质量块连着一根软弹簧，由于载荷变化频率非常快，载荷方向改变时质量块不能及时作出响应。

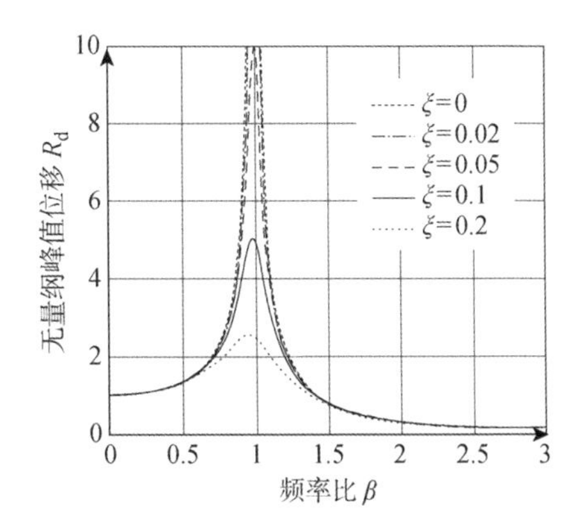

图 5.4　位移响应因子

在设计海洋结构物时，必须确保结构的主要固有周期高于或者低于主要的波能周期。例如，对于固定式导管架平台，结构的主要固有频率一般都高于主要波能频率，如图 5.4 中

$\beta=1$ 的左侧所示。对于系泊浮体结构，比如半潜式平台以及张力腿式平台，其结构主要固有频率均低于主要波浪频率，如图 5.4中 $\beta=1$ 的右侧所示。

5.1.4 频域响应

如上所述，假如为周期性载荷，则可以表达为一系列谐波分量之和，响应也可以表达为每个谐波分量的响应之和。该情形与上文考虑的一样，即对于阻尼系统，初始的瞬态响应在经过足够多的载荷周期后消失，只剩下与载荷频率一致的长期响应(或称作稳态响应)。我们又将着重讨论在单个谐波分量载荷 $p_q e^{i\omega_q t}$ 作用下的响应，其中，p_q 为激励频率分量 ω_q 的幅值。因此，与激励分量相对应的位移为 $u_q e^{i\omega_q t}$ 形式。将式(5.3)中表达式进行替换，频域下每个分量的运动方程如下：

$$(-\omega_q^2 m + i\omega_q c + k)u_q = p_q \tag{5.13}$$

方程(5.13)为代数方程，比微分方程(5.3)更简单。直接获得方程的解如下式所示：

$$u_q = \frac{p_q}{k}\frac{1}{1-\beta^2+i(2\xi\beta)} \tag{5.14}$$

式中，$\beta=\omega_q/\omega_n$。应该注意，式(5.14)必须计算每个频率分量 ω_q，并且 u_q 为复数。按照式(5.14)计算得到的峰值位移值与式(5.12)一致。因此，获得了与动态放大系数 R_d 相同的定义。

假如 p_q 为单位载荷参数(单位波浪幅值)，则根据式(5.14)计算得到的一系列波浪(激励)频率结果是复数位移的频域传递函数，在结构动力学中也常称为复频率响应函数。在海洋工程中，传递函数值也称为幅值响应算子(*RAO*)。传递函数中常用到符号 H。假如由单位值 p_q 决定，则

$$u_q = H_u(\omega_q)p_q \tag{5.15}$$

式(5.15)与式(5.3)相比主要优势在于：当特性 m、c 及 k 与频率相关时更易于处理。正如我们将看到的，对于海洋结构物，m 和 c 经常出现上述情形。

5.1.5 结构阻尼

不包含水动力效应的结构能量耗散综合了一系列机制，比如材料内部能量耗散，结构件和连接之间的摩擦，以及可能存在的裂痕间的摩擦。线性行为下的耗散量普遍很小，相对于临界阻尼而言占的比例很小。对于这种能量耗散不存在相同的物理模型来决定刚度，这么复杂的建模将会非常困难。幸运的是，由于能量耗散很小可以粗糙地建模。在时域内，常采用线性黏性阻尼模型，使用起来非常方便。该方程依然为线性方程，解析解也容易求得。但是，黏性阻尼并非最好的涉及能量耗散的物理模型。实际能量耗散更趋近于与位移成正比而非速度[5.9]，频域内有个替代模型更适合，有时称为线性迟滞阻尼。对于线性迟滞阻尼，耗散力 f_d 依旧与位移反相，可表达为 $f_d = i2\xi k u_q$。将式(5.13)中的线性黏性阻尼换成上述表达式，则

$$[-\omega_q^2 m + (1+i2\xi)k]u_q = p_q \tag{5.16}$$

上式的解如下：

$$u_q = \frac{p_q}{k}\frac{1}{1-\beta^2+i(2\xi)} \tag{5.17}$$

对于实际水平的阻尼，尽管在无阻尼的固有频率下峰值很明显，但是式(5.17)和式

(5.14)的峰值依然非常接近。当激励频率 ω_q 等于固有频率 ω_n 时，每个振动周期内两种模型的能量耗散将一致；频率不同时，能量耗散也将不同。实际上，迟滞阻尼优于线性黏性阻尼，因为它导致了与频率无关的能量耗散，即一个运动周期内的能量耗散与频率无关，这比线性黏性阻尼更真实反映了实际情况，因为线性黏性阻尼在一个运动周期内的能量耗散随频率变化而变化。当采用频域方法时，常优先采用迟滞阻尼模型；而当采用时域方法时，为了方便起见，常采用线性黏性阻尼。

线性黏性阻尼和迟滞阻尼都需要阻尼率 ξ。阻尼率的典型值通常通过对相似结构的现场试验测得。经常采用测量自由振动时运动幅值的衰减方法来获得结构的阻尼水平。例如，根据式(5.8)，可以直接得到下式：

$$\ln\left(\frac{u_j}{u_{j+m}}\right) = 2\pi m\xi \frac{\omega_n}{\omega_D} \tag{5.18}$$

通过上述方程，可以测量多个振动循环的运动峰幅值来获得阻尼率的评估值。当然，如果要用上述方法，必须实实在在初始化自由振动。

基于谐波激励响应可采用另外一种方法。由图 5.4 可以看出，阻尼不仅使峰值降低，而且随着频率变化，改变了 R_d 的形状。半功率带宽法使用上述特征来评估阻尼。结构在谐波激励作用下，瞬态响应快速消失，测量峰值稳态响应。该方法必须在一系列频率范围内做实验，获得峰值位移及相应频率的实验图。对于低水平的阻尼，峰值响应的频率称作 ω_n。频率 ω_L 在共振频率的左侧，共振频率相当于位移值等于 $1/\sqrt{2}$ 峰值振幅时的频率。同理，频率 ω_R 在共振频率的右侧。对于低水平的阻尼，阻尼可以按下式计算：

$$\xi = \frac{\omega_R - \omega_L}{2\omega_n} \tag{5.19}$$

当然，必须能够刺激结构产生谐响应才能使用该方法，而振动器已经被开发出来做这样的激励，其包含反向旋转的偏心重量[5.10]。通过现场数据，还有其他方法来计算阻尼，如通过随机环境振动的响应。例子见文献[5.22]。

要确定合适的海洋结构物的阻尼水平是一项具有挑战性的工作。Bishop 和 Price[5.23] 关于困难和未知的讨论在很大程度上依然有效，他们通过不同研究人员在各种船型上的实验得到的阻尼率进行总结，发现这些船体阻尼率分布范围大概为 0.5% 至 2%。通过对位于北海的钢制海洋平台进行环境和受迫振动测量，得到其阻尼率大概为 1% 至 3%[5.24]。Ruhl[5.25]讨论了测量海洋结构物阻尼的一些困难，并测量了四个导管架平台的阻尼率，他也发现了阻尼率的范围大概为 1% 至 5%，取决于采用何种方法来测量阻尼系数。根据该论文，最可信的阻尼率值范围为 2% 至 3%，和 Gundy 等人的研究非常吻合[5.24]。这些值尽管都是结构在水中测量得到的，因此反映了部分流体的作用，但是上述情况中大部分的阻尼仍然来源于结构。无论如何，这些很小的阻尼率均反应出结构阻尼有多小。

5.1.6 从频域响应到时域响应

假定载荷持续作用，且瞬态响应完全衰减，则传递函数 $H_u(\omega_q)$ 表示为单位谐波载荷作用下的频域响应。可以通过频域响应来获得在任意周期载荷作用下的时域响应。令周期载荷 $p(t)$ 的周期为 T_p，并假定载荷持续作用，则对于任一给定周期内的响应等于所有其他周期内的响应。

由于载荷存在周期性，因此可以表达为傅里叶级数。为了匹配周期 T_p，级数中最小的循环频率为 $f_0 = 1/T_p$，所有其他频率分量必须是 f_0 的整数倍，否则载荷的周期将不是 T_p。因此

$$p(t) = \sum_{n=-\infty}^{\infty} P_n e^{i(2\pi n f_0)t} \tag{5.20}$$

式中，

$$P_n = \frac{1}{T_p}\int_0^{T_p} p(t) e^{-i(2\pi n f_0)t} dt \tag{5.21}$$

当然，实际分析需要：①对式(5.20)中的级数进行截断处理，②对载荷进行离散化。采用梯形法求取式(5.21)中的积分是获得离散傅里叶级数表达式的一种方法。将一个周期均分为 N 段，则每段时间为 $\Delta t = T_p/N$，其倒数为考虑的最大循环频率。N 值必须足够大，这样① 获得载荷的频谱；② 获得需要包含在响应中的结构最大固有频率。在离散时间 $t_s = s\Delta t$，$s = 0, 1, \cdots, N-1$ 对载荷进行采样，考虑到周期性，$p(t_0) = p(t_N)$。则数值解如下：

$$P_n = \frac{1}{N}\sum_{s=0}^{N-1} p(t_s) e^{-i\left(\frac{2\pi ns}{N}\right)}, \quad n = 0, \cdots, \frac{N}{2} \tag{5.22}$$

对于实数 $p(t)$，P_{-n} 为 P_n 的共轭复数。

一旦获得了载荷的频域表达式，频域响应可以通过下式得到：

$$u_n = H_u(2\pi n f_0) P_n \tag{5.23}$$

为了获得时域响应，只需对傅里叶级数求逆，即

$$u(t_s) = u_0 + 2\sum_{n=1}^{N/2} \mathrm{Re}\left(u_n e^{i\left(\frac{2\pi ns}{N}\right)}\right) \tag{5.24}$$

该方法需要传递函数对 $N/2$ 的频率进行评估，工作量将会很大。假如计算量过大，一种选择是对必须进行计算的传递函数采用一些插值方案来减少频率数量。快速傅里叶变换(FFT)是实际应用中常使用的一种方法。经典的 FFT 算法由 Cooley 和 Tukey 开发[5.26]，尽管随后还有其他学者也对其进行了开发[5.27]。

离散的傅里叶变换也能用于对有限时间内的非周期载荷进行求解。基本原则为将载荷作用时间延长到超过实际载荷作用的时间。超出时间的载荷设为零即可，且延长的时间应该足够长，以至于先前周期的响应由于阻尼衰减为零。Veletsos 和 Ventura[5.28]讨论了应用该方法的步骤以及误区。Chopra[5.10]也对非周期性载荷采用离散傅里叶转换过程中出现的相关错误进行了概述。文献[5.29]讨论了该方法在土壤-结构以及流体-结构相互作用的环境中对结构进行地震响应分析中的应用。

5.1.7 流体的贡献

1) 静态效应—静水力刚度

张力腿平台(TLP)垂荡及纵摇位移的阻抗不仅来源于结构单元、系索，也来源于结构垂向位置改变导致的流体作用在其上的静水压力。湿表面上压力改变的集成引起静水力回复力系数或静水力刚度。张力腿平台垂荡或纵摇运动相应的刚度称为 k。系统的总刚度等于系索的结构刚度 k_s 与静水力刚度 k_f 之和，即：$k = k_s + k_f$。当然，式(5.16)需要做轻微的修改，因为阻尼项应该只乘 k_s；水不提供位移相关的能量损耗。

2）动态效应—附加质量、阻尼和激励力

为了获得流体的动态效应，需要采用一个特殊的流体模型，这与第 2 章中刚体水动力情形一样。经常采用线性势流理论对大型海洋结构物进行线性分析，本节也将基于此理论进行讨论。对于张力腿平台模型，垂荡或纵摇的附加质量 m_f，水动力阻尼 c_f，以及波浪激励（入射及绕射）力 F_f，同第 2 章一样需要计算，并假定系索忽略不计。

因为附加质量、水动力阻尼以及波浪激励力均是波浪频率 ω_q 的函数，所以要将它们包含在时域运动方程中是很困难的。这里，频域方法优势变得明显，因为包含频率相关项毫无困难。式(5.13)变成以下形式：

$$[-\omega_q^2(m_s+m_f)+\mathrm{i}(\omega_q c_f+2\xi k_s)+(k_s+k_f)]u_q=F_f \tag{5.25}$$

根据式(5.25)很容易求解获得频域响应以及幅值响应算子(*RAO*)。当然，隐藏在方程中的是确定流体系数的必要性，这需要大量的计算工作，如第 2 章中所讨论的一样。

式(5.25)经常用来求解线性结构的波浪响应，当需要引入非线性时，例如，结构刚度的非线性或包含主动控制系统的力，则需要使用时域解。流体效应的频率相关可以通过傅里叶逆变换转换为时域。在结构动力学中，经常将频域线性响应转换为时域响应，采用快速傅里叶变换操作起来非常方便。但是这里的情形有点不同，因为不是要将响应进行变换。Cummins[5.30]提出的余弦转换以及 Ogilvie[5.31]对其进行更深的讨论经常被采用。例如文献[5.32]、Taghipour 等人和 Sheng 及 Lewis 在文献 [5.33][5.34]中提供了综述。对于零平均速度，基本运动方程如下：

$$(m_s+m_{f\infty})\ddot{u}(t)+\int_0^t K(t-\tau)\dot{u}(t)\mathrm{d}\tau+(k_s+k_f)u(t)=F_f(t) \tag{5.26}$$

式中，$m_{f\infty}$ 表示频率无穷大时的附加质量，迟滞函数 $K(t)$ 如下式所示：

$$K(t)=\frac{2}{\pi}\int_0^\infty c_f(\omega)\cos(\omega t)\mathrm{d}\omega \tag{5.27}$$

式(5.26)中的卷积积分，经常被称为流体记忆效应，必须对每个时间步进行评估，因此计算量非常大。

目前关于该方法的研究主要集中在波能转换装置及其控制上。通过采用运动方程的状态空间方法对波能提取进行优化及控制是最有效的。

3）干及湿固有频率

所谓的系统干的或在空气中（无阻尼）的固有频率，即忽略流体作用，可通过下式计算得到：

$$\omega_n=\sqrt{\frac{k_s}{m_s}} \tag{5.28}$$

湿固有频率即为考虑水对结构的影响，可通过下式计算得到：

$$\omega_n=\sqrt{\frac{k_s+k_f}{m_s+m_f(\omega_n)}} \tag{5.29}$$

式中，很显然附加质量和运动频率函数相关。式(5.29)是非线性的，需要迭代过程才能求得湿固有频率。该过程需要对辐射问题进行反复求解以获得 m_f。一旦 m_f 计算的频率和式(5.29)中给定的频率 ω_n 足够接近时，迭代将终止。因为需要求解很多辐射问题，所以求取湿固有频率的工作量将很大。有一种忽略附加质量的近似做法用于求取湿固有频率，即：

$$\omega_n \approx \sqrt{\frac{k_s + k_f}{m_s}} \tag{5.30}$$

对于单自由度模型，一般很少按此做法，然而该方法对于多自由度模型而言将会非常有用，随后将会对其进行讨论。

获得固有频域主要有两个原因：一是固有频率有助于理解动态响应。掌握结构的固有频率有助于了解哪些激励频率会导致大的响应，哪些激励频率会导致小的响应，如图 5.4 所示。对于多自由度系统，可以理解结构将会如何变形。通过计算一定范围内的波浪频率获得的幅值响应算子，揭露了响应的频率相关性，通过幅值响应算子获得变形的形状被公认为很困难。二是为了在时域开发求解程序，这比其他计算方法更高效。这和单自由度系统无关，但是对线性多自由度系统的结构动力学将会非常有用。由于附加质量及阻尼的频率相关性，因此，由湿固有频率提供的计算效率通常将会消失。结果，湿固有频率通常不是显式计算，通常通过幅值响应算子的峰值来确定共振。可以通过式(5.29)来粗略估算湿固有频率，计算中采用与计算固有频率很接近的频率的附加质量。

4）流体—结构相互作用的直接耦合

以上讨论均是假定用最常见的方法来考虑流固耦合问题。例如，常采用典型的平板绕射法则来获得水动力系数，包含在结构模型中。可采用另一种更紧密的耦合方法，该方法中两个系统同时求解。文献[5.40]是该方法的一个应用实例。直接耦合避免了迭代，前文在求解湿固有频率时讨论过。

在此将重点讨论前一个策略，即对于海洋结构物的线性水弹性最常用的方法。最主要的原因在于历史传承。线性水弹性是从基于绕射法则的线性刚体动力学发展过来的。这些法则被开发得很好，便于应用在刚体海洋结构物的附加质量、阻尼以及波浪激励力的计算中。我们将看到，包含在这些法则中的方程只需要做很小的修改就能应用到线性柔性结构中。一个完全独立且现存的结构分析程序可应用到结构模型中。有了这项技术，弱耦合只需要适度的数据交换即可。此外，求解方程(5.25)不再需要进行迭代就能获得波浪诱导的响应。因此，若不需求解湿固有频率，则弱耦合的劣势将不复存在。

5.1.8 非线性系统

到目前为止，讨论都集中在线性系统。实际结构均包含非线性，对其分析几乎都包含时域数值解。增量运动方程可写为从 t 时刻的位移 $u(t)$ 到 $t+\Delta t$ 时刻的位移 $u(t)+\Delta u$。将方程(5.2) 修改为 $t+\Delta t$ 时刻，且关于时间 t 进行线性化。则增量运动方程如下：

$$m\Delta\ddot{u} + c_T\Delta\dot{u} + k_T\Delta u = p(t+\Delta t) - m\ddot{u}(t) - f_d(t) - f_r(t) \tag{5.31}$$

式中，k_T 为 t 时刻的切线刚度，即为 $f_r - u$ 函数在 $u(t)$时刻的斜率。大部分结构材料，例如钢铁和混凝土，其刚度特性都是非线性迟滞。因此，正切值取决于先前路径，或者位移历程，也取决于材料是加载还是卸载(如钢铁的非线性单轴应力-应变曲线，当其屈服后卸载，再加载则超过屈服极限)。同理，c_T 为切线阻尼系数，当仅考虑结构中的典型能耗，经常假定为常数 c。假如在 t 时刻严格满足平衡，则等式(5.31)右侧刚好为 Δp。但是，很少出现严格满足平衡。使用式(5.31)的形式有助于误差控制，不过经常需要迭代。

近海结构物的非线性主要来源于流体载荷的非线性，即使结构本身仍然保持为线弹性。对于小尺度的结构[5.43]，常采用莫里森方程来计算非线性流体力。波浪流经振荡的细长结构，如导管架平台，结构物的存在导致下游立刻产生尾迹，但是对远离结构周边的流场影响不大[5.15,5.17]。在小尺度结构的假设下，作用在结构物上的流体力可表达为莫里森惯性力 f_{fI} 以及阻力 f_{fD} 之和，即

$$f(t) = f_{\mathrm{fI}} + f_{\mathrm{fD}} \tag{5.32a}$$

$$f_{\mathrm{fI}} = C_{\mathrm{M}} A_{\mathrm{I}} \dot{U}(t) - C_{\mathrm{A}} A_{\mathrm{I}} \ddot{u}(t) \tag{5.32b}$$

$$f_{\mathrm{fD}}(t) = C_{\mathrm{D}} A_{\mathrm{D}} [U(t) - \dot{u}(t)] \mid U(t) - \dot{u}(t) \mid \tag{5.32c}$$

式中，C_{M} 为惯性力系数；C_{A} 和 C_{D} 分别为惯性系数和阻力系数；A_{I} 和 A_{D} 为朝来流方向的结构投影面积；$U(t)$ 和 $\dot{U}(t)$ 分别为流场速度和加速度的绝对值。以上方程称为相对速度莫里森方程。有些文献中，水密度明确地写在后两个方程中，且第三个方程引入了系数 1/2。但是这些系数经常都可以包含在惯性系数及阻力系数中[5.17,5.44]。当流体速度为振荡时，莫里森方程非常有效，如小尺度结构在周期性波浪作用下。假如流场包含周期性波浪以及稳流，莫里森阻力可表达为

$$f_{\mathrm{fD}}(t) = C_{\mathrm{D}} A_{\mathrm{D}} (U(t) + U_{\mathrm{C}}(t) - \dot{u}(t)) \mid U(t) + U_{\mathrm{C}}(t) - \dot{u}(t) \mid \tag{5.33}$$

式中，$U_{\mathrm{C}}(t)$ 为稳流。很显然，通过上述方程的阻力项可以发现该系统为非线性系统。

在增量运动方程中，作用在结构上的莫里森力需要包含以下几项内容。为简单起见，将假定只有莫里森力，因此，$p(t+\Delta t)$ 等于 $f(t+\Delta t)$。进一步假定，在 t 时刻达到平衡，则等式右边为 $\Delta p(t + \Delta t) = f(t + \Delta t) - f(t)$，代入到式(5.31)中得到下式：

$$(m + C_{\mathrm{A}} A_{\mathrm{I}}) \Delta \ddot{u} + c_{\mathrm{T}} \Delta \dot{u} + k_{\mathrm{T}} \Delta u = C_{\mathrm{M}} A_{\mathrm{I}} \Delta \dot{U} + f_{\mathrm{fD}}(t + \Delta t) - f_{\mathrm{fD}}(t) \tag{5.34}$$

式中流体惯性项处理起来比较简单，非线性阻力项却比较复杂。等式右边取决于未知的 $\Delta \dot{u}$ 项。为了解决该问题，最简单的方法为采用 $\dot{u}(t)$ 代替 $\dot{u}(t+\Delta t)$ 来计算 $f_{\mathrm{fD}}(t+\Delta t)$。近似处理产生的误差可以通过使用足够小的时间步长来控制。另外一种方法为在一个时间步长中采用迭代，如第 i 次迭代，采用第 $i-1$ 次迭代得到的 $\dot{u}(t + \Delta t)$ 值来计算 $f_{\mathrm{fD}}(t + \Delta t)$。

还有其他方法处理非线性，即将阻力项在 t 时刻进行线性化，然后将包含 $\Delta \dot{u}$ 的项移到方程左边。该方法的困难之处在于，$\Delta \dot{u}$ 中的系数将包含 $U(t + \Delta t)$ 和 $\dot{u}(t)$。因为系数为时间的函数，对每个时间增量都需要更新值。Sarpkaya 和 Isaacson[5.15] 以及 Veletsos 等人[5.45] 对上述方程的解法进行了更细致的讨论。

必须强调莫里森力方程必须满足以下条件才有效，即已经通过实验获得了惯性系数及阻力系数的经验值。对于显著不同的流场条件，需要通过实验决定一组不同的莫里森系数 C_{M} 和 C_{D}。不能通过解析方法扩大经验系数的使用范围。

5.2　多自由度系统

5.2.1　运动方程

很少结构的响应能够用单个位移充分表达。因此，需要引入多自由度系统模型，正如漂浮的刚体需要六个自由度才能完全定义其运动。同样地，柔性结构的时域运动方程如下：

$$\boldsymbol{M}_{\mathrm{S}} \ddot{\boldsymbol{u}}(t) + \boldsymbol{C}_{\mathrm{S}} \dot{\boldsymbol{u}}(t) + \boldsymbol{K}_{\mathrm{S}} \boldsymbol{u}(t) = \boldsymbol{P}(t) \tag{5.35}$$

式中，$\boldsymbol{u}(t)$ 为 N 个节点位移的矢量，需要与结构的运动足够近似。$\boldsymbol{M}_{\mathrm{S}}$、$\boldsymbol{C}_{\mathrm{S}}$ 及 $\boldsymbol{K}_{\mathrm{S}}$ 分别为 $N \times N$ 的结构质量、阻尼及刚度矩阵；$\boldsymbol{P}(t)$ 为相对应 N 个位移的 N 个力的矢量。广义位移项包

含平动位移和转动位移，同理，广义力包含力和力矩。通常通过有限元方法对结构进行建模，结构的细节可以通过一些文本来表达。例子见文献[5.46]。该方法提供了获得质量矩阵、刚度矩阵以及载荷矢量的方法论。但是，通常没有合适的基于阻尼机理物理模型的公式来获得阻尼矩阵。采用瑞利(Rayleigh)阻尼来构造 $\boldsymbol{C}_S$ 是一种常用的方法，该矩阵是 $\boldsymbol{M}_S$ 和 $\boldsymbol{K}_S$ 的线性组合，以获得目标比例阻尼 ξ。随后将会对该问题进行详细讨论。

同前文一致，频域运动方程如下：

$$[-\omega_q^2\boldsymbol{M}_S+(1+\mathrm{i}2\xi)\boldsymbol{K}_S]\boldsymbol{u}_q=\boldsymbol{P}_q \tag{5.36}$$

该方程的优点在于阻尼的表达形式较简单。应当注意到方程(5.36)表明只用了单个 ξ 值作为刚度矩阵的乘数，但是实际上，假如存在不同的能耗特性，对结构的不同部分使用不同的值是很方便的。既然如此，对结构不同部分的刚度矩阵只需要乘以不同的 ξ 值，就能组装得到复刚度的虚数部分。

5.2.2 模态叠加

考虑式(5.36)的齐次、无阻尼形式[即无阻尼且 $\boldsymbol{P}(t)=\boldsymbol{0}$]，则解为调和的，特征值方程如下：

$$[\boldsymbol{K}_S-\omega_j^2\boldsymbol{M}_S]\boldsymbol{\psi}_j=\boldsymbol{O} \tag{5.37}$$

式中，共有 N 个特征值 ω_j^2 及特征矢量，或法向振型 $\boldsymbol{\psi}_j$，$j=1,\cdots,N$，无阻尼固有频率通常按顺序排列 $\omega_1\leqslant\omega_2\leqslant\cdots\leqslant\omega_N$。这些无阻尼固有频率和单自由度系统的无阻尼固有频率含义相同，除了频率为 ω_j 时的振型用 $\boldsymbol{\psi}_j$ 来表达。

固有频率和(正则)模态振型满足以下两个重要特性：

$$\boldsymbol{\psi}_j^{\mathrm{T}}\boldsymbol{K}_S\boldsymbol{\psi}_q=\begin{cases}\omega_q^2, & j=q\\ 0, & j\neq q\end{cases} \tag{5.38a}$$

$$\boldsymbol{\psi}_j^{\mathrm{T}}\boldsymbol{M}_S\boldsymbol{\psi}_q=\begin{cases}1, & j=q\\ 0, & j\neq q\end{cases} \tag{5.38b}$$

即模态振型关于质量和刚度矩阵正交。假如使用瑞利阻尼，则模态振型也关于阻尼矩阵正交。式(5.37)未指明特征矢量的模。式(5.38b)假定特征矢量被质量正则化，即 $\boldsymbol{\psi}_j^{\mathrm{T}}\boldsymbol{M}_S\boldsymbol{\psi}_j=1$，几乎所有结构动力学电脑程序都采纳了该惯例。需要注意的是，N 阶模态振型提供了与 $\boldsymbol{u}(t)$ 存在的相同矢量空间的基础，因此可以用这些基矢量的线性组合来表达位移，且不丢失精度。即

$$\boldsymbol{u}(t)=\sum_{j=1}^{N}\boldsymbol{\psi}_jY_j(t) \tag{5.39}$$

式中，$Y_j(t)$ 为第 j 阶模态振型的无量纲广义坐标。根据式(5.38)，运动方程(5.35)解耦为以下形式：

$$\ddot{Y}_j(t)+2\xi_j\omega_j\dot{Y}_j(t)+\omega_j^2Y_j(t)=\boldsymbol{\psi}_j^{\mathrm{T}}\boldsymbol{P}(t)=P_j^*(t) \tag{5.40}$$

$$j=1,\cdots,N$$

式中，ξ_j 为模态 j 的模态阻尼比，可以对每阶模态独立指定，但是通常对各阶模态假定为一个相同的值。既然采用这种方法，则阻尼矩阵 $\boldsymbol{C}$ 不需要定义，更不用说组成。模态力 P_j^* 为模态 j 中存在的空间分布的载荷分量。

尽管求解式(5.37)中的 ω_j 和 $\boldsymbol{\psi}_j$ 工作量很大，但是获得这一结果是值得的。特别是，将

一大系统的耦合方程转化成一组的解耦方程，采用这种求解策略进行求解，可以得到与单自由度系统相似的解析解。尽管如此，这么做的主要原因为对于相对缓慢变化的载荷，如波浪载荷，结构响应由低阶模态的响应控制，通常令 $j=1,\cdots,m,m\ll N$。即采用缩减的基矢量组来表达位移矢量。这样，可以大大减少获得固有频率和模态振型的工作量。这里描述的过程在结构动力学中被称为模态叠加。需要注意的是，对于高频模态，例如高于 $j=m$ 的模态振型，它们可能不是动态响应(图 5.4 对于很小的 β 值)，可能为静态响应。因此，这些包含所谓的静态修正的程序可能被用来把高阶模态的静态响应增加到动态响应中去。

从式(5.37)获得的模态振型并不是表达响应唯一的基矢量。特别是在地震结构动力学中，使用所谓的里兹(Ritz)矢量也非常成功，它可能比正态振型更有效，因为它们是基于载荷的空间变化。但是，将里兹矢量应用到波浪载荷中将受到限制，因为载荷的空间变化随着波浪频率而改变。因此，将不再对该方法进行深入讨论。

式(5.40)说明了单自由度系统和多自由度系统之间的重要差异。多自由度系统的动态响应不仅取决于激励频率与固有频率的比值 β，如图 5.4 所示，也取决于载荷的空间分布如何激发给定的模态振型，通过模态载荷 P_j^* 来量化。即当 R_d 提供了多少载荷频率能激发给定结构的固有频率的分量，P_j^* 提供了载荷的空间变化能激发多少相应结构的正则振型的分量。例如，考虑在一个平面内结构的固有频率和振型，在其法平面上施加力，即使激励频率等于结构的固有频率，也激不起该模态，因为 $P_j^*=0$。

5.2.3　时域数值解

在第 5.1.2 节中，对于单自由度系统在受到简谐载荷作用下，当其质量、阻尼及刚度为常数时，可以获得时域内线性响应的解析解。对于大的多自由度系统，该方法不切实际，任何情况下，载荷几乎都不会是个简单的解析函数，经常会包含一些非线性因素，这都会导致无法得到简单的解析解，即使是对于单自由度系统也是如此。因此，必须对运动方程进行数值积分以获得在各个离散时间点的解，特别是在时间点 Δt，$2\Delta t$，$3\Delta t$，等等，其中 Δt 为时间步长(为了简便此处假定为常数)。

有许多不同的数值模拟方案用来获得响应的时间历程。积分方案可以广泛地分为显式或隐式两大类。只有隐式方案能够无条件地稳定，它们的数值模拟稳定性不需要在时间步长的尺度上设置上限。为了稳定，显式方案需要时间步长基于最小的结构模型的固有周期。对于非常短的持续载荷，诸如爆炸和冲击在结构中波的传播，为了精确需要小的时间步长，因此显式时间积分方法被经常采用。针对结构中的应用，通常选择中心差分方法。

如前所述，波浪载荷(以及地震时的地表运动)的频谱相对于包含在多自由度结构模型中的最大固有频率(最小周期)而言很低。同样地，结构模型中高阶模态的动态响应不明显，显式方法无效。结果，对于这些低频载荷，结构动力学必须采用无条件稳定的隐式法进行计算。使用最广的方法为纽马克法，我们也将在此进行讨论。计算精度经常取决于时间步长，但是，积分时间步长一定不能大于充分解决加载时间变化需要的时间步长。另外，对于响应很重要的结构固有频率也会限定时间步长；常用的公约为时间步长不大于对结构响应很重要的最小固有周期的十分之一，尽管我们喜欢使用更小的时间步长。

纽马克(Newmark)法是一个单步长方法，这意味着我们仅使用 $i\Delta t$ 时刻至 $(i+1)\Delta t$ 时刻这个时间步长内的信息。实际上，纽马克法指的是一族方法，但是在选择参数时，经常采用一族加速度的平均值(因此为常数)。时间步长内的加速度假定为每个时间步长结束时的加速度的平均值,即 $(\ddot{\boldsymbol{u}}_i+\ddot{\boldsymbol{u}}_{i+1})/2$。直接获得下式:

$$\Delta\dot{\boldsymbol{u}}_i=\Delta t\,\ddot{\boldsymbol{u}}_i+\frac{\Delta t}{2}\Delta\ddot{\boldsymbol{u}}_i \tag{5.41a}$$

$$\Delta\boldsymbol{u}_i=\Delta t\,\dot{\boldsymbol{u}}_i+\frac{1}{2}(\Delta t)^2\ddot{\boldsymbol{u}}_i+\frac{1}{4}(\Delta t)^2\Delta\ddot{\boldsymbol{u}}_i \tag{5.41b}$$

式中,$\Delta\boldsymbol{u}_i=\boldsymbol{u}_{i+1}-\boldsymbol{u}_i$。

运动方程(5.35)在时间步长 $i+1$,按照位移、速度及加速度的增量可以得到下式:

$$\boldsymbol{M}_S\Delta\ddot{\boldsymbol{u}}_i+\boldsymbol{C}_S\Delta\dot{\boldsymbol{u}}_i+\boldsymbol{K}_T\Delta\boldsymbol{u}_i=\boldsymbol{P}_{i+1}-\boldsymbol{M}_S\ddot{\boldsymbol{u}}_i-\boldsymbol{C}_S\dot{\boldsymbol{u}}_i-(\boldsymbol{F}_r)_i \tag{5.42}$$

式中假定质量和阻尼简化为常数,同时用 $\boldsymbol{F}_r(\boldsymbol{u})$ 表达结构力与位移之间的关系,可能为非线性。第一阶表达式为$(\boldsymbol{F}_r)_{i+1}\approx(\boldsymbol{F}_r)_i+\boldsymbol{K}_T\Delta\boldsymbol{u}_i$,式中 $\boldsymbol{K}_T$ 为切线刚度矩阵。对于线性系统,$\boldsymbol{K}_T=\boldsymbol{K}_S$ 且$(\boldsymbol{F}_r)_i=\boldsymbol{K}_S\boldsymbol{u}_i$。但是,对于线性系统,没有必要将方程写成增量形式。

i 时刻的位移、速度及加速度为已知,唯一未知量为增量。式(5.41)可用来根据 $\Delta\boldsymbol{u}_i$ 表达 $\Delta\dot{\boldsymbol{u}}_i$ 和 $\Delta\ddot{\boldsymbol{u}}_i$。这些关系可以用在式(5.42)中,以获得只包含 $\Delta\boldsymbol{u}_i$ 的方程。这是求解运动方程时间积分的典型策略。当然,假如式(5.42)为非线性,为了控制误差,则可能必须按时间步长进行迭代计算。

修改上文所述的纽马克法就可以用来处理式(5.26)中的卷积积分,例子参见文献[5.47]。

需要注意的是,上文中提到的纽马克法的形式和用于普通微分方程数值积分的梯形法很相似。因此,该方法有精度和收敛特征,同样的缺少数值阻尼。

显然,为了使用式(5.42),需要显式阻尼矩阵 $\boldsymbol{C}$。前文已提到,瑞利阻尼常假定为

$$\boldsymbol{C}_S=a_0\boldsymbol{M}_S+a_1\boldsymbol{K}_S \tag{5.43}$$

式中,a_0 和 a_1 为系数。这种阻尼的形式确保振动的正态振型也与阻尼矩阵正交。关于瑞利阻尼,第 n 阶振型的阻尼和固有频率 ω_n 的关系如下:

$$\xi_n=\frac{a_0}{2}\frac{1}{\omega_n}+\frac{a_1}{2}\omega_n \tag{5.44}$$

两个系数的值取决于要求式(5.44)提供对响应最重要的两个模态的模态阻尼目标值。

式(5.44)对于较低的固有频率,与质量成正比的项占主导,对于较大的固有频率,与刚度成正比的项占主导(受制于系数的值)。必须注意,与质量成正比的项为刚体模态提供阻尼,故不能用在漂浮结构物上。与刚度成正比的项不为刚体模态提供阻尼,但是模态阻尼不会随着固有频率的增加而增加。这可能并不完全是坏事,但是,因为通常情况下,高阶模态对于结构的动态响应并不重要,即使不考虑它也不会对解产生影响。由于这种物理阻尼,可能没有必要使用含有数值阻尼的数值方法来完成相同的事情[5.48]。

瑞利阻尼,与其他各种形式的阻尼一样,在很多结构动力学的文献中进行了讨论。例如文献[5.10]。

5.3 非黏性流体的线性水弹性

5.3.1 结构有限元建模

近海结构物的结构分析经常采用有限元方法(FEM)。在基于位移的有限元方法中,结

构中任何位置的位移均可以根据 N 节点位移通过插值函数得到，即

$$\boldsymbol{u}(x_1,x_2,x_3,t)=\boldsymbol{N}\boldsymbol{u}(t) \tag{5.45}$$

为方便起见，下文将用符号 $x_1-x_2-x_3$ 表示 3 个坐标轴。3×1 矢量 $\boldsymbol{u}(x_1,x_2,x_3,t)$ 包含三个坐标方向下的位移 u_1,u_2,u_3。插值函数 $\boldsymbol{N}$ 为 $3\times N$ 的矩阵，包含位移的空间变化，然而，节点位移 $\boldsymbol{u}(t)$ 随时间变化。式(5.45) 也应用在刚体运动中。既然那样，则 $\boldsymbol{u}(t)$ 包含六个自由度，即纵荡、横荡、垂荡、横摇、纵摇及首摇，插值函数 $\boldsymbol{N}$ 将包含结构内任意点的位移联系起来的六个刚体位移相关的运动学上的约束。对于柔性结构，插值函数包含物体的变形。

式(5.45)提供了必要机制来考虑流体对运动方程的影响，特别地，对于 $\boldsymbol{K}_{\mathrm{f}}$、$\boldsymbol{M}_{\mathrm{f}}$、$\boldsymbol{C}_{\mathrm{f}}$ 以及 $\boldsymbol{F}_{\mathrm{f}}$ 这些矩阵，分别对应式(5.35)中的静水力刚度、附加质量、水动力阻尼以及波浪激励力。

5.3.2 静水力刚度

刚体水动力中的静水力刚度包含两个分量。一个分量来源于作用在湿表面上静压力的变化，以及由于转动导致的湿表面法向的改变。另一个分量来源于结构由于转动导致的重力载荷的移动。柔性结构和刚体一样，但是相关的公式会更复杂。

对于静水力刚度，不同学者提出了不同的公式。但是，此时对于 i、j 单元的静水力刚度矩阵，最精确的公式为文献[5.49]提出的：

$$K_{\mathrm{f}ij}=-\rho g\int_{S_0}N_q^i(N_3^j+x_3N_{l,l}^j)n_q\,\mathrm{d}S+\rho g\int_{S_0}x_3N_l^iN_{q,l}^jn_q\,\mathrm{d}S+\int_{\Omega_{\mathrm{s}}}\sigma_{\mathrm{lm}}N_{q,l}^iN_{q,m}^j\,\mathrm{d}\Omega \tag{5.46}$$

式中，ρ 为水的质量密度；g 为重力加速度；S_0 为湿表面积；N_q^i 为节点自由度 i 在第 q 个方向上的位移插值函数；n_q 为单位湿表面外法向量的第 q 个分量；$()_{,q}\overset{\mathrm{def}}{=}\partial()/\partial x_q$；$\Omega_{\mathrm{S}}$ 为结构体积；σ_{lm} 为平静海水中在重力作用下的结构应力，重复指标意味着求和，q、l、m 范围均为 1 至 3，i、j 范围为 1 至 N，并假定坐标系原点位于静水面，且 x_3 垂直向上。式(5.46) 中的最后一项积分为著名的几何刚度矩阵[5.46]。该项为柔性结构静水力刚度矩阵的积分分量，它包含了由于转动导致的重力载荷的移动效应。尽管几何刚度包含在 $\boldsymbol{K}_{\mathrm{f}}$ 而非 $\boldsymbol{K}_{\mathrm{S}}$ 中，对于结构工程师而言很奇怪，这么做使得式(5.46)与传统的刚体静水力刚度一致。式(5.46)确实有些复杂，但已有证据表明可以通过简化手段获得实际结果[5.50]。

5.3.3 附加质量、阻尼和激励力

为了获得附加质量、水动力阻尼以及激励力，有必要采用一个特殊的流体模型。近海结构物的线性水弹性主要基于无黏流体模型，特别是势流公式，如第 2 章中所述。前文中对流体和结构直接耦合的解释也适用于本节。

附加质量矩阵 $\boldsymbol{M}_{\mathrm{f}}$、水动力阻尼矩阵 $\boldsymbol{C}_{\mathrm{f}}$ 以及波浪激励力矢量 $\boldsymbol{F}_{\mathrm{f}}$ 的确定方法和第 2 章中求取刚体相应量的方法一样。对于每个节点位移 j，将导致湿表面的位移 ϕ_{R_j}。对于位移 j 的单位运动幅值的辐射速度势，必须由波浪频率 ω_q 来决定。唯一的区别在于用于决定辐射势的位移边界是基于包含变形的运动模型，而不只是刚体水动力。$\boldsymbol{M}_{\mathrm{f}}$ 和 $\boldsymbol{C}_{\mathrm{f}}$ 的 i，j 项分别为

$$\mu_{ij}=\rho\mathrm{Re}\int_{S_0}\phi_{Rj}n_j^*\,\mathrm{d}S \tag{5.47}$$

$$\lambda_{ij}=-\rho\omega_q\mathrm{Im}\int_{S_0}\phi_{Rj}n_i^*\,\mathrm{d}S \tag{5.48}$$

式中，n_i^* 为广义法向量，湿表面的法向位移为自由度 i 的单位节点位移的结果：$n_i^* = \boldsymbol{n}\boldsymbol{u}_i(x_1, x_2, x_3)$。如上所述，$\boldsymbol{n}$ 为湿表面的单位外法向量。$\boldsymbol{u}_i(x_1, x_2, x_3)$ 可以通过式(5.45)获得，即令位移 i 为 1，所有其他节点位移为 0。同理，$\boldsymbol{F}_\mathrm{f}$ 的 j 分量为

$$\boldsymbol{F}_{\mathrm{f}j} = \mathrm{i}\rho\omega_q \int_{S_0} (\phi_\mathrm{I} + \phi_\mathrm{D}) n_j^* \, \mathrm{d}S \tag{5.49}$$

式中，ϕ_I 和 ϕ_D 与刚体一样，分别为入射势和绕射势，$\mathrm{i} = \sqrt{-1}$。这些方程式的应用可以找到许多参考文献，如[5.51]。

波浪频率 ω_q 的频域运动方程如下：

$$[-\omega_q^2(\boldsymbol{M}_\mathrm{S} + \boldsymbol{M}_\mathrm{f}) + \mathrm{i}(\omega_q \boldsymbol{C}_\mathrm{f} + \boldsymbol{C}_\mathrm{S}) + (\boldsymbol{K}_\mathrm{S} + \boldsymbol{K}_\mathrm{f})]\boldsymbol{u}_q = \boldsymbol{F}_\mathrm{f} \tag{5.50}$$

上式为针对式(5.25)相对应的多自由度方程。$\boldsymbol{C}_\mathrm{S}$ 为结构阻尼矩阵，如前所述，在频域公式中，这常为迟滞阻尼，但是式(5.50)也允许使用黏性阻尼(矩阵中包含 ω_q)。

5.3.4 基本解的缩减

实际上，在很多情况下，式(5.50)不存在有效、容易处理的求解方案。结构模型中通常包含上万甚至几十万个自由度。即使对于常规计算，这种尺度的问题是容易处理的，因为结构矩阵属于稀疏矩阵。将上述公式应用到水弹性分析中还存在两个问题。一为需要导致湿表面位移的每个位移自由度的辐射势。二为矩阵 $\boldsymbol{M}_\mathrm{f}$ 和 $\boldsymbol{C}_\mathrm{f}$ 为满阵。这将导致计算量变得巨大。这种问题的典型求解方法为模态叠加时采用缩减基矢量。由于海浪的频谱和载荷的空间变化，结构的波浪响应由低阶固有频率主导。因此，可以选择缩减的基矢量，即 $m \ll N$ 个干模态，组成 $N \times m$ 的模态矩阵 $\boldsymbol{\Psi}$，第 j 列为 $\boldsymbol{\Psi}_j$。位移近似为

$$\boldsymbol{u}_q \approx \boldsymbol{\Psi}\boldsymbol{Y}_q \tag{5.51}$$

式中，$\boldsymbol{Y}_q$ 为模态位移 Y_j 在波浪频率 ω_q 时的矢量。

将式(5.51)代入到式(5.50)中，并左乘 $\boldsymbol{\Psi}^\mathrm{T}$ 得到下式：

$$[-\omega_q^2(\boldsymbol{M}_\mathrm{S}^* + \boldsymbol{M}_\mathrm{f}^*) + \mathrm{i}(\omega_q \boldsymbol{C}_\mathrm{f}^* + \boldsymbol{C}_\mathrm{s}^*) + (\boldsymbol{K}_\mathrm{s}^* + \boldsymbol{K}_\mathrm{f}^*)]\boldsymbol{Y}_q = \boldsymbol{F}_\mathrm{f}^* \tag{5.52}$$

式中，$\boldsymbol{M}_\mathrm{S}^* = \boldsymbol{\Psi}^\mathrm{T}\boldsymbol{M}_\mathrm{S}\boldsymbol{\Psi}$ 为单位阵，$\boldsymbol{K}_\mathrm{S}^* = \boldsymbol{\Psi}^\mathrm{T}\boldsymbol{K}_\mathrm{S}\boldsymbol{\Psi}$ 为对角阵，且对角线上为固有频率的平方。$\boldsymbol{C}_\mathrm{S}^* = \boldsymbol{\Psi}^\mathrm{T}\boldsymbol{C}_\mathrm{S}\boldsymbol{\Psi}$，但是没有必要直接构成 $\boldsymbol{C}_\mathrm{S}$。假如采用迟滞阻尼，且 ξ 为常数，则 $\boldsymbol{C}_\mathrm{S} = 2\xi\boldsymbol{K}_\mathrm{S}$，这样的话，$\boldsymbol{C}_\mathrm{S}^*$ 为对角阵，对角线上第 j 列为 $2\xi\omega_j^2$。对于黏性阻尼，可以获得相似结果。$\boldsymbol{K}_\mathrm{f}^* = \boldsymbol{\Psi}^\mathrm{T}\boldsymbol{K}_\mathrm{f}\boldsymbol{\Psi}$，该矩阵不是对角阵，但远远小于矩阵 $\boldsymbol{K}_\mathrm{f}$。

模态矩阵 $\boldsymbol{M}_\mathrm{f}^*$、$\boldsymbol{C}_\mathrm{f}^*$ 以及 $\boldsymbol{F}_\mathrm{f}^*$ 通过获得振型 $\boldsymbol{\psi}_j$ 的辐射势 ϕ_{Rj} 直接组装，对于振型 $\boldsymbol{\psi}_i$，在式(5.47)～式(5.49)中采用广义法向量。这样，仅需求解 $m \ll N$ 个辐射势。

以上假定仅使用式(5.37)根据结构的质量和刚度特性获取振型 $\boldsymbol{\psi}_j$。假如使用结构刚度矩阵和流体刚度矩阵之和($\boldsymbol{K}_\mathrm{S} + \boldsymbol{K}_\mathrm{f}$)代替结构刚度矩阵 $\boldsymbol{K}_\mathrm{S}$ 来获取固有频率及固有振型，则($\boldsymbol{K}_\mathrm{S}^* + \boldsymbol{K}_\mathrm{f}^*$)矩阵为对角阵，且对角线为固有频率的平方。但是，这么做的话没有计算优势。

在式(5.37)中使用 $\boldsymbol{M}_\mathrm{f}$ 来获得湿固有频率和固有振型显得不切合实际。但是，可以通过求解齐次、无阻尼形式的方程(5.52)来获得近似解。正如先前讨论的单自由度系统，由于频率与附加质量相关，求解过程包含迭代过程。一些研究者使用湿模态来缩减基矢量。但是，这些方法中，湿模态仅为干模态的线性组合。因此，假如使用相同数量的干模态和湿模态，且其他条件均相同，则计算响应也应相同。

5.3.5　结构网格到流体网格的映射

为了求解耦合的流体-结构动力学问题，需要结构有限元网格以及流体-结构界面的面元网格。为了评估辐射势以及式(5.47)～式(5.49)中的积分，结构模型湿表面的位移必须映射到流体面元上，通常要么在面元的节点，要么在面元的中心。对于湿表面的几何形状，流体网格比结构模型需要更高的精度。例如，对于张力腿平台的合理模型，可以用梁单元来模拟立柱和浮筒，然而面元网格需要与湿表面一致。或者，采用非常精细的结构网格来求解应力集中。不幸的是，不存在简单且唯一的映射策略。关于这个问题，不仅在水弹性，而且在气动力弹性上进行了重要研究。非线性水弹性也需要流体面元将压力映射回结构网格中。

最简单的求解方法为使用与流体面元网格相对应的结构网格，这样网格单元和流体面元的映射关系为一一对应。这将要求结构采用壳体有限元。这样的模型将比结构在其他环境中使用的模型更精细复杂，简化映射的努力是值得的。但是，实际应用中并不总是可行的。

5.3.6　规则波的线性响应-*RAO*

如上所述，经常出现在频域周期波浪作用下的线性响应。即对于 N_w 个波浪频率求解式(5.52)，获得复矩阵 $\boldsymbol{Y}$，矩阵大小为 $m \times N_w$，第 q 列为 $\boldsymbol{Y}_q$。要注意因为 $\boldsymbol{F}_f$ 和 $\boldsymbol{F}_f^*$ 取决于浪向，所以必须对每个感兴趣的浪向进行计算。通常考虑单位波幅，则 $\boldsymbol{Y}$ 为模态位移的传递函数矩阵。

因为式(5.52)是相对较小的一组方程，求解方程的计算量并不大。求解方程的计算需求首先由求解速度势主导。必须在每个波频下确定 m 个辐射速度势，但是对于绕射势，必须在每个波频及波向下进行求解。结构特征值问题的求解也很重要，但必须只做一次。

每个节点位移的传递函数如下：

$$\boldsymbol{H}_u = \boldsymbol{\Psi Y} \tag{5.53}$$

式中，$\boldsymbol{H}_u$ 为 $N \times N_w$ 的复矩阵；第 q 行为节点位移 q 的传递函数。单元的 $\boldsymbol{H}_u$ 的大小(绝对值)即为 RAO。对于每个感兴趣的响应量，例如对于给定点的位移、力或者应力，必须明确确定 RAO，和式(5.53)相似。例如，令 $\boldsymbol{H}_\tau$ 为 p 个响应量的传递函数矩阵，大小为 $p \times N_w$，响应量可能为位移、力和应力的组合。则

$$\boldsymbol{H}_\tau = \boldsymbol{\Psi}_\tau \boldsymbol{Y} \tag{5.54}$$

式中，$\boldsymbol{\Psi}_\tau$ 为 $p \times m$ 的实矩阵；i,j 表示振型 $\boldsymbol{\Psi}_j$ 中响应量 i 的值。

文献[5.51]中提供了水弹性不同计算公式的应用实例。

5.3.7　时域响应

线性水弹性的时域响应计算不大常见。第 5.1.7 节中的讨论是关于求解过程将频率相关系数转换为时域，因此对于多自由度结构与单自由度结构同样有效。现在，所有计算都是基于矩阵，而不是像以前一样基于标量。实际上，这是最常见的情况，因为即使对于刚体，几乎总是考虑多自由度。对于大型、柔性结构，计算变得更为繁复。对于波浪导致的响应，频域方法更为有效。但是，对于一些类型的载荷，比如脉冲载荷以及短时间的瞬态载荷，频域方法将受到限制。虽然作者并不知道线性水弹性领域中的大量工作，但是肯定有一些应用。

如 Kashiwagi 在文献[5.52]中考虑了漂浮的飞机跑道在飞机起飞及着落过程的瞬态响应。

5.4 随机波浪的线性响应

本节的主要内容为近海结构物在随机海浪作用下的线性响应。第 5.4.1 小节中描述了长峰随机海浪的特征；第 5.4.2 小节将内容延伸至短峰随机海浪；第 5.4.3 小节描述了多自由度系统在随机海浪作用下的响应计算；第 5.4.4 小节对极限响应和疲劳失效的平均时间做了评估。

5.4.1 长峰随机海浪的技术参数

海面经常呈现为不同波长的波浪在随机方向上独立运动组合的随机行为。获得这种随机性的第一步为表示不同波长的波浪，但是假定所有波浪朝着相同方向移动。为了表征这种随机行为，我们引入有义波的概念，其中有义波高为 H_S 或者 $H_{1/3}$，有义波浪周期为 T_S 或者 $T_{1/3}$。它们的定义分别为在适当时间间隔内观察到的所有波浪中最大的三分之一的波浪的平均波高和平均波浪周期。实际上，有义波浪和观察报告中的波浪非常接近。有义波浪是通过分析不同波浪获得的，即将随机波浪通过零点向上穿越或过零点向下穿越的方法划分为一个个独立的波浪。有义波浪便于表征波场的尺度，因为它仅用单个波浪参数就能表达波场。但是，它不能提供波高散布和相应波能分布的信息。

本节采用频谱来表达随机海浪的波能频率分布。频谱可以通过观测波浪数据并根据傅里叶转换获得。为了描述海洋波浪已经形成许多设计频谱[5.17,5.44]。它们通常基于一个或者多个参数，例如，有义波高、波浪周期以及峰值频率。在上述的波谱中，目前最常用的为 Pierson-Moskowitz(P-M)谱、Bretschneider 谱以及 JONSWAP 谱。这些波谱都是在深水中定义的。

P-M 谱定义如下：

$$S(\omega) = 0.0081 g^2 \omega^{-5} \exp\left[-1.25\left(\frac{\omega}{\omega_0}\right)^{-4}\right] \tag{5.55}$$

式中，ω 表示谱峰频率。

Bretschneider 谱是根据有义波高 H_S 和有义波浪频率 ω_S 得到的：

$$S(\omega) = 0.1687 H_S^2 \omega_S^4 \omega^{-5} \exp\left[-0.675\left(\frac{\omega}{\omega_S}\right)^{-4}\right] \tag{5.56}$$

式(5.56)可以应用到充分发展的波场和未发展的波场。

JONSWAP 谱(源于联合北海波浪工程项目)如下：

$$S(\omega) = 0.0081 g^2 \omega^{-5} \exp\left[-1.25\left(\frac{\omega_p}{\omega}\right)^4\right] \times \gamma^{\exp\left[\left(\frac{(\omega-\omega_p)^2}{2\tau^2\omega_p^2}\right)\right]} \tag{5.57}$$

式中，γ 表示峰度参数或者最大谱密度与相应 P-M 谱的比值；ω_p 的值表示 $S(\omega)$ 为最大值时的峰值频率；τ 为形状参数。参数 τ 的取值如下：

$$\tau = \begin{cases} 0.07, & \omega \leqslant \omega_p \\ 0.09, & \omega > \omega_p \end{cases} \tag{5.58}$$

γ 的取值范围为 1 至 7；最常用的值为 3.3。

为了获得频域随机响应，所有的波浪谱均需要定义波场。但是，为了模拟结构时域响应,需要从波浪谱重构有用的波场时间序列,如图 5.5 所示。假定在某个空间点观测到的随机波浪由一系列,即 N_W 个正弦波浪组成:

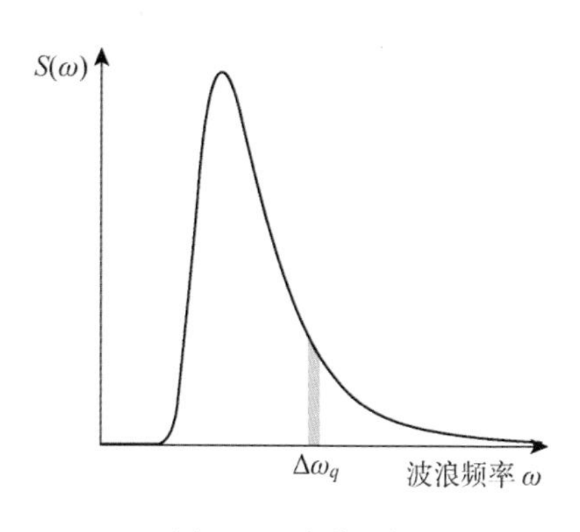

图 5.5 波谱示例

$$\eta(t) = \sum_{q=1}^{N_W} A_q \cos(\omega_q t + \varepsilon_q) \tag{5.59}$$

式中,A_q 为波幅值($H_q/2$);ε_q 为(随机)相位;ω_q 为第 q 个波浪分量的频率。波谱被分为 N_W 个频率区。图 5.5 中的阴影区为一个频率区。$\Delta\omega$ 要么为均匀,要么根据每个区包含的能量(阴影面积)为常数来决定。对于第 q 个区,ω_q 为该区域的平均频率。相应(单面)的波浪幅值按下式给出:

$$A_q = \sqrt{2S(\omega_q)\Delta\omega_q} \tag{5.60}$$

相位角 ε_q 均布在$(0,2\pi)$范围内随机选取。波浪数量 k_q 根据频率进行计算,波形根据下式计算以定义长峰波场。

$$\eta(x,t) = \sum_{q=1}^{N} A_q \cos(k_q x - \omega_q t + \varepsilon_q) \tag{5.61}$$

5.4.2 短峰定向随机海浪的技术参数

在实际的海洋中,波形在两个空间方向都会变化,因此实际波浪为短峰波。表征这种波动的一种方法为依照下式随机描述波形:

$$\eta(x,y,t) = \sum_{q=1}^{\infty} A_q \cos[(k_q \cos\theta_q]x + (k_q \sin\theta_q) y - \omega_q t + \varepsilon_q] \tag{5.62}$$

式中,θ_n 为波的入射角。于是二维(2D)方向谱定义为:

$$S(\omega,\theta)\Delta\omega\Delta\theta = \sum_{\omega}^{\omega+\Delta\omega}\sum_{\theta}^{\theta+\Delta\theta} \frac{1}{2}A_q^2 \tag{5.63}$$

二维方向谱在 0 至 2π 范围内的积分与频率谱 $S(\omega)$一致,定义如下:

$$S(\omega) = \int_0^{2\pi} S(\omega,\theta)\mathrm{d}\theta \tag{5.64}$$

对于工程应用,将频谱分开很方便,即

$$S(\omega,\theta) = S(\omega)G(\omega,\theta) \tag{5.65}$$

$G(\omega)$被称为方向分布函数,且满足下式:

$$\int_0^{2\pi} G(\omega,\theta)\mathrm{d}\theta = 1 \tag{5.66}$$

文献[5.15]给出了的 $G(\omega,\theta)$各种表达式。通常,$G(\omega,\theta)$为 ω 的函数,但是 G 最简单的表达式不依赖 ω。一种可能性是余弦平方函数,即

$$G(\theta) = \begin{cases} \frac{2}{\pi}\cos^2\theta, & |\theta| < \frac{\pi}{2} \\ 0, & 其他 \end{cases} \tag{5.67}$$

式中,θ 被称为基线方向。

波形按照下式计算得到：

$$\eta(x,y,t)=\sum_{q=1}^{N_w}\sum_{m=1}^{M}A_{q,m}\cos[(k_q\cos\theta_m)x+(k_q\sin\theta_m)y-\omega_q t+\varepsilon_{q,m}] \tag{5.68}$$

对于特定的频率和方向，波浪的幅值按下式给定：

$$A_{q,m}=\sqrt{2S(\omega_q,\theta_m)\Delta\omega\Delta\theta} \tag{5.69}$$

相位角 $\varepsilon_{q,m}$ 通常在$(0,2\pi)$范围内均匀选取，但是有时候对于给定的频率假定相位角为常数 ε_q。

5.4.3 随机波浪响应

计算近海结构物在随机波浪作用下响应的程序基本相同，不论是对于单向的长峰波浪或者多向的短峰波浪。就线性行为而言，由众多频率构成的波浪激励的响应由一系列单独频率产生的激励之和组成。因此每个波浪频率产生的响应可以独立求解。即对于每个激励频率 ω_q，首先根据式(5.52)确定响应。

$$[-\omega_q^2(\boldsymbol{M}_s^*+\boldsymbol{M}_f^*)+i(\omega_q\boldsymbol{C}_f^*+\boldsymbol{C}_S^*)+(\boldsymbol{K}_S^*+\boldsymbol{K}_f^*)]\boldsymbol{Y}_q=\boldsymbol{F}_f^* \tag{5.70}$$

注意到 $\boldsymbol{M}_f^*$、$\boldsymbol{C}_f^*$ 和 $\boldsymbol{F}_f^*$ 均为波浪频率的函数，并且 $\boldsymbol{F}_f^*$ 也为波浪方向的函数。假如没有方向分布，则式(5.68)中 $M=1$，对应 ω_q 值的方程仅需求解一次。否则该方程需要对每个分布角 θ_m，$m=1,\cdots,M$，进行求解，然后对每个频率 ω_q 的每个分布角进行求和计算得到响应。该过程需要对每个激励频率 q，$q=1,\cdots,N_W$ 进行重复计算，随机波浪作用下的总响应为每个激励频率每个分布角 θ_m，$m=1,\cdots,M$ 作用下产生的响应之和。

在一些情况下，没有必要知道特定响应量的全部时间历程，仅测量随机响应就足够了。对于响应量 τ，任意波浪频率 q 和波向角 θ_j 的组合，τ_{qj} 相应的 RAO 可以根据式(5.54)获得，响应谱值可以通过下式计算得到：

$$S_{\tau_{qj}}(\omega_q,\theta_j)=|H_{\tau_{qj}}|^2S(\omega_q,\theta_j) \tag{5.71}$$

式中，$S(\omega_q,\theta_j)$为 ω_q 和 θ_j 时的定向波浪谱密度。响应量 τ_j 在波向角 θ_j 处的相应方差为 $\sigma_{\tau_j}^2$，为响应量 τ_j 谱下的面积 $S_{\tau_{qj}}(\omega_q,\theta_j)$。假定响应量 τ_j 在每个波向角 θ_j 两两相互独立，则响应量 τ 的方差 σ_τ^2 由下式给定：

$$\sigma_\tau^2=\sum_1^{N_A}\sigma_{\tau_j}^2 \tag{5.72}$$

式中，N_A 为波向角的数量。通常情况下，由于相邻波向角之间存在正相关但相对较弱的关系，因此该假定偏于保守。

5.4.4 随机波浪极限和疲劳响应评估

对于多自由度结构在定向随机波浪作用下的响应，包含极限和疲劳响应，当通过一些随机组合分析，如式(5.70)所示，得到每个独立响应量 τ 的相应特征后即可评估其随机特征。基于此，本节主要讨论多自由度系统的随机特性的估计。

对于线性波浪理论描述的随机波浪，经常假定波浪激励满足第 5.4.1 至第 5.4.2 小节中描述的高斯分布特性。假定响应量 τ_k 的传递函数已经按照上文所述获得。对于任意给定的响应量，第 k 个响应量 τ 为 τ_k，其平均值分别为 m_{τ_k}、$m_{\dot{\tau}_k}$，标准差为 σ_{τ_k}，$\sigma_{\dot{\tau}_k}$，位移和速度的相关系数为 $\rho_{\tau_k\dot{\tau}_k}$，这些统计量均可以计算得到。假如结构在随机波浪作用下的响应量 τ_k 是根据平均位置的偏差定义得到的，则平均位移和速度为零[5.53]，即 $m_{\tau_k}=0$，且 $m_{\dot{\tau}_k}=0$。响应量节点位移 τ_k 及速度 $\dot{\tau}_k$ 的标准差可通过下式计算得到：

$$\sigma_{\tau_k}=\sqrt{\int_0^{\infty}S_{\tau_k}(\omega)\mathrm{d}\omega} \tag{5.73}$$

式中，$S_{\tau_k}(\omega)$ 为响应量 τ_k 的单边谱密度。注意到 $S_{\tau_k}(\omega)$ 可以通过式(5.70)获得。同理，节点速度 $\dot{\tau}_k$ 的标准差可以通过下式得到：

$$\sigma_{\dot{\tau}_k}=\sqrt{\int_0^{\infty}\omega^2 S_{\dot{\tau}_k}(\omega)\mathrm{d}\omega} \tag{5.74}$$

因为高斯动态量的位移和速度在统计上相互独立，相关系数 $\rho_{\tau_k\dot{\tau}_k}$ 为零。上述的位移和速度项分别指的是响应量 τ_k 及其时间变化率 $\dot{\tau}_k$。但是 τ_k 不一定指的是位移，也可能是应力。无论如何，对于极限和疲劳失效计算的正超越概率都需要计算时间变化率，如下文所述。

响应量 τ_k 的概率密度函数 $p(\tau_k)$ 以及响应量 τ_k 和速度 $\dot{\tau}_k$ 的联合概率密度函数 $p(\tau_k,\dot{\tau}_k)$ 的计算式如下：

$$p(\tau_k)=\frac{1}{\sqrt{2\pi}\sigma_{\tau_k}}\mathrm{e}^{-\frac{\tau_k^2}{2\sigma_{\tau_k}^2}} \tag{5.75}$$

$$p(\tau_k,\dot{\tau}_k)=\frac{1}{2\pi\sigma_{\tau_k}\sigma_{\dot{\tau}_k}}\mathrm{e}^{-\frac{1}{2}\left(\frac{\tau_k^2}{\sigma_{\tau_k}^2}+\frac{\dot{\tau}_k^2}{\sigma_{\dot{\tau}_k}^2}\right)} \tag{5.76}$$

随机变量 τ_k 在 a_k 水平下的正超越概率(或者超越频率)ν_a^+，可以通过联合概率密度函数计算得到，对于高斯过程 $\tau_k(t)$，文献[5.53]给出了正超越概率：

$$\nu_{a_k}^+=\frac{\sigma_{\dot{\tau}_k}}{2\pi\sigma_{\tau_k}}\mathrm{e}^{-\frac{1}{2}\frac{a_k^2}{\sigma_{\tau_k}^2}} \tag{5.77}$$

响应量 τ_k 的峰值概率分布为瑞利分布：

$$p_{\mathrm{p}}(a_k)=\frac{a_k}{\sigma_{\tau_k}^2}\mathrm{e}^{-\frac{a_k^2}{2\sigma_{\tau_k}^2}},\quad 0\leqslant a\leqslant\infty \tag{5.78}$$

失效的期望时间(或者平均寿命)T_a，或者对于高斯随机过程 $\tau_k(t)$ 超过极限值 a_k，计算式为

$$T_a=\frac{1}{\nu_{a_k}^+\int_0^{\infty}\left(\frac{1}{N(S)}\right)p_{\mathrm{p}}(S)\mathrm{d}S} \tag{5.79}$$

式中，$N(S)$ 为文献[5.53]中考虑材料的 S-N 曲线。相应地，文献[5.53]中给出了上文讨论的高斯过程 τ_k 由于超过极限值 a_k 的失效概率 P_{f}。

$$P_{\mathrm{f}}(T_{a_k})=1-\mathrm{e}^{-\nu_{a_k}^+T_{a_k}} \tag{5.80}$$

上面提到过，一旦获得了响应量 τ_k 的概率特性，就可以通过随机组合程序计算确定多自由度系统的整体响应概率特征。

5.5　非线性水弹性(非线性流固耦合)

前面章节中的讨论仅包含小尺度的风-浪或者地震激励，小幅度的响应，以及线性叠加应用。对于大波浪激励，波浪需要通过高阶非线性理论进行描述。每个激励频率 ω_q 的响应

也可能变成非线性，总响应幅值也可能变得很大，不同频率 ω_l 和 ω_k，且 $l \neq k$，其响应也可能发生耦合。既然如此，叠加原理将不再合适，需要采用其他形式的非线性分析。对于弱非线性，可应用摄动方法导出线性运动方程，又能被包含波浪和结构响应展开式的二阶项应用，因此，在波浪载荷和结构响应中包括求和和差分频率项。但是，对于很大的波浪激励，如飓风、海啸和风暴潮，非线性将变得很强，假如继续使用摄动方法，实际应用中，展开式中将包含太多项，因此，本文将引入流固耦合直接计算方法。

5.5.1 非线性频域分析

对于大幅值波或者浅水波，正弦波线性理论不再适用于描述波场，考虑陡峭狭窄峰值以及更宽更浅水槽的物理波需要引入非线性波浪理论[5.18]。非线性波浪现象（以及相关的入射波势）可以通过更高阶的摄动波浪理论来描述。相应地，考虑到结构响应计算的一致性和精确性，对于相关的绕射和辐射势，必须引入等阶摄动理论。为了说明非线性摄动展开公式和波浪-结构物相互作用问题求解的要点，本节简述了二阶理论。

1）高阶波浪描述

非线性波浪的通用理论，包含斯托克斯（Stokes）高阶理论、椭圆余弦波理论以及流函数[5.17,5.54-5.56]。对于势流理论的重力波，入射波势可表达为摄动形式：

$$\phi_I(x,y,x;t)=\varepsilon^1\phi_I^1(x,y,x;t)+\varepsilon^2\phi_I^2+\varepsilon^3\phi_I^3+\cdots \tag{5.81}$$

式中，ε 为摄动展开参数；ϕ_I^j 为第 j 阶入射波势。

对于斯托克斯二阶波理论，水平水粒子速度的表达式为

$$u(x,t)=\frac{\pi H}{T}\frac{\cosh ky}{\sinh kd}\cos(kx-\omega t)+\frac{3}{4c}\left(\frac{\pi H}{T}\right)^2\frac{\cosh 2ky}{\sinh^4 kd}\cos 2(kx-\omega t) \tag{5.82}$$

式中，H、T、k、ω 和 $c=L/T$ 分别表示一阶波高、波浪周期、波浪数量、波频和波速，L 为一阶波长，d 为水深。注意到上式中第一项对应于线性波浪理论，且正比于 $\frac{\pi H}{T}$；然而第二项正比于 $\left(\frac{\pi H}{T}\right)^2$，为二阶修正项，$\frac{\pi H}{T}$ 可以被视为摄动参数。同理，垂向水粒子速度的表达式如下所示：

$$v(x,t)=\frac{\pi H}{T}\frac{\sinh ky}{\sinh kd}\sin(kx-\omega t)+\frac{3}{4c}\left(\frac{\pi H}{T}\right)^2\frac{\sinh 2ky}{\sinh^4 kd}\sin 2(kx-\omega t) \tag{5.83}$$

为了确定在斯托克斯二阶波浪激励作用下的结构响应，上述表达式将用于波浪载荷的计算。

2）高阶波浪载荷和大型结构体响应计算

对应于入射波的摄动展开，绕射波势和辐射波势的表达式如下：

$$\phi_D(x,y,x;t)=\varepsilon^1\phi_D^1(x,y,x;t)+\varepsilon^2\phi_D^2+\varepsilon^3\phi_D^3+\cdots \tag{5.84}$$

以及

$$\phi_R(x,y,x;t)=\varepsilon^1\phi_R^1(x,y,x;t)+\varepsilon^2\phi_R^2+\varepsilon^3\phi_R^3+\cdots \tag{5.85}$$

二阶问题的表达式和本文前面章节中提到的一阶（线性）问题相似。但是，对于二阶传递函数的推导以及二阶响应的计算，读者需要注意以下几个重要差异：

(1) 二阶响应的传递函数[见式(5.54)中的 $\boldsymbol{H}_\tau$]是频率对(ω_i,ω_j)的函数，而不仅仅是单个频率的函数。这些二阶函数的推导超出了本章的范围。有兴趣的读者可以查阅文

献[5.18]。

(2) 重要的是，在进行二阶载荷和响应计算时，一阶量导致的二阶效应也需考虑在内。众所周知，(二阶)漂移力由一阶(线性)波浪引起，且在顺应式结构物的低频响应中起重要作用。

(3) 其他可能引起二阶响应的非线性效应，包括大位移和大转动(几何效应)，需要包括在结构运动方程的摄动展开中。

我们发现，二阶响应在频域中的计算将会很复杂。随机响应、极限载荷和运动的研究，以及疲劳失效预测为目前的研究热点。

3) 随机高阶波浪载荷和小型结构物响应计算

对以承受随机波浪的单自由度海洋结构物的二阶莫里森水动力阻力为代表的二阶随机方法的调查表明，该方法通过频域分析[5.57]，可用于获得良好的非线性效应的统计逼近。该方法的一个明显优势在于在频率域对结构的线性分析可用于获取非线性阻力响应的详细统计信息。基于第 5.4.4 节中描述的程序，产生的响应统计量可用于获得响应的长期疲劳寿命评估以及极限值评估。

5.5.2 非线性时域分析

获得非线性流体-结构相互作用响应的另一种方法为把求解耦合的流体-结构相互作用问题当作时域内的数值初始边值问题。该方法在任意高海浪状态下(至少在理论上)获取非线性瞬态和稳态效应上没有任何非线性形式的限制。

1) 势流场近似

对于一般的未出现破碎波的高海浪状态，波场可假定为无黏无旋，因此可采用势流模型来描述水动力。通常采用边界元法(BEM)对完全非线性水动力流场进行求解，且对非线性程度不做任何假设。理论上，自由液面会出现多值，除非流域是单连通的，即不允许出现破碎波、再入及再连等现象。对于大型结构(浮式平台)和锚泊系统，对其进行完全非线性势流与结构动力学的耦合求解，计算量将非常大。通常会对流场和流固耦合问题做一些近似处理，使得问题的计算效率大大提高以满足实际行业应用。

对于在规则波激励作用下的三维流固相互作用(混合)时域解的一种有效近似为保持流体的线性解(如前面章节中所述，在频域获得)，但是时域内作用在(刚体)结构物上的波浪力模型如下：

$$\boldsymbol{M}_{S}\ddot{x}(t)=\boldsymbol{F}_{r}(\omega,t)+\boldsymbol{F}_{d}(\omega,t)+\boldsymbol{F}_{h}(t)+\boldsymbol{F}_{f}(t)+\boldsymbol{F}_{vis}(t)+\boldsymbol{F}_{g}(t)+\boldsymbol{F}_{m}(t)\quad(5.86)$$

式中，$\boldsymbol{x}(t)$ 为结构位移矢量；t 为时间；ω 为入射波频率；$\boldsymbol{M}_S$ 为结构质量矩阵；$\boldsymbol{F}_r(\omega,t)$ 为频率和时间相关的辐射力矢量；$\boldsymbol{F}_d(\omega,t)$ 为频率和时间相关的绕射力矢量；$\boldsymbol{F}_h(t)$ 为瞬时静水压力矢量；$\boldsymbol{F}_f(t)$ 为瞬时 Froude-Krylov 力矢量；$\boldsymbol{F}_{vis}(t)$ 为黏性力矢量；$\boldsymbol{F}_g(t)$ 为瞬时重力矢量；$\boldsymbol{F}_m(t)$ 为瞬时系泊力矢量。

对于该公式，辐射力和绕射力采用线性波理论以及边界元方法进行计算，非线性静水压力、Froude-Krylov 力、重力以及系泊力基于它们瞬时位置进行计算。表达黏性耗散效应的非线性黏性力，通常以莫里森形式建模，且需通过实验结果得到阻力系数。

系泊力通常表现为高度非线性。通常采用缆索动态模型进行模拟，并通过有限元方法进行数值求解。该方法也能用于柔性结构模型。

2）Navier-Stokes 流场近似

对于高度非线性瞬态作用，采用高性能的计算机对流固耦合问题进行直接数值计算得到流体和结构域响应已经成为日益流行的方法。

在时域内直接采用逐步求解程序求解势流问题是一种考虑波浪非线性的方法。非线性势流问题可采用边界元法(BEM)求解[5.58]，也可采用有限元法(FEM)求解[5.59]。采用边界元法和有限元法，并采用有限元结构模型对流固耦合(FSI)问题进行求解已获得成功[5.60]。但是，势流理论仅适用于对无黏无旋流体的近似(主要适用于大尺度结构物的绕射问题)。对于高度非线性的急流流经结构物，如波浪砰击，上述假定将不再有效，则需要引入 Navier-Stokes 方程(N-S)来表达黏性流。当需要重点考虑压缩性时(波浪-结构影响)，Navier-Stokes 方程中质量和动量守恒的控制方程如下：

$$\frac{\partial \rho}{\partial t}+\rho\nabla\cdot\boldsymbol{u}=0$$

$$\frac{\partial \boldsymbol{u}}{\partial t}+\boldsymbol{u}\cdot\nabla\boldsymbol{u}=-\frac{1}{\rho}\left(\nabla P+\frac{2}{3}\mu\nabla\cdot\boldsymbol{u}\right)+\frac{\mu}{\rho}\nabla^2\boldsymbol{u}+\boldsymbol{g} \tag{5.87}$$

式中，ρ 为流体密度；$\boldsymbol{u}$ 为流体粒子速度矢量；P 为流体压力；μ 为体积黏性；$\boldsymbol{g}$ 为重力引起的体力矢量。但是，很多应用中可以将水假定为不可压缩流体，则质量守恒方程可以简化为 $\nabla\cdot\boldsymbol{u}=0$。

基于求解上述 N-S 方程获得的流体压力可以计算得到作用在刚性结构上的完全非线性波浪力。

采用 N-S 流体求解器的优势在于它可以结合计算结构力学求解器的性能，即允许直接计算完全耦合的流体-柔性结构物相互作用问题。目前已经存在一些求解流固耦合相互作用的商用软件，这些软件基于采用有限元法求解的计算结构力学(CSM)以及采用有限元法或者有限体积法(FVM)求解的计算流体动力学(CFD)求解器。一些 CSM-CFD 耦合的软件应用已经成熟，并准备好标准化。在网上很容易找到商用软件的参考资料。有兴趣了解这些求解器细节的读者可以查阅 CFD 和 CSM 相关的文献以及流固耦合(FSI)相关文献。

参考文献

[5.1] S. Timoshenko: Vibration Problems in Engineering, 1st edn. (Van Nostrand Reinhold, New York 1928)

[5.2] S. Timoshenko, D. H. Young, W. Weaver Jr.: Vibration Problems in Engineering, 4th edn. (Wiley, New York 1974)

[5.3] W. T. Thomson: Mechanical Vibrations (Prentice Hall, New York 1948)

[5.4] W. T. Thomson: Theory of Vibration with Applications, 4th edn. (Prentice Hall, Englewood Cliffs 1993)

[5.5] W. T. Thomson, M. D. Dahleh: Theory of Vibration with Applications, 5th edn. (Prentice Hall, Upper Saddle River 1998)

[5.6] W. C. Hurty, M. F. Rubinstein: Dynamics of Structures (Prentice Hall, Englewood Cliffs 1964)

[5.7]　J. L. Humar：Dynamics of Structures (Prentice Hall，Englewood Cliffs 1990)

[5.8]　R. W. Clough，J. Penzien：Dynamics of Structures (McGraw-Hill，New York 1975)

[5.9]　R. W. Clough，J. Penzien：Dynamics of Structures，2nd edn. (McGraw-Hill，New York 1993)

[5.10]　K. A. Chopra：Dynamics of Structures，Theory and Applications to Earthquake Engineering，4th edn. (Prentice Hall，Upper Saddle River 2012)

[5.11]　J. W. Tedesco，W. G. McDougal，C. A. Ross：Structural Dynamics：Theory and Applications (Addison Wesley，Menlo Park 1999)

[5.12]　C. A. Brebbia，S. Walker：Dynamics of Offshore Structures (Newnes-Butterworths，London 1979)

[5.13]　J. P. Hooft：Advanced Dynamics of Marine Structures (Wiley，New York 1982)

[5.14]　J. F. Wilson：Dynamics of Offshore Structures (Wiley Interscience，New York 1984)

[5.15]　T. Sarpkaya，M. Isaacson：Mechanics of Wave Forces on Offshore Structures (Van Nostrand Reinhold，New York 1981)

[5.16]　T. Sarpkaya：Wave Forces on Offshore Structures (Cambridge Press，Cambridge 2012)

[5.17]　S. K. Chakrabarti：Hydrodynamics of Offshore Structures (WIT Press，Southampton 1987)

[5.18]　S. K. Chakrabarti：Nonlinear Methods in Offshore Engineering (Elsevier，Amsterdam 1990)

[5.19]　S. K. Chakrabarti：Offshore Structures Modeling (World Scientific，Singapore 1994)

[5.20]　S. K. Chakrabarti：Theory and Practice of Hydrodynamics and Vibration (World Scientific，Singapore 2002)

[5.21]　M. F. Schlesinger，T. F. Swean：Stochastically Excited Nonlinear Ocean Structures (World Scientific，Singapore 1998)

[5.22]　M. Olagnon，M. Prevosto：The variations of damping ratios with sea conditions for offshore structure under natural excitation，Offshore Technol. Conf. (1984) pp. 57-66

[5.23]　R. E. D. Bishop，W. G. Price：Hydroelasticity of Ships (Cambridge Univ. Press，Cambridge 1979)

[5.24]　W. E. Gundy，T. D. Scharton，R. L. Thomas：Damping measurements on an offshore platform，Offshore Technol. Conf. (1980)，OTC 3863-MS

[5.25]　J. A. Ruhl：Offshore platforms：Observed behav-ior and comparison with theory，Offshore Technol. Conf. (1976) pp. 333-352，OTC 2553

[5.26]　J. W. Cooley，J. W. Tukey：An algorithm for the machine calculation of complex Fourier series，Math. Comput. 19，297-301 (1965)

[5.27] J.F. Hall: An FFT Algorithm for Structural Dynamics, Earthq. Eng. Struct. Dyn. 10, 797-811 (1982)

[5.28] A.S. Veletsos, C.E. Ventura: Dynamic analysis of structures by the DFT method, J. Struct. Eng. 111, 2625-2642 (1985)

[5.29] US Army Corps of Engineers: Time-History Dynamic Analysis of Concrete Hydraulic Structures, EM 1110-2-6051 (US Army Corps of Engineers, Washington 2003)

[5.30] W.E. Cummins: The impulse response function and ship motions, Schiffstechnik 47(9), 101-109 (1962)

[5.31] T.F. Ogilvie: Recent progress toward the under standing and prediction ofship motions, 5th Symp. Nav. Hydrodyn. (1964) pp. 3-80

[5.32] J.O. de Kat, J.R. Paulling: The simulation of ship motions and capsizing in severe seas, Trans. Soc. Naval Arch. Mar. Eng. 97, 139-168 (1989)

[5.33] R. Taghipour, T. Perez, T. Moan: Hybrid frequency-time domain models for dynamic response analysis of marine structures, Ocean Eng. 35(7), 685-705 (2008)

[5.34] W. Sheng, A. Lewis: Assessment of wave energy extraction from seas: Numerical validation, J. Energy Res. Technol. 134(4), 041701 (2012)

[5.35] J. Falnes: Ocean Waves and Oscillating systems-Linear Interaction Including Wave-Energy Extraction (Cambridge Univ. Press, Cambridge 2002)

[5.36] Z. Yu, J. Falnes: State-space modelling of a vertical cylinder in heave, Appl. Ocean Res. 17, 265-275 (1995)

[5.37] E. Kristiansen, Å. Hjulstad, O. Egeland: State-space representation of radiation forces in time-domain vessel models, Ocean Eng. 32(17/18), 2195-2216 (2005)

[5.38] T. Duarte, M. Alves, J. Jonkman, A. Sarmento: State-space realization of the wave-radiation force within FAST, ASME 32nd Int. Conf. Ocean Offshore Arct. Eng. (2013)

[5.39] J.D. Nolte, R.C. Ertekin: Wave power calculations for a wave energy conversion device connected to a drogue, J. Renew. Sustain. Energy 6(1), 013117 (2014)

[5.40] K.-T. Kim, P.-S. Lee, K.C. Park: A direct coupling method for 3D hydroelastic analysis of floating structures, Int. J. Num. Methods Eng. 93(13), 842-866 (2013)

[5.41] Y. Wu: Hydroelasticity of Floating Bodies, Ph.D. Thesis (Brunel University, Uxbridge 1984)

[5.42] W.G. Price, Y. Wu: Hydroelasticity of marine structures. In: Theoretical and Applied Mechanics, ed. by F.I. Niordson, N. Olhoff (Elsevier, Amsterdam 1985)

[5.43] J.R. Morison, M.P. O'Brien, J.W. Johnson, S.A. Schaaf: The force exerted by surface waves on piles, AIME Pet. Trans. 189, 149-157 (1950)

[5.44] R. T. Hudspeth: Waves and Wave Forces on Coastal and Ocean Structures (World Scientific, Singapore 2006)

[5.45] A. S. Veletsos, A. M. Prasad, G. Hahn: Fluid-structure interaction effects for offshore structures, Earthq. Eng. Struct. Dyn. 16, 631-652 (1988)

[5.46] R. D. Cook, D. S. Malkus, M. E. Plesha, R. J. Witt: Concepts and Applications of Finite Element Analysis, 4th edn. (Wiley, New York 2002)

[5.47] A. M. Puthanpurayil, A. J. Carr, R. P. Dhakal: A generic time domain implementation scheme for nonclassical convolution damping models, Eng. Struct. 71, 88-98 (2014)

[5.48] E. L. Wilson: Three-Dimensional Static and Dynamic Analysis of Structures, 3rd edn. (Computers and Structures Inc., Berkeley 2002)

[5.49] H. R. Riggs: Comparison of formulations for the hydrostatic stiffness of flexible structures, J. Offshore Mech. Arct. Eng. 131, 024501 (2009)

[5.50] I. Senjanović, N. Hadžić, F. Bigot: Finite element formulation of different restoring stiffness issues in the ship hydroelastic analysis and their influence on response, Ocean Eng. 59, 198-213(2013)

[5.51] H. R. Riggs, H. Suzuki, R. C. Ertekin, J. W. Kim, K. Iijima: Comparison of hydroelastic computer codes based on the ISSC VLFS benchmark, Ocean Eng. 35, 589-597 (2008)

[5.52] M. Kashiwagi: Transient responses of a VLFS during landing and take-off of an airplane, J. Mar. Sci. Technol. 9(1), 14-23 (2004)

[5.53] D. E. Newland: An Introduction to Random Vibrations, Spectral and Wavelet Analysis, 3rd edn. (Longman, Singapore 1993)

[5.54] J. D. Fenton: A firth-order Stokes theory for steady waves, J. Waterw. Port Coast. Ocean Eng. 3(2), 216-234 (1985)

[5.55] R. G. Dean: Stream function representation of nonlinear ocean waves, J. Geophys. Res. 70, 4561-4572 (1965)

[5.56] R. G. Dean: Relative validities of water wave theories, J. Waterw. Harb. Coast. Eng. 96, 105-119(1970)

[5.57] A. Naess, S. C. Yim: Stochastic response analysis of dynamically sensitive offshore structures excited by drag forces, J. Eng. Mech. 122(5), 442-448(1996)

[5.58] S. B. Nimmala, S. C. Yim, S. T. Grilli: An efficient parallelized 3-D-FNPF numerical wave tank for large-scale wave basin experiment simulation, J. Offshore Mech. Arct. Eng. 135(2), 021104(2013)

[5.59] G. X. Wu, Z. Hu: Numerical simulation of viscous flow around unrestrained cylinders, J. Fluids Struct. 22, 371-390 (2006)

[5.60] X. J. Chen, T. Moan, S. X. Fu, W. C. Cui: A second-order hydroelastic analysis of a floating plate in multidirectional irregular waves, Int. J. Nonlinear Mech. 41, 1206-1218 (2006)

第6章 海洋应用中的缆索动力学

Ioannis K. Chatjigeorgiou, Spyros A. Mavrakos

本章的目的是提供大多数与细长缆索(系缆)动态行为有关的信息,特别强调海洋上的应用。其基本内容是基于作者在海洋环境中缆索应用的个人基础研究,特别考虑其时变响应的细节。

缆索的动力学已经被研究了数十年,但无可否认,这个特定的主题引起了全球研究界对海上深水应用中关于缆索使用的深刻关注。感兴趣的读者可以在文献中找到大量非常重要和深入的研究成果,这些研究成果从静力学到非常复杂的非线性动力学,使用各种数学公式,从简单到复杂的数值求解方案解决相关的问题。

目前的工作范围是将线性和非线性动力学方面与海洋环境中,特别是离岸工程中最典型的缆索实际应用联系起来。选择执行此任务的方法依赖于管理动力系统的全局公式。一种基于线动力学假设的分析利用了可能被有效地视为两点边值问题相关表现这样一个事实。

缆索和弹性线被广泛应用于陆地,空中和海上的先进技术中。目前我们的努力旨在调查缆索在海洋应用方面的动态行为。在海上建筑工程中使用缆索的例子包括但不限于拖曳应用、弹性软管、遥控水下机器人(ROV)的导向、纤维绳的部署,用于在海底部署仪表包的缆索、系泊系统等。在前面的所列项目中,后者是最频繁的,同时也是最苛刻的应用。

缆索实际上是一种细长的结构物,根据应用的不同,可以认为是非弹性的(金属的)或有弹性的(合成的)。然而,与其中弯曲刚度是主要部件(立管和管线)的细长结构的类似应用相反,缆索的主要关注点是轴向力,在这里称为张力或有效张力。由于其横截面积小,缆索的弯曲刚度允许非常小的值,这意味着缆索不能承受弯曲作用力,因此张力成为最关键的成分。张力对于缆索很重要,主要有两个原因:首先,张力是稳定冗长结构的术语,其次影响其完整性。如果缆索失效,当缆索超过断裂张力时,会出现极端的轴向负载。在具体应用中,例如系泊缆索,张力是为系泊船舶提供必要的恢复特性并限制其位移的部件。因此,对缆索动态平衡的分析主要是为了这一任务,即预期该成分的最大可能精度会增加静态张力(如果适用)。动态成分的可变性与疲劳密切相关,因此,相关的效应应该得到恰当和准确的处理。

不可否认,从缆索的物理和机械性能中省略弯曲刚度的能力导致理论公式的显著简化。同样事实上,就缆索动力学而言,包含或不包含实际弯曲刚度不会改变轴向载荷计算。事实上,这正是该领域大多数研究工作所采取的方法。尽管如此,包含弯曲效应,无论其对缆索动力学的微小贡献怎样,都可以解决数值模拟中的许多问题,特别关注的是高或低张力缆索等单一应用。此外,应该承认,将所有相关作用纳入系统在概念上是最准确和最明智的方法。

缆索结构的海洋上的应用涉及几个特点和关键方面。这些事实源于类似的应用需要使用冗长的缆索，此外，缆索在极其恶劣和变化的环境中工作。海洋中的缆索始终处于运动和可变的配置中，使其动态行为成为最重要的同时也是设计和分析过程中最感兴趣的部分。对于海洋缆索的动力学而言，我们感兴趣和关心的领域是共振机制(线性和非线性)，低和高张力影响，零张力奇异性，缆索和底部相互作用效应，系泊引起的阻尼效应，涡激振动(VIV)，诱发的疲劳等。应该承认，从以前列举的项目中，特定的部件适用于特定的应用。

作者试图解决大多数前面所述的特征，但不包括VIV效应。下面的文本不应视为专注于特定领域的材料。这是一项调查，试图涵盖大多数典型操作中海洋缆索的动态行为细节，它基于作者在该领域的长期知识、经验和努力。

手册关于缆索动力学的章节结构如下。第6.1节概述了问题的数学表达式，并导出了相应减少的完全非线性控制集以提供简化的线性化公式。第6.2节处理面内振动和面外振动的特征值问题，并且延伸到当缆索线路的一部分位于海底时发生的差异。第6.3节致力于船用缆索的高，低张力状态；换句话说，它们在诸如张力腿平台的肌腱之类的高要求应用中遇到的卡扣状况。第6.4节分析了系泊缆索的动力学以及中间浮标沿其悬浮长度附着效应，同时利用所采用的解决方案量化和讨论了所谓的系泊诱导阻尼现象，该现象在波能转换器系泊系统中受到了重视。第6.5节提出了一种新颖的基于频域的方法，用于评估缆索的非线性动力学，并结合一种能够考虑缆索与底部相互作用效应的复杂方法。

作者避免提供大量的数值计算，因此每个章节显示的结果是指示性的应用考虑。精心挑选的图表的目标是提供有关缆索动态响应细节的证据，显然是为了支持相关讨论。

6.1　数学公式

按具有以下物理性能和力学性能的欧拉-伯努利梁建立缆索模型：单位未拉伸长度的质量 m，每单位未拉伸长度的重量 w_0，直径 d_0，横截面面积 A，极矩 I_p，二次矩 I，材料密度 ρ_c，弹性模量 E 和剪切模量 G。注意，数量 d_0，A，I_p 和 I 是指未伸展的状态。载荷分量(力矩和力)的平衡如图6.1所示。拉伸元素的微分长度为 $(1+e)\mathrm{d}s$，其中 $\mathrm{d}s$ 是未拉伸的微分长度，e 是轴向应变，s 表示拉格朗日坐标，其取值为沿圆柱形元件的未拉伸长度。所有变量都是相对于由单位向量 $\boldsymbol{t}$，$\boldsymbol{n}$ 和 $\boldsymbol{b}$ 确定的当地拉格朗日坐标系来定义的。单位矢量 $\boldsymbol{t}$ 与轴相切，$\boldsymbol{n}$ 与 $\boldsymbol{t}$ 垂直，并且单位矢量 $\boldsymbol{b}$ 被定义为使得矢量系统是正交的并且符合右手定则。在下文中，平行于 $\boldsymbol{n}$ 和 $\boldsymbol{b}$ 的运动和速度将分别被称为法向量和次法线量。通过类比，平行于 $\boldsymbol{n}$ 和 $\boldsymbol{b}$ 的加载分量将被称为在平面内和平面外。

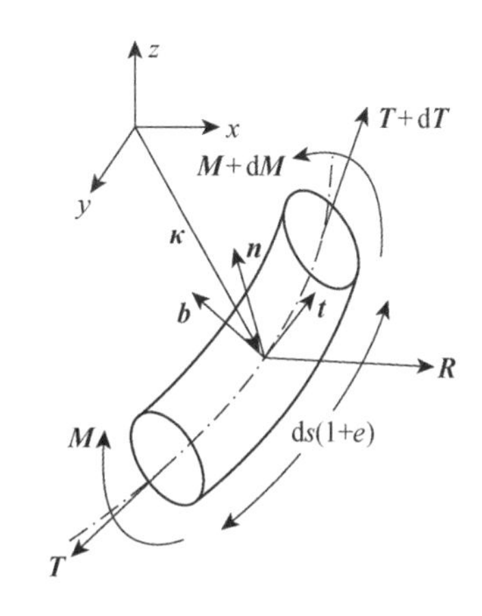

图6.1　拉伸单元的动态平衡

在图6.1中，$\boldsymbol{T}=T\boldsymbol{t}+S_n\boldsymbol{n}+S_b\boldsymbol{b}$，$\boldsymbol{M}=M_1\boldsymbol{t}+M_2\boldsymbol{n}+M_3\boldsymbol{b}$ 分别表示力和力矩的矢量。此外，T，S_n，S_b，M_1，M_2，M_3 分别表示张力，面内和面外剪切力，扭转引起的力矩，面外弯矩和面内弯曲力矩。最后，设 $\boldsymbol{R}$ 表示施加在缆索上的分布力的矢量和。

6.1.1 时空中的导数

由于拉格朗日坐标系的选择,时间和空间的全导数在一定程度上是复杂的。这可以追溯到这样的事实:除了动力分量在时间和空间的变化之外,坐标系统本身也随着时间 t 和当地坐标 s 的变化而变化。首先将相关的导数表示为一个任意矢量 $\boldsymbol{H}$,如图 6.1 所示的拉格朗日坐标系而言,可写成:

$$\boldsymbol{H} = H_1\boldsymbol{t} + H_2\boldsymbol{n} + H_3\boldsymbol{b} \tag{6.1}$$

$\boldsymbol{H}$ 对 s 的全导数写成:

$$\frac{\mathrm{D}\boldsymbol{H}}{\mathrm{D}s} = \frac{\partial \boldsymbol{H}}{\partial s} + H_1\frac{\partial \boldsymbol{t}}{\partial s} + H_2\frac{\partial \boldsymbol{n}}{\partial s} + H_3\frac{\partial \boldsymbol{b}}{\partial s} \tag{6.2}$$

如果 $\boldsymbol{\Omega}$ 表示空间曲线的 Darboux 旋转向量:

$$\boldsymbol{\Omega} = \Omega_1\boldsymbol{t} + \Omega_2\boldsymbol{n} + \Omega_3\boldsymbol{b} \tag{6.3}$$

那么为了计算在式(6.2)中单位矢量的空间导数,将使用 Darboux 向量的对称性质。即[6.1]

$$\frac{\partial \boldsymbol{k}}{\partial s} = \boldsymbol{\Omega} \times \boldsymbol{k} \quad (\boldsymbol{k} = \boldsymbol{t},\ \boldsymbol{n},\ \boldsymbol{b}) \tag{6.4}$$

将式(6.4)代入式(6.2)后,式(6.2)变为

$$\frac{\mathrm{D}\boldsymbol{H}}{\mathrm{D}s} = \frac{\partial \boldsymbol{H}}{\partial s} + \boldsymbol{\Omega} \times \boldsymbol{H} \tag{6.5}$$

有关任意矢量 $\boldsymbol{H}$ 对 t 的全导数 $\mathrm{D}/\mathrm{D}t$,Darboux 矢量的等效值是经典动力学的旋转矢量:

$$\boldsymbol{\omega} = \omega_1\boldsymbol{t} + \omega_2\boldsymbol{n} + \omega_3\boldsymbol{b} \tag{6.6}$$

式中 ω_1,ω_2 和 ω_3 是相关的角速度。因此,$\boldsymbol{H}$ 对时间的全导数被表达为

$$\frac{\mathrm{D}\boldsymbol{H}}{\mathrm{D}t} = \frac{\partial \boldsymbol{H}}{\partial t} + \boldsymbol{\omega} \times \boldsymbol{H} \tag{6.7}$$

矢量 $\boldsymbol{\omega}$ 和 $\boldsymbol{\Omega}$ 的分量用欧拉角 ϕ,θ 和 Ψ 表示:

$$\omega_1 = \frac{\partial \Psi}{\partial t} - \frac{\partial \phi}{\partial t}\sin\theta \tag{6.8}$$

$$\omega_2 = \frac{\partial \theta}{\partial t}\cos\Psi + \frac{\partial \phi}{\partial t}\cos\theta\sin\Psi \tag{6.9}$$

$$\omega_3 = \frac{\partial \phi}{\partial t}\cos\theta\cos\Psi - \frac{\partial \theta}{\partial t}\sin\Psi \tag{6.10}$$

$$\Omega_1 = \frac{\partial \Psi}{\partial s} - \frac{\partial \phi}{\partial s}\sin\theta \tag{6.11}$$

$$\Omega_2 = \frac{\partial \theta}{\partial s}\cos\Psi + \frac{\partial \phi}{\partial s}\cos\theta\sin\Psi \tag{6.12}$$

$$\Omega_3 = \frac{\partial \phi}{\partial s}\cos\theta\cos\Psi - \frac{\partial \theta}{\partial s}\sin\Psi \tag{6.13}$$

式中,Ψ 是扭转角;ϕ 是缆索的切线与参考平面中的水平线之间形成的角度,θ 是平面外的角度。还有一点要注意的是,力矩矢量的元素与曲率相关联,根据

$$\boldsymbol{M} = M_1\boldsymbol{t} + M_2\boldsymbol{n} + M_3\boldsymbol{b} = GI_{\mathrm{P}}\Omega_1\boldsymbol{t} + EI\Omega_2\boldsymbol{n} + EI\Omega_3\boldsymbol{b} \tag{6.14}$$

6.1.2　动态平衡

将牛顿定律应用于拉伸的缆索单元和质量守恒量：

$$m\frac{\mathrm{D}\boldsymbol{V}}{\mathrm{D}t}=\frac{\mathrm{D}\boldsymbol{T}}{\mathrm{D}s}+\boldsymbol{R}(1+e) \tag{6.15}$$

接下来，将当地坐标系中的全导数扩展为

$$m\left(\frac{\partial \boldsymbol{V}}{\partial t}+\omega\times\boldsymbol{V}\right)=\frac{\partial \boldsymbol{T}}{\partial s}+\boldsymbol{\Omega}\times\boldsymbol{T}+\boldsymbol{R}(1+e) \tag{6.16}$$

在式(6.15)和式(6.16)中，$\boldsymbol{V}$ 表示速度矢量，表达为

$$\boldsymbol{V}=u\boldsymbol{t}+v\boldsymbol{n}+w\boldsymbol{b} \tag{6.17}$$

式中，u，v 和 w 分别表示与当地拉格朗日坐标系的单位矢量 $\boldsymbol{t}$，$\boldsymbol{n}$ 和 $\boldsymbol{b}$ 平行的缆索单元的速度。而且，在定义了欧拉角之后，回顾到分布力是由重力分量组成的，附加质量项和非线性阻力 $\boldsymbol{R}(1+e)$ 将由下式给出：

$$\begin{aligned}\boldsymbol{R}(1+e)=&-(w_0\sin\phi\cos\theta-R_{dt})\boldsymbol{t}-\left(w_0\cos\phi+m_a\frac{\partial v_{2r}}{\partial t}-R_{dn}\right)\boldsymbol{n}-\\&\left(w_0\sin\phi\sin\theta+m_a\frac{\partial v_{3r}}{\partial t}-R_{db}\right)\boldsymbol{b}\end{aligned} \tag{6.18}$$

其中

$$R_{dt}=-\frac{1}{2}\pi\rho d_O C_{dt} v_{1r}\mid v_{1r}\mid\sqrt{1+e} \tag{6.19}$$

$$R_{dn}=-\frac{1}{2}\rho d_O C_{dn} v_{2r}\sqrt{v_{2r}^2+v_{3r}^2}\sqrt{1+e} \tag{6.20}$$

$$R_{db}=-\frac{1}{2}\rho d_O C_{db} v_{3r}\sqrt{v_{2r}^2+v_{3r}^2}\sqrt{1+e} \tag{6.21}$$

是取决于相关的阻力系数 C_{dt}，C_{dn} 和 C_{db} 的轴向，法向和双法向力的阻力，而 v_{1r}，v_{2r}，v_{3r} 是当前情况下的相对速度。显然，ρ 代表水的密度。

此外，力矩平衡方程式是通过取关于微分元素左侧的力矩并以未拉伸量表示结果而获得的。即产生[6.3]

$$\frac{1}{1+e}\frac{\mathrm{D}}{\mathrm{D}t}[\rho_c\mathbf{I}\omega]=\frac{1}{(1+e)^2}\frac{\mathrm{D}\boldsymbol{M}}{\mathrm{D}s}+\mathrm{d}\boldsymbol{\kappa}\times\boldsymbol{R}(1+e)+\frac{\mathrm{d}\boldsymbol{\kappa}}{\mathrm{d}s}\times\boldsymbol{T} \tag{6.22}$$

式中，$\boldsymbol{\kappa}$ 表示从原点到梁单元的矢量(见图 6.1)。在极限 $\mathrm{d}\boldsymbol{\kappa}\to 0$ 时：

$$\mathrm{d}\boldsymbol{\kappa}\times\boldsymbol{R}\to 0 \tag{6.23}$$

$$\frac{1}{1+e}\frac{\mathrm{d}\boldsymbol{\kappa}}{\mathrm{d}s}\to\boldsymbol{t} \tag{6.24}$$

因此，式(6.22)呈现下面的简化形式，其提供了力矩平衡方程：

$$\frac{1}{1+e}\frac{\mathrm{D}}{\mathrm{D}t}[\rho_c\mathbf{I}\omega]=\frac{1}{(1+e)^2}\frac{\mathrm{D}\boldsymbol{M}}{\mathrm{D}s}+\boldsymbol{t}\times\boldsymbol{T}(1+e) \tag{6.25}$$

式中，$\rho_c\mathbf{I}$ 是一个对角线 3×3 的矩阵，具有 $\mathrm{diag}[\rho_c\mathbf{I}]=(\rho_c I_p,\ \rho_c I,\ \rho_c I)$。在扩大了全导数之后，式(6.25)转化为

$$\frac{\rho_c\mathbf{I}}{1+e}\left(\frac{\partial\omega}{\partial t}+\omega\times\omega\right)=\frac{1}{(1+e)^2}\left(\frac{\partial\boldsymbol{M}}{\partial s}+\boldsymbol{\Omega}\times\boldsymbol{M}\right)+\boldsymbol{t}\times\boldsymbol{T}(1+e) \tag{6.26}$$

最后，将导出兼容性关系，这要求元素没有不连续性。因此，矢量 $\boldsymbol{\kappa}(s,t)$ 必须是两个自变量的连续函数。即

$$\frac{\mathrm{D}}{\mathrm{D}t}\left[\frac{\mathrm{D}\boldsymbol{\kappa}}{\mathrm{D}s}\right]=\frac{\mathrm{D}}{\mathrm{D}s}\left[\frac{\mathrm{D}\boldsymbol{\kappa}}{\mathrm{D}t}\right] \tag{6.27}$$

考虑到图 6.1 中 $\mathbf{V}=\mathrm{D}\boldsymbol{\kappa}/\mathrm{D}t$，$(1+e)\boldsymbol{t}=\mathrm{D}\boldsymbol{\kappa}/\mathrm{D}s$ 并假设线性应力-应变关系 $e=T/EA$，代入式(6.27) 得：

$$\frac{1}{EA}\frac{\partial T}{\partial t}\boldsymbol{t}+(1+e)\omega\times\boldsymbol{t}=\frac{\partial\mathbf{V}}{\partial s}+\boldsymbol{\Omega}\times\mathbf{V} \tag{6.28}$$

6.1.3 最终系统

通过扩大式(6.16)、式 (6.26)和式(6.28)中的交叉乘积得出调控动态均衡系统。结果得到了一个偏微分方程组：

$$\begin{aligned}&\frac{\partial T}{\partial s}+S_{\mathrm{b}}\Omega_2-S_{\mathrm{n}}\Omega_3-w_0\sin\phi\cos\theta-m\frac{\partial u}{\partial t}-\\&mw\left(\frac{\partial\theta}{\partial t}\cos\Psi+\frac{\partial\phi}{\partial t}\cos\theta\sin\Psi\right)+mv\left(\frac{\partial\phi}{\partial t}\cos\theta\cos\Psi-\frac{\partial\theta}{\partial t}\sin\Psi\right)+R_{\mathrm{d}t}=0\end{aligned} \tag{6.29}$$

$$\begin{aligned}&\frac{\partial S_{\mathrm{n}}}{\partial s}+\Omega_3T-\Omega_1S_{\mathrm{b}}-w_0\cos\phi-m\frac{\partial v}{\partial t}-\\&mu\left(\frac{\partial\phi}{\partial t}\cos\theta\cos\Psi-\frac{\partial\theta}{\partial t}\sin\Psi\right)+mw\left(\frac{\partial\Psi}{\partial t}-\frac{\partial\phi}{\partial t}\sin\theta\right)+R_{\mathrm{d}n}=0\end{aligned} \tag{6.30}$$

$$\begin{aligned}&\frac{\partial S_{\mathrm{b}}}{\partial s}+\Omega_1S_{\mathrm{n}}-\Omega_2T-w_0\sin\phi\sin\theta-m\frac{\partial w}{\partial t}-\\&mv\left(\frac{\partial\Psi}{\partial t}-\frac{\partial\phi}{\partial t}\sin\theta\right)+mu\left(\frac{\partial\theta}{\partial t}\cos\Psi+\frac{\partial\phi}{\partial t}\cos\theta\sin\Psi\right)+R_{\mathrm{d}b}=0\end{aligned} \tag{6.31}$$

$$\frac{\partial u}{\partial s}+\Omega_2w-\Omega_3v-\frac{1}{EA}\frac{\partial T}{\partial t}=0 \tag{6.32}$$

$$\frac{\partial v}{\partial s}+\Omega_3u-\Omega_1w-\frac{\partial\phi}{\partial t}\cos\theta\cos\Psi+\frac{\partial\theta}{\partial t}\sin\Psi=0 \tag{6.33}$$

$$\frac{\partial w}{\partial s}+\Omega_1v-\Omega_2u+\frac{\partial\theta}{\partial t}\cos\Psi+\frac{\partial\phi}{\partial t}\cos\theta\sin\Psi=0 \tag{6.34}$$

$$GI_{\mathrm{p}}\frac{\partial\Omega_1}{\partial s}-\rho_{\mathrm{c}}I_{\mathrm{p}}\left(\frac{\partial^2\Psi}{\partial t^2}-\frac{\partial^2\phi}{\partial t^2}\sin\theta-\frac{\partial\phi}{\partial t}\frac{\partial\theta}{\partial t}\cos\theta\right)=0 \tag{6.35}$$

$$\begin{aligned}&EI\frac{\partial\Omega_2}{\partial s}+(GI_{\mathrm{p}}-EI)\Omega_1\Omega_3-S_{\mathrm{b}}-\\&\rho_{\mathrm{c}}I\left(\frac{\partial^2\theta}{\partial t^2}\cos\Psi-\frac{\partial\theta}{\partial t}\frac{\partial\Psi}{\partial t}\sin\Psi+\frac{\partial^2\phi}{\partial t^2}\cos\theta\sin\Psi-\frac{\partial\phi}{\partial t}\frac{\partial\theta}{\partial t}\sin\theta\sin\Psi+\frac{\partial\phi}{\partial t}\frac{\partial\Psi}{\partial t}\cos\theta\cos\Psi\right)=0\end{aligned} \tag{6.36}$$

$$\begin{aligned}&EI\frac{\partial\Omega_3}{\partial s}+(EI-GI_{\mathrm{p}})\Omega_1\Omega_2+S_{\mathrm{n}}-\\&\rho_{\mathrm{c}}I\left(\frac{\partial^2\phi}{\partial t^2}\cos\theta\cos\Psi-\frac{\partial\phi}{\partial t}\frac{\partial\theta}{\partial t}\sin\theta\cos\Psi-\frac{\partial\phi}{\partial t}\frac{\partial\Psi}{\partial t}\cos\theta\sin\Psi-\frac{\partial^2\theta}{\partial t^2}\sin\Psi-\frac{\partial\theta}{\partial t}\frac{\partial\Psi}{\partial t}\cos\Psi\right)=0\end{aligned} \tag{6.37}$$

Howell[6.4]推导了一个类似的简化系统，省略了扭转效应。

显然，上述关系中的 EI 和 GI_p 被假定为独立于 s。此外，式(6.29)～式(6.37)与式(6.11)～式(6.13)相结合，形成12个具有相同未知数的偏微分方程组。对于截面面积非常小的细长结构物，如缆索，扭转效应可以忽略不计。但是，由于实际的原因，在解决调节平衡系统的动力学时消除了可能的零张力奇点，弯曲刚度得以保持。因此，在消除了支配扭转的项之后，系统被缩减。即

$$\frac{\partial T}{\partial s}+S_b\Omega_2-S_n\Omega_3-w_0\sin\phi\cos\theta+R_{dt}-$$
$$m\frac{\partial u}{\partial t}-m\left(w\frac{\partial\theta}{\partial t}-v\frac{\partial\phi}{\partial t}\cos\theta\right)=0 \tag{6.38}$$

$$\frac{\partial S_n}{\partial s}+\Omega_3(T+S_b\tan\theta)-w_0\cos\phi+R_{dn}-$$
$$m\frac{\partial v}{\partial t}-m\frac{\partial\phi}{\partial t}(u\cos\theta+w\sin\theta)-m_a\frac{\partial v}{\partial t}=0 \tag{6.39}$$

$$\frac{\partial S_b}{\partial s}-\Omega_2T-\Omega_3S_n\tan\theta-w_0\sin\phi\sin\theta+R_{db}-$$
$$m\frac{\partial w}{\partial t}+m\left(v\frac{\partial\phi}{\partial t}\sin\theta+u\frac{\partial\theta}{\partial t}\right)-m_a\frac{\partial w}{\partial t}=0 \tag{6.40}$$

$$\frac{\partial u}{\partial s}+\Omega_2w-\Omega_3v-\frac{1}{EA}\frac{\partial T}{\partial t}=0 \tag{6.41}$$

$$\frac{\partial v}{\partial s}+\Omega_3(u+w\tan\theta)-(1+e)\frac{\partial\phi}{\partial t}\cos\theta=0 \tag{6.42}$$

$$\frac{\partial w}{\partial s}-\Omega_3v\tan\theta-\Omega_2u+(1+e)\frac{\partial\theta}{\partial t}=0 \tag{6.43}$$

$$EI\frac{\partial\Omega_2}{\partial s}+EI\Omega_3^2\tan\theta-S_b(1+e)^3=0 \tag{6.44}$$

$$EI\frac{\partial\Omega_3}{\partial s}-EI\Omega_2\Omega_3\tan\theta+S_n(1+e)^3=0 \tag{6.45}$$

$$\frac{\partial\theta}{\partial s}-\Omega_2=0 \tag{6.46}$$

$$\frac{\partial\phi}{\partial s}\cos\theta-\Omega_3=0 \tag{6.47}$$

6.1.4 省略弯曲刚度的缩减模型

基本的数学模型是由式(6.38)～式(6.47)组成，并且能够有效地描述任何不旋转的细长结构的全局三维(3D性能)非线性动力学，而不管挠曲刚度是否被认为是重要的。它也可以解释沿其长度变化的物理性能和力学性能。后者可以通过让 w_0，m，m_a，EA 和 EI 是坐标 s 的函数来实现。

一般来说，当我们指的是缆索或链条时，通常假定弯曲刚度可忽略不计。这反过来又会导致控制方程组的显著简化，从而加快计算速度。特别是，通过设 $EI\rightarrow0$，通用非线性系统式(6.38)～式(6.47)简化为只有六个具有相同数量的未知数(元素 T，ϕ，θ，u，v 和 w)的偏微分方程。简化的系统可以压缩到以下矩阵形式：

$$\begin{bmatrix}1 & 0 & 0 & 0 & 0 & 0\\0 & 1 & 0 & 0 & 0 & 0\\0 & 0 & 1 & 0 & 0 & 0\\0 & -v\cos\theta & w & 1 & 0 & 0\\0 & \cos\theta(u+\tan\theta) & 0 & 0 & 1 & 0\\0 & -v\sin\theta & -u & 0 & 0 & 1\end{bmatrix}\frac{\mathrm{d}}{\mathrm{d}s}\begin{bmatrix}T\\\phi\\\theta\\u\\v\\w\end{bmatrix}=\begin{bmatrix}w_0\cos\theta\sin\phi-R_{\mathrm{d}t}\\\dfrac{w_0}{T}\dfrac{\cos\phi}{\cos\theta}-\dfrac{R_{\mathrm{d}n}}{T}\dfrac{1}{\cos\theta}\\-\dfrac{w_0}{T}\sin\theta\sin\phi+\dfrac{R_{\mathrm{d}b}}{T}\\0\\0\\0\end{bmatrix}+$$

$$\begin{bmatrix}0 & -mv\cos\theta & mw & m & 0 & 0\\0 & \dfrac{m}{T}(u+w\tan\theta) & 0 & 0 & \dfrac{m+m_{\mathrm{a}}}{T\cos\theta} & 0\\0 & \dfrac{m}{T}v\sin\theta & \dfrac{m}{T}u & 0 & 0 & -\dfrac{m+m_{\mathrm{a}}}{T}\\\dfrac{1}{EA} & 0 & 0 & 0 & 0 & 0\\0 & (1+e)\cos\theta & 0 & 0 & 0 & 0\\0 & 0 & -(1+e) & 0 & 0 & 0\end{bmatrix}\times\frac{\mathrm{d}}{\mathrm{d}t}\begin{bmatrix}T\\\phi\\\theta\\u\\v\\w\end{bmatrix} \tag{6.48}$$

就缆索动力学而言，显而易见的是模型的假设不能承担任何弯曲作用，导致一个奇点发生的概率，通常称为零张力奇点。实际上，这种奇点仅表征了缆索动力学问题的理论表述，意味着沿缆索任意点的总张力变为0时，其理论模型以及数值解的方案崩溃了。避免相关奇点的一个可行方法(绝大多数是凭经验的)是当缆索通过在相关时间间隔期间停止计算并人为地将张力等于零来避免数值计算中的相关奇点。这是 Papazoglou 等人[6.5]相应地采取的方法，相应地由 Johanning 等人[6.6]采用，虽然在后面的研究中作者并没有达到完全取消有效张力的状态。然而，应该承认，将缆索模拟成细长梁在概念上更准确，因为它承担了一定程度的弯曲作用。采用这种方法，实际上可以消除特殊应用中可能出现的零张力奇点，例如低张力缆索。

6.1.5 等效线性化

这里所考虑的基本动力学模型是完整的三维非线性连续系统，由式(6.38)～式(6.47)给出。很显然，只有采用适当的时域解技术才能实现该系统的解决方案。在通常情况下，时域解决方案需要后处理动态分量的时间历程，显然会导致额外的计算工作量。然而，大多数时间，实际的动态行为只能通过线性分量精确近似，而非线性项仅在特定条件下才有意义。因此，任何非线性动力系统都可以从研究其线性化等效性开始，这是通过忽略或线性化非线性项而获得的。对于目前的非线性系统，线性化过程从考虑时变项开始，这些时变项由静态和动态对应项的总和给出。因此，式(6.38)～式(6.47)中的未知矢量：

$$\boldsymbol{Y}(s,t)=[T\quad S_{\mathrm{n}}\quad S_{\mathrm{b}}\quad u\quad v\quad w\quad \Omega_2\quad \Omega_3\quad \theta\quad \phi]^{\mathrm{T}} \tag{6.49}$$

被写成

$$\boldsymbol{Y}(s,t)=\boldsymbol{Y}_0(s)+\boldsymbol{Y}_1(s,t) \tag{6.50}$$

其中

$$\boldsymbol{Y}_0(s)=[T_0\quad S_{\mathrm{n}0}\quad S_{\mathrm{b}0}\quad 0\quad 0\quad 0\quad 0\quad \Omega_{30}\quad 0\quad \phi_0]^{\mathrm{T}} \tag{6.51}$$

和

$$\mathbf{Y}_1(s,t)=[T_1 \quad S_{n1} \quad S_{b1} \quad u \quad v \quad w \quad \Omega_{21} \quad \Omega_{31} \quad \theta_1 \quad \phi_1]^{\mathrm{T}} \tag{6.52}$$

按照在缆索被认为具有完美的二维(2D)构型的静态平衡位置中那样,将面外角度 θ_0 和面外曲率 Ω_{20} 的静态量设定为等于零。值得注意的是,在线性问题的背景下,速度 u,v 和 w 可以立即被相应的运动所替代,即 $u=\partial p/\partial t$,$v=\partial q/\partial t$,和 $w=\partial r/\partial t$。将式(6.50)引入到非线性控制方程(6.38)~(6.47)中,并且省略了更高阶项,原来的方程组重写为

$$m\frac{\partial^2 p}{\partial t^2}=\frac{\partial T_1}{\partial s}-S_{n1}\Omega_{30}-S_{n0}\Omega_{31}-w_0\cos\phi_0\phi_1 \tag{6.53}$$

$$(m+m_a)\frac{\partial^2 q}{\partial t^2}=\frac{\partial S_{n1}}{\partial s}+T_1\Omega_{30}+\Omega_{31}T_0+w_0\sin\phi_0\phi_1-c\omega\mid q\mid\frac{\partial q}{\partial t} \tag{6.54}$$

$$(m+m_a)\frac{\partial^2 r}{\partial t^2}=\frac{\partial S_{b1}}{\partial s}-S_{n0}\Omega_{30}\theta_1-T_0\Omega_{21}-w_0\sin\phi_0\theta_1-c\omega\mid r\mid\frac{\partial r}{\partial t} \tag{6.55}$$

$$T_1=EA\left(\frac{\partial p}{\partial s}-\Omega_{30}q\right) \tag{6.56}$$

$$\phi_1=\frac{\partial q}{\partial s}+\Omega_{30}p \tag{6.57}$$

$$\theta_1=-\frac{\partial r}{\partial s} \tag{6.58}$$

$$EI\frac{\partial \Omega_{21}}{\partial s}-EI\Omega_{30}\theta_1=S_{b1} \tag{6.59}$$

$$EI\frac{\partial \Omega_{31}}{\partial s}=-S_{n1} \tag{6.60}$$

$$\frac{\partial \theta_1}{\partial s}=\Omega_{21} \tag{6.61}$$

$$\frac{\partial \phi_1}{\partial s}=\Omega_{31} \tag{6.62}$$

式中,假定 $1+e\approx 1$ 和阻力在轴向上被省略,因为它取决于非常小的阻力系数,在线性理论领域中,非线性阻力也必须线性化,这正是本文采用的方法,因为它用式(6.54) ~ 式(6.55)的最后几项来表明。线性化要求阻力必须通过傅立叶级数展开来近似,从中只保留线性分量[6.7]。这里,c 表示线性化阻尼系数 $c=(4/3\pi\rho C_d d_O$,其中 d_O 是外径。显然,对于圆柱形结构物的阻力系数在法向和双法向是相等的,即 $C_d=C_{dn}=C_{db}$。

仔细检查方程组(6.53)~(6.62)揭示了平面外和平面内的运动几乎是解耦的。事实上,能够解耦的假设就是省略了扭转。有兴趣的读者可从文献[6.8]中获得更多的信息。因此,式(6.53)~式(6.62)可以分成两个独立的组来分开处理。相应地,缆索的面内和面外线性动态分别由式(6.53),(6.54),(6.56),(6.57),(6.60),(6.62)组成的方程组、式(6.55),(6.58),(6.59)组成的方程组和式(6.61)支配。

面内和面外线性系统的相关未知动态分量矢量分别由下式给出:

$$\mathbf{X}(s,t)=[T_1 \quad S_{n1} \quad p \quad q \quad \Omega_{31} \quad \phi]^{\mathrm{T}} \tag{6.63}$$

$$\mathbf{Z}(s,t)=[S_{n1} \quad r \quad \Omega_{21} \quad \theta_1]^{\mathrm{T}} \tag{6.64}$$

该响应被认为是谐波,并且在复空间$\mathbb{C}$中处理该问题。因此,式(6.63)~式(6.64)的向量表示为

$$\boldsymbol{X}(s,t)=\mathrm{Re}\{\boldsymbol{x}(s)\mathrm{e}^{\mathrm{i}\omega t}\} \tag{6.65}$$

$$\boldsymbol{Z}(s,t)=\mathrm{Re}\{\boldsymbol{z}(s)\mathrm{e}^{\mathrm{i}\omega t}\} \tag{6.66}$$

其中 ω 是激发的频率。而

$$\boldsymbol{x}(s)=[\bar{T}_1(s)\quad \bar{S}_{\mathrm{n1}}(s)\quad \bar{p}(s)\quad \bar{q}(s)\quad \bar{\Omega}_{31}(s)\quad \bar{\phi}(s)]^{\mathrm{T}} \tag{6.67}$$

$$\boldsymbol{z}(s)=[\bar{S}_{\mathrm{b1}}(s)\quad \bar{r}(s)\quad \bar{\Omega}_{21}(s)\quad \bar{\theta}_1(s)]^{\mathrm{T}} \tag{6.68}$$

空间矢量 $\boldsymbol{x}(s)$和 $\boldsymbol{z}(s)$是复数。

接下来,式(6.67)和式(6.68)被引入到平面内和平面外的线性系统中。在分离实部和虚部之后,获得以下矩阵方程:

$$\frac{\mathrm{d}}{\mathrm{d}s}\begin{bmatrix}\bar{T}_1\\ \bar{S}_{\mathrm{n1}}\\ \bar{p}\\ \bar{q}\\ \bar{\Omega}_{31}\\ \bar{\phi}_1\end{bmatrix}=\begin{bmatrix}0 & \Omega_{30} & -\omega^2 m & 0 & S_{\mathrm{n0}} & w_0\cos\phi_0\\ -\Omega_{30} & 0 & 0 & -(m+m_{\mathrm{a}})w^2+\mathrm{i}c\omega^2\,|\bar{q}| & -T_{30} & -w_0\sin\phi_0\\ \frac{1}{EA} & 0 & 0 & \Omega_{30} & 0 & 0\\ 0 & 0 & \Omega_{30} & 0 & 0 & 1\\ 0 & \frac{-1}{EI} & 0 & 0 & 0 & 0\\ 0 & 0 & 0 & 0 & 1 & 0\end{bmatrix}\begin{bmatrix}\bar{T}_1\\ \bar{S}_{\mathrm{n1}}\\ \bar{p}\\ \bar{q}\\ \bar{\Omega}_{31}\\ \bar{\phi}_1\end{bmatrix} \tag{6.69}$$

$$\frac{\mathrm{d}}{\mathrm{d}s}\begin{bmatrix}\bar{S}_{\mathrm{b1}}\\ \bar{r}\\ \bar{\Omega}_{21}\\ \bar{\theta}_1\end{bmatrix}=\begin{bmatrix}0 & -(m+m_{\mathrm{a}})\omega^2+\mathrm{i}c\omega^2\,|\bar{r}| & T_0 & S_{\mathrm{n0}}\Omega_{30}+w_0\sin\phi_0\\ 0 & 0 & 0 & -1\\ \frac{1}{EI} & 0 & \Omega_{30} & 0\\ 0 & 0 & 1 & 0\end{bmatrix}\begin{bmatrix}\bar{S}_{\mathrm{b1}}\\ \bar{r}\\ \bar{\Omega}_{21}\\ \bar{\theta}_1\end{bmatrix} \tag{6.70}$$

在省略表示非线性阻力的贡献的虚数项之后,通过式(6.69)和式(6.70)推导出代表特征值问题的缩减系统,其解决方案提供了缆索的固有频率和振型。特征值问题的解决方案要求使用关于边界条件的有效假设。对于缆索结构物来说,假定两端的运动和曲率都是零是足够的。由式(6.69)和式(6.70)得出的合理结论是,振型和固有频率强烈依赖于静态分量,即缆索的初始构型。特别强调了这一特征,要注意的是文献中经常采用的正弦振型可能会导致错误的结果,因为它们省略了提供静态构型模式缆索的所有重要的重量。Triantafyllou 和 Triantafyllou[6.9]详细讨论了模拟缆索的弦的特征值问题的重要影响,他还介绍了弯曲系统以避免假定吊弦的下边界层上的零张力奇点。Chatjigeorgiou[6.10]最近应用了一种类似的方法,该方法依赖于奇异摄动来处理垂直细长结构的特征值问题。

6.2 悬链系泊索的特征值问题

动态均衡系统的彻底调查显然应该包括解决相关的特征值问题。这将提供振型,并且最重要的是提供检测潜在共振位置的固有频率。就缆索动力学而言,Triantafyllou 等人[6.11-6.14]在一系列研究中系统地研究了特征值问题。

对于如缆索结构的连续系统,本征频率的数量以及相应的本征模式的数量是无限的。从许多观点来看,本征模式的形状计算是至关重要的。首先,它们提供关于结构如何振动的

通用信息。其次，它们允许构造用于求解相关动态问题的级数展开式，因此可以通过应用本征模式的正交关系来简化，从而导致常微分方程组的系统缩减。后一种程序可以提供对所研究系统的非线性振荡细节的了解。对特征值问题的解析解确实是可行的，只要做出几个简单的假设[6.9,6.15]。尽管如此，它们在应用范围上有特定的限制。

特征值问题的细节强烈依赖于结构研究的初始构型，即控制其静态平衡的参数。船用缆索通常变成悬链线形状，既可以作为系泊缆索，也可以作为水下结构或展开过程中的拖缆。在此，考虑悬链缆索具有以下物理性能和力学性能：长度 1 000 m，质量 94.5 kg/m，附加质量 16 kg/m，重量 770 N/m，密度6 052 kg/m^3，杨氏模量 207 GPa，直径0.141 m，顶部的静态张力 780 kN，安装深度 375 m。根据以上所述，约 212 米的缆索将平放在假定的水平底部。故意选择特定的构型来调查由于躺在底部的部分而引起的固有频率和振型的潜在差异。还考虑了面外特征值问题。不过，后者只涉及悬浮段。

平面内和平面外特征值问题引入了弯曲刚度，然而它被设置为非常小(但不是零)的值。除了主要精确的方法之外，挠曲刚性的内含也允许考虑平面外的问题。寻求的解决方案是通过处理数学模型[式(6.69)和式(6.70)，令 $c=0$]作为一个两点边值问题。采用端点的零运动和曲率，而所需的计算是使用 Matlab 的专用 bvp4c 路径来实现的，该程序集成了方程组。关于平面内问题的一个重要方面是躺在底部部分的公式化。为了克服这个困难，在该地区考虑的静态平衡问题的解决方案是中和浮力，产生了一条直线。对于动态特征值问题也做了同样的假设，还要求有效重量必须沿着缆索的整个长度变化。

特征值问题的结果在表 6.1 和表 6.2 中以及图 6.2～图 6.7(前五种模式)中给出。表 6.1 和表 6.2 分别列出了面内和面外方向的固有频率。在表 6.1 中显而易见的是，底部搁置的静止的部分深刻地改变了本征频率的值。事实上，这些变化转向较低的值。被观察到的变化表明动力系统的不同构型，它们遵守不同的细节。因此，可以保守地说，仅用其悬挂部分来接近系缆可能是一种不足的方法。表 6.2 提供了平面外动力学的固有频率(仅限于

表 6.1　平面内特征频率/(rad/s)

模式编号	1	2	3	4	5
搁在底部	0.427 0	0.661 9	0.863 7	1.111 6	1.336 2
悬浮部分	0.547 9	0.823 1	1.147 0	1.425 1	1.735 7

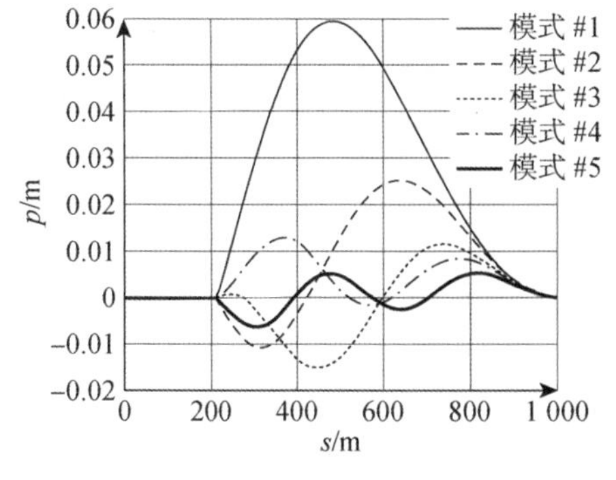

图 6.2　搁置在海底的缆索的面内轴向运动本征模式

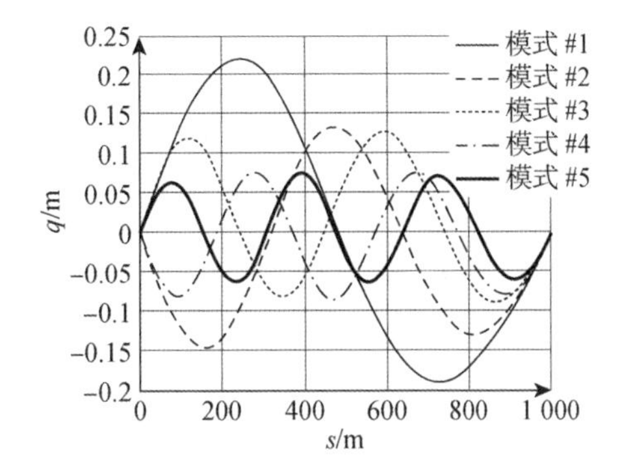

图 6.3　搁置在海底的缆索的面内法向运动特征模式

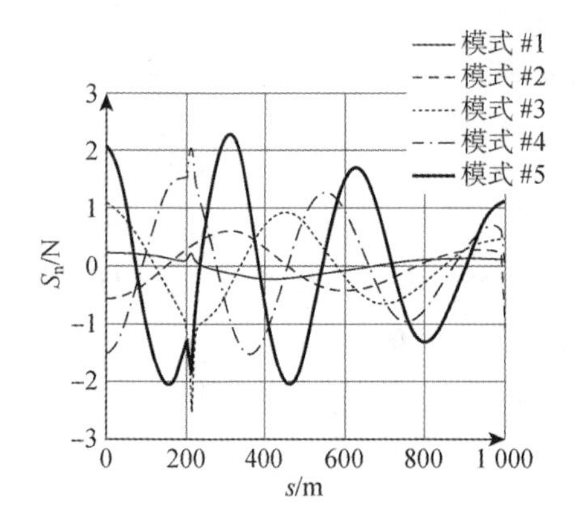

图 6.4　搁置在海底的缆索的面内剪切力本征模式

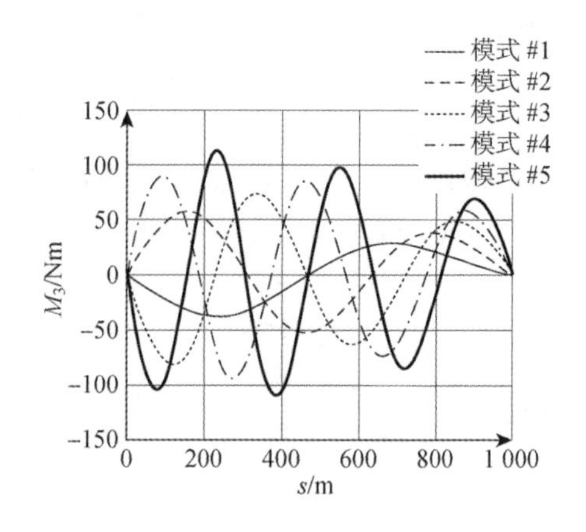

图 6.5　搁置在海底的缆索的面内弯矩本征模式

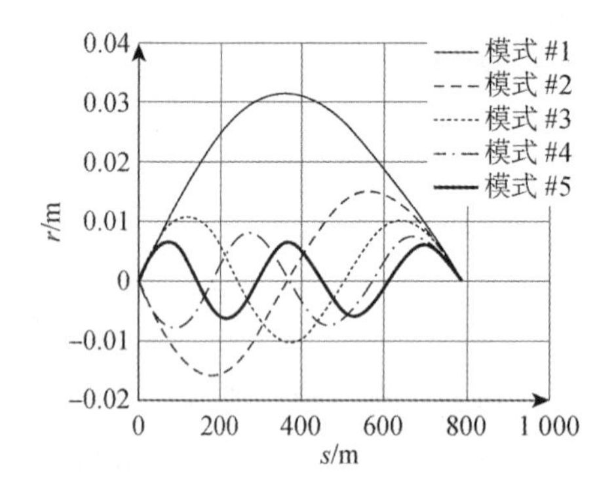

图 6.6　悬挂部分的双法向运动特征模式

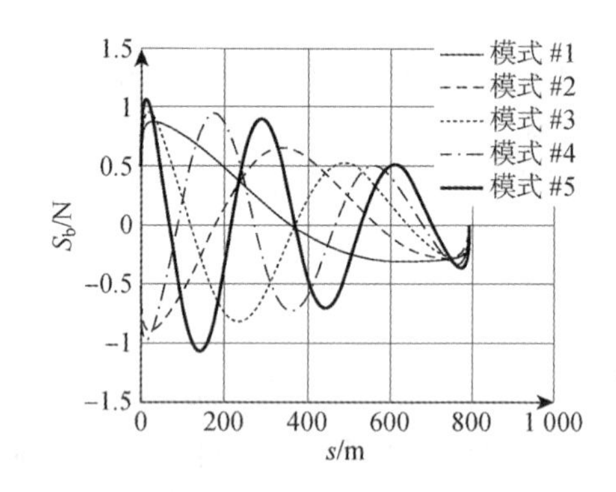

图 6.7　悬挂部分的平面外剪切力本征模式

表 6.2　平面外特征频率/(rad/s)

模式编号	1	2	3	4	5
悬浮部分	0.229 4	0.584 7	0.876 2	1.168 2	1.460 7

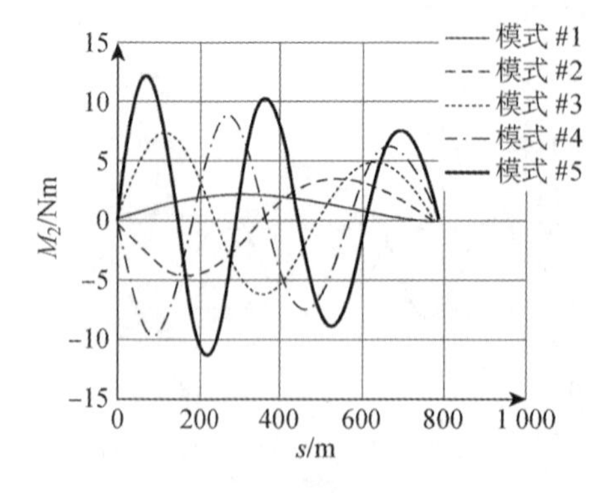

图 6.8　悬挂部分的平面外弯矩本征模式

悬浮部分)，这些频率足够低于平面内的动力学频率。

所涉及的系泊缆索的动态响应的证据由振型提供，其中图 6.2～图 6.5 为平面内的振动，图 6.6～图 6.8 为平面外的振动。虽然由于选择了可以忽略的弯曲刚性而不显著，弯曲力矩和剪切力也可以提供(见图 6.4 和图 6.5)。(量纲化的)剪切力和弯曲力矩非常小的数值就弯曲的微小影响而言，包括缆索动力学而言是确定的。

在这里，只显示底部的静止情况结果，因为它们包含最显著的特征。借助于图 6.2 来检查缆索的轴向运动(拉伸)。这是唯一明确说明躺卧部分的描述,表明沿该部分的轴向动态拉伸为零。应该说轴向模态也为动态张力放大的变化提供了模式。沿着悬挂的部分,轴向振型遵循 n-1 与水平交叉的规则,其中 n 是后续模式编号。与法向运动相同的一个重要特征也是如此(见图 6.3)。与增加模式编号的模式幅度的逐渐衰减有关。

但是,法向模式不会横跨水平轴(s坐标)$n-1$ 次。相反,第 n 个模式有 n 次超越。这立即将实际振型与简化的正弦振型区分开来,意味着后者实际上是一个有缺陷的方法,在最终精度方面存在较高的不确定性,因为它省略了缆索的所有重要的重量。还应该注意的是,缆索的整个长度,包括躺在底部的部分,都是沿法线方向运动的。这是完全水平底部假设的结果。证据表明搁置在底部的缆索的一部分未在图 6.3 中示出。然而,接触点的确切位置可以立即在剪切力的振型中被检测到,并且其次在弯曲力矩的模式中被立即检测到。接触点可以作为一个不连续点来实现,这在图 6.4 中清楚地表明了。

在双法向方向上的平面外振动通过图 6.6～图 6.8 的描述来检查,它们分别提供运动,剪切力和平面外弯曲力矩。最后两个参数又非常小,表明缆索的弯曲效应可忽略不计,然而,对于诸如缆索的线结构,挠曲刚性可以有效地用作避免以潜在奇点出现为特征的区域中的数值困难的工具。平面外模式的大小(见图 6.6)对于增加的模式编号再次减少以增加模式编号。这毫无疑问地证明,在潜在的解决方案的级数展开中使用实际振型将导致收敛性的表述。此外,应该提到的是,面外振型的特征在于不对称性,与关于中点对称的经常使用的谐波形状相反。在第一模式中更容易检测到的最大值向底点移动,因此,意味着最大的运动应该预期在该区域发生。最后的评论也适用于弯矩和剪力(见图 6.7 和图 6.8).

6.3 高张力缆索:张紧-松弛条件

本节研究一个经历高动态张力放大影响的指示性实例。缆索被有目的地引导到激励状态,最终消除施加在缆索上的总张力。这里的术语“高”与动态张力相关,与静态张力不同。事实上,当后者足够大时,总张力被取消越来越困难,从而阻碍了可能的动态不稳定性。

在一些实际应用中,高张力和低张力可能会同时发生,如在响应的一个周期内。其他实际应用只涉及低张力缆索,例如部署缆索。在本节中,重点是前者,其中包括允许调查所谓的张紧-松弛现象。特别是在最大张力放大过程中发生卡断,并且可以解释为引起缆索全长的冲击负载,和在张力被取消时发生不希望的松弛。相关的例子是张力腿平台或缆索的高张力筋,用于在海底部署仪器组件或用于拖曳水下车辆的缆索。

为了避免张力消除和处理动态平衡问题的数值方案的不可避免的崩溃,最可取的方法是将弯曲作用包括在数学公式中。这使得缆索可以承受所谓的压缩载荷,该载荷由诱导的负向张力控制[6.16]。换句话说,缆索停止发挥链条的作用,并成为经历弯曲作用的梁。尽管如此,实际上非常小的抗弯刚度却不能承受导致屈曲的大的压缩。事实上,张力永远不会变成零。

已经有一些研究,主要是实验性的,明确表明了有关现象的发生。欲了解更多细节,感兴趣的读者可以参考 Papazoglou 等人[6.5]和 Mavrakos 等人[6.17]的论著。然而,就计算而言,最困难的部分是模拟沿着缆索的特定位置处的总张力接近零的时间间隔。有关的研究避免了人为地让张力为零[6.5,6.18,6.19]所带来的数值困难。然而,这种近似值具有特定的限制,并且不能为在缆索上的小的负张力提供答案。

很明显,为了捕捉压缩载荷状态,应该开发和使用稳健可靠的方法。完整的系统假设涉及到挠曲刚度,事实上,这是正确的方法。为了获得成功的计算,必须付出不可避免的代价。这与使用隐式数值方案以及在时间和空间中使用密集离散化有关。就目前的贡献而言,这是通过采用无条件稳定的隐式方法来实现的。

没有提供详尽的细节,被认为最流行的解决方案技术依赖于有限元方法。后者为海事和近海行业中实际上的标准软件程序提供了工具,用于分析潜水缆索。如 RIFLEX[6.20]。一般有限元方法在过去几十年的文献中已被广泛地覆盖,因此在此仅引用两个指示性实例。这些是由于 Wang 等人[6.21]和 Aamo 以及 Fosen[6.22]的研究成果。

Ablow 和 Schechter[6.23]首先提出了有限差分法在缆索动力学问题中的应用,他们的方法相应地经 Milinazzo 等人[6.24]修改。随后他们开发并改进了的有限差分近似方案,并对各种缆索动力学问题进行了一系列研究,如低张力缆索[6.25-6.26],部署缆索[6.27],自由悬挂线[6.28],高度可扩展的缆索[6.29]和系泊线动力学[6.30]。有限差分法在这里被明确提及,因为它是用于推导当前数值结果的方法。特别是,非线性系统和线性化系统都采用了中心差分方案进行处理[6.31]。对于非线性系统,将中心差分应用于时间节点和空间节点的离散化,从而得到二阶精度 $O(\Delta t^2)+O(\Delta s^2)$ 算法。对于线性系统,只需要对空间离散化进行中心差分近似,再次得到二阶精度方案。应该指出,所开发的方法着重于两点边值问题,并且只考虑时间和空间上的一阶导数。如果还需要考虑二阶导数,如是否包含扭转,那么就需要构造一个更复杂的方案。在这里,最后的系统用松弛方法进行数字化。

本节介绍的数值结果涉及具有以下物理性能和力学性能的 TLP 腱:长度 100 m;安装深度 100 米;质量 20.8 kg/m,附加质量 5.15 kg/m ;杨氏模量 0.8×10^9 N/m^2;直径 0.08 米;沉没重量 153.5 N/m;法向阻力系数 1.0;切向阻力系数 0。在顶部的预张力等于缆索总的沉没重量,而缆索假设受到激励,其激励由其参考平面中的垂荡和在浪涌中组合单色激励所引起,具有相等频率 1.5 rad/s 和零相位幅值分别为 1 m 和 2.5 m。

通过应用式(6.38)~式(6.47)的完整三维非线性系统寻求解决特定问题的解;尽管物理问题仅在二维中定义。简单地说,没有使用双法向运动。对于系统的解决方案,控制方程由边界条件补充,边界条件假设底部为固定端和零运动,而顶部的外部运动明确定义顶部边界条件。这里只显示了一些指示性的结果,这些结果强调了最有益的机制,即松弛条件。如果包括其动态放大在内的有效张力被取消,那么将主要发生在底点,那里的静态张力允许最低值。因此,特别注意缆索的低位连接;施加的载荷在图 6.9 和图 6.10 中表示,其中总有效张力和剪切力分别都给出。该缆索被 600 个节点离散化,计算运行的时间步长等于 0.01 秒。应该承认,前面的图对应于相对粗糙的网格和足够大的时间步长。但是,每个时间步长的收敛仅需要五到六次迭代就可以实现。这些评论意味着一个非常有效、稳定和鲁棒的数值方案,与 Gobat 和 Grosenbaugh[6.32]提出的箱形(以中心为中心)方法的批评相反。

回到物理模型及其动态行为的结果,引起我们注意的第一个(也是最重要的)特征与零有效张力(这里显示的是底部终点)有关。缆索松弛时,紧接着零张力区间的是张力的快速增加,其可以表征为紧扣区间。值得注意的是,缆索确实允许小的负张力,在此期间发生轻微的压缩。在缆索的极端拉伸过程中,剪切力接近于零(见图 6.10),而松弛过程中的数学公式则由弯曲项来支持(见图 6.10 的剪切力的急剧增加)。

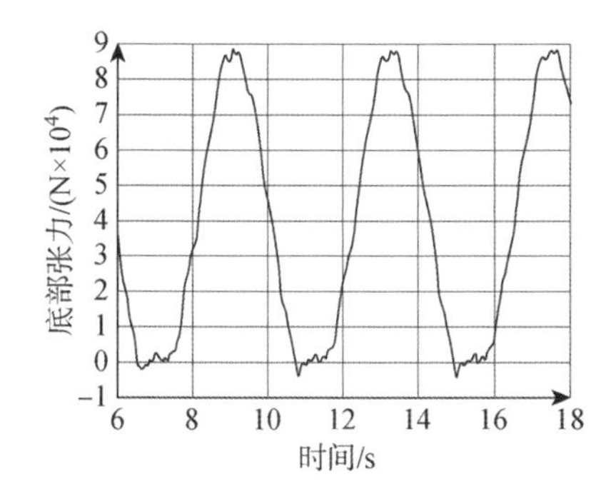

图 6.9　垂直腱在张紧-松弛加载下底端点处的总张力时程(激振幅度＝1 m的浪涌,2.5 m的垂荡;频率＝1.5 rad/s)

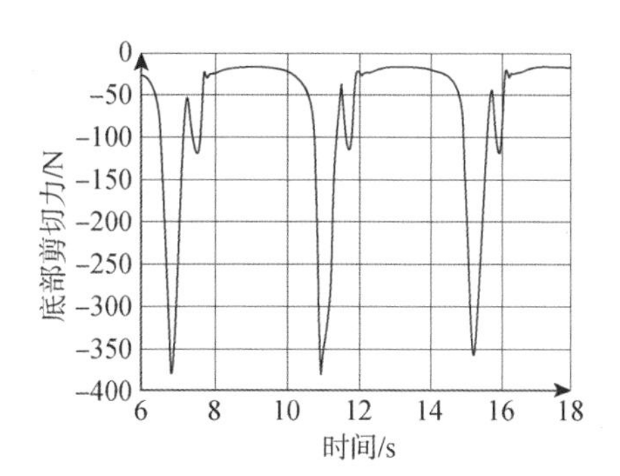

图 6.10　垂直腱在张紧-松弛加载下底端点处的总剪力时程(激振幅度＝1 m的浪涌,2.5 m的垂荡;频率＝1.5 rad/s)

在零张力区间,腱的实际构型的细节见图 6.11～图 6.13,显示了轴向结构速度、法向结构速度和相对于水平面的角度。松弛期间缆索的构型可以通过图 6.12 来评估,图中提供法向(沿着 x 轴)速度。根据这种描述,缆索可以假定为垂直的,沿着其长度的主要部分,速度几乎是恒定的,但下部区域深度松弛。类似的特征可以在相对于垂线达到大约 45°的角度快照中看到。在有关失去张力的区间内导致缆索的不稳定。

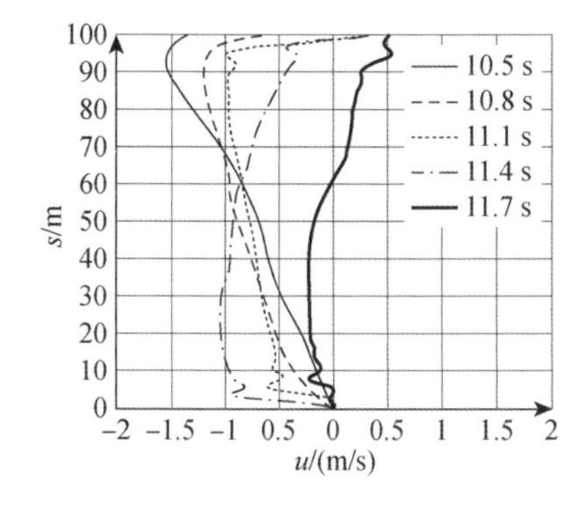

图 6.11　松弛条件区间沿缆索的轴向结构速度快照

注:快照对应于 10.5 s,10.8 s,11.1 s,11.4 s 和 11.7 s(另请参阅图 6.9)。

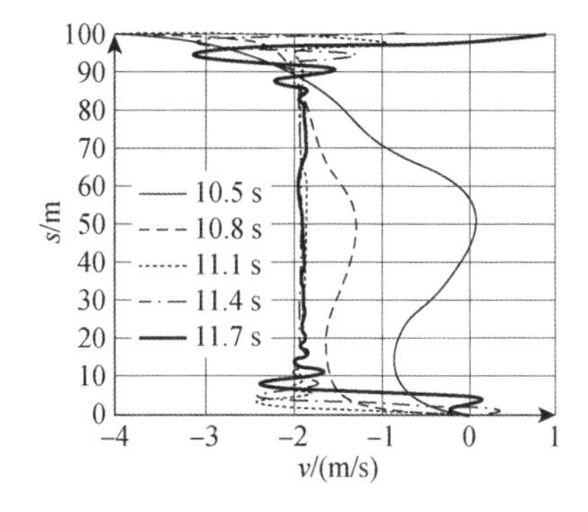

图 6.12　松弛条件区间沿缆索法向结构速度的快照

注:快照对应于 10.5 s,10.8 s,11.1 s,11.4 s 和 11.7 s(也可参见图 6.9)。

此外,相关人员还研究并讨论了更明显的松弛缆索状况。在这里,始终施加在顶部的激励频率被降低到 0.5 rad/s,以获得延长的时间间隔,在此期间动态张力变为负的,并且消除静态张力。由于缆索的振动较慢,激励的幅度被认为是足够大的,即分别沿 x 和 z 方向达到 3.0 m 和 3.5 m。重点放在动态张力放大时间历程上,相关信号如图 6.14 所示。人工引入链接线来显示静态张力的水平。可以再次推断,实际上缆索不能承受任何弯曲作用,因此以几乎为零的有效张力作出响应。这是由于来自小横截面面积的非常小的弯曲刚度。应该指出,如果弯曲刚度被省略,我们将无法获得所描述的结果。省略 EI 会导致病态问题(按照 Triantafyllou 和 Howell[6.16] 所使用的术语),这在包含弯曲刚度之后变得良好。在图 6.14

中,很容易看到总有效张力立即变为负值,并因此恢复正值(尽管很小)。事实上,零张力区间实际上不是零。总张力以非常小的正增量前进,直到达到极限拉伸。应该指出的是,所描绘的行为已经由 Papazoglou 等人[6.5]的实验验证过。

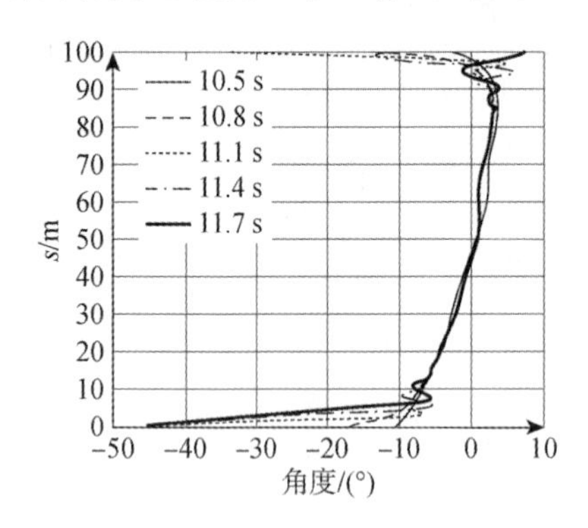

图 6.13 在松弛条件区间沿着缆索的角度的快照

注:快照对应于 10.5 s,10.8 s,11.1 s,11.4 s 和 11.7 s(也可参见图 6.9)。

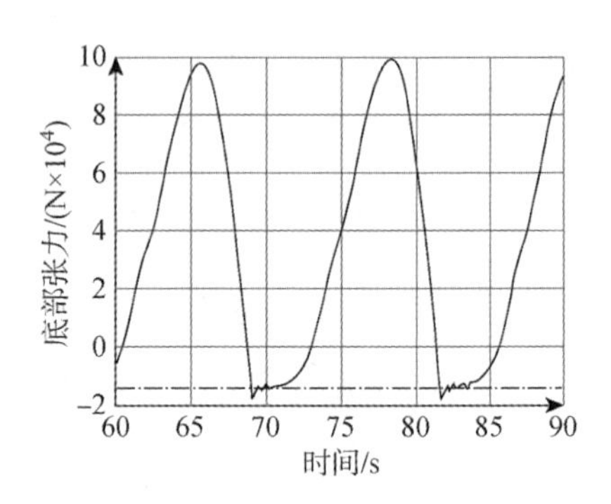

图 6.14 垂直腱在张紧-松弛加载下,底端点处动态张力的时程(激振幅度=3 m 的浪涌,3.5 m 的垂荡;频率=0.5 rad/s)

6.4 悬链系泊动力学

近海行业向更深水域的技术进步要求使用受波浪约束的系泊设施,不一定采用腱或拉紧斜拉索。事实上,最普遍的系泊方法是使用悬链系泊系统,通过系泊缆的淹没重量为系泊平台提供必要的恢复特性。无可否认,在文献中有大量的相关研究涉及悬链系泊的静力学和动力学,其中大部分研究都是在专门的会议上提出的。尽管如此,Irvine 的经典著作[6.33]应该被提及。

通常,悬链系泊的动力学是根据系泊浮体的缓慢变化和波频运动进行研究的。前者可以准静态调查,这意味着施加在悬链线上的载荷可以近似为静态平衡解,但在考虑缓变漂移载荷的情况下除外。然而,波频运动不能承认这种方法,因此需要动态平衡系统的解决方案。这可以通过使用时域或频域技术来执行。这里,两种解决方案已经被开发出来,但是在后续中给出的数值结果在式(6.69)和式(6.70)中仅通过频域方法获得,它提供了一个系泊缆绳实际动态的快速预估。本节分为三部分:第一部分是专门研究悬链线的动力学,第二部分考虑系泊线上的中间浮标,最后一部分是所谓的系泊诱导阻尼现象。为了涵盖在潮湿环境中系泊缆索的动态行为的大部分重要特征,仅给出了指示性结果。

6.4.1 单根系泊缆绳

结果和随后的讨论涉及一条单一的系泊线,沿着它的全长具有统一的物理性能和力学性能。这些性能取自 Mavrakos 和 Chatjiqeorgiou 的著作[6.34]。特别是缆绳长3 000 m,安装在 375 m 深的水域。顶部的水平预张力为 7.8×10^6 N。此外,缆索具有以下属性:质量 94.5 kg/m,附加质量 16 kg/m,浸没重量 770 N/m,直径 0.141 m,弹性刚度 10^9 N。法向和切向阻力系数分别设置为 1.0 和 0.0。最后,分别在平面内和平面外问题的水平方向和双法向上单独施加 2m 的单个激励振幅。值得一提的是，有关模型的静态构型有一小部分（大约等于 200 m）躺在假设的水平海底。这可以通过弹簧和阻尼器近似来模拟弹性刚度和库仑（Coulomb）摩擦。然而，这里我们依赖于相对悬挂部分较小的长度，我们忽略了包括与底部摩擦的相关效应。缆索被认为是完全悬挂的，静止在底部的相对较小的部分是允许的。鉴于该部分没有特别明确表达的事实，预计其发生将不会反映在沿缆索动态分量的变化图上。

就最重要的动态参数而言，系泊缆索动力学关注的是顶部施加的张力。这是因为动态张力放大补充了静态配对，静态配对在顶端终点获得最大值。图 6.15 给出了沿缆索三点动态张力放大的相关结果。图 6.15 的动态张力放大的传递函数必须与图 6.2 的相应曲线相关联，因为所采用的解决方法是不同的。图 6.15 假定缆索是 $EI=1$ 的细长梁[6.69]，而数值预报则是通过中心差分近似和第 6.3 节简要概述的松弛方法获得的。相反，图 6.20 的相应结果是通过文献[6.35]中描述的人为中心差分方法得到的。可以看出，就单根缆索而言，这种比较是非常有利的，反过来也证明了这两种方法的有效性和准确性。

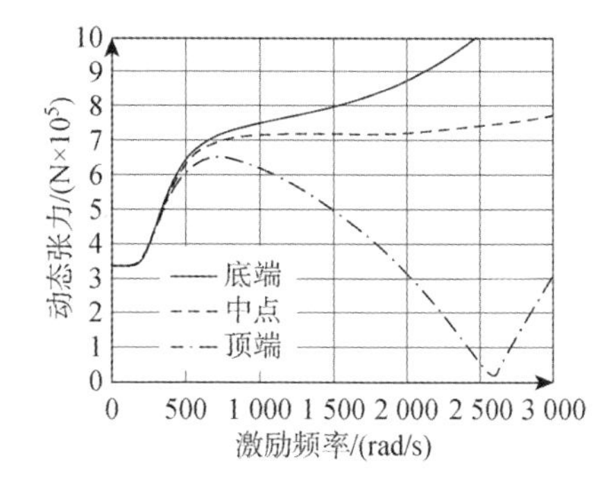

图 6.15　振幅为 $\alpha_x=2$ m 的顶部平面内浪涌激励下沿悬链索（位于悬挂部分的顶端，中间和底端）的三个点的动态张力放大

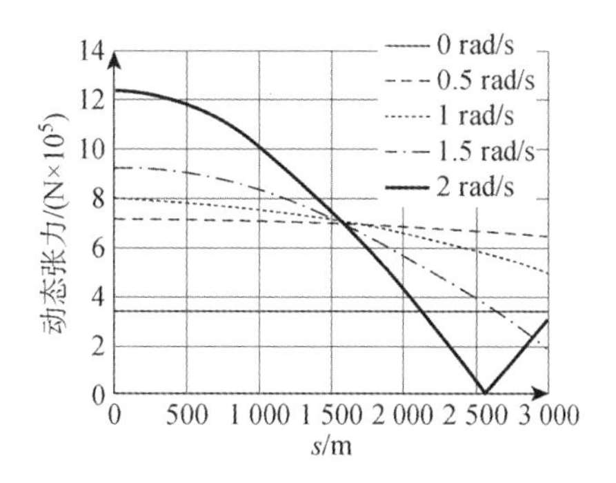

图 6.16　在振幅 $\alpha_x=2$ m 且处于四个不同频率的顶部面内浪涌激励下沿悬链索的动态张力放大

图 6.15 有几个有趣的特征，必须恰当地强调和讨论。首先，由特征值问题预测的所有共振被阻力的强烈作用抵消。此外，由线性理论预测的顶端动态张力放大非常低，这里约有 10%的静态张力。另外，它在高频范围逐渐衰减，达到较低的消除点，并因此在与第一弹性本征频率重合的频率处呈现急剧增加。

显然，沿缆索的动态张力不相等，如三条曲线所示。他们只在低频范围内接受可比较的量级，并且在此之后动态张力在靠近悬挂部分的下部处获得非常大的量值。事实上，所示的曲线弥补了由于 Papazoglou 等人[6.5]的假设所导致的小误差，据此动态张力沿着悬浮部分是恒定的，这又使得动态张力计算公式的简化成为可能。事实上，这只适用于低频，如图 6.15和图 6.16所示的那样。

通常对于船用系泊缆索而言，所关注的变量是轴向负载，尤其是在导缆器上施加的张力。然而，认识到沿着缆索如何改变控制参数组是毫无疑问感兴趣的，并且这个任务是借助于图 6.16～图 6.19进行的。图 6.16～图 6.18关注平面内振动并提供张力和浪涌，以及沿悬挂部分的五个等间隔频率的垂荡运动。再次，可以看出动态张力仅在小频率时几乎恒定。较高的频率出现强烈的变化，而底部的张力增加，振荡更快。所施加的张力与随着激励频率增加而表现出强烈变化的诱导运动明显相关（见图 6.17 和图 6.18）。另外，如图 6.18所示的2.0 rad/s 曲线所示，对于快速施加的运动，特别是垂荡结构振荡趋于消失。

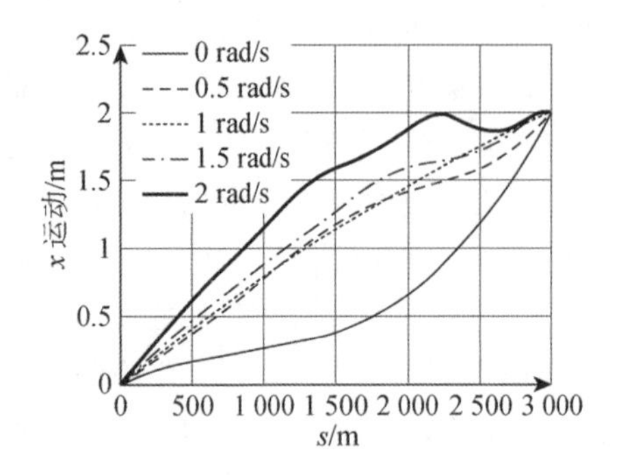

图 6.17　振幅为 $\alpha_x=2$ m 的和四个不同频率的顶部平面内浪涌激励下沿悬链线的浪涌结构运动

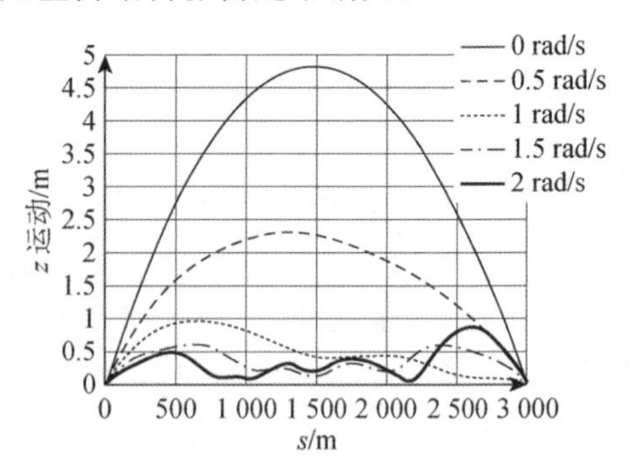

图 6.18　振幅 $\alpha_x=2$ m 在四个不同频率的顶部平面内浪涌激励下悬链索的垂荡结构运动

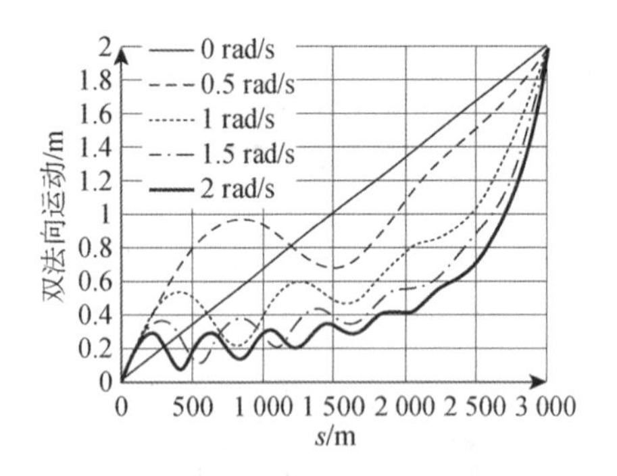

图 6.19　振幅为 $\alpha_x=2$ m 且在四个不同频率的顶部平面外激励下沿悬链缆索的双法向结构运动

应该承认，绝大多数有关系泊动力学的研究是在二维和缆索的参考平面上进行的。如前所述，这是由于所关注的参数是张力。为了体现本章的价值，提供了关于双法向行为的附加结果。这些是通过矩阵系统(6.70)获得的并且弯曲刚度再次设定一致。线性系统假定解耦面内和双法向运动，导致考虑到双法向行为不会增加动态张力放大。

这确实是真实的，它可以通过式(6.38)～式(6.47)的非线性问题的解来证实。另外，由于可忽略的弯曲刚度，沿缆索发展的剪切载荷不可避免地很小。这同样适用于弯曲力矩。因此，这里仅考虑平面外运动，并且对于 2m 双法向顶部施加的激励获得的结果示于图 6.19 中。准静态激励用 $\omega\to0$，如预期的那样，沿着缆索提供线性变化。对于较小的频率激励会发生较大的双法向振动，这些振动在数量上会相应衰减，并呈现出强烈的波动趋势，从而加速运动。

6.4.2　附加中间浮标的效果

事实上，使用沿着系泊缆连接的中间浮力装置(浮标)是实用的技术，旨在通过降低其有效浸没重量来改变实际缆索的静态和动态特性。与没有浮标的同一条系泊缆索相比，这种技术可以在系泊缆的动力学方面产生直接的差异。此外，公式和解决方案技术应该更新，以便适当考虑浮标之间形成的各个部分，而不管它们是否具有相同的属性。此外，复杂的系泊缆-浮标系统还需要考虑浮标的动力学，取决于其几何形状、物理特性和连接点。

有关这一主题的研究报告数量明显低于处理简单系泊的研究报告。带有浮筒的系泊研究见文献[6.34][6.36]和[6.44]。

在这里，在文献[6.34]的概述分析是基于本文作者提出的理论和解决方法，他们调查了浮标旋转造成的潜在影响。在这方面采用的解决方法是基于类似于 Bliek 开发的中心差异算法[6.35]。下面讨论的数值预测指的是第 6.4.1 节中描述的系泊缆的线性化问题。为了达到本节的目的，具体的系泊缆被假定有一个浮标附在离底部2 450 m 处。假设浮标为球形，阻力系数等于 0.8。浮标的详细属性可以在文献[6.34]找到。有关详细讨论沿缆索不同部位连接多个浮标的影响以及实验结果，有兴趣的读者可以参考 Mavrakos 等人的研究报告[6.36]。

在下文中，提供了三个指示性案例的结果，这些案例的特点是浮标对缆索提供的净浮力不同，即缆索总浸没重量的 20%，35% 和 50%。假设顶部的激励是水平的，幅度为 2 m。作为参考，还考虑了单系泊缆的无浮标情况。预报显示在图 6.20 和图 6.21 中，其描绘了在顶部施加的动态张力放大的传递函数（见图 6.20）和施加在紧靠浮标下方的动态张力放大的传递函数（见图 6.21）。

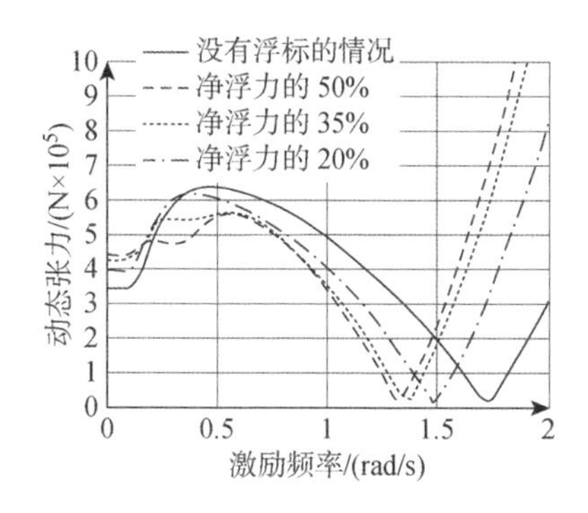

图 6.20　振幅为 $\alpha_x=2$ m 的水平单色激励下缆索顶部的动态张力放大

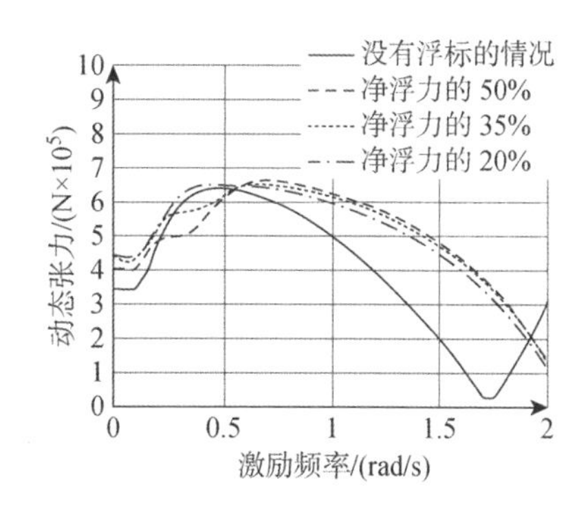

图 6.21　浮标下方的动态张力放大

注：假定缆索在顶部用水平单色运动激励，振幅 $\alpha_x=2$ m（无浮标的图线适用于顶部的张力）。

显然，浮标在系泊缆某处的插入深度改变了顶部施加的张力（以及沿着整条缆索的张力），并因此改变了提供给浮动船舶的缆索的恢复特性。第一个具体的评论涉及顶部和浮标正下方张力的差异。根据前一节的调查结果，后者大于前者。而且，这个浮标实际上减少了顶部施加的张力，尽管不是很大。

然而，最重要的特征来自消除频率，并且相应地来自随后的弹性频率。消除频率向较慢的激励方向移动并且接近在海中遇到的典型波频率的区域。顶部的张力似乎越来越受到净浮力量的影响，而紧靠浮标下方的张力不受相关参数太大的影响。此外，与顶端发生的情况相反，紧靠浮标下方张力的消除频率允许更高的值。很明显，这是由于在这个位置上的缆索段可以被看作是具有不同特性的独立的缆索，因此具有不同的特征值细节。

图 6.20 和图 6.21 确实证明了浮标在减少动态张力放大方面的效果。由于动态张力是增加系泊缆索失效可能性的量，因此浮标引入的缩减机制尤为重要，特别是在生存状态下。但应该指出，所提出的技术，要求对所附浮标的最佳尺寸、数量和位置进行全面调查。应该承认，在这方面没有做太多的工作。相关的例子见文献[6.45]。

6.4.3　系泊缆索诱导的阻尼

所谓的系泊缆索诱导阻尼现象的概念最初是在 20 世纪 80 年代由 Huse[6.46] 和 Huse 和 Matsumoto[6.47] 引入的。据此，把系缆的振荡放进湿环境中，这种湿环境由系泊浮体的运动引起，主要来源于阻力的阻尼机制的能量耗散。根据当时突破这一想法的启发者，这种能量损失可以转化为一种非守恒力，吸收能量并增加系泊结构的总体阻尼。Huse 预估系泊缆索诱导的阻尼可以累加总阻尼率的 25%，因此，忽略该项高估了浮体运动的幅度。

Huse 之后有几项研究成果处理系泊缆索引起的阻尼现象。Liu 和 Bergdahl[6.48] 提出了一个对 Huse 模型的改进。Brown 和 Lyons[6.49] 声称系泊系统在某些情况下可以提供高达 80%的可用总阻尼，从而显著降低峰值线路张力。此外，Brown 和 Mavrakos[6.50] 介绍了由国际船舶和海上结构会议（ISSC 1997）I2（载荷）委员会发起的对比研究的结果，而 Bauduin 和 Naciri[6.51] 只是准静态地解决了这个问题。当代，重点是由波能转换器（WEC）系泊缆索引起的阻尼。最近，Chatjigeorgiou 等人[6.53] 采用与缆索相同的构思提出了所谓的立管诱导阻尼。

系泊缆索诱导的阻尼通过等效的线性化阻尼系数来量化，该系数可以被引入到系泊浮体的动态平衡系统中，后者被假定为单个或多个度的振荡器。一个先决条件是解决系泊缆索的动态平衡问题，显然在多个系泊系统中，总系泊缆索阻尼由所有系泊缆索的单个阻尼系数的叠加而成。因此，可以使用频域或时域技术来获得线性化系数。前者需要求解复空间中的线性动态平衡问题。因此，线性化的阻尼系数是通过在顶部施加的动态张力的水平分量的虚部由下式来获得的。

$$c_x = \Im\left[\frac{F_x}{\alpha_x \omega}\right] \tag{6.71}$$

式中，α_x 表示施加在顶部的水平运动的幅度，ω 是激发的频率。显然，类似的关系适用于系泊缆索引起的垂荡方向的阻尼。如果通过相关的强制运动将 F_x 替换为顶部施加的面外剪切力 S_{b1}，和 α_x，则可以使用相同的表达式来计算双法向上的线性化阻尼。因此，明显的是平面外的线性化阻尼需要解决同向线性问题，并且相应地将弯曲刚度包含在控制平衡问题中。

通过时域解决技术的阻尼系数的推导需要评估每个周期的耗散能量[6.50]。即

$$E_k = \int_0^{\tau} F_k \frac{\mathrm{d}q_k}{\mathrm{d}t}\mathrm{d}t \tag{6.72}$$

对于 $k=x,y,z$ 和 τ 表示响应的周期。这里，y 表示面外方向。根据用于制定非线性动态平衡问题的符号，式(6.72)在笛卡尔系统中有以下表达式：

$$E_x = \int_0^{\tau} (T\cos\phi)(u\cos\phi - v\sin\phi)\mathrm{d}t \tag{6.73}$$

$$E_y = \int_0^{\tau} S_b w \mathrm{d}t \tag{6.74}$$

$$E_z = \int_0^{\tau} (T\sin\phi)(u\sin\phi + v\cos\phi)\mathrm{d}t \tag{6.75}$$

显然，由于与张力 T 的极值相比较可忽略的面内剪切力 S_n，面内剪切力的贡献在式(6.73)和式(6.75)中忽略了。应该注意的是，积分可以通过仅使用总量或其动态对应量来执行。考虑到静态分量是恒定的，结果应该是一样的。相应地，线性化阻尼系数由下式给出：

$$c_k = \frac{E_k \tau}{2\pi^2 a_k} \tag{6.76}$$

对于 $k=x,y,z$，其中 a_k 表示与周期 τ 相关的振荡幅度。

线性化系泊诱导阻尼系数和能量耗散回路的指示性结果在图 6.22～图 6.24 中提供。再次，调查的主题是第 6.4.1 节中所述的系泊缆索。平面内的动力学被认为有和没有浮标（见图 6.22），而在双法向的动态行为假定没有浮标连接（见图 6.23）。两幅图都描绘了通过频域近似得到的计算结果。

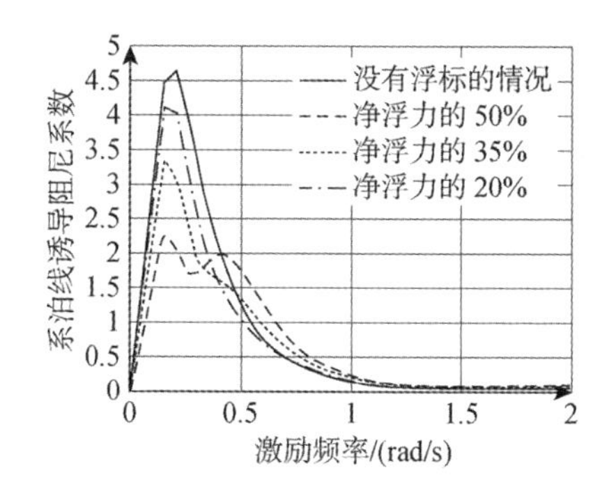

图 6.22　在浪涌方向 $c_x=\Im[F_x/a_x\omega]\times 10^{-5}$ 时，系泊缆索诱导的阻尼系数。假定缆索的顶部被水平单色运动激励，振幅为 $\alpha_x=2$ m

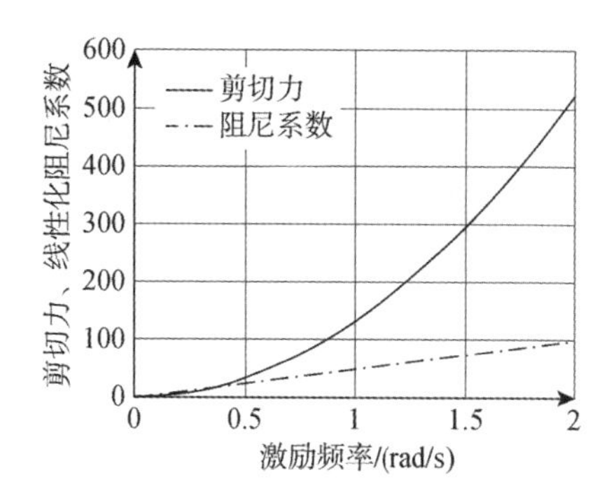

图 6.23　双法向 $c_b=\Im[S_b/\alpha_b\omega]$ [N/(m/s)]时的剪切力 $\bar{S}_{b1}$(N)和系泊缆索诱导阻尼系数。假设缆索在顶部以振幅为 $\alpha_b=2$ m 的双法向单色运动激励

观察如图 6.22 所示的曲线，推断阻尼系数随激励频率的变化模式取决于动态张力的趋势（见图 6.20）。在消除点和第一弹性本征频率之前，动态张力以及相应的水平分量的逐渐减少，结合增加的激励频率导致阻尼系数的相对急剧下降。值得注意的是，阻尼系数的局部最大值与张力的最大值不一致。另外，就动态张力放大而言，沿线使用浮标，尽管其具有积极效果，但导致阻尼减少。图 6.22 提供增加净浮力高达总浸没重量 50%的结果。显然，最大净浮力情况导致 0.3 rad/s 左右出现颠簸。应该指出的是，对于更大的净浮力进行的数值试验表明，最大阻尼系数（局部最大值）向高频移动。这正是动态张力放大的传递函数的直接结果，其遵循相同的趋势。因此，很容易推断出的结论是：浮标的选择应该适当地放入一个必须考虑几个动态效应的优化过程中。重要的是要注意阻尼系数的大小，这固然会得到相对较大的值。很明显，在等效振荡器的线性运动方程中，该数字将被浮体的大质量除（通常情况）。但是，应该指出的是，总的系泊缆索阻尼将由多腿配置中的组成系泊缆索的单个阻尼项组成，因此，预计将会构建一个不可忽略的项。

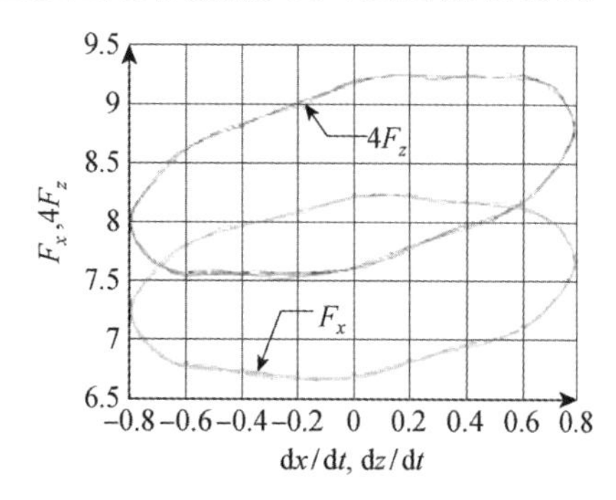

图 6.24　在 x 和 z 方向上的能量耗散回路，通过三维时域仿真系泊缆索在顶部具有相等振幅 2 m 和激发频率0.4 rad/s 时在 x，y 和 z 单色运动的动态响应得到的

图 6.23 显示了同一系泊缆索的平面外阻尼系数，也是激励频率的函数。式(6.70)的计算是通过平面外平衡系统的频域方法获得的。作为参考，还提供了缆索顶部的双法向剪切力。与涉及缆索的平面内振动的发现相反，这里阻尼系数表现出增加的趋势，特别是线性变化。然而，应该强调的是，与浪涌运动系泊缆索阻尼相比，提供给船舶的双法向阻尼非常小。

本文讨论的最后部分致力于船用环境中缆索振

荡引起的能量耗散。如前所述，这是通过时域技术确定的，并且由于该解决方案是在时域内执行的，因此建议使用原始系统以确保完整性。通过式(6.38)～式(6.47)中的基本非线性动态平衡系统的解求出如图6.24中所示的环路。

事实上，能量消耗是系泊缆索阻尼的度量，并且由浮动物体的浪涌和垂荡运动描绘的环路中包含的区域表示。在所描述的情况下，浪涌的每个周期消耗的能量大约是垂荡能量的四倍。由于其产生的阻尼值不明显，因此不提供双法线(摆动)方向的环路。

6.5 欧拉-伯努利(Euler-Bernoulli)梁的缆索二阶非线性动力学公式

6.5.1 背景

当一项研究专注于非线性影响时，显而易见的方法是采用时域解技术。该方法仅提供输出分量的时间信号。为了深入了解响应的细节，需要进一步分析，通常使用傅里叶变换技术，将时域结果转换为频域。事实上，即使对于最简单可能的激励，例如谐波脉动，描述非线性系统响应的输出信号的傅里叶分析也很可能揭示几个谐波的出现，显然具有不同的幅度[6.54]。

前面的讨论涉及时域数值计算，表面上与所报道的有关该主题的理论公式不一致。例如，使用牛顿程序导出的当前式(6.38)～式(6.47)中概述的完整三维动态系统涉及的非线性项高达三阶。因此，涉及激励(假想地)无限谐波的机制问题提出来了，这种无限谐波以基谐波整数倍的形式出现。

本节致力于开发一种先进的频域方法，用于研究酷似欧拉-伯努利梁的悬链缆索的二阶双频非线性响应。强调船用场合分布式阻力是非常有影响的。该过程提供了对刺激响应的高次谐波实际机制的洞察，其中缆索由单色运动激发。为此，通过采用摄动方法来阐述控制非线性集合。事实上，相关的扩展在二次谐波处停止，但注意到采用相同的程序可以捕获所有随后的谐波。这里只考虑平面内的振动，但应该指出的是，同样的程序也可以应用于捕捉平面外动态的相关细节。

该方法产生两个截然不同的系统，这些系统分别和依次求解。二阶系统需要知道一阶动态分量，因此，第 n 阶系统的解需要知道所有先前阶次(n-1)的动态分量。

此外，概述的理论公式与旨在评估底部和缆索相互作用现象影响的新颖数学方法相结合。理论模型依赖于底端点在平均位置附近振荡的假设，假设的平均位置与静态平衡下触点(TDP)一致。所提出的模型既可以融入线性系统，又可以融入二阶系统中。

6.5.2 受控的二维非线性系统

式(6.38)～式(6.47)的完整的三维非线性集合在省略平面外分量后减少到二维。当假定 $e\approx 0$，切向阻力系数也被忽略。简化的系统表达式为

$$\frac{\partial T}{\partial s}-S_{\mathrm{n}}\Omega_3-w_0\sin\phi-m\frac{\partial u}{\partial t}+mv\frac{\partial \phi}{\partial t}=0 \tag{6.77}$$

$$\frac{\partial S_{\mathrm{n}}}{\partial s}+\Omega_3 T-w_0\cos\phi+R_{\mathrm{dn}}-(m+m_{\mathrm{a}})\frac{\partial v}{\partial t}-m\frac{\partial \phi}{\partial t}u=0 \tag{6.78}$$

$$\frac{\partial u}{\partial s}-\Omega_3 v-\frac{1}{EA}\frac{\partial T}{\partial t}=0 \tag{6.79}$$

$$\frac{\partial v}{\partial s}+\Omega_3 u-\frac{\partial \phi}{\partial t}=0 \tag{6.80}$$

$$EI\frac{\partial \Omega_3}{\partial s}+S_n=0 \tag{6.81}$$

$$\frac{\partial \phi}{\partial s}-\Omega_3=0 \tag{6.82}$$

上述系统未知的动态分量按照向量形式写成

$$\mathbf{V}=[T \quad S_n \quad u \quad v \quad \Omega_3 \quad \phi]^T \tag{6.83}$$

再次，向量 $\mathbf{V}$ 的元素表示总量，即静态和动态分量之和。描述缆索静态构型的相关矢量通过解决二维静态平衡问题得到：

$$\mathbf{V}_0=[T_0 \quad S_{n0} \quad 0 \quad 0 \quad \Omega_{30} \quad \phi_0]^T \tag{6.84}$$

因此，动态放大项是矢量的元素：

$$\mathbf{V}_1=[T_1 \quad S_{n1} \quad u \quad v \quad \Omega_{31} \quad \phi_1]^T \tag{6.85}$$

它们都是 s 和 t 的函数。在式(6.84)和式(6.85)中，下标 0 和 1 用于表示静态和动态项，显然 $\mathbf{V}$ 是通过将 $\mathbf{V}_0$ 和 $\mathbf{V}_1$ 相加获得的。

接下来，在将式(6.83)～式(6.85)代入式(6.77)～式(6.82)的控制集并且省略静态平衡分量，推导出下面的动力学系统，它只提供动力放大项和沿缆索的速度。

$$\frac{\partial T_1}{\partial s}-\Omega_{30}S_{n1}-S_{n0}\Omega_{31}-S_{n1}\Omega_{31}-w_0\cos\phi_0\phi_1-m\frac{\partial u}{\partial t}+mv\frac{\partial \phi_1}{\partial t}=0 \tag{6.86}$$

$$\begin{aligned}&\frac{\partial S_{n1}}{\partial s}+\Omega_{30}T_1+T_0\Omega_{31}+\Omega_{31}T_1+w_0\sin\phi_0\phi_1+\\&R_{dn1}-(m+m_a)\frac{\partial v}{\partial t}-m\frac{\partial \phi_1}{\partial t}u=0\end{aligned} \tag{6.87}$$

$$\frac{\partial u}{\partial s}-\Omega_{30}v-\Omega_{31}v-\frac{1}{EA}\frac{\partial T_1}{\partial t}=0 \tag{6.88}$$

$$\frac{\partial v}{\partial s}+\Omega_{30}u+\Omega_{31}u-\frac{\partial \phi_1}{\partial t}=0 \tag{6.89}$$

$$EI\frac{\partial \Omega_{31}}{\partial s}+S_{n1}=0 \tag{6.90}$$

$$\frac{\partial \phi_1}{\partial s}-\Omega_{31}=0 \tag{6.91}$$

式(6.86)～式(6.91)构成了将在频域中进一步阐述的系统，以观察二阶非线性作用的贡献。显然，使用频域技术处理式(6.86)～式(6.91)的非线性系统需要一个复杂的近似，因为除了非线性阻力外(该阻力还可以有效地线性化)，该数学公式包含时间相关项的乘积。为此，所考虑的系统将进一步使用适当的摄动技术[6.55-6.56]进行巧妙地处理。

6.5.3　摄动级数展开

设 ε 是运动幅度的一个度量，因此，假定所有时变项都可以在摄动级数中展开：

$$\mathbf{V}_1=\varepsilon\mathbf{V}_1^{(1)}+\varepsilon^2\mathbf{V}_1^{(2)}+\cdots \tag{6.92}$$

这里设 $k=1,2$

$$\mathbf{V}_1^{(k)}=[T_1^{(k)}\quad S_{\mathrm{n1}}^{(k)}\quad u^{(k)}\quad v^{(k)}\quad \Omega_{31}^{(k)}\quad \phi_1^{(k)}]^{\mathrm{T}} \tag{6.93}$$

阻力也一样。因此，

$$R_{\mathrm{dn1}}+\varepsilon R_{\mathrm{dn1}}^{(1)}+\varepsilon^2 R_{\mathrm{dn1}}^{(2)}+\cdots \tag{6.94}$$

阻力用 Morison 公式的项表达，因此，摄动分量将由下式给出：

$$R_{\mathrm{dn1}}^{(k)}=-b\mid v\mid v^{(k)} \tag{6.95}$$

式中 $b=1/2\rho C_{\mathrm{d}}d_{\mathrm{O}}$。假定预期二阶分量远小于相应的线性项，则法向速度的大小近似为 $\mid v\mid=\mid \varepsilon v^{(1)}\mid$。

接下来，在式(6.86)～式(6.91)的系统中引入式(6.92)～式(6.94)，省略了 $O(\varepsilon^3)$ 项，并且等同于类似 ε 幂的项，则导出以下一阶和二阶系统。

1）一阶系统 $O(\varepsilon)$

$$\frac{\partial T_1^{(1)}}{\partial s}-\Omega_{30}S_{\mathrm{n1}}^{(1)}-S_{\mathrm{n0}}\Omega_{31}^{(1)}-w_0\cos\phi_0\,\phi_1^{(1)}-m\frac{\partial u^{(1)}}{\partial t}=0 \tag{6.96}$$

$$\frac{\partial S_{\mathrm{n1}}^{(1)}}{\partial s}+\Omega_{30}T_1^{(1)}+T_0\Omega_{31}^{(1)}+w_0\sin\phi_0\,\phi_1^{(1)}+R_{\mathrm{dn1}}^{(1)}-(m+m_{\mathrm{a}})\frac{\partial v^{(1)}}{\partial t}=0 \tag{6.97}$$

$$\frac{\partial u^{(1)}}{\partial s}-\Omega_{30}v^{(1)}-\frac{1}{EA}\frac{\partial T_1^{(1)}}{\partial t}=0 \tag{6.98}$$

$$\frac{\partial v^{(1)}}{\partial s}+\Omega_{30}u^{(1)}-\frac{\partial \phi_1^{(1)}}{\partial t}=0 \tag{6.99}$$

$$EI\frac{\partial \Omega_{31}^{(1)}}{\partial s}+S_{\mathrm{n1}}^{(1)}=0 \tag{6.100}$$

$$\frac{\partial \phi_1^{(1)}}{\partial s}-\Omega_{31}^{(1)}=0 \tag{6.101}$$

2）二阶系统 $O(\varepsilon^2)$

$$\frac{\partial T_1^{(2)}}{\partial s}-\Omega_{30}S_{\mathrm{n1}}^{(2)}-S_{\mathrm{n0}}\Omega_{31}^{(2)}-w_0\cos\phi_0\,\phi_1^{(2)}-m\frac{\partial u^{(2)}}{\partial t}=$$

$$S_{\mathrm{n1}}^{(1)}\Omega_{31}^{(1)}-mv^{(1)}\frac{\partial \phi_1^{(1)}}{\partial t} \tag{6.102}$$

$$\frac{\partial S_{\mathrm{n1}}^{(2)}}{\partial s}+\Omega_{30}T_1^{(2)}+T_0\Omega_{31}^{(2)}+w_0\sin\phi_0\,\phi_1^{(2)}+R_{\mathrm{dn1}}^{(2)}-(m+m_{\mathrm{a}})\frac{\partial v^{(2)}}{\partial t}=$$

$$-\Omega_{31}^{(1)}T_1^{(1)}+mu^{(1)}\frac{\partial \phi_1^{(1)}}{\partial t} \tag{6.103}$$

$$\frac{\partial u^{(2)}}{\partial s}-\Omega_{30}v^{(2)}-\frac{1}{EA}\frac{\partial T_1^{(2)}}{\partial t}=v^{(1)}\Omega_{31}^{(1)} \tag{6.104}$$

$$\frac{\partial v^{(2)}}{\partial s}+\Omega_{30}u^{(2)}-\frac{\partial \phi_1^{(2)}}{\partial t}=-\Omega_{31}^{(1)}u^{(1)} \tag{6.105}$$

$$EI\frac{\partial \Omega_{31}^{(2)}}{\partial s}+S_{\mathrm{n1}}^{(2)}=0 \tag{6.106}$$

$$\frac{\partial \phi_1^{(2)}}{\partial s}-\Omega_{31}^{(2)}=0 \tag{6.107}$$

集合式(6.96)～式(6.101)(一阶)和式(6.102)～式(6.107)(二阶)组成两个离散的系统，可以分开处理。实际上，第一个系统与式(6.53)、式(6.54)、式(6.56)、式(6.57)、式 (6.60)和式(6.62)相同,并且注意它是用速度项而不是位移项表示的。显然,二阶系统的解需要知道一阶系统的解。假设缆索的一端受到单色激励(没有参考另一端),此运动构成一阶(线性)问题的边界条件。毫无疑问,这个问题的解会产生相同的频率变化的移动、旋转和内部加载分量,而响应频率将与激励频率一致。相反,我们不能假设二阶系统受到外部激励。因此,出现的问题涉及二阶系统所经历的激励的性质。提供一个适当的答案我们必须首先检查式(6.102)~式(6.105)的右侧项。根据这些项,迫使缆索以二阶响应并随后引起双频效应的机制可以被认为是沿缆索全长的广义非线性弹簧的分布,主要源于几何非线性。显然,主要贡献来自几何非线性 $\Omega_{31}^{(1)} T_1^{(1)}$。

6.5.4　频域方法

在线性问题的背景下,未知的向量写成

$$\boldsymbol{V}_1^{(1)} = \mathrm{Re}\{\xi_1^{(1)} \mathrm{e}^{\mathrm{i}\omega t}\} \tag{6.108}$$

其中

$$\xi_1^{(1)} = [T_1^{(1)} \quad S_{n1}^{(1)} \quad u^{(1)} \quad v^{(1)} \quad \Omega_{31}^{(1)} \quad \phi_1^{(1)}]^{\mathrm{T}}$$

是一个复矢量,取决于 ω 和空间坐标 s。另外,式(6.108)允许以下形式:

$$\boldsymbol{V}_1^{(1)} = \frac{1}{2}[\xi_1^{(1)} \mathrm{e}^{\mathrm{i}\omega t} + \bar{\xi}_1^{(1)} \mathrm{e}^{-\mathrm{i}\omega t}] \tag{6.109}$$

其中 ξ 上面的横线表示等效复共轭。

接下来,式(6.109)被代入到式(6.96)~式(6.101)的系统,相应地产生以下矩阵形式:

$$\frac{\mathrm{d}(\xi_1^{(1)} \mathrm{e}^{\mathrm{i}\omega t}}{\mathrm{d}s} + cc = \boldsymbol{K}^{(1)}(\xi_1^{(1)} \mathrm{e}^{\mathrm{i}\omega t}) + cc \tag{6.110}$$

式中 cc 代表等价的复共轭。与线性问题相关的 6×6 方阵由下式给出:

$$\boldsymbol{K}^{(1)} = \begin{bmatrix} 0 & \Omega_{30} & \mathrm{i}\omega m & 0 & S_{n0} & w_0 \cos\phi_0 \\ -\Omega_{30} & 0 & 0 & \mathrm{i}\omega(m+m_a) + b\,|\,v\,| & -T_0 & -w_0 \sin\phi_0 \\ \dfrac{\mathrm{i}\omega}{EA} & 0 & 0 & \Omega_{30} & 0 & 0 \\ 0 & 0 & -\Omega_{30} & 0 & 0 & \mathrm{i}\omega \\ 0 & \dfrac{-1}{EI} & 0 & 0 & 0 & 0 \\ 0 & 0 & 0 & 0 & 1 & 0 \end{bmatrix} \tag{6.111}$$

对二阶系统式(6.102)~(6.107)的简要检查立即证实相关变量将以激发频率的双倍来响应,同样显而易见的是,相同方程的右侧项的平方积将产生一些时间依赖项,其将以恒定量放大双频(2ω)分量的幅度。这些分量将源自 $\exp(-\mathrm{i}\omega t)$ 和 $\exp(\mathrm{i}\omega t)$ 的项的乘积。就二阶问题的解 $\boldsymbol{V}_1^{(2)}$ 而言,后一种说法建议:

$$\boldsymbol{V}_1^{(2)} = \mathrm{Re}\{\xi_c^{(2)} + \xi_1^{(2)} \mathrm{e}^{2\mathrm{i}\omega t}\} \tag{6.112}$$

其中 $\xi_c^{(2)}$ 和 $\xi_1^{(2)}$ 分别表示二阶常量和双频未知复向量,其展开为

$$\xi_c^{(2)} = [T_c^{(2)} \quad S_{nc}^{(2)} \quad u_c^{(2)} \quad v_c^{(2)} \quad \Omega_{3c}^{(2)} \quad \phi_c^{(2)}]^{\mathrm{T}} \tag{6.113}$$

$$\xi_1^{(2)} = [T_1^{(2)} \quad S_{n1}^{(2)} \quad u^{(2)} \quad v^{(2)} \quad \Omega_{31}^{(2)} \quad \phi_1^{(2)}]^{\mathrm{T}} \tag{6.114}$$

术语“常量”意味着 $\xi_c^{(2)}$ 的元素是与时间无关的。但是它们仍然是拉格朗日坐标 s 的函数。事实上,$\xi_c^{(2)}$ 的一些元素可能为零与这里进行的一般分析无关。无论如何,它们的实际值取

决于应用和正在考虑的结构模型，并且它们由二阶问题的解给出。再次，式(6.112)作如下变换：

$$\mathbf{V}_1^{(2)}=\frac{1}{2}[\xi_c^{(2)}+\bar{\xi}_c^{(2)}]+\frac{1}{2}[\xi_1^{(2)}\mathrm{e}^{2\mathrm{i}\omega t}+\bar{\xi}_1^{(2)}\mathrm{e}^{-2\mathrm{i}\omega t}] \tag{6.115}$$

前面的等式代入到式(6.102)～式(6.107)的系统中，在经过几次数学处理后，提供了如下的矩阵方程：

$$\frac{\mathrm{d}\xi_c^{(2)}}{\mathrm{d}s}+\frac{\mathrm{d}(\varepsilon_1^{(2)}\mathrm{e}^{2\mathrm{i}\omega t})}{\mathrm{d}s}+cc=\boldsymbol{K}^{(2)}(\xi_1^{(2)}\mathrm{e}^{2\mathrm{i}\omega t})+\frac{1}{2}\mathbf{N}^{(2)}\mathrm{e}^{2\mathrm{i}\omega t}+\frac{1}{2}\widetilde{\mathbf{N}}^{(2)}+cc \tag{6.116}$$

式(6.116)右边的 6×6 的方阵和 6×1 的矢量由下式给出：

$$\boldsymbol{K}^{(2)}=\begin{bmatrix} 0 & \Omega_{30} & 2\mathrm{i}\omega m & 0 & S_{n0} & w_0\cos\phi_0 \\ -\Omega_{30} & 0 & 0 & 2\mathrm{i}\omega(m+m_a)+b\mid v\mid & -T_0 & -w_0\sin\phi_0 \\ \dfrac{2\mathrm{i}\omega}{EA} & 0 & 0 & \Omega_{30} & 0 & 0 \\ 0 & 0 & -\Omega_{30} & 0 & 0 & 2\mathrm{i}\omega \\ 0 & \dfrac{-1}{EI} & 0 & 0 & 0 & 0 \\ 0 & 0 & 0 & 0 & 1 & 0 \end{bmatrix} \tag{6.117}$$

$$\mathbf{N}^{(2)}=\begin{bmatrix} S_{n1}^{(1)}\Omega_{31}^{(1)}-\mathrm{i}\omega mv^{(1)}\phi_1^{(1)} \\ -T_1^{(1)}\Omega_{31}^{(1)}+\mathrm{i}\omega mu^{(1)}\phi_1^{(1)} \\ \Omega_{31}^{(1)}v^{(1)} \\ -\Omega_{31}^{(1)}u^{(1)} \\ 0 \\ 0 \end{bmatrix} \tag{6.118}$$

$$\widetilde{\mathbf{N}}^{(2)}=\begin{bmatrix} S_{n1}^{(1)}\bar{\Omega}_{31}^{(1)}+\mathrm{i}\omega mv^{(1)}\bar{\phi}_1^{(1)} \\ -\bar{T}_1^{(1)}\Omega_{31}^{(1)}+\mathrm{i}\omega m\bar{u}^{(1)}\phi_1^{(1)} \\ \bar{\Omega}_{31}^{(1)}v^{(1)} \\ -\Omega_{31}^{(1)}\bar{u}^{(1)} \\ 0 \\ 0 \end{bmatrix} \tag{6.119}$$

此外，区分常数和时变分量。因此，式(6.116)被分割成两个常微分方程组，均用方便的矩阵形式表示。第一个系统提供二阶恒定位移和内部载荷项，而第二个系统产生各自的时变双频分量。在这里，强调被调查结构模型的动态行为，因此常量系统的解被省略。然而，应该注意的是，向量 $\widetilde{\mathbf{N}}^{(2)}$ 的元素的出现以及因此在二阶问题的整体解中存在与时间无关的项意味着双频率变量围绕非零平均值。双频分量的系统是

$$\frac{\mathrm{d}(\xi_1^{(2)}\mathrm{e}^{2\mathrm{i}\omega t})}{\mathrm{d}s}+cc=\boldsymbol{K}^{(2)}(\xi_1^{(2)}\mathrm{e}^{2\mathrm{i}\omega t})+\frac{1}{2}\mathbf{N}^{(2)}\mathrm{e}^{2\mathrm{i}\omega t}+cc \tag{6.120}$$

该系统的强迫项涉及 $\mathbf{N}^{(2)}$，并且他们实际上代表了双频系统的激励。

6.5.5 数值解

线性系统和二阶系统分别作为两个离散的两点边界值问题处理。双频系统的解依赖于

一阶分量的推导。系统被转换以使用位移而不是速度来表示。即

$$u^{(1)}e^{i\omega t}=i\omega p^{(1)}e^{i\omega t}$$
$$u^{(2)}e^{2i\omega t}=2i\omega p^{(2)}e^{2i\omega t}$$
$$v^{(1)}e^{i\omega t}=i\omega q^{(1)}e^{i\omega t}$$
$$v^{(2)}e^{2i\omega t}=2i\omega q^{(2)}e^{i\omega t}$$

式中再一次出现 $p^{(k)}$，$q^{(k)}$ 和 $k=1,2$，分别是一阶和二阶轴向位移和法向位移的复函数(ω，s)。在频域方法的情况下，法向的阻力 $R_{dn1}^{(k)}$，$k=1,2$ 应该使用傅里叶级数展开技术获得的线性等效项来代替。可以证明，与一阶和二阶相关的系数分别等于 $8/(3\pi)$ 和 $112/(60\pi)$，因此，阻力变为

$$R_{dn1}^{(1)}=-ib^{(1)}\omega^2\mid q\mid q^{(1)};\quad R_{dn1}^{(2)}=-ib^{(2)}\omega^2\mid q\mid q^{(2)} \tag{6.121}$$

其中

$$b^{(1)}=4/(3\pi)\rho d_O C_d$$

和

$$b^{(2)}=112/(60\pi)\rho d_O C_d$$

然后，在分成实部和虚部之后，导出了具有相同数目的未知数的 12 个常微分方程组。为了区分实部和虚部，虚部将在后续部分以粗体符号表示。如果

$$\boldsymbol{F}^{(k)}=[T_1^{(k)}\quad \boldsymbol{T}_1^{(k)}\quad S_{n1}^{(k)}\quad \boldsymbol{S}_{n1}^{(k)}\quad p^{(k)}\quad \boldsymbol{p}^{(k)}\quad q^{(k)}\quad \boldsymbol{q}^{(k)}\quad \Omega_{31}^{(k)}\quad \boldsymbol{\Omega}_{31}^{(k)}\quad \phi_1^{(k)}\quad \boldsymbol{\phi}_1^{(k)}]^T \tag{6.122}$$

对于 $k=1,2$，式(6.110)和式(6.120)写为

$$\frac{d\boldsymbol{F}^{(k)}}{ds}=\boldsymbol{P}^{(k)}\boldsymbol{F}^{(k)}+\frac{1}{2}\boldsymbol{Q}^{(k)} \tag{6.123}$$

其中 $\boldsymbol{Q}^{(1)}=0$。在将实部和虚部等同之后，变换矩阵 $\boldsymbol{P}^{(k)}$ 和激励矢量 $\boldsymbol{Q}^{(k)}$ 分别直接源自 $\boldsymbol{K}^{(k)}$ 和 $\boldsymbol{N}^{(k)}$。矢量 $\boldsymbol{Q}^{(2)}$ 的元素字面上表示非线性系统的激励，可以视为由一阶分量乘积组成的非线性弹簧。

式(6.123)表示的系统使用中心差分法求解。为此，使用 n 个节点($l=1,\cdots,n$) 对结构的长度进行离散化处理，并且式(6.31)所有的项在 $l-1/2$ 处进行评估。因此

$$F_l^{(k)}-F_{l-1}^{(k)}=\frac{\Delta s}{2}(P_l^{(k)}F_l^{(k)}+P_{l-1}^{(k)}F_{l-1}^{(k)})+\frac{\Delta s}{4}(Q_l^{(k)}+Q_{l-1}^{(k)}) \tag{6.124}$$

下标 l 定义了空间网格点(节点)。对于 n 个节点，式(6.124)定义了一个 $12\times(n-1)$ 方程组，用于求解 $12\times n$ 个因变量。完成该问题需要的 12 个方程提供边界条件。控制上端行为 $l=n$，$s=L$ 作为边界条件，即施加的激励由以下关系明确定义：

$$p^{(1)}=p_a(t);\quad q^{(1)}=q_a(t);\quad \Omega_{31}^{(1)}=0;\quad p^{(2)}=0;\quad q^{(2)}=0;\quad \Omega_{31}^{(2)}=0 \tag{6.125}$$

换言之，假定顶端终点简支，这意味着一阶和二阶的曲率都为零，而对于单色激励，线性运动是预定义的时间函数(用 $p_a(t)$ 和 $q_a(t)$ 表示)。此外，指定的顶端激励要求二阶运动必须为零，这个特征符合前面所说的二阶激励系统由等效非线性弹簧通过线性分量数学模拟提供。

其余六个边界条件在下端的推导结合了一种新颖的方法，试图在数学上模拟底部结构相互作用现象。有关程序将在下一节详细讨论。

6.5.6 底部结构的相互作用方法

1）背景

前面几节中概述的数学表达式已扩展到已知在实际应用中发生的附加影响。这是缆索与海底的相互作用，在当前频域近似的情况下，用一种新的数学方法来处理。

在文献中有几个研究报告试图从数学的角度来评估缆索-海底相互作用现象的影响。在这方面 Chatjigeorgiou 和 Mavrakos[6.57]使用准静态考虑对时变 TDP 进行了评估，然后他们解决了时变悬浮部分的动态平衡体系。Gobat 和 Grosenbaugh[6.58]通过将 TDP 速度与系泊缆索的横波速度相关联，在数值和实验上研究了悬链系泊缆索的相互作用问题。Demeio 和 Lenci[6.59]将移动 TDP 的自由边界值问题转化为一个固定的边界值问题，这个问题成功地通过摄动扩展方法逼近。为了检测主要的力学现象，作者考虑了二阶以下的项。在 Gatti-Bono 和 Perkins[6.60]的工作中，海床被模拟为具有规定的拓扑结构的弹性基础，假定是线性阻尼，而 Han 和 Grosenbaugh[6.61]采用基于静力平衡体系的简化模型，并通过质量、阻尼器和弹簧组成的耦合系统来模拟海床。最后，虽然没有明确与系泊缆索的连接，Pesce 等人的工作应该被提及[6.62]，其中作者提出在 TDP 使用边界层技术来近似 TDZ 处的动态曲率放大。

在这里，采取了另一种新颖的理论方法，其细节将在下一节详细介绍。

2）数学方法

以下分析依赖于完全水平底部的假设。很明显，在外部施加的激励下，悬链缆索将不断升起和躺下。对于单色激励，提升/躺下周期将等于位移周期。实际上，最大提升和最大躺下端节点之间的缆索长度可以通过准静态考虑准确确定。作为基础构型的悬链缆索的静态平衡形状，应该注意的是，TDP 在 $t=0$ 两侧的线段的长度不一定相等。这取决于静态构型和顶部激励的方向。尽管如此，可以假定时变 TDP 将围绕一个平均位置水平振荡，这个位置与在 $t=0$ 处的 TDP(静态构型 TDP)位置相符合。也即可以安全地假设 TDP 立即得到用针别住的支持。

用针别住的 TDP 点围绕平均位置水平移动的假设对于涉及边界条件的变量，建议采用泰勒级数展开式。首先，使用速度项并假设 $f^{(k)}(k=1,2)$ 是 k 阶的轴向速度、法向速度和曲率的全局符号，$f^{(k)}$ 的泰勒级数展开式为

$$f^{(k)}\Big|_0+\frac{\partial f^{(k)}}{\partial s}\Big|_0\Delta s+\cdots=0 \tag{6.126}$$

上述关系中的下标 0 表示该项是在静态平衡 TDP($t=0$)下计算的。$O(\Delta s^2)$项及以上的项已被省略。

此外，通过使用摄动技术，将等同于 ε 的类似幂的项和使用式(6.98)～式(6.100)和式(6.104)～式(6.106)推导如下：

$$u^{(1)}\Big|_0+\left(\frac{1}{EA}\frac{\partial T_1^{(1)}}{\partial t}+\Omega_{30}v^{(1)}\right)\Big|_0\Delta s=0 \tag{6.127}$$

$$u^{(1)}\Big|_0+\left(\frac{\partial\phi_1^{(1)}}{\partial t}-\Omega_{30}u^{(1)}\right)\Big|_0\Delta s=0 \tag{6.128}$$

$$\Omega_{31}^{(1)}\Big|_0-\frac{S_{n1}^{(1)}}{EI}\Big|_0\Delta s=0 \tag{6.129}$$

$$u^{(2)}\Big|_0+\left(\frac{1}{EA}\frac{\partial T_1^{(2)}}{\partial t}+\Omega_{30}v^{(2)}+\Omega_{31}^{(1)}v^{(1)}\right)\Big|_0\Delta s=0 \tag{6.130}$$

$$u^{(2)}\Big|_0+\left(\frac{\partial \phi_1^{(2)}}{\partial t}-\Omega_{30}u^{(2)}-\Omega_{31}^{(1)}u^{(1)}\right)\Big|_0\Delta s=0 \tag{6.131}$$

$$\Omega_{31}^{(2)}\Big|_0-\frac{S_{n1}^{(2)}}{EI}\Big|_0\Delta s=0 \tag{6.132}$$

再次,使用位移代替速度并分离实部和虚部,式(6.127)～式(6.129)在 $O(\varepsilon)$处变换为

$$p^{(1)}\Big|_0+\frac{T_1^{(1)}}{EA}\Big|_0\Delta s=0 \tag{6.133}$$

$$q^{(1)}\Big|_0+\phi_1^{(1)}\Big|_0\Delta s=0 \tag{6.134}$$

$$\Omega_{31}^{(1)}\Big|_0-\frac{S_{n1}^{(1)}}{EI}\Big|_0\Delta s=0 \tag{6.135}$$

注意到式(6.133)～式(6.135)同样适用于实部

$$[T_1^{(1)}\quad S_{n1}^{(1)}\quad p^{(1)}\quad q^{(1)}\quad \Omega_{31}^{(1)}\quad \phi_1^{(1)}]$$

和虚部

$$[\boldsymbol{T}_1^{(1)}\quad \boldsymbol{S}_{n1}^{(1)}\quad \boldsymbol{p}^{(1)}\quad \boldsymbol{q}^{(1)}\quad \boldsymbol{\Omega}_{31}^{(1)}\quad \boldsymbol{\phi}_1^{(1)}]$$

最后,对于二阶 $O(\varepsilon^2)$,底端边界条件变为

$$p^{(2)}\Big|_0+\left[\frac{T_1^{(2)}}{EA}+\frac{1}{4}(q^{(1)}\Omega_{31}^{(1)}-\boldsymbol{q}^{(1)}\boldsymbol{\Omega}_{31}^{(1)})\right]_0\Delta s=0 \tag{6.136}$$

$$\boldsymbol{p}^{(2)}\Big|_0+\left[\frac{\boldsymbol{T}_1^{(2)}}{EA}+\frac{1}{4}(q^{(1)}\boldsymbol{\Omega}_{31}^{(1)}+\boldsymbol{q}^{(1)}\Omega_{31}^{(1)})\right]_0\Delta s=0 \tag{6.137}$$

$$q^{(2)}\Big|_0+\left[\phi_1^{(2)}-\frac{1}{4}(p^{(1)}\Omega_{31}^{(1)}-\boldsymbol{p}^{(1)}\boldsymbol{\Omega}_{31}^{(1)})\right]_0\Delta s=0 \tag{6.138}$$

$$\boldsymbol{q}^{(2)}\Big|_0+\left[\boldsymbol{\phi}_1^{(2)}-\frac{1}{4}(\boldsymbol{p}^{(1)}\Omega_{31}^{(1)}+p^{(1)}\boldsymbol{\Omega}_{31}^{(1)})\right]_0\Delta s=0 \tag{6.139}$$

$$\Omega_{31}^{(2)}\Big|_0-\frac{S_{n1}^{(2)}}{EI}\Big|_0\Delta s=0 \tag{6.140}$$

$$\boldsymbol{\Omega}_{31}^{(2)}\Big|_0-\frac{\boldsymbol{S}_{n1}^{(2)}}{EI}\Big|_0\Delta s=0 \tag{6.141}$$

一阶式(6.133)～式(6.135)暗示了底端边界条件是线性的。尽管如此,根据所提出的数学展开式,边界条件在 $O(\varepsilon)$处变为耦合,因为在时变 TDP 处的所有动态分量都涉及 $l=1$ 的。此外,现在的边界条件复杂公式表明,原始 TDP 的位移和曲率不为零。这个理论发现与原始 TDP(在 $t=0$ 时)持续振荡的实际现象是一致的。

有关这一主题的研究报告中充斥着关于交互作用现象的非线性本质的口头陈述。尽管如此,相关的参考文献通常与土壤的非线性刚度和非线性应力-应变关系相关。这里进行的数学分析表明,这种现象本身就是非线性的,并且所涉及的非线性不是由土壤的变形行为明确驱动的。事实上,非线性边界条件式(6.136)～式(6.139)表示倍频分量的出现,这是由一阶平方项激发的。

6.5.7　二阶倍频效应的结果

简单地说,对第 6.5 节的分析意味着当缆索受到单色激励时,它将承受来自相关频率整

数乘法的贡献。假设激励频率扩展到无穷大。如果缆索受到两个频率的激励，就会发生同样的情况。在这种情况下，响应将包括来自这些频率组合的所有可能的和与差的贡献，包括整数乘法的组合。然而，可以肯定地说，高阶非线性效应衰减的影响和主流分量仍然是线性项。非线性效应只有在特定的条件下才会有明显的结果，比如非线性共振。

为了评估非线性对缆索动力学的影响，系泊缆索已经在第 6.4.1 节中进行了研究，被用作基础结构模型。除了倍频贡献之外，讨论还扩展到底部相互作用效应的评论，因为它们是用第 6.5.6 节详细介绍的新方法确定的。这里，相关的数值预报被标记为 BI。考虑两个激励情况，即水平方向和垂直方向。在两种情况下，振幅保持相同，即 2 m。

首先考虑水平激励。底部相互作用对线性问题的影响如图 6.25 所示。实际上，线性问题的曲线与图 6.15 所示的曲线相同。这些符号表示把控制底部相互作用现象的泰勒方法融合之后获得的结果。很显然，对于这种特定的激励情况和系泊缆索的构型，至少就张力放大而言，与底部的相互作用几乎没有影响。应该指出的是，为了消除由于问题的数值解而导致的可能的不准确性，采用了足够密集的网格，并且缆索沿着其全长被1 000个节点离散。

下一个评论系指动态张力的二阶分量的影响，这些分量在缆索的顶部和底部以双倍的频率施加。相关的二次传递函数如图 6.26 所示。在这里，有趣的是观察到两条曲线在整个频率范围内几乎一致。事实上，沿着缆索的张力变化的描述将揭示张力在结构的中间确实呈现出对称的变化，并且发生在所有的频率上。关于绘制的二次转移函数的细节，注意力立即被两个局部极大值所吸引，这显然与动态系统的特定本征频率相一致。第二个峰值显然是一个共振，虽然它比线性贡献低大约 10 倍，但却能获得相对较大的值。重要的一点是，在线性动态张力被消除的频率恰好发生急剧放大。

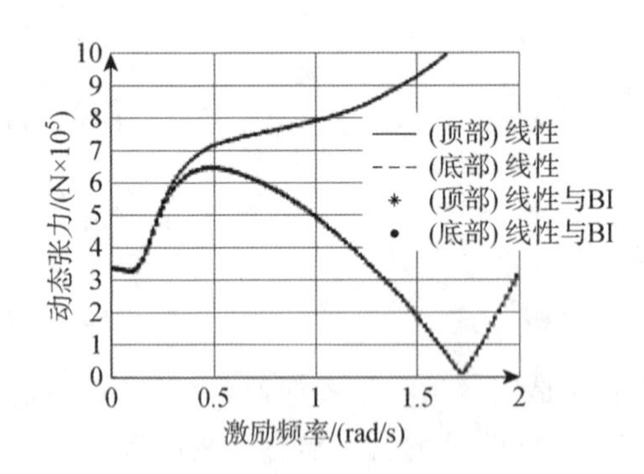

图 6.25　在水平单色激励下振幅为 $a_x=2$ m(BI 表示底部相互作用效应已被考虑)的系泊缆索的顶部和底部的线性动态张力放大

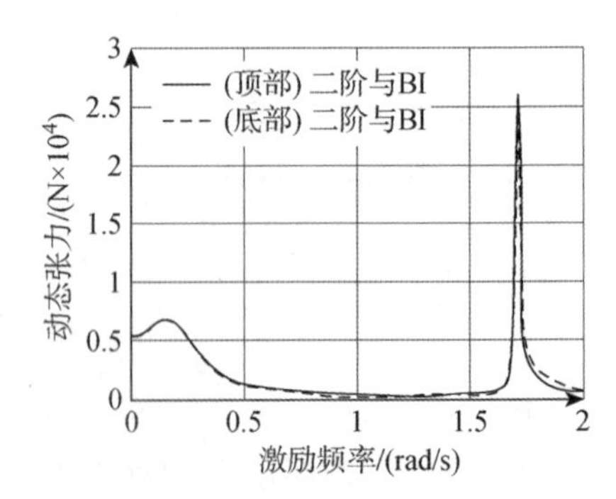

图 6.26　在水平单色激励下振幅为 $a_x=2$ m (BI 表示底部相互作用效应已被考虑)的系泊缆索的顶部和底部的二阶倍频动态张力放大

在下触点(TDP)的运动的线性和二次传递函数中观察到类似的行为。如上所述，泰勒近似允许最初固定的 TDP 在二维参考平面内自由移动。该点的运动学是通过缆索的轴向(拉伸)和法向运动来描述的。图 6.27 中检查拉伸和图 6.28 中检查法向运动。前者揭示动态张力放大的模式直接由拉伸(轴向运动)提供。而且，与线性项相比，二阶分量实际上为零，因为它约小 100 倍，这又反过来解释了为什么如图 6.25 所示的传递函数完美吻合。

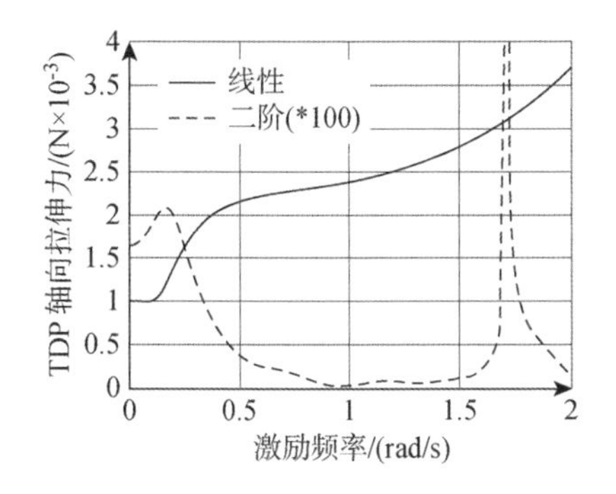

图 6.27　在水平单色激励下振幅 $a_x=2$ m(已考虑底部相互作用效应)的系泊缆索底部的线性和二阶轴向拉伸

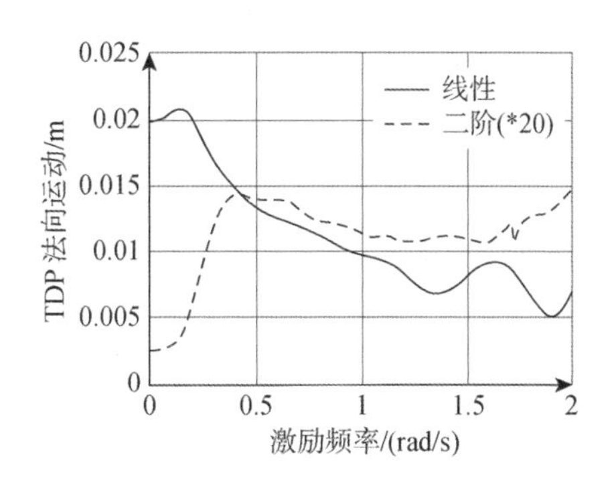

图 6.28　在水平单色激励下振幅 $a_x=2$ m(已考虑底部相互作用效应)的系泊缆索的线性和二阶 TDP 法向运动

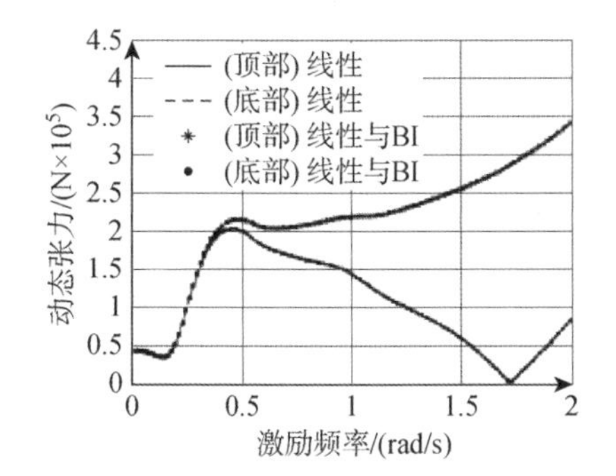

图 6.29　在垂向单色激励下振幅为 $a_Z=2$ m(BI 表示底部相互作用效应已被考虑)的系泊缆索的顶部和底部的线性动态张力放大

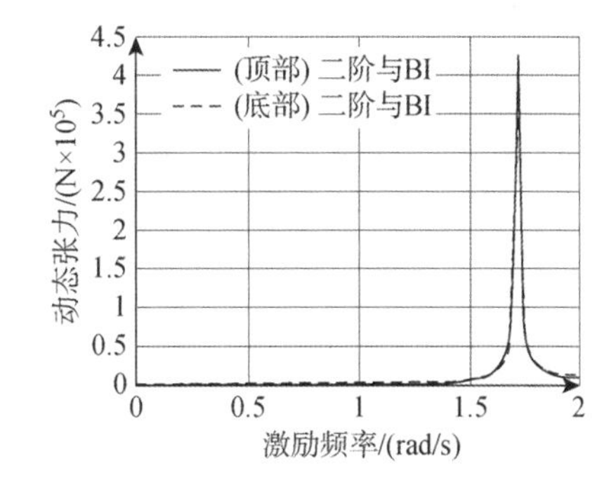

图 6.30　在垂向单色激励下振幅为 $a_z=2$ m(BI 表示底部相互作用效应已被考虑)的系泊缆索的顶部和底部的二阶倍频动态张力放大

所考虑的最后一个变量是 TDP 的法向运动，如图 6.28 所示，虽小但不可忽略。根据已证实的趋势，对于激发振幅和所考虑的结构模型，底部 TDP 的最大隆起接近 2 cm。应该提到的是，作为激励频率的函数的 TDP 法向运动的变化不遵循符合某一规则的任何可预测的路径。

然后，研究垂荡激励情况。为此，给出图 6.29～图 6.32，它们描绘了类似的分量。动态张力(线性问题)的传递函数如图 6.29 所示。这种行为或多或少地与浪涌激励情况相同。同样，顶部动态张力出现消除点，而底部动态张力更大。与底部的相互作用的影响可以忽略，但相关的曲线并不完美吻合。然而，完美重合的曲线是施加在顶部和底部的动态张力的二次传递函数(见图 6.30)。

如上所述并且仍然成立，沿着缆索的倍频张力的变化相对于悬挂部分的中点呈现出对称性。图 6.30 中描绘的最重要的特征是在频率范围的末端出现的峰值(共振)，二阶项获得了非常大的值，并且达到了线性分量的值(实际上，它超过了最大线性分量)。这确实是一个非常重要的发现，它可能与缆索的疲劳响应相关，因为它证明除了线性载荷之外，在特定的频率下缆索将经受非常快速和非常强的内部受力。

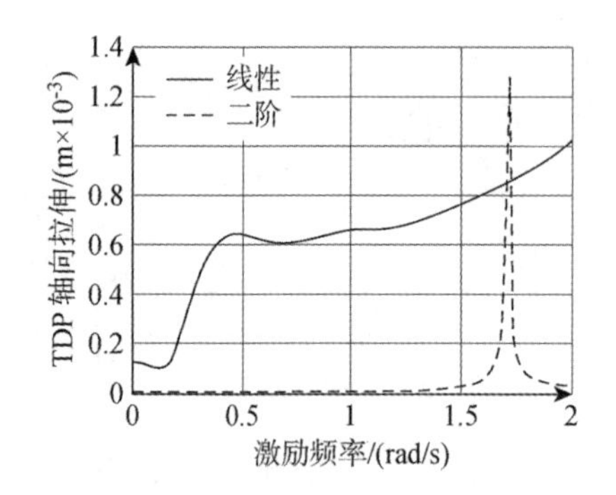

图 6.31 在垂向单色激励振幅为 $a_z=2$ m(已考虑底部相互作用效应)的情况下系泊缆索底部的线性和二阶轴向拉伸

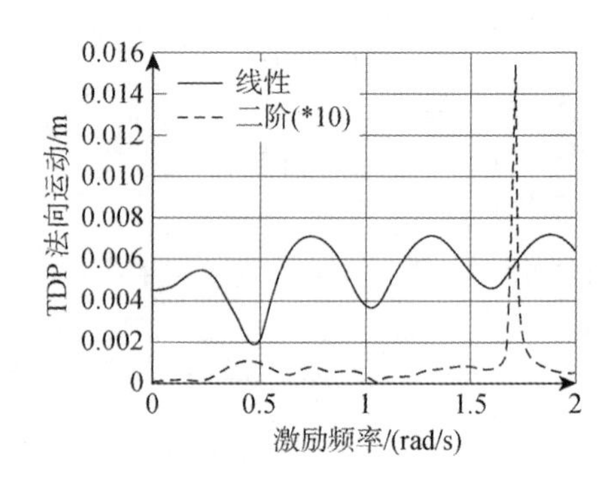

图 6.32 在垂向单色激励振幅 $a_Z=2$ m(已考虑底部相互作用效应)的情况下系泊缆索的线性和二阶 TDP 法向运动

从图 6.31 可以看出 TDP 处的轴向拉伸的模式提供了线性和二阶的动态张力放大的变化模式。拉伸是参考平面中的两个自由度之一。另一种是法向运动,这实际上证明了 TDP 所进行的位移。相关的线性和二次传递函数如图 6.32 所示。线性位移遵循关于频率的波浪趋势。二阶法向运动由高频范围的众所周知的峰值决定,这表明 TDP 的最大预期法向运动不会超过 2 cm。

重要的是,本节所显示的结果不能得出过于简单的结论,例如,与底部的相互作用或非线性效应可以忽略不计。需要强调的是,数值预报是敏感的,这意味着它们明确地适应于所研究的模型和激励条件。本文所测试的缆索被充分拉伸而允许动态分量完全展开无关。因此,计算显示由缆索动力学引起的相对较小的影响。此外,TDP 的小动作可以归因于这种特定的构型。对于具有较大弯曲刚度的结构物,如立管,这种情况肯定会有所不同。然而,在相关案例中,关注的参数将是弯曲力矩,而不是张力。但是,即使对于具有典型系泊缆索属性的缆索,重要的是我们已经模拟了 TDP 的运动特性,并显示出确实从底部释放。

参考文献

[6.1] M. S. Rahman: The Darboux vector characterizing Frenet's formulas for plane curves and straight lines, Int. J. Math. Educ. Sci. Tech. 25, 764-767(1994)

[6.2] S. H. Crandall: Engineering Analysis (McGraw-Hill, New York 1956

[6.3] I. K. Chatjigeorgiou: On the effect of internal flow on vibrating catenary risers in three dimensions, Eng. Struct. 32, 3313-3329 (2010)

[6.4] C. T. Howell: Investigation of the Dynamics of Low Tension Cables, Ph. D. Thesis (Massachusetts Institute of Technology, Cambridge 1992)

[6.5] V. J. Papazoglou, S. A. Mavrakos, M. S. Triantafyllou: Non-linear cable response and model testing in water, J. Sound Vibr. 140, 103-115 (1991)

[6.6] L. Johanning, G. H. Smith, J. Wolfram: Measurements of static and dynamicmooring line damping and their importance for floating WEC devises,Ocean Eng. 34, 1918-1934 (2007)

[6.7] L. P. Krolikowski, T. A. Gay: An improved linearization technique for frequency domain riser analysis,Proc. 12th OTC Conf. , Houston (1980), OTC-3777-MS

[6.8] I. K. Chatjigeorgiou: Linear out-of-plane dynamics of catenary risers, Proc. IMechE M J. Eng. Marit, Env. 224, 13-27 (2010)

[6.9] M. S. Triantafyllou, G. S. Triantafyllou: The paradox of the hanging string: An explanation using singular perturbations, J. Sound Vibr. 148, 343-351 (1991)

[6.10] I. K. Chatjigeorgiou: Solution of the boundary layer problems for calculating the natural modes of riser-type slender structures, J. Offshore Mech. Arct. Eng. 130, 011003-11001 (2008)

[6.11] M. S. Triantafyllou: The dynamics of taut inclined cables, Q. J. Mech. Appl. Math. 37(3), 421-440 (1984)

[6.12] M. S. Triantafyllou, A. Bliek, H. Shin: Dynamic analysis as a tool for open sea mooring system design, Trans. Soc. Nav. Archit. Mar. Eng. 93, 303-324 (1985)

[6.13] M. S. Triantafyllou, L. Grinfogel: Natural frequencies and modes of inclined cables, J. Struct. Eng. 112,139-148 (1986)

[6.14] J. J. Burgess,M. S. Triantafyllou: The elastic frequencies of cables, J. Sound Vibr. 120, 153-165 (1988)

[6.15] I. K. Chatjigeorgiou: Application of the WKB method for catenary shaped slender structures, Math. Comput. Model. 48, 249-257 (2008)

[6.16] M. S. Triantafyllou, C. T. Howell: Dynamic response of cables under negative tension: An ill posed problem,J. Sound Vibr. 173, 433-447 (1994)

[6.17] S. A. Mavrakos, I. K. Chatjigeorgiou, G. Grigoropoulos,A. Marón: Scale experiments for the measurement of motions and wave run-up on a TLP model subjected to monochromatic waves, Proc. 14th ISOPE Conf. , Vol. 1, Toulon (2004) pp. 382-389

[6.18] J. M. Niedzwecki, S. K. Thampi: Snap-loading of marine cable systems, Appl. Ocean Res. 13, 2-11(1991)

[6.19] I. K. Chatjigeorgiou, S. A. Mavrakos: Dynamic behavior of a marine cable under snap-loading conditions,Ship Tech. Res. Schiffstechnik 48, 171-180(2001)

[6.20] I. J. Fylling, C. M. Larsen, N. Søahl, H. Ormberg,A. Engseth, E. Passano, K. Holthe: Riflex Theory Manual, Techn. Rep. STF70 F95219, MARINTEK, 22/9(Marintek, Trondheim 1995)

[6.21] P. H. Wang, R. F. Fung, M. J. Lee: Finite element analysis of a three dimensional underwater cable with time dependent length, J. Sound Vibr. 209, 223-249(1998)

[6.22] O. M. Aamo, T. I. Fosen: Finite element modeling of moored vessels, Math.

Comput. Model. Dyn. Syst. 7, 47-75 (2001)

[6.23] C. M. Ablow, S. Schechter: Numerical simulation of undersea cable dynamics, Ocean Eng. 10, 443-457(1983)

[6.24] F. Miinazzo, M. Wilkie, S. A. Latchman: An efficient algorithm for simulating the dynamics of towed cable systems, Ocean Eng. 14, 513-526 (1987)

[6.25] C. T. Howell: Numerical analysis of 2-D nonlinear cable equations with applications to low-tension problems, Int. J. Offshore Mech. Arct. Eng. 2, 110-113 (1992)

[6.26] M. A. Grosenbaugh, C. T. Howell, C. T. Moxnes: Simulating the dynamics of underwater vehicles with low tension tethers, Int. J. Offshore Mech. Arct. Eng. 3, 213-218 (1993)

[6.27] J. J. Burgess: Bending stiffness in a simulation of undersea cable deployment, Int. J. Offshore Mech. Arct. Eng. 3, 197-204 (1993)

[6.28] J. I. Gobat: The Dynamics of Geometrically Compliant Mooring Systems, Ph. D. Thesis (Massachusetts Institute of Technology, Cambridge 2000)

[6.29] A. A. Tjavaras, Q. Zhu, Y. Liu, M. S. Triantafyllou, D. K. P. Yue: The mechanics of highly extensible cable, J. Sound Vibr. 213, 709-734 (1998)

[6.30] I. K. Chatjigeorgiou, S. A. Mavrakos: Comparative evaluation of numerical schemes for 2D mooring dynamics, Int. J. Offshore Mech. Arct. Eng. 10, 301-309 (2000)

[6.31] J. D. Hoffman: Numerical Methods for Engineers and Scientists (McGraw-Hill, New York 1993)

[6.32] J. I. Gobat, M. A. Grosenbaugh: Application of the generalized-method to the time integration of the cable dynamic equations, Comput. Methods Appl. Mech. Eng. 190, 4817-4829 (2001)

[6.33] H. M. Irvine: Cable Structures (MIT Press, Cambridge 1981)

[6.34] I. K. Chatjigeorgiou, S. A. Mavrakos: Dynamic behavior of deep water mooring lines with submerged buoys, Comput. Struct. 64, 819-835 (1997)

[6.35] A. Bliek: Dynamic Analysis of Single Span Cables, Ph. D. Thesis (Massachusetts Institute of Technology, Cambridge 1984)

[6.36] S. A. Mavrakos, V. J. Papazoglou, M. S. Triantafyllou, I. K. Chatjigeorgiou: Deep water mooring dynamics, Mar. Struct. 9, 181-209 (1996)

[6.37] W. Raman-Nair, R. E. Baddour: Three-dimensional coupled dynamics of a buoy and multiple mooring lines: Formulation and algorithm, Q. J. Mech. Appl. Math. 55, 179-207 (2002)

[6.38] S. Surendran, M. Goutam: Reduction in the dynamic amplitudes of moored cable systems, Ships Offshore Struct. 4, 145-163 (2009)

[6.39] A. Tahar, M. H. Kim: Coupled-dynamic analysis of floating structures with polyester mooring lines, Ocean Eng. 35, 1676-1685 (2008)

[6.40] A. Montano, M. Restelli, R. Sacco: Numerical simulation of tethered buoy dynamics using mixed finite elements, Comput. Methods Appl. Mech. Eng. 196, 4117-4129 (2007)

[6.41] H. Joosten: Wave buoys and their elastic mooring, Int. Ocean Syst. 10, 18-21 (2006)

[6.42] A. Umar, T. K. Data: Nonlinear response of a moored buoy, Ocean Eng. 30, 1625-1646 (2003)

[6.43] R. J. Smith, C. J. MacFarlane: Statics of a three component mooring line, Ocean Eng. 28, 899-914(2001)Cable Dynamics for Marine Applications References 905 Part D | 38

[6.44] L. O. Garza-Rios, M. M. Bernitsas: Effect of size and position of supporting buoys on the dynamics of spread mooring systems, J. Offshore Mech. Arct. Eng. 123, 49-56 (2001)

[6.45] S. A. Mavrakos, I. K. Chatjigeorgiou, V. J. Papazogloy: Use of buoys for dynamic tension reduction in deep water mooring applications, Proc. 7th Conf. Beh. Offshore Struct., Boston (1994) pp. 417-426

[6.46] E. Huse: Influence of mooring line damping upon rig motion, Proc. 18th Conf. Offshore Technol., Houston (1986), OTC-5204-MS

[6.47] E. Huse, K. Matsumoto: Practical estimation of mooring line damping, Proc. 20th Conf. Offshore Technol., Houston (1988), OTC-5676-MS

[6.48] Y. Liu, L. Bergdahl: Improvement of Huse's model for estimating mooring cable induced damping, Proc. 17th Conf. Offshore Mech. Arct. Eng., Lisbon (1998), OMAE-98-0353

[6.49] D. T. Brown, G. L. Lyons, H. M. Lin: Advances in mooring line damping, J. Soc. Underw. Tech. 21, 5-12(1995)

[6.50] D. T. Brown, S. A. Mavrakos: Comparative study on mooring line damping, Mar. Struct. 12, 131-151(1999)

[6.51] C. Bauduin, M. Naciri: A contribution on quasistaticmooring line damping, J. Offshore Mech. Arct. Eng. 122, 125-133 (2000)

[6.52] L. Johanning, G. H. Smith, J. Wolfram: Measurements of static and dynamic line damping and their importance for floating WEC devises, Ocean Eng. 34, 1918-1934 (2007)

[6.53] I. K. Chatjigeorgiou, G. Damy, M. LeBoulluec: Numerical and experimental investigation of the dynamics of catenary risers and the riser-induced damping phenomenon, Proc. 27th Conf. Offshore Mech. Arct. Eng., Lisbon (1998), OMAE 2008-57616

[6.54] M. H. Ghayesh: Coupled longitudinal-transverse dynamics of an axially accelerating beam, J. Sound Vibr. 331, 5107-5124 (2012)

[6.55] J. Kevorkian, J. D. Cole: Perturbation Methods in Applied Mathematics

(Springer, New York 1981)

[6.56] A. H. Nayfeh: Problems in Perturbation (Wiley, NewYork 1985)

[6.57] I. K. Chatjigeorgiou, S. A. Mavrakos: Assessment of bottom cable interaction effects on mooring line dynamics, Proc. 17th Conf. Offshore Mech. Arct. Eng., Lisbon (1998), OMAE-98-0355

[6.58] J. I. Gobat, M. A. Grosenbaugh: Dynamics in the touchdown region of catenary-moorings, Int. J. Offshore Polar Eng. 11, 273-281 (2001)

[6.59] L. Demeio, S. Lenci: Forced nonlinear oscillations of semi-infinite cables and beams resting on a unilateral substrate, Nonlinear Dyn. 49, 203-215 (2007)

[6.60] C. Gatti-Bono, N. C. Perkins: Numerical simulations of cable/seabed interaction, Int. J. Offshore Polar Eng. 14, 118-124 (2004)

[6.61] S. Han, M. A. Grosenbaugh: Modeling of seabed interaction of oceanographic moorings in the frequency domain, J. Waterw. Port Coast. Ocean Eng. 132, 450-456 (2006)

[6.62] C. P. Pesce, J. A. P. Aranha, C. A. Martins, O. G. S. Ricardo, S. Silva: Dynamic curvature in catenary risers at the touch down point region: An experimental study and the analytical boundary-layer solution, Int. J. Offshore Polar Eng. 8, 303-310 (1998)

第7章　海洋岩土工程

Dong-Sheng Jeng

海洋岩土工程是一个涵盖流体力学、海岸工程、岩土工程、结构工程等传统土木工程学科的多学科领域。随着全球范围内海洋环境研究活动的日益增多，该领域已引起沿海和岩土工程界的广泛关注。海洋基础设施如防波堤、海底管线、平台和海上风力发电系统的合理设计对海洋工程项目的成功具有重要意义。受海洋结构物底部基础周围的波浪、海流等水动力载荷作用下的土体响应及其引起的海底失稳现象是基础设计中必须考虑的关键因素之一。

本章将对海底结构物周围的波浪-海床相互作用的问题及相关理论知识进行全面介绍。首先对基础模型的相关知识进行详细介绍和总结，然后，对该领域的最新进展及其工程应用进行概述。

7.1　基础模型

从20世纪40年代开始，人们根据各种假设发展了许多波致海底响应的模型。这里总结了每个模型的假设条件和主要控制方程。

(1) 简化模型：在此类模型中，研究人员认为孔隙流体和土壤都是不可压缩的介质，并且忽略流体和土壤运动引起的加速度。这引出了一个非耦合模型，其中拉普拉斯(Laplace)方程是控制方程[7.1]。另一个类似方法，考虑到孔隙流体的压缩性，从而形成扩散方程[7.2]。

(2) Biot多孔弹性模型：基本上，自20世纪70年代以来，已有三种多孔弹性模型发展起来，包括固结模型(或准静态模型)、u-p逼近模型和动态模型。

固结模型：在固结模型中，研究人员认为孔隙流体和土壤骨架都是可压缩的介质，但是忽略了流体和土壤运动引起的加速度。由于忽略了此加速度，这个模型也被称为准静态模型[7.3]。

u-p逼近模型：在此模型中，一般表达式忽略了孔隙流体引起的加速度。该模型是由辛凯维奇(Zienkiewicz)等人首次提出的[7.4]。他们对波浪-海床的相互作用进行一维分析，并将其推广到二维分析[7.5]。

动态模型：对于该模型的分析，研究人员采用了Biot[7.7]建立的一整套控制方程，其中包括孔隙流体和土壤运动引起的加速度。由于该模型很复杂，文献中只有很少的研究成果[7.8-7.9]。

(3) 多孔弹塑性模型：近来，除了线性多孔弹性模型，人们还发展了一些先进的模型，如波致海床反应的多孔弹塑性模型[7.10-7.11]。这种多孔弹塑性模型将更好地预测由波致海床失稳产生的大变形。

上述模型采用理论分析和数值解析的方法来求解波致的土体响应。在下面的章节中，将对以往关于波致海底响应的大多数理论研究进行介绍。

7.1.1 简化模型

非耦合模型被用作波浪-海床相互作用领域中的一阶近似。在此模型中，认为无论是孔隙流体还是土壤骨架都是不可压缩介质，并且忽略孔隙流体和土壤运动引起的加速度。由于控制方程不是拉普拉斯(Laplace)方程就是扩散方程，因此解析解已经得到了很好的发展，以往有关这些假设的研究大多采用理论分析。

1）拉普拉斯方程模型

基于刚性、透水性砂质海床和不可压缩的孔隙流体的假设，拉普拉斯方程是波致孔隙压力的控制方程：

$$\nabla^2 p = \frac{\partial^2 p}{\partial x^2} + \frac{\partial^2 p}{\partial y^2} + \frac{\partial^2 p}{\partial z^2} = 0 \tag{7.1}$$

式中 p 是海床的孔隙压力。

利用线性波浪理论，帕特南(Putnam)给出了有限厚度的各向同性多孔海床的一个简单解法，并得出结论，由于流体的黏滞渗流，在多孔砂质海床中，波能损失显著。而海水与海床界面处的压力变化激活了这种渗流。其解表明，海床内的压力分布仅取决于砂层的波浪特征和几何形状，而不取决于海床的特性。然而，在帕特南(Putnam)的论文中，他观察到了波高的一个可能的误差，它将耗散函数高估了四倍[7.12]。

基于与帕特南(Putnam)相同的假设，斯利思(Sleath)调查了具有各向异性渗透率的有限厚度的多孔海床的波致孔隙压力。他还在实验室进行了实验来验证这一理论，结果发现孔隙压力存在相位滞后(小于 10°)。然而，这些实验结果与他的理论结果不一致。这种不一致源于理论方法的假设。

考虑到该边界层的黏性效应和能量平衡，刘(Liu)建立了渗透层中的流动模型，并确定了无限海床的阻尼率[7.14]。压力和速度的连续性需要作为界面处的边界条件，直到 $O(\sqrt{\nu})$ 阶，其中 ν 是孔隙流体的黏度。他的结果表明孔隙压力和渗透率没有关联性，同时流体速度取决于孔隙度和渗透率。然而，刘(Liu)的解只考虑了压力条件，而忽略剪应力。因此，这可能不是对黏性流动的完整分析。在相同的框架下，刘(Liu)进一步导出了一种针对两层多孔渗水海床内的波致压力阻尼的解[7.15]。与无限海床的解相比，孔隙压力仅在很小程度上取决于上层的渗透率和厚度。然而，他只考虑了两层海床的情况，且每层海床有均匀渗透率。后来，基于广义达西(Darcy)方程[7.16]，该模型中包括了海床表面与不渗透地层之间的边界层[7.17]。通过它得出的结论是当物理波数在其刚性底部大致保持相同时，空间阻尼率与渗透率和水深密切相关。

从另一个角度来看，马塞尔(Massel)考虑到了刚性多孔渗水海床的动量方程中的非线性阻尼和惯性项[7.18]。他的结果表明，渗透率对海床压力分布的影响可以忽略，并且它们与拉普拉斯(Laplace)方程的影响基本相同。

在描述波致土体响应时，马拉德(Mallard)采用了一组基于土内应力平衡假设的弹性位移方程，忽略了土壤的惯性对响应的影响[7.19]。道森(Dawson)把土壤惯性项加入马拉德

(Mallard)模型中,并推断出对于不可压缩的土壤情况,土壤惯性项的影响通常不能忽略,否则会产生严重的误差[7.20]。

2) 扩散方程模型

另一类非耦合模型由中村(Nakamura)等人[7.2]以及摩沙根(Moshagen)和 Torum[7.21]基于可压缩孔隙流体假设和不变形多孔土壤骨架提出,并推导出孔隙压力的热传导方程或扩散方程:

$$\nabla^2 p - \frac{\gamma_w n\beta}{K_z}\frac{\partial p}{\partial t} = 0 \tag{7.2}$$

式中,γ_w 是水的重度;n 是孔隙度;β 是式(7.4)中定义的孔隙水的压缩系数;K_z 是 z 方向的渗透率。

其中,中村(Nakamura)等人将孔隙压力的理论结果与细砂层和粗砂层的实验结果进行比较。粗砂层的实验结果显示没有相位滞后,且与拉普拉斯(Laplace)方程的解相当吻合;细砂资料表现出较大的压力衰减和相位滞后,这与扩散理论相当吻合。然而,在他们的实验数据中,海床表面附近存在一个无法解释的压力突跃现象。正如山本(Yamamoto)等人指出的,中村(Nakamura)等人实验中产生的波浪太陡了[7.22]。在波峰和波谷下的砂层的应力状态可能已经达到了平衡极限或液化状态,从而造成很大的压降。此外,在他们的计算中出现了一个关键性错误,即计算中所用的水的压缩系数是实际水的980倍。山本(Yamamoto)等人表明报告中的这项虚假数据可能是源于所用的砂子中存在少量的空气。

摩沙根(Moshagen)等人考虑到在可压缩孔隙流体和不可压缩土壤骨架的假设下多孔介质中的波致流动。他们发现,孔隙流体的可压缩性在分析多孔隙土中的波致孔隙压力时,显著地改变了作用于土壤上的垂直渗透力。然而,文献[7.21]关于孔隙流体和土壤骨架相关压缩性的假设似乎有些不切合实际[7.23]。因此,人们对摩沙根(Moshagen)和 Torum 的结论的有效性产生了怀疑。

上述所有理论都假定海床是刚性多孔渗水介质。因为这些方法不允许孔隙流体运动和土壤骨架运动之间存在耦合现象,所以孔隙压力的控制方程是不可压缩流体的拉普拉斯(Laplace)方程或液压各向同性(各向同性渗透)海床的可压缩孔隙流体的扩散方程。然而,孔隙压力的这种解仅限于土壤和波浪条件下的一种特殊情况,也就是说,拉普拉斯方程适用于粗砂层等渗透性很强的地层,对于黏土等渗透性较差的地层,则采用扩散方程。此外,这些方法没有提供关于海底有效应力和土体位移的信息。

7.1.2 Biot 多孔弹性模型

耦合模型一般将土壤和孔隙流体视为可压缩介质。它们能更准确地描述多孔介质的力学性质和土壤-孔隙流体的相互作用。近来,研究人员利用这种耦合模型对海床土体的固结或动态响应进行了研究。Biot 理论是最广泛地应用于土壤-孔隙流体相互作用的耦合模型。根据土壤颗粒和孔隙流体的加速度以及孔隙流体对土壤颗粒的相对位移,Biot 方程的表达式有三种:准静态模型,u-p 近似和全动态模型

1) 固结模型(准静态模型)

Biot 首先建立了一个三维固结方程,将土壤视为具有可压缩孔隙水和可变形土壤颗粒的各向同性弹性多孔介质[7.3],假设如下:

(1) 土壤是均匀且各向同性的。

(2) 在最终平衡(线弹性)状态下,应力-应变关系是可逆的。

(3) 需要考虑固体和孔隙流体的小变形。

(4) 孔隙流体和土壤颗粒是可压缩的。

(5) 水在多孔介质中稳定流动,如达西(Darcy)的流动($Re\leqslant 1$)[7.24],由此建立了准静态模型。

基于质量守恒,可得关于水力学各向异性海床的相关方程:

$$\frac{K_x}{K_z}\frac{\partial^2 p}{\partial x^2}+\frac{K_y}{K_z}\frac{\partial^2 p}{\partial y^2}+\frac{\partial^2 p}{\partial z^2}-\frac{\gamma_w n\beta}{K_z}\frac{\partial p}{\partial t}=\frac{\gamma_w}{K_z}\frac{\partial \epsilon_s}{\partial t} \tag{7.3}$$

式中,n 是土壤孔隙率;γ_w 是孔隙水的重度;K_x、K_y 和 K_z 分别是 x、y 和 z 方向的土壤渗透性。孔隙流体的压缩系数(β) 和体积应变(ϵ_s) 由下式进行定义:

$$\beta=\frac{1}{K_w}+\frac{1-S}{P_{w0}} \quad 和 \quad \epsilon_s=\frac{\partial u}{\partial x}+\frac{\partial v}{\partial y}+\frac{\partial w}{\partial z} \tag{7.4}$$

式中,K_w 是 $1.59\times 10^9\ \mathrm{N/m^2}$ 的孔隙水的真实体积弹性模量;u、v 和 w 分别是 x、y 和 z 方向的土体位移;S 是饱和度;P_{w0} 是绝对水压。当土壤骨架完全饱和时,$S=1$,那么 $\beta=1/K_w$。

基于力平衡和胡克(Hooke)定律,得到多孔弹性介质中整体平衡的控制方程,即

$$G\nabla^2 u+\frac{G}{1-2\mu}\frac{\partial \epsilon_s}{\partial x}=\frac{\partial p}{\partial x} \tag{7.5}$$

$$G\nabla^2 v+\frac{G}{1-2\mu}\frac{\partial \epsilon_s}{\partial x}=\frac{\partial p}{\partial y} \tag{7.6}$$

$$G\nabla^2 w+\frac{G}{1-2\mu}\frac{\partial \epsilon_s}{\partial x}=\frac{\partial p}{\partial z} \tag{7.7}$$

在 Biot 多孔弹性理论中,多孔介质中的流体流动一般被视为稳态流。因此,人们用达西(Darcy)定律来建立方程。此外,它只适用于小变形问题。值得注意的是 Biot 固结方程忽略了固体的和流体的惯性项。由于固体的或流体的加速度在此情况下明显较小,故这种简化对于小渗透或低频载荷作用下的固结问题是可接受的。

以往的研究大多采用 Biot 固结方程进行直接求解从而得到波致孔隙压力、土体位移和有效应力。这一方法最初是由山本(Yamamoto)等人[7.22]提出的,山本(Yamamoto)[7.25]和马德森(Madsen)[7.26]认为孔隙流体和多孔介质均具有可压缩性。在这些研究中,他们采用了一个仅考虑行波的三维通用固结方程。其中,马德森(Madsen)考虑了水力学各向异性和非饱和多孔海床,而山本(Yamamoto)等人则研究了各向同性介质,并且两者均只考虑了海床厚度无限大的情况。此外,山本(Yamamoto)研究了各向同性和部分饱和条件下的有限厚度均质土中的土壤响应。然而,山本(Yamamoto)的解是以一个半解析的方式,并没有一个封闭解。

山本(Yamamoto)等人得出结论表明,当多孔介质的刚度比孔隙流体的刚度小得多时(例如,饱和软土),土体响应与渗透率无关,并且无相位滞后。另一方面,当多孔介质的刚度比孔隙流体的刚度大得多时(如部分饱和的密砂),孔隙压力迅速衰减。在后一种情况下,相位滞后随海床表面距离的增加而线性增加。

马德森(Madsen)研究了水力学各向异性和部分饱和的海床。他发现这对于粗砂土体的波致有效应力的特性有明显影响。对于所有的土壤而言,部分饱和对土体响应的影响可

能是显著的。

山本(Yamamoto)[7.27]提出了一个非均匀层状多孔海床的半解析解,并以密西西比(Mississippi)河三角洲的土体数据为例进行了全面验证。山本(Yamamoto)指出,一层混凝土砌块对波致土层响应有显著影响。然而,把混凝土砌块土当作土体处理的假设似乎是不现实的,因为混凝土砌块的性能和土体的性能很不一样。

奥库萨(Okusa)[7.28]使用弹性条件下的兼容方程简化了山本(Yamamoto)等人对于四阶微分线性方程的控制方程。我们注意到,奥库萨(Okusa)的实验是基于平面应力条件,而山本(Yamamoto)等人的实验则基于平面应变条件。奥库萨(Okusa)发现,波致孔隙压力和有效应力由两部分组成。前者仅取决于波动特性,后者则与沉积物和波动特性都有关。报告指出,波致土层响应仅取决于波浪条件,而与完全饱和、各向同性的无限厚度的砂质海床的土壤特性无关。然而,对于有限厚度的各向同性海床,即使在饱和条件下,这个结论也是无效的。

拉赫曼(Rahman)等人[7.31]利用半解析分析中直接分析框架总结了先前的工作。在他们的模型中,考虑了一个一般分层海床,这对于海床保护覆盖层的设计非常重要。

上述研究仅限于各向同性海床,这可能是一种理想化的情况。分析变渗透率海床的波致土体响应的主要困难是包含可变系数的控制方程。通过利用V-S(瓦利-西摩)(Varley-Seymour)函数[7.32],西摩(Seymour)等人导出了一个关于这种条件的解析解[7.33]。在他们的研究中,只考虑了细砂;模型排除了关于垂直距离的渗透率的一阶导数,这在粗糙材料的波致土层响应的评价中起着重要的作用[7.34]。后来,郑(Jeng)和西摩(Seymour)进一步发展了无限厚度和有限厚度的海床一般土壤的解析解[7.35-7.36]。他们得出结论,波致孔隙压力在可变渗透率和均匀渗透率之间的相对差异可能会上升到海床表面波浪压力振幅的23%。

近来,北野(Kitano)和梅斯(Mase)[7.37]提出了变渗透率海床的波致响应的另一种解析解。然而,他们的一维模型仅限于渗透率的指数分布衰减,虽然它提供了一个比文献[7.35]、[7.36]更简单的公式。

包含了波浪-海床相互作用中的横向各向异性土壤行为也可以进行解析处理。郑(Jeng)第一个推导出横向各向异性海床中的波浪-海床相互作用的解析解[7.38-7.39]。他的数值结果表明,关于各向同性土壤特性假设的常规解可能高估了孔隙压力,而低估了有效应力。在确定波致土体位移时,对横向各向异性土壤行为的考虑特别重要。夕日(Yuhi)和石田(Ishida)[7.40]也提出了一个完全相同的近似结论。

夕日(Yuhi)和石田(Ishida)[7.41]提出了一个在横向各向异性海床中的土层响应的简化解析解。在其模型中,介绍了与边界层厚度和刚度比有关的两个参数。然而,他们的模型仅适用于靠近海床表面的区域(如$|z|/L<0.02$,L是波浪的波长),在此区域之外,简化解和精确解之间的相对差异,正如文献[7.42]中所报道的那样,是不可忽略的。

由于波致海底响应的直接解析解涉及复杂的数学演示,特别是对于有限厚度的海床,依然不可能得到有关于分层海床的一个闭式解。梅(Mei)和福达(Foda)[7.43]提出了一种替代近似,即边界层近似。边界层近似原理是将整个土域划分为两个区域:内部和外部区域。在内部区域(靠近海床表面,由边界层厚度确定)需要完全解。另一方面,简化解在外部区域是足够的。对于细砂,此解与山本(Yamamoto)的解很好地吻合。然而,对于非饱和条件下的所有土壤和饱和条件下的粗砂,它可能会失去准确性[7.25]。这个缺点可能归因于该解仅适用于缩放尺度下具有低渗透性的海床。然而，与徐(Hsu)和郑(Jeng)[7.45]的解相比，该解决方法的形式简单得多，因此更便于工程应用。

尽管梅(Mei)和福达(Foda)提出的边界层近似是一个简单而又相当精确的分析，但它仅限于低频波。黄(Huang)和庄(Chwang)研究了基于声学问题的 Biot 方程，并得到了三个非耦合亥姆霍兹(Helmholtz)方程来表示这三种波的每一种[7.46]。他们的方法适用于整个波频范围。

后来，北野(Kitano)和梅斯(Mase)[7.47]通过边界层近似导出了另一组解析解，来研究横向各向异性土壤特性对波致土体响应的影响。他们的模型与郑(Jeng)所提出的关于细砂的精确解很好地吻合。

除了直接解析解和边界层近似外，文献[7.48]提出了海洋沉积物中波致孔隙压力的无规则走动模型。该模型原理是基于海洋沉积物中的剪应力来确定沉积孔隙压力。然而，剪应力的测定依赖于其他解析解，如徐(Hsu)和郑(Jeng)的解。

Madga 建立了一个一维有限差分模型，用于高度饱和砂质层中的波致孔隙压力，并应用于埋地管线的情况[7.49-7.51]。他得出结论，压力产生的时间相位主要取决于土壤骨架的饱和度、压缩性和土壤渗透性。

曾(Zen)和 Yamazak 基于海底厚度远小于波长的假设，将二维边值问题简化为一维边值问题[7.52-7.53]。并建立了一个只适用于单层多孔海床的数值模型(有限差分法)。

Gatmiri 建立了一个简化的有限元模型，用于各向同性饱和透水海床中的波致有效应力和孔隙压力[7.29]。从他的论文中得出了两个重要的结论：①存在一个厚度约为波浪长度的 0.2 倍的临界海床土层，其中土壤骨架的水平运动最大，并且发生不稳定状态；②即使在水力学各向同性和饱和的有限厚度海床中，土体响应也受土体特性的影响。此结果补充了 Okusa 报告的无限厚度海底的解。然而，研究人员发现文献[7.29]中的孔隙压力分布随海床厚度变化的总体趋势并不一致[7.30]。

Gatmiri 进一步扩展了他的数值模型，以考虑横向各向异性饱和海床中的土体响应[7.54]。数值结果表明，横向各向异性土体参数的影响是显著的，并且不同方式的组合参数对土体响应有不同的影响。与横向各向异性相比，水力各向异性渗透率对有效应力变化的影响可能不大。

Gatmiri 模型结果中可能存在一定的错误，这源于其所使用的边界条件。在 $x/L = 0.1$ 处的横向边界处，设定为 $v = 0$、$p = 0$、位移 u 自由。然而，已有研究证明在有限厚度的完全饱和海床中，土体响应存在相位滞后[7.30]。这意味着在有限厚度的多孔海床中，横向边界条件 $v = 0$、$p = 0$ 是无效的。如此说来，文献[7.29]和[7.54]的数值结果值得怀疑。事实上，正如作者所建议的[7.56]，这一障碍可以用重复性原理克服[7.55]。

托马斯(Thomas)建立了一种关于双层非饱和海床的一维有限元方法[7.57-7.58]。他的结果与山本(Yamamoto)和 Okusa 的解析解吻合得很好。研究还表明，在两层海床中，顶层较硬的沉积物控制底层的响应。

在类似的框架下，研究人员建立了一系列一维有限元模型，用于非均匀海床中的波致海底响应[7.59-7.61]。这些数值模型的结果与以往的二维实验数据和解析解吻合得很好。在这些模型中，认为渗透率和剪切模量会随埋深而变化。郑(Jeng)和林(Lin)[7.61]还研究了非线性波分量对土体响应的影响。此外，他们还研究了横向各向异性土壤行为和非均匀土壤特性对波致土体响应的联合影响[7.62]。

上述一维有限元模型的优点是减少了计算时间。然而,这种一维模型不能适用于有结构物的情况。因此,研究人员通过利用重复性原理提出了二维有限元模型[7.56]。

2) u-p 模型

辛凯维奇(Zienkiewicz)等人[7.4]提出了 Biot 多孔弹性理论[7.7]的一种简化形式。在这个模型中,从应力平衡方程中消除了流体对固体的相对加速度,因为对于低渗透的多孔介质,流体的相对加速度明显较小,且受低频动载荷作用。因此,可以将控制方程式(7.3)和式(7.5)~式(7.7)改写为

$$\frac{K_x}{K_z}\frac{\partial^2 p}{\partial x^2}+\frac{K_y}{K_z}\frac{\partial^2 p}{\partial y^2}+\frac{\partial^2 p}{\partial z^2}-\frac{\gamma_w n\beta}{K_z}\frac{\partial p}{\partial t}+\rho_f\frac{\partial^2 \epsilon_s}{\partial t^2}=\frac{\gamma_w}{K_z}\frac{\partial \epsilon_s}{\partial t} \tag{7.8}$$

$$G\nabla^2 u+\frac{G}{1-2\mu}\frac{\partial \epsilon_s}{\partial x}=\frac{\partial p}{\partial x}+\rho\frac{\partial^2 u}{\partial t^2} \tag{7.9}$$

$$G\nabla^2 v+\frac{G}{1-2\mu}\frac{\partial \epsilon_s}{\partial x}=\frac{\partial p}{\partial y}+\rho\frac{\partial^2 v}{\partial t^2} \tag{7.10}$$

$$G\nabla^2 w+\frac{G}{1-2\mu}\frac{\partial \epsilon_s}{\partial x}=\frac{\partial p}{\partial z}+\rho\frac{\partial^2 w}{\partial t^2} \tag{7.11}$$

其中,ρ_f 是孔隙水的密度;且 $\rho=(1-n)\rho_s+\rho_f$(其中 ρ_s 是固体的密度)。

基于 Biot 多孔弹性理论,辛凯维奇(Zienkiewicz)等人对多孔渗水介质上传播的波提出了一种所谓的一维 u-p 近似。它们的近似为这类问题提供了一个简化。根据数值算例,辛凯维奇(Zienkiewicz)得出的结论表明,对于海床上的海浪情况,不需要 u-p 近似或动力近似。然而,在他们的例子中,海浪载荷下的压缩波速固定在 1 000 m/s,这适用于地震条件,但在大多数海洋环境中可能不是一个合理的数值。因此,从例子中得出的结论是可疑的。

萨凯(Sakai)等人推广了梅(Mei)和福达(Foda)的边界层近似来研究海浪的惯性力和重力对海底响应的影响,并用其数值模型(有限元法)[7.64]的结果对此进行了验证。他们得出结论,该惯性项(加速度)在正常波条件下(除破碎波外)都可以忽略,同时该重力项实际上也可以被忽略。后来,萨凯(Sakai)等人改进了边界层近似,以考虑波致海底剪应力的影响,这在拍岸浪带是不可忽略的[7.65]。在他的论文中,简单地假定了波致海底剪应力的振幅与波浪压力成正比,且没有任何相位滞后。然而,根据文献[7.66],波致海底剪应力对于海床表面的波致压力有 45°的相位滞后。

该一维 u-p 近似进一步推广到多孔海床上的二维波浪[7.5-7.6]。研究人员认为海床是无限厚度的或有限厚度的,并发现 u-p 近似与准静态解的相对差异可能达到波压振幅的 17%。

除上述解析解外,陈(Chan)[7.67]建立了有限元模型(SWANDYNE Ⅱ)。该模型最初是针对地震引起的土体液化现象而建立的,并适用于海底管道和防波堤等海洋结构物周围的波致残渣土体响应。该模型采用了 u-p 近似和多孔弹塑性本构模型。

3) 全动态模型

基于应力平衡、动量守恒和质量守恒,文献[7.7]和[7.63]通过引入固体和流体的惯性项,将上述固结理论推广到动力理论,以研究弹性波在饱和多孔介质中的传播。然后,Biot[7.69]提出了一套通用全耦合控制方程,用于含可压缩流体和不可压缩土壤颗粒的饱和多孔介质的固结和动力问题,且该方程考虑到了固体惯性项和流体惯性项的影响及土壤与孔隙流体的相互作用(阻力)。应力平衡方程、动量平衡方程和连续性方程式(以张量形式)如下:

$$\sigma_{ij,j} + \rho g_i = \rho \ddot{u}_{si} + \rho_f(\ddot{w}_{fi} + \dot{w}_{fj}\dot{w}_{fi,j}) \tag{7.12}$$

$$-p_i + \rho_f g_i = \rho_f \ddot{u}_{si} + \frac{\rho_f}{n}(\ddot{w}_{fi} + \dot{w}_{fj}\dot{w}_{fi,j}) + \frac{\gamma_w}{K_{ij}}\dot{w}_{fj} \tag{7.13}$$

$$\dot{\epsilon}_{ii} + \dot{w}_{fi,i} + \frac{1}{Q}\dot{p} = 0 \tag{7.14}$$

式中，u_s 表示土体位移张量；w_f 表示固体和孔隙流体之间的相关位移。而 Q 定义为

$$\frac{1}{Q} = n\beta + \frac{1-n}{K_s} \tag{7.15}$$

其中 K_s 是固体的体积模量。

动力分析与 u-p 近似的主要区别在于考虑了孔隙流体的加速度。在与文献[7.4]相似的框架下，郑(Jeng)和他的同事们通过二维分析[7.8,7.70]，研究了动力土壤行为对波致土体响应的影响。虽然它们的动力解能更好地预测波致土体响应，但他们的解决方案冗长而难以应用于工程实践。

基于边界层近似，黄(Hang)和他的同事们进一步开发了一系列的波浪在软弹性多孔床上传播的解析解[7.44,7.71-7.72]，并考虑了线性波和非线性波载荷。与全封闭解相比，他们的近似提供了一个更简单的公式。

另外，在梅(Mei)和福达(Foda)导出的控制方程的基础上，Yuhi 和石田(Ishida)[7.73]直接解决了边值问题，而不是使用边界层近似。他们认为，海床是无限厚的，并详细地讨论了土柱内三种波的特征，包括两种压缩波和一种切变波。这项工作后来扩展到有限厚度情况[7.74]。

4）Biot 模型的适用范围

迄今为止，全动态模型、u-p 近似和 Biot 固结方程已被广泛应用于研究准静态和动态问题。从根本上说，全动态模型由于其描述多孔介质力学行为的相对比较完整的形式，而适用于所有的准静态和动态问题，其中包括了土壤颗粒和孔隙流体的加速度，以及孔隙流体相对于土壤颗粒的相对位移。然而，在导出 u-p 近似和 Biot 固结方程时，假设了一些前提条件。因此，应用 u-p 近似和 Biot 固结方程求解工程问题存在一定的局限性。

辛凯维奇(Zienkiewicz)等人首先尝试研究 u-p 近似和 Biot 固结方程的适用范围。基于一个简单的线性一维模型，用相同的边界条件解析求解全动态模型、u-p 近似和 Biot 固结方程，且该模型只包含一个土层，并受周期性载荷影响。在比较了三种控制方程的解之后，他们提供了一张图表，来说明 u-p 近似和 Biot 的固结方程的频率和渗透率的适用范围。根据文献[7.4]中图 3 的数据可得出结论，即全动态形式可用于所有区域，包括Ⅰ、Ⅱ和Ⅲ区。u-p 近似可用于最大适用频率约为 1000 Hz 的Ⅰ区和Ⅱ区。Biot 固结方程只适用于Ⅰ区，且只适用于低频和低渗透的问题。

人们注意到，上述结论是从最简单的一维土层中得到的；并假定了一些土壤性质参数的数值，如 V_c=1 000 m/s。正如郑(Jeng)和查(Cha)[7.8]所指出的，土壤中的波速主要取决于土壤的饱和度和水深。文献[7.4]中用到的波速值只是一个特例。因此，从图表中获取的信息只是一个粗略的近似，且其适用性有限。

后来，郑(Jeng)和查(Cha)进一步解析地研究了 u-p 近似和 Biot 固结方程对于土壤-波浪相互作用下的二维全动态模型的适用范围。通过求解全动态形式的偏微分方程，他们获得了孔隙流体压力和波浪载荷作用下有限海床或无限海床的土体位移的解析解。然后，他

们通过忽略从全动态模型导出的解中的惯性项的影响，决定了基于 u-p 近似和 Biot 固结方程的解析解。在上述三个解析解中，采用线性海浪作为作用于海床的动力载荷。由于海浪的频率是 $O(10^{-1})$赫兹的量级，可被定为低频范围。因此，从 u-p 近似和全动态模型得到的结果总是基本相同，这不足为奇。因此，人们比较了从全动态模型和 Biot 固结方程得到的结果。图 7.1 显示了必须采用全动态模型或u-p近似的条件与可采用 Biot 固结方程的条件之间的不同渗透性的适用范围界线。在图 7.1 中，横坐标 Π_1 和纵坐标 Π_2 被定义为

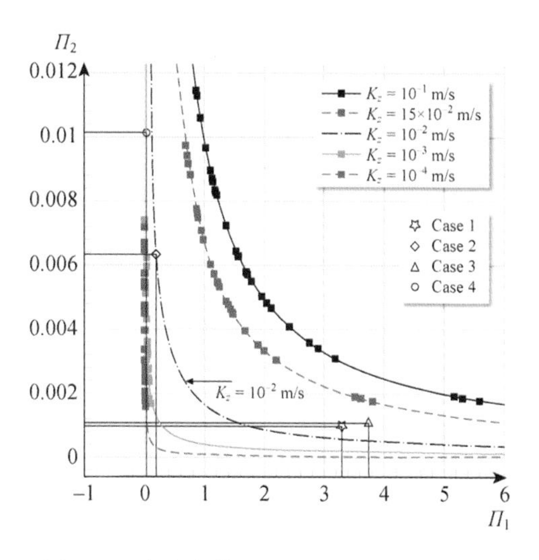

图 7.1　全动态模型和 Biot 固结方程不同渗透性的适用范围界线

$$\Pi_1 = \frac{K_z V_c^2 k^2}{\gamma_w \omega} \quad 和 \quad \Pi_2 = \frac{\rho_f \omega^2}{\left(\dfrac{G}{1-2\nu} + \dfrac{K_f}{n}\right) k^2} \tag{7.16}$$

式中，K_z 是渗透率系数；k 是波数；V_c^2 是在多孔土壤中压缩波的速度，可以表示为

$$V_c^2 = \frac{\dfrac{G}{1-2\nu} + \dfrac{K_f}{n}}{\rho_f} \tag{7.17}$$

参数 Π_1 与土壤渗透性有关，并且 Π_2 与海床上波浪的频率有关。Jeng 和 Cha 提出了描述 Π_1-Π_2 无因次化空间中的边界线的方程：

$$\Pi_2 = C\Pi^m = 0.0298\left(\frac{K_z}{\Pi_1}\right)^{0.5356} \tag{7.18}$$

对于一定的土壤条件，如果点 (Π_1, Π_2) 位于边界线上方，则应采用全动态模型或 u-p 近似，否则会产生大的计算误差。由于文献[7.4]所用的土体模型是一维的，因此文献[7.8]的计算结果比文献[7.4]的结果更准确，并且假定土壤中的压缩波速度为1 000 m/s，这对于大多数土层来说是无效的。

最近，Ulker 等人进一步研究了全动态模型、u-p 近似（部分动态）和 Biot 固结方程（准静态）的适用范围。首先，通过采用 Jeng 和 Cha 使用的相似的方法，建立了波致海底响应的广义解析解。在该解析解中，采用全动态模型作为控制方程，并加入重力项，而文献[7.8]没有考虑这一项。通过将解析解从全动态模型缩减，得到了 u-p 近似和 Biot 固结方程的解。采用线性波模型和多孔弹性模型作为海床土体的外部载荷和本构模型。通过比较由三种控制方程得到的孔隙压力、剪应力和有效垂直应力的结果，文献[7.9]运用图 7.2说明了三种控制方程的适用范围。在图 7.2 中发现，Biot 固结方程对黏土具有较高的精度；u-p 近似对于淤泥土是必要的。对于砂质海床，模型选取取决于渗透和加载频率；全动态模型已被用于渗透率一般较大的砾石。

总之，对于低频载荷和低渗透性土体的情况，u-p 近似和 Biot 固结方程是适用的；对于高频载荷和/或高渗透性土体的情况，必须采用全动态模型。在本文中，海床的渗透率一般为 1.0×10^{-5} m/s 至 1.0×10^{-4} m/s（参数研究的最大值为 1.0×10^{-2} m/s）；波浪的主导频

率大小为 $O(10^{-1})$ 赫兹，而地震载荷的主导频率大小为 $O(10^{1})$ 赫兹。u-p 近似足以描述海洋结构下的海床基础的动态特性。

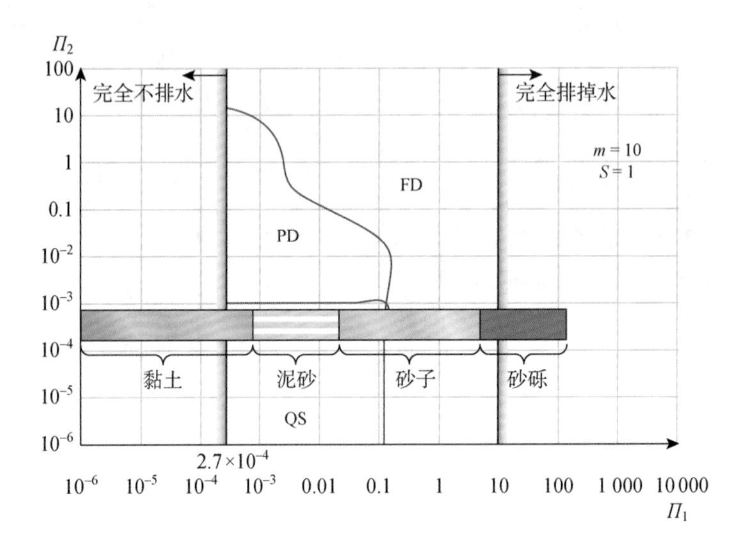

图 7.2 波致海底响应的三种控制方程的适用性区域

7.1.3 多孔弹塑性模型

所有上述多孔弹性模型都仅限于小变形，这是一个理想化的条件。然而，对于工程问题来说，大变形将是一个更重要的问题，特别是在风暴环境作用下。在这种情况下，需要弹塑性模型来更好地估计土体响应。由于多孔弹塑性模型比多孔弹性模型复杂得多，特别是对于波浪-海床相互作用问题，因此，到目前为止只公布了少数几项研究成果。

Sekiguchi 等人[7.77]可能是第一批用拉普拉斯变换导出波在多孔弹塑性海床传播的解析解的学者。他们的模型清楚地说明了多孔弹性模型与多孔弹塑性模型的区别。此外，报告了他们的模型和离心试验之间的总体一致性。然而，他们的模型是基于海床厚度远小于波长的假设，这是值得怀疑的[7.78]。

采用非结合边界面塑性本构模型，杨(Yang)和普罗沙希(Poorooshasb)开发了一个数值程序，以研究在海床中的驻波引起的土体响应[7.79]。他们的模型证实了渗透率对波致海底响应的显著影响。然而，在他们的论文中未对弹性模型和他们的塑性模型进行比较。因此，没有注意到塑性模型的重要性。

Li 等人[7.80]建立了波在饱和介质中传播的多孔弹塑性模型，并用 Drucker-Prager 准则描述了固体骨架的压力相关弹塑性的非线性本构关系。在其模型的基础上，他们进一步研究了波浪在饱和海床中传播的定常不连续性和颤振失稳性，并得出结论表明，只有当垂直于不连续表面派生的有效应力是压缩的，颤振失稳性才可能发生在平稳不连续之前。

最近，郑(Jeng)和欧(Ou)提出了一个三维多孔弹塑性模型，用于防波堤最前的部分周围的波致土体响应[7.11]。

在该模型中，采用多孔弹塑性(PZ3)[7.67]对防波堤最前的部分附近发生海床液化现象的可能性进行了预测。他们的研究证实了大变形对液化区的预报具有显著影响。

7.2 海底动力学机制

如图 7.3 所示，在现场测量和实验室实验中观察到了两种用于波致孔压力的机制。第一种机制是由瞬态或振荡的超孔隙压力引起的，并伴随着孔隙压力变化中振幅和相位滞后的衰减[7.22,7.26]。这对于小振幅波非常重要，它只能在波谷下的海床中瞬间液化[7.75]。第二种机制称为残余孔隙压力，即在循环载荷作用下，由于土体收缩而产生的超孔隙压力的积累。如文献[7.75]所述，对于大波浪载荷，残余机理更为重要。

海洋沉积物中的波致孔隙压力由两部分组成：振荡($\widetilde{p}$)和残余($\bar{p}$)机制(见图 7.3)，它们可以表示为

$$p = \widetilde{p} + \bar{p} \tag{7.19}$$

式中，$\widetilde{p}$ 代表产生瞬态液化作用的振荡孔隙压力；$\bar{p}$ 表示导致剩余液化作用的周期平均孔隙压力，定义为

$$\bar{p} = \frac{1}{T}\int_{t}^{t+T} p\,\mathrm{d}t \tag{7.20}$$

式中，T 是波周期；t 是时间。图 7.4 说明了每个机制主导波致土体响应过程的范围，图中的比例因子(ϵ) 被定义为

$$\epsilon = \frac{\bar{p}_{t\to\infty}}{|\widetilde{p}|} \tag{7.21}$$

式中，$\bar{p}_{t\to\infty}$ 表示平衡残余孔隙压力，也就是说，当时间接近无限的时候，孔隙压力如图 7.3 所示；$|\widetilde{p}|$ 代表振荡孔隙压力的振幅。

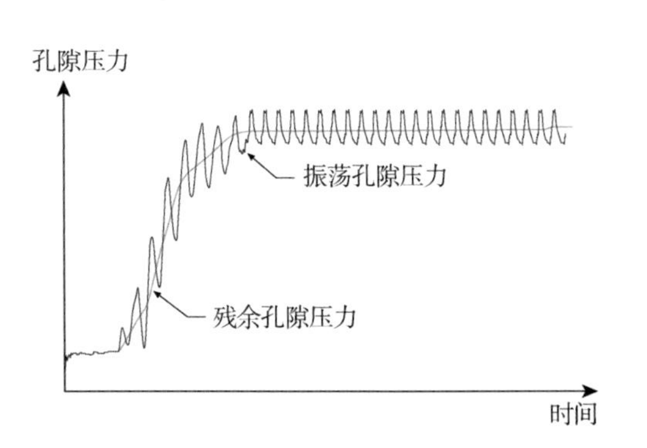

图 7.3 两种不同的孔隙压力机制的概念(不按比例)

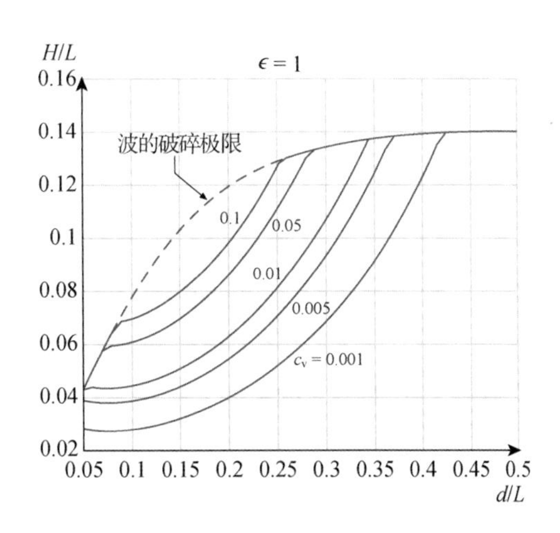

图 7.4 具有不同固结系数的两种机制的关系

在图 7.4 中，采用不同的固结系数 c_v 表示不同类型的土壤。在给定波陡(H/L)和相对波深(d/L)的情况下，可以确定我们所考虑的案例的 c_v 的位置。当位于给定的 c_v 曲线之上时，残余机制将主导整个过程。另一方面，如果它位于曲线以下，振荡机制将比残余机制更

重要。如图中所示,无论是浅水区还是大波区,残余机制都将更为重要。

在本节中我们综述了两种机制的解析解,提供了一些例子来说明几个重要参数的作用。接下来将提供一个新的模型,集成两种机制从而对波致土体响应有更好的理解。

7.2.1 振荡土体响应

在过去的几十年里,研究人员已经完成了大量由振荡孔隙压力引起的波致瞬态海底响应的研究。其中,马德森(Madsen)[7.26]和山本(Yamamoto)等人[7.22]考虑了具有类似框架的无限海床。梅(Mei)和福达(Foda)[7.43]提出了边界层近似,来推导波致瞬态孔隙压力的对粗砂有效的极简化公式[7.45]。Okusa[7.28]进一步论证了饱和程度对孔隙压力的显著影响,并提出了液化判据。郑(Jeng)和他的同事在横向各向异性和非均匀性等不同的考虑因素下,导出了海洋沉积物中振荡孔隙压力的一系列解析解,并在文献[7.75]中详细说明了这一点。在此,只是概述二维各向同性均匀海床的解。

根据式(7.3)和式(7.5)~式(7.7)中所概述的 Biot 固结模型,可以得到无限海底二维行波作用下的波致振荡孔隙压力和土体位移的解析解[7.75,7.83]:

$$\tilde{p} = \frac{p_o}{1-2\mu}\left[(1-2\mu-\lambda_*)C_1^{\infty}\mathrm{e}^{kz} + \frac{\delta^2-k^2}{k}(1-\mu)C_2^{\infty}\mathrm{e}^{\delta z}\right]\mathrm{e}^{\mathrm{i}(kx-\omega t)} \tag{7.22}$$

$$\tilde{u} = \frac{\mathrm{i}p_o}{2G}\left[(C_0^{\infty}+C_1^{\infty}z)\mathrm{e}^{kz} + C_2^{\infty}\mathrm{e}^{\delta z}\right]\mathrm{e}^{\mathrm{i}(kx-\omega t)} \tag{7.23}$$

$$\tilde{w} = \frac{p_o}{2G}\left[\left(C_0^{\infty} - \frac{1+2\lambda_*}{k}C_1^{\infty} + C_1^{\infty}z\right)\mathrm{e}^{kz} + \frac{\delta}{k}C_2^{\infty}\mathrm{e}^{\delta z}\right]\mathrm{e}^{\mathrm{i}(kx-\omega t)} \tag{7.24}$$

式中,上标∞表示无限厚度的多孔海床的解中的系数。

两个参数 δ 和 λ_* 表示为

$$\delta^2 = k^2\frac{K_x}{K_z} - \frac{\mathrm{i}\omega\gamma_w}{K_z}\left(n'\beta + \frac{1-2\mu}{2G(1-\mu)}\right) \tag{7.25}$$

$$\lambda_* = \frac{(1-2\mu)\left[k^2(1-K_x/K_z) + \dfrac{\mathrm{i}\omega\gamma_w n'\beta}{K_z}\right]}{k^2(1-K_x/K_z) + \dfrac{\mathrm{i}\omega\gamma_w}{K_z}\left(n'\beta + \dfrac{1-2\mu}{G}\right)} \tag{7.26}$$

在上述方程中,波频率 $\omega(=2\pi/T$,其中 T 是波的周期),波数 $k(=2\pi/L$,其中 L 是波长),且水深 d 满足色散方程:

$$\omega^2 = gk\tanh kd \tag{7.27}$$

动态波压的幅值 p_o 定义为

$$p_o = \frac{\gamma_w H}{2\cosh kd} \tag{7.28}$$

式中,H 是波高。

有效法向应力 $\tilde{\sigma}'_x$ 和 $\tilde{\sigma}'_z$ 和剪应力 $\tilde{\tau}_{xz}$ 可表示为

$$\tilde{\sigma}'_x = -p_o\left\{\left[(C_0^{\infty}+C_1^{\infty}z) + \frac{2\mu\lambda_*}{1-2\mu}C_1^{\infty}\right]\mathrm{e}^{kz} + \left(k^2 - \frac{\mu(\delta^2-k^2)}{k(1-2\mu)}\right)C_2^{\infty}\mathrm{e}^{\delta z}\right\}\mathrm{e}^{\mathrm{i}(kx-\omega t)} \tag{7.29}$$

$$\begin{aligned}\tilde{\sigma}'_z = p_o\Bigg\{&\left(kC_0^{\infty} + C_1^{\infty}kz - \frac{2\lambda_*(1-\mu)}{1-2\mu}C_1^{\infty}\right)\mathrm{e}^{kz} + \\ &\frac{1}{k(1-2\mu)}[\delta^2(1-\mu)-k^2\mu]C_2^{\infty}\mathrm{e}^{\delta z}\Bigg\}\cos nky\cdot\mathrm{e}^{\mathrm{i}(kx-\omega t)}\end{aligned} \tag{7.30}$$

$$\tilde{\tau}_{xz} = \mathrm{i}p_{\mathrm{o}}\{[kC_0^{\infty} + (kz - \lambda_*)C_1^{\infty}]\mathrm{e}^{kz} + \delta C_2^{\infty}\mathrm{e}^{\delta z}\}\mathrm{e}^{\mathrm{i}(kx-\omega t)} \tag{7.31}$$

在式(7.22)～式(7.31)中,C_i^{∞} 系数由下式给出:

$$C_0^{\infty} = \frac{-\lambda_*[\mu(\delta-k)^2 - \delta(\delta-2k)]}{k(\delta-k)(\delta-\delta\mu+k\mu+k\lambda_*)} \tag{7.32}$$

$$C_1^{\infty} = \frac{\delta-\delta\mu+k\mu}{\delta-\delta\mu+k\mu+k\lambda_*} \tag{7.33}$$

$$C_2^{\infty} = \frac{k\lambda_*}{(\delta-k)(\delta-\delta\mu+k\mu+k\lambda_*)} \tag{7.34}$$

值得注意的是,上述的解只适用于无限厚度海床。对于更复杂的情况下,如有限厚度的海床、分层海床、横向各向异性海床或非均质海床,读者可以参考文献[7.75]。

7.2.2 残余土体响应

基于之前提出式(7.22)～式(7.31)的解,我们有饱和无限海底的振荡孔隙压力的振幅($|\tilde{p}|$)和剪应力的振幅($|\tilde{\tau}_{xz}|$),如

$$|\tilde{p}| = p_{\mathrm{o}}\mathrm{e}^{-kz} \quad \text{和} \quad \tau_0 = |\tilde{\tau}_{xz}| = p_{\mathrm{o}}kz\mathrm{e}^{-kz} \tag{7.35}$$

从一维 Biot 固结方程可以得到均匀各向同性土体中的残余孔隙压力($\bar{p}$)

$$\frac{\partial\bar{p}}{\partial t} = c_{\mathrm{v}}\frac{\partial^2\tilde{p}}{\partial z^2} + f \tag{7.36}$$

其中,f 是与地表水波相关的平均累积孔隙压力源项[7.84]。式(7.36)的详细推导可在文献[7.82]中找到。在式(7.36)中,c_{v} 是固结系数:

$$c_{\mathrm{v}} = \frac{2GK_z(1-\mu)}{\gamma_{\mathrm{w}}(1-2\mu)} \tag{7.37}$$

关于源项,德阿尔巴(de Alba)[7.85]的实验结果表明了孔隙水压力发展与载荷循环次数的非线性关系,即

$$\frac{u_{\mathrm{g}}}{\sigma_0'} = \frac{1}{2} + \frac{1}{\pi}\sin^{-1}\left[2\left(\frac{N}{N_l}\right)^{1/\theta} - 1\right] \tag{7.38}$$

式中,u_{g} 是循环载荷引起生成的孔隙压力;σ_0' 是负担的有效应力;N 是循环载荷次数;N_l 是达到液化所需的循环次数;θ 是形状系数,建议为0.7。

为了简化该问题,提出了孔隙压力产生的线性机制:

$$\frac{u_{\mathrm{g}}}{\sigma_0'} = \frac{N}{N_l} \tag{7.39}$$

式中,N 是波的周期数;N_l 是达到液化所需的循环次数,即循环剪应力比函数:

$$N_l = \left(\frac{\tau_0}{\alpha_{\mathrm{r}}\sigma_0'}\right)^{-1/\beta_{\mathrm{r}}} \tag{7.40}$$

式中,τ_0 是波致剪应力的最大振幅;α_{r} 和 β_{r} 分别是土壤类型函数和相对密度函数。残余参数(α_{r} 和 β_{r})与土壤相对密度 D_{r} 有关[7.86]。

$$\alpha_{\mathrm{r}} = 0.34D_{\mathrm{r}} + 0.084 \quad \text{和} \quad \beta_{\mathrm{r}} = 0.37D_{\mathrm{r}} - 0.46 \tag{7.41}$$

根据式(7.39),孔隙压力产生的源项可以表示为

$$f = \frac{\partial u_{\mathrm{g}}}{\partial t} = \frac{\partial}{\partial t}\left(\sigma_0'\frac{N}{N_l}\right) = \frac{\partial}{\partial t}\left(\sigma_0'\frac{t/T}{N_l}\right) = \frac{\sigma_0'}{TN_l} = \frac{\sigma_0'}{T}\left(\frac{\tau_0}{\alpha_{\mathrm{r}}\sigma_0'}\right)^{-1/\beta_{\mathrm{r}}} \tag{7.42}$$

式中,T 是波周期。

值得注意的是，文献[7.81]首次将孔隙压力产生的线性机制应用于海洋沉积物中的波致孔隙压力累积。自那时以来，这种关系一直被广泛应用于各种方法[7.82,7.84,7.87]。

源项中的剪应力既取决于波浪特性，也取决于土体特性。由于剪切应力在有限厚度海床的表达复杂，故把两个简化的情况：浅层土壤层（$d/L \leqslant 0.1$）和深层土壤层（$d/L \geqslant 0.3$）添加到有限土体模型。我们只给出无限海床的解析解，详细推导见文献[7.75]中的第 9 章。

对于 $d/L \geqslant 0.3$ 范围内的土壤深度，我们考虑无限深度近似，深层土壤的源项可以表示为

$$f = Az\mathrm{e}^{-\lambda z} \tag{7.43}$$

$$\lambda = \frac{k}{\beta_{\mathrm{r}}} \quad 和 \quad A = \frac{\gamma'(1+2K_{\mathrm{o}})}{3T}\left(\frac{3p_{\mathrm{o}}k}{\alpha_{\mathrm{r}}(1+2K_{\mathrm{o}})\gamma'}\right)^{1/\beta_{\mathrm{r}}} \tag{7.44}$$

其中，$\gamma' = \gamma_s - \gamma_w$ 是土壤浸没在水中的重量。

然后，利用拉普拉斯（Laplace）变换计算残余孔隙压力：

$$\bar{p} = \frac{2A}{c_{\mathrm{v}}\lambda^3}\left[1-\left(\frac{\lambda z}{2}+1\right)\mathrm{e}^{-\lambda z} - \frac{1}{\pi}\int_0^{\infty}\frac{\mathrm{e}^{-rc_{\mathrm{v}}\lambda^2 t}}{r(1+r)^2}\sin(\sqrt{r}\lambda z)\,\mathrm{d}r\right] \tag{7.45}$$

式(7.45)的解加上先前指出的更正，类似于 McDougal 等人提出的解。这指出文献[7.84]解中的剪应力是基于不可压缩土壤的假设。

萨默尔（Sumer）和弗雷德塞（Fredsøe）也得到了一个解析解，但形式不同。

$$\bar{p} = \frac{2}{\pi}\int_0^t\int_0^{\infty}\int_0^{\infty}\mathrm{e}^{-c_{\mathrm{v}}\xi^2(t-t')} \times \sin(\xi z) f(z')\sin(\xi z')\,\mathrm{d}z'\mathrm{d}\xi\mathrm{d}t' \tag{7.46}$$

式中使用的符号见文献[7.82]。值得注意的是，式(7.45)和式(7.46)是相同的。

在工程应用中，最重要的任务是测试液化现象的发生位置和深度。判断残余液化的衡准是

$$\frac{\bar{p}_{t\to\infty}}{\sigma_0'} = 1 \tag{7.47}$$

导出：

$$\bar{p}_{t\to\infty} = \frac{2A}{c_{\mathrm{v}}\lambda^3}\left[1-\left(\frac{\lambda z_{\mathrm{L}}}{2}+1\right)\exp(-\lambda z_{\mathrm{L}})\right] = \sigma_0' = \frac{(1+2K_0)}{3}\gamma' z_{\mathrm{L}} \tag{7.48}$$

其中，z_{L} 是液化深度。

令

$$B = \frac{(1+2K_0)\gamma' c_{\mathrm{v}}\lambda^2}{6A} \tag{7.49}$$

然后绘制最大液化深度（z_{L}）和参数 B 的关系，见图 7.5 中的原始曲线，称为 J-S（Jeng-Seymour，郑-西摩）曲线[7.88]。在工程应用方面，给定波浪和土壤条件，可以从式(7.49)中确定参数 B。然后可以容易地从图 7.5 确定最大液化深度。值得注意的是，如图 7.5 所示的关系是通用的，适用于所有的工程条件。

接下来，进一步考虑一个特例，假设 λz_{L} 是小的。在此假设下，利用泰勒（Taylor）展开式进一步展开 $\exp(-\lambda z_{\mathrm{L}})$，然后利用前三项，式(7.48)的解为 $z_{\mathrm{L}}=0$ 或

$$z_{\mathrm{L}} = \frac{2}{\lambda}\sqrt{\frac{1}{2}-B} \tag{7.50}$$

注意，式(7.50)仅在 $B \leqslant 1/2$ 的条件下有效，且 $B > 1/2$ 将提供一个不切合实际的解。在这种情况下，$z_L = 0$ 即是其解(即不发生液化)。

最近，Geremew 提出了一个简化的模型，它可以直接加入振荡和残余分量来检测波致液化现象[7.89]。即

$$\frac{2A}{c_v \lambda^3}\left[1-\left(\frac{\lambda z_L}{2}+1\right)e^{-\lambda z_L}\right]+p_0 e^{-kz_L} = \frac{(1+2K_0)}{3}\gamma' z_L \tag{7.51}$$

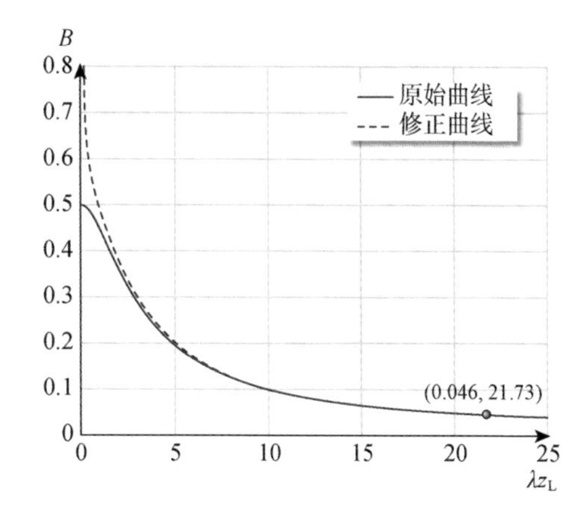

图 7.5　最大液化深度(z_L)和参数 B 的关系

不幸的是，在他们的工作中发现了许多错误，如波长的确定和液化深度的计算[7.90]。基于式(7.51)，修正后的 J-S 曲线连同文献[7.89]中提出的情况($B = 0.046$，$\lambda z_L = 21.73$)一并示于图7.5中。此外，根据文献[7.89]中使用的输入数据，振荡成分仅为残余成分的 1/70。

7.2.3　集成的模型

在上述所有关于海洋沉积物中波致残余孔隙压力的研究中，因为使用了最大振幅的振荡剪应力，源项被认为是时间无关函数。事实上，这个源项是由振荡剪应力决定的，且该剪应力应该是一个时间相关函数。此外，这些方法是一维模型，可能不足以描述真实的过程。在本节中，我们将源项重新定义为具有瞬态振荡剪应力的时间相关函数，并重新导出二维边值问题。

1）新模型

在本研究中，可以将先前的一维模型重新推导至二维模型：

$$c_v \nabla^2 \bar{p} = \frac{\gamma_w c_v (1+n\beta)}{K}\frac{\partial \bar{p}}{\partial t} + f(x,z,t) \tag{7.52}$$

$$G\nabla^2 \bar{u} + \frac{G}{1-2\mu}\frac{\partial}{\partial x}\left(\frac{\partial \bar{u}}{\partial x}+\frac{\partial \bar{w}}{\partial z}\right) = \frac{\partial \bar{p}}{\partial x} \tag{7.53}$$

$$G\nabla^2 \bar{w} + \frac{G}{1-2\mu}\frac{\partial}{\partial z}\left(\frac{\partial \bar{u}}{\partial x}+\frac{\partial \bar{w}}{\partial z}\right) = \frac{\partial \bar{p}}{\partial z} \tag{7.54}$$

其中，新模型的源项 $f(x,z,t)$ 定义为

$$f(t) = \frac{\partial u_g}{\partial t} = \frac{\sigma_0'}{T}\left(\frac{|\tilde{\tau}_{ins}(x,z,t)|}{\alpha_r \sigma_0'}\right)^{-1/\beta_r} \tag{7.55}$$

值得注意的是，在新模型式(7.52)～式(7.54)中使用的控制方程整合了质量守恒与动量守恒，并求解了波致残余孔隙压力和土体位移，它与以前的一维模型不同[7.75,7.82]，一维模型只求解孔隙压力，而没有提及其他土体响应信息。

另外，在以前的模型中使用的源项是由波动周期内瞬态剪应力的最大振幅产生的，这是一种简化的计算方法。在该新模型中，将瞬态绝对振荡剪应力视为孔隙压力产生的来源，并反映了瞬态振荡剪切应力对孔隙压力累积的影响。如式(7.55)所示，这将成为一个时间相关函数。

为了用新的源项求解二维控制方程(7.52)～式(7.54),需要适当的边界条件:

(1) 在海床表面($z=0$),假定残余孔隙压力为零($\bar{p}=0$)。

(2) 在有限厚度的多孔海床底部 ($z=-h$),$\bar{u}=\bar{w}=\dfrac{\partial \bar{p}}{\partial z}=0$。

(3) 在 x 方向考虑周期性的横向边界条件。

2) **验证**

当前模型与以往模型的主要区别是式(7.42)中源项的定义和数值模拟方法,它只是 z 的函数,并且在模型液化深度达到最大值时与时间无关,然而它在目前的瞬态模型式(7.55)中,是一个时间相关的函数。

为了验证目前的模型,我们分别将现有的数值模型与先前的振荡和残余机制的实验数据进行了比较。对于振荡机制,图 7.6 中给出了最大垂直振荡孔隙压力($\tilde{p}/p_0$)相对于相对土层深度(z/h)的数值结果。在此图中,包括解析解和实验数据。如图 7.6所示,数值结果和解析解与实验数据都相当吻合。

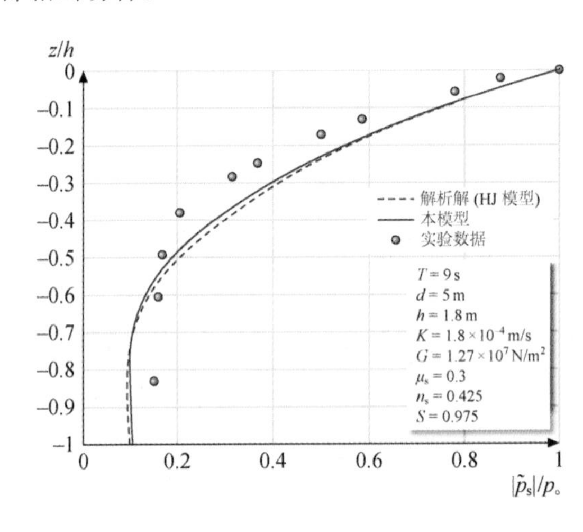

图 7.6 在带有一维实验结果(圈点)的现有二维模型(实线)和郑的解析解(虚线)之间,最大波致振荡孔隙压力的垂直分布相对于土壤深度的比较

利用文献[7.86]中的实验数据,验证了该现有数值模型的残余机制。图 7.7 中可见该数值结果。在图中,这个比较也包括了由文献[7.82]和[7.92]提出的一维解析解。如图 7.7 所示,现有的二维瞬态模型的残余孔隙压力的总体趋势可以很好地涵盖实验数据,且累积孔隙压力的值与图中绘制的实验数据吻合得很好,这比二维最大模型提供了更好的预测效果。现在的二维模型和一维分析模型的累积孔隙压力的趋势略有不同。但最终的残余孔隙压力是可以接受的。这个比较验证了我们的新模型,论证了用新的二维模型中的源项的新定义对海洋沉积物中的波致残余孔隙压力的预测有很大的改进。

7.2.4 波浪作用下的残余液化

在新模型中,重新定义残余孔隙压力生成的源项为二维和时间相关函数。这一新特征将直接影响液化区的形态。众所周知,当超孔隙压力达到初始有效应力 $\bar{p}_s=\sigma_0'$ 时,就会发生液化。图 7.8 用不同的数值模型说明了不同类型土壤的波致残余液化区随波浪周期(t/T)

的变化。如图 7.8所示，对于二维瞬态模型，液化首先以二维区的形式出现，然后逐渐向下移动且似二维区行为，在一定的波循环后(如在该例子中的 30 个波循环)，液化区由二维变为一维。另一方面，在二维最大模型中，液化区始终表现为一维区域，并逐渐向下移动。

Sassa 等人提出了一维弹塑性模型，其中源项与塑性体积变形率$\partial\epsilon^{p}/\partial t$ 有关，但是他们仍用多孔弹性解[7.93]估算应力比 τ/σ'_{z0}。刘等人通过考虑黏性对液化土体的影响[7.94]，扩展了 Sassa 等人的模型。图 7.9 中比较了最大液化深度 (z_L)随时间(t)在 Sassa 模型和现有的

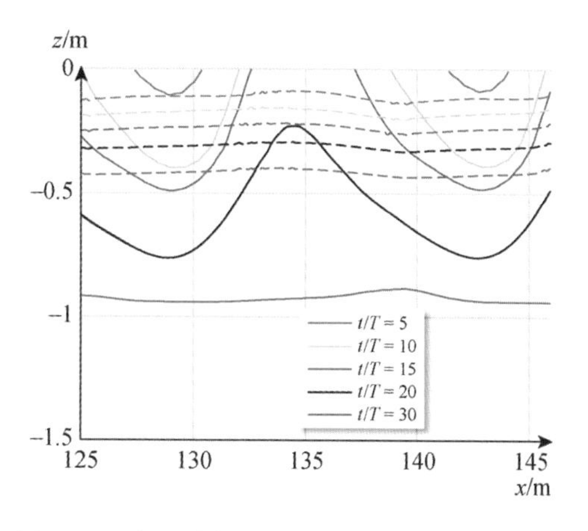

图 7.8　采用瞬态模型(实线)和最大模型(虚线)对不同类型土壤从二维至一维液化区的发展

注：输入数据 $H=2.8$ m，$T=5$ s，$d=4$ m，$K=10^{-4}$ m/s，$n=0.3$，$G=3\times10^{6}$ N/m^{2}，$h=20$ m，$\mu=0.35$，$c_v=0.1325$ m^{2}/s，$D_r=0.54$，$\alpha_r=0.246$，$\beta_r=0.165$。

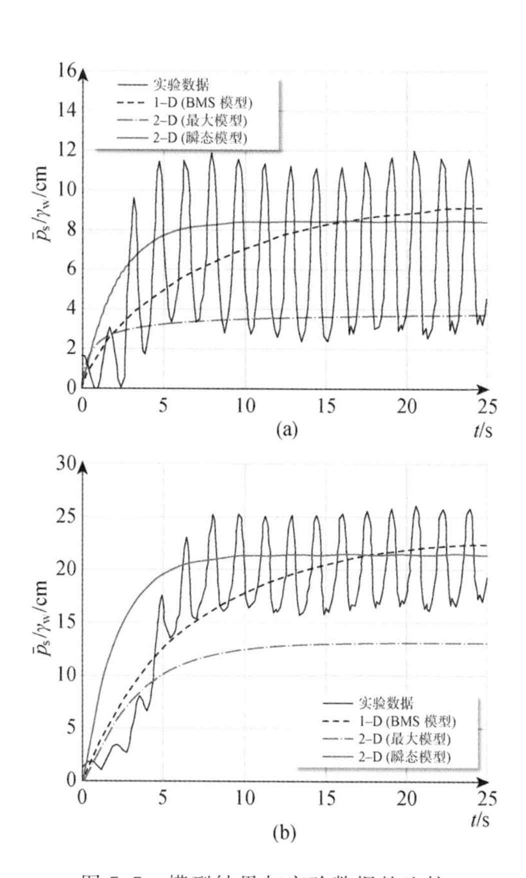

图 7.7　模型结果与实验数据的比较

(a) $(x,z)=(0,-0.085)$ m 处的孔隙压力

(b) $(x,z)=(0,-0.24)$ m 处的孔隙压力

注：输入数据 $H=0.18$ m，$T=1.6$ s，$d=0.55$ m，$K=1.5\times10^{-5}$ m/s，$n=0.51$，$G=1.92\times10^{6}$ N/m^{2}，$h=0.4$m，$\mu=0.29$，$c_v=0.0127$ m^{2}/s，$D_r=0.28$。

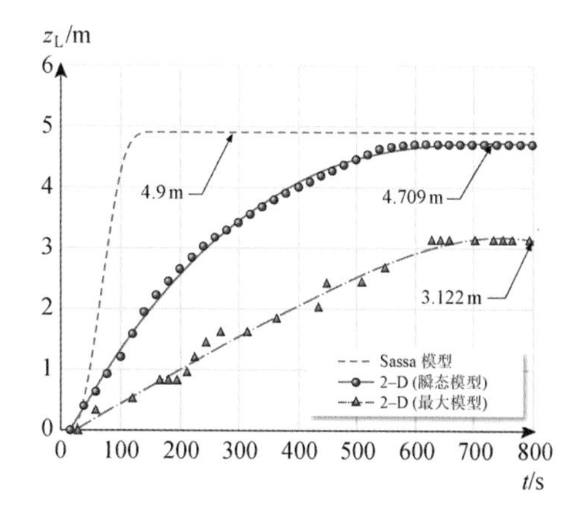

图 7.9　在 Sassa 模型(虚线)与现有瞬态模型(实线)和最大模型(点划线)之间，波致液化区随波浪循环(t/T)发展的比较

注：输入数据 $H=6.5$ m，$T=10$ s，$d=20$ m，$K=1.5\times10^{-4}$ m/s，$n=0.3$，$G=2\times10^{5}$ N/m^{2}，$h=20$ m，$\mu=0.35$，$c_v=0.0133$ m^{2}/s，$D_r=0.4$。

瞬态最大二维模型之间的分布。从图 7.9 中的结果可以清楚地看出，当时间达到一定值时，最大液化深度将逐渐下降，并成为一个常数。该现有瞬态模型的最终液化深度与 Sassa 弹塑性模型的结果相当吻合(差距仅为 3.9%)，并且提供了一个比二维最大模型更好的预测。这一初步结果证明了现有二维瞬态模型在逐步液化预测中的能力。

7.3 海洋沉积物中波浪(水流)作用下的土体响应

波浪和海流在近海地区的共存是一种常见的物理现象，而他们的相互作用是海岸和海洋工程实践中的一个重要课题。波在传播过程中，海流的存在将改变波的原始特性。例如，随流会延长波长，逆流会缩短波长。在本研究中，为了获得更精确的波浪和海流联合作用下海底响应的结果，采用了波浪-海流相互作用的三阶解来确定作用在海床上的动态波浪压力。关于三阶波浪-海流相互作用问题，可以在以前的文献中找到一些著作。文献[7.95]研究了线性波与均匀海流的相互作用。Baddour 和 Song 研究了线性波与共线海流的相互作用[7.96]。随后，他们进一步将这个问题推广到三阶非线性波和均匀海流上[7.97]。然而，因为三阶项尚未完成，所以三阶非线性波与均匀海流相互作用的解析解是不正确的。最近，Hsu 等人给出了三阶非线性波和均匀海流相互作用问题的解析解的完整形式[7.98]。随后，Jian 等人提出了重力毛细管短峰波与均匀海流相互作用的解析解[7.99]。在此项研究中，采用文献[7.98]提出的解析解，对无海洋结构物的多孔海床施加的波浪压力是适用的。

近来，基于各种假设，提出了海洋沉积物中波浪(海流)作用下的土体响应的一系列解析解。例如，固结模型[7.100]，u-p 近似[7.101]和全动态模型[7.102]。除了解析解之外，基于固结模型和 u-p 近似，还提出了波浪(海流)作用下的土体响应的数值模型。所有这些研究都表明了海流对海洋沉积物中土体响应的重要影响。

7.3.1 理论公式

利用摄动展开技术，Hsu 等人导出了作用于海床的动态压力的三阶近似式，该式可表示为[7.98]

$$
\begin{aligned}
P_b(x,t) = &\frac{\rho_f gH}{2\cosh kd}\left(1-\frac{\omega_2 k^2 H^2}{2(U_0 k-\omega_0)}\right)\cos(kx-\omega t)+ \\
&\frac{3\rho_f H^2}{8}\left(\frac{\omega_0(\omega_0-U_0 k)}{2\sinh^4(kd)}-\frac{gk}{3\sinh 2kd}\right)\cos 2(kx-\omega t)+ \\
&\frac{3\rho_f kH^3\omega_0(\omega_0-U_0 k)}{512}\frac{(9-4\sinh^2(kd))}{\sinh^7 kd}\cos 3(kx-\omega t)
\end{aligned}
\tag{7.56}
$$

式中，ρ_f 是海水密度。当波浪中没有海流($U_0=0$ m/s)时，H 为一阶波的波高，U_0 为海流速度，g 为重力加速度，色散关系由下式给出：

$$\omega = \omega_0 + (kH)^2\omega_2 \tag{7.57}$$

其中，

$$
\begin{aligned}
\omega_0 &= U_0 k + \sqrt{gk\tanh kd} \\
\omega_2 &= \frac{(9+8\sinh^2 kd+8\sinh^4 kd)}{64\sinh^4 kd}(\omega_0-U_0 k)
\end{aligned}
\tag{7.58}
$$

在这项研究中，采用有限元模型(SWANDYNE II)进行波浪载荷分析，该模型最初由文献[7.67]建立，用于地震载荷作用下的土体响应分析。波浪模块[COBRAS，即 Cornell (康奈尔)破碎波与结构],将波浪载荷应用于多孔海床,并与SWANDYNEⅡ集成,而形成Poro-WSSIⅡ数值模型的一部分(PORO波浪-海底-结构相互作用的多孔模型,第二版)。广义有限元法(FEM)公式的详细内容见文献[7.11]。

7.3.2　海流作用

在本节中,比较了波浪载荷下有/无海流情况下的海底响应。图7.10(a)和图7.11(a)显示了粗砂和细砂在 $x=125$ m处的波浪和随流($U_0=1$ m/s)载荷作用下,海底响应的垂直分布。在高非线性波浪载荷作用下,海底最大动力响应的绝对值有很大差异。基于这一事实,当 $U_0=0$ m/s时,分别比较了海底最大动力响应值及其对应值。在最大响应图中,所有的海底响应变量都是以无海流的海底表面的最大动波压力来标准化的。也就是说,当 $U_0=0$ m/s时,式(7.56)给出了 p_0 的最大值 $(p_0)_{max}$。从图7.10和图7.11中可以清楚地观察到,

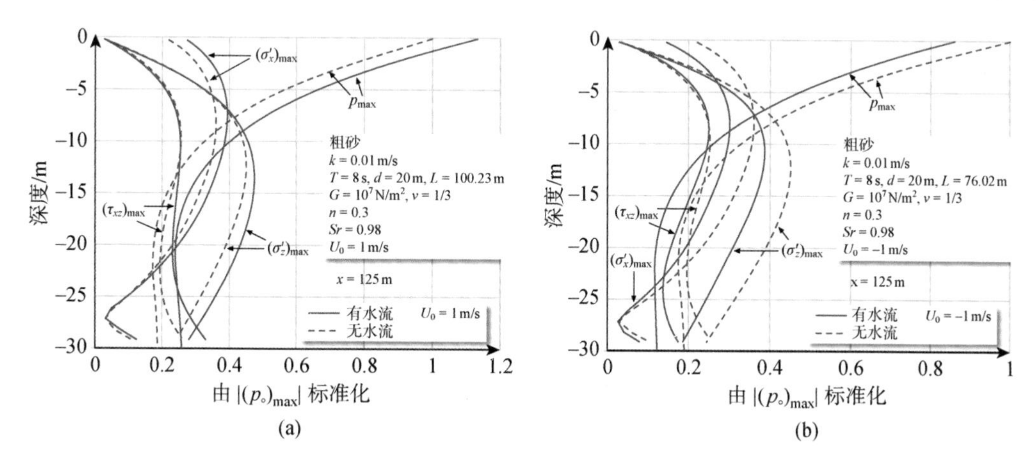

图7.10　粗砂中波浪和海流荷载作用下海底响应的垂向分布($K=10^{-2}$ m/s,$n=0.3$)

注:输入数据 $H=2$ m,$T=8$ s,$d=20$ m,$G=10^7$ N/m²,$h=30$ m,$\mu=1/3$,$S=0.98$ (a) $U_0=1$ m/s;(b) $U_0=-1$ m/s。

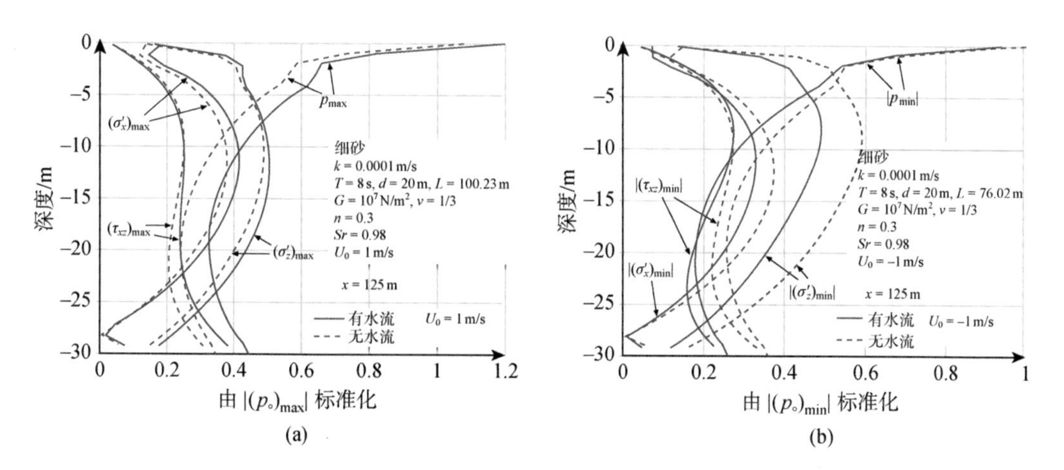

图7.11　细砂中波浪和海流荷载作用下海底响应的垂向分布($K=10^{-4}$ m/s,$n=0.3$)

注:输入数据 $H=2$ m,$T=8$ s,$d=20$ m,$G=10\times10^7$ N/m²,$h=30$ m,$\mu=1/3$,$S=0.98$ (a) $U_0=1$ m/s;(b) $U_0=-1$ m/s。

海流对海底响应的影响在粗砂和细砂中都是显著的。如果波浪场中有同向海流，最大海底响应的大小，包括孔隙压力和有效应力，都基本上比没有海流的要大。对于海底最大剪应力，这两种情况在海底的上部几乎是相同的。在海底的下部，当有同向海流时，剪应力的大小更大。在粗砂中，有海流和无海流的两种情况下的最大相对差可达最大孔隙压力的 15%，以及 σ'_z 最大值的 10%，σ'_x 最大值的 5%，剪应力 τ_{xz} 最大值的 10%。值得注意的是，虽然两种情况下海底响应的相对差异并不大，但是绝对值的差别很大，因为所有的量都被一个很大的值 $(p_o)_{max}$ 无量纲化了。所有这些结果表明，如果波浪与随流同时存在，则不论土壤类型如何，海底失稳现象（如液化）发生的可能性更高（将在后续的章节中看到）。

图 7.10(b)和图 7.11(b)进一步给出了粗砂和细砂在 $x=125$ m 处，当海流速度 $U_0=-1$ m/s 时，非线性波和逆海流载荷作用下的海底最大响应的垂直分布。我们注意到，如图 7.10(b)和 7.11(b)所示，逆流对海底响应的影响也很大。然而，海底响应将比没有海流的情况小，这可能减少海底不稳定的可能性。

7.3.3 非线性波浪和海流载荷联合作用下的海床液化

众所周知，由于海底超孔隙压力的累积，在波浪载荷作用下，多孔海底会发生液化。为了研究非线性波浪和海流负载联合作用下海底液化特性，采用了文献[7.28]提出的液化衡准。即

$$-(\gamma_s-\gamma_w)z\leqslant\sigma'_z \tag{7.59}$$

式中，γ_s 是海床土体的饱和重度；γ_w 是水的重度；σ'_z 是波致竖向动力有效应力。实际上，液化衡准式(7.59)表示如果波浪引起的垂向动力有效应力 σ'_z（注：压缩应力为负值）等于或大于原始垂直有效应力 $-(\gamma_s-\gamma_w)z$，那么海床会液化。在本研究项目中，动态有效应力通过以下三个步骤确定：

(1) 计算了静水压作用下海床的固结状态。

(2) 计算了静压力和波浪诱导动压等全水压作用下的海床全有效应力状态。

(3) 动力有效应力是通过从全有效应力中减去固结状态的有效应力来确定的。

瞬态液化区伴随着三阶的行波的移动在海床中运动。因此，如果将弹性模型用于多孔海床，则不存在总是处于液化状态的地方。图 7.12 说明了在非线性波浪和海流载荷($U_0=-1$ m/s、0 m/s 和 1 m/s)下，细砂海底液化深度在 $x=125$ m 处时域内的变化过程。如图 7.12 所示，当流速 $U_0=1$ m/s，0 m/s 和 -1 m/s 时，海底最大液化深度为 1.16 m、

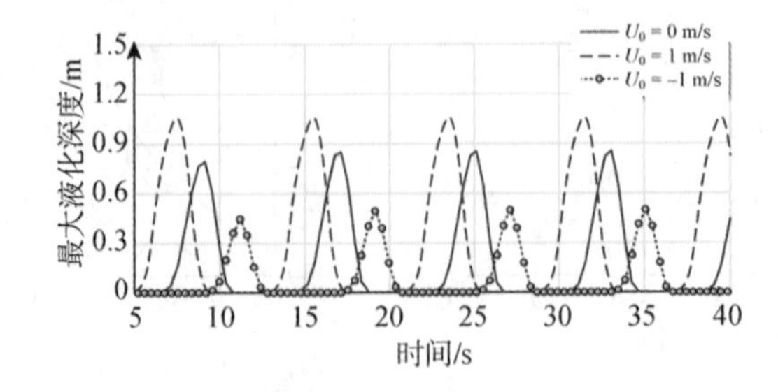

图 7.12 非线性波浪和不同海流载荷下 $x=125$ m 处的海床(细砂)液化深度的变化过程($H=3.0$ m，$d=10$ m，$T=8.0$ s)

0.98 m 和 0.58 m。相对于没有海流的情况，随流 $U_0 = 1$ m/s 使最大液化深度增加 18%；而逆流使最大液化深度减少 57%。由这个结果可以发现，随流使得海底液化区域变得比没有海流时更大。而逆流则有利于防止海床液化。图 7.13 显示了最大液化深度和流速之间的关系。如图 7.13 所示，随流使细砂海床更容易液化，逆流使细砂海床更难液化。

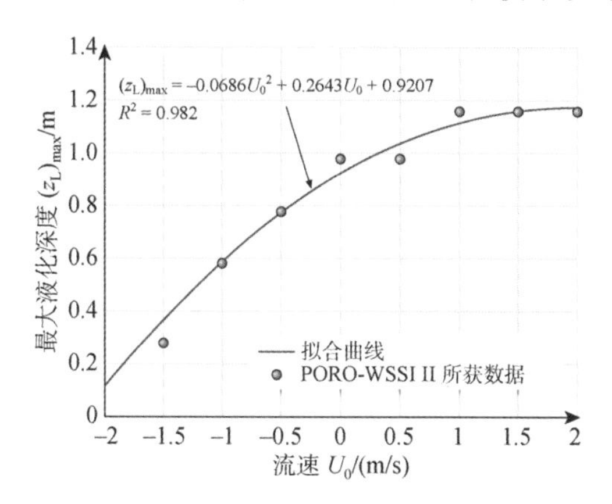

图 7.13 不同流速下 $x=125$ m 处的海床(细砂)波-流引起的最大液化深度以及其拟合曲线($H=3.0$ m, $d=10$ m, $T=8.0$ s)

7.4 沉箱式防波堤周围的海床稳定性

波浪-海床-结构物相互作用现象(WSSI)对这个问题有重大影响，并且对防波堤、管线和平台等海岸结构的设计至关重要。自 20 世纪 70 年代以来，世界上已有许多关于波浪引起的海底响应的研究，这其中包括对孔隙压力、有效应力和排水的研究。他们中的大多数都基于 Biot 多孔弹性理论。后来，在线性波载荷条件下，解出了多孔弹性各向同性海床动力响应的解析解，这其中包括固体和/或孔隙流体的惯性效应。最近，Ulker 等人[7.9]进一步研究了不同近似值的适用范围。所有这些研究仅限于海床在线性/非线性波浪载荷下的动态响应，而没有涉及海事结构。

基于 Biot 多孔弹性理论，已经有许多关于海事结构物周围海底相互作用的研究。其中，Mase 等人基于 Biot 固结方程，建立了一个有限元数值模型来研究波浪引起的孔隙水压力以及在复合沉箱式防波堤的碎石基础上的驻波作用下的有效应力。后来，Mizutani 等人[7.106]和 Mostafa 等人[7.107]开发了 BEM(边界元法)-FEM(有限元法)组合数值模型来研究波浪-海床-结构相互作用。在他们的模型中，泊松方程用于控制不可压缩的非黏性流体的无旋波场；并使用多孔弹性 Biot 固结方程来控制多孔海床和结构。郑(Jeng) 等人建立了一个二维广义有限元数值模型(GFEM-WSSI)来研究位于有限、各向同性和均质海底的复合防波堤周围的线性波下的波致孔隙压力[7.108]。Ulker 等人通过一个考虑到固体和孔隙流体颗粒之间相对位移的加速度的有限元数值模型[7.109]，研究了驻波状态下，沉箱防波堤周围海床的动态响应和不稳定性。然而，所有这些模型都基于波浪模型的势流理论。

除了势流之外，结合用于波浪场的雷诺时均 Navier-Stokes 方程(RANS)和用于多孔介质中的孔隙流的体积平均的雷诺时均 Navier-Stokes 方程(VARANS)的模型已被建立，以检查波浪在海事结构物周围传播的现象[7.110-7.113]。使用 RANS 和 VARANS 取代势流进行波浪建模的主要优点是采集波浪破碎、湍流和底部边界层详细信息的能力。在这些模型中，压力、整个计算域中的流场以及多孔海底/海事结构物与海水之间界面处的流量都是连续的。然而，海底和海事结构物中的有效应力变化无法确定。

在本节中，为了提高对 WSSI 问题机制建模的能力，提出了一个综合模型(PORO-WSSI II)。此 VARANS 方程用于描述波浪运动和海底和海事结构物中的多孔渗水流动。然后用动态 Biot 理论来描述多孔海床的力学行为。此外，一个基于径向点插值方法的单向积分算法将通过海床/海事结构物与海水界面处的压力和速度/流量的连续性把两个模型连接起来。

7.4.1 理论模型

上文所提出的综合数值模型包括两个子模型：波浪模型和海床模型。波浪模型用于产生波并描述它们在黏性流体中的传播。多孔介质内部和外部的流场是通过求解在控制体积上积分 RANS 方程得出的 VARANS 方程确定的[7.114]。通过求解体积平均 k-ϵ 湍流模型可以获得湍流波动对平均流量的影响。在 VARANS 方程中，流体和固体之间的界面力已经根据扩展的福希海默(Forchheimer)关系建模，其中包括孔隙水和多孔结构骨架之间的线性和非线性阻力。有关 RANS 和 VARANS 模型的更详细信息可在文献[7.114]和文献[7.115]中找到。

基于在文献[7.4]中提出的动态 Biot 方程(所谓 u-p 近似)，海床模型用于确定海床对海浪的响应，包括孔隙压力、土体位移和有效应力。与以前的准静态土体行为不同，目前的海底模型考虑了孔隙水和土壤颗粒的加速度，但忽略了孔隙流体与土壤颗粒的相对位移。有限元模型(SWANDYNE II)最初在文献[7.67]中为地震载荷下的土体动力响应而建立，用于波浪载荷下的海底响应。广义 FEM 建模的细节可在文献[7.11][7.116]中找到。

单向积分算法用于将两个模型集成在一起。与以前大多数使用泊松方程或拉普拉斯方程和准静态 Biot 固结方程的研究不同，本研究中使用 VARANS 方程和动态 Biot 方程来控制海事结构物和多孔海床中波浪运动和孔隙流动，以及海床与海事结构物的动态力学行为。由于多孔介质内部和外部的流场在波浪模型中存在耦合现象，压力和流速在整个计算域中是连续的，特别是在海事结构物、海底和海水之间的界面处。在动态 Biot 方程中，固体和孔隙水的加速度也需考虑在其中。

在对 VARANS 方程和动态 Biot 方程进行集成的过程中，可以采用两种类型的网格系统(匹配网格和非匹配网格)进行数值计算。在文献[7.106]和文献[7.107]中提出的数值模型中，使用了匹配网格系统，其中沿着海底需要相同数量的节点，因为在海床表面和海事结构物的交界处共用一套相同的网格节点。然而，流体域中的元素的大小通常远远小于固体域中的元素的大小。固体区域中元素的大小与流体区域中元素的大小之比可以在 5 和 20 之间变化。因此，本研究中使用了非匹配网格系统。为了将波浪和海床模型一起集成到与非匹配网格系统的接口中，需要在 VARANS 方程和动态 Biot 方程之间建立数据交换端口，其中采用文献[7.117]提出的径向点插值方法来实现波浪和土壤模型之间的数据交换。

在综合模型中，为处理波浪、海底和海事结构物之间的相互作用，用于波浪和孔隙流动的纳维-斯托克斯(Navier-Stokes)方程和用于多孔海床的动态 Biot 方程必须通过流体域与多孔介质界面上的压力的连续结合在一起。值得注意的是，可能存在使用 Biot 的多孔弹性介质模型来模拟抛石中的多孔流动的争议。然而，由于颗粒物质的特性，由 Biot 模型和 VARANS 模型预测的抛石的孔隙压力接近[7.116]。此外，使用 Biot 的抛石模型的主要目的是确保流体域和多孔结构之间的压力场的连续性。因此，目前的方法可以为工程应用提供良好的压力场估计。

在计算中，波浪模型负责模拟多孔结构(海床、抛石、防波堤等)中的波浪传播和孔隙流动，并确定作用于海床和海事结构物的压力。由于 VARANS 方程通过压力和速度/流量连续性在流体域和多孔结构之间的界面处耦合，压力和流场在整个计算域中是连续的。同时，通过用以计算包括位移、孔隙压力和有效应力在内的海床和海事结构物的动态响应而建立的数据交换端口，由波浪模型确定的作用于海床和海事结构物的压力/力将被提供给土壤模型。此方法只适用于海床形变小的情况。刘(Liu)等人提出了波浪与海底孔隙水之间相互作用的耦合模型，其中使用了用于海床上波浪运动的纳维-斯托克斯(Navier-Stokes)方程和用于海床孔隙水的达西流动[7.118]。它们的界面处的压力和速度的连续性是针对这两种模型实现的，即它是双向耦合。但是，这种方法的局限性是无法确定海底的有效应力。这里要注意的是，虽然 VARANS 方程和 Biot 方程仅在本研究中被整合在一起，但由 VARANS 方程确定的流场在整个计算域中是连续的，因为多孔介质如抛石、海底都被认为是波浪模型中的多孔结构。

7.4.2　验证

为了验证所提出的数值模型，使用了文献中可用的四组实验数据。这些实验的设置如图 7.14 所示。

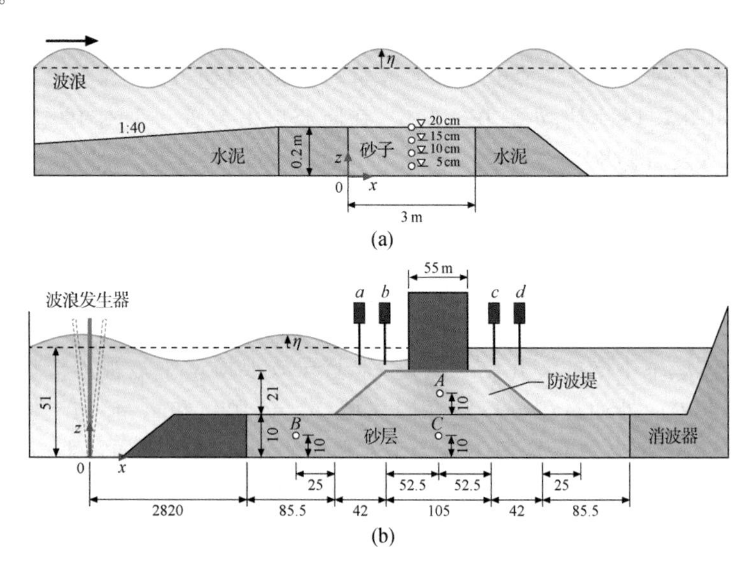

图 7.14　关于本模型验证的以往波浪水池实验的实验设置

(a) Lu 的实验[7.119]——五阶波和诺达尔波　(b) Mostafa 等人的实验——复合防波堤[7.107]

鲁(Lu)在波浪水池中进行了一系列实验室的砂床波浪诱导动力响应实验，这个波浪水池长 60 m，宽 1.5 m，高 1.8 m。造波水池中产生的波包括规则的前进波和椭圆余弦波。波浪的周期从 1.0 s 到 1.8 s 不等，波高在 8 cm 至 16 cm 之间。实验设置如图 7.14(a)所示。在实验中测量了砂床中线四点处的孔隙压力。在本模型中，采用五阶斯托克斯波理论产生正常行波(H=12 cm，d=0.4 m，T=1.2 s)。如图 7.15 所示，波浪引起的孔隙压力的数值预报总体上与实验数据相吻合。

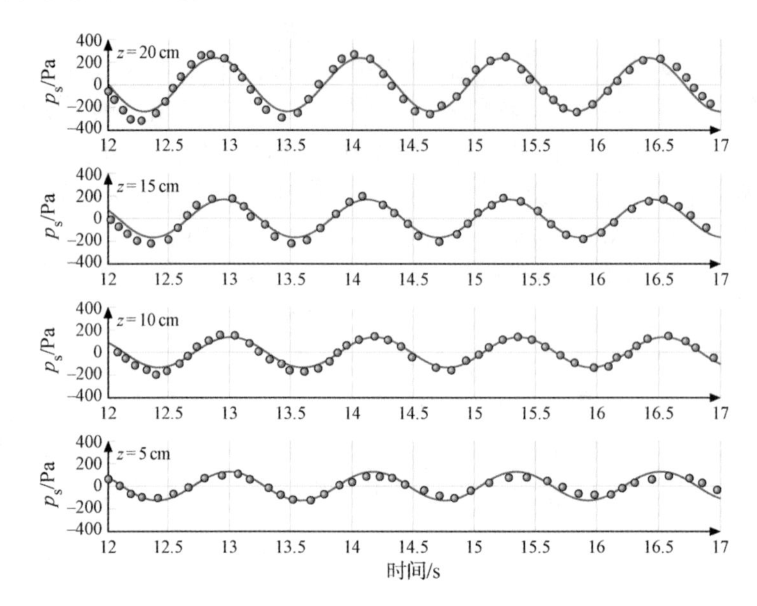

图 7.15　数值计算结果与 Lu 实验数据的波致孔隙动压力之间的比较

注：——为数值结果；o 为实验数据；输入数据 H=12 cm，d=40 cm，T=1.2 s，$G=10^7$ N/m^2，μ=0.3，$K_z=10^{-3}$ m/s。

Mostafa 等人在同一造波水池中进行了一系列实验，以研究波浪、复合防波堤和砂床之间的相互作用，如图 7.14(b)所示。在实验中，在防波堤上放置一个木箱(宽度为 55 厘米)，在造波水池中作为复合防波堤。在点 a，b，c 和 d 点安装四个波形测量仪来监测波的剖面；其中两个位于复合防波堤的前方，另外两个位于复合防波堤的后方。在 A，B 和 C 点安装三个压力传感器来记录孔隙的压力。在这里，二阶斯托克斯波的波浪模型用以模拟波的产生、传播、反射和干扰。

本模型用于模拟波浪、复合防波堤和砂床之间的相互作用。在计算中，复合防波堤的砂床和抛石作为流体域中不同的多孔结构处理；木箱在波浪模型中被视为流体域中的不渗透结构。数据交换在界面处通过积分算法在固体域(砂床、抛石和木箱)与流体域之间的界面处执行。值得注意的是，在这种情况下考虑了在抛石中由孔隙水施加在木箱底部的浮力。

图 7.16 显示了 PORO-WSSI II 预测的数值结果与实验数据在波剖面和砂床和抛石的波浪诱导的动态孔隙压力方面的对比。由于不透水木箱的阻塞作用，只有很少的水可以通过瓦砾堆进出复合防波堤的右侧。因此，复合防波堤后面的波幅很小。在图 7.16(a)中，只有点 a 和 b 的波剖面被用来比较数值结果和实验数据。从图中可以看出，本模型得到的数值计算结果与波剖面和波致动态孔隙压力的实验数据相当吻合。

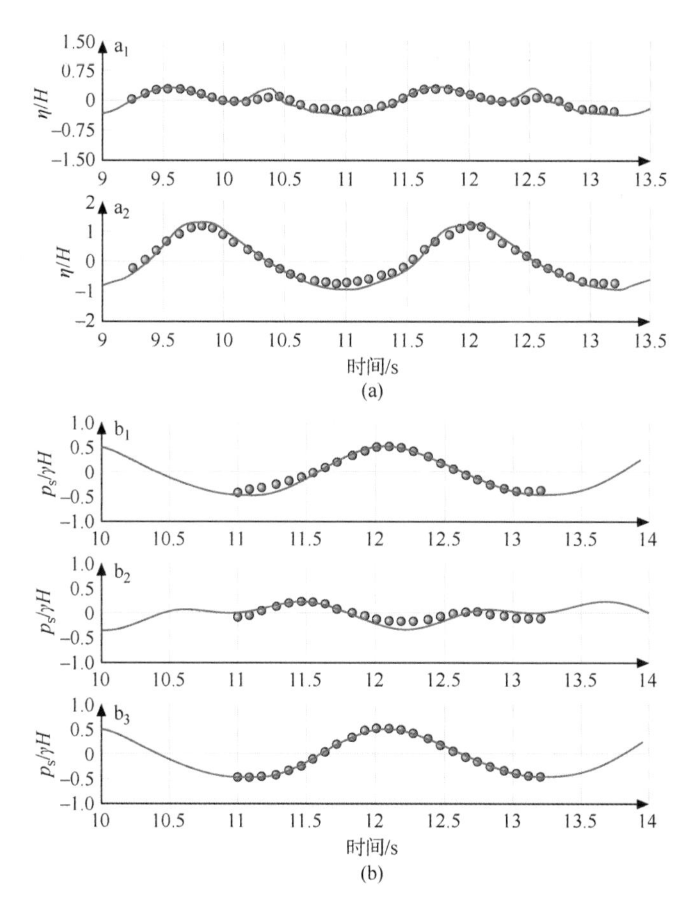

图 7.16　PORO-WSSIⅡ模型与 Mostafa 等人实验数据之间,波的剖面和海床中孔隙压力的比较

(a) 波形　(b) 孔隙压力

注:——为数值结果;o 为实验数据;输入数据 $H=5$ cm, $d=32$ cm, $T=2.2$ s, $G=5\times10^8$ N/m², $\mu=0.33$, $K_z=2.3\times10^{-3}$ m/s。

7.4.3　沉箱防波堤周围海底的动力响应

一旦在复合防波堤的静水压力和重量下确定了海床的初始固结状态,在确定动态海浪载荷下海床的动态响应时,其将被作为初始应力状态。在模型中,海底和抛石被认为是多孔介质,而在波浪模型中沉箱被认为是不渗透结构。作用于海底和复合防波堤的全部压力传递到用于预测海床和复合防波堤响应的土壤模型。由全压引起的预测海底响应被认为是完全响应,并且可以从完全响应和初始固结状态之间的差异来确定波浪诱导的动态响应。

图 7.17 显示了在动态波浪载荷下 $t=73.6$ s 时海床和复合防波堤中动态有效应力和孔隙压力的分布。表 7.1 列出了海底土体、抛石和沉箱的特性。根据瞬间液化机理,当该区域总应力变成零时,海底土体将会液化,导致海事结构物附近地基被破坏。在复合防波堤的右侧,由于防波堤的阻挡,海浪的影响限制在不超过 $x=450$ m 的范围内。在远离复合防波堤的地区,海浪的影响基本消失。在 $t=73.6$ s,如图 7.17 所示,当波谷在其上传播时,抛石附近的海底很可能会液化,并且动态有效应力和孔隙压力为负值,这将导致复合防波堤的崩溃。

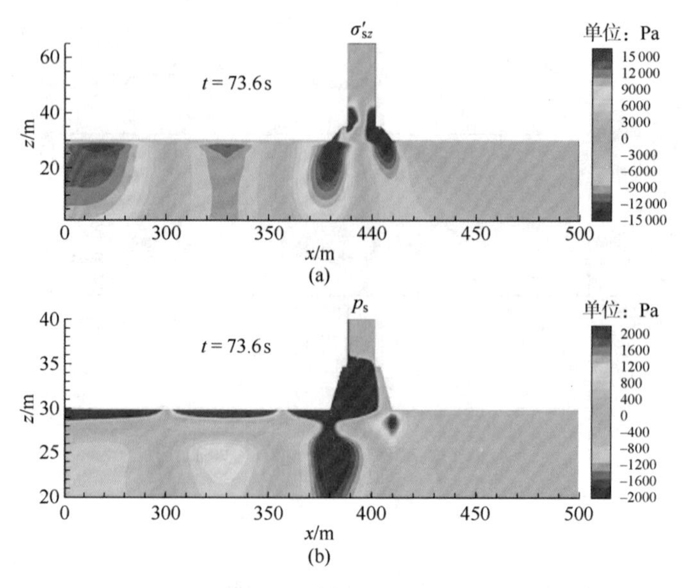

图 7.17　时间为 73.6 s 时，海浪载荷作用下的复合式防波堤和海床的动态响应

注：波浪特性 $T=10$ s，$H=3$ m，$d=20$ m。

表 7.1　大型模型中海床土体、抛石和沉箱的特性

媒介物	$G/(\mathrm{kN/m^2})$	μ_s	$k_s/(\mathrm{m/s})$	n	d_{50}/mm	S_r
海底土体	1.0×10^5	0.33	0.000 1	0.25	0.5	98%
抛石	5.0×10^5	0.33	0.2	0.35	400	98%
沉箱	1.0×10^5	0.25	0.0	0.0	—	0%

在海浪到达该结构之前，复合防波堤由于其重量逐渐向下移动到海床并达到初始固结状态。图 7.18 显示了沉箱左上角的水平位移和垂直位移的发展情况。结果表明，在 $0<t<$

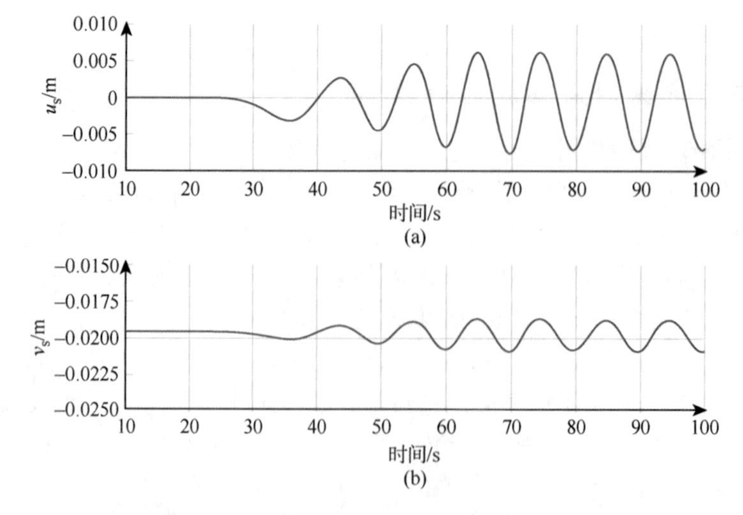

图 7.18　海浪作用下防渗沉箱左上角水平位移和垂直位移的变化

(a) 水平位移　(b) 垂直位移

注：u_s 的负值意味着向左移动，v_s 的负值意味着向下移动。

25 s 期间，结构垂直下降约 19 mm。波浪到达沉箱后($t>25$ s)，沉箱开始出现垂直振动和水平振动，幅度很小。在波浪和结构物完全相互作用之后($t>60$ s)，防波堤便受制于周期性的波浪力和诱导振动。

7.4.4　防波堤周围的波致液化

为了研究海床在波浪载荷作用下的液化特性，采用了文献[7.28]提出的液化准则，而式(7.59)中也提出了这一准则。然而，式(7.59)只适用于没有结构物的情况。对于有海事结构物的情况，可以修改为

$$|(\sigma_z')_{\text{initial}}| \leqslant \sigma_z' \tag{7.60}$$

式中，$|(\sigma_z')_{\text{initial}}|$ 是初始固结状态下的垂向有效应力。

图 7.19 和图 7.20 显示了时间分别为 73.6 s 和 76.8 s 时的波浪载荷下的海床液化区，其中采用了改良版的液化判别衡准式(7.60)。时间为73.6 s时，海床表面的附近区域有两个液化区；它们分别位于 $250<x<290$ m(区Ⅰ)和 $370<x<380$ m(区Ⅲ)的范围内。时间为76.8 s时，海床表面的附近区域只有一个液化区，并且它位于 $310<x<350$ m(区Ⅱ)的范围内。区Ⅱ和区Ⅲ离防波堤的地基非常近，且它们可能对基础的稳定性产生很大的影响。因此，我们将进一步研究(深度、宽度和面积)这两个液化区的发展。

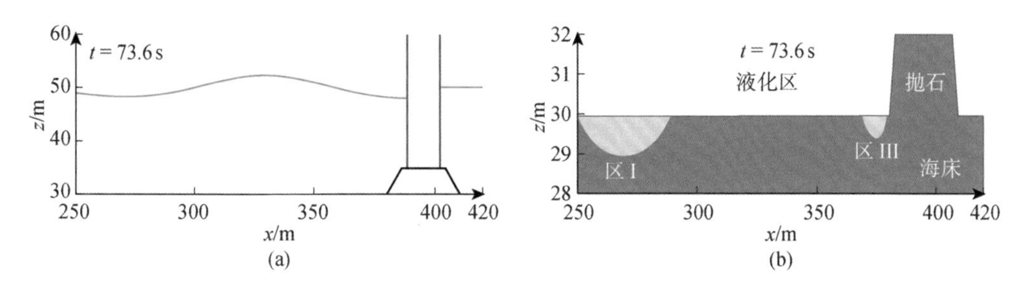

图 7.19　时间为 73.6 s 时的海浪作用下的三个海床液化区

(a) 波形　(b) 液化区

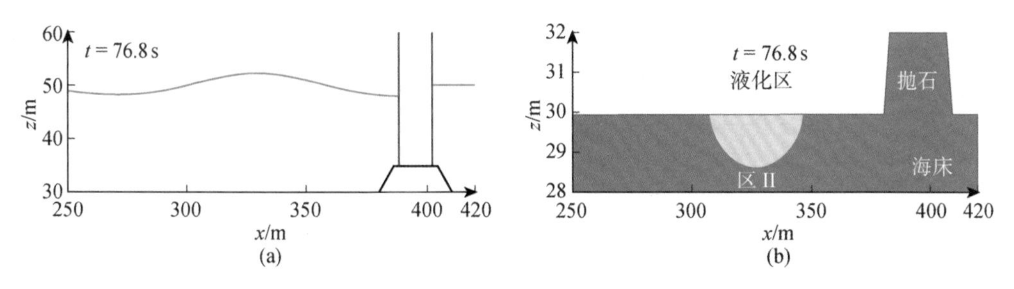

图 7.20　时间为 76.8 s 时的海浪作用下的三个海床液化区

(a) 波形　(b) 液化区

图 7.21 和图 7.22 分别说明了海浪载荷下区Ⅱ和区Ⅲ液化特性的变化($T=10$ s，$H=3$ m，$d=20$ m)。从图 7.21 中可以看到，当第一个波谷通过时，区Ⅱ的液化可能性很小，但在第二个波谷通过时，液化可能性大幅度增加。在波浪和结构之间发生相互作用后，区Ⅱ的液

化深度、宽度和面积进一步增大。最大液化深度、宽度和面积分别为 1.4 m、41.0 m 和 38.5 m^2(这发生在时间为 79 s 时)。如图 7.22 所示,区Ⅲ液化可能性与区Ⅱ液化可能性的发展过程相似。区Ⅲ的最大液化深度、宽度和面积分别约为 0.46 m,11.5 m和 3.85 m^2(这发生在时间为 74 s 时)。区Ⅲ的液化可能性远小于区Ⅱ的液化可能性,这是由于复合式防波堤的重量显著增加区Ⅲ初始固结状态的竖向有效应力。

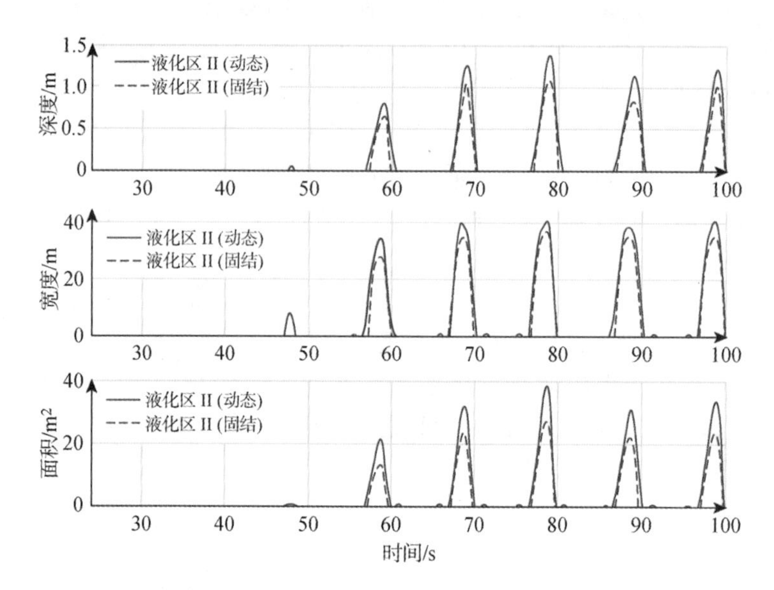

图 7.21　液化区Ⅱ的液化可能性(深度、宽度和面积)

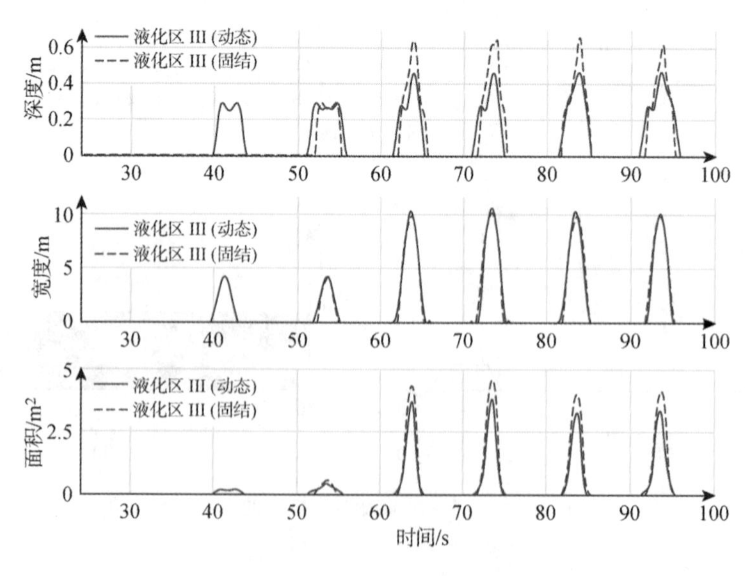

图 7.22　液化区Ⅲ的液化可能性(深度、宽度和面积)

尽管区Ⅲ的液化可能性与区Ⅱ的液化可能性关系不大,但更需要注意的是,区Ⅲ毗邻复合式防波堤的基础。土壤液化可能导致复合式防波堤倒塌。在工程应用中,需要采取一些方法,如用砾石材料代替细砂,以保护结构基础。

文献[7.8][7.9]讨论了与孔隙水和土壤颗粒加速度相关的惯性项对波致动孔隙压力和作用的影响。研究惯性项对液化可能性的影响是很有意义的。在图 7.21 和图 7.22 中,虚线表示传统固结模型对液化区的预测。比起目前的动态模型,固结模型[7.108]高估了区Ⅲ的液化深度。然而,固结模型的预测略大于动态模型的预测。

7.5　总结

在本章中,概述了关于防波堤周围的波致土体响应的现有模型。提出并用现有的实验数据验证了一种新模型,综合考虑波致土体响应的振荡和残差机制。然后,研究了海流对土体响应的影响,以及多孔模型在沉箱式防波堤基础方面的应用。

除了总结近岸地质技术领域的最新进展外,今后还可进一步研究以下领域:

(1) 大多数现有的模型是基于岸上土壤的本构模型(包括塑性土壤行为),而不是海洋沉积物。有必要进一步发展海洋沉积物的本构模型。

(2) 大多数以往关于波浪-海床-结构物相互作用的研究都集中在振荡机制上。我们希望有一个完整的模型来描述关于海事结构物周围的情况的振荡机制和残余机制。

(3) 由于波浪-海床-结构物相互作用的复杂机理,现有的模型局限于非耦合或弱耦合或单向积分的方法,而不是完全耦合分析。这一领域有进一步发展的空间。

参考文献

[7.1] J. A. Putnam: Loss of wave energy due to percolation in a permeable sea bottom, Trans. Am. Geophys. Union 30(3), 349-356 (1949)

[7.2] H. Nakamura, R. Onishi, H. Minamide: On the seepage in the seabed due to waves, Proc. 20th Coast. Eng. Conf. JSCE (1973) pp. 421-428

[7.3] M. A. Biot: General theory of three-dimensional consolidation, J. Appl. Phys. 26(2), 155-164 (1941)

[7.4] O. C. Zienkiewicz, C. T. Chang, P. Bettess: Drained, undrained, consolidating and dynamic behaviour assumptions in soils, Géotechnique 30(4), 385-395 (1980)

[7.5] D.-S. Jeng, M. S. Rahman, T. L. Lee: Effects of inertia forces on wave-induced seabed response, Int. J. Offshore Polar Eng. 9(4), 307-313 (1999)

[7.6] D.-S. Jeng, M. S. Rahman: Effective stresses in a porous seabed of finite thickness: Inertia effects,Can. Geotech. J. 37(4), 1388-1397 (2000)

[7.7] M. A. Biot: Theory of propagation of elastic waves in a fluidsaturated porous solid, Part I: Low frequency range, J. Acoust. Soc. Am. 28, 168-177(1956)

[7.8] D.-S. Jeng, D. H. Cha: Effects of dynamic soil behavior and wave non-linearity on the wave-induced pore pressure and effective stresses in porous seabed, Ocean Eng. 30(16), 2065-2089(2003)

[7.9] M. B. C. Ulker, M. S. Rahman, D.-S. Jeng: Wave-induced response of seabed:

Various formulations and their applicability, Appl. Ocean Res. 31(1), 12-24 (2009)

[7.10] S. Sassa, H. Sekiguchi: Analysis of wave-induced liquefaction of sand beds, Géotechnique 51(2),115-126 (2001)

[7.11] D.-S. Jeng, J. Ou: 3D models for wave-induced pore pressure near breakwater heads, Acta Mech. 215, 85-104 (2010)

[7.12] R. O. Reid, K. Kajiura: On the damping of gravity waves over a permeable sea bed, Trans. Am. Geophys. Union 38, 662-666 (1957)

[7.13] J. F. A. Sleath: Wave-induced pressures in beds of sand, J. Hydraul. Div. ASCE 96(2), 36-378 (1970)

[7.14] P. L. F. Liu: Damping of water waves over porous bed, J. Hydraul. Div. ASCE 99(12), 2263-2271 (1973)

[7.15] P. L. F. Liu: On gravity waves propagated over a layered permeable bed, Coast. Eng. 1, 135-148 (1977)

[7.16] G. Dagan: The generalization of Darcy law for nonuniform flows, Water Resour. Res. 15(1), 1-7 (1979)

[7.17] P. L. F. Liu, R. A. Dalrymple: The damping of gravity water-waves due to percolation, Coast. Eng. 8(1),33-49 (1984)

[7.18] S. R. Massel: Gravity waves propagated over permeable bottom, J. Waterw. Harb. Coast. Eng. ASCE 102(2), 111-121 (1976)

[7.19] W. W. Mallard, R. A. Dalrymple: Water waves propagating over a deformable bottom, Proc. 9th Annu. Offshore Technol. Conf. (1977) pp. 141-145

[7.20] T. H. Dawson: Wave propagation over a deformable sea floor, Ocean Eng. 5, 227-234 (1978)

[7.21] H. Moshagen, A. Torum: Wave induced pressures in permeable seabeds, J. Waterw. Harb. Coast. Eng. Div. ASCE 101(1), 49-57 (1975)

[7.22] T. Yamamoto, H. L. Koning, H. Sellmeijer, E. V. Hijum: On the response of a poro-elastic bed to water waves, J. Fluid Mech. 87(1), 193-206 (1978)

[7.23] J. H. Prevost, O. Eide, K. H. Anderson: Discussion on 'Wave induced pressures in permeable seabeds' by Moshagen and Torum, J. Waterw. Harb. Coast. Eng. Div. ASCE 101(1975), 464-465 (1975)

[7.24] Z. Gu, H. Wang: Gravity waves over porous bottoms, Coast. Eng. 15(5/6), 497-524 (1991)

[7.25] T. Yamamoto: Wave induced instability seabed, Proc. ASCE Special Conf. Coast. Sediments (1977)pp. 898-913

[7.26] O. S. Madsen: Wave-induced pore pressures and effective stresses in a porous bed, Géotechnique 28(4), 377-393 (1978)

[7.27] T. Yamamoto: Wave-induced pore pressures and effective stresses in inhomogeneous seabed foundations, Ocean Eng. 8, 1-16 (1981)

[7.28] S. Okusa: Wave-induced stress in unsaturated submarine sediments, Géotechnique 35(4), 517-532 (1985)
[7.29] B. Gatmiri: A simplified finite element analysis of wave-induced effective stress and pore pressures in permeable sea beds, Géotechnique 40(1), 15-30(1990)
[7.30] D.-S. Jeng, J. R. C. Hsu: Wave-induced soil response in a nearly saturated seabed of finite thickness, Géotechnique 46(3), 427-440 (1996)
[7.31] M. S. Rahman, K. El-Zahaby, J. Booker: A semianalytical method for the wave-induced seabed response, Int. J. Numer. Anal. Methods Geomech. 18, 213-236 (1994)
[7.32] E. Varley, B. R. Seymour: A method for obtaining exact solutions to partial differential equations with variable coefficients, Stud. Appl. Math. 78, 183-225 (1988)
[7.33] B. R. Seymour, D.-S. Jeng, J. R. C. Hsu: Transient soil response in a porous seabed with variable permeability, Ocean Engineering 23(1), 27-46 (1996)
[7.34] Y. S. Lin, D.-S. Jeng: The effect of variable permeability on the wave-induced seabed response, Ocean Eng. 24(7), 623-643 (1997)
[7.35] D.-S. Jeng, B. R. Seymour: Response in seabed of finite depth with variable permeability, J. Geotech. Geoenviron. Eng. ASCE 123(10), 902-911(1997)
[7.36] D.-S. Jeng, B. R. Seymour: Wave-induced pore pressure and effective stresses in a porous seabed with variable permeability, J. Offshore Mech. Arct. Eng. ASME 119(4), 226-233 (1997)
[7.37] T. Kitano, H. Mase: Wave-induced porewater pressure in a seabed with inhomogeneous permeability, Ocean Eng. 28, 279-296 (2001)
[7.38] D.-S. Jeng: Wave-induced liquefaction potential in a cross-anisotropic seabed, J. Chin. Inst. Eng. 19(1), 59-70 (1996)
[7.39] D.-S. Jeng: Soil response in cross-anisotropic seabed due to standing waves, J. Geotech. Geoenviron. Eng. ASCE 123(1), 9-19 (1997)
[7.40] M. Yuhi, H. Ishida: Theoretical analysis of the response of a cross-anisotropic seabed to ocean surface waves, Proc. Jpn. Soc. Civil Eng. (JSCE)(1997) pp. 49-61
[7.41] M. Yuhi, H. Ishida: Simplified solutions for wave-induced response of anisotropic seabed, J. Waterw. Harb. Coast. Eng. ASCE 128(1), 46-50 (2002)
[7.42] D.-S. Jeng: Discussion to 'Simplified solutions of wave-induced seabed response in anisotropic seabed' by Yuhi and Ishida, J. Waterw. Harb. Coast. Eng. ASCE 129(3), 151-153 (2003)
[7.43] C. C. Mei, M. A. Foda: Wave-induced response in a fluid-filled poro-elastic solid with a free surface—A boundary layer theory, Geophys. J. R. Astron. Soc. 66, 597-631 (1981)
[7.44] L. H. Huang, C. H. Song: Dynamic response of poroplastic bed to water waves,

J. Hydraul. Eng. ASCE 119(9), 1003-1020 (1993)

[7.45] J.R.C. Hsu, D.-S. Jeng: Wave-induced soil response in an unsaturated anisotropic seabed of finite thickness, Int. J. Numer. Anal. Methods Geomech. 18 (11), 785-807 (1994)

[7.46] L.H. Huang, A.T. Chwang: Trapping and absorption of sound waves. II: A Sphere covered with a porous layer, Wave Motion 12, 401-414 (1990)

[7.47] T. Kitano, H. Mase: Boundary-layer theory for anisotropic seabed response to sea waves, J. Waterw. Harb. Coast. Eng. ASCE 125(4), 187-194 (1999)

[7.48] B.M. Sumer, N.S. Cheng: A random-walk model for pore pressure accumulation in marine soils, Proc. 9th Int. Offshore Polar Eng. Conf. (1999) pp. 521-528

[7.49] W. Madga: Wave-induced uplift force acting on a submarine buried pipeline: Finite element formulation and verification of computations, Comput. Geotech. 19 (1), 47-73 (1996)

[7.50] W. Madga: Wave-induced uplift force on a submarine pipeline buried in a compressible seabed, Ocean Eng. 24(6), 551-576 (1997)

[7.51] W. Madga: Wave-induced cyclic pore-pressure perturbation effects in hydrodynamic uplift force acting on submarine pipeline buried in seabed sediments, Coast. Eng. 39, 243-272 (2000)

[7.52] K. Zen, H. Yamazaki: Mechanism of wave-induced liquefaction and densification in seabed, Soils Found. 30(4), 90-104 (1990)

[7.53] K. Zen, H. Yamazaki: Oscillatory pore pressure and liquefaction in seabed induced by ocean waves, Soils Found. 30(4), 147-161 (1990)

[7.54] B. Gatmiri: Response of cross-anisotropic seabed to ocean waves, J. Geotech. Eng. ASCE 118(9), 1295-1314 (1992)

[7.55] O.C. Zienkiewicz, F.C. Scott: On the principle of repeatability and its application in analysis of turbine and pump impellers, Int. J. Numer. Methods Eng. 9, 445-452 (1972)

[7.56] Y.S. Lin, D.-S. Jeng: Effects of variable shear modulus on wave-induced seabed response, J. Chin. Inst. Eng. 24(1), 109-115 (2000)

[7.57] S.D. Thomas: A finite element model for the analysis of wave induced stresses, displacements and pore pressure in an unsaturated seabed. I: Theory, Comput. Geotech. 8(1), 1-38 (1989)

[7.58] S.D. Thomas: A finite element model for the analysis of wave induced stresses, displacements and pore pressure in an unsaturated seabed. II: Model verification, Comput. Geotech. 17(1), 107-132 (1995)

[7.59] D.-S. Jeng, Y.S. Lin: Finite element modelling for water waves—Soil interaction, Soil Dyn. Earthq. Eng. 15(5), 283-300 (1996)

[7.60] Y.S. Lin, D.-S. Jeng: Response of poro-elastic seabed to a 3-D wave system: A finite element analysis, Coast. Eng. Jpn. 39(2), 165-183 (1996)

[7.61] D.-S. Jeng, Y. S. Lin: Non-linear wave-induced response of porous seabed: A finite element analysis, Int. J. Numer. Anal. Methods Geomech. 21(1), 15-42 (1997)

[7.62] D.-S. Jeng, Y. S. Lin: Poroelastic analysis for wave-seabed interaction problem, Comput. Geotech. 26(1), 43-64 (2000)

[7.63] M. A. Biot: Theory of propagation of elastic waves in a fluidsaturated porous solid, Part II: High frequency range, J. Acoust. Soc. Am. 28, 179-191(1956)

[7.64] T. Sakai, H. Mase, A. Matsumoto: Effects of inertia and gravity on seabed response to ocean waves. In: Modelling Soil-Water-Structure Interactions, ed. by P. A. Kolkman, J. Linderberg, K. Pilarczyk (A. A. Balkema, Rotterdam 1988)

[7.65] T. Sakai, K. Hatanaka, H. Mase: Wave-induced effective stress in seabed and its momentary liquefaction, J. Waterw. Port Coast. Ocean Eng, ASCE 118(2), 202-206 (1992)

[7.66] K. Horikawa: Nearshore Dynamics and Coastal Processes (Univ. of Tokyo Press, Tokyo 1988)

[7.67] A. H. C. Chan: A Unified Finite Element Solution to Static and Dynamic Problems of Geomechanics, Ph. D. Thesis (Univ. of Wales, Swansea 1988)

[7.68] S. L. Dunn, P. L. Vun, A. H. C. Chan, J. S. Damgaard: Numerical modelling of wave-induced liquefaction around pipelines, J. Waterw. Port Coast. Ocean Eng. 132, 276-288 (2006)

[7.69] M. A. Biot: Mechanics of deformation and acoustic propagation in porous media, J. Appl. Phys. 33(4), 1482-1498 (1962)

[7.70] D. H. Cha, D.-S. Jeng, M. S. Rahman, H. Sekiguchi, K. Zen, H. Yamazaki: Effects of dynamic soil behaviour on the wave-induced seabed response, Int. J. Ocean Eng. Technol. 16(5), 21-33 (2002)

[7.71] T. W. Chen, L. H. Huang, C. H. Song: Dynamic response of poroelastic bed to nonlinear water waves, J. Eng. Mech. ASCE 123(10), 1041-1049 (1997)

[7.72] P. C. Hsieh, L. H. Huang, T. W. Wang: Dynamic response of soft poroelastic bed to linear water waves—A boundary layer approximation, Int. J. Numer. Anal. Methods Geomech. 25, 651-674(2001)

[7.73] M. Yuhi, H. Ishida: Analytical solution for wave-induced seabed response in a soil-water two-phase mixture, Coast. Eng. J. 40(4), 367-381 (1998)

[7.74] D.-S. Jeng, T. L. Lee: Dynamic response of porous seabed to ocean waves, Comput. Geotech. 28(2), 99-128 (2001)

[7.75] D.-S. Jeng: Porous Models for Wave-Seabed Interactions (Springer, Heidelberg 2013)

[7.76] M. Ulker, M. S. Rahman: Response of saturated and nearly saturated porous media: Different formulations and their applicability, Int. J. Numer. Anal. Methods Geomech. 33(5), 633-664(2009)

[7.77] H. Sekiguchi, K. Kita, O. Okamoto: Response of poro-elastoplastic beds to standing waves, Soils Found. 35(3), 31-42 (1995)

[7.78] D.-S. Jeng: Discussion of 'Response of poro-elastic beds to standing waves' by Sekiguchi et al, Soil. Found. 37(2), 139 (1997)

[7.79] Q. S. Yang, H. B. Poorooshasb: Seabed response to wave loading, Proc. 7th Int. Offshore Polar Eng. Conf. (1997) pp. 689-695

[7.80] X. Li, J. Zhang, H. Zhang: Instability of wave propagation in saturated poro-elastoplastic media, Int. J. Numer. Anal. Methods Geomech. 26, 563-578(2002)

[7.81] H. B. Seed, M. S. Rahman: Wave-induced pore pressure in relation to ocean floor stability of cohesionless soils, Mar. Geotechnol. 3(2), 123-150 (1978)

[7.82] B. M. Sumer, J. Fredsøe: The Mechanics of Scour in the Marine Environment (World Scientific, Singapore 2002)

[7.83] J. R. C. Hsu, D.-S. Jeng, C. P. Tsai: Short-crested wave-induced soil response in a porous seabed of infinite thickness, Int. J. Numer. Anal. Methods Geomech. 17(8), 553-576 (1993)

[7.84] W. G. McDougal, Y. T. Tsai, P. L. F. Liu, E. C. Clukey: Wave-induced pore water pressure accumulation in marine soils, J. Offshore Mech. Arct. Eng. ASME 111(1), 1-11 (1989)

[7.85] P. de Alba, H. B. Seed, C. K. Chan: Sand liquefaction in large-scale simple shear tests, J. Geotech. Div. ASCE 102, 909-928 (1976)

[7.86] B. M. Sumer, V. S. O. Kirca, J. Frøsde: Experimental validation of a mathematical model for seabed liquefaction under waves, Int. J. Offshore Polar Eng. 22, 133-141 (2012)

[7.87] L. Cheng, B. M. Sumer, J. Fredsøe: Solution of pore pressure build up due to progressive waves, Int. J. Numer. Anal. Methods Geomech. 25, 885-907(2001)

[7.88] D.-S. Jeng, B. R. Seymour: A simplified analytical approximation for pore-water pressure build-up in a porous seabed, J. Waterw. Port Coast. Ocean Eng, ASCE 133(4), 309-312 (2007)

[7.89] A. M. Geremew: Pore-water pressure development caused by wave-induced cyclic loading in deep porous formation, Int. J. Geomech. ASCE 13(1), 65-68 (2013)

[7.90] Z. Guo, D.-S. Jeng: Discussion of 'Pore-water pressure development caused by wave-induced cyclic loading in deep porous formation' by Gere-mew, Int. J. Geomech. 14(2), 326-328 (2014)

[7.91] B. Liu, D.-S. Jeng: Laboratory study for pore pressure in sandy bed under wave loading, Proc. 23rd Int. Offshore Polar Eng. Conf. (2013)

[7.92] D.-S. Jeng, B. R. Seymour, J. Li: A new approximation for pore pressure accumulation in marine sediment due to water wave, Int. J. Numer. Anal. Methods Geomech. 31(1), 53-69 (2007)

[7.93] S. Sassa, H. Sekiguchi, J. Miyamamot: Analysis of progressive liquefaction as

moving-boundary problem, Géotechnique 51(10), 847-857 (2001)
[7.94] Z. Liu, D.-S. Jeng, A. H. Chan, M. T. Luan: Wave-induced progressive liquefaction in a poro-elastoplastic seabed: A two-layered model, Int. J. Numer. Anal. Methods Geomech. 33(5), 591-610(2009)
[7.95] G. P. Thomas: Wave-current interactions: an experimental and numerical study. Part I. Linear waves, Appl. Math. Model. 110, 457-474 (1981)
[7.96] R. E. Baddour, S. W. Song: On the interaction between waves and currents, Ocean Eng. 17(1/2), 1-21(1990)
[7.97] R. E. Baddour, S. W. Song: Interaction of higher-order water waves with uniform currents, Ocean Eng. 17(6), 551-568 (1990)
[7.98] H. C. Hsu, Y. Y. Chen, J. R. C. Hsu, W. J. Tseng: Nonlinear water waves on uniform current in Lagrangian coordinates, J. Nonlinear Math. Phys. 16(1), 47-61(2009)
[7.99] Y. J. Jian, Q. Y. Zhu, J. Zhang, Y. F. Wang: Third order approximation to capillary gravity short crested waves with uniform currents, Appl. Math. Model. 33(4), 2035-2053 (2009)
[7.100] Y. Zhang, D.-S. Jeng, F. P. Gao, J. S. Zhang: An analytical solution for response of a porous seabed to combined wave and current loading, Ocean Eng. 57, 240-247 (2013)
[7.101] B. Liu, D.-S. Jeng, J.-S. Zhang: Dynamic response of a porous seabed of finite depth due to combined wave and current loadings, J. Coast. Res. 30(4), 765-776 (2014)
[7.102] C. C. Liao, D.-S. Jeng: Wave (current)-induced soil response in marine sediments, Theor. Appl. Mech. Lett. 3(1), 012002 (2013)
[7.103] J.-S. Zhang, Y. Zhang, C. Zhang, D.-S. Jeng: Numerical modeling of seabed response to the combined wave-current loading, Int. J. Offshore Mech. Arct. Eng. ASME 135(3), 031102(2013)
[7.104] J. Ye, D.-S. Jeng: Response of seabed to natural loading-waves and currents, J. Eng. Mech. ASCE 138(6), 601-613 (2012)
[7.105] H. Mase, T. Sakai, M. Sakamoto: Wave-induced porewater pressure and effective stresses around breakwater, Ocean Eng. 21(4), 361-379 (1994)
[7.106] N. Mizutani, A. M. Mostafa: Nonlinear wave-induced seabed instability around coastal structures, Coast. Eng. J. 40(2), 131-160 (1998)
[7.107] A. M. Mostafa, N. Mizutani, K. Iwata: Nonlinear wave, composite breakwater and seabed dynamic interaction, J. Waterw. Port Coast. Ocean Eng, ASCE 125 (2), 88-97 (1999)
[7.108] D.-S. Jeng, D. H. Cha, Y. S. Lin, P. S. Hu: Wave-induced pore pressure around a composite breakwater, Ocean Eng. 28(10), 1413-1432 (2001)
[7.109] M. Ulker, M. S. Rahman, M. N. Guddati: Wave-induced dynamic response and

instability of seabed around caisson breakwater, Ocean Eng. 37(17/18), 1522-1545 (2010)

[7.110] P.L.F. Liu, P. Lin, K.A. Chang, T. Sakakiyama: Numerical modelling of wave interaction with porous structures, J. Waterw. Port Coast. Ocean Eng, ASCE 125(6), 322-330 (1999)

[7.111] J.L. Lara, N. Garcia, I.J. Losada: RANS modeling applied to random wave interaction with submerged permeable structures, Coast. Eng. 53, 395-417 (2006)

[7.112] D.S. Hur, C.H. Kim, J.S. Yoon: Numerical study on the interaction among a nonlinear wave, composite breakwater and sandy seabed, Coast. Eng. 57(10), 917-930 (2010)

[7.113] S.H. Shao: Incompressible SPH flow model for wave interactions with porous media, Coast. Eng. 57, 304-316 (2010)

[7.114] T.J. Hsu, T. Sakakiyama, P.L.F. Liu: A numerical model for wave motions and turbulence flows in front of a composite breakwater, Coast. Eng. 46, 25-50 (2002)

[7.115] P. Lin, P.L.F. Liu: A numerical study of breaking waves in the surf zone, J. Fluid Mech. 359, 239-264 (1998)

[7.116] D.-S. Jeng, J.H. Ye, J.-S. Zhang, P.L.F. Liu: An integrated model for the wave-induced seabed response around marine structures: Model verifications and applications, Coast. Eng. 72, 1-19(2013)

[7.117] J.G. Wang, B. Zhang, T. Nogami: Wave-induced seabed response analysis by radial point interpolation meshless method, Ocean Eng. 31(1), 21-42(2004)

[7.118] P.L.F. Liu, Y.S. Park, J.L. Lara: Long-wave-induced flows in an unsaturated permeable seabed, J. Fluid Mech. 586, 323-345 (2007)

[7.119] H.B. Lu: The Research on Pore Water Pressure Response to Waves in Sandy Seabed, Ph.D. Thesis (Changsha Univ. Science and Technology, Changsha Hunan 2005)

第8章 系泊浮标技术

Andrew Hamilton

小型系泊浮标系统的发展历史悠久并且用途广泛，包括导航和标记浮标、用于气象监测系统的气象浮标、用于海洋学测量系统的数据收集浮标、波浪测量浮标以及用于海啸预警系统的海啸浮标等。其中许多设计经过数十年的现场试验验证及改善已经十分成熟。近几年出现的一些系泊浮标系统设计方案在很大程度上依赖于合成材料、现代电子科技，利用计算机技术通过计算分析来研发高性能的系统，使其应用于极限水深、边界流和偏远海域等。系泊浮标系统能够将电力和数据与水下仪器相连接，或通过探测的响应来精确预报海况等。本文介绍的材料仅适用于直径小于5 m，质量小于5 000 kg左右的系统。本章概述了设计者在系泊浮标系统设计过程中面临的各种问题，介绍了典型系统的标准设计方法和常用材料的相关特性，并介绍了一些常用的分析技术和工具，用于满足某些特定的功能性要求。本章在最后的图表中对一些目前已成功投入现场实际应用的系泊系统的相关信息进行了汇总统计。

8.1 系泊浮标系统的类型和设计注意事项

一个成功的系泊浮标系统设计方案需要根据特定的应用需求来综合权衡多方面因素。必须综合考虑系统的布置深度、作业海况、海流条件、作业维护周期、系统有效载荷要求、系泊布置型式的选取和成本预算等问题之间的相互制约关系。长期系泊系统属于高疲劳系统，系缆的张弛往复运动高达数十万次/月。对于长期作业的系统在极度缺乏维护的情况下，往往会以难以预测的方式发生意外事故。综上所述，系泊浮标系统的设计通常是一个错综复杂的问题，此时经验积累就显得十分宝贵，在新的方案设计过程中若能合理参考已有的成功设计案例往往会得到不错的效果。

在设计系泊系统时，其水面浮体的尺寸和形状取决于系统的功能性要求和环境条件。水面浮体的特性将直接影响整个系泊系统，应该在设计过程中尽可能早地加以确定。通常，浮标的尺寸由稳性要求和有效载荷要求共同决定，其中有效载荷的确定需要考虑诸多仪器设备的重量和尺寸问题，如无线电天线的高度和任一仪器设备及电池组、太阳能/风能阵列的尺度等。在满足工程应用要求的前提下，浮标系统的尺寸越小越经济。系统的材料、部署、回收和维护等产生的费用随着浮标尺寸的增大而增加，在需要更大尺寸的系泊属件、船舶、起重机和绞车等设备的情况下，费用会显著增加。系泊系统的设计通常需要确定有效载荷，并基于此要求设计一个浮标，并使其具有足够的作业和维护稳定性。

顾名思义，系泊浮标系统的典型装置包括系泊系统和由其固定的浮动浮标。这两部分彼此之间的交互作用非常明显，因此，在设计过程中应该考虑整个系统的耦合作用。然而，尽管存在这种耦合现象，但由于诸多限制因素，单独考虑浮标系统的运动响应有时也是可取的。在不受系泊系统影响的情况下，浮标的动态性能一般都能很好地由线性分析近似得到，并能较好地反映出浮标的谐振等重要频域特性。此外，在安装、维修或回收过程中，浮标可能与系泊系统分离。此时，确保浮标本身具有足够的稳定性保持正浮状态，这在很大程度上增大了系统回收的概率。此外，漂流浮标通常用于测量海流速度，因此没有系泊载荷，此时，这些设备的动力响应往往受“风向标”作用影响[8.1]。

第 8.1.1 节概述了各种处于自由漂浮状态的小型浮标系统的动态特性。其后的章节叙述了分析浮标/系泊系统耦合的更复杂的方法。由于系泊系统具有非线性的动态特性，因此，通常依赖于时域计算机模拟。这些技术的优点是能够很好地预估某一特定条件件下的系统响应，但也会遭受这样的事实，即整个设计空间必须遍历单个的模拟，得到一个系统姿态总结论是困难的。例如，在给定的海况下，系泊系统在遭遇较大海流作用的情况下，其行为可能与其在缓慢海流状态下的响应有很大差异，因此必须对每种情况进行独立分析。

在系泊浮标设计中，有各种各样的系泊系统类型可供选择。与此同时，系泊系统的选取往往也要综合考虑诸多因素，包括布置深度、潮汐变化、海底条件、海底撞击限制、预估的海流剖面和海况、系统的使用寿命、浮标布设位置的精度要求等。有时还需要提供系泊缆索连接海底或元件的电力或数据要求。用于布放和回收系泊系统的设备(如船舶、绞车和起重机等)也对系泊系统的选型有一定影响，并且针对布放船舶的特定船级来进行系泊系统设计的方式并不少见。第 8.1.2 节为系泊系统设计人员概述了影响系泊系统选型的范围并讨论了每种方式的能力和局限。

8.1.1 浮标

铁饼形和环形浮标的吃水较浅且水线面面积较大，导致系统的阻升比相对较低，从而使系统相对容易被系泊固定。这些浮标的一个潜在的不良特性是，它们极易于随着水面运动而发生升沉或摇晃，这将对有效获取摇荡运动的理想测量值产生干扰，并可能导致浮标与系泊系统相连接的区域表面产生磨损和疲劳损伤问题。此外，当浮标直径足够大时，这些浮标无论处于正浮或倒置状态都是稳定的，因此一旦发生倾覆，系泊系统的恢复力矩就不足以使系统复位。它们倾向于保持倾覆状态。图 8.1(a)给出了该类浮标系统的垂荡和纵摇运动响应。这些浮标系统已被美国国家海洋和大气管理局(NOAA)国家气象浮标数据中心广泛使用。该机构还布设了更大规模的铁饼形浮标，直径达 10 m[8.2]。

为了便于安装施工，需要减小浮标直径；为了保障系统具有足够大的有效载荷或浮力，则必须增大系统吃水。综合考量这两方面因素，选取具有中等吃水/直径比的水面型浮标往往是较为合适的权宜之策，从而使吃水与直径处于同一数量级。球形浮标自然属于该类别范围，并且由于钢球易于利用和简单，通常用于标记浮标。图 8.1(b)给出了球形浮标的典型运动响应曲线，由图可知，球形浮标的摇晃运动响应低于铁饼形浮标，但仍随波面运动产生较大的垂荡运动，并且低吃水/直径比的铁饼形浮标无明显的垂荡运动共振峰值，而球形浮标出现中等程度垂荡运动共振峰值较为明显。

在图 8.1 对比图中，设定两个浮标的初始稳定性(即稳性高)相同，从而突出几何形状的

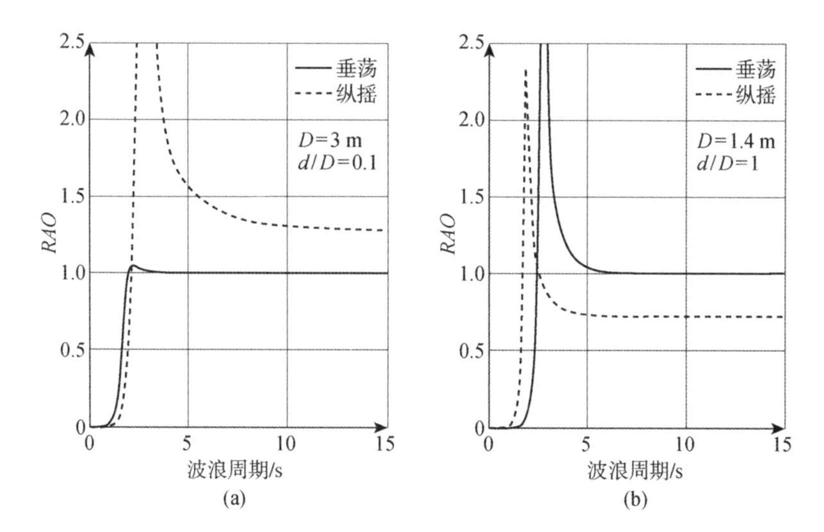

图 8.1　不同吃水/直径比(d/D)的浮标对应的运动响应幅值算子 RAO 的变化曲线

(a) 铁饼形浮标　(b) 中等 d/D 浮标

注:d 是吃水,D 是直径。

不同对 RAO 运动响应结果的影响。在通常情况下,自由漂浮的铁饼形浮标凭借其较大的水线面面积,其稳性高于具有中等吃水/直径比的浮标。然而,对于具有中等吃水/直径比的系泊浮标系统,由于系缆点与水面之间的距离较大,缆绳张力能够有效改善浮标的稳性。因此,上述两种浮标的稳定性往往是旗鼓相当的。

由图可以看出,小型浮标系统大多都是随波漂流的。具有较高的吃水/直径比的浮标,往往在开阔海域,处于频率低而波能大时会发生显著的垂荡共振现象。纵摇运动响应的频域范围更加宽泛,并且主要依赖于浮标的稳性和纵摇惯性矩。因此,为了得到系统确切的纵摇运动响应,需要针对所讨论的特定浮标设计来计算 RAO 曲线。第 8.3.3 节列出了针对圆柱形浮标进行计算所需的相关数据。

与铁饼形或球形浮标相比,立柱式浮标(浮筒)处于另一个极端,它具有较大的吃水和较小的水线面面积。如果制造的尺寸足够大,这些浮筒的运动几乎可以完全脱离波面的影响,但是具有这种运动特性的系统其尺度通常比本节中强调的设计目标(便于安装操作和保障有效载荷或浮力)所给出的尺度要大。因此,立柱形型式大多应用于中小型浮标。它们将会发生垂荡,偶尔会被波浪淹没,但该设计能有效减小纵摇和横摇运动。图 8.2 给出了三种不同尺度的立柱式浮筒对应的垂荡运动响应。如图 8.2 所示,这些系统具有非常显著的垂荡共振响应,并且只有最大尺度的浮筒系统可以将波浪周期引起的共振远离典型的大洋波浪频率。

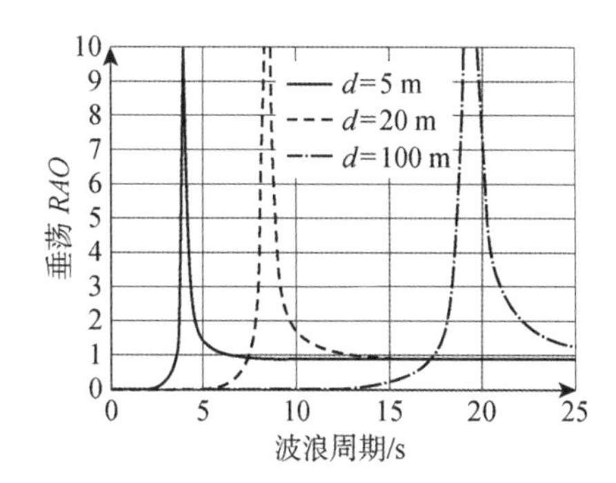

图 8.2　不同吃水深度立柱式浮筒对应的垂荡运动响应 RAO 对比曲线

不管吃水/直径比如何，大多数浮标都是轴对称设计的。美国海军的NOMAD浮标为船型，设计于20世纪60年代，已投入使用了数十年。这些浮标靠单点系泊固定，随着风浪进行转动。在开阔海域，海浪的拍击将是系统面临的一个主要问题。近年来，对这些非对称形状的浮标开展的相关工作较少，当前绝大多数设计和建造的浮标系统都是轴对称壳体。即使是轴对称壳体，水线以上的设备仪器也会在风载荷的作用下发生旋转。因此，必须使浮标尽可能保持轴对称，或安装翼型风向标，使浮标始终保持风的方向。针对这一问题，必须考虑所在海域的主风向问题，在许多地点，风伴随着经过的气象始终旋转，必须小心避免引起过度的旋转，超出系泊系统承受的能力，或在设计中采用转环。

尽管浮标系统已具有充足的浮力来确保其在面临最恶劣的海况时也能浮于海面之上，但为了确保浮体的安全性，有时浮标系统的设计和建造仍需要考虑一定的储备浮力。浮标系统往往在中等海况中浮于水面进行作业，但当遭遇巨浪冲击时，开始出现淹湿现象。此时，浮标系统必须能经受淹没，可能要花些代价；但可以相应减小系泊系统的设计尺寸从而降低一部分成本，浮标系统在极浅水海域部署必须在碎浪中生存下来。这种设计方法对应的浮标系统具有中等的吃水/直径比，但是估算浮标动态响应曲线的技术并不适用于浮标沉没的情况。这是因为浮标一旦被淹没，提供恢复力的水线面面积不再起作用，取而代之，在分析中引入了一个明显的非线性项，而线性分析并不能捕捉到它。因此，这些浮标偶尔遭遇淹没时，对其动态性能的分析和建模是一个挑战，这将在后续的软件建模章节中进行介绍。

8.1.2 系泊系统

系泊系统有多种类型可供选择，对于某一特定的应用，系泊系统的选型需要对诸多因素进行评估和权衡，包括水深、浮标站点的定位情况、部署策略、经济因素和其他特殊要求，如需要提供水面系泊浮标系统和水下仪器之间的电力或数据传输路径通道。在绝大多数情况下，系泊设计中的一个关键考虑因素是按规范要求给系统一定的松弛顺应性裕度，使浮标能够在由于波浪和潮汐作用造成的海平面变化中具有一定的动态响应。目前有三种主要的设计技术方案可以使系统具有所要求的规范余量：一是悬链线式系泊系统，其中部分系缆自然下垂躺在海床上；二是半张紧式系泊设计，其系缆本身的弹性使其在载荷作用下发生拉伸；三是通过在系缆不同位置加配重块和浮体使其呈现S型的倒置悬链线型式。图8.3给出了这三种系泊型式的示意图。在许多情况下，会混合使用以上三种系泊型式。

悬链线式系泊系统往往是最简单的一种设计和安装方案。这种系泊系统具有诸多突出的优点，如适用水深范围较广，对水深的不确定性或变化的适应性较强；采用耐用、低成本的材料；配套锚的选择范围较广等。这种系泊型式的一个不足之处是，对于深水，悬链线式系泊系统的设计变得极具挑战性。当系泊水深达到几百米以上，由于风和流的作用，系缆和浮标上的水平力开始超过躺在海床上链条的实际重量。此时，即便是小量的水流作用也会使悬链线系缆发生抬升，从而使锚直接承受拉力。这导致系统的顺应性消除。悬链线式系泊系统在海底的覆盖面积较大，呈一个半径较大的辐射圈，对海底有明显影响。因此，对于海洋保护区域或其他对海底受影响程度要求较高的区域而言，悬链线式系泊方式就不太合适。最后，悬链线式系泊系统的钢缆和锚链通常采用的材料都非常耐用、能够有效抵御捕捞作业或航行船舶造成的破坏。尽管如此，有些海底地貌会导致锚链的持续磨损，甚至对于一些全岩石海床，采用悬链线式系泊的方式完全不适用。这是因为，这种岩石地貌极有可能导致系

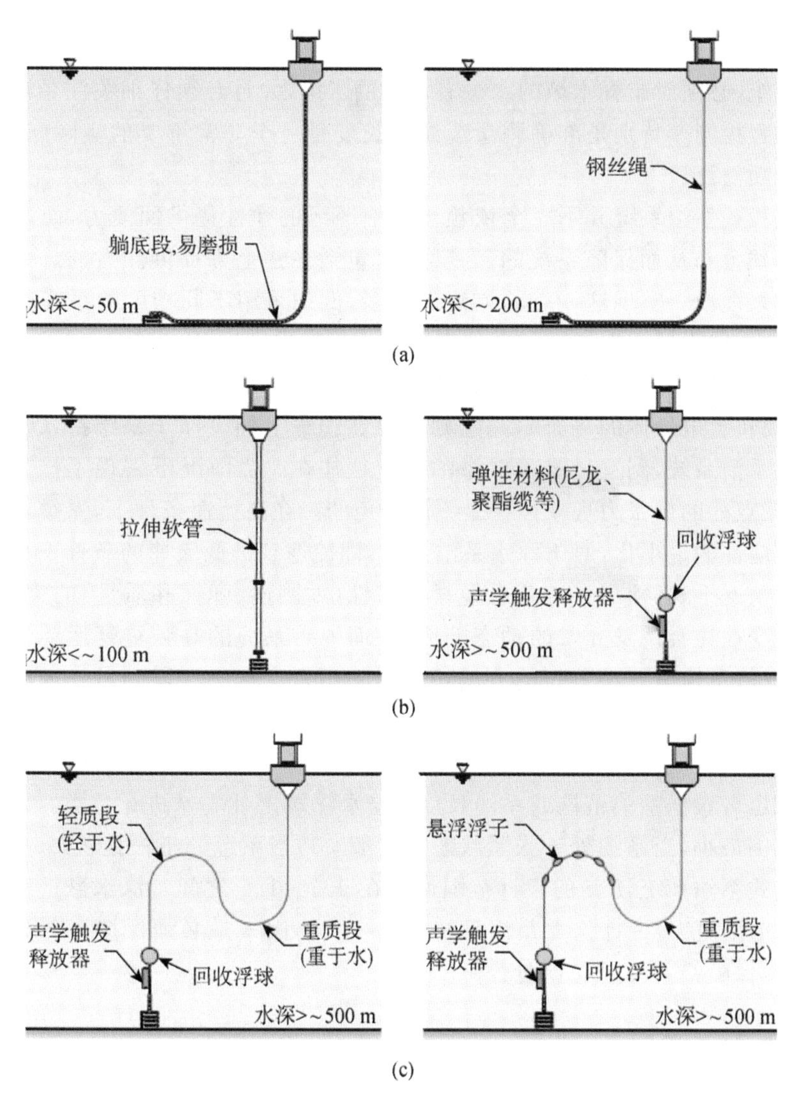

图 8.3　应用于小型浮标系统的三种系泊型式

(a)悬链线式系泊系统　(b)半张紧式系泊系统　(c)倒置悬链线式(S 型)系泊系统

泊缆发生缠绕现象,以致消失所有的顺应性。

半张紧式系泊系统依靠系缆自身的弹性提供所需的顺应力,常用于深水系泊。系泊材料相对小量的弹性转化成较大的张力,平衡了使用中产生的负荷。综合考虑系缆的弹性和水下自重等因素,半张紧式系泊系统的系缆通常选用缆绳,材料包括尼龙、聚酯、聚丙烯和聚烯烃等。虽然钢缆同样具有足够的弹性,但其采用的螺旋股式编织结构型式会导致系缆自重随着长度的增加而急剧增大,远远超过本章所讨论的浮标所能承受的垂向承载力。半张紧式系泊系统在海底除了固定锚之外没有任何躺底链条或其他材料,因此它们对海床的影响最小,从而可作为声波释放装置的最佳系泊方式之一。除了用于深水系泊,半张紧式系泊系统也可用于浅水水域,此时通常采用橡胶软管和绳索来为超短长度系泊系统提供足够的弹性。半张紧式系泊系统的系泊性能优良，这是由于系缆的弹性性能良好，且系缆具有一定的预张力，从而有效避免了在其他类型系泊系统中可能出现的突然折断载荷问题。对于半张紧式系泊系统，必须对布置水域的水深有足够的了解，并且必须仔细关注系泊缆绳在设计和制造中的过程控制。特别是准确测量缆绳的长度是一个非常重要的实际问题，关乎系泊系统的使用成功与否。

倒置悬链线式系泊系统并不完全依赖于系泊缆绳的弹性提供回复力，而是通过使水下系缆呈S型曲线分布从而保障系统的回复刚度，包括在锚上方提供浮力的悬浮系缆段和重量较大的下垂系缆段。实现这一点的方法有很多，例如采用不同密度的系缆材料组成多组分系缆等。其中，聚丙烯和聚烯烃材料的密度都小于海水密度，而聚酯和尼龙的密度则大于海水密度。当根据系泊应用要求，系泊系统有时需要采用钢缆或其他密度高于海水密度的材料(例如需要包含电导体的场合)，此时则需要在缆绳上加设浮子来维持系缆的形状。不同于半张紧式系泊系统，倒置悬链线式系泊系统往往在恶劣海况下表现不佳。在低流速条件下，系缆上某点处的低张力现象往往是不可避免的。在高流速条件下，系缆可通过伸展实现系统几何顺应性的最小化，对于深水系泊系统，即使遇到极低流速的条件下也会出现此类现象。在任何情况下，必须尽量避免系缆材料特性(如刚性、弹性和质量)的突变，这是因为材料特性的突变往往会诱发异常的动态响应，从而导致系缆的高频重复运动致使系缆过早失效。此外，保持系缆呈S型分布的方法还包括采用密度从一区段到另一区段渐变的特种系缆材料以及在钢缆上加设夹套浮子等，这些方案往往需要根据特定案例“量身定做”、普适性较差，并且制作成本较高。

系泊系统也可根据系泊范围或系缆长度 l 与水深 d 之比 l/d 进行分类。半张紧式系泊系统的系泊范围最小，当系缆处于张紧状态时，$l/d>1$；当系缆处于松弛状态时，$l/d<1$。对于倒置悬链线式系泊系统，l/d 的设计范围通常在 1.1～1.6 之间。深水悬链线式锚链系泊系统的 l/d 的范围更大，设计这类系泊系统的一个重要因素是必须保持一部分锚链始终躺在海床上，从而保障锚不会承受垂向载荷。

8.1.3 失效和危险

系泊系统的失效模式很多，但最常见的是破坏、疲劳、腐蚀和鱼类咬噬等。海上船舶来往航行的破坏和干扰是造成系泊系统服务失效的一个常见原因。此外，有些破坏问题存在地域性，不能完全避免，如碰撞问题、钓鱼线和渔网缠绕系缆的问题、利用浮标装置诱导鱼群聚集以及被盗问题等。这些问题可通过铠套绳索增强构件并加高系统使浮标装置难以攀爬等方式得以缓解[8.3]。疲劳和腐蚀失效也是系泊失效的主要模式，必须通过严谨细致的工程设计预测可能出现的疲劳问题[8.4]。此外，由于鱼类咬噬导致的系泊故障往往难以预测或设计[8.5]。

8.2 浮标和系泊系统的部件

海洋浮标的材料种类繁多，材料的选用往往具有地域性，并且需要依据设计者和建造厂商的经验。本节详细介绍了常用的各种材料和部件的具体特性，并给出了这些材料的物理性能表。表8.1比较了海洋系泊系统所用材料的基本性能，并详细列出在指定结构中使用这些材料的部件的特殊性能。表中数据往往可用作设计指导,但仍然需要检测各部件的实际应用情况,具体问题具体分析。

表 8.1　海洋浮标系统常用材料的性能

材料	密度		弹性模量		抗拉强度	
	kg/m^3	lb/in^3	GPa	ksi	MPa	ksi
高强度犁钢	8 050	0.291	200	29 000	1 517	220
特优犁钢	8 050	0.291	200	29 000	1 793	260
A36 结构钢	8 050	0.291	200	29 000	500	73
316 不锈钢	7 970	0.288	195	28 300	550	80
17-4PH 不锈钢	7 800	0.282	196	28 300	1030	100
Nitronic 50 奥氏体不锈钢	7 880	0.285	190	28 000	827	120
UHMW-HDPE[a] 超高分子量聚乙烯	980	0.035	0.725	105	50	7.3
尼龙 66 纤维	1 140	0.041	5.5	800	965	140
聚酯纤维	1 380	0.050	13.8	2 000	1 172	170
Spectra/Dyneema 纤维	980	0.035	117	17 000	2 586	375
Kevlar-29 纤维	1 440	0.052	70	10 200	2 923	424
Kevlar-49 纤维	1 440	0.052	112	16 300	2 999	435

a:超高分子量、高密度聚乙烯。

8.2.1　系泊强力构件

系泊系统的强力构件可分为四大类:锚链、钢缆、合成材料缆绳以及由橡胶复合材料组成的特殊拉伸元件。无论选用何种材料,一个必须考虑的问题是这些组件的扭矩和旋转运动特性。由于张紧力的不断变化,当组件处于张紧状态是时,即使组件上有个小范围的旋转或旋转趋势,也会造成数百或数千米之外的位置产生明显的旋转运动。此外,诱导扭转运动会导致系泊强力构件在卸载时发生扭转屈曲,产生一个极小的弯曲半径,当构件再次负载时会产生失效现象。在不太严重的情况下,过大的扭矩不平衡现象会导致构件中不同股绳或部件在彼此相对移动过程中产生内部磨损。由于以上原因,主要使用固有扭转平衡的结构。

1) 锚链

由于重量大和耐用性高,锚链广泛应用于系泊系统中,通常不需要使用高性能的链条。锚链等级(30,43,70)代表钢材的弹性模量,单位为 1E6 psi。如果采用镀锌锚链,则应避免强度高于 43 级,从而避免高强度钢镀锌时可能出现的氢脆问题。

锚链的选取往往取决于尺寸大小、重量和地域性等因素。表 8.2 给出了几种常用的小型系泊系统的链条重量和强度。长链之所以使用广泛是因为它们更容易通过卸扣连结,尤其是跨中连结。有关海上应用锚链的详细标准请参阅文献[8.13]。

表 8.2 常用强力构件的性能

材料	直径/m	单位长度质量/(kg/m)	密度/(kg/m³)	湿重/(N/m)	弹性刚度 *EA*/N	破断强度/N
锚链 G43						
3/8 英寸(10 mm)	—	2.028	8 050	17.363	52 810 000	72 100
1/2 英寸(13mm)	—	3.43	8 050	29.364	93 890 000	122 800
5/8 英寸	—	5.503	8 050	47.109	146 700 000	173 500
3/4 英寸	—	7.949	8 050	68.047	211 260 000	269 600
钢丝绳						
1/4 英寸 3×19 包套	0.008	0.192	3 925	1.381	4 300 000	29 600
5/16 英寸 3×19 包套	0.011	0.313	3 236	2.087	7 000 000	44 000
3/18 英寸 3×19 包套	0.013	0.447	3 532	3.109	10 000 000	61 800
7/16 英寸 3×19 包套	0.014	0.585	3 640	4.101	13 000 000	83 600
尼龙绳						
1/2 英寸 12 股	0.013	0.110	1 140	0.109	139 000	48 000
3/4 英寸 8 股	0.019	0.203	1 140	0.201	209 000	72 100
7/8 英寸 8 股	0.022	0.285	1 140	0.282	284 000	97 900
1 英寸 8 股	0.025	0.353	1 140	0.350	348 000	120 100
聚酯纤维缆						
3/8 英寸 12 股	0.010	0.064	1 380	0.162	270 000	27 000
1/2 英寸 12 股	0.013	0.149	1380	0.376	580 000	58 000
5/8 英寸 12 股	0.016	0.22	1 380	0.555	830 000	83 000
3/4 英寸 12 股	0.019	0.285	1 380	0.719	1 100 000	110 000
1 英寸 12 股	0.025	0.516	1 380	1.302	1 980 000	198 000
聚乙烯缆						
3/8 英寸 12 股	0.010	0.040	940	−0.035	168 000	16 000
1/2 英寸 12 股	0.013	0.070	940	−0.062	305 000	29 000
5/8 英寸 12 股	0.016	0.116	940	−0.103	505 000	48 000
3/4 英寸 12 股	0.019	0.144	940	−0.128	611 000	58 000
1 英寸 12 股	0.025	0.312	940	−0.277	1 084 000	103 000
Spectra/Dyneema 纤维缆						
1/4 英寸 12 股	0.006	0.024	980	0.011	1 086 000	38 000
3/8 英寸 12 股	0.010	0.054	980	0.024	2 486 000	87 000
1/2 英寸 12 股	0.013	0.095	980	0.043	4 314 000	151 000
5/8 英寸 12 股	0.016	0.152	980	0.068	6714 000	235 000

（续表）

材料	直径/m	单位长度质量/(kg/m)	密度/(kg/m^3)	湿重/(N/m)	弹性刚度 EA/N	破断强度/N
Vectran 纤维缆						
1/4 英寸 12 股	0.006	0.033	1 400	0.087	1 077 000	42 000
3/8 英寸 12 股	0.010	0.068	1 400	0.179	2 205 000	86 000
1/2 英寸 12 股	0.013	0.131	1 400	0.344	4 000 000	156 000
5/8 英寸 12 股	0.016	0.208	1400	0.547	6 256 000	244 000

2）钢缆（或钢丝绳）

以小型系泊系统中使用的钢缆为例，其主要的结构型式是 3×19 股的多股式布置型式，包括三股扭曲的主股，每股由 19 根缆绳组成。此类结构型式可保障承受负荷的平衡和转动小。该设计已在数千个应用中得到验证，往往是海洋系泊钢缆设计的首选。通常情况下，系泊系统中的钢缆会采用聚乙烯或聚丙烯包覆层。

钢缆包覆层不仅可以提高钢缆的耐腐蚀性，还为缆绳上夹紧仪器提供了附着面。并且，对于低带宽通信，包覆层可以通过钢缆与导电海水形成电流回路。通过将信号耦合到该回路，数据可以在仪器和水面浮标之间或仪器之间实现上下传输。这是从水下仪器中检索数据的最常用通信技术，其费用比在系泊缆中安装专用的铜线或光缆要便宜得多。

3）合成材料系缆

钢缆虽然经久耐用，但有时由于其自重过大而不能被采用，例如，5 000 m 的 3×19 股钢缆的自重会导致系缆顶部产生一个过大的载荷，相当于整个系统工作负载的 80%；又由于有时系泊系统设计需要一个弹性更强的构件，此时采用钢缆也不再合适。在这种情况下，多采用合成材料系缆。合成材料系缆的材料种类繁多、结构型式多种多样，通常可分为两大类：高性能合成纤维和工业纤维。其中，高性能纤维一般系指韧性大于 15 g/denier 的纤维[8.14]；与钢缆相比，强度相当、重量较轻、模量略低。工业纤维的强度通常只有高性能纤维的一半左右。当系缆尺寸较大时，阻尼力有所增加，从而造成强度损失，但这些纤维缆凭借弹性更高、成本更低的优势被广泛应用于系泊系统。

表 8.1 突出了各种纤维的材料品质，下面还要叙述。表 8.2 给出了用这些材料制造的常规缆绳的性能。

4）高性能合成纤维

(1) Kevlar 纤维：Kevlar 纤维是杜邦公司于 1970 年推出的，是第一种强度与钢材相接近的高性能纤维。它只比水重一点，比重只有 1.44，断裂伸长率约为 4%。这种纤维的蠕变非常低，适用于光电机械缆；但在系缆的重复循环应用中，很容易发生自磨损损坏。当纤维受到挤压时，会发生扭折，形成扭折带，这种特殊的破坏模式严重削弱了纤维的性能。由于这个原因，Kevlar 纤维并不适用于水面型系泊设计，这是因为，水面型系泊具有低张力弯曲，从而导致纤维系缆受到挤压。由于 Kevlar 纤维的成本相对低廉，通常适用于水下系泊系统，其中包括光电组件以及用于遥控水下机器人（ROV）的通信电缆，其中电缆很少遭受巨大的载荷。

（2）Vectran 纤维：Vectran 纤维是 20 世纪 80 年代中期由美国塞拉尼斯（Celanese）公司推出的液晶聚合物纤维的商品名。其密度、强度和模量与 Kevlar 纤维相当，并且纤维发生扭折形成扭折带的可能性较低，这使得它很适合作为表面系泊的缆绳的强度材料。

（3）Spectra 和 Dyneema 纤维：这些纤维是由超高分子量聚乙烯制成的，因此密度小于水和浮子（比重＝0.98）。该材料重量轻、强度高、耐自磨，非常适用于需要轻质、刚性强度元件的系泊应用。这种纤维的局限性是在持续载荷作用下通常会发生蠕变，使其不适用于光电机械缆。制造业技术的持续进步似乎正在逐渐地消除这一缺陷，因此这种情况在未来可能会有所改善。

（4）Zylon 纤维：陶氏化学公司于 1990 开发出这种纤维，并以 PBO 的商标销售。现在，它以 Zylon 的商品名进行制造和销售。与 Kevlar 和 Vectran 纤维相比，Zylon 纤维的比重略大，为 1.53；强度极大，比前两者高出 50%左右。由于成本很高，因此仅限于非常特殊的应用领域，目前还未曾应用于系泊系统。若其成本在未来有所下降，它将是光电机械缆设计的一个不错的选择。

5）工业纤维

（1）尼龙：尼龙是杜邦公司在 20 世纪 30 年代开发的，是一种拉伸性很强的纤维，断裂伸长率为 15%～30%，比重较低，仅为 1.14。这种轻质、廉价的弹性材料是深水半张紧式系泊设计的理想选择。尼龙的典型结构是由扭矩平衡的 8 股 Woods Hole 花纹结构[8,11]。它容易吸水，造成长距离使用时会改变长度，因此，在使用这种材料进行系泊系统设计和制造过程中必须加以注意。

（2）聚酯纤维：聚酯纤维是工业纤维中最重的，比重为 1.38。断裂伸长率为 12%～18%，但在工作载荷下其伸长率只有 3%～5%。在首次加载时，聚酯纤维有初始拉伸的趋势，因此在将其应用于半张紧式系泊系统的设计与制造中时需要加以注意。

（3）聚丙烯纤维：聚丙烯的比重很低，仅为 0.91，很容易在海水中漂浮，可用于倒置悬链线式系泊系统中较低部分系缆段。由于聚丙烯具有与聚酯相似的强度和拉伸性能，系缆的几何形状和材料受载拉伸将为倒置悬链线式系泊系统提供足够大的柔顺性。聚丙烯具有一些蠕变行为，因此不适合用于采用中心强度构件模式的光电机械缆。

6）光电机械元件

当需要沿着系泊线传输电力或进行高速通信时，可能需要在强力构件中设置铜线或光纤元件。本文介绍了一些有关强力构件性能的要求，这些要求影响构件的设计和施工，以及系泊系统的整体设计。特别是，铜线和光纤的总应变必须保持在很低的水平，低于张力峰值的 0.5%。虽然这种应变量低于铜的屈服点，但并不低于疲劳点，经过多次循环往复运动后，铜线将会解体。另一方面，光纤本身具有一定的弹性，但其不能长期置于水中。因此，纤维通常被包裹在一个直径非常小的不锈钢管中。该不锈钢管用作纤维承受大气压力的外壳。但是，该钢管的屈服点约为延伸率的 0.5%，一旦达到屈服点，缆的松弛会导致钢管发生扭折从而失效。提高海上长期使用光纤的外包层的方法有很多种，但都需要满足组件的许用应变要求。

目前，有两种光/电缆设计方案可以满足这种低应变要求。传统的光/电缆是一个中心导体芯结构型式，其中，中心导体芯外部缠绕着强力构件（高性能合成材料或钢）组成的反螺旋层（见图 8.4）。这种结构型式的光/电缆多用于水声拖缆和 ROV 遥控缆索，制造厂商在这种施工技术方面有着丰富的经验。这种结构布置型式的缺点是，当整个光/电缆发生应变时，该结构型式无法有效削弱中心导体的应变。因此，在系泊应用中，为了限制导体的应变，光/电缆在极限强度方面往往会设计得过于保守。

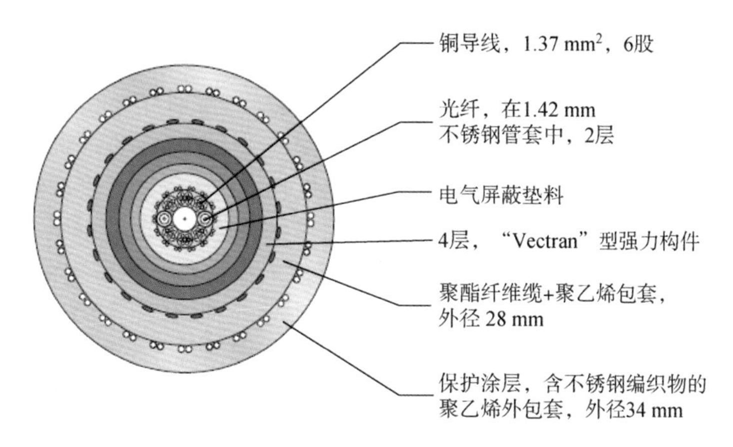

图 8.4 中心导体芯结构型式缆

另一种方法是中心强度构件结构型式，其中导体螺旋缠绕于强力构件外围（见图 8.5）。在这种设计中，较大的导体螺距比使导体的应变相对于光/电缆的整体应变要小得多。相较于中心导体芯结构型式[8.15]，当螺旋导线的螺距与中心强力构件在张力作用下的直径减小相匹配时，高弹性的中心强力构件能使外部螺旋缠绕的导体发生较低的应变。虽然本方法的概念很有吸引力，但在实际应用过程中还是有很大挑战的，必须有效解决高弹性光/电缆与无弹性终端之间的连结转换问题。虽然设计目的是使导体尽量不发生应变，但在实际应用中一般不可能实现，即使外部铜线螺旋层的少量应力也会破坏光/电缆的扭矩平衡。与中心导体芯的结构型式相比，该结构型式的相关制作和安装经验较少，需要更多的试错试验研究。此外，在这种设计方法中，导体位于缆的外部，存在一定的风险，因此必须在安装和维护过程中加以适当的保护。

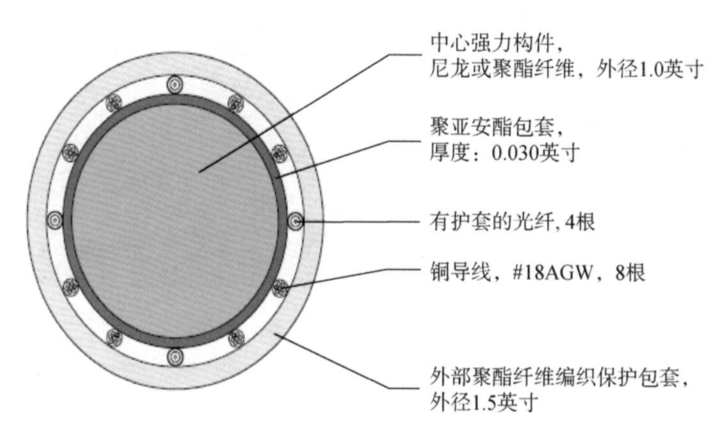

图 8.5 中心强力构件结构型式缆

对于电导体通过较短距离的缆段并且不需要满足顺应性要求的情况，采用聚氨酯与电导体包覆锚链的技术已被证明是可行的[8.16]。链条的高轴向刚度减轻了来自导体的较明显的应变，并且聚氨酯使组件的刚度增大从而减小了由于弯曲造成的应变。该方法对于长缆段而言不太适用，会严重增加系缆的重量，但该方法多用于过渡段或低于水面浮标。

7）弹性软管和软绳

当传统的系泊方式无法提供足够的系泊顺应性时，可以采用特殊的弹性系泊元件，能够在作业载荷作用下拉伸量为原长度的数倍。这种特殊弹性元件主要用于两种情况：一是极浅水系泊，此时已无法应用传统的悬链线式系泊方式；二是深水系泊，即使是对于倒置悬链线式系泊系统而言，此时系泊系统中具有刚性的光电机械缆也无法提供足够的系泊顺应性。

在这种场合，人们希望水下仪器设备不受表面浮标引起的波动的影响，这些元件的高弹性可以起这样的角色，提供水下仪器设备具有足够大的质量来避免发生偏移。对于一个包含浮标、拉伸软管和水下仪器设备的典型系泊布置型式，拉伸软管的张力达到的运动隔离量之间达到权衡。这种权衡是由水下仪器设备的重量来决定的，一个极大质量的海底元件将在拉伸软管的作用下有效地避开表面浮标引起的波动的影响，但此时拉伸软管将存在大幅张力和轴向拉伸。

系泊元件的两个主要结构分别是一种带有外伸限制器的实心橡胶绳和一种更复杂的带有尼龙帘线的加强型橡胶管，随着软管的拉伸，尼龙帘线逐渐开始承受载荷并降低元件的弹性。对于第二种情况，可以将电导体和光学导体按临界拉伸角安装在软管壁上，从而在弹性组件中能够传递持久的动力并实现数据连接。这种设计方案经实践验证是非常成功的。如图8.6所示，除了提供导体路径之外，橡胶软管的耐久性还能够很好地忍受水面浮标下面的恶劣环境[8.17]。

图 8.6　布放前的 WHOI 拉伸软管

注：WHOI 为 Woods Hole Oceanographic Institution 的缩写。

表 8.2 对拉伸软管的主要力学性能进行了概述。然而，这些构件的弹性响应并不是线性的，因此任何系泊系统模拟研究都需要包括对应力-应变曲线的估算。图 8.7 给出了多种典型弹性元件的应力-应变曲线。可以看出，弹性元件在低张力作用下呈非常柔软状态，随

着拉伸而逐渐硬化。并且，所有的弹性元件在受拉状态下刚度会不断增大，最终应力-应变曲线将变得几乎垂直。WHOI 拉伸软管通过在橡胶软管铺层中加入尼龙帘线来实现在更大的延伸范围内承受更多负荷的目的。文献[8.18]中展示的橡胶绳包括外部安全衬套，其延伸率 $\Delta L/L$ 大于 3。

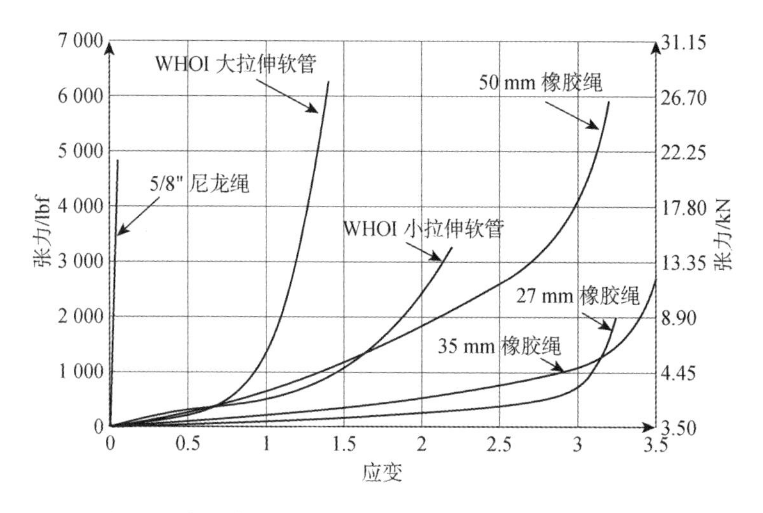

图 8.7　多种典型弹性元件及尼龙绳的应力-应变曲线对比

8.2.2　系缆端部型式和应变补偿装置

钢缆的端部通常采用压制接头，使用合适的模具将金属套管进行挤压变形使其包覆于钢缆周围。一种不太常见的方法是浇铸套管，其中线股被分散到锥形套管中，并且硬聚氨酯树脂被灌入套管中将线固定就位。在这种方法中，线股和套管需要仔细脱脂和准备，从而使其具有足够的强度，接近于 100％的钢缆破断强度。对于合成的缆绳，需要针对每种特定材料和绳索结构选用专用的拼接技术。光电机械缆的端部型式的选取高度依赖于缆的结构，其中心导体芯结构型式缆通常需要把强力构件做成双向螺旋层，此时，往往采用类似于钢缆的浇铸套管。中心采用强力构件结构型式的光/电缆，其强力构件编织成芯，当剥除外部的导体层时，可以发现其终端是拼接在一起的。在这些设计中，从缆绳的弹性部分过渡到需要的刚性终端可能遇到挑战。

在所有情况下，弯曲应变补偿装置是系泊系统的重要组成部分。材料性能沿系缆的突变可导致运动加剧和重复应变。聚氨酯弯曲应变补偿装置可以使系缆保持在最小的弯曲半径使其满足预期的弯矩范围。普通的钢缆终端具有经过验证的标准解决方案，针对 EOM 缆往往需要特殊设计。在设有卸扣和链条的区域，对弯曲应变补偿装置的要求通常不那么严格，因为这些元件不用承受大的弯矩。

8.2.3　浮标和浮子

1）**水面型浮标**

对于水面型浮标，有两种主要的建造技术：一是封闭的泡沫结构，需要安装塔架、桥架和仪器；二是由钢、铝、玻璃纤维或模制聚乙烯构成的船型结构。常见的泡沫材料是一种泡沫离聚体树脂，它是杜邦(Du Pont)公司生产的一种热塑性聚合物[8.19]。这种材料是闭孔的泡沫，其密度小于水的10%。虽然非常坚韧耐用，但这种材料确实具有一定的可压缩性，因此它只在水面或附近范围内使用。对这种材料的可压缩性和吸水性的相关测试已经完成，并且发现，材料的可压缩性和吸水性会由于施工技术不同而存在较为明显的差异[8.20]。

采用船型结构的水面型浮标可以为仪表设备和有效载荷提供大量的内部空间，但在船体破裂的情况下会遭受灾难性的破坏。然而，许多浮标都是以这种方式建造和部署的；由于涂漆、维护和防腐保护措施到位，钢质和铝质浮标外壳非常可靠耐用，但维护费用比较昂贵。玻璃纤维外壳并不常见，但从重量浮力比的角度来看，其性能更高。几十年来，混合方法也得到了成功的应用，在这种方法中，轻质的非结构膨胀泡沫被注入船体空腔中。

浮标设计的相关标准很少，只有几个为数不多的机构对某些特定浮标进行部署和维护，如气象服务浮标和导航浮标等。通常，浮标设计需要针对特定应用和设计者偏好等进行定制。在所有设计中必须考虑的关键参数，如稳性、储备浮力和共振现象等将在后文进行讨论。

2）水下浮子

水下浮子可用作倒置悬链线式系泊系统的漂浮支撑、或为系缆锚端提供回复浮力等，其关键设计参数是材料的平均密度和布设水深。目前有两种主要类型，包括保持内部低压的压力容器和通常由微球作浮力组成的泡沫材料，这些材料与环氧树脂或聚酯树脂结合在一起。为了满足漂浮要求，真空容器几乎总是球形的，因为这种形状作为压力容器效果较好。使用的材料因水深而异，用于浅水的塑料，中深水的钢材，以及用于超深水的玻璃纤维浮球。需要注意的是，在任何情况下，淹没在水下的真空体积都可以看作具有巨大的能量，当发生故障时可能发生爆炸。对于位于水深高达 1 000 m 的水下 ROV，当其碳纤维电子外壳发生爆炸时，其周围几乎所有的铝质压力容器都会发生变形，导致 O 形密封圈垫的表面不符合规格标准，此时外壳需要更换。因此，载人潜水器通常不会在这类浮子周围作业。同样的，在需要利用 ROV 或载人潜水器进行维修作业的系泊系统中也需要注意这一问题。

此外，可以利用合成泡沫代替水下真空体积浮子。这种材料的性能通常比真空玻璃球的性能低(在给定的水深等级下具有更高的密度)，但是它可以根据系统的确切水深要求进行特定设计，按要求加工成各种形状，并且不存在内爆危险。

表 8.3 对一系列用于小型系泊系统的典型浮子的相关性能进行了比较。

表 8.3　系泊系统常用浮子属具的性能

浮子描述	直径/m	质量/kg	平均密度/(kg/m³)	湿重/N	额定作业水深/m
玻璃纤维浮球					
12 英寸	0.304 8	6.0	404.7	−98.0	7 000
13 英寸	0.330 2	9.1	482.7	−102.0	9 000
17 英寸	0.431 8	17.7	419.9	−249.2	6 700
钢质浮球					
30 英寸	0.76	75	326	−15.7	380
37 英寸	0.94	137	315	−30.3	302

（续表）

浮子描述	直径/m	质量/kg	平均密度/(kg/m³)	湿重/N	额定作业水深/m
40.5 英寸	1.03	186	325	−39.3	410
49 英寸	1.24	488	489	−52.5	1 075
塑料浮子					
10 英寸(25.4 cm)	0.254	3.63	423	−48.3	1 800
9 英寸(23.0 cm)	0.23	2.31	363	−39.2	1 800
6 英寸(16.0 cm)	0.16	0.39	182	−15.4	400
5 英寸(12.5 cm)	0.125	0.275	269	−6.2	600

8.2.4 附件

小型系泊系统中的附件通常由镀锌低碳锚卸扣，梨形连接件和吊环组成。表 8.4 概述了这些组件的典型力学性能。当需要降低受磁的影响时，通常使用不锈钢材料，但需要考虑应力和缝隙腐蚀问题。在选定附件组件时，疲劳问题也是重要的考虑因素。对于钢材而言，疲劳极限约为极限拉伸强度的 50%；如果一个组件的所有应力都保持在这个水平以下，那么基本上可以获得无限的寿命。卸扣等类似附件的制造厂商通常指定断裂强度和安全工作载荷。当附件受高处的举力拉伸时，这种工作载荷的安全系数为 5，使附件所承受的应力远低于疲劳极限。因此，遵守这种工作载荷规范是解决疲劳问题的一种方法。对于作为载荷传递路径的仪表拖架之类的定制元件，应更加注意应力集中区和焊接热影响区的疲劳问题，进行更缜密的抗疲劳施工。此外，在重量要求比较严格的情况下，采取热处理、喷丸等表面处

表 8.4　常用系泊附件的性能

附件名称	内部长度/m	质量/kg	湿重/N	破断强度/N
锚卸扣(电镀钢)				
3/8 英寸	0.036 6	0.15	1.3	53 400
1/2 英寸	0.047 8	0.36	3.1	106 800
5/8 英寸	0.060 5	0.62	5.3	173 550
3/4 英寸	0.071 5	1.23	10.5	253 650
1 英寸	0.095 5	2.28	19.5	453 900
梨形连接件(电镀钢)				
3/8 英寸	0.057 2	0.1	0.9	43 790
1/2 英寸	0.076 2	0.25	2.1	70 490
5/8 英寸	0.095 5	0.48	4.1	101 990
3/4 英寸	0.114	0.85	7.3	145 250

理方式可能比较恰当。

8.2.5 锚

重力锚是小型系泊浮标系统中最常见的锚泊系统类型，系泊系统的设计性能和海底的地貌条件都会影响锚的选择。

重力锚依靠自身的重量保持与海底接触，并利用与海底之间产生的摩擦力来抵抗水平移动。旧火车轮毂是钢锚材料的常用来源，经堆焊呈蘑菇状，当蘑菇形状被掩埋时，可以显著增加锚抵抗运动的能力。此外，特制的钢筋混凝土金字塔型锚也可供使用，而且作业原理相近。当锚难以破土掩埋时，可以通过改变相关的关键参数来增加重力锚的破土性能。一个给定锚所受到的横向阻力很大程度上取决于海底的地貌特征。当浮标布设于偏远区域，海底的相关特性往往是未知的，此时需要在确定重力锚的重量时考虑一定的安全系数。

当悬链线式系泊系统的躺底段锚链足够长时，可以采用中等尺寸的嵌入锚。由于这些系泊系统大多为单点系泊，所以天气条件和海流状况等都会对嵌入锚的适用性造成影响。改变载荷方向可以将锚从海底拉出。然而，这种类型的锚的重量轻，更易于部署和回收。

第 8.3.4 小节将对系泊系统的数值分析技术进行介绍，由此便可得到锚在不同海况下所承受载荷的时间经历以及方向。决定任何锚泊系统尺度的有用信息是绝大多数分析的主要输出。

越来越多的人开始注意系泊系统对海底的影响，许多海洋保护区要求设计抗拖网捕鱼的锚，或者要求锚能够完全回收，这就为设计带来了额外的挑战。

8.2.6 水声释放器

许多系泊系统在锚的附近配有一个重要的装置——水声触发释放器，保障系缆能够顺利与锚分离并回收，有效降低船舶所需的起重能力。这种技术将锚留于海底，在这个方案中，水声释放器上面部分需要回收的浮力。在锚泊状态下，这部分浮力也需要锚的重量进行克服，因此需要加大锚的尺寸。

在某些情况下，锚泊系统中还包括一个带有浮子的声控线包，可以将锚与系缆分开回收。表 8.5 给出了一些常用的水声释放器的性能和规格。

表 8.5 系泊系统常用水声释放器的性能

品牌名和型号	长度/m	质量/kg	湿重/N	额定释放负荷/N	额定举力负荷/N	额定作业水深/m
美国 Benthos						
875-TD	0.53	4.5	14	1 766	4 464	500
867-A	0.63	9	36	2 207	4 464	305
866-A	0.66	18	128	21 582	21 582	2 000
865A	0.96	33	245	49 050	49 050	12 000
865-H	1.26	154	1 265	221 706	260 946	12 000

（续表）

品牌名和型号	长度/m	质量/kg	湿重/N	额定释放负荷/N	额定举力负荷/N	额定作业水深/m
英国 Sonardyne						
ORT（Type 7409）	0.7	22	167	16 677	12 508	2 000
DORT(Type7710)	0.7	22	167	16 677	12 508	6 000
美国 Edge Tech						
SPORT MFE	0.63	4.2	9	2 453	6 377	400
SPORT LF	0.72	4.72	13	2 453	6 377	400
PORT MFE	0.69	9.1	35	2 453	9 810	3 500
PORT LF-SD	0.72	7.2	25	2 453	9 810	3 500
PORT LF	0.66	11.3	47	3 434	9 810	3 500
8242 XS	0.95	36	275	53 955	73 575	6 000

为了降低船舶的起重能力，配有水声释放装置的系泊系统通常采用最后放锚的方式部署，即先将浮标和系缆放入水中，将锚留至最后，此时锚由船甲板上下放，自由下落至海底。在此过程中，系泊缆绳上的负载小于锚重。锚在撞击海底时会迅速减速，这就可能导致位于锚上方的水声释放器等部件可能与锚发生碰撞损坏。实际应用中，系泊缆绳具有较高的阻尼惯性比，使其在锚触底后能够迅速停止运动。

8.3 系泊分析技术

一旦确定了浮标的尺寸和形状、安装深度、系泊类型和环境条件等，就可以对系泊浮标系统的运动性能进行分析。通常需要考虑三个方面的复杂性程度。首先是系泊系统对风、流载荷的静态响应，以及浮标的纵倾稳性和横倾稳性。对浮标和所建议的系泊设计系统的分析将有助于确定该系统是否有足够的储备浮力和作业稳定性。

接下来是浮标对波浪力响应的频域分析。相较于分析浮标/系泊耦合系统，对处于自由漂浮状态的浮标进行单独的动力学分析要简单得多，并且可以获得一些重要的见解。虽然浮标的动态特性因系泊缆绳的存在会有所改变，但对浮标的独立分析为浮标的运动响应提供了一个良好的指导，是更复杂的浮标/系泊耦合系统分析的起点。

这种水动力响应分析在设计中是非常重要的，由此得到最终的系统响应对波浪作用力是安全的，而不会产生可能造成损伤的共振现象。可采用线性化的频域分析方法进行评估，但此方法不适用于深水系统，这是因为在深水系统中，系泊系统的行为开始由浮标动力学主宰。

系泊浮标系统的非线性耦合分析对系统在任何给定风、浪、流作用条件下的行为提供了最精准的预报。然而，这些系统是非线性的，所以需要通过控制微分方程的数值解来进行分析。对于一个非线性系统，系统在作业服务期间可能遭遇的环境工况都必须单独进行预报测试，这是非常耗时且昂贵的。例如，一个系统在大波浪和低流速作用下的运动响应可能与其在大波浪和高流速作用下的运动响应截然不同。因此，一个给定系泊系统分析的环境条件通常包括低、中、高流速与温和、剧烈和恶劣波浪条件组成的 3×3 矩阵（通常假定风力作用与波浪作用是相关联的）。即使这个矩阵有九种作业工况，也仍然存在很多无法预测的问题。例如，在某些区域，海流有时与当时的风浪作用方向相反，有时又与风浪作用方向一致。因此，对部署位置或系泊系统敏感性的了解将影响系泊分析中环境条件的选取。

下文将介绍一系列用于系泊分析的数值模拟工具，有免费软件也有商业软件。当浮标和系泊系统设计方案与现有已证实的方案差异较大时，或当系统设计要求减少稳性和峰值载荷的安全裕度时，应使用这些工具进行模拟论证。虽然很少能够通过现场测量数据来验证这些软件模拟结果的精确性，但偶尔也会这样做[8.29-8.30]，并且能够得到比较合适的结果。在任何场合，数值分析可以对已有设计方案的改动进行较好的对比分析，并且参数敏感性分析通常可用于系统优化设计。

系泊分析都将对特定系统在作业时所承受的载荷提供指导性的数据依据。设计安全系数的变化范围很大，这主要取决于设计者对软件模拟的输入资料（如环境条件）的准确性把握、所使用材料的疲劳强度特性、后续部署设计中对组件回收利用的要求、系统的设计寿命、设计者对系统作业和维护的控制程度，以及系统对附加重量和成本的公差要求等。

8.3.1 环境条件

第 3 章已详细介绍了海洋环境特性，后续系泊/浮体分析将直接运用相关资料。一般来说，风、浪、流是最重要的三个环境因素。其中，由于散射仪卫星测量技术已发展了数十年[8.31,8.32]，技术相对成熟，因此海洋中任一特定地点的风情可能是最容易获取表征信息的一个环境因素。此外，波浪环境也需要是已知的。理想情况下，波浪资料可以通过系泊系统附近的海浪测量浮标测得的波浪时历来进行估算。前提是系泊浮标系统附近有这么一套海浪测量系统，并且所测量的时间历程足够长，从而可以较为可靠地估算恶劣海况的轮回周期。当这些测量方法不可用时，相关数据可以根据全球波浪模型进行估算，如 WAVEWATCH III[8.33]。目前，已经有商业公司可以根据汇总的某一特定海域的部分已有数据提供较为完整的波浪资料，操作便捷。某一特定海域的海流行为是最成问题的，因为通常现有数据量过少并且海流对系泊系统运动的影响不可忽略。由卫星测得的多年全球表面海流时历数据是有用的[8.34]，但这仅限于表层水的运动。水面下海流剖面信息通常需要利用声学多普勒水流剖面仪（ADCP）或者离散水流传感器进行直接测量[8.35]，但通常不采用该方法。在最糟糕的情况下，系统的设计者必须做出整个水柱内水流剖面的假设，因此通常是对可能性范围的分析。如平板流，水柱匀速移动，这仅在浅水条件下才可能发生；另一种可能性是从水面到海底，或到达水柱中的某个深度，水的流速是线性递减的。综上所述，海流剖面的大小和形状的不确定性往往是系泊系统设计者面临的最大的不确定性因素。

8.3.2 静力分析

系泊系统的静力分析主要包括两个方面。一方面是水面浮标本身的初稳性，考虑了系统的重量和平衡，并对系统的稳性进行了测试。该属性可根据浮标的形状和质量分布等通过计算分析得到；另一方面，是系泊缆绳在一系列定常风和定常流载荷作用下的运动响应，在大多数情况下必须进行数值计算。这个结果包括计算系泊缆绳的位置和张力，以及可能导致浮标淹没的风、流载荷。

1）稳性

对于水面型浮标，垂荡方向的稳性由水线面提供。随着淹没水深的增加，浮力也相应增大，因此浮标将始终处于稳定的平衡状态。对于处于自由漂浮状态的浮体，当浮体的重量等于浮体所受的浮力时对应的吃水即为静态吃水，随着浮体淹没深度的增加，浮力增大。此外，附加垂直力，如系泊缆绳的张力将改变吃水。浮标系统往往设计为拥有 100%或更多的储备浮力；也就是说，完全淹没浮体所需的力大于最小的系泊缆绳静态力以及两倍的浮标重量的总和。系泊系统的储备浮力大小取决于系泊类型、静载荷（风和流）的预期变化、动载荷峰值以及浮标在极端条件下淹没的后果。

计算增加浮体吃水所需的力是很有必要的，该参数给出了浮体对于生物污底造成的有效载荷增加或增重的敏感性。对于一个圆筒形直壁浮标，计算式为

$$\frac{\delta F}{\delta d}=A_{\mathrm{wp}}\rho g=\frac{\rho g\,\pi D^2}{4} \tag{8.1}$$

浮体的横倾稳性和纵倾稳性可用众所周知的稳性高进行表征，它包含了水线面积提供的扶正力矩，因重心高 KG 与浮心高 KB 之间距离的改变造成的，如图 8.8 所示。尽管浮体的重心高于水面，水线面的贡献是使浮标保持正面朝上。对于不考虑系泊缆绳张力的自由漂浮浮体，初稳性高 GM 的计算公式为

$$\overline{GM}=\overline{KB}-\overline{KG}+\frac{I_{\mathrm{wp}}}{\nabla} \tag{8.2}$$

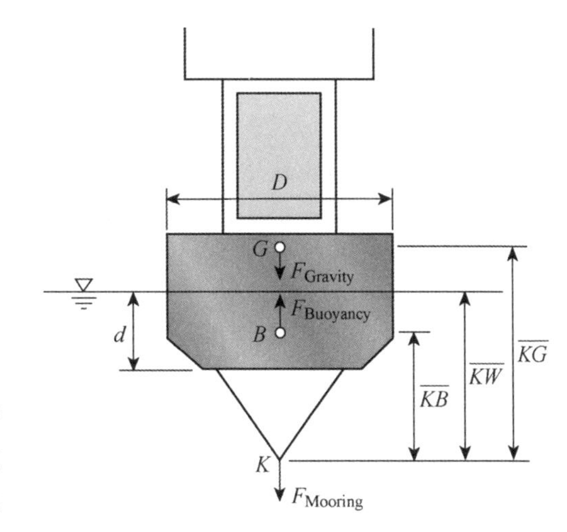

图 8.8　稳性计算重要参数

式中，I_{wp} 是浮体水线面的惯性矩；∇ 是浮体排水体积。当初稳性高 GM 为负值时，浮体系统在横摇或纵摇方面不稳定，即使在最平静的海况下，也会发生倾覆。此时，对于直壁圆柱形浮筒，初稳性高 GM 的表达式为

$$\overline{GM}=\frac{d}{2}+\frac{D^2}{16d}-\overline{KG} \tag{8.3}$$

式中，d 为吃水；D 为浮筒直径。

为了考虑系泊缆绳张力的影响，可通过假定系缆在浮体底部施加垂直力从而对式(8.3)进行一阶修正。此时系泊缆绳的张力可选为由浮体支撑的系泊缆绳段的重量。这是系缆可以施加的最小平均张力。海流载荷或风载荷都会增加系泊缆绳张力，并对浮体施加横向力和横倾力矩。这个力 T 引入了浮体的扶正力矩，增加了浮心高 KB，但通过增加浮体排水体积从而削弱水线面面积对扶正力矩的贡献。对于自由漂浮的直壁浮体，初稳性高 GM 的修正表达式为

$$\overline{GM}'=\overline{KB}+\frac{\delta\nabla}{2A_{\mathrm{wp}}}+\frac{I_{\mathrm{wp}}-\overline{KG}\;\nabla}{\nabla+\delta\nabla} \tag{8.4}$$

式中，A_{wp} 为浮体的水线面面积；$\delta\nabla$ 为由系泊缆绳张力增加的浮体排水体积（$\delta\nabla=T/\rho g$）。

式(8.4)可扩展成小量 $\delta\nabla/\nabla$，从而观察系泊缆绳静张力对浮体稳性的影响。即

$$\overline{GM}' \approx \overline{GM} + \frac{\delta\nabla}{2A_{wp}} + \frac{\delta\nabla}{\nabla}\left[\overline{KG} - \frac{I_{wp}}{\nabla}\right] \tag{8.5}$$

由式(8.5)可以看出，当浮体上的系缆点距离浮体重心较远(即$\overline{KG}$大)且浮体的水线面面积和面积矩较小时，系泊缆绳张力对浮体稳性的影响较大。换句话说，系泊缆绳张力对中等吃水-直径比的浮体稳性的影响大于铁饼形浮体。

2）静态系缆力和吃水

基于海流和风载荷的浮标平均位置(吃水和横倾)的预测是一个非线性问题，因此并不那么简单。对于简化的悬链线模型，存在解析解，但通常采用数值解进行预估。下面描述的数值模拟软件可计算浮标系统在定常风和定常流载荷作用下的运动响应，这通常是动力分析的第一步，为动态模拟提供了一个初始状态。数值模拟还可以模拟系泊缆绳的点载荷以及材料属性与载荷中的不连续性，这在解析解中通常是不可能的。

8.3.3 频域分析

浮标本身的动态特性可以通过将浮标上的总作用力等于加速度和惯性的乘积来预测。这种分析方法成立的前提是假设所有的力都随波高和周期发生线性变化，这比较适用于长周期波。当波长变短(波开始破裂时完全消失)时，这种分析假定的适应性就会变差，但是仍然可以从这种分析方法中得到一些较为有用的信息。此外，垂荡运动和纵摇运动这两种运动模式之间存在一定的关联性。本节对浮标在频域范围内的线性化运动响应进行了分析，最适用于处于自由漂浮状态的浮体。下一节将介绍利用非线性数值分析技术预测系泊-浮标耦合系统的行为。

1）响应幅值 *RAO*

图 8.1 给出了处于自由漂浮状态的浮体在不同水深直径比下的运动响应幅值算子*RAO*的变化曲线。这些都是典型的小型系泊系统的示例，突出了由于浮体惯性和静水恢复力之间的相互作用而产生的共振行为的重要性。当水深直径比较大时，浮体的垂荡共振响应变得更为明显；当水深直径比较小时，垂荡共振现象不那么明显，但仍然标志着浮体运动从“随波逐流”向不对波激力响应转变。本节介绍了生成上述运动响应曲线的方法以及用于计算简单形状浮体在自由漂浮状态下运动响应的相关软件。

对于线性频域分析，基本假设是所有的运动和力的频率都与入射波的频率相同，并且在存在多个波频时，系统的行为是其在每个单独频率中的行为的总和。基于这些假设，运动微分方程变成可进行简单求解的代数方程。为了实现这一点，每个变化量都用一个复数振幅表示正弦运动的振幅和相位。例如垂荡运动的复数响应幅值表达式为

$$\begin{aligned} z_3(\omega,t) &= \mathrm{Re}[Z_3 e^{i\omega t}] \\ &= \mathrm{Re}[Z_3]\cos(\omega t) - \mathrm{Im}[Z_3]\sin(\omega t) \\ &= |Z_3|\cos\left(\omega t + \arctan\left(\frac{\mathrm{Im}[Z_3]}{\mathrm{Re}[Z_3]}\right)\right) \end{aligned} \tag{8.6}$$

对于垂荡运动，式(8.6)的解为

$$Z_3(\omega) = \frac{X_3(\omega)}{-\omega^2(a_{33}(\omega)+M) + i\omega\, b_{33}(\omega) + \rho g A_{wp}} \tag{8.7}$$

式中，X_3 为作用在浮体上的波激力的复数振幅；a_{33} 为垂荡附加质量；b_{33} 为垂荡阻尼；M 为浮

体质量；$\rho g A_{wp}$为式(8.1)中直壁圆柱浮筒的浮力回复力。水动力系数(波激力 X_3、附加质量 a_{33}、阻尼系数 b_{33})是 ω 的函数，其大小取决于浮体的水下几何形状；此外，浮力回复力 $\rho g A_{wp}$ 和浮体质量 M 对于给定的浮筒是常数，与频率无关。

浮体的质量分布对纵摇运动的影响较大，将以浮体的纵摇惯性矩 I_5 的形式合并进纵摇动力的解。即

$$Z_5(\omega) = \frac{X_5(\omega)}{-\omega^2(a_{55}(\omega)+I_5)+\mathrm{i}\omega b_{55}(\omega)+mg\overline{GM}} \tag{8.8}$$

对于纵摇运动，静水回复力由稳性高$\overline{GM}$表征。

当浮体的质量、尺寸以及水动力系数已知，便可用式(8.7)和式(8.8)来全面表征浮体的运动响应。其 RAO 是 Z_3 的幅度除以入射波的幅度 A。纵摇运动响应 RAO 通常定义为纵摇角的幅值对入射波斜$\frac{|Z_5|}{A\omega^2}$的关系。

对于简单形状的浮体，可用解析方法计算得到水动力系数[8.37-8.38]；对于形状较为复杂的浮体，则需要通过数值模拟的方法求解水动力系数。图 8.9～图 8.12 给出了圆筒形浮体

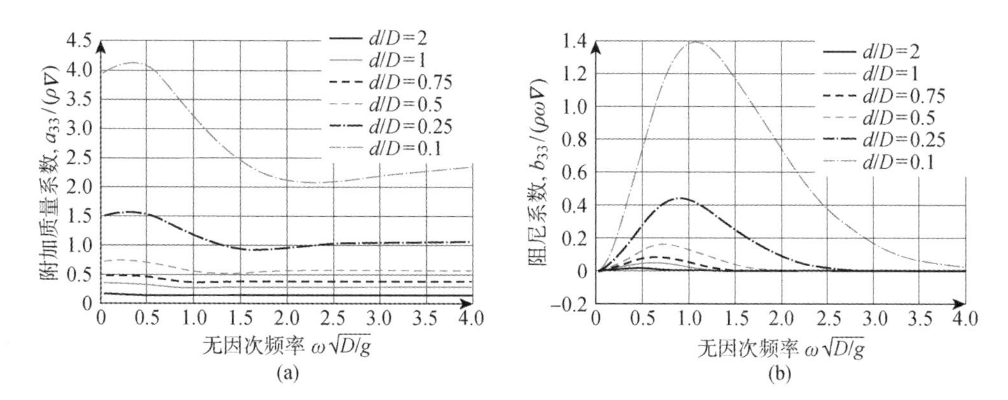

图 8.9 圆筒形浮体垂荡水动力系数无因次表达曲线

(a) 附加质量系数，$a_{33}/(\rho\nabla)$ (b) 阻尼系数，$b_{33}/(\rho\omega\nabla)$

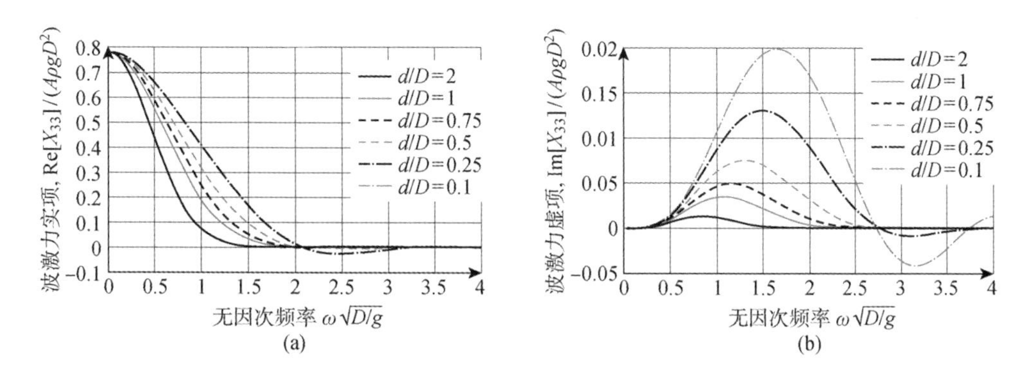

图 8.10 圆筒形浮体垂荡波激力无因次表达曲线

(a) 波激力实项，$\mathrm{Re}[X_{33}]/(A\rho gD^2)$ (b) 波激力虚项，$\mathrm{Im}[X_{33}]/(A\rho gD^2)$

在不同水深直径比下对应的水动力系数。为了缩减系数表达数量，需将频率用浮体直径 D 和重力加速度 g 进行无因次化。方便起见，可给出不同浮体尺寸对应的无因次频率与波浪周期 T 之间的关系曲线，如图 8.13 所示。

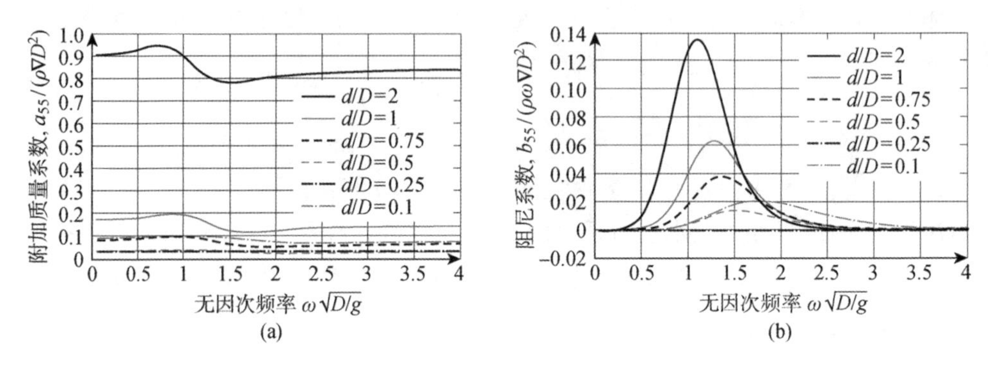

图 8.11 圆筒形浮体纵摇水动力系数无因次表达曲线

(a) 附加质量系数，$a_{55}/(\rho\nabla D^2)$ (b) 阻尼系数，$b_{55}/(\rho\omega\nabla D^2)$

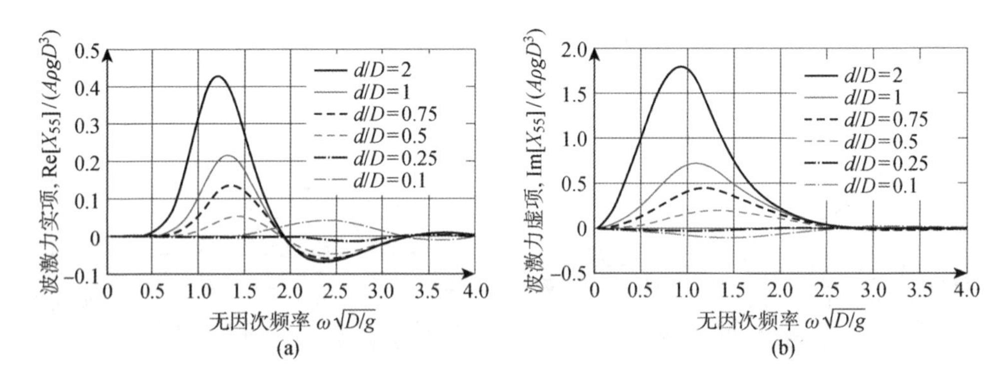

图 8.12 圆筒形浮体纵摇波激力无因次表达曲线

(a) 波激力实项，$\mathrm{Re}[X_{55}]/(A\rho gD^3)$ (b) 波激力虚项，$\mathrm{Im}[X_{55}]/(A\rho gD^3)$

上述数据对自由漂浮状态的浮体是有效的，但含有平均系泊张力的一阶修正是用深水中导出的水动力系数简单产生的。对于纵摇运动，纵稳性高也需要用式(8.5)中经过修正的稳性高$\overline{GM'}$来取代。需要注意的是，应用该修正时，尽管浮体的排水体积增大，浮体的质量 M 和惯性矩 I 都是自由浮体状态未加以改变。

2）共振响应

当式(8.7)和式(8.8)的分母部分取最小值时将发生垂荡和纵摇共振现象，如式(8.9)和式(8.10)所示。

$$\omega_{\mathrm{n}}^{\mathrm{H}}=\sqrt{\frac{\rho g A_{\mathrm{wp}}}{(M+a_{33})}} \tag{8.9}$$

$$\omega_{\mathrm{n}}^{\mathrm{P}}=\sqrt{\frac{mg\,\overline{GM}}{(I_{55}+a_{55})}} \tag{8.10}$$

共振响应幅值取决于共振频率下的波激力和阻尼大小，如式(8.11)和式(8.12)所示。

$$|Z_3(\omega_n^H)| = \left|\frac{AX_3}{\omega_n^H b_{33}(\omega_n^H)}\right| \tag{8.11}$$

$$|Z_5(\omega_n^P)| = \left|\frac{AX_5}{\omega_n^P b_{55}(\omega_n^P)}\right| \tag{8.12}$$

固有频率的表达式隐含于频率中，且取决于水动力系数对频率的依赖性。图 8.14 给出了圆筒型浮体在不同水深直径比下的垂荡共振频率，根据图 8.9 和图 8.10 中的水动力系数计算得到。

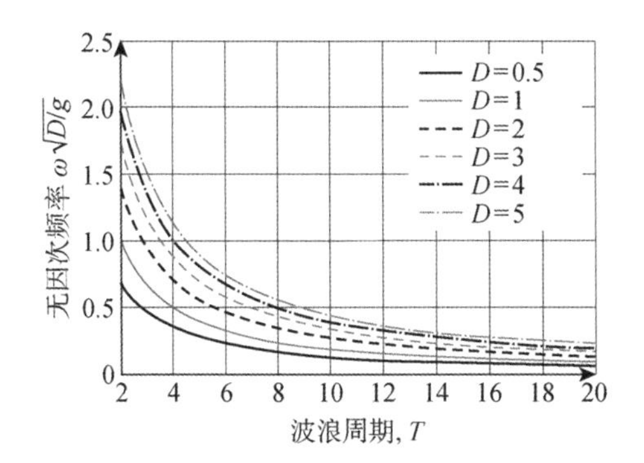

图 8.13　圆筒形浮体无因次波浪频率表达曲线

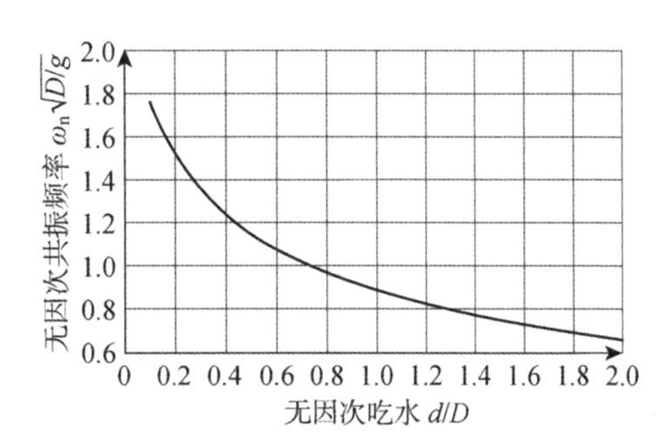

图 8.14　自由漂浮圆柱形浮体的垂荡共振响应频率曲线

8.3.4　非线性分析

尽管频域分析能够得到小型浮标系统行为的某些洞察力，但在特定条件下预测系统的行为，系泊的存在不可忽略。图 8.15 给出了几个重要的系统特性和作用力输入。三个主要的环境输入数据是作用在浮体上的风、浪载荷以及作用于系泊系统上的海流载荷。在频域分析中，浮标是由其大小、质量及质量分布来表征的。此外，还需要给出风速和作用在浮标上力之间的关系（表面积和阻力系数）。该分析所需的系泊特性是系泊缆绳的单位长度质量、水动力特性以及与应力和应变有关的本构关系。系泊缆绳的水动力特性通常表现为法向和切向的阻力（力与速度平方成比例）和附加质量（与加速度成比例的力）。材料的线性本构关系为轴向应力/应变曲线 EA，弯曲时的弯矩/曲率关系 EI。在某些情况下，如上文介绍过的拉伸软管若以线性表示则是不合适的，应该使用如图 8.7 所示的非线性关系。因为该解是以数值方式进行的，所以这些非线性关系（包括材料属性变化时产生的不连续性）不会产生基本问题。

运用牛顿第二定律（$F=ma$）来控制系泊系统的运动方程，其中系统的每一部分外力是和惯性力平衡的。将该概念应用到系统的每个无限小单元上即可得到整个运动方程的连续性表达式[8.40]。为了求解这些运动方程通过有限差分法进行离散。该方法除了提供了一种求解基本连续运动方程的数值方法外，还可以调节某些元素的集中参数表示。例如，一种常见的策略是将强力构件表示为系泊缆绳动力学方程的有限差分项，然后在缆绳中添加一些影响项，包括增加某些节点处（如浮体或设备的接触点）的质量、阻尼、重量以及浮力等。方程中需求解的未知项是沿缆绳的一系列时历项，如应变、剪切力、垂向倾斜度以及曲率等。根据这些未知项可以得到所需数据，如根据应力-应变关系得到系泊缆绳张力，根据倾斜度、

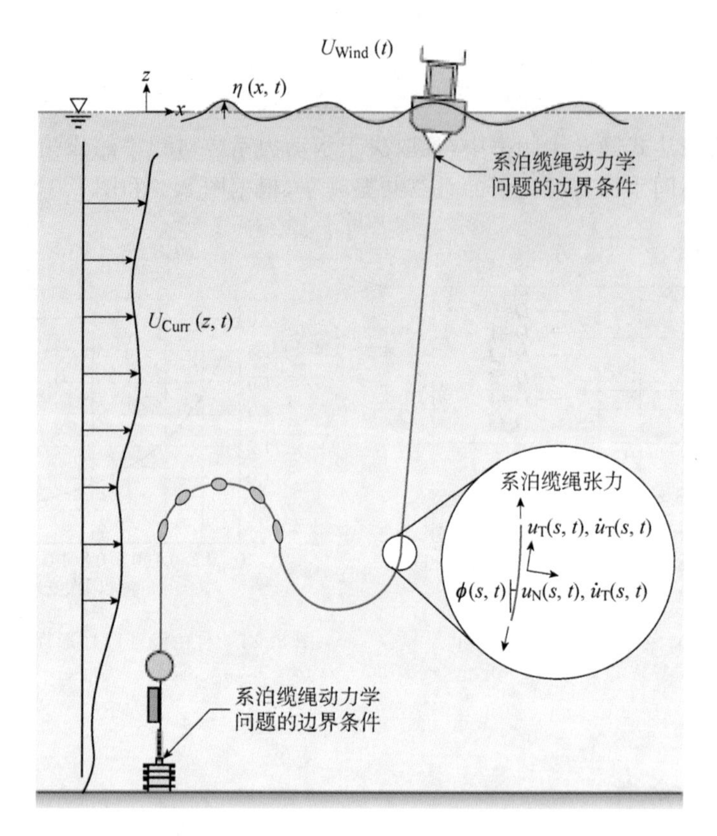

图 8.15　非线性系泊动力问题的图解

曲率和应变的积分得到系泊缆绳的位置。

通常情况下，浮标和系泊系统上的三种主要作用力（风、浪、流）是随时间变化的，需要设置系泊缆绳端部的边界条件以及整个系泊系统的初始条件。可以简单地将边界条件作为每个端点相对于时间的已知点（如在锚点处）提供，也可以通过耦合到浮标运动方程的解中来同时求解。初始条件是运动方程的解，其中时间相关项设为零，而风、浪、流载荷设为常数[从物理意义上讲，仅平静水域（静水）可以假定波浪力为常数]。对于时间相关项的求解，除了提供一个初始条件外，静态解也是非常有用的，并为设计者提供了关于系泊系统的几何形状、静载荷和浮标吃水的重要信息，这些信息与海流和风载荷的作用有关。

系泊系统中所有元件的质量、尺寸和水动力特性等必须已知或通过估算获得。对于系泊缆绳，其阻尼系数和附加质量系数是适用于法线运动的无限长圆柱体的当量。对于切线方向，阻力系数和附加质量系数要小得多，但可以估计出特定元件所具有的平顺程度。对于其他部件，如声控释放装置和浮子，其阻尼系数可以使用文献[8.41]所提供的相关数据。

上述运动方程可以简化为一组耦合的非线性一阶微分方程。求解方程的方法有很多，都受限于这样的系统与数值分析相关的稳定性与精度[8.42]。在某些情况下，系泊缆绳性能的不连续性会导致数值解中有限精度产生的问题，因此计算机程序需要通过采用合适的网格或时间步长细化等方式解决这些问题。

本文介绍了两款软件用于解决上述问题，分别为 WHOI-Cable[8.40] 和 OrcaFlex[8.43]。尽管这两款软件在求解系泊缆绳动力学方程的方法是一样的，但处理浮体的边界条件是不同的。

软件 WHOI-Cable 专注于缆绳本身的动力学特性，并简化了浮体端部的边界条件，假设浮标在升沉运动方向内仅随波浪运动而运动，受作用在浮标上的力(系缆力、水动力载荷和风载荷)，但可以自由地在海面上横向移动。对于水深直径比不大、具有足够大的储备浮力可以始终保持在水面上的浮标而言，这是一个很好的假设并简化了分析。用户不需要指定浮标中的质量分布，也不需要确定浮体的波浪水动力系数。该程序根据静水恢复力计算浮标吃水作为静态解，然后简单地将浮标的垂向速度等同于波浪的垂向速度进行动力分析。因此，该方法无法有效显示由波激力引起的浮标吃水的时历变化情况。该软件虽然计算简便，但不适用于浮体在较大波浪力作用下的精确分析或大浪中被淹没的设计分析。

另一方面，软件 OrcaFlex 能够求解浮标/系泊缆绳耦合运动方程。这就需要计算出所考虑的特定水面浮标的波浪水动力系数。WAMIT 是最常用的工具，除此之外，对于一些简单的浮体形状，我们可以通过文献来获取相关水动力系数(见图 8.9～图 8.12)。在求解浮体的运动方程中，去除了浮体仅随波浪运动而运动的假设，并且可以用于模拟更复杂的情况，包括淹没的浮标系统或波能萃取浮标系统等。对于浮标淹没极端情况，固有的线性波激水动力假设也不再适用，此时必须对浮体的行为做出其他合理假设。

这些软件通常无法有效解决涡激振动以及由此导致的系泊缆绳增阻的问题。为解决此类问题，需要解决系缆周围当地流场与系泊缆绳运动之间的相互作用问题。尽管检查给定系缆直径和海流速度的斯特劳哈尔数可以给出涡旋脱落频率较理想的预估，但仍无法直接有效确定系泊缆绳的固有频率。实际上，涡激振动也好，拨弦弹动也好，通常出现在高海流区或锚最后部署的操作期间，即系缆在水中横向移动阶段。分析这类问题最好的方法是在系泊缆绳的阻尼系数中加入一个乘数。

8.4　设计范例

正如导言中所提到的，小型浮标系泊系统有着悠久的设计和发展历史，现有的成功设计方案为新系统的研发设计打下了良好的基础。本节将介绍包含上述组件和功能的几个系泊浮标系统。

文献中也有许多成功的系泊系统设计实例。特别是，美国海军研究办公室/海洋技术学会发起并赞助了从 1996 开始的每年两次的系泊浮标系统研讨会(Buoy Workshop)，旨在促进关于小型浮标/系泊系统研究的技术交流。相关会议资料对日后解决系泊浮标系统在设计、建造和布置等方面遇到的问题具有重要的参考价值[8.44]。

8.4.1　悬链式系泊系统

图 8.16 介绍了一种用于浅水(72 m)作业的悬链式系泊系统。该系统的系泊范围为水深的 1.5 倍，躺底段的锚链重量大于与锚相连接一段的锚链重量。这是因为，躺底段的锚链尺寸较大，能够有效抵抗磨损问题，并为其上部的系泊缆绳提供有效张力。整个系泊缆绳上的仪器是由电池供电并具有自动记录的功能。

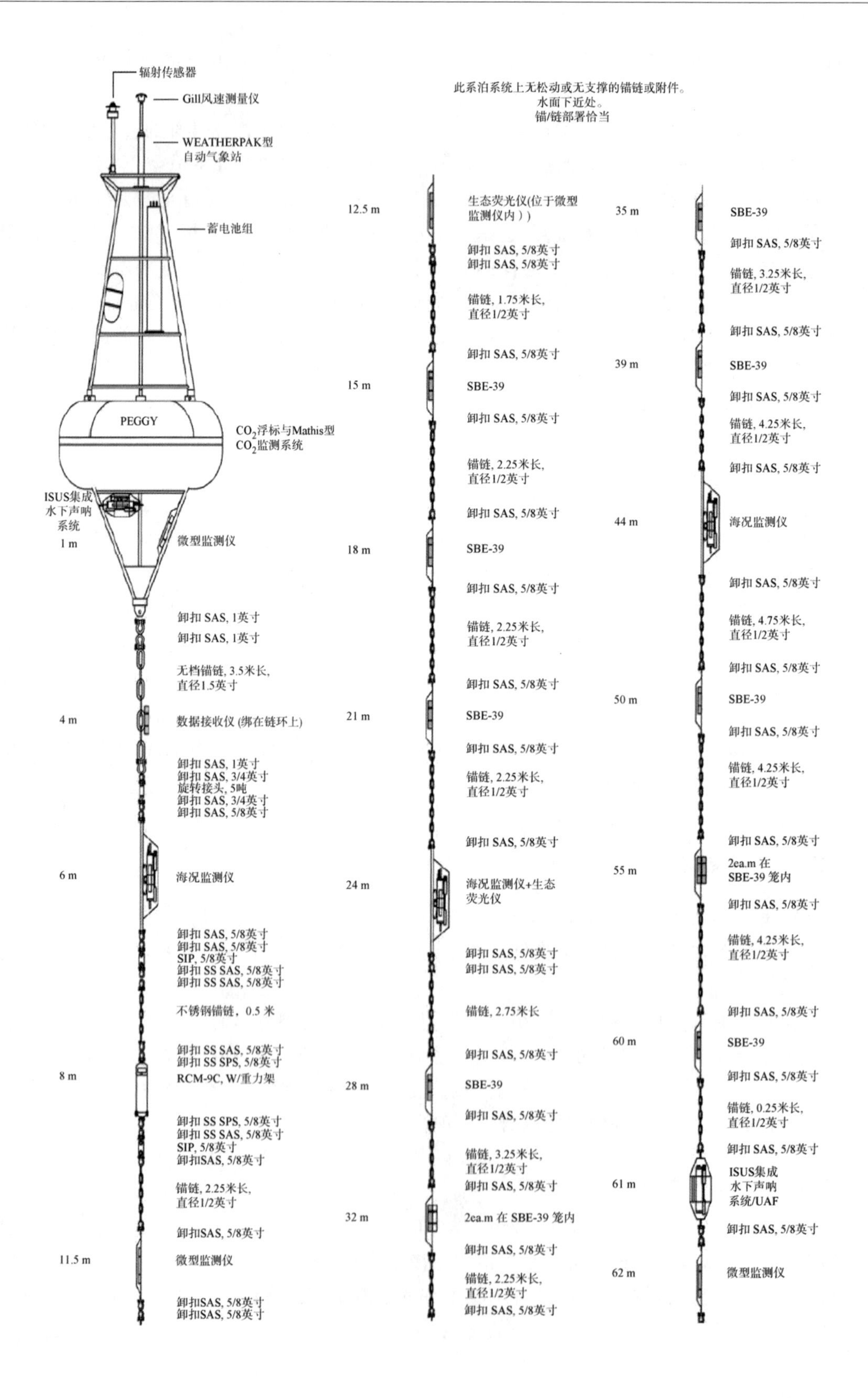
辐射传感器
Gill风速测量仪
WEATHERPAK型
自动气象站
蓄电池组
PEGGY
CO_2浮标与Mathis型
CO_2监测系统
ISUS集成
水下声呐
系统
1 m
微型监测仪
卸扣 SAS, 1英寸
卸扣 SAS, 1英寸
无档锚链, 3.5米长,
直径1.5英寸
4 m
数据接收仪 (绑在链环上)
卸扣 SAS, 1英寸
卸扣 SAS, 3/4英寸
旋转接头, 5吨
卸扣 SAS, 3/4英寸
卸扣 SAS, 5/8英寸
6 m
海况监测仪
卸扣 SAS, 5/8英寸
卸扣 SAS, 5/8英寸
SIP, 5/8英寸
卸扣 SS SAS, 5/8英寸
卸扣 SS SAS, 5/8英寸
不锈钢锚链，0.5 米
卸扣 SS SAS, 5/8英寸
卸扣 SS SPS, 5/8英寸
8 m
RCM-9C, W/重力架
卸扣 SS SPS, 5/8英寸
卸扣 SS SAS, 5/8英寸
SIP, 5/8英寸
卸扣SAS, 5/8英寸
锚链, 2.25米长,
直径1/2英寸
卸扣SAS, 5/8英寸
11.5 m
微型监测仪
卸扣SAS, 5/8英寸
卸扣SAS, 5/8英寸
此系泊系统上无松动或无支撑的锚链或附件。
水面下近处。
锚/链部署恰当
12.5 m
生态荧光仪(位于微型
监测仪内））
卸扣 SAS, 5/8英寸
卸扣 SAS, 5/8英寸
锚链, 1.75米长,
直径1/2英寸
卸扣 SAS, 5/8英寸
15 m
SBE-39
卸扣 SAS, 5/8英寸
锚链, 2.25米长,
直径1/2英寸
卸扣 SAS, 5/8英寸
18 m
SBE-39
卸扣 SAS, 5/8英寸
锚链, 2.25米长,
直径1/2英寸
卸扣 SAS, 5/8英寸
21 m
SBE-39
卸扣 SAS, 5/8英寸
锚链, 2.25米长,
直径1/2英寸
卸扣 SAS, 5/8英寸
24 m
海况监测仪+生态
荧光仪
卸扣 SAS, 5/8英寸
卸扣 SAS, 5/8英寸
锚链, 2.75米长
卸扣 SAS, 5/8英寸
28 m
SBE-39
卸扣 SAS, 5/8英寸
锚链, 3.25米长,
直径1/2英寸
卸扣 SAS, 5/8英寸
32 m
2ea.m 在 SBE-39 笼内
卸扣 SAS, 5/8英寸
锚链, 2.25米长,
直径1/2英寸
卸扣 SAS, 5/8英寸
35 m
SBE-39
卸扣 SAS, 5/8英寸
锚链, 3.25米长,
直径1/2英寸
卸扣 SAS, 5/8英寸
39 m
SBE-39
卸扣 SAS, 5/8英寸
锚链, 4.25米长,
直径1/2英寸
卸扣 SAS, 5/8英寸
44 m
海况监测仪
卸扣 SAS, 5/8英寸
锚链, 4.75米长,
直径1/2英寸
卸扣 SAS, 5/8英寸
50 m
SBE-39
卸扣 SAS, 5/8英寸
锚链, 4.25米长,
直径1/2英寸
卸扣 SAS, 5/8英寸
55 m
2ea.m 在
SBE-39 笼内
卸扣 SAS, 5/8英寸
锚链, 4.25米长,
直径1/2英寸
卸扣 SAS, 5/8英寸
60 m
SBE-39
卸扣 SAS, 5/8英寸
锚链, 0.25米长,
直径1/2英寸
卸扣 SAS, 5/8英寸
61 m
ISUS集成
水下声呐
系统/UAF
卸扣 SAS, 5/8英寸
62 m
微型监测仪

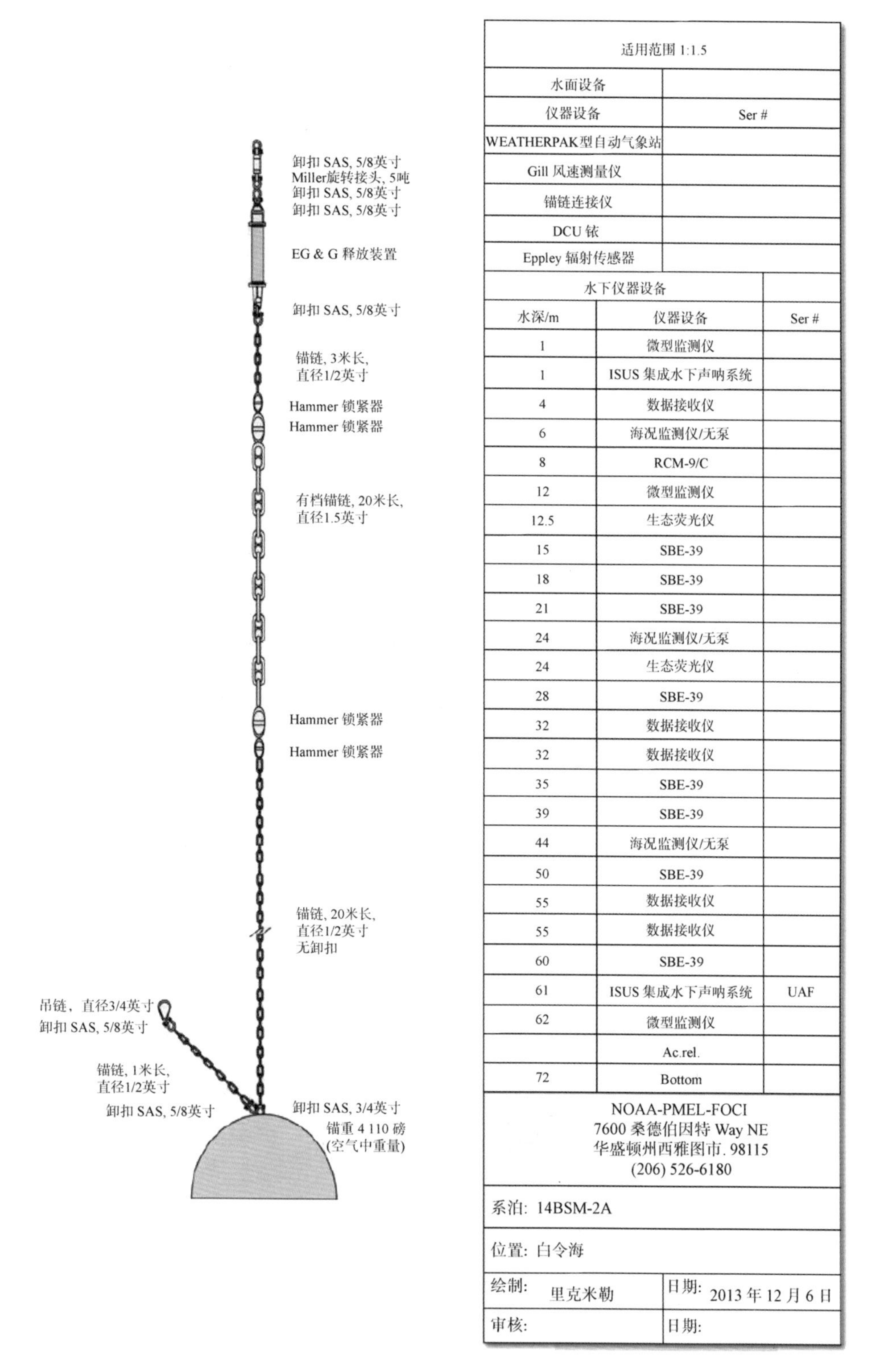

适用范围 1:1.5		
水面设备		
仪器设备	Ser #	
WEATHERPAK型自动气象站		
Gill 风速测量仪		
锚链连接仪		
DCU 铱		
Eppley 辐射传感器		
水下仪器设备		
水深/m	仪器设备	Ser #
1	微型监测仪	
1	ISUS 集成水下声呐系统	
4	数据接收仪	
6	海况监测仪/无泵	
8	RCM-9/C	
12	微型监测仪	
12.5	生态荧光仪	
15	SBE-39	
18	SBE-39	
21	SBE-39	
24	海况监测仪/无泵	
24	生态荧光仪	
28	SBE-39	
32	数据接收仪	
32	数据接收仪	
35	SBE-39	
39	SBE-39	
44	海况监测仪/无泵	
50	SBE-39	
55	数据接收仪	
55	数据接收仪	
60	SBE-39	
61	ISUS 集成水下声呐系统	UAF
62	微型监测仪	
	Ac.rel.	
72	Bottom	

NOAA-PMEL-FOCI
7600 桑德伯因特 Way NE
华盛顿州西雅图市. 98115
(206) 526-6180

系泊: 14BSM-2A	
位置: 白令海	
绘制: 里克米勒	日期: 2013 年 12 月 6 日
审核:	日期:

图 8.16　悬链式系泊系统及仪器

8.4.2 带自动检测功能的系泊系统

一种半张紧式系泊设计如图 8.17 所示，该设计在浮标下方设有高弹性元件，能够在相对较浅的水域(如 144 m)中提供足够的设计顺应性。该系统的一个关键要求是，它需要设有一个较为安静的区域，用于安装一个被动式水声接收器，应用于检测在该地区的鲸鱼等。将水下球体的惯性与拉伸软管的弹性相匹配，将水面运动与系泊系统下部的运动隔离开来，有效限制了水声接收器处由流动引起的噪声。此外，接收器附近和浮标下方的连接采用螺栓法兰连接，消除了波浪中卸扣运动产生的噪声。在浮标与淹没的水声接收器之间的电导体能够传递电力和数据，它们以足够的角度呈螺旋形缠绕在拉伸软管的壁上，从而将导体应变减小至可接受范围内。该系泊系统由 WHOI 开发[8.45-8.46]，并已成功部署多年；其拉伸软

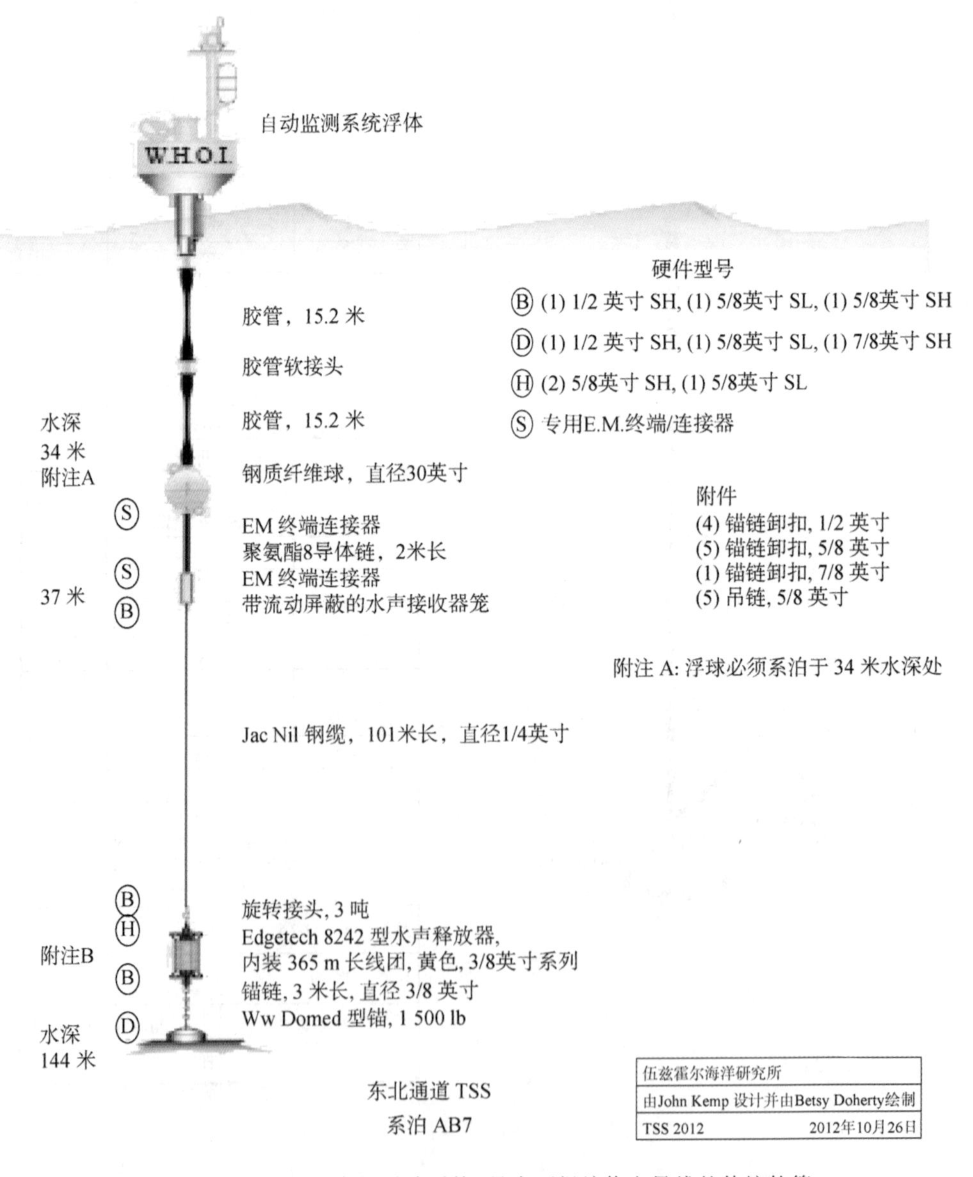

图 8.17 WHOI 鲸鱼窃听系泊系统，具有两根缠绕电导线的伸缩软管

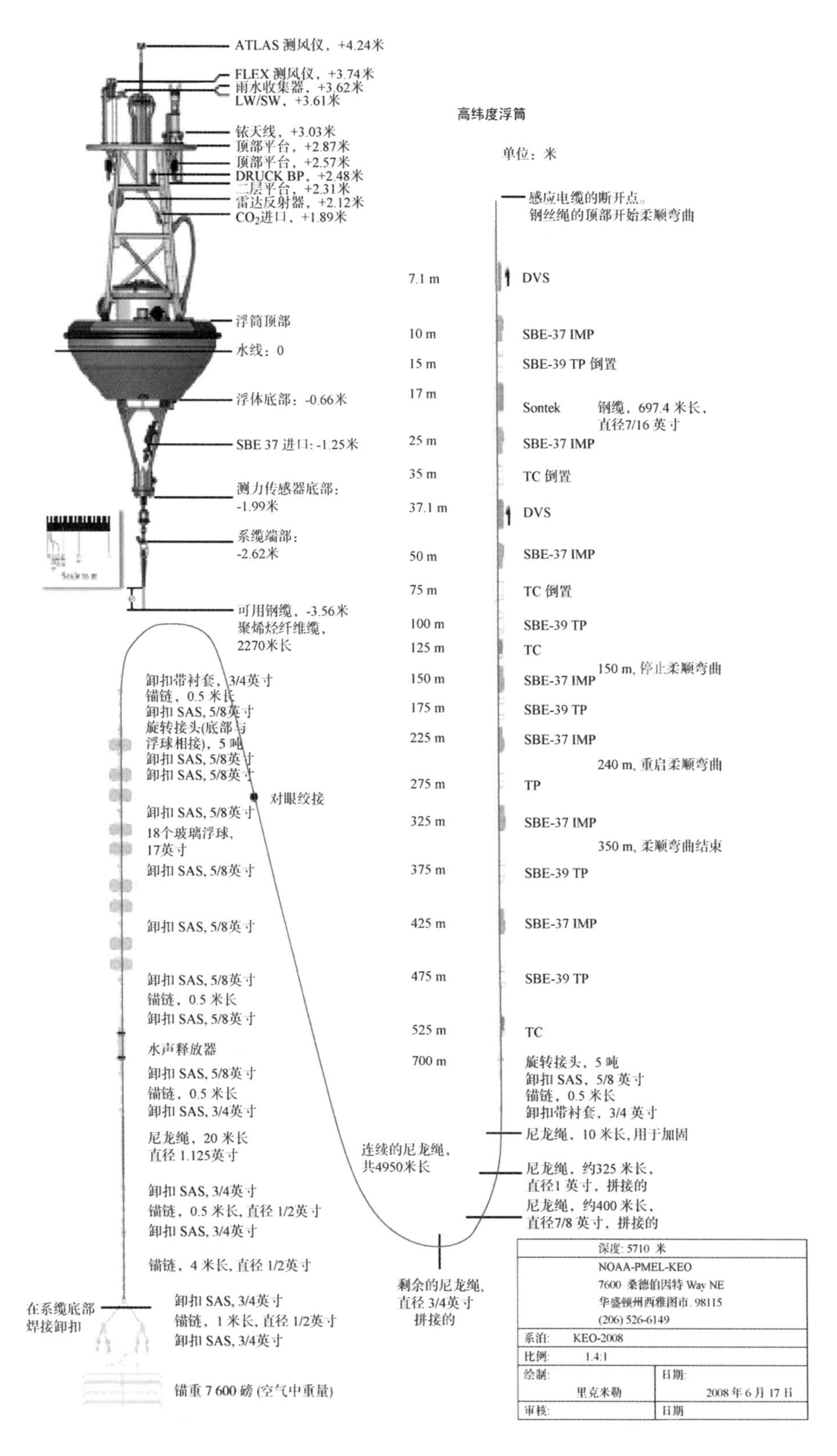

图 8.18 深水倒置悬链式系泊系统，利用了尼龙绳、聚烯烃绳和钢丝缆绳强力材料

管无机械或电气故障,相当稳定,可重复使用多年。

8.4.3 带有感应连接仪器的深水系泊系统

常见的深水(5 710 m)系泊系统的设计如图 8.18 所示。交替使用聚烯烃与尼龙绳使系泊缆绳呈倒置悬链线型式,系泊范围为水深的 1.4 倍。浮标采用环形设计,该几何形状的行为与铁饼形浮标类似,这是因为两者的水线面二阶面积矩与排水体积的比值 I/∇ 较大。系泊缆绳上段采用包套钢缆,配有电感耦合仪器用以检测整个水柱的状态。该系统利用海水作为回路通过钢缆形成导电环路。数据被电感耦合到顶部的钢缆和仪器上。锚设备上方设有声学释放器,用于系泊缆绳回收,适用于锚最后部署方式。位于释放器上方,尺寸为 17 英寸的玻璃纤维浮球为释放器提供储备浮力。

这种系泊设计方案经历了多次循环迭代修正,其中在之前的类似系泊设计方案中尼龙绳部分的失效得到关注。详细的失效分析和解决报告参见文献[8.29]。

参考文献

[8.1] R. Lumpkin, S. A. Grodsky, L. Centurioni, M. Rio, J. A. Carton, D. Lee: Removing spurious low-frequency variability in drifter velocities, J. Atmos. Ocean. Technol. 30, 353-360 (2013)

[8.2] D. J. Maxwell, T. Mettlach, B. Taft, C. Teng: The 2010 national data buoy center (NDBC) mooring workshop, Proc. OCEANS (2010)

[8.3] C. Teng, S. Cucullu, S. McArthur, C. Kohler, B. Burnett, L. Bernard: Vandalism of data buoys, Mar. Weather Log 54(1) (2010) http://www. vos. noaa. gov/ MWL/apr_10/vandalism. shtml

[8.4] M. Grosenbaugh: Designing oceanographic surface moorings to withstand fatigue, J. Atmos. Ocean. Technol. 12, 1101-1109 (1995)

[8.5] H. Berteaux, B. Prindle, D. May: The deep seamoorings fishbite problem, Proc. OCEANS (1987)

[8.6] American Iron and Steel Institute: Steel Products Manual: Wire and Rods, Carbon Steel (AISI, Washington DC 1975)

[8.7] Samson: IndustrialCatalog, http://www. samsonropecatalogs. com/home/100239. pdf (2010)

[8.8] DuPont: KevlarTechnicalGuide, http://www. dupont. com/content/dam/dupont/products and services/ fabrics fibers and nonwovens /fibers/documents/Kevlar _Technical_Guide. pdf

[8.9] Nitronic50Data, http://www. matweb. com/search/datasheet. aspx? matguid = 5bc866b641534bbb921b0ce16255233a& ckck=1

[8.10] Nilspin3X19WireRopeDataSheet, http://unionrope. com/Resource _/RopeProduct/1245/ Nilspin-Product-Brochure. pdf

[8.11] Buccaneer: OceanographicRopeDataSheet, http://www. bucrope. com/Oceanographic-Rope. html

[8.12]　Peerless：Peerless/ACCOChainCatalog，http://www. peerlesschain. com/catalogs/catalog-2010/files/ per073_catalog_6_2_10%20full. pdf

[8.13]　Det Norske Veritas：Offshore Mooring Chain Standard DNV-OS-E302 (Høvik 2008)

[8.14]　The Cordage Institute：Fibers for Cable，Rope and Twine (CI-2003) (The Cordage Institute，Wayne 2005)

[8.15]　W. Paul：Hose Elements for Buoy Moorings：Design，Fabrication and Mechanical Properties，Woods Hole Oceanographic Institute Tech. Rep. WHOI-2004-06 (2004)

[8.16]　J. Kemp，D. Peters：WHOI's experience with electromechanical chains on surface moorings，ONR/MTS Buoy Workshop (2004)

[8.17]　D. Frye，J. A. Hamilton，M. Grosenbaugh，W. Paul，M. Chaffey：Deepwater mooring designs for ocean observatory science，Mar. Technol. Soc. J. 38(2)，7-20 (2004)

[8.18]　DataWell：Data Well Rubber Cord Brochure，retrieved from http：//www. Data well. nl/Portals/0/Documents/Brochures/datawell_brochure_ rubbercords_b-21-02. pdf

[8.19]　DuPont：Surlyn 8660 Datasheet，retrieved from http://www. dupont. com/content/dam/assets/products-and services/packagingmaterialssolutions/ assets/surlyn_8660_. pdf

[8.20]　DuPont：Surlyn 8660 Datasheet，retrieved from http：//www. dupont. com/content/ dam/assets/products-and-services/packaging-materialssolutions/ assets/surlyn _8660_. pdf

[8.21]　McLane Steel Flotation，http://www. mclanelabs. com/master_page/product-type/mooringproducts/ steel-flotation

[8.22]　McLane Glass Ball Flotation Datasheet，http:// www. mclanelabs. com/sites/default/files/subpage_files/McLane-G2200-Datasheet_0. pdf

[8.23]　Benthos：Glass Sphere Datasheet，http:// teledynebenthos. com/product/flotation_ instrument_housings/flotation-glass-spheres

[8.24]　Atlantic Floats：Product List，http://www. atlanticfloats. com/frames_product. htm

[8.25]　The Crosby Group：Catalog，http://www. thecrosbygroup. com/html/default. htm

[8.26]　Benthos：Acoustic Release Product Selection DataSheet，http://teledynebenthos. com/product_ dashboard/acoustic_releases

[8.27]　Sonardyne：Acoustic Release Product Selection，http：//sonardyne. com/products/release-aactuation/ acoustic-release-transponders. html

[8.28]　Edge Tech Acoustic Transponding Releases，http://www. edgetech. com/pdfs/ut/Acoustic-Comparison. pdf

[8.29] N. Lawrence-Slavas, C. Meinig, H. Milburn: KEO Mooring Engineering Analysis, NOAA Tech. Memorandum OAR PMEL-130, 2006)

[8.30] J. A. Hamilton, M. Chaffey: Use of an electro-optical-mechanical mooring cable for oceanographic buoys: Modeling and validation, Proc. OMAE (2005) pp. 1-7

[8.31] C. L. Wu, Y. Liu, K. H. Kellog, K. S. Pak, R. L. Glenister: Design and calibration of the SeaWinds scatterometer, IEEE Trans. Aerosp. Electron. Syst. 39, 94-109 (2003)

[8.32] M. H. Freilich, B. A. Vanhoff: The accuracy of preliminary WindSat vector wind measurements: Comparisons with NDBC buoys and QuikSCAT, IEEE Trans. Geosci. Remote Sens. 44, 622-637 (2006)

[8.33] H. L. Tolman: User manual and system documentation of WAVEWATCH IIITM version 3.14, Tech. Note, MMAB Contribution(276) (2009)

[8.34] California Institute of Technology: Ocean Surface Current Analysis (OSCAR) Third Degree Resolution User's Handbook, http://apdrc. soest. hawaii. edu/doc/osarthirdguide. pdf (2009)

[8.35] W. J. Emory, R. E. Thompson: Data Analysis Methods in Physical Oceanography (Elsevier, Amsterdam 2001)

[8.36] J. N. Newman: Marine Hydrodynamics (MIT Press, Cambridge 1997)

[8.37] A. Hulme: The wave forces acting on a floating hemisphere undergoing forced periodic oscillations, J. Fluid Mech. 121, 443-463 (1982)

[8.38] R. W. Yeung: Added mass and damping of a vertical cylinder in finite-depth waters, Appl. Ocean Res. 3(3), 119-133 (1981)

[8.39] C.-H. Lee: WAMIT Theory Manual, MIT Report 95-2 (MIT, Cambridge 1995)

[8.40] J. I. Gobat, M. A. Grosenbaugh, M. S. Triantafyllou: WHOI Cable: Time domain numerical simulation of moored and towed oceanographic systems, WHOI Tech. Rep. 97-15 (Woods Hole Oceanographic Institution, Woods Hole 1997)

[8.41] S. F. Hoerner: Fluid-Dynamic Drag: Theoretical, Experimental and Statistical Information (Hoerner Fluid Dynamic, Bakersfield 1965)

[8.42] C. W. Gear: Numerical Initial Value Problems in Ordinary Differential Equations (Prentice-Hall, Upper Saddle River 1971)

[8.43] Orcina Ltd.: OrcaFlex Manual (Version 9.8a), http:// www. orcina. com/SoftwareProducts/OrcaFlex/ Documentation/OrcaFlex. pdf

[8.44] ONR/MTS Buoy Workshop, http://www. whoi. edu/ buoyworkshop/index. html

[8.45] E. Spaulding, M. Robbins, T. Calupca, C. W. Clark, C. Tremblay, A. Waack, J. Kemp, K. Newhall: An autonomous, near-real-time buoy system for automatic detection of North Atlantic right whale calls, Proc. Meet. Acoust. 6, 010001 (2009)

[8.46] EOM Offshore LLC: EOM Auto-Detection Mooring Brochure, http://eomoffshore. com/pdf/ EOMautodetectmooring. pdf

第9章 液化天然气运输船

Krish P. Thiagarajan, Robert Seah

全球能源需求正随着世界人口的增长而上升。有多种预测表明，到2050年，人口总数将比现在多出25亿，而消耗的能源将是现在的两倍。目前能源公司正在研究所有可以利用的能源来源，作为他们不断扩大的投资组合的一部分。

天然气(NG)是一种储量丰富的资源，也是一种相对新型的可开采的资源。随着科技的发展，天然气已经可以作为发电的替代燃料，其运营成本可与煤炭或核能源相媲美。由于液化天然气(LNG)可以被压缩，并通过专用运输船运输，因此天然气的液化是一个重要的处理过程。大型的近海天然气田需要配备浮动式液化天然气(FLNG)码头，这需要大量的资金和技术投入。目前相关人员正在对浮动式液化天然气技术的各个方面进行研究和开发。尽管如此，很多公司正在基于过去经验和专有技术的基础上对浮动式液化天然气的解决方案进行开发和部署。手册的这一章内容涉及液化天然气的各个方面，如运输船的设计，尤其是这些运输船以及浮动式液化天然气的货舱和环境等方面的设计挑战。

9.1 液化天然气运输船的类型

液化天然气(LNG)通常在零下163°C的低温环境下运输，并且其膨胀压力略高于大气压，这就要求船舶液化天然气的围护系统设计能够对货物进行热隔离，以限制天然气蒸发，并为船体钢板提供隔热防护，防止船体钢材因为接触低温货物而脆化。当然，由于货物是易燃品，所以围护系统也需要将物品与大气隔离。这些基本要求决定了海上运输液化天然气不是一件简单的事情。

第一艘液化天然气运输船在1959年从美国的路易斯安那州查尔斯湖运输货物到英国的坎维岛，证实了液化天然气海上运输的可行性。这艘“甲烷先锋号”是一艘经过改装的、由柴油机驱动的货船，总长度为103米(338英尺)，装载有五个独立的铝质棱柱形储罐，总容量仅5 000(5K)立方米。作为母型船，她在历经七次航行后于1967年被更名为“亚里士多德”号。有趣的是，这艘船在1969年将液化天然气运回美国在波士顿卸完了货。基于“甲烷先锋”号的经验，成功建造了第一艘真正意义的商用液化天然气运输船(LNGC)“甲烷公主”号和它的姊妹船“甲烷前进”号。这些船舶在1964年完成了第一批从阿尔及利亚运往英国的液化天然气贸易。与“甲烷先锋”号相比，“甲烷公主”号装载了9个能容纳27.4×10^3立方米液化天然气的贝壳型独立棱柱铝罐。

目前，最大的液化天然气运输船是卡塔尔液化气公司的Qmax级船，总长345米，容量266×10^3立方米，紧随其后的是Qflex级船舶，总长315米，可以装216×10^3立方米液化天

图 9.1　Moss 型液化天然气运输船在港口进行船到船(STS)货物转运作业

然气。标准液化天然气运输船的平均容量约 160 $\times 10^3$ 立方米,并且大多数采用 Gaztransport 和 Technigaz(GTT)公司的薄膜式围护系统。自“甲烷先锋”号以来的几十年,围护系统的设计已经有了很大的发展和改进,绝大多数新的和在运营的船舶使用以下四种围护系统类型中的一种:IHI-SPB 自支承棱柱型罐、Kvaerner-Moss 自支承球形罐(见图 9.1)、GTT 的 Technigaz Mark III 薄膜罐和 GTT 的 Gaz Transport NO96 薄膜罐。

9.1.1　液化天然气运输船围护系统

围护系统的目的是防止货物泄漏到环境中,最大限度减少热侵入以减少货物的蒸发,并保护船体免受货物的低温影响。所有在 1986 年 7 月或以后建造的液化天然气船都要满足国际海事组织(IMO)、国际散装运输液化气体船舶构造和设备规则(IGC code)的要求。这些规则规定了几种储罐类型的定义,但将大部分液化天然气围护系统分为两大类:薄膜罐系统和独立自支承式储罐。

1）薄膜罐系统

如图 9.2 所示的薄膜罐系统,由两个围护屏障组成,每个屏障由一个背贴绝缘层的金属膜组成。液化天然气的相变温度使液舱中的膨胀压力保持略高于大气压力。蒸发由绝热材料控制,因此要保证绝缘材料的热损耗达到最小化。两个绝缘空间都在充满氮气的环境中,以监测天然气的泄漏情况作为密封失效的指标。与自支承型相比,薄膜系统依靠船的内壳提供结构强度并支撑主屏障和次屏障。

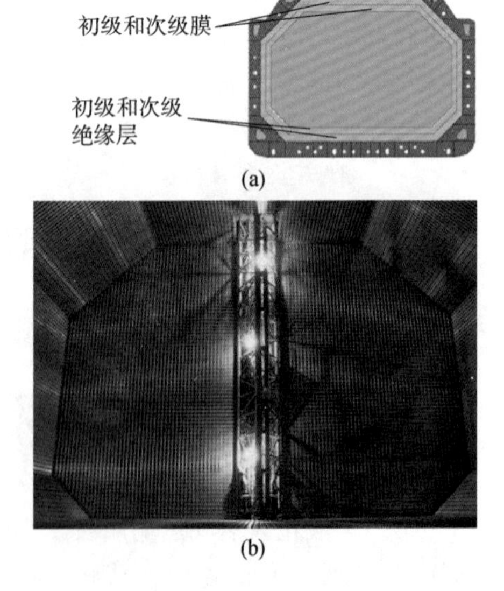

图 9.2　围护系统
(a) 薄膜罐　(b) GTT 储罐的泵塔

备受欢迎的 NO96 系统采用厚度为 0.7 mm 的殷瓦钢(Invar)薄膜,以及热膨胀率非常低的镍合金作为围护膜(见图 9.3)。最具代表性的是用珍珠岩填充的胶合板盒子作为绝热部件的同时,也为薄膜提供支撑并将膜应力传递给船体。胶合板箱子用内部肋骨作加强来增加额外的强度。薄膜系统总绝缘厚度约为 0.5 米,它使用两层膜-绝缘组合满足 IGC 规则所规定的主要和次要围护。

Mark III 系统与 NO96 系统相似,但是在增强聚氨酯(PU)泡沫绝缘层上使用了 1.2 mm 厚的不锈钢膜(见图 9.4)。由于不锈钢的热膨胀性能,Mark Ⅲ 主要屏障结合波纹状系统来吸收热膨胀应力。Mark III 系统的绝缘厚度约 0.3 m。对于次要围护,采用一张在 PU 泡沫顶上的不同的膜,由 Triplex 复合层压材料组成。

法国 GTT 还提供融合了 NO96 和 Mark III 系统特点的 CS1 薄膜系统(见图 9.5)。CS1 使用殷瓦钢(Invar)的主膜和 Triplex 复合膜的次膜,并使用增强 PU 泡沫作为总厚度大

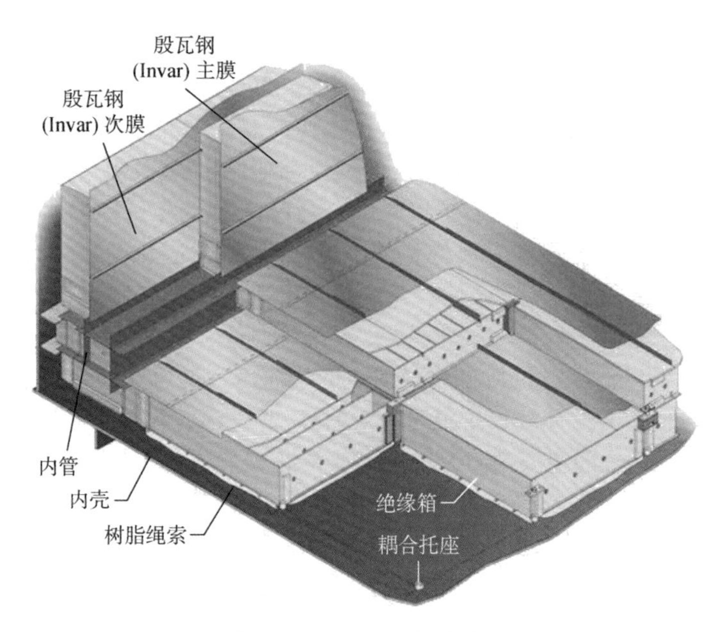

图 9.3　NO96 围护系统

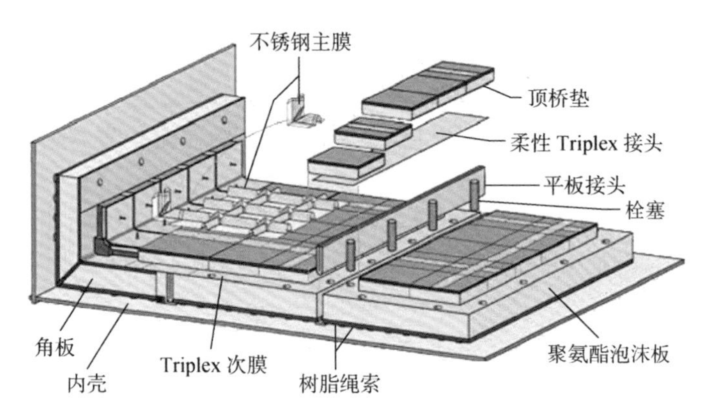

图 9.4　Mark III 围护系统

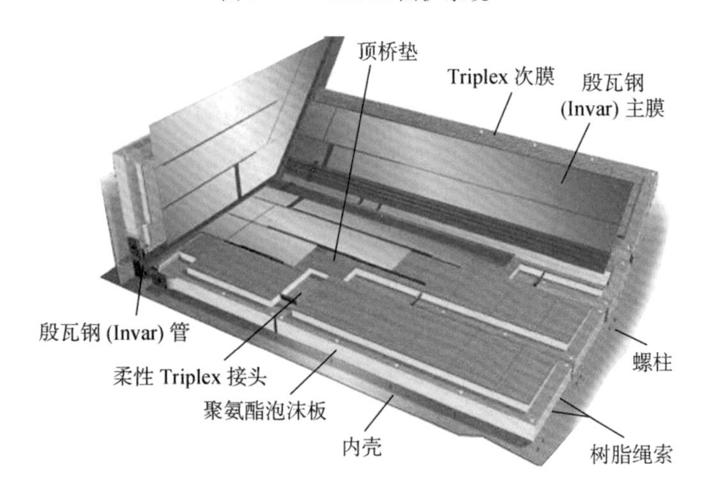

图 9.5　CS1 围护系统

约 0.3 m 的绝缘层。

(1) 优点。GTT 的薄膜围护系统(大部分为 NO96)历经市场份额的快速增长,成为在新建造运输船部署的主要围护系统。它的一个主要的设计竞争优势是其成本效益高。由于薄膜系统依靠船体的结构强度,加上其紧凑的设计,他们能够最大限度地提供一个给定的船体形式的存储容量。此外,薄膜系统的成本相对便宜,使得薄膜系统成为迄今为止成本效益最高的围护系统。这些系统还具有模块化的构建方法,使建造和设计具有灵活性。低主甲板轮廓不仅减少了风阻面积,而且还使膜系统对需要为上部设备腾出甲板空间的浮式液化天然气特别有吸引力。

薄膜设计的其他操作优点包括在装载期间的快速冷却期(低热容量)能够更快的装货。最终,GTT 已经将他们的设计授权给很多的造船厂,这样它具有商业灵活性的优势。

(2) 缺点。薄膜系统的主要缺点是其容易受液化天然气的晃荡引起损害。因为主要的承重部件是船体本身,所以在理论上存在由于晃荡引起的高冲击压力局部损坏隔热层,甚至损坏围护屏障。为了减轻这种损坏,薄膜罐包含了几个设计特点。在图 9.2 中,储罐的顶部 30%和底部 10%的高度处都有倒角。倒角可以减轻液化天然气在填充液面高于 70%和低于 10%时对储罐壁面的影响。因此,储罐的容量要减少,大多数船级社也要求装载货物液面在 70%以上或 10%以下。这种装载要求限制了液化天然气运输船支持现货市场需求的能力,虽然能够通过将货物在储罐之间转移而有所缓解。另外,晃荡的脆弱性也会对船舶造成环境限制。另一种缓解措施是通过增加内部胶合板肋条的数量来增强用于 NO96 系统的胶合板绝缘箱,我们可以选择在最容易发生晃荡冲击损伤的储罐位置,例如放置在储罐的顶棚,以降低成本。

由于薄膜系统连接在船体的内壳体上,所以围护系统和船体结构是相连的,也就是说围护系统的安装只能在船体内壳完成之后才能开始。另外,由于在储罐和船体之间没有空隙空间,所以无法检查和维护。

2) 独立自支承式储罐

独立自支承式储罐的围护系统不属于船体的组成部分,因此不会增加船体的强度。这一类别可以细分为 A,B 和 C 型。A 型罐按照公认的标准或船级社规范规则设计,并要求有完整的次级屏障。如前文所述的海螺罐就是 A 型罐。B 型储罐采用模型试验和精细分析方法设计,只需要部分次级屏障。IHI-SPB 和 Kvaerner-Moss 储罐就属于 B 型罐。A 型和 B 型储罐的设计蒸气压均小于 0.7 bar。相比之下,C 型罐通常是压力容器,不需要额外的次级屏障。

图 9.6 Moss-Rosenberg 球形 LNG 储罐

Moss-Rosenberg 球形液化天然气围护系统(见图 9.6)由 Kvaerner 公司于 1971 年设计开发。它由一个钢罐盖,一个聚氨酯泡沫绝缘球形铝(或 9%镍钢)的罐壳结构(主屏障),一个钢制支承围裙恰好位于球罐赤道的下方,一个管塔以及带有防溅壁(部分次级屏障)的滴水盘位于壳体下方。包括重量、热应力和收缩应力在内的储罐载荷通过支承围裙转移到船体上,也就是说储罐是被支撑在船体上的。运输船是双壳体,并配备边压载舱的,液化天然气泄漏检测通过监测储罐与船体之间的空隙空间的气压以及监测滴油盘的温度传感器来实现。

(1) 球形优点。球形罐相比薄膜罐的一个显著优点是相对较低的晃荡载荷,因此不具有填充液面的限制或与薄膜罐晃荡相关的环境限制,这是有利于液化天然气现货市场交易的。而且,与薄膜罐相比,球型罐可以独立建造,然后再与船体结合在一起,因此在施工计划中具有灵活性。如上所述,可以在船体与储罐之间的空隙空间监测甲烷的泄漏,同时这个空间也用于检测和修理罐体外部(和船体内部),给人更大的整体感。在发生重大损坏的情况下,可以更换单个储罐。最后,由于储罐和船体之间是分离的,所以在船舶发生碰撞或搁浅时可以对储罐采取一定的保护措施。

(2) 球形缺点。球形罐与棱柱形罐相比,缺点是空间效率较低。此外,由于球形罐需要额外的结构钢,使它相对于薄膜罐而言重量更重并且成本较高,并且被认为是导致它几十年前在液化天然气运输船占主导地位的市场份额显著下降的原因。单位载货量相对较高的结构重量不仅意味着更大的单位成本,而且在苏伊士运河上根据船舶的总吨位计算费用也会带来更高的通行费。球形几何形状也会导致罐体高度的增加,从而增加风载荷。特别是要在储罐周围或上方布置工艺设备时,这种情况会加剧,如在浮式液化天然气船的应用。风荷载的增加可能会导致液化天然气船的适航性问题、阻力、抗风性问题以及浮式液化天然气船的稳定性或工艺效率问题。

3) SPB 储罐

石川岛-播磨重工(IHI)于1983年引进了SPB液化天然气储罐,并于1993年首次安装在两艘87 000 m³的液化天然气运输船中。SPB代表自支承棱形IMO B型独立储罐围护系统,如图9.7所示。就像Moss-Rosenberg的球形储罐一样,它不依赖于船体结构来增加强度。相反,SPB储罐是独特的,他们是由铝合金(或9%镍钢)加筋板构建,并由中心线液密舱壁和缓冲舱壁分隔,使得SPB围护系统对比其他系统具有相对较高的强度。每个储罐都由聚氨酯泡沫绝缘,并通过加强胶合板支座将负荷转移到内底部船体上。与薄膜和Moss-Rosenberg系统相比,SPB储罐没有泵塔或支柱。相反,其填充和卸载线路由强横梁和舱壁支撑。

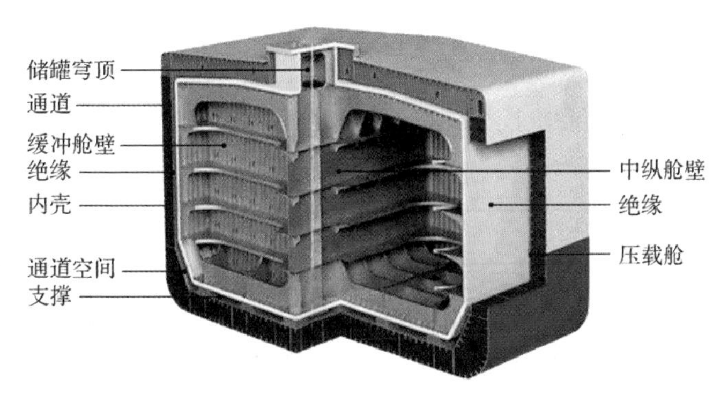

图9.7 IHI-SPB围护系统

(1) SPB优点。SPB储罐分享了棱柱形罐和球罐两者的优点。由于SPB储罐是独立的,就像Moss-Rosenberg储罐一样,它们也可以与船体平行建造。需注意的是,尽管这些储罐通常被称为棱柱形,但实际上它们与船体形状紧密相关,并且船首部第一储罐通常是楔形的。所以它们特别利用空间。此外，由于有足够的强度，它不需要倒角罐顶，而 SPB 罐的平甲板轮廓和低风载荷的优点也使得它们特别适合在储罐顶部布置工艺设备，特别适合在浮式液化天然气船上的应用和有利于操纵。由于其加强筋的板结构，SPB 储罐不需要考虑晃荡的问题。它的内部加强筋起挡板的作用，限制了储罐内晃荡载荷的范围和连贯性，因此，SPB 储罐没有填充限制和相关的环境限制，这类似于 Moss-Rosenberg 储罐，虽然两者的原因并不一样。

(2) SPB 缺点。IHI-SPB 围护系统的主要缺点是其成本高于 Moss-Rosenberg 和薄膜系统。另外，目前全球上只有两家船厂有能力建造 SPB 系统。而能建造薄膜系统的则有 25 家，这些可能是本文描述的只有两艘液化天然气运输船使用 IHI-SPB 围护系统服役的原因。然而，随着行业向浮式液化天然气设施的转移，人们对 IHI-SPB 围护系统的兴趣也随之增加。事实证明，与浮式液化天然气设施的整体开发成本相比，SPB 系统的成本增加是相对的，特别是与比较便宜的薄膜系统相比，在综合考虑强度，可靠性和总体可操作性因素的情况下，它增加的成本是非常小的。如前所述，SPB 系统还具有平直甲板的优势，有助于液化天然气工艺流程的布局。

9.2 LNG 的热动力学

液化天然气的实际成分，主要是甲烷(CH_4)，但根据其来源以及必须满足的销售规格要求而有所不同。因此，它的性质是可变的，下面所述的数值是其典型组成特性的代表。

9.2.1 液化天然气的性质

一旦经过适当的加工处理，液化天然气变成一种无色、无味、无毒、无腐蚀性的气体，它沸点在标准大气压下为 −162 ℃(111.15 K)。密度 450 kg/cm^3，约为气相体积的 1/600。可燃性限制在 5%和 15%之间。比能量约为 50 MJ/kg，因此与压缩天然气(CNG)9 kJ/cm^3(9 MJ/L)相比，液化天然气相对受欢迎的一个原因是其具有高效的能量密度：22.5 kJ/cm^3(22.5 MJ/L)。在标准大气压下，液化天然气再气化的蒸发热量为 213 kJ/ kg。

9.2.2 液化天然气阶段

液化天然气价值链的主要阶段包括天然气处理，液化，储存，运输，卸载和再气化(见图 9.8)。

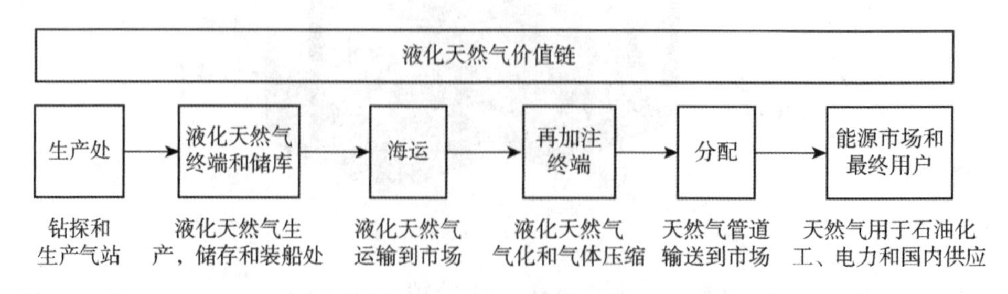

图 9.8 LNG 价值链

在气体处理阶段，天然气达到可以出售的规格，包括去除天然气液体(NGL)，脱水和去除二氧化碳的热值控制。处理和生产过程的典型流程如图 9.9 所示。由于严格限制有毒的硫化氢(H_2S)、硫和汞的含量,这些污染物也必须在此阶段被清除,以免将其释放到最终的用户的环境中。汞对液化(低温)过程中广泛使用的铝具有较强的腐蚀作用。

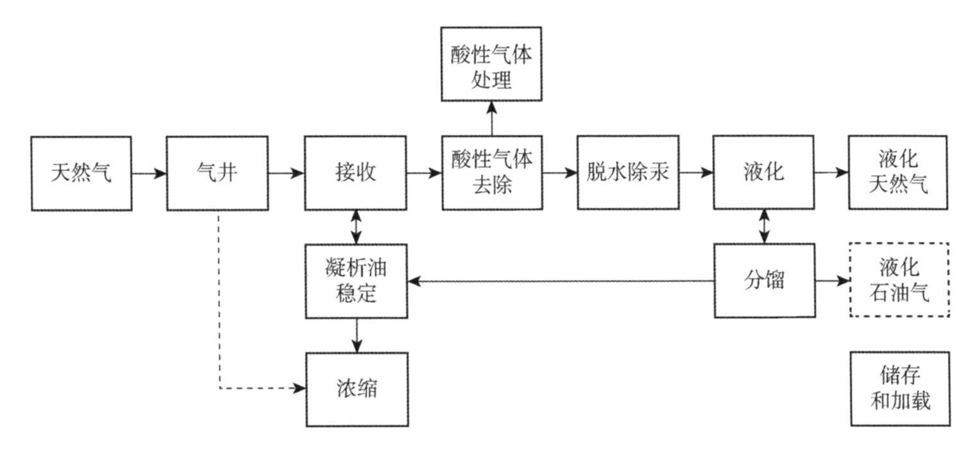

图 9.9 液化天然气生产流程

加工完成后,干气体脱硫后就准备液化。虽然现在有许多液化天然气的液化工艺,但大多数液化天然气工厂都使用 Air Products 公司的丙烷预冷混合制冷剂(C3MR)工艺,ConocoPhilips 优化的级联工艺(CoPOC)或 Linde 多级流体级联(MFC)工艺,其中 C3MR 是最常见的。

在通常情况下,生产的液化天然气在此阶段被泵入储罐,以供运输或随后被引入零售天然气管道。由于大多数液化天然气工厂都在岸上,所以储罐安放也在岸上。例外情况包括浮式液化天然气(FLNG)船和浮动再气化和储存装置(FSRU),都使用上述的围护系统。

9.2.3 液化天然气陆上储存注意事项

作为低温流体的液化天然气,其储存本质是液化天然气生产中复杂而必要的功能。无论在液化天然气工厂运输之前、在液化天然运输船运输期间或在再气化到配送管道中进入接收站运输期间,液化天然气都是储存在专用绝热储罐中的。液化天然气以接近大气的沸腾状态(零下 162 ℃)储存。液化天然气储存和转移的一个特点是处理蒸发气体(BOG)(见图 9.10)。当液化天然气以沸腾状态储存时,热侵入储罐导致液体天然气的一小部分沸腾。生成蒸发气体的速率取决于通过隔热和储罐穿透件(如泵塔和储罐支架)的热量进入储罐的速率。液化天然气也被用作冷藏剂在货物转运之前冷却储罐,这个过程可能需要 10 多个小时。另外,液化天然气通过输送管线连续循环以保持低温。最终,液化天然气骤蒸发成气相,产生蒸发气体。蒸发气体通常被回收并重新浓缩或用作当地的燃料来源,它的处理需要特别关注。蒸发气体也通过回收管路供应到储罐以保持储罐内压力接近大气压。

陆上液化天然气储罐具有主要和次要围护系统(见图 9.11),后者设计成在主围护系统失效的情况下围护液化天然气液体,但可并不总是被设计成也包含气相。主围护系统(或内储罐)通常由 9%镍钢合金构成,并使用珍珠岩进行绝缘。储罐底部需要更高等级的隔热以保护储罐与地面之间的绝缘。底座或平板也可以安装加热元件,以防止地面结冰。次级围护系统由预应力混凝土外壳或土墙组成。

与上述的主要和次级围护系统都是自支撑的情况相反，薄膜式储罐类似于那些在液化天然气运输船应用的系统，都有一个主要的围护系统(见图 9.12)，从预应力混凝土壳体中获

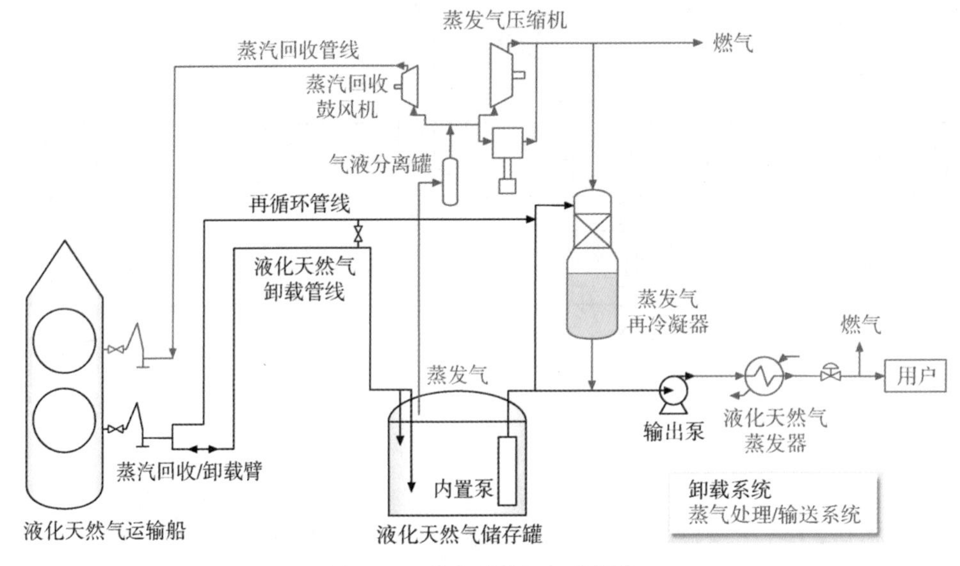

图 9.10　液化天然气卸载管线

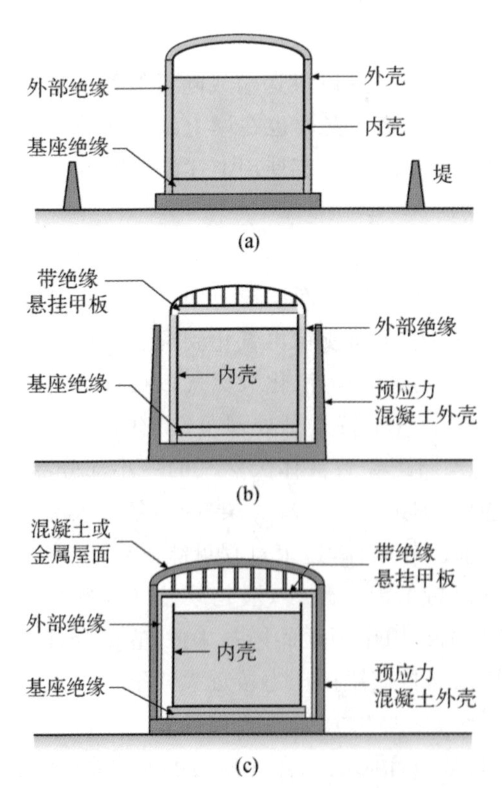

图 9.11　陆上液化天然气围护系统

(a) 单一围护　(b) 双重围护　(c) 全面围护

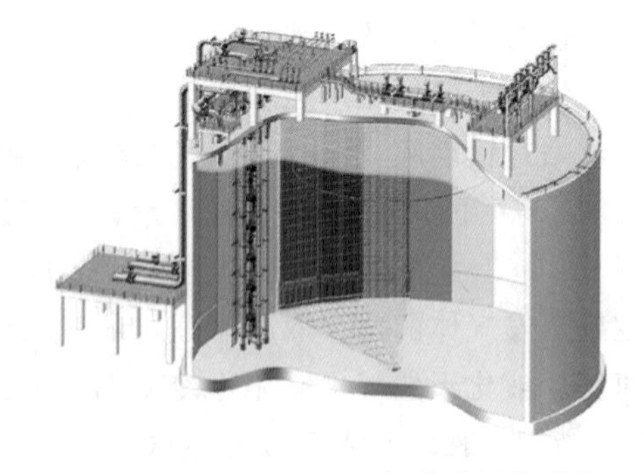

图 9.12　陆上液化天然气薄膜围护系统

得其结构强度。主要围护系统由安装在胶合板-泡沫隔热板上的不锈钢膜提供，以将负载传递到混凝土外壳上。通常还包括次级薄膜屏障。这个系统是典型的掩埋式液化天然气储罐。

9.3　环境挑战

9.3.1　公海航行

液化天然气运输船在远洋航行期间遇到可能影响其运动响应和可操纵性的各种海况条件。传统上，液化天然气运输船都是计划用于港口到港口的航行，因此储罐不是满的就是空的。因此避免了潜在危险的内部自由表面状况。众所周知，内部自由表面可能会危及安全性并降低船舶的稳性。Halkyard 等人说过[9.3]，稳性高度的减小是由内部自由液面导致水线面刚度损失引起的。即

$$GM_{\text{new}} = GM - \sum \frac{\rho_c}{\rho} \frac{i_{xx}}{\nabla} \tag{9.1}$$

在这里，内表面导致水面刚度（i_{xx}）损失的净效应减少船舶原始的稳性高度 GM 。其中 ρ_c 和 ρ 分别是货物密度和环境海水的密度，而 ∇ 是船舶的排水体积。

近期，液化天然气现货市场交易对经营者来说已经变得有利和经济可行。然而，这要求液化天然气运输船从一个地点到另一个地方收集液体货物，从而造成一个或多个储罐部分装满。与此同时，这样会导致如上所述的稳性下降，而且也可能导致液化天然气货舱的内部壁板上潜在的大的晃荡载荷。这些液舱的内表面不是为大的冲击载荷而设计的，因此可能会发生凹陷和可能的绝缘损坏。绝缘中的泄漏可能导致液体货物作为蒸汽释放的损失。温度的快速升高可能导致货物急剧膨胀，进而存在爆炸的可能性。

在波浪中行驶时，重点是要记住，船舶所遇的波浪会被所谓的遭遇效应所改变。船舶的激励频率 ω_e 与实际波频率 ω 有关。即

$$\omega_e = \omega - \frac{U^2}{g} \sin \beta \tag{9.2}$$

式中，U 是船的速度；β 是波浪系统的接近角度。因此，在储罐部分充满的不同情况下，如果自然晃动频率与船舶遭遇频率相匹配，则可能会经历显著的晃动。由于后者是船舶速度的函数，因此在航行的某些时候可能会经历晃荡运动。

当液化天然气运输船在露天的终端装载或卸载时，如果遇到变化的风浪或波浪形态，则存在再次晃荡的可能性。标准操作惯例通常包括在恶劣天气情况下提供应急操作。加剧晃荡的另一种情况涉及液化天然气运输船与海上液化平台的装载/卸载期间的紧急断开。在所有这些情况下，可能会出现潜在的晃荡载荷。

在卸载过程中造成的另一个结构性考虑涉及低周期高应力疲劳。Wang 等人[9.4]讨论分隔两个舱的焊接接头处的疲劳应力，其中一个满舱，另一个空舱。与这些操作相关的职务循环可能产生超过焊缝屈服强度的应力。这些载荷的频率很低，因此在塑性范围内，并没有被标准的 S-N 曲线所覆盖。本文提出了一个基于所谓的 Neuber 规则的计算程序。

9.3.2 蒸发

液化天然气储罐的典型填充条件为接近98%的体积。少量的大气允许来自液化天然气的蒸汽积聚。由于液化天然气接近其沸腾温度，一些液化天然气会转化为蒸汽，造成蒸发条件。蒸发率是一个相当重要的安全指标，在 125 000 m^3 存储条件下由 IMO 以 0.12%的比例进行规定。蒸发率($\dot{B}$)可以用下面的方程简单表征：

$$\dot{B} = \frac{q}{h\rho_c V} \tag{9.3}$$

式中，q 表示从外壳流入容积为 V 的液化天然气储罐的热量；h 和 ρ_c 分别是液化天然气的潜热系数和密度。Zakaria 等人[9.5]使用计算流体动力学(CFD)来模拟跨越膜罐的传热。该储罐被认为是组成一艘 160 km^3 液化气船的四个储罐中的一罐。当船舶在 0℃的海水和 5℃的环境空气中运营时，发现蒸发量约为 0.155%/(千克·天)。

9.4 液化天然气系统与流体结构相互作用

9.4.1 波动引起的运动

液化天然气运输船，像任何其他船舶一样在航行期间都会遇到波浪，因此应该具有良好的适航性。如果任何一个储罐部分装载液体货物，这一点就更为重要。在装载和卸载阶段，液化天然气运输船就像一艘系泊船舶，在这里，波浪引发的运动也很重要。

浮动的船舶对迎面波的响应以其响应振幅算子 (*RAO*) 为特征。*RAO* 严格来说是一个复数量，由振幅和相位信息组成。*RAO* 的幅度可以定义为[9.6]

$$|RAO|_i = \frac{|\eta_i|}{A} \tag{9.4}$$

式中，η_i 表示考虑的运动，其下标 $i=1,2,3$ 分别表示三种位移，即纵荡、横荡和垂荡，而 4,5,6 分别表示三种旋转，即横摇、纵摇和首摇，A 是波幅。在典型的海上计算中，使用基于势流假设的数值方法，然后人为地添加黏性阻尼，就可以改变 *RAO* 中的共振峰。

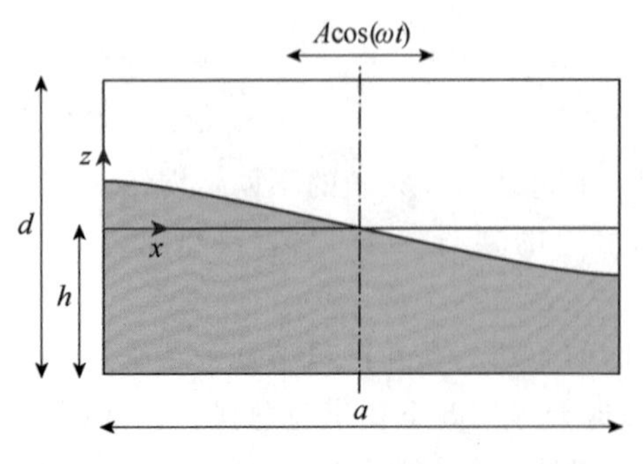

图 9.13 长方形液舱的晃动运动计算模型

在典型的海上结构物意义上，液体货物是从流体静力学角度处理的，因此要对其稳性的影响进行评估。当储罐部分装载时，动态作用可能是重要的。Thiagarajan 等人[9.7]认为，在线性衍射问题中，考虑晃荡的线性传递函数就足够了，这就有了第一层动力学的问题。对于装载高度为 h，宽度为 a 的容器，则会受频率 ω 和振幅 A 平移的振荡，舱壁上的动态压力由垂向坐标 z ($z=0$ 是没有液面)给出。即

$$p(z,t)=\sum_{n=1}^{\infty}\frac{2\rho aA(1-\cos n\pi)}{(n\pi)^2}\frac{\cosh\left(\dfrac{n\pi(z+h)}{a}\right)}{\cosh\left(\dfrac{n\pi h}{a}\right)}\frac{\omega^4}{(\omega^2-\omega_n^2)}\cos\omega t \tag{9.5}$$

式中，ω_n 是晃荡固有频率，给出了第 n 个本征模式：

$$\omega_n^2=g\frac{n\pi}{a}\tanh\left(\frac{n\pi h}{a}\right) \tag{9.6}$$

压力可以被积分以提供用于全局响应计算的力。

Chen[9.8]使用了一种与上述不同的线性计算方法。他在计算中采用了同样的格林函数来解储罐内部的流动以及船体外部的流动。罐内利用少量的壁面反射，从而模拟阻尼。当运动接近共振时，发生明显的非线性效应，需要额外的数值处理。Chen 给出了一艘装有两个液化天然气罐的运输船在无阻尼($\varepsilon=0$)和 2%($\varepsilon=0.02$)阻尼条件下的数值结果，并将其与 1∶50 缩尺的模型试验做比较。原型液化天然气运输船长 274 m，宽 44.2 m，装载吃水为 11.58 m[见图 9.14(a)]。两个储罐的长度分别为 41 m 和 47 m，宽度为 39.1 m。储罐装满了货物，高 10 m。液化天然气运输船的运动 *RAO* 如图 9.14(b)～(d)所示。基于图 9.6，每个储罐的非耦合基本固有频率为 0.72 rad・s^{-1}。液舱中的共振晃荡运动导致液化天然气运输船的横荡 *RAO* 曲线向下倾斜[见图 9.14(b)]。浮体的横摇 *RAO* 通常是单峰的。然而，在内表面存在的情况下，在两个储罐系统的晃荡频率的每一侧都可以看到两个峰值。这可能被认为是类似于防摇舱，其目的是减少船舶的峰值横摇运动。船舶惯性的影响被液体

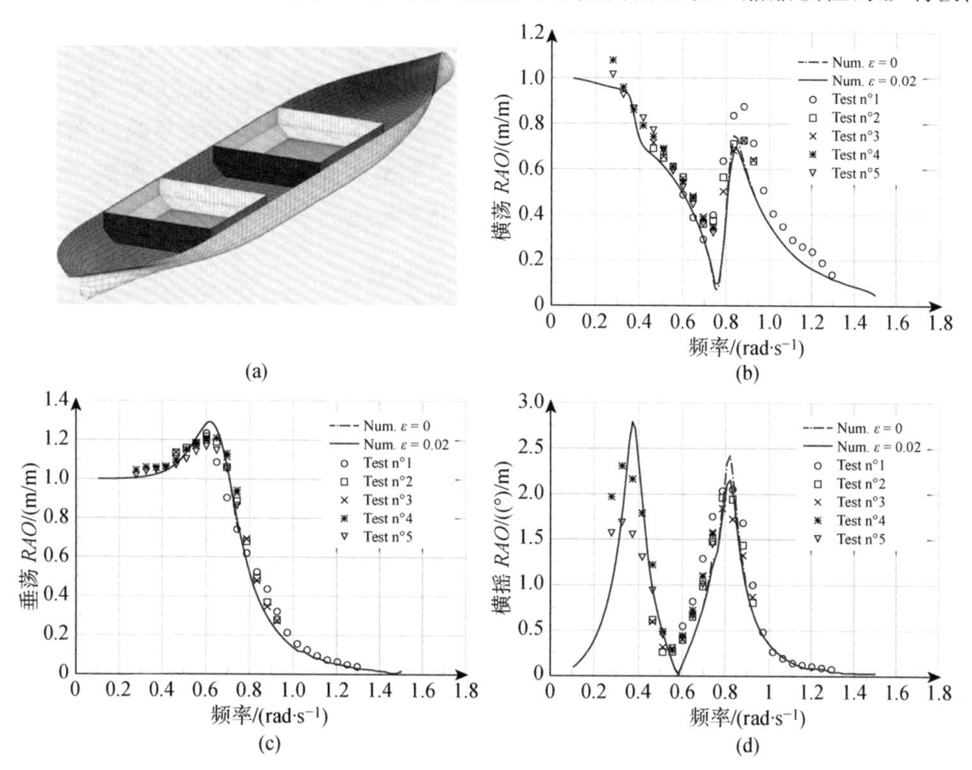

图 9.14　(a) LNGC 和两个储罐的网格　(b) 横浪中横荡 *RAO*/(m・m^{-1})　(c) 横浪中垂荡 *RAO*　(d) 横浪中横摇 *RAO*，所有 x 轴：频率/(rad・s^{-1})

移动的恢复效果所抵消，导致消除。另一方面，船舶的惯性和液体货物各自提供每一侧的两个峰值。本图所示的垂荡 *RAO* 是典型的浮式船舶形态，不受部分装满液货舱的影响。

9.4.2 晃动的影响和后果

晃动与围护结构的壁内液体的不可控运动有关。虽然通常的晃动载荷是由支撑内壁的结构元件承担的，由于支承绝热材料的结构构件不具有足够的强度，所以薄膜式液化天然气储罐会存在这种问题。这导致表面变形[9.9]或与晃荡有关的大事记，可以参考 Gavory 和 de Seze 的著作[9.10]。即使是液化天然气系统绝缘的小故障的后果也是很严重的，因为液化天然气会蒸发成可以逃逸到邻近地区的天然气体。

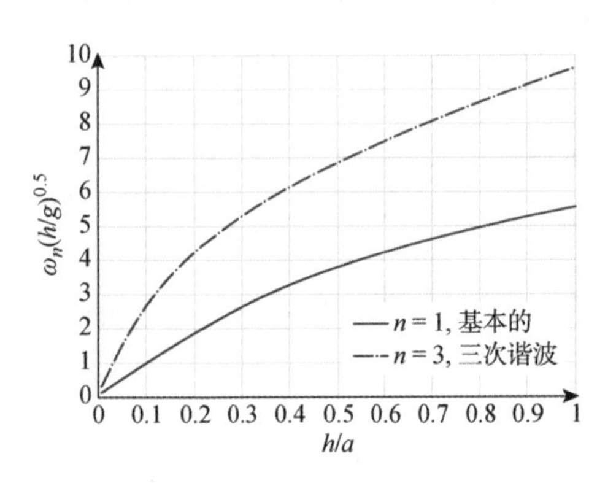

图 9.15　晃荡固有频率作为储罐长宽比的函数

当液体在固有频率附近被激发晃动时，由于晃动造成的冲击载荷是显著的。这些频率式(9.6)与几何形状和充填水平高度相关。图 9.15 显示了罐内一阶和三阶晃动频率随装载水平的变化(显示为装载高度与罐宽的纵横比)。偶数谐波并不重要，因为液罐两端的能量都被抵消[9.7]。

相当多的研究集中于测量和建模晃荡冲击压力。例如，可以参考 2010 年至 2014 年举办的国际离岸与极地工程(ISOPE)会议组织的晃荡研讨会。值得一提的是 SLOSHEL 联合行业项目[9.11]，其中关于冲击压力性质的重要的实验工作已经完成。晃荡压力是高度随机的。即使液罐惯常地横荡运动，晃荡压力从一个循环到一个循环也有很大变化。例如，图 9.16 显示了一个实验期间测量的压力的时间序列。在图中看到的这种压力特征是许多报道文件的典型特征。

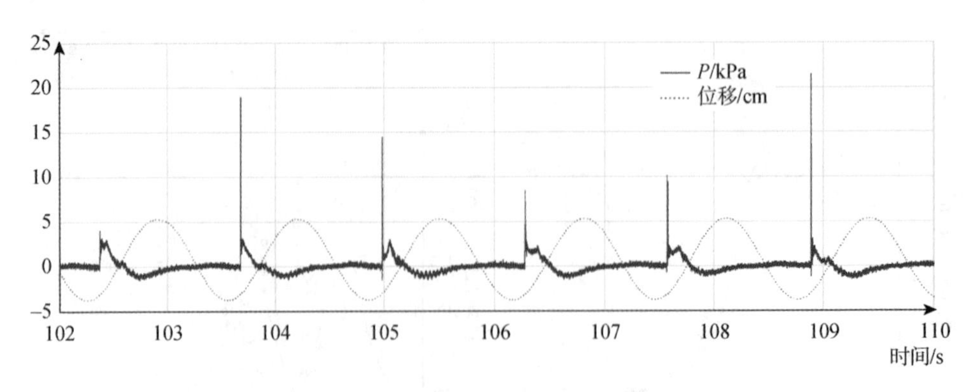

图 9.16　由储罐横荡运动引起的晃荡压力

虽然冲击的程度是首要考虑的因素，但重要的是要注意影响发生的时间范围。Pistani 和 Thiagarajan[9.12]给出了压力峰形成和解体的细节。像上升时间和衰减时间这样的时间量也是随机的，但是标准差比冲击量小得多。

通常，在矩形储罐的顶部角落中压力较高，因此常规做法是在储罐上做一个倒角（见图 9.2）。实验显示当拐角倒角时峰值压力降低。例如，Pistani 等人[9.13]比较了实验期间，储罐充填率等于 30%储罐高度时测量的压力。由于倒角的原因，压力显著下降。

传统的观点认为，减小储罐的尺寸可以减少晃荡的影响，SPB 储罐采用了这一原则（参见 9.1.1 节独立自支承式储罐），在发展中的诸如壳牌的 Prelude 储罐采用双排形式。然而，被认可的设计原则[9.14]是进行模型试验以确定晃荡冲击压力的水平并将其纳入设计中。

9.4.3 缩尺

开发稳健的全尺寸设计的一个重要途径是通过实验室的缩尺模型测试。影响设计的各种因素有三个方面在海洋工程实验室进行了相当严格的测试：

（1）液体晃荡。

（2）浮动物之间的耦合运动。

（3）液体货物和船舶并排停泊。

缩尺讨论的出发点是因次分析。Bass 等人[9.15]已经对影响晃荡载荷的尺度因子进行了很好的概述。让我们来考虑摇晃基础的情况——一个横荡运动的矩形水箱。水箱长度为 L，其灌装高度为 h。表 9.1 综述了所有重要参数，并指出在一个单一的实验中缩尺所有参数的复杂性。

表 9.1 影响晃荡实验的关键参数

几何参数	符号	SI 单位
储罐的长度	L	m
储罐高度	T	m
水深	h	m
墙体内倾角度	α	rad
运动参数		
加速度	g	ms^{-2}
角频率	ω	$rads^{-1}$
振荡的幅度	A	ms^{-1}
声音的速度	C	ms^{-1}
动态参数		
储罐上部气隙压力	P_U	Nm^{-2}
液体的体积模量	E_l	Nm^{-2}
蒸气的体积模量	E_V	Nm^{-2}
气隙中气体密度	ρ_U	kgm^{-3}
液体密度	ρ_l	kgm^{-3}

（续表）

几何参数	符号	SI 单位
液体的黏度	μ_1	Pas
壁压	P_W	Nm^{-2}
墙弹性	E	Nm^{-2}
液体的蒸汽压力	P_1	Nm^{-2}
热力学参数		
气隙温度	T_U	K
液体温度	T_L	K
液体的热扩散率	α_1	m^2s^{-1}
液体的传热系数	h_1	$W/(m^2K)$
液体的导热性	k_1	$W/(mK)$
液体膨胀系数	β	K^{-1}
恒定压力下液体的比热	C_p	$J/(kgK)$
恒定体积的液体比热	C_v	$J/(kgK)$
表面张力	σ	Nm^{-1}

可以从这个参数列表中确定几个无量纲参数，如表 9.2 所示。Bass 等人[9.15]已经给出了冲击压力(P_W)的下列关系，这与表 9.2 相似。

表 9.2 控制晃荡物理现象的一些重要的无量纲数

无量纲数	定义
傅汝德数	$\frac{A^2\omega^2}{gL}$
欧拉数	$\frac{P_U}{A^2\omega^2\rho_1}$
储罐上部气隙中气体的可压缩数	$\frac{\omega A}{\sqrt{\frac{E_V}{\rho_v}}}$
密度比	$\frac{\rho_1}{\rho_U}$
雷诺数	$\frac{\rho_1\omega AL}{\mu_1}$
普朗特数	$\frac{\mu C_p}{K}$
韦伯数	$\frac{\rho_1 A^2\omega^2 L}{\sigma}$

（续表）

无量纲数	定义
邦德数	$\frac{(\rho_1-\rho_U)L^2 g}{\sigma}$
马赫数	$\frac{L\omega}{C}$
空泡数	$\frac{P_U-P_V}{0.5A^2\omega^2\rho_1}$

$$\frac{P_W}{\rho_1 gL}=f'\left[\frac{\rho_1 g^{\frac{1}{2}}L^{\frac{3}{2}}}{\mu_1},\frac{P_U}{\rho gL},\frac{E_1}{\rho gL},\frac{P_U-P_V}{\rho_1 gL},\frac{\rho_g}{\rho_1},m_0,\frac{\rho_1 gL^2}{\sigma_1},\frac{\rho_1 C_1(t_w-t_{sat})}{\rho_v h_{fg}},\text{壁的属性,几何形状}\right] \tag{9.7}$$

Yung 等人[9.16]定义了一个参数相互作用指数(Ψ)来表征环境蒸汽对撞击幅度的影响。通过将多变过程($\frac{p}{\rho^\kappa}$为常数)的压力-密度关系引入到无量纲非定常伯努利方程中，相互作用指数为

$$\Psi=\frac{\rho_g}{\rho_1}\frac{\kappa-1}{\kappa} \tag{9.8}$$

这里 κ 是密度为 ρ_g 的空隙气体的多变指数。液体的密度以 ρ_1 表示。该相互作用指数捕捉当气体被困在流动中造成陷入气穴时冷凝热动力学过程。忽略冷凝会导致裹入气体的夸张动力，例如弹跳振荡。他们认为，如果五个参数：欧拉数、傅汝德数、雷诺数、韦伯数和相互作用指数是相同的，那么对于晃动问题，完全动态相似是可能的。

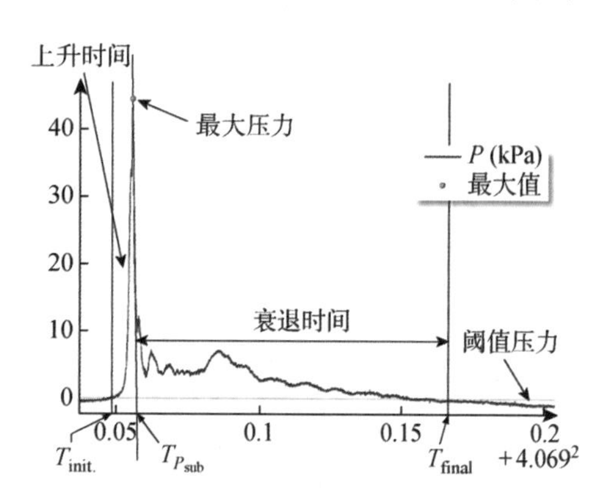

图 9.17 晃荡期间压力冲击的定义

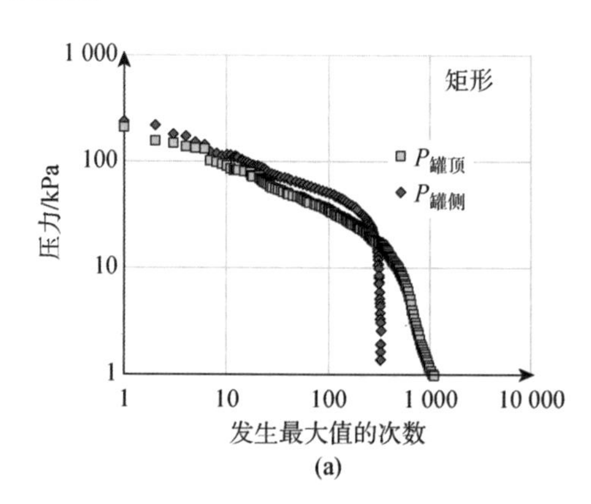

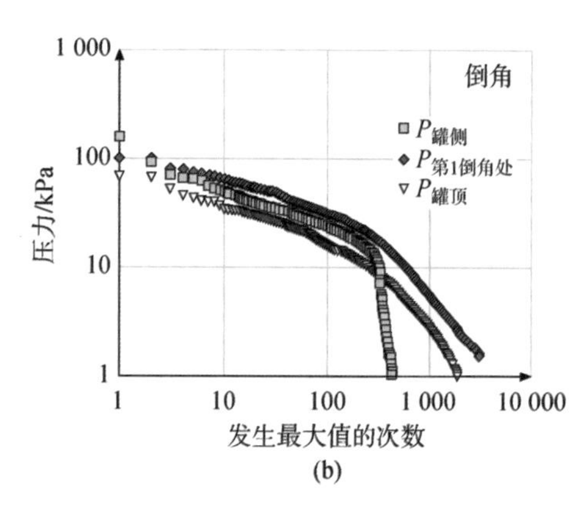

图 9.18 当储罐充满水平为 30%储罐高度时，矩形和倒角储罐的最大压力冲击（来源：Pistani 等人[9.13]）

更常用的串联卸载方法使用从一艘船(如浮动液化天然气船)的船尾转移到穿梭油船的船首。软管可以在空中、浮动、淹没、或刚性臂布置(见图 9.20)。对于串联卸货,在多种多样海情中进行时,相对运动会比较大。最近的联合行业项目(JIP)已经开发了定制的 8 英寸和 16 英寸低温软管驳运 LNG。这些是多层护套管,能够在 −163 ℃,公称压力为 3~10 个大气压下处理大容量流体。样品段已经在动态和负载条件下进行了广泛的测试。Cox 等人[9.17]提供了表 9.3 中所列软管的最终尺寸和刚度特性。

(a)

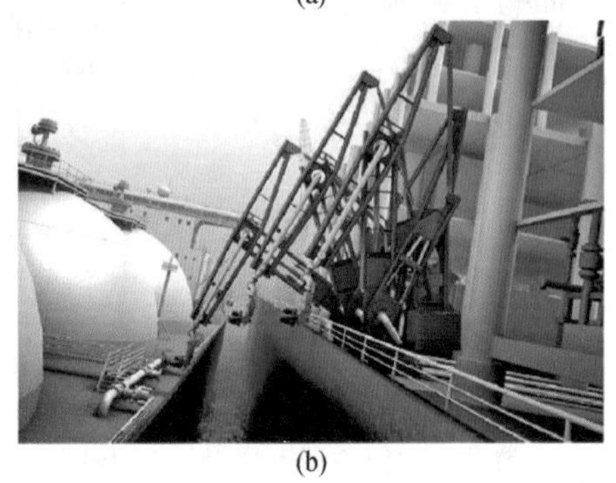

(b)

图 9.19　海上装载臂

(a) 展示挠性接头技术进行液货转运　(b) 附属于液化天然气公司

图 9.20　空中软管串联卸载,海上低温输送系统

表 9.3　软管的最终尺寸和刚度特性

内径	16 in(406 mm)
外径	27 in(686 mm)
空气中的重量	88 kg/m
充满液化天然气后的重量	160 kg/m
存储弯曲半径	4.5 m
操作弯曲半径	10.0 m

这种软管的一个挑战是平衡工作重量与弯曲半径规定的长度。其他 JIP 已经报道了使用真空绝热技术的内径(ID)为 16 英寸的管道的开发,以实现低温转移[9.18]。有几个指南可以帮助开发卸载系统的设计和运行。DNV[9.19]列出了以下指南:

(1) OCIMF / SIGTTO(石油公司国际海事论坛/国际燃气和码头运营商协会):

船舶转运指南(液化气体)；

LNG STS 转运准则；

冷藏液化气船(LNG)歧管标准化。

(2) 欧洲标准：

EN1474-1 液化天然气的安装和设备；

海上运输系统的设计和测试；

转移臂的设计和测试；

EN1474-2 柔性软管的要求；

EN1474-3 海上转运系统的风险评估。

与传统燃料相比,低温货物转运更具有挑战性。其中一些挑战涉及低温产品密封的安全性,上坡和关闭操作,以及在有限的操作时间窗内转移液化天然气和蒸气返回的能力。并排卸载目前适用于平静的海况,船舶之间的相对运动很小。船舶由充气靠球隔开,充气靠球直径范围在 5 米[9.19]。常见的传输软管是空中的,或者由旋转连接的刚性臂支撑。柔性连接技术的一个例子是由 FMC 开发的 Chiksan 装载臂,是可部署的(见图 9.19)[9.20]。装载臂使用液压快速连接断开系统,使用恒定张力导向线连接臂和歧管。系统可以适应两艘船之间高达 4 m 的垂荡和 30 m 的漂移。

9.4.4　浅水中的多体相互作用

当两个结构物在附近漂浮时,可能发生重要的水动力相互作用。其中一些更为明显的是与结构物之间运动的相位和幅度差异有关。当水平面运动不同相位时,会出现驻点问题,如结构物彼此靠近漂移。另外,结构物漂移可以提高连接软管或拉线到临界水平的张力。在某些情况下,可能会出现突然折断的载荷。垂向平面运动中的相位差,例如垂荡和纵摇,可能会导致货物和人员转移困难。

由近端结构物引起的不太明显的效应涉及流体动压分布的变化,导致附加质量和阻尼系数的变化。此外,当结构物彼此靠近时,可能发生诸如共振流体运动之类的间隙问题。根据实验观察,Buchner 等人[9.22]注意到朝船首而来的波浪可以在间隙区域被放大。这可能导致 RAO 的尖峰和个别结构物的二次传递函数(QTF)。图 9.21 根据 Buchner 等人的研究给出了在浮式生产储油和卸油(FPSO)船旁边停泊的情况下,穿梭油船的垂荡 RAO 的大幅度上升。由于运动耦合,同样频率的尖峰在纵摇中也被观察到。

间隙问题的模拟会导致不现实的自由表面运动,这可以被认为是现有技术衍射方法的固有缺点。这些方法依赖于离散化的积分方程式,其对最小空间尺寸具有限制,可以在不显著增加离散表面元或板元的情况下进行处理。文献[9.23]对这个主题的早期工作有一个很好的概述。有几位作者跟随 Chen[9.24]在间隙上施加了人造的盖子,这相当于在间隙的自由表面运动上施加了人为的阻尼。在间隙的自由表面上的边界条件通过施加阻尼项(由 ε 定义)来校正。

$$-\omega^2\phi_s + g\frac{\partial\phi_s}{\partial z} - \mathrm{i}\varepsilon\omega\phi_s = 0 \tag{9.9}$$

式中,φ_s 是衍射或辐射的潜势;ω 是波频率。困难在于如何知道要施加阻尼的确切值。事实上,Pauw 等人[9.25]从实验和模拟的比较中可以看出,没有一个单一的阻尼值可以普遍应用。

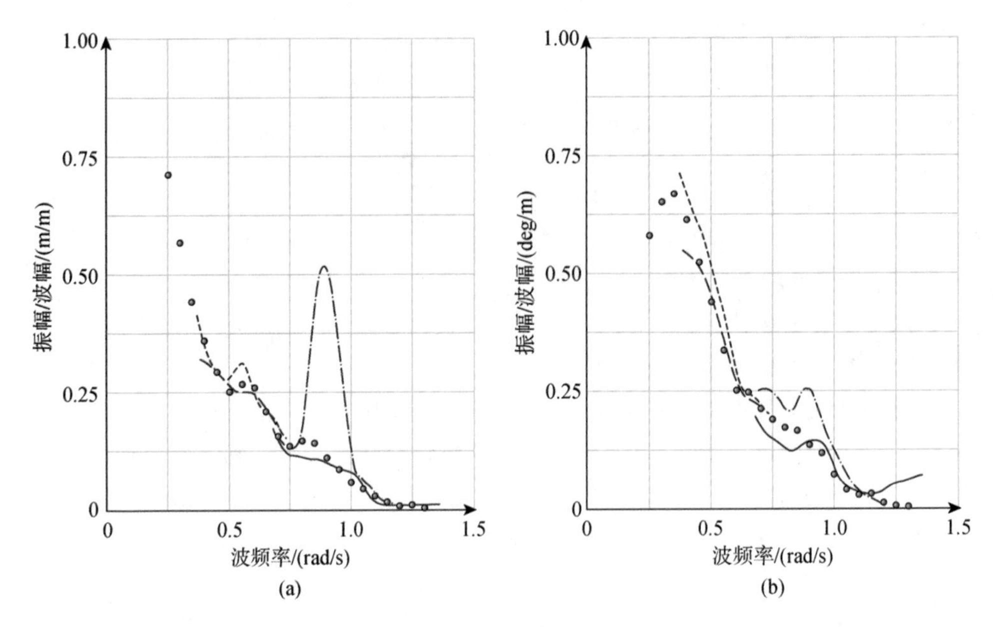

图 9.21　与 LNG FPSO 系泊在一起的穿梭油船的垂荡和纵摇 *RAO*

(a) 垂荡 *RAO*　(b) 纵摇 *RAO*

注:实线—在海浪中的模型试验数据;虚线—在涌浪中的模型试验数据;圆圈—频域分析;点划线和长划虚线—在海浪和涌浪中的时域分析。

最佳值必须根据对二阶漂移力的影响来选择。另一方面,Lu 和 Chen[9.26] 认为0.4的阻尼值与实验和 CFD 得到的线性传递函数相当吻合。

在浅水中情况变得更加复杂,因为底部的作用使结构物周围的流动进一步复杂化,导致黏滞阻尼的改变。Buchner 等人通过实验和模拟表明,液化天然气运输船的舭龙骨所产生的阻尼在靠近混凝土重力结构(如码头)时发生改变。

9.5　液化天然气围护系统的设计方法

液化天然气运输船和浮式液化天然气装置的设计需要额外的独特分析技术,由于涉及液化天然气装置晃荡的复杂的非线性物理因素,一般货物运输船是不能承担的。如果在前面的章节中没有清楚地表明问题的症结在于从较小比例的模型试验中预测液化天然气装置晃荡负荷。傅汝德数,雷诺数和欧拉数等传统的缩放法则不能令人满意。特别是,如果应用傅汝德数缩放法,预测的原型晃动冲击压力将会非常大,并且与液化天然气运输船服役历史中所观察到的围护系统的损伤率无关。孤立地采取这样的标度法则显然不考虑热力学和流体-结构物相互作用。此外,微观和宏观气泡动力学起着重要的缓冲作用,由于液化天然气以恒定的沸腾状态运输的事实,因此若不考虑相变和空泡,这种影响的计算是不可能完成的。

为了规避这些复杂性中的一些问题,得到船级社认可的设计新型薄膜液化天然气船的技术被称为比较分析,其依赖于参考载体的过去性能来预测基于储罐的新载体的性能晃动测试。该方法经证明是足够的,但不利于载体尺寸的进展,因此可能建造一段时间的最大载体大约在 138 000 m^3 的容量。最近 Qflex 和 Qmax 运营商的产能为 216 km^3 和 260 km^3，是由 ExxonMobil 公司进行的可行性研究设计的，这代表了对晃荡过程基本认识的重大飞跃。

与薄膜式液化天然气储罐相比，安装独立式储罐的液化天然气运输船的设计要求要简单得多，这主要是因为减少了晃荡风险或围护系统固有的强度。例如，虽然美国船级社(ABS)有关于膜式液化天然气运输船的设计指南等若干出版物，但是其出版物[9.14]关于建造和入级的独立液罐液化气船，在涉及动态载荷衡准的小节中简要讨论了晃荡问题。本节的其余部分主要涉及对膜式围护系统的评估。

9.5.1　对比分析

对比分析是通过将来自母型船的晃动载荷缩放到新设计来评估使用膜式围护系统的新建 LNG 运输船的性能的技术。母型船被选择为具有已知的服务历史，围护系统从未发现损坏。实质上，新载体被设计为具有比母型船更高的负载抗力，并且由于母型船没有受到任何损害，所以假定新载体将不太可能损害。从逻辑上讲，当新设计与母型船没有显著差异时，该技术效果最佳。因此，使用这种技术阻碍几何形状和/或容量的显著变化。主要船级社已经发布了有关这种分析方法的指导性文件，如 ABS，BV 和 DNV(Det Norske Veritas)。图 9.22 显示了 ABS 如何把比较分析用于膜式液化天然气围护系统的现行强度评估程序。

比较分析中的两个主要步骤是确定新的和母型船的晃荡设计载荷和围护强度评估。传统上，晃荡设计载荷的确定仅通过小型模型测试来执行。随着现代计算技术的进步，CFD 越来越多地用于验证和扩充模型测试。然而，由于晃荡载荷的统计性质，完全取代模型测试的计算担当在撰写本文时还是不可能的。此外，虽然 CFD 在预测晃荡载荷的空间分布方面相当准确，但实际的峰值压力难以精确捕捉，并且在很大程度上取决于 CFD 从业者的知识。对于晃动测试所要求的特殊要求，模型测试也不是没有挑战。这将在后面的章节中介绍。在这一点上，需要注意的是，母型船和新的服务历史需要考虑在内，包括船舶运动特性和服务的海洋环境，特别是如果使用比较分析来鉴定一艘旧型油船的新服务。

晃动冲击是一个动态的过程，因此必须评估不同失效模式下的动态结构能力，作为母型船和新设计的围护系统。这通常使用动态有限元分析来进行，并且需要考虑膜 CCS 类型(NO96，MkIII，CS1 等)的不同设计特征和材料性能。在上述指导性文件中可以找到详细的程序，以及可能适用的简化方法。

一旦两个系统的晃荡设计载荷和围护系统容量确定下来，就可以进行比较分析。在这里，我们考察法国船级社(BV)所述的分两个阶段进行的程序。在如图 9.23 所示的第一阶段中，确定晃动载荷的缩放因子 λ：

$$\lambda = \min\left(\frac{C_{\mathrm{ref}}}{P_{\mathrm{ref}}}\right) \tag{9.10}$$

式中，C_{ref}是母型船所使用的围护系统(相对于表面)的全尺度动态容量；P_{ref}是从模型试验获得的母型船的设计晃荡载荷。选择 λ 使得缩放的设计载荷曲线与容量曲线相切。

在步骤 2 中，将载荷缩放因子 λ 应用于新设计的设计晃动载荷曲线 P_{target}。如果在结合安全系数(SF)(见图 9.24)后其容量超过放大后的晃荡载荷，则新设计被认为是可接受的。如果

$$C_{\mathrm{target}} \geqslant SF \cdot \lambda \cdot P_{\mathrm{target}} \tag{9.11}$$

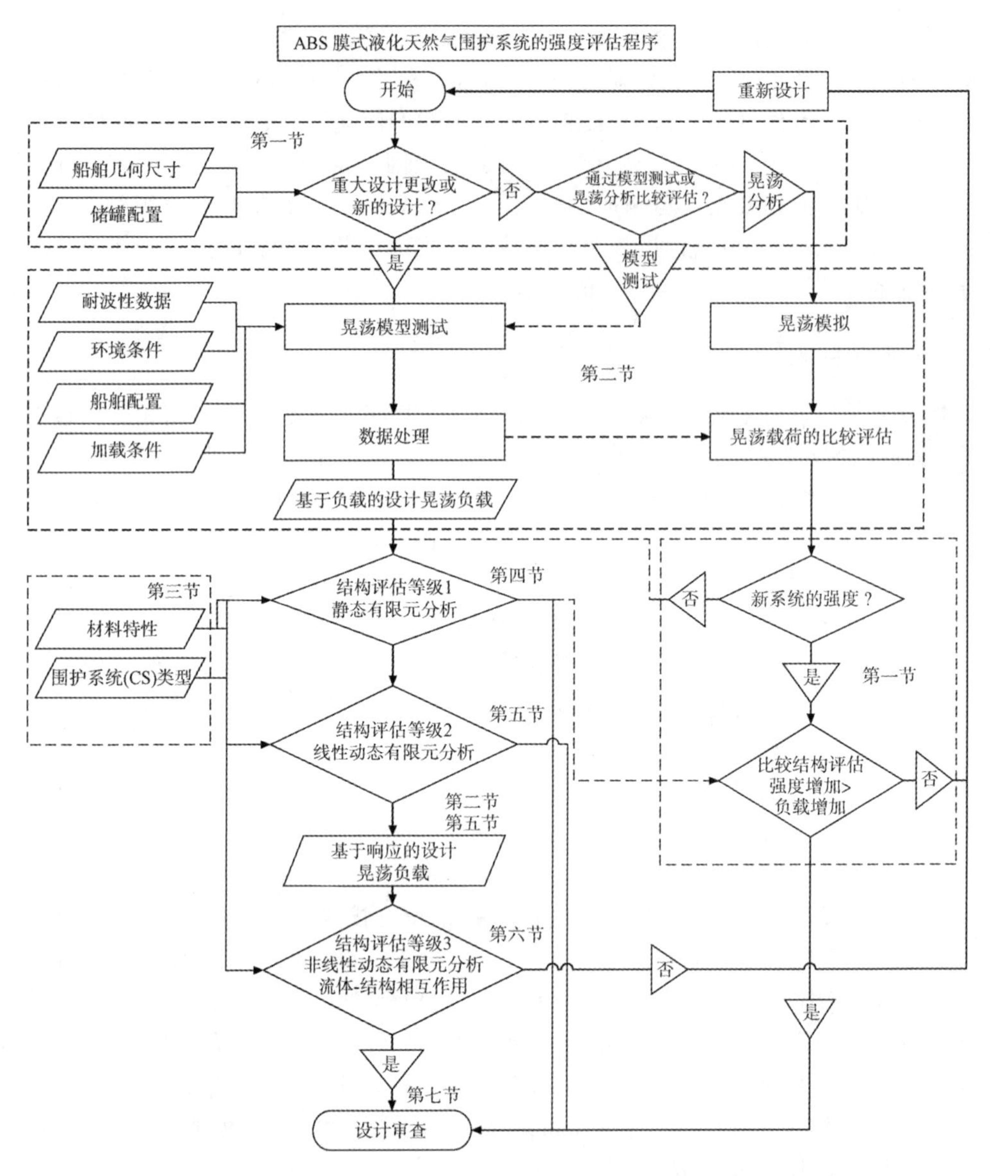

图 9.22　美国船级社(ABS)薄膜式液化天然气围护系统的强度评估程序

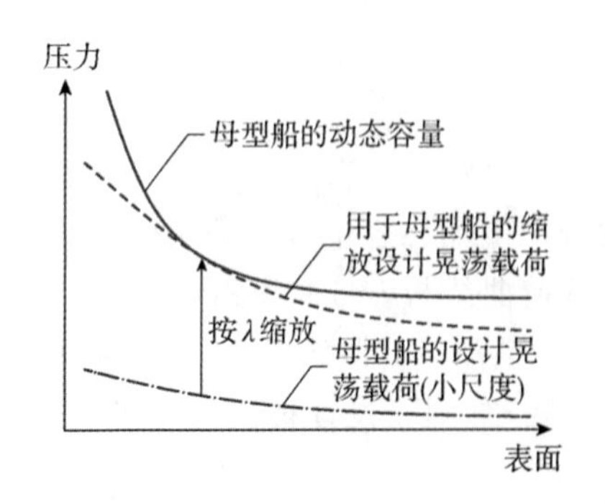

图 9.23　母型船的设计晃动载荷的缩放

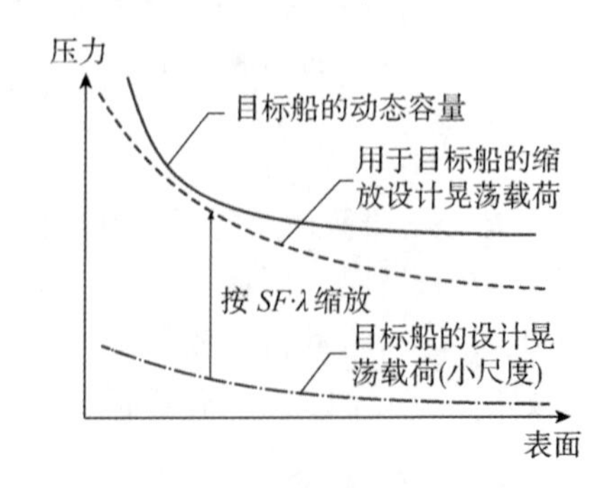

图 9.24　目标船舶的设计晃荡载荷的缩放

9.5.2 模型测试

图 9.25 使用六足的晃荡测试

晃荡模型试验是获得晃荡载荷的首选技术。与正在研究的特定货舱几何相似的油罐安装在六自由度平台上，如六角形或 Stewart 平台(见图 9.25)。平台的运动是船舶运动在一个预期的极端海况范围内缩尺的人造时间历程。压力传感器的集群位于预期会出现极端压力的位置。来自压力传感器的跟踪被后处理以确定上升时间、峰值压力和衰减时间。统计模型是由晃荡冲击压力构成的，用于确定围护系统的设计晃荡冲击载荷。

1）储罐

晃荡试验的储罐应该是实际液货舱的准确代表。具有薄膜型围护系统的典型液化天然气运输船将在船的前部安装多个棱柱形罐和楔形罐。后者所经历的晃荡冲击类型与棱柱形储罐不同，并且由不同的运动模式引起。关于测试的几何尺度，它是建议模型尺度应尽可能接近原型尺度，以尽量减小尺度效应。很明显，模型试验储罐的尺寸有实际的限制，例如可用的实验室空间，但更重要的是根据指定的运动精确地激励储罐体所需的功率。测试罐通常设计为透明或配置观察口来观察物理晃荡。然而在大型储罐或加压/减压储罐的情况下，可以使用钢或铝来提供必要的强度。

2）流体选择和空隙压力

晃荡测试中使用的典型气-液组合是空气-水。此外，储罐未装满空间中的压力不受控制，即在大气压力下。然而，已知气泡缓冲对冲击压力有显著影响，气液密度比是重要的参数。空气-水的密度比是与液化天然气-甲烷的密度比显著不同。另一个可能影响缓冲效果的现象是甲烷冷凝回舱内液体时的气泡塌陷。为了解释这些影响中的一些，已经提出了各种替代的气液混合物。在文献中可以找到一些组合，如 SF_6-水，空气-沸腾的水和 CO_2-碳酸水。也已经调查了加压和减压的上部无液空间。

图 9.26 二维(2D)晃荡罐上的压力传感器阵列

3）传感器、传感器分布和数据采集

如图 9.26 所示，晃荡储罐通常配备有多个压力传感器阵列。通常建议单独的压力传感器有尽可能小的传感表面，以获得广泛的压力与加载面积。根据几何尺寸的不同，即使是直径为 3 mm 的传感器，在原型规模上也可能占据较大面积。传感器也应该具有适当的动态范围和响应,因为模型缩尺晃荡压力在毫秒间增加,并且记录的峰值压力典型的只有几个帕。在晃荡测试之前传感器性能经过预认证是非常重要的。例如,大多数现成的压力传感器都是为单相应用而设计的,传感器每次受到波浪的冲击时都会浸湿受到热冲击,从而导致压力迹线的虚假下降,这不是本质的物理现象。有时使用楔形跌落测试来标定传感器。安装传感器与罐体内表面齐平时要特别小心,因为任何突起或空腔都会影响传感器周围的流体流动,从而影响压力曲线本身。

一般预计罐内几个位置的峰值晃荡压力,特别是在拐角点和关节点。峰值压力也与载荷面积的大小成反比,即可以在很小的面积上记录非常高的压力,但是在较大的面积上平均时则较小。将两个极端地区作为较小的地区进行调查是很重要的,需要较大的局部压力才能引起结构性反应,对较大面积的情况则是相反的。为此,传感器以 3×3 或更大的阵列部署。然后,可以通过对压力传感器的不同组合进行平均来容易地研究峰值压力和载荷面积之间的关系。

如上所述,模型尺度晃动影响的上升时间以毫秒为单位,因此建议数据采样率至少为 20 kHz,以准确捕获每个晃荡冲击的峰值。如此高的采样率又需要专门的高保真数据采集系统。由于传感器数量多,采样率高,数据存储策略需要慎重考虑。一些已经采用的技术是只计算和存储数据统计,并丢弃实际的压力时间轨迹。触发方法也被用来只将数据存储在以每个冲击为中心的窗口中。这是一个非常有效的方法,因为很多压力曲线显示出很小的晃荡活动。当然,如果希望将压力轨迹与通常以低得多的速率采样的储罐的运动相关联,则必须设计同步低速和高速数据采集的方案。

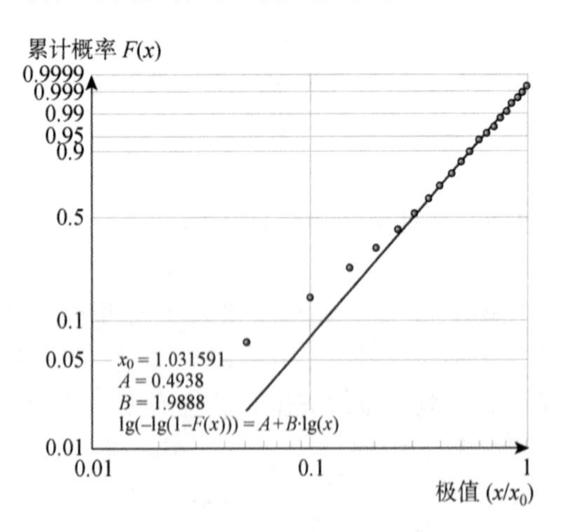

图 9.27　典型的威布尔拟合

4）后期处理

在晃荡模型测试活动中执行众多的单独运行。一般来说,对运输船的预期使用环境进行检查,以确定导致运动的条件,这将导致最极端的晃荡载荷。每个条件重复多次,并在不同的填充水平,以确保该条件下的晃荡载荷可以在统计上适当建模。在通常情况下,每个晃荡运行 3～5 小时的原型时间产生足够的晃荡影响,以确定适当的适合冲击压力使用的极端值统计模型冲击压力。通常使用威布尔分布(见图 9.27),尽管也可以使用其他模型,诸如广义的帕雷托(Pareto)模型。一旦极值分布已经拟合,分布就可以用于以适当的概率水平预测测试条件下的预期最大晃动压力。

单个晃动迹线(见图 9.28)也可以处理成理想化的表达以便于数据处理。最常见的表达形式是三角形的脉冲。这里描述的是 ABS 公式。图 9.29 显示了压力轨迹中记录的典型冲击。晃动冲击的特征在于峰值压力 P_{max},短暂的上升时间 T_{rise},典型地在模型尺度上只有几个毫秒,衰减时间在几十毫秒内测量。如前所述,采样率需要足够高,以精确捕获晃荡冲击时间历程的剖面。对于每个晃荡冲击,理想的三角法表达都是由 P_{max} 和压力从 $P_{max}/2$ 上升到 P_{max} 所花费的时间以及从 P_{max} 衰减到 $P_{max}/2$ 的时间决定的。

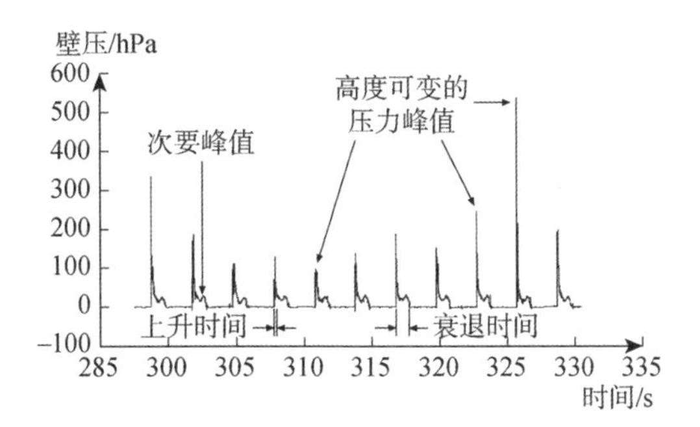

图 9.28 特征的晃荡冲击压力曲线

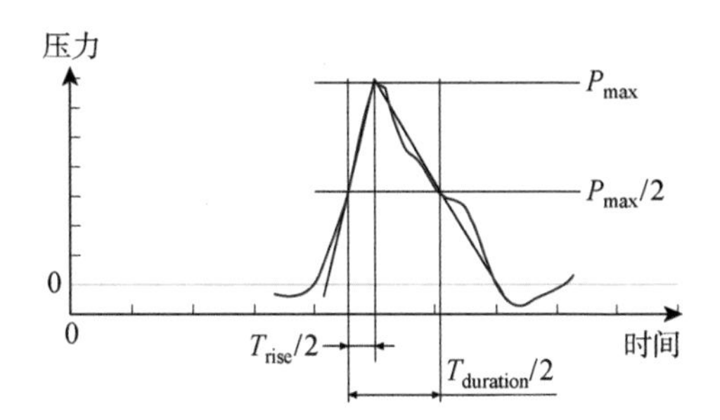

图 9.29 典型的晃荡冲击压力轨迹具有理想形式

参考文献

[9.1] Gaztransport and Technigaz: http://www.GTT.fr

[9.2] International Finance Corp.: LNG Liquefed Natural Gas Facilities (World Bank, Washington 2007)

[9.3] J.E. Halkyard, J. Filson, P. Hawkey, K.P. Thiagarajan: Floating structure design. In: Handbook of Offshore Engineering, ed. by S.K. Chakrabarti (Elsevier, Amsterdam 2005)

[9.4] X. Wang, J.K. Kang, Y. Kim, P.H. Wirsching: Low Cycle fatigue analysis of marine structures, Proc. 25th Int. Conf. Offshore Mech. Arct. Eng. (2006), Paper 92268

[9.5] M.S. Zakaria, K. Osman, M.N. Musa: Boil-off gas formation inside large scale liquefed natural gas (LNG) tank based on specifc parameters, Appl. Mech. Mater. 229-231, 690-694 (2012)

[9.6] S.K. Chakrabarti: Hydrodynamics of Offshore Structures (Springer, New York 1990)

[9.7] K.P. Thiagarajan, D. Rakshit, N. Repalle: The air-water sloshing problem: Fundamenta analysis and parametric studies on excitation and fll levels, Ocean Eng. 38, 498-508 (2011)

[9.8] X.-B. Chen: Offshore hydrodynamics and applications, IES Journal A Civ. Struct. Eng. 4(3), 124-142 (2011)

[9.9] B. Kayal, C.-F. Berthon: Analytical approach to Predict sloshing severity in LNG membrane tanks based on optimized series of model tests, Proc. 23rd Int. Oshore Polar Eng. Conf., Vol. 3 (2013) pp. 313-319

[9.10] T. Gavory, P.E.D. Seze: Sloshing in membrane LNG carriers and its consequences from a designer's perspective, Proc. 19th Int. Offshore Polar Eng. Conf., Vol. 3 (2009) pp. 13-20

[9.11] L. Brosset, Z. Mravak, M. Kaminski, S. Collins, T. Finnigan: Overview of Sloshel project, Proc. 19th Int. Offshore Polar Eng. Conf. (2009), ISOPE-1-09-037

[9.12] F. Pistani, K. P. Thiagarajan: Experimental Measurements and data analysis of the impact pressures in a sloshing experiment, Ocean Eng. 52, 60-74(2012)

[9.13] F. Pistani, K. Thiagarajan, D. Roddier, T. Finnigan: Comparison of sloshing impacts for rectangular and chamfered LNG tanks, Proc. ASME and 30th Int. Conf. Ocean Offshore Arct. Eng. (2011), Paper 49452

[9.14] American Bureau of Shipping: Guide for Building and Classing Liquefed Gas Carriers with Independent Tanks (American Bureau of Shipping, Houston 2014)

[9.15] R. L. Bass, E. B. Bowles, R. W. Trudell, J. Navickas, J. C. Peck, N. Yoshimura, S. Endo, B. F. M. Pots: Modeling criteria for scaled lng sloshing experiments, J. Fluids Eng. 107(2), 272-280 (1985)

[9.16] T.-W. Yung, R. E. Sandström, H. He, M. K. Minta: On the physics of vapor/liquid interaction during impact on solids, J. Ship Res. 54(3), 174-183 (2010)

[9.17] P. J. C. Cox, J.-M. Gerez, J.-P. Biaggi: Cryogenic flexible for offshore LNG transfer, Proc. Offshore Technol. Conf. (2003), Paper OTC 15400

[9.18] G. F. Clauss, F. Sprenger, D. Testa: Dynamics of Offshore LNG Transfer Systems in Harsh Seas, Vol. 104(Jahrbuch der Schiffbautechnischen Gesellschaf e. V., Hamburg 2010)

[9.19] Det Norske Veritas: Classifcation Notes No. 30. 9 Sloshing Analysis of LNG Membrane Tanks (DetNorske Veritas, Høvik 2006)

[9.20] C. Pashalis: Latest developments in offshore FMC loading systems, LNG Journal July/August, 20-21(2004)

[9.21] B. Buchner, A. van Dijk, J. D. Wilde: Numerical multiple-body simulations of side-by-side mooring to a FPSO, Proc. 11th Int. Offshore Polar Eng. Conf. (2001), Paper 2001-JSC-286

[9.22] B. Buchner, G. de Boer, J. de Wilde: The Interaction effects of mooring in close proximity of other structures, Proc. 14th Int. Soc. Offshore Polar Eng. (2004), Paper No. JSC-364

[9.23] R. H. M. Huijsmans, J. Pinkster, J. de Wilde: Diffraction and radiation of waves around side-by-side moored vessels, Proc. 11th Int. Offshore Polar Eng. Conf. (2001)

[9.24] X.-B. Chen: Hydrodynamic analysis for offshore LNG terminals, Proc. 2nd Workshop Appl. Offshore Hydrodyn. (2005)

[9.25] W. H. Pauw, R. H. M. Huijsmans, A. Voogt: Advances in the hydrodynamics of side-by-side moored vessels, Proc. 26th Int. Conf. Offshore Mech. Arct. Eng. (2007), OMAE2007-29374

[9.26] L. Lu, X.-B. Chen: Dissipation in the gap resonance between two bodies, Proc.

27th Int. Workshop Water Waves Float. Bodies (2012)
[9.27] American Bureau of Shipping: Guidance Notes on Strength Assessment of Membrane-Type LNG Containment Systems Under Sloshing Loads (American Bureau of Shipping, Houston 2009)
[9.28] Bureau Veritas: Strength Assessment of LNG Membrane Tanks under Sloshing Loads Guidance Note N1564 DTROO6 (Bureau Veritas, Neuilly Sur Seine 2011

第10章　打捞作业

Michael S. Dean

打捞是一个宽泛的跨学科领域。打捞工程师必须牢牢掌握船舶的原理，以便能评估受损船舶的强度和稳性。

需具备材料强度、力学、动力学和结构方面的实用知识，也应对土壤力学、流体动力学、沿海工程、安全工程和索具设计，以及操作相关的理论和实践经验，如抽水作业、压缩空气系统设计和操作、金属加工、工业流程和炸药使用等有所了解。

一个高效的打捞工程师也应熟悉船舶操作、甲板船艺、机械操作，潜水和漏油补救。一个常被引用的逸闻指出：

船舶打捞是一种模糊假设的科学，其基础源于非决定性工具的有争议数据。船舶打捞由可靠性和心态不确定的人员通过精度不准确的设备完成。

本章参考文献包括数千页信息，这些信息源于数百年的经验和实践。任何承担海底打捞作业的人最好花些时间消化这些文献，以便更好地利用这些知识财富。

本章呈现的内容来源于一套由海军海洋系统司令部、海洋工程主任办公室、打捞和潜水主管部门发布的美国海军打捞技术手册(1～3卷)[10.1-10.3]。

10.1　事故和响应

通常，应对事故的特点做初步假设。初始报告通常包含相互冲突的信息，打捞团队必须在没有获得全部信息的情况下快速进行打捞评估。借助保险承保范围，可能会很好地制定打捞响应，因其影响打捞合同的类型及打捞团队成员的组成。打捞中的角色包括：船东、保险公司、船级社、打捞承包商和监管机构。监管机构在任何一次重大的打捞作业中都扮演重要的角色。对结构完整性和稳性的初始打捞工程评估通常能决定打捞团队的选择、船东和保险公司优先选择的合同类型，以及监管机构对制定的打捞计划的响应行动。

10.1.1　合同类型

合同类型对打捞作业的进程及成功与否有显著影响。对承包商而言，打捞和沉船移除工作不可避免地有一定的财务风险，并且影响到打捞官员/负责人对相关人员的要求和期望。用于打捞和沉船移除的合同类型有以下几种：

(1) 开放式合同：在商业打捞中有几种开放式打捞合同，尤其是近海发生的事故和船体进水且需要拖到避难港的情况。这些合同协议：打捞方应竭尽全力实施打捞作业，如果打捞成功，就能得到仲裁机构裁决的经济补偿。如果打捞不成功，他们将得不到任何经济补偿。

所以，通用的“无效果-无报酬”条款适用于这类合同类型。这类合同类型要求，当时间紧迫时，打捞工程师要快速地、明确地交付技术分析结果。在紧急抢救和拖曳的情况下，没有重新评估的余地。

(2) “无效果-无报酬”固定价格合同：这类合同在打捞工程中很常见，尤其是针对沉船残骸移除工程项目。通常，对于打捞工程师而言，沉船残骸移除是一种慢节奏作业，因为通常有时间进行权衡和调查。

(3) 固定价格合同：固定价格合同有时在打捞作业和沉船残骸移除项目中使用。在这类合同中，承包商承担高风险，预期高达 100%的高风险因子将用于投标价格中。如果打捞成本失控，并且打捞作业没有取得进展，这种类型的合同会给打捞工程师带来巨大的压力，从而加快工作速度并提高分析速度。

(4) 时间和材料合同：当打捞作业计划中有大量无法计算或者无法精确评估的未知情况时，常常使用时间和材料合同。这类合同的缺点是没有给承包商提供太多激励以使其迅速而廉价地完成工作。这些合同通常会为打捞工程师提供大量的分析工作，以便在打捞计划中权衡利弊。

(5) 成本加酬金合同：类似于时间和材料合同，当打捞成本难以预测时，成本加酬金合同就非常有用。基于成本百分比的酬金鼓励承包商将其成本提高，但基于绩效的激励酬金使承包商能够降低成本并使其利润最大化——这对所有人都有利。打捞工程师可以预测成本的权衡分析。

10.1.2　打捞人员

打捞官员/负责人往往被视为打捞工作的领导者和打捞团队的现场指挥。打捞团队成员包括精通索具和起重机操作、装配、焊接、机械和工业修理、维修行业的操作人员、船舶操作员、液压和空气系统技术员、遥控潜器(ROV)操作人员以及和打捞工程人员一起工作的潜水员。打捞团队成员在一个有凝聚力的团队中合作，充分利用每个学科带来的优势。在岸上，有专门的协调员和后勤人员，他们的工作是采购和运送设备。要想把团队成员团结在一起，让每个成员发挥最大的作用，就需要有领导技巧，以及所有团队成员的成熟和合作。

(1) 打捞官员/负责人：通常，打捞官员/负责人是海军军官或船长[美国海岸警卫队(USCG)授权]，他们精通在海上指挥船舶和拖船。他们必须精通船舶操作和拖曳相关的所有技能。如果打捞官员自己不是潜水员，那么他应该对潜水安全、潜水环境、潜水者的环境限制、减压实践有全面的了解。打捞官员必须把潜水员的安全作为第一要务。打捞官员/负责人的工作需要卓越的领导才能。

(2) 打捞工程师：打捞工程师通常是技术顾问，直接向打捞官员/负责人汇报工作，几乎不会直接负责打捞工作。打捞工程师的职责是将数字和尺度加入应急的打捞计划中，并分析船舶浮力和稳性的自身作用力、材料的强度、泵系统、流量，事实上，涉及所有与实施打捞技术有关的一切事务。他们必须有出色的沟通技巧和卓越的能力去推测打捞官员/负责人在分析和处理信息的过程中需要什么，以便把一个计划概念转化为打捞团队的执行任务。在理想的情况下，他们结合经验丰富的船舶和海洋工程师以及对所有船上系统完全熟悉的海事工程师的技能。打捞工程师通常是有学位的船舶工程师、有执照的海事工程师和/或有海洋工程专业训练经历的石油工程师。对打捞工程师来说，如果上过潜水学校，那将是一笔宝贵的财富。

一般情况下，打捞团队通常是由有数年工业行业经验（包括机械操作、操纵和起重机操作、液压、抽吸/抽水和压缩空气系统）的人员组成。他们必须能完全适应海上生活。在每一次打捞作业中，装配与焊接方面的经验几乎必不可少。实际情况下，打捞作业夜以继日，必须有足够多相应技能的人员，以实现多班次连续作业。还必须有足够多的监督人员来有效地监督多班作业。所有的班次都必须有强有力的监督。最能干的管理者应该被分配到夜班。

(3) 潜水员：潜水员和供应船几乎是每个打捞团队中一个不可或缺的组成部分，他们承担大量需要在水下进行精细判断的机械作业——水下环境恶劣且充满危险。由于他们工作中所处的介质，以及工作场所的限制，相对于水面上的作业，潜水员完成同样的工作需要更多时间。一个好的潜水员要具备极大的耐心、毅力以及完成工作的决心。

10.1.3 打捞工程师的角色

打捞工程师为打捞作业带来了深厚的技术背景，这不是相应经验可以替代的。团队中的其他成员可能有相当多的经验，并了解在其他工作中的行为，但是可能没有技术深度来理解他们的工作原理和工作方式，他们有多接近危险，或者他们经历了多少困难曲折。具有丰富的经验、有内在的常识、懂得如何做事的人以及理论工程师组成了一个强大的团队。团队成员必须花时间倾听彼此的意见，理解对方的推理，培养彼此的信任感。

打捞工程师在打捞响应中可能扮演不同的角色。他们可能是业主或保险公司的顾问，承担分析打捞计划，评估其可行性的职责；他们可能是打捞团队的一员，承担协助制定打捞主计划的职责；他们可能是监管部门的一员，他们的分析将识别打捞计划中的风险。不论他们在组织中承担什么角色，工程师应该花时间和精力去努力搜集其他人员的建议和想法，这些人员将建立和安装他们的设计或实施打捞计划。设计中的细微改变可能并不影响其功能，但却能使其建造和安装更高效。如果工程师们愿意花时间去倾听和讨论打捞团队成员的想法，他们会发现成员们积极主动向他们提出宝贵的建议。打捞工程师不应以打捞计划制定者的身份自居，必须准备好接受实际的批评，以使抢救打捞技术适应当前的特定工作。

当工程师和实际作业人员对立，并且不再积极沟通时，真正的危险就产生了。当实际作业人员修改了工程师的设计，无意中破坏了船舶的强度或完整性时，打捞工作将遭到严重的干扰。工程师必须走上甲板，走进货舱里，观察在发生的事，看看问题出在哪里，并且要努力了解实际作业人员的想法。

10.2 打捞工程介绍

在打捞作业中没有标准程序或既定计划，只有众所周知的技术可以在串联或并联的情况下完成打捞任务。打捞工程师和他的团队最好精通整套打捞技术。通常采取的第一步措施是稳定局势（扑灭火、阻止船体进水、稳住搁浅的船舶等），打捞工作随后逐步展开，然后继续推进，通过移除重量、压舱、修补等方式来获得对船的控制，然后才可以使船摆脱困境。一个基于实践检验和真实技术的打捞计划并不能保证打捞成功，但是一个在早期没有经过深思熟虑且精心组织的打捞行动几乎不可能成功。没有对事故船舶和救助地点进行彻底、周密的调查就无法制定出周密的计划。在初始打捞计划满足作业实际之前,这很少是一个完美的计划。打捞计划通常成为打捞作业的第二事故(第一事故是事故本身)。打捞工程师必须全面了解在各种事故类型(触礁、搁浅、倾覆、船体进水、倾斜、碰撞等)中和各类环境下(近海、港口、沿岸等)起作用的一般物理原则以及最有用的信息(如果受限)进行全面了解。为了论证打捞计划的可行性和所涉及的技术顺序,打捞工程师必须评估船舶的位置和条件,理解其困难,并将工作和方法概念化,以完成作业目标。

打捞工作是为了从海洋中回收有用的或有价值的物品,或消除污染危害。一艘船舶之所以被打捞上来,是因为它有其回收价值或移除的原因——不仅仅是因为它被毁坏了。打捞行动的目标几乎影响整个行动的每一个决定。军事打捞受经济制约;然而,成本只是影响决策的几个因素之一。战术、战略、政治、环境等因素也影响决策。尽管打捞工程师很少决定是否进行打捞工作,但他们对技术要求、困难和可能耗费的成本的评估对这些决定有很大的影响。

一些权威机构试图对打捞和相关工作进行明确的分类,比如基于位置、作业环境或事故船事故的类型等;没有那个类别能充分描述海上打捞工作的方方面面。然而,对不同类型的打捞工作进行简要的考察,可以说明不同的情况是如何限制或促进作业的。

10.2.1　离岸和沿海

沿海打捞使搁浅在沿海水域的船舶重新漂浮起来。暴露于海浪、涌浪、海流和恶劣天气中的搁浅船舶的命运通常会随着时间的推移急剧恶化。一个在沿岸砂坝的简单搁浅事故可能导致船突然横倾,由于风和海的影响,在几小时内就会变得孤立无援,通常在拖船救援之前就会出现。由异常高的潮汐或晴朗天气带来的机会窗口可能会突然关闭,而且在数周或数月内不会重新有这样的机会,而事故不断恶化。通常,一个单纯的搁浅事故会演变成一场沉船事故。在近海和海洋打捞的情况下,打捞必须迅速有效,以保存船舶和货物的价值,这使得海上打捞可能成为困难的打捞类型。

海上打捞由特别建造和装备的打捞船和拖船进行。便携式设备必须是相对紧凑和轻便的,因为它通常必须由直升机或小船运输,并由人工定位。作业条件往往不适用于浮吊、施工供应船、挖泥船以及类似的浮动装置,因为它们通常设计为在遮蔽海区工作。此外,这些设备可能将不能立即投入使用,因为先前的承诺,以及从最近港口运输过来需较长时间。需要迅速、准确和全面的调查,以确定事故的情况,并为工程分析提供输入,以支持及时的打捞计划。

一艘破损但仍能自由漂浮的船舶可能需要许多不同的服务,最有效的服务可能是协助完成船舶控制自身破损的工作。在大多数情况下,协助船舶破损控制工作所采取措施是对可能情况的预期响应;任何工程或具体计划都必须迅速和及时 ,在局势稳定之后,打捞工作进入了一个可能需要更详细的计划和管理的阶段。

10.2.2　港口及近海

对遮蔽水域搁浅或沉没的船舶进行打捞,称为港口或近海打捞。在港口或其他遮蔽水域发生事故船舶通常不像海上打捞作业那样会遭遇作业条件迅速恶化的情况;除非阻塞重要的通道或设施,否则时间不是驱动因素。通常有时间进行彻底的调查和规划,并从港口设施、广泛分散的救助单位或承包商处获得设备和服务。一般来说，浮吊可以使用，轻便的设备并不像在海上打捞时那样受大小和重量的限制。木匠、码头工人和一般劳工都可以从当地的劳动力市场中获得。

10.2.3 货物和设备回收

在某些情况下，事故船舶可能不值得救援，但可能会优先考虑打捞船上的货物或设备，例如高价值的货物、重要的战略物资、敏感的军用装备、机械、武器装备，等等。例如，在珍珠港事件中，美国"亚利桑那州"和"犹他州"战舰再也没有浮出过水面，但舰上的大部分枪支被移走，以供岸上使用或者新组建战舰使用。在规划货物和设备搬迁时，必须评估船体的完整性和稳性，以保护环境。机械拆卸作业通常会将机械润滑剂引入船体和周围水域，这个问题要在打捞污染计划中予以考虑和解决。当船舶与海水不自由连通时，船体可以提供一个收集燃料和润滑油极好的外壳，而且，为移除船舶而移动或肢解船舶前，使用内部撇油设备是一种简略的措施。在搁浅船舶重新漂浮前，移除货物通常会有压力。通常移除和卸载货物比移除燃油和压载水的效率低。

10.2.4 污染和有害物质

早期打捞作业者的注意力完全集中在恢复船舶和货物上，而今天的环保意识则要求所有的打捞都旨在保护环境。越来越多的打捞行动不涉及恢复船舶本身，无论是完整的船舶或者是其碎片。这些行动中有许多涉及针对石油、有害物质和其他对海洋环境造成威胁的材料的回收。公众和政府的环境意识已经让位于法律和义务，他们要求责任方清除所有沉船污染物残骸。救援人员必须采取措施以保护敏感的海洋生态系统（如珊瑚礁），这些地方往往是打捞工作进行的场所。

1）污染防治与控制

尽管许多打捞行动都有时间紧迫的特点，但在某些军事紧急情况下，救援人员必须注意预防和控制事故造成的污染。污染控制和消除有害物质的工作将会影响打捞工程师对船舶恢复和打捞任务的处理方法，例如，在油舱穿孔和暴露于海洋的情况下，可能有必要从甲板上进入到油舱，从油舱中取出油液。这种行为充满危险，协助规划（抽吸流速、抽吸头、黏度等）的打捞工程师必须认识到如何安全地降低爆炸风险。打捞工程师必须熟悉区域和当地的石油和危险物质（OHS）泄漏应急计划。打捞计划必须对已经发生的漏油事故进行控制和清理，以及防止进一步的污染。打捞工程师参与许多打捞场景中的污染控制工作，包括：油和有害物质与海水自由连通或者液态货物从沉船转移到其他船舶。

2）有害物质

有害物质，如易燃或易爆物、强腐蚀性、活性、或有毒货物的打捞越来越成为海上打捞作业的重要组成部分。涉及化学品运输船、驳船或海军战斗舰艇的打捞作业有固有的有害物质风险。越来越多的有害物质运到处理/处置地点，直接导致更多的有害物质打捞的情况。另外，打捞作业中遇到的有害物质会中断或者延缓打捞作业，因为担心伤害打捞人员或者危及环境。如果存在公认的有害物质，可能会禁止公开的海洋沉船或废品销售。在许多情况下，打捞团队采取适当的防范措施可以将其对打捞作业的影响降低到最低程度。在这种情况下，有害物质清除承包商必须纳入打捞计划。

3）生态保护

迅速将船舶从受损位置移走通常是减轻环境损害的最佳方法。在极端情况下，船舶停留的时间越长，周围的生态系统就越有可能受到燃油和润滑油泄漏、危险货物或者是船体底部的机械动作的不利影响。无论如何，必须在清除作业的便利性与打捞作业对环境造成的损害之间进行权衡。在评价打捞过程和设备时，工程师必须考虑到在敏感的沼泽地上作业的挖掘机的影响以及钢丝绳和锚对附近珊瑚磨损的影响。

10.2.5 沉船残骸移除

打捞团队可能被要求清除那些几乎没有打捞价值的危险或难看的残骸。打捞人员通过最可行或合适的方法重新浮起或移除残骸，而不考虑残骸的残值。所需要的只是将残骸被移走。打捞人员仅需根据他们评估的较容易的技术，将残骸切割成易于处理的部分或重新浮起或移除整个残骸。如果沉船沉没在深水中，那么现浇泡沫法作为起浮方法是个糟糕的选择。

10.2.6 清除

港口与航道清理涉及对大量沉船残骸进行清除或打捞。障碍物可能包括各种尺寸和说法的船舶，这些船舶因风暴、碰撞、火灾、战争、破坏活动或被撤退的敌人蓄意毁坏而搁浅或受到不同程度损坏而沉没。此外，车辆、有轨电车、港口设备、倒塌的桥梁和桥墩等材料也可能需要拆除。

清理工作类似于沉船的打捞工作，对阻碍船舶或硬件的价值保护通常不及使航道恢复正常运行的要求重要。港口清除通常是港口重建工作的一部分，可能涉及陆军、海军或海军陆战队的工程师分支机构、军队运输部队、海岸警卫队、陆军和海军供应组织或民用承包商。在军事港口、战斗航道或被敌军故意破坏的港口，可能需要清理地雷、弹药或陷阱。联邦政府、州政府和地方机构将参与和平时期的清除活动。

10.3 数据、调查和规划

10.3.1 基本数据和船舶信息

打捞现场的条件在开始时很少完全确定，经常在打捞作业过程中往往也没有完全确定。情况随时间和天气而变化。打捞工程师在收到参与打捞工作的通知后，并在打捞队伍开始到达现场之前就应该立即开始信息收集工作，并一直持续到打捞工作结束。

整船信息

整船信息可在文件中获得，型线（排水量和其他曲线）和/或包含尽可能多的下列内容的静水力表：

- 海水中的排水量
- 浮心垂向位置（*VCB* 或 *KB*）
- 浮心纵向位置（*LCB*）
- 每英寸吃水吨数（*TPI*）

• 每英寸纵倾力矩(MTI)
• 龙骨上横稳心高(KM_T)
• 纵稳心半径(BM_L)
• 水线面面积(Awp)

附图和其他参考材料包括:

• 纵倾和稳性手册
• 破损控制手册
• 型线图,外形图,型值表
• 邦戎曲线
• 总布置图
• 舱容图
• 进坞图
• 舷内和舷外轮廓图

结构图包括:

• 中横剖面图
• 外板展开图
• 结构平面图和剖面图
• 按肋位或站位的结构惯性矩和剖面模数
• 重量分布曲线

从船东、船级社等单位取得的船舶的计算机模型。相关资料包括记录以下内容的船舶日志:

• 船舶日志——吃水、纵倾和横倾状况
• 货物装载和舱室测深
• 事故发生时船舶的速度和航向

影响打捞行动的许多因素在相对重要性上有所不同,并非所有情况都适用。所需信息及其意义取决于事故船舶类型。打捞工程师必须了解影响打捞作业的因素。必须评估各因素对选择打捞方法的相对优先性和影响因素。随着打捞计划的发展和形势的变化,要求提供更多的信息。打捞工程师必须非常熟悉船上的情况,特别是事故船上的货物和液体的位置是否造成破损或为正常堆垛。

许多打捞行动时间紧迫,尤其是搁浅和浸水事故。并不总有时间等待最佳条件到来或者所有信息都收集齐全。打捞工程师必须在现有的时间内获得最好的信息,估计他们无法获得的信息,进行必要的分析,以协助制定打捞计划,以便在获得更多信息时有足够的灵活性进行更改。

10.3.2 打捞调查

在打捞调查中,通过检查船舶及其周围区域来收集有关事故船舶的信息。打捞工程师应准备好陪同打捞人员参与任何或所有调查。调查的主要目的是收集信息以便制定打捞计划。信息收集是一个从未真正完成的动态过程。当第一个救援人员到达救援现场时,获取现场信息就开始了。如果能与事故船的船员或者其他见证者取得联系,或者获得有关船舶或区域的文件资料，效果更好。应该在救援人员到达现场之前开始信息收集，并在整个救援过程中继续进行信息收集。应尽可能多地重复开展全面或局部的调查，以使救援人员能够跟上形势的变化。

好的调查的关键是对观察结果的验证，以及对收集到的信息进行组织和展示。

调查只会报告观察结果。打捞工程师的任务是解释观察到的情况，以确定它们与船舶状况的相关性。就像调查一样，对结果的解释必须是持续不断的过程，在整个作业过程中持续不断，并且随着调查的深化而不断修订。

1）调查分解

打捞调查分解成几个相互依存的调查（初步的情况、详细的船体情况、上侧、内部、潜水、水文、地点、安全和其他调查）。这些调查如何相互关联，以及每个调查的范围和重要性，取决于事故船舶的类型。由于搁浅打捞是最常见的打捞类型，因此当事故属于搁浅事故时，调查首先被提出来。搁浅调查和其他类型事故调查结果之间的差异将在后续章节讨论。

2）初步调查

初步调查验证了从事故本身、船舶公司、船东或其他旁观者处获得的信息。所有的报告都应该核对，因为初步观察可能与打捞毫不相干，或者对打捞工程师重要的信息可能被忽略了。应该进行一项桌面调查，尽可能多地收集有关船舶的资料和打捞现场的水深测量资料。文件资料有助于初步评估情况，并为详细调查提供起点。至少，初步调查应包括：

- 验证几个潮汐周期内，事故船舶吃水、纵倾和横倾的变化
- 检查船员报告的海底水深——按潮汐数据校正
- 确定船舶只是轻微搁浅还是搁浅在水流（或潮水）达不到的地方
- 核实事故船舶在海图上的位置和姿态
- 确定船上设备和系统是否起作用
- 判断事故船舶是否晃动并随潮流移动
- 验证液舱测深，淹没程度，结构损坏情况
- 确定是否有进一步进水的可能性

3）空中观察

打捞人员在打捞现场上空观察浅滩水的颜色变化及其他迹象，可能是极为有用的。由于直升机能够缓慢移动或悬停，所以直升机是进行这种空中调查的最佳平台。空中观察提供了整个现场的视图，包括岸滩。可以从空中选择可能的海滩绞拖工具安装位置、系泊点、木桩和缆索在岸上的安装位置、驳运安排、船舶撤回通道等。这些位置的合理性可以通过一项详细的调查得到证实。

4）初始信息

初步调查应在救援团队到达之前开始，同时并入船上船员的报告。可以从船东或其代理人那里获得商船信息。许多商船的信息也可以从美国海岸警卫队总部、国家货物运输局和船级社获得。对搁浅地点进行空中或卫星侦察也可以提供事故船的基本信息。事故船舶或同行的船舶可以提供大量有关事故船和现场的信息。打捞方能完成标准调查表格的部分传输。事故发生后，应尽快测量搁浅后船舶的吃水深度。早期信息为初步规划和初步估计打捞所需的工作量、时间和资产奠定了基础。被派遣到现场的打捞资源是由请求支援时可获得的信息决定的。打捞力量是否有办法立即稳定事故船是成败的关键。事故船舶可能会

恶化到无法营救的程度，或者在等待额外装备或打捞力量到来时失去适宜天气的窗口期。到达现场的设备太多总比设备不足要好，但是打捞力量和资源不是无限的。打捞人员到达现场之前可以得到的信息确定需要进一步调查的事情，所以，调查可以集中在回报最大的项目上。需要从打捞地点得到的信息包括：

- 一个包含经度和纬度的准确搁浅位置，以及适用的海图编号和确定位置的方法
- 搁浅的日期和时间
- 从最后一个港口起航时的吃水量以及搁浅时的吃水量估计值
- 航行后的燃料、水、弹药和航行以来消耗或转移的其他重量
- 随着潮水和时间的推移，搁浅后船的前、中、后部吃水量
- 沿着船的长度方向测量水深，并根据该区域海图数据进行修正
- 搁浅时船的航线和速度，搁浅后船舶的首向，包含详细的变化情况
- 船舶晃动情况
- 天气状况，包括风向和风速、当前天气以及事故点未来天气预报情况
- 海浪和海流状况，包括海浪和涌浪的方向和高度、潮汐状况、天气以及搁浅时的海情
- 潮位和基准位
- 船舶破损的程度和类型
- 搁浅点的位置和地面反作用力估算
- 海底类型
- 船舶机械状态
- 液体载荷状态(货物、燃料、淡水、压载)
- 船上的货物清单或旅客名单，包括已知的有害物质数量和位置
- 现场可以获得的援助

5）现场调查

详细的现场调查细化了初步调查，收集了打捞调查表中列出的具体信息。详细调查包括五项调查：

- 顶层甲板
- 内部船体(包括机械设备)
- 入水和出水船体
- 水文
- 船舶姿态

(1) 顶层甲板调查。顶层甲板调查收集有关露天甲板上方船的外部信息。特别关注的项目包括：

- 所有甲板机械和装卸设备的类型、位置、安全工作负荷和操作条件
- 拖船和海滩绞拖工具附着点的位置和安全工作负荷估计，包括牵引装置的可使用的工作空间
- 如果顶层甲板上的重量必须移除，顶部障碍物和上层建筑的位置和估计重量
- 船上小艇的运行状态

(2) 船体内部调查。船体内部调查收集有关船舶内部及其容量的信息。内部调查包括：

• 详细检查主甲板以下各空间的状况和物品

• 测量所有装有液体的空间

• 确定安装在船上的排水系统管道、阀门、泵和其他相关设备状况

• 确定所有货物和压载水泵的位置和运行状况,以及相关管道和阀组的分布情况

• 确定所有货物和储藏物的位置、状况以及易燃物和化学品等明显的有害物质

• 确定所有弹药箱的位置、重量、体积和保护等级,以及弹药箱喷水灭火系统的运行状态和控制位置

• 确定所有的结构破损的位置,确切地说,指孔、破洞、裂纹、渗水的接缝、晃动的舱壁等

• 确定不牢固的或者已经移位的货物、设备或可移除的永久/固体压载

• 调查特别感兴趣项目,例如安装、操纵海滩绞拖工具的露天甲板,或必要开口的位置

• 确定可用于打捞的材料的有效性和位置

• 确定可以关闭或打开的液舱所有横向连接装置的位置和尺寸

(3) 机械设备。机械设备的状态和状况能引起打捞工程师极大的兴趣。电力设备、压缩空气、甲板机械、水泵和其他设备的有效性,可以大大简化打捞船舶的任务。操作推进机械可以协助重新起浮工作,并且在船舶脱浅时控制事故船舶。无论是商业还是军事方面的考虑,机械设备的价值可能是事故船舶价值的重要部分。特殊货物,如冷藏货物,可能需要某些设备来防止降解或危害形成。正确的通风系统可以防止危险气体的积聚。在某些情况下,机械设备和其他设备可能是打捞作业的对象,对船体的打捞只是为了将其作为一个运输机器设备的驳船。特别是,如果水位上升和下降,受海水浸泡的机械暴露在空气中,或者没有采取足够的应对海水破坏的措施,船体进水会严重损坏机械设备。

(4) 潜水调查和遥控潜器调查船体外部状况。潜水调查或遥控潜器检查船体外壳的水下部分和船体主甲板以下的外部部分。这项调查可以由潜水员执行,或在某些情况下,使用遥控潜器检查沉没或搁浅的船舶。并非所有的搁浅救援都需要水下调查;在某些情况下,船体状况可以从内部调查充分确定。潜水调查提供了关于船体和海底条件的更准确的信息,除非时间限制、缺少潜水员或海洋状况不允许,否则,潜水调查必不可少。如果潜水调查和遥控潜器调查没有进行或者受到严重限制,无论出于何种原因,内部调查必须非常全面,以弥补缺乏详细的船体和底部条件状况的信息。关于船底的结论可能必须从顶部的观察中得出。潜水调查或遥控潜器调查确定或检查以下内容:

• 船体与海底接触点数量及描述

• 尖峰石阵是否存在及其位置

• 撞击是否存在及其位置

• 所有孔、裂缝、孔洞的位置和大小,吃水线和露天甲板之间部分和船体水下部分的凹痕

• 所有的海水吸入口、阀门和管件的状况,以及清洁状况

• 所有水下附件的状况和可操作性,包括舭龙骨、传感器、稳定装置、舵、轴系和轴承,以及螺旋桨

• 泄漏或逸出燃料、污染物或液体的迹象

• 海底土壤的类型及冲刷、堆积的存在、位置和程度

(5) 水下录像。只要有可能,录像机应该用于水下调查。录像机,特别是低光视频录像

机比潜水员的眼睛更灵敏，能记录更多的细节。录像带可以反复回放，方便观看。早期调查的录像可以与最近的调查相比较以测量变化。不会潜水的技术人员可以通过录像观察水下情况。与海底接触的船体区域、水下破损、船体附体和开口的录像特别有价值。黑白视频通常具有更好的细节分辨率和低光性能，但对于一般调查，彩色视频可能更好，因为通过颜色对比，很多海底区域的特征和船体区域的损坏更醒目，例如珊瑚头、岩层、刮掉的油漆、海洋生物等。

（6）水文测量。水文测量确定打捞区域的特点及海床特点。水文测量包括：

• 观测到的潮汐与预报的潮汐信息的比较

• 确定当地水流的强度、周期和时间，以及高、低水位的持续时间，以及它们与高潮期和低潮时的关系

• 海浪及涌浪高度、周期、海浪方向的周期观测，以及对打捞行动的影响

• 船舶周围的水深测量，包括安装海滩绞拖工具和下锚位置的水深，或者打捞船或其他船舶作业区域的水深

• 获得海滩绞拖工具安装区域海底剖面图，以协助设计海滩绞拖工具支柱腿

6）船舶姿态

（1）读取吃水。准确的搁浅吃水通常很难获得，但是必须获得，因为它们是许多打捞计算的基础。例如，地面反作用力计算取决于吃水深度，地面反作用力对操作影响很大。获得准确的搁浅吃水耗费精力是值得的。在涌浪中，从船上读取的吃水是最准确的。当船体倾斜时，可能需要沿着船长方向获取几个位置的吃水以便精确确定浮力分布以计算强度和地面反作用力。如果需要测量吃水线标志之间各站的吃水（或吃水标志被抹去），可以用重垂线或链条测量距离主甲板或其他方便测量的甲板的干舷，然后，当从剖面图或数据表中获取吃水时，将龙骨以上甲板高度减去干舷。由于海面很少达到平静状态，所以通过计算每个位置至少三个读数的平均值来确定吃水。

每当吃水被记下时，潮水的时间、日期和状态被记录下来，并将吃水减少到潮汐基准面；在正常情况下，该基准和当地航海图上的基准相同。减少到潮汐基准面是必要的，因为搁浅船舶的吃水读数随潮汐变化。在已知潮汐基准的地面反作用力时，可以确定潮汐对地面反作用力的影响。

（2）确定事故船舶的运动情况。在打捞作业的早期，应该确定事故船舶是否在移动。观察各航向范围——最好是与事故船舶一致或与船体梁一致的方向——是探测事故船舶运动的最快捷的方法。导航范围可以建立在自然地标上，或者，如果水深允许，可以设置范围极点，以观察事故船舶是否偏离了范围。或者，应该定期记录固定的、容易识别的方位。当发现船体没有移动，读数间隔可以增加。大型摆式倾斜仪应放置在事故船舶上一个容易观察的位置以显示倾斜角的变化（或横倾，如果船是晃动的）。

（3）船体变形。船体挠度与船体应力及弯矩有关。挠度可以通过测量吃水来确定。可使用经纬仪、水准仪或者两点张紧的钢丝线测量相对水平基准的高度，从而确定船体变形。将根据测量结果绘制的甲板或其他测量表面的直线或曲线与船舶的图纸进行比较，以确定船体变形量和方向。

（4）船体应变读数。如果船体随着潮汐或涌浪上升时，应检查船体挠度。安装在肋位间的百分表可测量相邻纵向船体构件之间应变。船体应变增加表明船体应力增加。弯曲应

力的突然增加表明船体可能已破坏，必须迅速改变负载以减小应力。百分表也能显示船体梁是否产生永久应变。在许多情况下，船体会因水位变动或海浪通过时发生肉眼可见的弯曲。弯曲将交替增加和减小纵向应变。在极端情况下，挠曲会引起应变逆转，从伸长到压缩再返回来。如果应变是弹性的，百分表读数范围将保持相当恒定，并且在几个周期后可以确定一个近似中值点。中值点的正向或负向稳定变化都不能与观测到水位波动相联系，表明船体梁总挠度变化。这种变化可能是由于总弯矩的变化或永久变形引起的弹性挠度增加或减小导致的，它表明船体梁的局部应力超过了屈服极限。如果应力超过了屈服极限，船体就有灾难性破坏的危险。应当检查船体构件是否有屈服的迹象；对船体梁载荷的变化应仔细检查，以确定挠度水平位移的原因。同样，可以在舷侧外板纵向设置刻度盘指示垂直剪切应力，并在甲板梁之间显示水平剪切应力。

（5）损坏报告。由船员编制的损坏报告有助于确定被调查区域的优先次序。应特别注意二次损坏，例如异常舱壁弯曲、裂缝、舱口和门无法关闭、开裂或油漆剥落，或其他应力或船体变形的迹象。由于这些情况可能表明更严重的损坏，应确定其原因。应向潜水员介绍船体内部发现的所有损坏的位置和类型，以便他们检查这些区域的水下损坏情况。喷涂在船体上的肋位号有助于潜水员和船员确定他们自己在船长方向的位置。在指定位置（肋位号）悬挂在舷边或放进水中的载重线，有助于潜水员在水下自我定位，并找到相对已知点的损坏情况。扩展损坏，如延长或扩大的裂缝，增加或减少开口和间隙的尺寸，增加变形区域，或油漆破裂和剥落的区域等特别重要，因为它表明船体逐渐脆弱或应力在增加。

（6）液舱测深。所有的液舱都应频繁检测，并比较搁浅前后的测深。在大多数油船上，货油舱的装载量都是将液舱的缺量（液体以上空间的高度，通常通过膨胀立管或油位测定孔测量）制成表格，而非测深（液位深度）制成的表格。检查油舱和其他油罐是否进水时，要使用指示膏、抽取样或打开液舱检查。有些油船装有超声波测深装置，能够定位油面和油水界面。利用事故船舶的舱容表将大大简化工作量，只要调查人员测量液体表面与界面使用舱容表中同样的数据，即测深或缺量，那么事故船的舱容量就能计算出来。可能有必要向测量液体深度的调查人员简要介绍测量缺量的正确方法。

（7）潮汐。潮汐的涨落，无论是在高度还是时间上，都与潮汐表中所预测的不同。应该设置一个潮位计，并定期读取，并与预测的潮汐做比较。当地的海员经常能提供关于搁浅地点的潮汐和海流的最佳信息。

7）打捞计划和更新

形成打捞计划后，数据分析的全部价值得以体现，这些数据由调查人员收集。打捞计划列出了要做的工作，将要采用的打捞技术，并将其与现有资源相匹配，对其安排工作日程，阐述了个人和组织的职责，并提供了一个协调所有打捞工作以满足目标日期和时间的工具。收到事故船舶的初步信息时，就可以着手制定打捞计划，并在整个作业过程中不断更新。打捞工程师对打捞计划的贡献是对信息进行量化，以协助打捞官员/负责人将打捞计划传达给其他官员和打捞人员。打捞工程师可以在作业期间随时向打捞官员/负责人提供更新后的计算结果。通常情况下，在当地时间早上，这些更新将会被要求进行简报。它们可以是非常全面的补充资料，可能需要耗费一个漫长的不眠之夜来准备。举例来说，在船舶搁浅情况下，工程师可能需要提供以下计算：

- 地面反作用力

- 解救船舶所需作用力
- 中性加载点的位置，如果适用
- 稳性（搁浅和漂浮）
- 船体梁的强度、受损部位、附着点和索具
- 对具体撤销和再浮起技术选择的基本原理的总结

10.4 作业类型

打捞作业一般涉及三种事故情况：自由漂浮、搁浅或沉没。一艘自由漂浮的船舶，无论完整或破损，均部分进水，甚至倾覆，都具有水线面及一定程度纵稳性或横稳性，并能在海上生存。潮汐变化将不会影响事故船舶的浮力或稳性。与此相反，一艘搁浅的船舶，无论仅触地且由于触地引起纵倾或横倾，或已经搁浅并随海流、海浪、风和潮汐逐渐移动，都受到设计师未预期和考虑在设计中的力作用。结构载荷高可能使船舶穿孔，海水的作用将使搁浅成为滞留状态，并且无论潮汐状态如何，留下来的高和干的地方几乎将无残余浮力。在裸露的海岸或暗礁情况下，搁浅船舶会面临在几天内从简单搁浅转变成毫无希望沉船的困境。沉船没有足够的水线面以使船随潮汐漂浮，并无法移动。根据沉船静止角和地面反作用力的程度，沉船的困境将随着冲刷和淤泥的堆积而恶化，从而增加沉船重量和货物重量。然而，在一个港口或受保护水域，好多年后才能把沉船打捞出来，或者就地毁坏。沉没船舶可按剩余浮力特性分组如下：

- 完全淹没（正浮或侧倾）或倾覆（翻转），无残余浮力
- 淹没，船体的一小部分露出水面
- 部分沉没，相当一部分船体露出水面

所有下沉损失浮力重新恢复前，沉船可能开始重新漂浮。从底部浮起过程中，船上剩余的水会导致危险的自由液面以及稳性、倾斜、船体局部和整体强度等问题。一艘沉船的打捞不仅需要恢复足够的浮力使船浮起来，而且浮力要合理分布，以便使船获得合适的稳性、平衡性及强度。每一类事故的基本危险和物理状况将决定打捞作业的技术和设备，以及打捞官员/负责人用来控制局势的工具和方法。这些被选择的工具和方法不可避免地涉及打捞工程，以量化各种方法的效果。

10.4.1 救助自由浮动的船舶

一艘自由漂浮的船舶，无论是正浮，还是处于极端的倾斜（甚至是倾覆的）状况，在水面上处于稳定平衡状态。当然，对于一艘有洞的船舶，当渐渐进水和浮力持续失去时，稳性裕度将恶化，稳定的状态可能会变得不稳定。在一个稳定的平衡状态下，即使纵倾角和横倾角过大，浮心和重心位置将在纵向和横向保持一致，并且稳性高度（GM）将为正。不管这些纵倾角和横倾角有多大，甚至在倾覆状态下，即使完全翻过来，下方充满了空气，船舶仍具有水线、水线面惯性矩和瞬时稳心。进水空间和部分填充舱室（煤屑）由于自由液面效应，船舶纵横倾将大受影响，船舶动稳性范围及纵横摇周期也将受影响，以致船舶状况越来越不妙，最终倒塌和沉没。根据定义，完全淹没的船舶没有水线，如果完全淹没的船舶没有完全触底，那么这是一种罕见的情况。

战斗破损或碰撞破损，甚至水密完整性丧失作用会导致船体由于内部渐渐进水而最终损坏，进水(舱壁甲板沉没后)，或当舱壁间的进水相当对称时，由于水密横舱壁之间的水线面大量损失，船舶将倾覆或被淹没。除了这些影响外，船体梁的强度可能会受到影响，弯曲和扭转载荷可能导致船体断裂。对自由浮动船舶的打捞作业一般包括在事故发生的早期阶段，船员们持续实施破损控制措施，如果船舶不能自行移动，将使用拖拉措施。由于火灾、爆炸、碰撞或货物重量的巨大转移而造成的能自由浮动的船舶事故是一种非常困难的事故类型。为了本章的操作起见，我们将假定船舶船员在打捞工程师的参与开始时，正在执行破损控制措施。并假定船舶的状况为纵倾和横倾过度且内部大量进水，在这种情况下，使用船舶原封不动的稳性数据(纵倾与稳性手册或横截面曲线)的价值是有限的。

1) 自由浮动-过度纵倾与横倾

过度纵横倾的一般特点为浮力损失，因此干舷损失结合不正常的大纵倾或横倾角(例如，船舶装载手册或纵倾和稳性手册中无法找到的吃水和角度)。稳性裕度的损失为动稳性损失的结果，通常是绕着横倾平衡角能感觉到横摇的周期特别长，或者甚至直立并处于稳定平衡状态。在这种情况下，首先要关注的是确定稳性裕度和分析各种技术的后果以改善适航性。

许多用于提高适航性的操作技术涉及卸载或转移液体载荷，并结合减少或消除大自由面影响的工作。在船的舱底压载或货物转运系统尚能运行的情况下，当存在压载的情况下，可调整液体载荷，以通过升高稳性高的方式提高全船稳性。不幸的是，增加压载会使得船舶干舷减小，并在压载改变过程中会引起瞬态自由液面效应。需有所取舍。对于进水的船舱区域(在载有货物的情况下)，有必要修补船体或者隔离舱的渗漏处，并且使用打捞泵排出船内积水。用海水平衡注水是另一项经常考虑的技术，并需权衡其优势与劣势，其优势为有助于重心偏离的修正，劣势为有不利的瞬态自由液面影响和干舷损失。更好的方式是内部移动液体货物。无论如何，在有大自由面的位置，诸如修补和排水等技术对适航性的恢复是至关重要的。

制定一个减轻重量的计划是主要的，用于建立卸载液体货物和燃油的顺序以及预测瞬态自由液面对船舶稳性裕度的影响。卸载也包括从甲板上卸下重物，就像从一艘损坏的船上卸下集装箱一样。

在事故船舶结构分析方面，船体梁剩余强度评估，以及由于船体浮力和船舶进水分布改变引起的船体静水弯矩或波浪弯矩的计算，对于防止进一步的结构破坏和相关进水是必要的。当使用压缩空气排水时，结构分析就十分必要，因为边界结构(比如主甲板下面)的载荷可能过大。

当船体的计算模型无法利用时，推断或估计数量是必要的，诸如使用型线图和邦戎曲线来估算排水量、浮心横向位置(TCB)和纵向位置(LCB)。通常需严肃考虑增加重量法或损失浮力法哪种更便于分析和手工计算更快，以及能更快地评估各种不同假设情况的影响。面临倾覆或破裂的自由漂浮受损船舶将考验造船工程师和打捞工程师的最佳判断和计算/估算能力。在这种情况下，如果搁浅可选择，故意将船舶搁浅可能是明智的方法。即使这样做会引起一些需要解决的问题，诸如如何把船舶搁浅(速度和方向)以及在何种潮汐状态下操作，以减小倾覆力，并将搁浅反作用力分布在船壳板上。一旦搁浅，必须尽快分析稳定这种状况的方法，然后使故意搁浅的船舶再重新浮起。搁浅通常系指 10.4.2 小节中讨论的非故意搁浅。

附录10.A描述了排水工具和方法，附录10.B包含了方法，并提供了在制定一艘能自由浮动船舶的打捞计划时参考的常用公式、计算和参考资料。

2）自由浮动-倾覆

经验表明，倾覆但能自由浮动，且干舷大约相当于或仅略大于双底的高度的船舶一般都很稳定。类似地，横倾角为130°～150°，舭部略出水的自由浮动整船或驳船，通常也非常稳定。这些船舶经常底朝天，内部封闭了大量的空气，或者散落大量的货物在海水中漂浮。如果浮心(CB)直接位于重心(CG)垂向位置上方，船将处于稳定的平衡状态。对于倾覆的船舶来说，自由漂浮或完全淹没，浮心CB在重心CG上方很重要。同样，当重心和浮心的纵向位置在船上一致时，船舶将保持纵倾稳定。船舶建立平衡状态前，很有可能处于横向平衡，而纵向不稳定且纵倾角过大状态。在这种状态下，它可能会漂流或船首或船尾被拖拽着前行，直到接近浅水时才搁浅。这时，由于搁浅反作用力，另外一组力量将会出现。该现象将在搁浅部分讨论。

根据船舶纵横分舱，自由液面上的流体界面将使船舶重心(CG)升高。自由液面使浮动倾覆船舶复原力臂减小的方式与对水面船舶正浮影响的方式相同。液体和空气的反向移动可认为是导致重心上升(增加重量法)或浮心降低(损失浮力法)的原因。

在大多数倾覆情况下，需要配备潜水装备，以便潜入船内开展调查工作，或者将压缩空气从水下引入密闭的船舱内，或为起重升降机安装索具。这是一项危险的工作，在开阔的海洋中作业以及从大型船舶向潜水供应船转移物品更加困难。如果可能的话，把倾覆的船舶转移到受保护的水域通常更好。在港口清理作业中，将漂浮的倾覆船舶转移到浅水区域可以作为就地破坏的前奏。将一艘自由浮动的倾覆船舶在港口(尤其是靠近码头的地方)搁浅，往往是用索套将船舶拉到正浮或沉没位置的第一步，从这个位置，打捞作业可以使得搁浅的船舶重新漂浮起来。

打捞人员往往会使用压缩空气来提高自由漂浮倾覆船舶的干舷或纵倾，以使船舶恢复浮力。计算要注入空气的体积、压力和流量以及它们对平衡和稳性的可能影响很有必要。幸运的是，在船舶浮动的情况下，当一艘倾覆的船舶从海底重新浮起来，船在水柱中升起时，密闭空气体积膨胀的问题并无大碍。对于一个给定的浮力增加量，当用于排水所需的空气压力增加时，在平衡点的空气压力对船体或内底板的结构载荷有影响。除了使用压缩空气外，也可使用浮筒、泡沫以及船舱内其他浮体，甚至在船外的水线上漂浮的其他漂浮物增加浮力和稳性。

在一些涉及倾覆船舶打捞工作中，使用重型提升设备将船舶从其倾覆位置翻转或举起，放置到甲板驳上是可能的。这在海上是一项具有挑战性的工作，因为船舶的运动会影响人字吊臂起重机上的负载，并且索具可能会对于提升或旋转作业有极大的不利影响。此外，当越顶翻转和起重机的负载变得松弛时，起重机载荷、残余浮力的瞬时中心和事故船舶的进水量之间的平衡会变得显著失控。突然正浮的船舶可能会直接滑向起重机驳船并与之相撞。如果可能的话，最好将船舶拖到遮蔽水域以完成任务，同时能简化吊装要求以控制船舶运动。应对重型起重索具和索具载荷鞍座、垫板孔眼充分了解，并必须设计、制造和安装其他索具附件。另外，对于倾覆船舶，尤其是舭部很高的漂浮船舶，可在外板上开孔进入位置较低的舱室，以实现预旋转，并预压载一个空间，使重心横向位置移动到较低的一边。这个操作依赖大量的储备浮力，并且需要细致的计算以一步步推进相关工序。

10.4.2 救助搁浅的船舶

所有搁浅事故都有一个共同的基本特征：船的部分重量（如果不是全部重量的话）由地面作用力支撑，通常称为地面反作用力。搁浅事故分布范围包括仅仅碰触（搁浅）在障碍物、珊瑚礁上，或者船首或舱底碰触暗礁，船还能随潮汐和海洋洋流运动，或者严重搁浅，船在整个潮汐周期内几乎不动或者很少摆动。一艘搁浅船舶高而干燥，其重力实际上由均匀载荷或者地面反作用力支持（如干船坞中的船）。或在某些情况下，如果能够做到排开周围水的体积所对应浮力超过船舶重量，船舶几乎要重新浮起来，例如，通过减少货物或液体载荷以减少搁浅船舶重量的情形。在搁浅的情况下，要综合考虑纵倾、稳性以及纵向强度，以确定使船舶重新浮起来所需要的措施。当船舶搁浅在一个在水流（潮水）达不到地方，纵倾和稳性不是打捞人员最应该考虑的因素，他们应该考虑如何阻止船舶情况进一步恶化以及如何使船舶重新浮起来。然而，当船舶搁浅在尖顶或单点上，地面反作用力可以对船舶的纵倾、稳性和船体梁强度产生显著的影响。在所有搁浅船舶处于暴露状态的案例中，会出现最紧迫的情况，因为船舶处于危险位置，暴露在风、海浪、潮汐以及海流中，这些外部环境的共同作用会使船舶突然横转，并被进一步冲上岸。

搁浅事故的类型和破损程度以及暴露条件将对打捞作业产生巨大影响。此外，最初为稳定船舶状态所采取的措施，例如，固定船舶，通过抛锚防止船舶突然横转，在可能的情况下，将影响最佳的行动方针和可用的备选方案。这反过来将决定重浮船舶所采取的技术以及量化重浮方案所涉及的计算任务。船上的船员和来到现场的打捞人员合作最根本的目标是使搁浅的船舶重新安全漂浮起来，也就是说，目标是拯救生命、船舶、货物，并进行污染治理。实际情况有时是用来减少搁浅重量或者改善剩余浮力的措施没有效果，却导致选择性越来越小，最终导致船舶突然横转。从搁浅到失事一系列不幸事件会随着公认的海上危险接踵而来，从搁浅到突然横转，到触礁，到离开高而干的地方，到船舶最终遇难。在试图击败自然力量的过程中，打捞工程师可能需要用上他全部的工程技巧。

搁浅打捞作业的三个阶段：

（1）稳定阶段——船上人员首先自救，然后打捞人员也采取措施防止船舶进一步损害并阻止船横转。

（2）重浮阶段——打捞计划正在执行，通过应用一系列技术，逐步实现一个个摆脱困境的目标。

（3）船舶重新浮起来后的阶段——使船舶又处于自由浮动的受伤状况。

1）搁浅

避免船舶搁浅所采取的第一个成功的措施往往是船舶触地后的最初几小时内船长采取的行动。这些措施包括立即向当局报告船舶的状况，检查该船的水密完整性，调查船舱进水情况，探测船舶周边海底水深，检查船舶吃水深度，精确测定船舶装载消耗品和燃料的液态装载状况。船舶的相关人员和远方的施救人员和打捞工程师接着开始确定搁浅吨数。如果有任何迹象显示船舶在海流和波涛汹涌的海面上可能横转，船长必须采取步骤固定船舶，稳定状况；如果船体受到破坏，不能贪念财物，要丢弃货物，不要再返回船内。如果评估显示船舶没有进水，且经计算地面反作用力，表明该船在下一次涨潮时，可通过改变船舶上的货物载重、燃料，或者卸载压载，使其脱浅，那么要采取合适的措施，死死地固定船舶，制定船舶内部货物、压载和燃料在一个涨潮周期内转移完成的顺序。分析中所涉及的计算来源于造船学基本原理。如果船搁浅在一个尖顶上，四周有足够深的水。当潮汐变动时，船舶将围绕那个点转动，可作为静态的确定性问题来处理，即通过用已知的船舶重量和重心（来自搁浅前船舶的排水量和重心）平衡剩余浮力和浮心。船载货物、燃料或压载转移步骤的排序需要船舶在低潮循环中搁浅，直到涨潮时已准备好脱浅过程。此时，用于固定船舶的液体会排出（压载）从而降低地面反作用力或移动燃料或压载以改变重心纵向位置和纵倾，并使船减小搁浅反作用力。类似这样使船舶脱浅的方法很大程度上依赖于正确估计解救船舶所需作用力、地面反作用力和底部摩擦系数。这也有助于使用拖船协助增加船舶的动力。如果船舶不能在下一次潮汐时依靠全部功率脱浅，主机应该待命。船舶应重新固定以防止进一步被推到岸上。同时等待救援拖船和打捞人员的到来。在此期间，无论何种援助都应该用于稳定船舶方位，使其在不突然横转的情况下安然地骑行在流中。时间不会站在搁浅船舶这一边。

2）**搁浅和海滩搁浅**

从打捞工程师的角度，几乎无法在开始时完全确定搁浅的情况，而且在打捞过程中往往也无法完全确定。打捞一艘搁浅船舶的时间是紧迫的，因为天气和海况总是使情况恶化。此外，不同于简单的高点接触搁浅案例（有一到两个高点支持），搁浅情况都不可避免地会涉及一个静定的不确定性工程计算（有些类似于移除了较多支撑块或有不同的弹性特性的干船坞计算）。必须尽快确定海底、暗礁的适宜的土壤力学特性。没有时间等到条件适宜或所有的信息都确定。获得可能的最佳信息，估计难以获得的信息，分析作业顺序，以及在不延迟作业的情况下挖掘定量信息往往是常态。有许多方法重浮搁浅的船舶；但没有适合任何环境的万能方法，也没有简单的公式。打捞人员只会受到自己的知识和想象力的限制。本节讨论影响搁浅船舶的条件以及典型的使船舶脱浅的方法。

用于船舶打捞作业的第一个步骤是通过部署地面桩腿系统来控制船舶摇摆，以使船舶稳定，并且让船舶保持正确的方向以方便拖拉。锚泊系统包括锚本身（拖埋装置、桩、自重等）、系泊缆（链、钢丝或合成绳），它们共同构成地面桩腿。还包括用于张紧的牵引系统（线性缆绳、绞车、滑轮等）。拖船用于部署地面桩腿，并能对事故船舶直接施加拉力，并根据系柱拉力计算并测量其功率。这些力通常作用在事故船舶平面，以达到以下效果：直接从岸滩脱浅，摆动事故船舶使其进入一个更为有利的位置，采用扭摆运动来破坏吸力或减少地面摩擦，在湍急的水流中，或在脱浅过程中控制船舶的运动（校对航线）。

一旦相对于船舶在海滩、暗礁或海岸上的首向处于稳定状态或处于控制之下，应尽可能地减少事故船舶的重量，以减少地面反作用力，并且减少使船舶重新漂浮所需的浮力。此外，应安全地移除所有的燃料和其他污染物，在船舶破损时或者使其重新浮起来的过程中产生孔时，这些燃料和其他污染物存在潜在危险。在货舱里，货油或燃料柜穿孔并且暴露在海水中，可能需要使用深潜泵从油柜顶部将油抽出来，并避免底部的水被吸入货物和燃油输送系统中。基于油压与在穿孔油柜位置处的吃水的流体静力平衡情况，可以估算出油舱平衡状态下的油量。打开一个惰化空间是充满危险的。有时通过减重作业来代替备用驳船或船舶。计算移动所需预计作业时间和地面反作用力的变化，从而最终确定减重计划。当潮汐变化时，需要更新计划以确定脱浅浮力。如果可能的话，甲板上的大部分货物将移除，并预测船舶重新漂浮后，其纵倾、横倾以及稳性。这将影响到脱浅过程和所需水深。如果多次减轻货物重量在高水位仍然不能浮起来，有必要把船挖出来。

困难的脱浅作业往往需要水下开挖技术来冲刷、喷射、气力提升或挖掉海底材料以减少摩擦、改变地面反作用力、传递引绳或开挖一个航道把船拖到一个更深的水域。这些技术包括用拖船的螺旋桨的水流来冲刷或由一群潜水员借助喷气和气力提升工具来作业。绞吸式挖泥船是一种重要的工具，用于在搁浅船舶旁边挖掘壕沟，特别是在水流(潮水)达不到地方的情况下，在船舶所处的位置建立深水囊袋，倾斜船舶或将其拉到一个新的位置以增加浮力，从而减少地面反作用力和消除摩擦。休止角的每一个变化都对应了一个新的地面反作用力分布与船体局部载荷和船体梁载荷。为避免破坏船体，必须实施连续的纵向强度计算，为打捞各个阶段分析船体梁剪切、弯曲、扭转载荷。此外，在沿船体接触点的高点能产生足够的载荷戳穿船体。必须分析底部无支持的格栅板，以便掌握载荷情况。有时土壤坍塌可能导致事故船舶突然倾斜到一个新的平衡位置，在这个新的平衡位置需要更新所有的结构载荷和平衡计算。

附录10.C描述脱浅工具和方法，附录10.B包含方法并提供制定打捞搁浅船舶的计划时可参考的通用的公式、计算以及制定搁浅船舶打捞计划时所需的参考资料。

10.4.3 打捞沉船

1) 搁浅和沉没-重浮

在部分浸没的搁浅船舶和沉船内部通常有一些非常大的空间或者纵横舱壁之间的舱室被淹没。如果内部进水随潮汐上升和下降，船被称为受潮汐影响，这是一个明确的信号，表明船内部被调查区域与海水贯通，例如，船发生碰撞后，舱室区域舷侧外板水密完整性被破坏，船舶将在港口、港口设施或航道上平行下沉不倾覆。当一艘船搁浅，舷侧外板破损，水进入货舱和液舱，类似的现象也会发生。如果空间不随潮汐涨跌，潮汐水线和内部水位线存在落差，可以通过抽出船内积水(排水)获得剩余浮力，实际上船内封闭有一部分积水。首先通过使沉船着地，然后制订出计划转移船上足够多的载荷或者增加足够的浮力使其重新浮起来。移除重量的方法包括：使用抽水泵将船内积水排出，使用压缩空气将密闭腔内的水挤出(如船摇晃，要小心操作避免气泡突然移除)，从船舱内和上层建筑转移货物，减轻船的重量，同时减小从龙骨到重心的距离(KG)。任何浸没空间，如首尖舱，当采用空气排出进入的水时，需检查其结构的剩余强度，因为该情况变成了封闭空间受静水压头作用的情形。浮力增加的同时，随着船舶在水柱中上升而增加的浮力必须被计算到总浮力方程中。当船舶在水柱中上升时，通常使用水下切割方法为排出的水提供一个出口通道并限制空气的膨胀。可使用带压开孔为排除灌入的水提供一个排泄通道。搁浅和沉船脱浅面临的挑战常常是要修补水密性船体(舷侧外板、内底、或内部的纵、横舱壁)上的孔洞。要完成这项任务，潜水员必不可少的。在所有这些准备措施的结论中，脱浅作业计划的关键是预测潮汐在作业的什么阶段会发生。

对于完全沉没的船舶来说，挑战更大。不仅所有的水下作业都需要潜水员参与，而且由于没有水线面，所以在水柱中下沉的船舶稳性更加难以控制。有时可通过刺穿隔离舱壁以完成排水。浮箱、侧壳围堰和浮筒可以附着在船体上，从而产生浮力，并在提升时提供一定程度的稳性。将船提起时，正浮下沉的船的稳性主要取决于主甲板是在水面之上，还是部分淹没在水中(换言之,水线面有限),或完全淹没。

当船上升时,使用各种方法来防止船舶在通过一些固有不稳定或由于自由液面引起不稳定的水深范围时发生倾覆。最常见的方法是使船的一端浮出水面,而另一端牢牢保持与底部接触。与地面的接触可防止船舶横倾或倾覆的危险。在深水中,保持船的一端与地面接触,限制另一端的上升,防止极端的纵倾。在触地端升起之前,通过脱水减少浮动端的自由表面。船内的低空间,如双层底舱,可以灌水,并被压载到既能消除自由表面,又能降低重心的高度,增加稳性高度。同时,上部重量被转移以及其他可转移的重量转移到船内尽可能低的地方以降低重心。随着船舶漂浮部分自由面减少以及重心尽可能降低,搁浅端可能会上升。这些方法并不总是足够的;在试图提高搁浅端前,应计算计及详细自由液面影响的稳性。可通过修复破损的舱壁以及在进水空间加装临时舱壁来破坏大的自由液面。如果将高压混凝土泵入简易的框架中来建造隔舱壁,则加装临时隔离舱壁的工作量就大幅减少。舱壁加强和临时舱壁的底部应该比顶部更宽,以降低重心。对升起的船舶要施加一个作用力以产生一个抵抗倾覆的力矩。通过绑扎驳船或在船上安装起重机或吊索以对舷侧施加垂直力以稳定其倾侧,当船舶开始横倾时,施加一个力对抗横倾,使船回到正浮位置。使用浮筒、围堰、驳船或提吊艇提供抵抗倾覆力矩和保持船处于正浮状态的力。浮筒必须牢固地安装到船上,以便当船开始倾覆时,较低侧的浮筒会进入水中。浮筒淹没部分产生的额外浮力以及较高一侧浮筒损失的浮力共同作用产生一个复原力矩,使得船回转到正浮位置。严格操纵浮筒和提升装置不仅提供了一个来自浮力的垂直分力,而且扮演一个由船和浮筒组成的增加水线的系统,浮筒的水线面增加了船的稳性高度和船-浮筒系统的总体稳性。只有当浮筒和船紧密配合,就像一个整体一样时,才能获得这种优势。如果船与浮筒没有牢固绑定,自由得形似摇篮,浮筒只能提供浮力。通过在桅顶和岸上锚固点之间安装索具,可以使港口中的沉船保持正浮。如果尝试这种方法,船舶就应该被系泊索牢牢地抓住,因为在桅杆上的牵索的张力作用下,船上有一种反冲的倾向。

控制船舶的最安全的方法之一是安装海滩绞拖工具,将船拖到浅水处,当它载荷减轻或被举起时。绞拖工具保持恒定的大张力,与地面保持常态接触,直到船舶处于一个重新浮起来的位置。绞拖工具固定在岸滩上,会被绞车、拉索,或重型车辆拖拉。可以用拖船来协助和指引船舶。在岸上,使用重型履带式车辆来拖运船舶使其定位。使船舶与底部保持接触,无论是在一端还是沿其长度,有助于控制纵倾,防止因水冲到船舶位置较低一端造成的纵稳性损失。一旦船舶脱浅并处于稳定状态,可以将其作为一个像 10.4.1 节中的提到的自由浮动的事故船舶来处理。

附录 10.A 描述了排水工具,附录 10.D 描述了打捞工具和方法,附录 10.B 给出制定沉船或者搁浅船脱浅打捞计划的通用公式、计算方法和参考文献。

2)倾覆并沉没

对倾覆船舶的影响主要有两个主要来源:船舶倾覆和沉没的状态、环境和实际工作条件。通常,船舶沉入水柱里会发生倾覆,它们处在一个极端休止角度会保持静止。在这种情况下沉没的船舶比正浮下沉的船情况更复杂。打捞行动会采取一个全新的思路,因为在使船重新浮起来前首先要纠正其姿势。其方法是对船舶施加一个力矩克服因自身重量产生的倾翻力矩,除了清理残骸,有四种方法处理倾覆且沉没的船舶:

- 当船着地后使其重新浮起来或者将其移动到另一个位置(见第 10.4.3 节)

• 就地拆解或就地处置(见第 10.4.3 节)
• 转动船舶使其底部朝上并且使其重新浮起来(见第 10.4.1 节)
• 转动船舶使其保持正浮姿态,然后使其重新浮起来(见第 10.4.3 节)

3) 沉船残骸清除

船舶突然倾覆和沉没的状况很少会是打捞人员期望的状态,很少是方便的和相对简单的作业可以完成的。据统计,船舶倾覆的状况可能如下:

• 堵塞航道或运河的入口
• 在宽阔的河流或通航水道的中间,造成交通危害
• 在相对较深的水域,但仍然是一个危险的交通阻碍物
• 在港口或海湾的中间,离最近的海岸线或港口有一定距离

4) 迁移

倾覆的船舶实际上会堵塞河道,或造成交通拥堵的局面,因为工作方法经常被推翻。在一般情况下,打捞人员在打捞前先要使船摆正位置。

阻塞或严重阻塞重要航道或运河的倾覆船舶的处理方式不同。作为海上运输的障碍,这样的沉船必须迅速迁移。有时移动船舶的最有效的方法是,使其一侧浮出水面,然后把它拖离航道。如果船舶不能重新浮起来,比较实际的办法是减轻其重量,并使一端浮起来,拖住一侧将其拖走,清理航道。在这种情况下,打捞人员改变沉船的状态以利于打捞作业,方法如下:

• 移动船舶,使其一侧浮出水面,扶正位置。
• 摇摆浮出水面的船舶使其处于一个便于牵引的位置。
• 转动船舶使其底部朝上颠倒过来,这样浮起来后可以立即拖走。

没有重型起重设备时,就地拆解的一个替代方案是先让船重新浮起,再扶正,这种方案也有其优点。在起重设备具备的地方,对两种方案的分析表明,脱浅和拖走相对于就地拆解都有成本和时间方面的优势。

5) 就地拆解

当船舶无法用拉索拉到正浮位置,或者对于无法脱浅的船舶,重新浮动和拖曳的选择不可行时,就地拆解成为唯一选择。就地拆解的实施需要具备重型起重能力(人字架起重机,吊杆驳船),以及装备有提升链或切割线的自升式平台,以便切割船体,其作用类似于奶酪切片机。有时会使用切碎梁,特别是在事故船舶曾经搁浅过的较浅水域。就地拆解由切割、索具和起吊等实施。打捞工程师应计算要从船体梁上切割的部分或上层结构的重量和重心。往往有密集的潜水作业和隧道作业,以便从船下穿过吊索。需要进行水面或水下的现场焊接,以及需要对垫板孔眼的强度分析。船舶与海洋工程学科知识将特别用于确定需要在装载之前切割的内部结构。包括管路系统、箱型梁,和其他大量的结构构件。船舶被切割的分段重量可达几千吨,可以用串联吊车处理,然后装上甲板驳船。

有时,就地拆解作业类似于拆船技术,把上层建筑拆下来,减轻船的重量,然后利用固定在岸边的拖铰工具,将船舱逐个拖上岸,逐步将船解体。这并非复杂的方法,但在某些情况下,它非常耗费成本。就地拆解方法的要点是必须控制石油污染排放、油和润滑油(POL)以及其他污染物从船上溢出。

附录 10.E 描述了就地破坏作业中的工具和参考方法。

10.A 附录:排水

10.A.1 排水工具和方法

(1) 修补和密封:材料——钢、铝、木材、混凝土、复合材料,玻璃钢(GRP)。

(2) 抽水:泵类型。

(3) 压缩空气:排水方法。

(4) 压缩空气法和水泵排水法的联合使用。

(5) 诱导浮力。

移除船内的进水或排水,可以恢复因船体进水损失的浮力,与之相对的是通过转移船上的货物、贮存物或其他重量以增加浮力。可通过注入压缩空气或者抽水的方法移除船内进水,或者用具有浮力物体排水的方法置换船内进水。通过修补和/或系固开启的阀门和配件的方法将泵水空间的泄漏量降低到水泵的抽水能力之内。淹没的船舱可以通过围堰抽水的方法抽干,围堰扩展了水线以上空间的边界。对于将采取压缩空气排水的空间的顶部和侧面必须密封,通过充填浮力材料排水的空间不需要水密,但可能需要其他准备工作。每一种排水方法均有优缺点。

10.A.2 压缩空气排水法

通过压缩空气将水排出淹没空间以恢复浮力。当没法使用排水泵或者事故船舶的结构特别适合使用压缩空气时,可使用压缩空气排水法:

• 对底部损坏的大型舱、货舱或机器处所进行排水

• 对双层底舱或深舱排水

• 对油船上的油舱或者其他船舶上的散装液货舱进行排水

• 对装满货物的货舱进行排水,这些货物妨碍安装泵吸头或者无法将泵放置在较低位置从而降低吸程

• 对沉到深水中的沉船进行排水,由于沉得太深,无法应用围堰和泵

• 恢复足够的浮力,使倾覆的沉船重新浮起来,倒置或侧翻

• 恢复灌满水的船舱和压载舱的浮力

因为液舱的顶部和侧面以及底部具有水密性和气密性,只要损坏仅限于底部和位置较低的侧壁,浮力就可以从被水淹没的双层底舱或深舱中恢复,而无须修补或者只需要少量的其他准备工作。从被水淹没的液舱中快速恢复的浮力可能足以使搁浅的船重新浮起来,或防止损坏的船舶沉没。

压缩空气排水法尽管有优点,但也有许多缺点:

(1) 相对于抽水法,准备用压缩空气排水法的大多数船舶的前期工作要大得多。需要大量的修补和/或潜水工作以使船舶获得足够的气密性。公认的经验法则是,压缩空气从一个给定的出口逃逸的速度是水从该出口逃逸速度的四至六倍。在使用压缩空气排水之前,可能需要考虑对甲板和舱口进行加固。压缩空气从内部对舱室的顶部施加向上的力,而一般来说,船舶结构设计成船体底部和外部承受海水压力。

(2) 如果通风口大小不适当或者被阻塞,或吹气操作没有仔细监测,舱室受到的压力会过高。

(3) 在压缩空气作用下船舶会突然脱离地面,当压缩空气膨胀时,在上升过程中很难控制。

(4) 由于注入的可压缩流体效率低,压缩机的排水能力要比同等重量的水泵少得多。

压缩空气排水法的基本配置要求是一个空气软管连接的吹气连接件,一个用来监测舱内压力的压力表,以及一条排水的通道。吹气连接组件由空气配件组成,空气配件连接到通风管或测深管,或永久安装在拟将排水的舱室上面的甲板上。空气配件的直径应该等于或超过空气软管直径。空气接头也可以安装在尺寸适合的人孔、天窗、或洗舱机的管路上。图 10. A. 1 显示了一个典型的打捞吹气装置。作为替代方案,空气软管可以穿过水线下方的船体开口处。如果系统上安装了溢流阀或安全阀,可以将压力控制阀安装在充气配件上或者供气软管上。应将压力表安装在充气配件板上或其他直接与密闭空间联通的地方。如果将压力表安装在进气管上,必须保证空气流量准确地显示密闭空间内的压力(这意味着测量仪必须在供给阀的下游)。

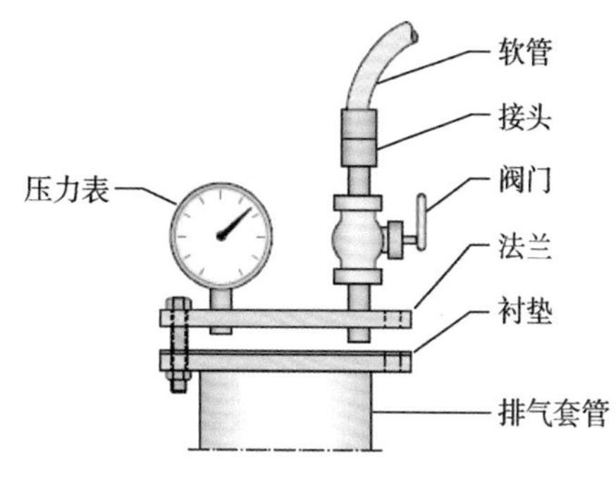

图 10. A. 1 充气配件

10. A. 3 可恢复浮力

从任何船舱中恢复的浮力与没有空气泄漏且可以将水排尽的船舱的体积成正比。如果船舱只在底部有损坏,几乎所有的浮力都可以恢复。如果损伤延伸到舱的侧面,则只有超过损伤最高区域的体积对应的浮力可以恢复。

10. A. 4 通风口和立管

在底部穿孔的船舱里,当压缩空气从顶部注入船舱时,水从底部的开口处排出。可以使用立管将一个注满水且和海水没有贯通的空间内的水排掉,或者通过在船体上切口的方法将水排掉(见图 10. A. 2)。水被排掉,于是浮力就可以恢复,通过调整船体开口的位置高度或立管的长度来改变浮力。

在水位达到充气口或者立管处前,可以通过停止吹气来限制压缩空气的体积以及由此增加的浮力。对于搁浅的船舶、漂浮的事故船舶,下沉至较浅水域的船舶,这种方法是合适的。通过控制在不同空间中恢复的浮力量,可以根据需要控制船的纵倾、横倾和吃水。

对于沉入深水的船舶或物体,用压缩空气将密闭空间部分排水的做法是非常危险的,不宜尝试;当事故船舶上浮时,空气膨胀,浮力迅速上升且难以控制。由此产生的不稳定性可能导致事故船舶极端的纵倾或者横倾;起重系统的其他组件可能会超载或损坏。对于沉入深水的船舶,应慢慢恢复浮力,避免不稳定性。

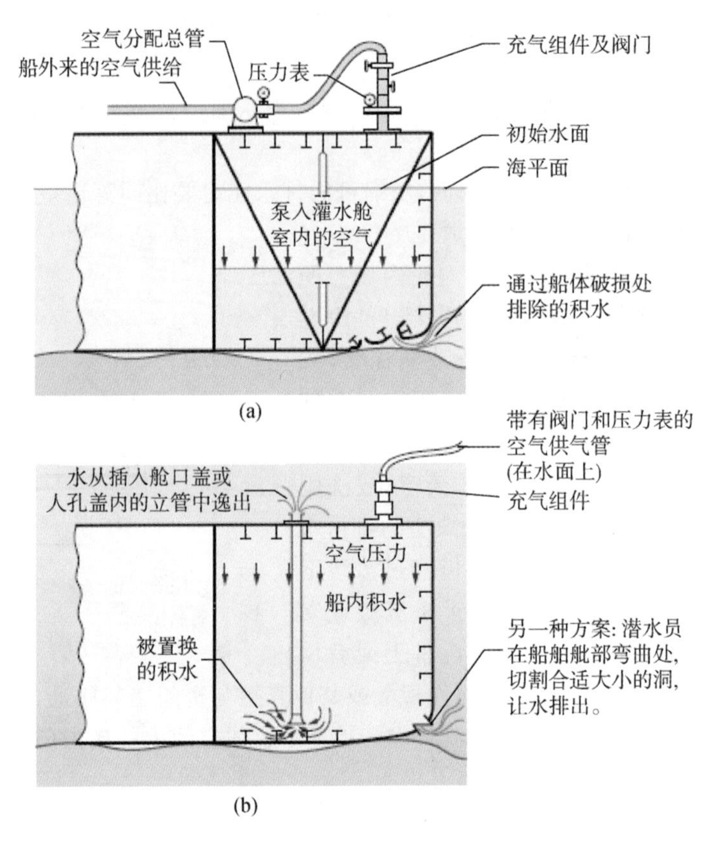

图 10.A.2　压缩空气排水

(a) 通过船体破损处排水　(b) 排尽封闭舱里的水

10.A.5　应急鼓风组件

有时需要迅速恢复淹没空间的浮力防止船舶沉没或倾覆。可以使用压缩空气使密封性较好的液舱或类似的处所迅速排水。通过拆卸液舱通风口的鹅颈管,或者将损伤控制堵头装入通风管,使液舱具备密封性。通过在堵头上涂上环氧树脂来保证良好的密封性,空气压力会使环氧树脂填入堵头和管之间的小间隙。可以通过能获取的最合适的临时配件将压缩空气注入密闭空间。在情况稳定之后,可以用带有阀门、压力表和软管接头的钢制吹气板系统地替换临时配件。在许多情况下,对于损坏的双层底舱,通过通风管引入压缩空气是恢复浮力的最快方法。可用这种方式避免因搁浅而损坏的船下沉。

10.A.6　转移液体而非灌进的水

通过将立管的排水软管连接到接收船舶或驳船上,可使用压缩空气转移沉船中的燃油和其他水下液舱中的液体。最好使用加压惰性气体,而不是压缩空气转移可燃液体。即使之前液舱是惰性的,注入压缩空气会增加空间中的氧含量,有可能形成一个爆炸环境。惰性气体系统通常使用固有缺氧的主发动机废气。这些气体在与足够的氧气混合时本身是易燃的。惰性气体产生系统可以产生足够高的压力,对于沉入较浅水域的沉船是足够的;为了获得更高的压力，有可能将惰性气体发生器放到容积罐中，然后将其接入空气压缩机的入口。可以使用高压瓶中的二氧化碳或氮气，但用量很大。

10.A.7 压缩空气排水法和水泵排水法的联合使用

压缩空气排水法和水泵排水法的联合使用的常见用途是使舱壁或外板上的压差保持在可接受的限度内。以下两种情况中的任何一种都可能造成过大的压力差：

(1) 当采用水泵抽水法对船舱排水时，舱壁、甲板和外板内侧承受大气压力。外侧承受反方向的静水压力，静水压力随水的深度变化。如果水深足够大，静水压力就会过大。

(2) 为了用压缩空气法将一个船舱的水完全排尽，船舱内空气压力必须大于舱室底部的水压力。当向深舱（如液舱或货舱）注入空气时，空气的高压会在船舱顶部产生一个过大的向外压力。

当将船舱密封所需的时间和工作量少于将船拖上岸或加强事故船舶的结构以抵抗过度压力的时间和工作量时，压缩空气法和水泵排水法的联合使用有优势。

压缩空气排水法和水泵排水法的联合使用是一项困难的技术，因为这两种方法的所有问题都存在：

(1) 船舱必须密封，需要特别注意泵吸口、卸放管，电源线、液压软管等的边界穿透。

(2) 必须仔细监控每个舱室的压力，以确保不超过最大鼓风压力。

(3) 空气流量必须与水的流出率（总抽水量）匹配以避免过载。

(4) 孔必须双重修补。

空气流量必须控制，以确保内部压力不会上升到船舱不能承受的程度，也不能太低，否则静水压力会压垮船体结构。通过节流阀调节进气管线或改变压缩机转速来控制空气流量，空气和水流的正确匹配将通过相对恒定的舱压来加以验证。如果不可能改变气流，通过间歇地注入压缩空气，可以使舱压保持在上下限之间。

在某些情况下，可能需要使用空气压力来增加净压头（NPSH）以提高泵的性能。当抽取可燃液体并用惰性气体增加液舱压力时，可提高泵的性能，减少起火的危险。许多油船货物泵设计在5～10 psi惰性气体压力时性能最佳。

当某些舱室最好通过泵送而其他舱室最好通过压缩空气进行排水时，每个舱室可以用最合适的方法独立处理。拟使用压缩空气排水的船舱和拟使用水泵排水的船舱内压力不同，必须注意确保这些压力不超过舱壁的设计压力。

10.A.8 诱导浮力

尽管水泵排水法和压缩空气排水法均能产生浮力，“诱导浮力”这一术语是专门适用于水从空间中移除，并被浮力介质而不是被空气取代的方法。一般使用两种方法：

(1) 浮力物体——被水淹没的空间内放入具有浮力的物体。通过置换水和减少空间的渗透性，一部分失去的浮力重新恢复。特制的和临时的系统都有使用。

(2) 现浇泡沫——现浇泡沫用于置换水，并均匀、连续地填充全部或部分空间。

用诱导浮力法替代压缩空气或抽水法根本的优势是不必使要排水的空间完全注满空气或完全密封。然而，这些方法没有注入压缩空气法恢复的浮力多，并且现浇泡沫和专门设计的浮力物体系统使用成本一般比压缩空气高。

10.A.9 应急浮力恢复

实际上,通过将任何足量的浮力物体注入、插入或放置到需要排水的空间内,都可以恢复浮力。一些例子包括:

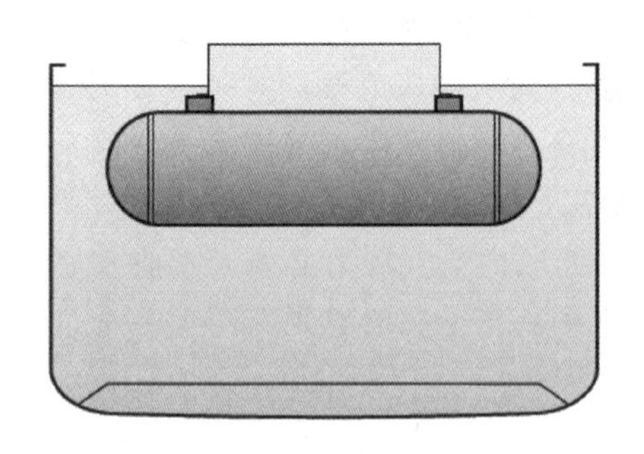

图 10.A.3 安置在货舱内的浮筒

(1) 救生衣、空油桶、小球或其他由潜水员放置的浮力体或专用设备。

(2) 置于淹没空间内且膨胀开来的浮力袋或折叠浮筒。

(3) 把刚性浮筒放在货舱内,可以寄宿在甲板舱口梁的下面,如图 10.A.3 所示。

(4) 木屑、软木浮子等,以浆料的形式注入空间内。

一种在泄漏、破裂或积水的情况也不会损失浮力的浮力货物可承受事故船很大一部分重量。货物的浮力降低了所需的提升力,在打捞计算中不应忽略。

10.A.10 现浇泡沫

在这项技术中,液体化学物质混合在表面或浸入水中的混合枪中,并泵入或吹入事故船舶的内部空间。在那里,混合物经过化学反应转化成聚氨酯泡沫。泡沫由一个个微小的充满气体的颗粒组成。当泡沫注入密闭空间时,气体(通常为碳氟化合物)被吹入液态聚氨酯,并且使泡沫产生膨胀从而置换水;当船重新浮出水面时,经过硬化和固化的细胞壁有足够的强度,可以抵御气体进一步膨胀。泡沫很快硬化——注射一分钟内就会形成一个坚硬的浮体。泡沫聚集在船舱的顶部,置换了水。泡沫密度、强度和固化时间取决于许多因素,包括水的深度和温度,应通过现场试验确定,理论上可以在非常大的深度使用泡沫,但泡沫密度随水深增加,因此产生的浮力较小。对于 200 英尺以上的水深,现浇泡沫使用效果不佳或不经济。

现浇泡沫具有以下优点:

(1) 所需设备和化学品可空运或用小型船舶运输。

(2) 膨胀的泡沫将小孔、裂缝和裂缝填充并密封。

(3) 浮力得以恢复却不产生自由液面。

(4) 硬质泡沫具有剪切强度并黏附到内部结构构件上。浮力分配到整个事故船舶,相对于使用压缩空气或其他排水方法,对甲板的刚度要求较低。硬化的泡沫具有一定的抗压强度,有利于船体梁的整体抗压强度。泡沫还能抑制舷侧外板和舱壁板的屈曲。泡沫对整体强度的贡献随泡沫质量和应用的程度而变化,而且很难量化。装在船体上的泡沫可以证明对于压缩船体载荷使用减小的安全系数是合理的。

(5) 一旦现场浇铸,系统的重心是固定的和可预测的。同样的道理,只要整个泡沫块被淹没,浮心也是固定和可预测的。

(6) 泡沫体的体积和形状不会随着船舶上升而发生改变。

(7) 泡沫可以选择性地分布在巨大的、未分割的空间中,优化其对纵倾和稳性的影响。

现浇泡沫的使用有几个缺点：

(1) 用于制造泡沫的化学物质有毒、易燃且产生蒸发气体。混合泡沫成分释放出高毒性蒸发气体，并且在空间内的水被排尽后，在固化的过程中，泡沫可能会产生刺激性和有毒的蒸发气体。当为了移除泡沫而对其进行切割和破碎时，氟碳气体(氟利昂)从泡沫细胞中解放出来，并置换密闭空间中的氧气，氟碳气体被认为是一种环境污染物(破坏上层大气臭氧层)。

(2) 聚氨酯泡沫是非常易燃的。

(3) 泡沫相对昂贵。

(4) 需要经过专门培训的人员和灵敏的泵送和配料控制，才能可靠地生产出质量稳定的泡沫。

(5) 如果聚氨酯放在不能迅速散热的厚层中且暴露在空气中，生成聚氨酯的化学反应产生的大量热量会引发聚氨酯自燃，热量可以点燃其他易燃物并引起不良的化学反应。

(6) 硬化的泡沫很难去除，尤其是在机舱等杂乱的空间内。

(7) 泡沫成分必须精确地处理以适应水和空气的温度，尤其是在非常寒冷的环境中。

(8) 在船舱顶部的泡沫，因其较重，当船舶浮起来时，可能会导致船舶不稳定性。

在打捞过程中，泡沫简单易用的观点是有误导性的，在现场很难生产出高质量的泡沫。制作泡沫是一项导致严重安全和火灾危险的重大操作。只有当它是最好的替代品时，泡沫才应该被使用。

10.B　附录：常用公式、计算和参考文献

10.B.1　纵倾和稳性

1) 自由连通效应

一个局部淹没、向大海开放的非中心线空间会产生非中线面重量和自由液面的双重效应。此外，当船舶倾斜时，水可自由进入或离开空间。随着船的倾斜，进入船内的水的分布和重量随时间而变化，这将导致实际重心上升，以及自由液面引起的重心上升。

$$\text{重心 } G \text{ 的虚拟上升} = \frac{A(y^2)}{\nabla_1} \tag{10.B.1}$$

式中，A 是进水舱室的平面面积；y 是从进水舱室中心到船舶的中心线的横向距离；∇_1 是灌水到水线后的排水体积。

只有当受损舱内的水位与船体外的海平面保持一致时，才有自由连通。只有当船体开口相对于空间的体积相对较大时，这种情况才会发生，并且舱室是连通大气。

2) 增加重量法与损失浮力法

增加重量法假定由于海水进入船体，导致船体重量增加，无论船舶是否与海水自由连通。并且假定暴露在海水浮力作用中的船体表面没有损失。

当船体进水与海水连通，被视为海水的一部分，并且被水淹没的船体部分不再贡献浮力时，可以使用另一种方法，即失去浮力法。假定被水淹没的船舱中的垂直压力作用在海上而不是船体上。

可以用上面的两种方法评估船舶内与海洋自由贯通的水，但在计算过程中不能混合这两种方法。表 10.B.1 列出了这两种方法的要点。虽然增加重量法更常用，但是使用的方法因人而异。

表 10.B.1　增加重量法与损失浮力法的比较

项目	增加重量法	损失浮力法
排水量变化	是	否
排水体积变化	是	否
吃水、纵倾、横倾变化	是	是
重心移动	是	否
浮心移动	是	是
稳心移动	是	是
自由液面修正要求	是	否
自由贯通调整要求	是	否

3）地面反作用力的计算

（1）剩余浮力分布法。对搁浅重量和浮力分布的分析可以确定地面的反作用力，并有助于确定其分布和压力中心。搁浅船舶水线下的重量曲线和浮力曲线之间的面积即为总的地面反作用力。当重量和浮力曲线之间的面积与地面反作用力相等时，该区域的形状并不能精确地定义地面反作用力分布，即使船舶整体平衡，在每一点上，由总重量、浮力和地面反作用力形成的载荷曲线并不是零。为了获得平衡，必须对地面反作用力进行分配，使浮力重心和地面反作用力在垂直方向上和重心保持一致。通过在接地长度方向上分配地面反作用力增量，使组合浮力中心和地面反作用力与重心方向一致，可以准确地描述地面反作用力分布。此方法非常适合使用计算机和自动化船体形状数据库。

浮力曲线是由从邦戎曲线的截面面积演化而来的，或者是从偏移量计算出来的。对于大多数搁浅情况，输入吃水可以用计算或者绘图的方法，由进水前后的吃水线性插值确定。如果船舶明显中拱或中垂，应该从不同位置的吃水来计算浮力曲线。

（2）排水量变化法。可以通过输入搁浅前后的吃水，通过形状曲线或静水力表，然后读取两种情况下的排水量估算地面反作用力。

$$R = \Delta_b - \Delta_g \tag{10.B.2}$$

式中，R 是地面的反作用力；Δ_b 是搁浅前排水量；Δ_g 是搁浅后的排水量。

（3）船首吃水改变法。船首吃水改变法认为地面反作用力相当于被移除的重量，被移除的重量导致平行上升和纵倾变化。必须准确地知道或估计地面反作用力的中心，以确定纵倾力臂。推导中使用的距离如图 10.B.1 所示。

$$R = \frac{\Delta T_f (TPI)(MTI)(L)}{(L)(MTI) + (d_r)(d_f)(TPI)} \tag{10.B.3}$$

式中，ΔT_f 是首吃水变化量$=T_{fb}-T_{fa}$；d_f 是从漂心到首垂线的距离；d_r 是从漂心到地面反作用力中心的距离；R 是地面反作用力/t；MTI 是每英寸纵倾力矩；TPI 是每英寸吃水

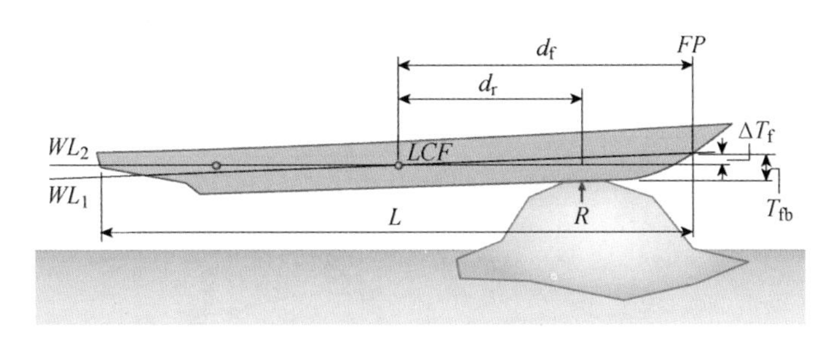

图 10.B.1　首吃水量改变法

吨数。

d_r 的计算式为

$$d_r = \frac{1}{TPI(d_f)}\left[\frac{\Delta T_f(MTI)(TPI)L}{R} - L(MTI)\right] \tag{10.B.4}$$

(4) 每英寸吃水吨数法。一个简单的,但是比较令人满意的估算地面反作用力的方法是将搁浅船舶平均吃水的变化乘以 TPI。

$$R = (T_{mbs} - T_{mas})TPI \tag{10.B.5}$$

式中,T_{mbs}是搁浅前的平均吃水量;T_{mas}是搁浅后的平均吃水量。

TPI 的方法经常被使用,因为在有详细资料的情况下,可以估计出平均吃水和 TPI。

该方法只考虑船舶的整体上升,适合于搁浅时纵倾角未发生较大变化的情况下地面反作用力的初步估算。如果搁浅引起了纵倾角巨大变化,通过修正纵倾时的平均吃水量和排水量来提高该方法的精度。

(5) 纵倾变化法。当总纵倾超过船体长度的 1%时,采用纵倾变化法是最有用的,地面反作用力的压力中心是已知的或可以用合理的精度来估计,而纵倾的变化主要由搁浅造成。地面反作用力被视为只会改变船体纵倾的作用力。

$$R = \frac{MTI(\Delta t)}{d_r} \tag{10.B.6}$$

式中,Δt 是纵倾总变化量/in。

(6) 中性加载点法。当重量加到浮船上的一点而不是漂心(LCF),在 LCF 对侧有一点,在该点处,由于纵倾和平行下沉造成的吃水的反向变化完全相等,并且吃水保持不变。将该原则应用到搁浅的船舶上,可以定义一个中性的加载点(NP),在这个中性点上,添加或移除重量不会改变地面反作用力。船体没有在地面反作用力点移动的趋势,因此地面反作用力保持不变。使用如图 10.B.2 所示的参考尺寸,中性点的位置计算如下:

$$d_n = \frac{(MTI)L}{(TPI)d_r} \tag{10.B.7}$$

式中,d_n是从漂心到中性点的距离;MTI 是每英寸纵倾所需的力矩;L 是首垂线和尾垂线之间的距离;TPI 是每英寸吃水吨数;d_r是地面反作用力的中心到漂心(漂心的位置取决于搁浅船舶的吃水)的距离。

中性加载点是一个有助于预测其他位置重量变化影响的数据,重量加载在中性加载点的后面将减少地面反作用力;中性加载点前端增加的重量将增加地面反作用力。重量移除的情况正好相反。随着重量的增加或移除,船会纵倾;如果纵倾足够大改变了 MTI、TPI 或 LCF 的位置,中性加载点的位置必须重新计算。

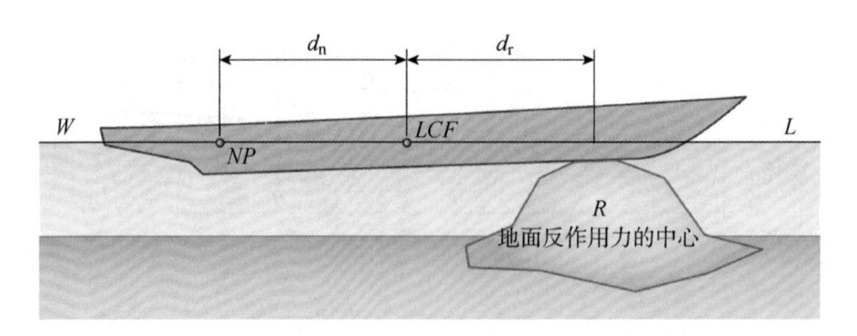

图 10.B.2　中性加载点

在船的长度方向上任何一点上重量变化引起的地面反作用力的变化(ΔR)可以通过下式计算求得：

$$\Delta R = w\left(\frac{d}{d_{nr}}\right) \tag{10.B.8}$$

式中，w 是增加或去除的重量；d 是增加或去除重量到中性加载点的距离；d_{nr} 是中性加载点到地面反作用力之间的距离 $= d_n + d_r$。

(7) 潮汐与地面反作用力。一艘搁浅船舶的水线随着涨潮而起伏。对于一艘不会纵倾的船舶，由于潮汐引起的地面反作用力的变化几乎等于涨潮高度和 TPI 的乘积。对于一艘会随着潮汐纵倾的船舶，地面反作用力变化可以通过地面反作用力改变与漂心处吃水改变的关系估算出来。对于纵倾变化，在地面反作用力的中心处的吃水恒定。在 LCF 处吃水的变化由下式给出

$$\Delta T_{LCF,trim} = \Delta t\left(\frac{d_r}{L}\right) \tag{10.B.9}$$

式中，Δt 是纵倾改变量/in；d_r 是从地面反作用力中心(或假定的支点)到漂心的距离；L 是首垂线和尾垂线之间的距离。

在 LCF 处吃水的总变化量等于纵倾及潮汐涨落引起的变化量的总和。潮汐的变化引起的吃水变化仅仅是潮汐高度的变化。这两个变化是相反的；落潮可能降低吃水量，但船绕着支点旋转倾向于增加在 LCF 处的吃水。涨潮有相反的效果。在 LCF 处吃水的总变化量计算如下：

$$\Delta T_{LCF} = \Delta h - \left(\frac{d_r}{L}\right) \tag{10.B.10}$$

式中，Δh 是潮汐变化量/in。

地面反作用力的变化可以通过在 LCF 的吃水量变化值与 TPI 的乘积估算：

$$\Delta R = \left[\Delta h - \Delta t\left(\frac{d_r}{L}\right)TPI = \Delta h(TPI) - \Delta t\left(\frac{d_r}{L}\right)TPI\right] \tag{10.B.11}$$

表达式 Δt 和 $\Delta R d_r/MTI$ 意味着一个假设：船舶绕着漂心纵倾；事实并非如此。在预测不同高度潮汐中地面反作用力时，这一假设考虑了误差。当打捞作业进行时，应定期测量吃水深度，并根据当时的潮汐高度对地面反作用力进行估算。地面反作用力测算图表作为潮汐高度的函数，可以用来预测地面反作用力。地面反作用力与潮汐状态的关系并非固定的。事故船舶底部的作用将使船体和海床变形，转移枢轴点，并改变对潮汐波动的响应。船舶响应程度改变量取决于事故船舶的运动程度、潮汐幅度、海流和海浪的影响以及起支撑作用的

海床的强度。对地面反作用力与潮汐图的分析将显示出可以用来改进地面反作用力预测的趋势。

(8) 搁浅对重心的影响。地面反作用力产生的效果相当于从龙骨上取下等量的重量，导致重心虚拟上移，类似于在干船坞中坞墩的反作用力对一艘船的效果。即

$$GG_1 = \frac{R(KG)}{(W-R)} \tag{10.B.12}$$

重心的有效高度通过下面的公式计算

$$KG_1 = \frac{(KG)(W)}{(W-R)} \tag{10.B.13}$$

式中，GG_1 是重心的实际上升量；KG_1 是当船搁浅时重心的有效高度；KG 是龙骨上方重心的原始高度，W 是船的重量，R 是地面反作用力。

(9) 偏离船舶中心线的搁浅。地面反作用力在中心线之外的搁浅会产生排水量损失和倾覆力矩。如果自由倾斜，船会横倾。可以通过将地面反作用力有效点的中心距离乘以地面反作用力的大小来计算倾覆力矩，如图 10. B. 3 所示。搁浅有效点的总力矩：

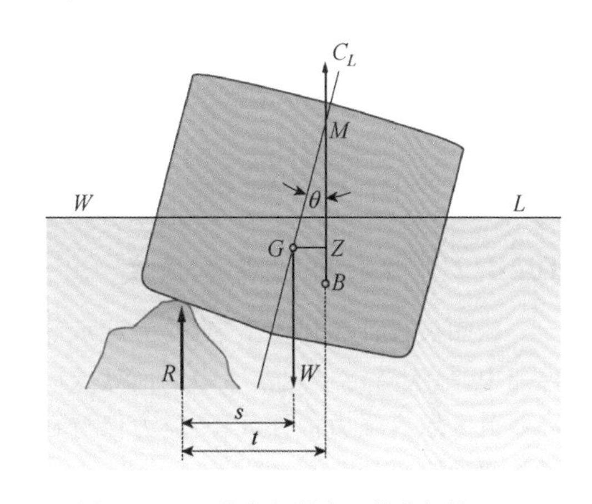

图 10. B. 3　偏离船舶中心线的搁浅

$$Rs = Bt = W \cdot GZ$$
$$= W \cdot GM_{\text{eff}}\sin\theta \ (\text{在平衡时}) \tag{10.B.14}$$

式中，R 是地面反作用力，s 是地面反作用力有效作用点与船舶中心线的偏移量，B 是浮力（搁浅时的排水量 $= W - R$），t 是从地面反作用力有效作用点到浮力中心的横向距离，W 是船的总重量（搁浅前的排水量 $\pm$ 搁浅后重量变化量），GZ 是复原力臂，从稳性曲线中获取，GM_{eff} 是搁浅（对自由液面和 G 的虚拟上升而进行修正）时的稳性高度，θ 是横倾角。

船会倾斜直到力矩平衡或者从河岸或岩石上滑下来。除非受尖端滑落的限制，否则在静水中倾覆的可能性很小。为了防止倾覆，船舶必须吊起脱离尖端；地面反作用力和倾覆力矩会下降到零，于是可把船放回到尖端上面。偏离中心的地面反作用力可能减少扶正能量到一个点，在这个点，外力（风、浪、拖绳的拉力）或内部的重量转移（自由液面、横贯进水、人为的重量转移、滑动的物体）亦能使船倾翻。在大潮差、多岩石的海岸上搁浅的船舶最危险。

(10) 摩擦力和解救船舶所需作用力。必须克服海床和事故船体之间的摩擦以使船能自由运动。在岩石、珊瑚礁、和无黏性土上，抵抗搁浅船运动的摩擦力是一个地面反作用力底部法线分量和摩擦系数(μ)的函数。对于多数搁浅事故中遇到的浅船坡底，地面反作用力法线分量基本上等于地面反力(R)：

$$F_{\text{f}} = \mu R \tag{10.B.15}$$

式中，F_{f} 是摩擦力。

表 10. B. 2 提供了海底和岸上土壤的摩擦系数。

表 10. B. 2 搁浅船舶摩擦系数

海底类型	静态摩擦力系数 μ	附注
泥沙或淤泥	0.2～0.3	不包括抽吸作用
砂子	0.25～0.4	μ 随晶粒尺寸增加
碎石或卵石	0.4～0.5	
黏土层	0.5～0.8	密度大的固结沙、黏土，可能包含碎石
珊瑚礁	0.5～0.8	死亡或粉状珊瑚的下限值
岩石	0.8～1.5	见相应文本

对于黏土，摩擦力是接触面积和土壤抗剪强度的函数：

$$F_f = sA \tag{10.B.16}$$

式中，s 是土壤抗剪强度；A 是船体与海床的接触面积。

10. B. 2 打捞中的船体强度

船舶被设计和建造出来，是为了承受正常营运时所期望的剪力和弯矩。在一个完整的浮船中，最大弯矩出现在船中剖面处或附近。最大剪切力发生在 1/4 长度点附近。船舶在高载荷区域有强力构件，以使应力保持在可接受的水平。打捞作业中引起船体应力分布异常的两种常见情况：

（1）船上货物以设计者没有预见到的方式装载。由于船体进水、搁浅或其他不寻常的载荷情况，最大弯矩发生在船的某一剖面而不是船舯部，最大剪力集中在某一点而不是 1/4 长度点附近。

（2）损伤改变了船体剖面的几何形状，使最大应力不是在最大弯矩或剪力的剖面上。船体损坏，即使在很短距离的损坏，破坏纵向部件的连续性，并降低了损伤部分每一侧的一定距离内船体结构的承载能力。

在打捞过程中，应仔细监测船体梁的应力。打捞工程师对船体梁强度采取三项措施：

（1）分析事故船舶的初始情况。

（2）确定事故船舶承受环境条件和计划打捞行动施加的负荷的能力。

（3）确定通过改变载荷分布或加强危险剖面来减少船体过度应力的方法。

强力甲板和龙骨弯曲应力的初步测定（包括损伤和改变载荷的影响）为分析提供了依据。作为最低限度，应确定损坏剖面处的应力水平，在该剖面处，剪力或弯矩最大，并且打捞工程师的判断表明可能有问题。主要重量变化对载荷、剪力和弯矩的潜在影响应在改变重量前检测。应建立基于实际剖面几何形状的最大可接受（极限）剪力和弯矩曲线。绘制弯曲剪力和弯矩曲线，并将其与允许的限度进行比较，以确定计划采取的行动是否会产生可接受的条件。

船体梁在弯曲时的破坏通常始于梁顶部或底部的受压破坏。纵向加筋的甲板和单底结构的压缩破坏几乎总是以纵向构件及其带板的非弹性局部屈曲的形式破坏。船体梁的失效可能无法观察到，失效区域可能被其他结构或船舶构件所遮蔽。拉伸破坏的特点是在结构外部凸缘横向断裂。断裂伴随着一声巨响。

船体结构设计使纵向弯曲应力在预期载荷下保持在可接受的水平，在舷顶列板、强力甲板、龙骨、底纵桁、底板处纵向弯曲应力最大。在打捞作业中，应仔细检查强力构件的损坏情况。打捞人员应避免刻意破坏承受高应力的结构构件。在船体中部范围接近中性轴的构件的损伤，如在设计或服务水线附近打孔，对总纵强度的影响比对强力甲板和上层列板或底部的损伤更小。在接近 1/4 长度点处中性轴附近的损伤会导致非常高的剪应力。

损坏的严重后果是临界强度构件的结构连续性丧失。简单的梁理论在船体梁中的应用是基于这样一种假设：即船舶基本上是作为一个连续的船体梁对剪力和弯矩做出响应。纵向构件的连续性损失降低了结构在相邻区域间传播剪切载荷的能力——剪力和弯曲应力都增加了。横向构件的连续性损失降低了结构的刚度，使纵向构件独立承受载荷，降低了纵向强度。承受剪切或扭转载荷的区域的横向连续性损失增加了剪应力和变形。截面上增加的剪切应力和/或变形改变了该剖面中的弯曲应力分布。此外，强力构件中的不连续点处应力会增加，或者成为应力集中点。这些效应，单独或组合，会使船体梁的应力达到不可接受的程度。

当受到足够高的应力，船体就会发生灾难性的损坏。通常情况下，船体失效始于极端纤维的压缩破坏：

(1) 屈曲的板、凸缘加强筋以及倾翻的腹板加强筋都是压缩失效的证据。由屈曲构件和船体变形造成的载荷作用会增加其他结构构件的应力，从而导致其他结构构件失效。

(2) 剪切破坏的特征是在舷侧板出现与应力线 45°角方向的褶皱或裂缝。

(3) 尽管未造成直接的失效，但船体的循环应力水平接近屈曲极限会大大降低耐久极限，导致拉伸应力低于极限应力情况下的疲劳失效。由于波浪或潮汐作用，事故船出现严重的循环载荷可能在数天甚至数小时内被破坏。

由于战斗损伤、碰撞或搁浅而被切割或撕裂的结构构件不能贡献剖面承载能力。其他类型的损伤降低承载能力：

(1) 屈曲构件基本上失去了所有的承载压缩负荷的能力，但保持了很大一部分的原始抗拉强度。

(2) 大面积的粗锯齿形板或碟形板不能承受和未损坏的板一样的高载荷，抗拉强度保持不变。

(3) 在其他损坏或未损坏的构件周围可能出现裂纹。裂纹的最大危险是它们会在垂直于裂纹轴的拉伸载荷下延伸。

(4) 暴露在高温或受火面的构件因加速腐蚀、熔化或燃烧而遭受损耗。金属构件的强度在加热和冷却过程可能发生不可预知的变化，但强度和硬度都会降低。因火灾损坏的结构构件在拉伸或压缩时可能只有很少的残余强度。

(5) 受拉的构件孔、切口或裂纹会提升应力，在受压作用下发生屈曲或倾覆。

(6) 在材料损失会降低剖面模数或中断强力构件连续性的地方不应进行切割。如果在甲板或外板上切割孔洞，必须确定减少的外板面积、船体梁强度上的应力集中的影响，或者对开口进行补强以补偿材料的损失。

当应力在弹性范围内时，从惯性矩和剪切面积计算中删除损坏和缺失的结构构件，对破损船体承受剪切和弯曲载荷能力做出保守估计。

10.B.3 起重和重型索具

确定船体上合适的索具点。表10.B.3和表10.B.4分别提供了标准带缆桩和羊角的参考负载限额。

表10.B.3 钢制双柱系缆桩标准

系缆桩大小(筒体直径)/in	1/2高度处的工作载荷/lbf	
	焊接*	铸造**
6	30 130	29 450
8	47 530	47 210
10	92 590	86 650
12	121 070	114 020
14	180 350	159 120
16	236 300	210 970
18	299 360	271 380
20	320 840	313 390
22	390 820	355 560
24	476 610	430 020

注：* 基于安全系数2和材料屈服强度36千磅/每平方英寸[美国钢铁学会等级(AISI)1030]；
** 基于安全系数2和材料屈服强度30千磅/每平方英寸[美国钢铁学会等级(AISI)6030]。

1）最小地锚范围确定

最小地锚范围按以下方式确定：

(1) 通过求和确定锚固深度。

①装有重型机械的甲板在水线上的高度。(当使用弹性浮标时，不使用水面以上的甲板高度。)

②锚泊水深。

③嵌入深度：坚固的砂子或黏土、珊瑚礁或岩石为0英尺；中等密度的砂子或黏土为5英尺；软泥浆为10英尺。

这些深度如图10.B.4所示。

(2) 将锚深度输入表10.B.5，并读取基本的地锚范围。基本的地锚范围包括正确放置锚所需的拖动距离。

(3) 为了获得最小的地锚范围，增加船舶脱浅必须移动的距离以及甲板到地锚之间的钢丝绳的长度。这些距离示于图10.B.4中。当海滩绞拖工具被放在打捞船或驳船上时，船必需移动的距离在计算中可忽略。

(4) 构成地锚的组件的总长度应等于或超过最小地锚范围。范围过短将导致锚的拖动。

(5) 当链条和钢丝绳的长度达到标准长度时，可以用手头的零件来制造下一个更长的

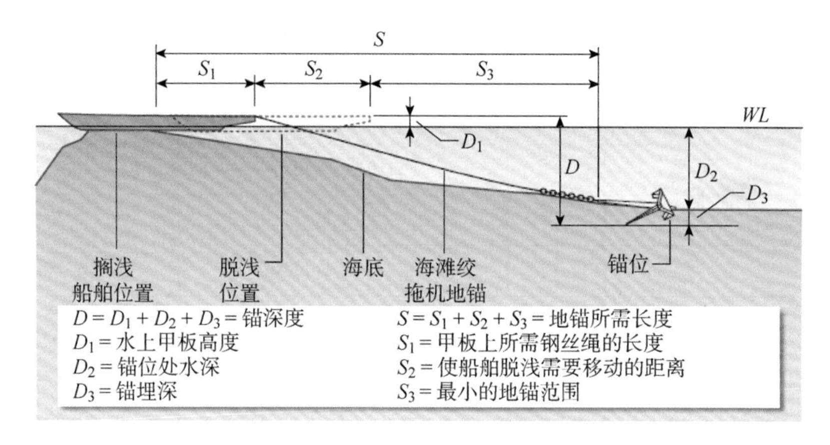

图 10.B.4　确定地锚范围的距离

范围。

表 10.B.4　钢制焊接羊角形系缆桩

系缆桩尺寸/in（绕过羊角的距离）	缆绳周长/in				绳子直径/in	试验负荷/lbf
	马尼拉绳	尼龙绳	涤纶绳	聚丙烯绳	6×37 股纤维芯钢丝绳	
10	1 3/4	1	1	1 1/2		4 100
16	3	2	2	2 1/2	5/16	9 000
24	5	3	3	4	1/2	23 000
30	6	3 1/2	4	5	5/8	36 000

表 10.B.5　基本的地锚范围

锚(D)	1-5/8″钢丝绳以及一节 2-1/4″链条	1-5/8″钢丝绳以及二节 2-1/4″链条	1-5/8″钢丝绳以及三节 2-1/4″链条
60	1 120 英尺	787 英尺	不适用
72	1 275 英尺	907 英尺	732 英尺
84	1 420 英尺	1 022 英尺	823 英尺
96	1 557 英尺	1 133 英尺	912 英尺
108	1 637 英尺	1 240 英尺	998 英尺
120	1 810 英尺	1 345 英尺	1 083 英尺
132	1 929 英尺	1 445 英尺	1 166 英尺
144	2 043 英尺	1 543 英尺	1 248 英尺
156	2 153 英尺	1 639 英尺	1 323 英尺
168	2 260 英尺	1 732 英尺	1 407 英尺
180		1 822 英尺	1 485 英尺

（续表）

锚(*D*)	1-5/8″钢丝绳 以及一节 2-1/4″链条	1-5/8″钢丝绳 以及二节 2-1/4″链条	1-5/8″钢丝绳以及 三节 2-1/4″链条
192		1 904 英尺	1 561 英尺
204		1 998 英尺	1 636 英尺
216		2 082 英尺	1 709 英尺
228		2 166 英尺	1 782 英尺
240		2 247 英尺	1 854 英尺
252			1 924 英尺
264			1 993 英尺
276			2 062 英尺
288			2 130 英尺
300			2 197 英尺

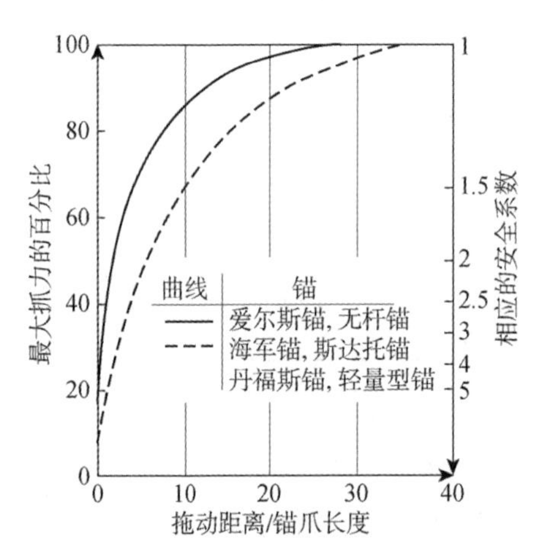

图 10. B. 5　淤泥中抓力对拖曳距离的百分比

在砂子中，最大的抓力达到不到 10 倍锚爪的拖曳长度。图 10. B. 5 和图 10. B. 6 将有助于预测泥浆中锚拖动的距离并选择一个锚，使得在可接受的拖曳距离内产生所需的抓力。

图 10. B. 7 显示了一个典型的起重设备配置。每根钢丝绳从沉船下方穿过，两端分别安装在两艘起重船上。每个横向位置都有一对钢丝绳。每对钢丝绳有四个起重部件，垂直分量的总和等于水中的沉船残骸重量。钢丝绳张力可以用下式计算：

$$T = \frac{W}{2N(1+\sin\phi)} \tag{10. B. 17}$$

式中，N 是提升钢丝绳的数量；W 是沉船在水中的重量；T 是提升钢丝绳张力；ϕ 是起重船底部和外侧钢丝绳之间的角度。

采用表 10. B. 6 和图 10. B. 8（提升钢丝绳张力值在 5 吨至 200 吨之间的一种诺模图）的经验数据，可以估计出提升钢丝绳切断的可能性，尤其是舭部。

为了估算舭部切断产生的可能性，用表 10. B. 6：

（1）通过从吊钩、牵引器或绳索读数仪上直接读数来计算提升钢丝绳张力 T。

（2）把舭部半径和船侧外板厚度输入 K 应力系数表 10. B. 6 中得到 K。

（3）在图 10. B. 8 中画一条连接 K 和 T 的线；该线与主应力线 S 相交的地方即显示每一条起重缆绳通道上估计得到的船体应力。

对应 1.5 的安全系数，钢的许用应力为 22 000 psi。

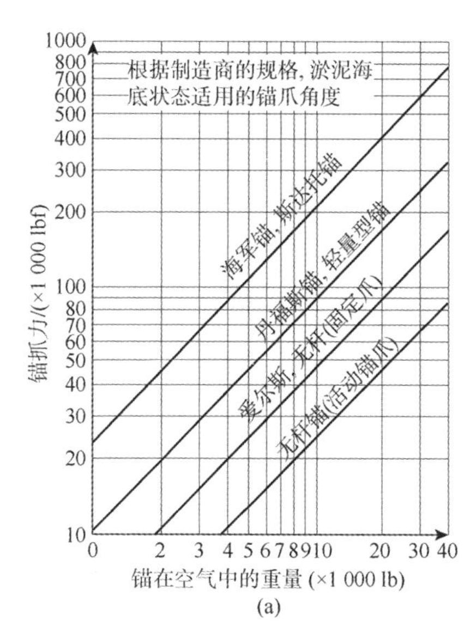

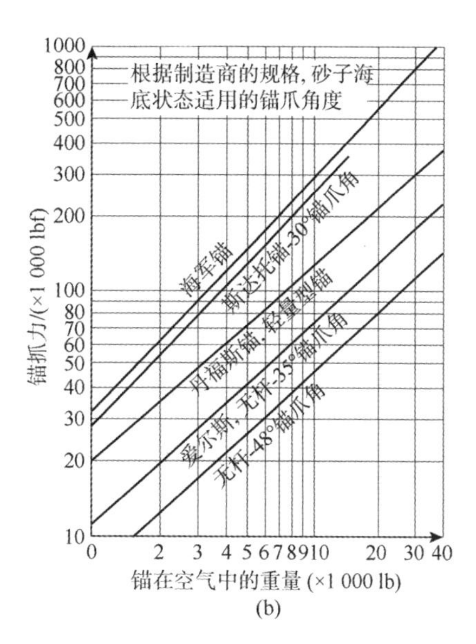

图 10.B.6　锚抓力

(a) 在黏土中的锚抓力　(b) 在砂中的锚抓力

表 10.B.6　应力系数 K(×1 000/in²)

舭部半径 r/in	船壳板厚度 h/in						
	1/4	3/8	1/2	5/8	3/4	7/8	1
6	625	483	405	355	320	293	272
12	252	189	156	135	121	110	101
15	190	142	116	100	89	81	74
18	152	112	91	78	69	63	58
21	126	92	75	64	56	51	47
24	107	78	63	54	47	43	39

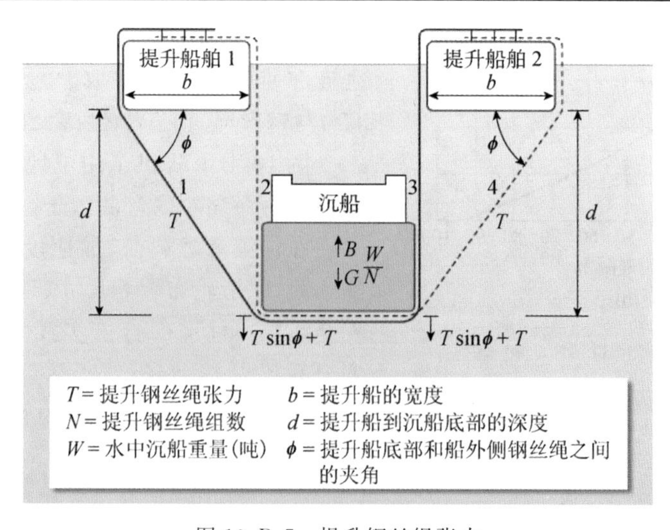

图 10.B.7　提升钢丝绳张力

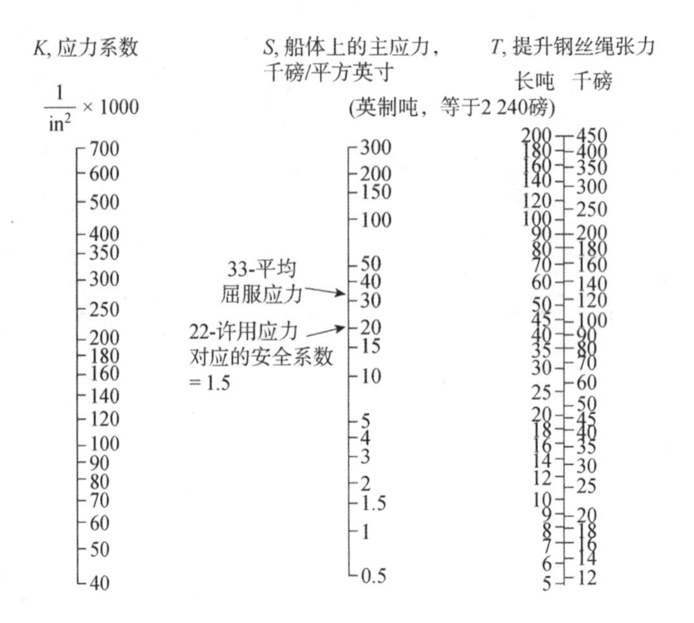

图 10.B.8 船体应力诺模图

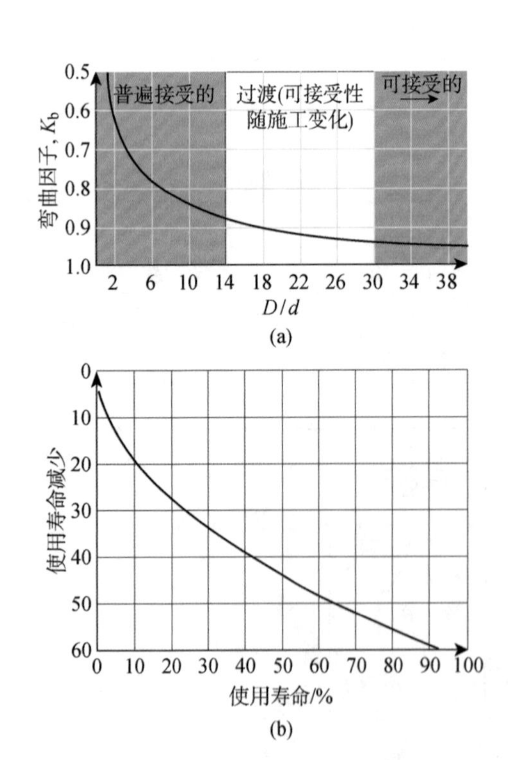

图 10.B.9 滑轮的直径对 6×9 和 6×37 股绳索的影响
(a) 强度与滑轮直径 (b) 使用寿命与滑轮的直径

2）钢丝绳的选择

破断强度、抗疲劳、抗挤压等以及可用性为常规钢丝绳的选择奠定了基础。近似的选择式如下：

$$DSL=\frac{(NS)K_b}{K_s} \qquad (10.B.18)$$

其中，DSL 是要求的静态负载＝已知载荷或恒载加上突然启动和停止、冲击、轴承摩擦等引起的附加载荷；NS 是名义强度＝公布的测试强度，K_b 是取自图 10.B.9 中的弯曲因子，K_s 是安全系数，在后面讨论。急剧弯曲降低了钢丝绳的强度和使用寿命，要采取措施使滑轮或卷筒直径(D)与钢丝绳直径(d)保持大比例。

图 10.B.9 提供了用于计算钢丝绳强度降低和使用寿命缩短的弯曲因子。

在仔细考虑载荷、加速度、冲击、绳索速度、绳索附件、滑轮布置和尺寸、环境等因素后，选择安全系数。标准的打捞实践中，对于固定索具，安全系数为 3～1/2；对于活动吊索，安全系数为 5；对于可能会危及生命的情况，安全系数为 8～12。

10.B.4　压缩空气

1）压缩空气的基本知识

空气压缩机通过排气压力和流量来分级，例如，一个 500 psi/900 cfm 压缩机。在标准条件下，以空气的形式给出流量。以下是标准条件：

- 压力：一个大气压力(14.7 psi)
- 温度：68℉
- 相对湿度：36%
- 密度：0.075 lb/ft^3

在英制单位中，流量以标准立方英尺每分钟(SCFM)表示。由压缩机输送的空气实际体积取决于系统或接收容器的压力(容积罐、船舱等)。标准条件下的空气体积用标准单位表示，例如标准立方英尺(SCF)。在非标准条件下，以实际单位(实际立方英尺，ACF)测量的用于填充实际体积标准空气的数量通过气体定律的修正公式计算：

$$V_s = \left(\frac{P}{P_{atm}}\right)\left(\frac{T_a}{T_w}\right)(V_a) \tag{10.B.19}$$

式中，V_s 是标准空气体积 (长度^3)；P 是需要空气的空间中的压强，绝对值(力/长度^2)；P_{atm} 是大气压力，绝对值(力/长度^2)；T_a 是水深处的气温，绝对温度$=T_{华氏}+460=T_{摄氏}+273$；T_w 是水深处的水温，绝对温度$=T_{华氏}+460=T_{摄氏}+273$。

可用海水的英尺数(FSW)表示压强：

- 1FSW=0.445 psi
- 33FSW=14.7 psi =1 大气压力。

当用 FSW 表示压力时，标准体积通过下式计算：

$$V_s = \frac{D+33}{33}(V_a)\left(\frac{T_a}{T_w}\right) \tag{10.B.20}$$

2）压缩机

压缩机和压缩空气系统通过压力等级进行分类：

- 低压(LP)：150 psi 或更少；
- 中压(MP)：150～1000 psi；
- 高压(HP)：1000 psi 或更高。

压缩机，像水泵一样，根据设计和操作特点分类。有两种主要的压缩机类型：

- 容积式(往复式和旋转式)压缩机。
- 动力式(离心式和轴流式)压缩机。

容积式压缩机在一个腔室中收集固定体积的空气，并通过减少腔室容积来压缩空气。动力式压缩机通过高速转子将动量传递到空气中。鼓风机的工作原理与压缩机相同，但是压力较低。35 psi 是常用压缩机和鼓风机之间的分界线。

压缩机排量是气室的实际扫气容积。容量是由压缩机输出的空气量(*SCFM*)，单位为每分钟标准立方英尺。效率(η)是容量和每分钟排量的比值。即

$$\eta = \frac{SCFM}{Displ \cdot RPM} \tag{10.B.21}$$

式中，$SCFM$ 是压缩机容量，单位为每分钟标准立方英尺；$Displ$ 是压缩机的排量/ft^3；RPM 是压缩机的转速/(r/min)。

如果没有容量或效率给出压缩机排量，则可以假定 80％的效率来估算容量。

容积式压缩机可以达到非常高的压力。除非安装安全阀，否则很可能损坏压缩机、原动机或系统。动力式压缩机将达到最大压力，即进气的动量不足以克服出口的背压；在这种压力下流量为零。所有的动力式压缩机都有一个最小的流量点，称为喘振极限，在喘振极限以下，机器的运行不稳定。必须避免在喘振极限或低于喘振极限的情况下运行。

3）**鼓风和压差**

将空间中水排尽所需的压力是在立管的开口处或底部水深的函数，在压力作用下水进入立管。即

$$P_b = 0.445D + P_L \tag{10.B.22}$$

式中，P_b 是鼓风压力/psi；D 是水深/ft，0.445 是每英尺海水引起的压力增量；P_L 是克服空气管路损失和立管的摩擦所需的压力，一般是 2 psi。

在深舱内，将空间内水排干所需的压差可能大于舱壁和船舱顶部能承受的压力。如果是这样的话，就必须加强船舶的结构或改变立管的长度或通风口的高度来限制压差：

$$l = \left(\frac{P_d - P_L}{0.445}\right) \tag{10.B.23}$$

式中，l 是立管的长度或者从船舱顶部到透气管的距离；P_d 是最大可接受压差/psi；P_L 是克服空气管路损失和立管的摩擦所需的压力，正常情况下是 2 psi。

4）**空气流量要求**

将空间内的水完全排干所需的空气标准体积(V_s)是建立在立管的开口处或底部的压力基础上。即

$$V_s = \frac{D + 33}{33}(V_a)\left(\frac{T_a}{T_w}\right) \tag{10.B.24}$$

式中，D 是到透气管或立管底部的深度/ft；V_a 是水的体积，实际立方英尺＝空间体积×渗透率；T_w 是水深处的水温/K；T_a 是空气温度/K。

如果立管或船体开口太小，水就会以低于空气流速的速度流出舱室，产生一个液压阻碍，造成压力增加。为了避免损坏空间或空气系统，必须定期关闭吹扫，直到足够的水被排出空间以降低压力。如果没有仔细监测舱内压力，空间很容易过度加压，造成损坏或损伤。为了避免过度增压，舱内的水流量必须与实际进入舱内的空气流量(Q_a)相等。用下式计算 Q_a：

$$Q_a = \frac{Q_s}{ATA} \tag{10.B.25}$$

式中，ATA 是大气的绝对压力＝$(D+33)/33$；Q_s 是送风量。

把流量方程转换成通过一个洞或开口的流量，可以得到所需的出口面积：

$$Q = C_d A\sqrt{2gh_{eq}},\quad A = \frac{Q}{C_d\sqrt{2gh_{eq}}} \tag{10.B.26}$$

式中，Q 是水流速度/(ft^3/s)，$Q=Q_a$；C_d 是排泄系数，可从图 10.B.10 中查出；A＝出口面积/ft^2；g 是重力加速度≈32.2 ft/s^2；h_{eq}是喷吹压力，表示为海水的等效海水压头/ft，h_{eq}＝

$P_b/0.445$。

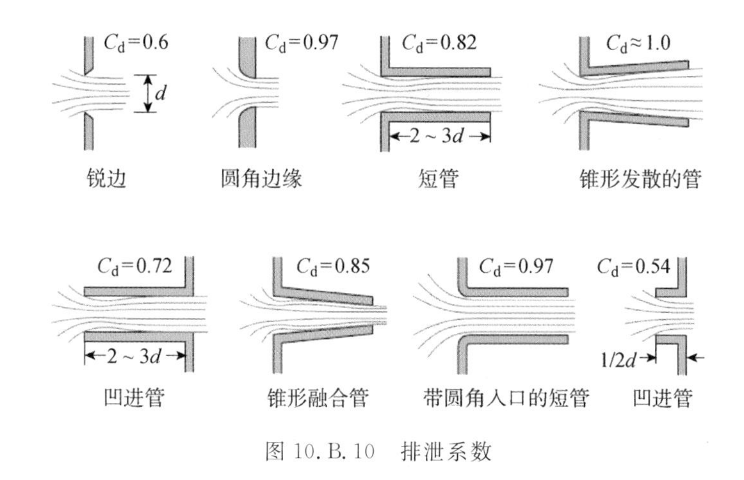

图10.B.10　排泄系数

舱内空气压力等于舱内水位深度的静水压力；当持续鼓风时，水位下降，空气压力增加，流量（水和实际空气）减少。立管或开口的尺寸应能适应最大流速——即相当于深度达到舱顶时的流速。

通过排水产生的流量和压力的变化可能会给人们一种印象，即较高的驱动压力缩短排水时间。虽然提高驱动压力会增加初始水流量，但总的排水时间取决于压缩空气系统的体积流量。船舱内的水不会排尽，除非空气系统提供足够的实际立方英尺的空气来填充所需的容积。离心式压缩机的流量与输送压力有关，随压力增大而增加的流量也能缩短排水时间。

10.B.5　泵吸

1）泵理论和术语

泵的术语是以压头的概念为基础的，压头是液体所具有能量的一种测量方法，因为它的压力（压头）、速度（速度头）或高于基准面（静态头）。压头通常用距离（高度）或压力单位表示。

在英制系统中，压强通常以磅/平方英寸（psi）和密度（lb/ft^3）来衡量。用144 in^2/ft^2的转换因子来获得用英尺度量的压力。即

$$H=\frac{144P}{\gamma} \tag{10.B.27}$$

式中，H是压头，液体的英尺值；P是压力/psi；γ是流体密度/（$1b/ft^3$）。

各种液体的密度如表10.B.13所示。额外的术语用于描述泵所做的功或泵的可用能量（由于系统配置），以及泵的操作特性和需求。这些术语在下面各段中进行描述，如图10.B.11所示。

2）大气压头（H_a）

大气压头是以泵送液体的英尺为表征的大气压力。对于在正常大气压力中的海水：

$$H_a=\frac{(144\ in^2/ft^2)(14.7\ lb/in^2)}{(64\ lb/ft^3)}=33\ ft \tag{10.B.28}$$

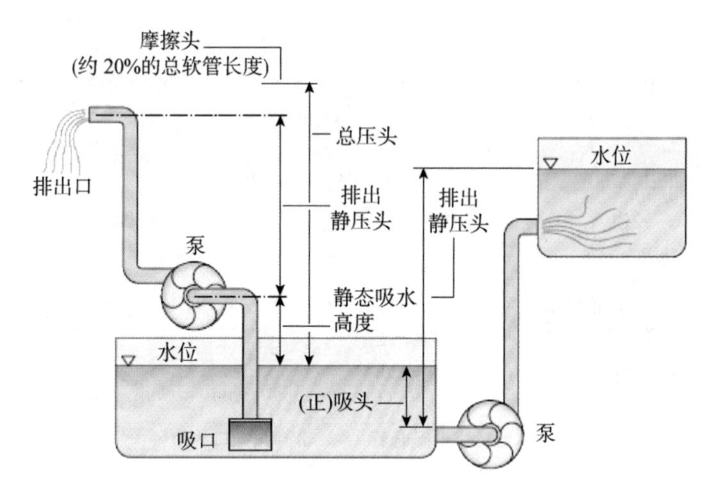

图 10.B.11 泵压头

3）**蒸气压头**（H_{vp}）

蒸气压头是以泵送液体的英尺为表征的液体蒸发压力。对于 68 ℉的海水，$P_{vp}=0.34$ psi，且

$$H_{vp}=\frac{144(0.34)}{64}=0.765\ \text{ft} \tag{10.B.29}$$

表 10.B.7 给出了一些常见液体在 68℉时的蒸气压力。

表 10.B.7 68℉时的蒸气压力

液体	蒸气压力/psi
水	0.34
乙醇	0.85
松脂	0.007 7
柴油(典型的)	0.041
重油	0.042
植物油	0.030

4）**静吸头**（H_s）

静吸头是液体表面与泵进口之间的垂直距离。如果泵位于液面上方，吸入头为负。当克服负吸头或吸程时，水泵必须创造一个真空，以便液体表面和泵的吸入侧之间的压力差足以把液体提升上来，克服泵壳内的蒸汽压力和吸入管路中的摩擦，同时加速液体。最大吸程等于大气头（H_a）减去蒸气压头（H_{vp}）和吸入管路摩擦头（H_{fs}）：

$$\text{最大吸力升高}=H_a-H_{vp}-H_{fs} \tag{10.B.30}$$

实际的吸程将稍微减少，因为加速液体需要做功，同时泵效率低下也会造成损失。在大多数离心泵中，海水的最大实际吸力扬程约为 25 ft；容积泵可以达到稍高的扬程。为了提高泵的性能，应尽可能使吸力升程最小化，低于 15 ft。大多数离心泵必须进行预充水才能实现吸力升程。

5）**静排放压头**（H_d）

静排放压头系指从泵到液体自由排放点的垂直距离，它代表泵在理想系统中迫使液体上升的高度。如果排放口被淹没，从液体表面测量静排放压头。

6）**摩擦头**（H_f）

在实际系统中的摩擦损失相当于要将液体提升到一个额外的高度。需要克服管道、软管、阀门、管件等摩擦的水头有时被作为压降，或水头损失，为特定类型的软管、管道或配件的流量和长度的函数。摩擦头也可以计算为速度头的函数，如达西-韦斯巴赫（Darcy-Weisbach）公式：

$$H_f = \frac{fLV^2}{2Dg} \tag{10.B.31}$$

式中，f 是达西-韦斯巴赫摩擦系数（无量纲）；L 是长度/ft；D 是直径/ft；V 为流速/(ft/s)；g 为重力加速度≈32.2 ft/s^2。

对于层流（$Re \leqslant 2\ 000$），$f = 64/Re$，其中，Re 是无量纲雷诺数：

$$Re = \frac{DV}{\nu} = \frac{\rho DV}{\mu} \tag{10.B.32}$$

运动黏度（ν）、流体密度（ρ）、绝对黏度（μ）、速度和直径的单位一致。摩擦头是流体速度、流动面积和表面粗糙度的函数；对于给定的流通直径，摩擦头随流量的增加而增大。摩擦系数可以在图 10.B.12 中查到。阀门、管件和其他障碍物的摩擦损失通常表示为速度头

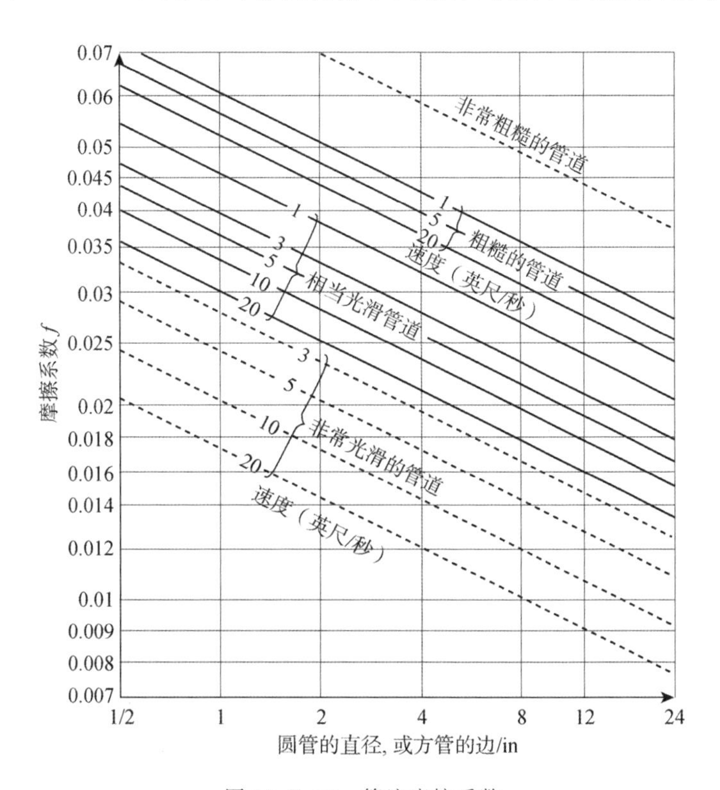

图 10.B.12　管流摩擦系数

的函数。

$$H_f = K\frac{V^2}{2g} \tag{10.B.33}$$

式中，K 是如表 10.B.8 所示的阻塞损失因子。

更广泛的摩擦系数或摩擦损失表可以在管子或土木工程手册中找到。如果未知，摩擦头可以被视为不超过吸入和排放管道或者大多数打捞用软管总长度的 20%。

表 10.B.8 阻塞因子

管件	阻塞因子 K
截止阀，敞开状态	10
角阀，敞开状态	5
闸门阀，敞开状态	0.19
闸门阀，半敞开状态	5.6
过滤器	2
光滑弯管	0.3
短半径弯头	0.9
长半径弯头	0.6

7）所需总动力压头（*TDHR*）

要求的总动力压头是通过系统将液体移动到设计排放点所需的能量的度量。这一度量相当于静排放压头加摩擦损失压头，减去吸头。

$$TDHR = H_d + H_f - H_s \tag{10.B.34}$$

当负吸头（吸力提升高度）的增加，所需总动力压头（*TDHR*）也增加。用于克服抽吸力的功率无法将能量传递给泵送的液体；排泄能力和/或压头减少。

如果泵在液面以下，泵的进口侧有正的静水压力，提升液体到泵无须做功。正的吸头代表增加了泵的容量，反映在 *TDHR* 减少上。图 10.B.13 显示了正吸头对典型离心泵的影响。

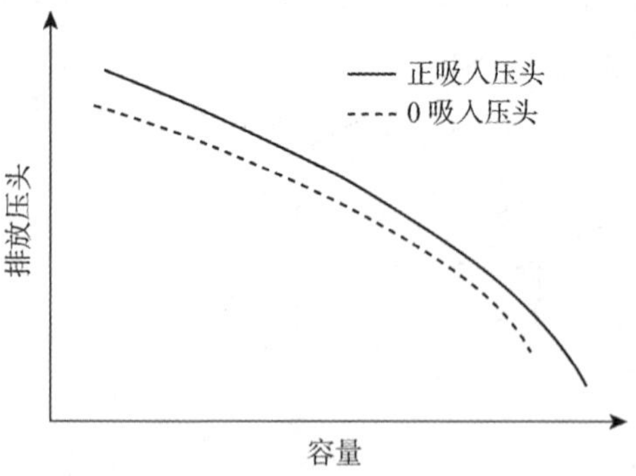

图 10.B.13 正吸头的影响

8）总有效动力压头（*TDHA*）

TDHA 是对泵送液体所产生的总能量的度量，它等于泵出口的压头和速度头的总和。即

$$TDHA = H_{p2} + H_v \tag{10.B.35}$$

9）净正吸头（*NPSHA*）

净正吸头是泵入口的绝对吸压减去在实际泵送条件下的蒸气压，它是大气压力头、静吸

入头，减去蒸气压头和吸入管路上的摩擦压头的总和。即

$$NPSHA = H_a + H_s - H_{vp} - H_{fs} \tag{10.B.36}$$

10）所需净正吸水头（*NPSHR*）

是一种满足泵运转要求所需的最低流体能量的度量，通常由泵制造厂商指定。*NPSHR* 是一种加速液体和其他损失所需做的功的量化手段。一些制造厂商更喜欢定义所需的进口压力（*NIP*）；净正吸水头乘以流体密度得到净进口压力（*NIP*）。

11）泵的分类

泵按设计和运行特点分类：

- 引起泵送作用的运动
- 潜水或非潜水
- 泵送流体的特性
- 流量特性
- 自吸或非自吸
- 恒速或变速
- 可变容量或恒容量

泵的主要类型：

- 动力式泵，包括离心泵、轴流泵和混流泵
- 容积式泵，包括膜片式、旋转式和往复式泵
- 空气喷射泵和空气提升泵

表 10.B.9 给出了每种泵的一般特性。

表 10.B.9　泵特性

特性	容积泵	离心和轴流泵	喷射泵
流量	低	高	高
每阶段压力上升量	高	低	低
运转范围内的恒变量	流量	压力上升量	-
自吸	是	否	是
出口流	脉冲	稳定	稳定
适用于高黏度液体	是	否	是

12）容积式泵

容积式泵在每个活塞行程或者每转排出一定容积的量；以恒定的速度，在驱动器能力范围内及泵的强度范围内的任何压力，容量本质上是相同的。在某些输送压头（压力），保持泵的转速所需功率将超过原动机的容量；当泵的速度下降，并最终熄火（停止转动），容量迅速下降。实际上，泵或管道系统的某些部件在原动机过载之前会失效。为了避免故障，可以在出口管道上安装安全阀。

13）动力式泵

动力式泵和喷射泵通过将旋转的叶轮（离心式、轴流式和混流式泵）的动能或流体（喷射

泵)的能量传递给泵送的液体,使液体的能量转化为速度和压力。在一定程度上,运动流体的速度可以转化为压力,反之亦然。速度头与容量有关:

$$Q = A\sqrt{2gH_v} \Rightarrow H_v = \frac{Q^2}{2gA^2} \tag{10.B.37}$$

14)喷射泵

喷射泵利用工质通过狭窄喷嘴所产生的低压力,将泵的液体抽进混合腔,在混合腔里与工质结合在一起,在喷射器中排出。使用液体作为工质的喷射泵被称为喷射器;使用气体(如水蒸气或压缩空气)的喷射泵被称为抽气泵。打捞中使用的喷射器几乎都是由水驱动。扬程和容积取决于喷嘴和混合腔的几何形状、工质的压力和流量(供应流)、吸入扬程和排出压头。对于大多数设计用于损伤控制或打捞脱浅的喷射器,出口流速(包括供应流)约为供应流程的1.5倍至2倍,最大工作压头约70英尺的水深。

所有的喷射器都有最小的供应压力和流量的要求,在此流量要求下,他们将无法运行。如果供应的压力和流量不足,供水可能穿过喷射器吸口倾泻而下,淹没空间。因为没有移动部件,喷射器是非常坚固和可靠的。它们特别适用于输送泥浆和被污染的水。环式(围射)喷射器使用布置在混合腔的下边缘周围的多个喷嘴而不是直接位于混合腔下方的单喷嘴。这种布置导致通过喷射器的直线流体路径没有障碍物。一个4英寸的围射喷射器可以通过2英寸的污染物,尽管大量的固体污染物可能堵塞长的排放软管。

大喷射器通常作为舱底泵和压载泵。一些油船用喷射器作为货油泵。工质是货油,通过其他类型的货油泵在压力下输送。

15)空气提升泵

空气提升泵通过将压缩空气引入浸没或部分浸没管道的低端运行。管道内的空气-液体混合物比管道外的液体密度小。混合物上升并在管道底部产生低压,将液体和疏松固体沿管道向上抽吸。空气提升泵可以处理各种泥浆,包括由较大颗粒组成的泥浆,如煤、砾石、矿石、罐装货物或其他奇形怪状的物体。空气提升泵经常用于清除泥浆以及来自潜水员工作区的松散沉积物,以及从沉船内清除沉积物。

空气提升泵的效率取决于空气压力和流量、管子浸没和露出部分长度的比率、水深、空气入口在管道上的位置以及被提升材料的性质。空气提升泵通常只在靠近下端的地方提起松散的物料。用喷水器或其他方法搅动重型或硬质结块材料将提高空气提升泵效率。黏土、纸浆和类似材料容易使空气提升泵阻塞。虽然空气提升泵不像水泵那样特别有效,但它们在野外很容易建造,而且可以移动泥浆、半固态物质和污染物,这些物质会阻塞或损坏其他泵。

空气提升泵不同于其他泵,因为提升液体所需的能量(气压)是由潜深 h 控制,而不是由总扬程 H 控制。对于最有效的运作,空气提升泵至少应该被浸没在其长度的三分之二处,尽管它们在只浸没35%的情况下也可以工作。在空气提升泵底部的空气管道出口处的空气压力仅略大于静水压力时就足以启动空气提升泵。基于在采矿应用中使用空气提升泵的经验公式,可估计需要的气流量:

$$Q_{air} = \frac{H}{C\log(ATM)} \tag{10.B.38}$$

式中,Q_{air}是气流量,每分钟标准立方英尺;H 是垂直提升高度 /ft;C 是经验系数,基于淹没量和提升高度比率，从表 10.B.10 中可以查到；ATM 是淹没量，以等量的大气压表示，对于海水 $ATM = (h + 33)/33$，对于淡水 $ATM = (h + 34)/34$，对于其他液体 $ATM = (h + 34\gamma_g)/34\gamma_g$；$h$ 是淹没深度（到空气提升泵的深度）/ft；γ_g 是液体比重。

管道大小是从空气和液体流量的初始估计确定的。即

$$d = 13.54\sqrt{\frac{Q}{V}} \tag{10.B.39}$$

式中，d 是空气提升泵（出口）管道直径/in；Q 是空气 - 混合液流量/(ft^3/min)；V 是管道中混合物的速度/(ft/min)。

对于直径相同的管道和 40～200 ft 的提升量，空气-液体混合物的最佳排出速度范围从 70%浸没量时的 2 000 ft/min 到 35%浸没状态下的 700 ft/min。管道底部的最大流速范围从 70%浸没量时的 450 ft/min 到 35%浸没量时的 800 ft/min。

空气提升泵不能完全将空间内的水排尽，因为超过三分之二的管道露出水面时，它们不能运行。当为 25%深度淹没时，可以采用复合提升。在一次提升中，水和固体被提升一半，并允许在与第一次提升相同深度的大直径管道的闭合底部运行。第二次空气提升泵可以在大管道中工作，并有 50%的浸没深度。在深矿井里，使用 60～80 psi 的空气，通过一系列串联的空气提升泵将水提升至 1 385 ft。用其他泵进行脱排水之前，从空间底部清除沉积物、散装货物和其他物品时，空气提升泵非常有用。

表 10.B.10　空气提升经验系数 *C*

浸没百分比(%)	*C*	
	外部空气管路	内部空气管路
75	366	330
65	348	306
55	318	262
45	272	214
35	216	162

16）打捞泵

打捞中使用的特殊用途的泵用于满足特定的要求；打捞泵通常是便携式的、通用的排水泵，适合于海事使用。一个好的打捞泵必须具备以下特性：

- 有坚固的结构和保护框架或包装，以减少意外损坏的风险；
- 高的泵容量/重量比；
- 排放压头大于 60 ft；
- 泵送各种被污染液体的能力；
- 相对简单的结构，以便日常快速保养和维护。

可潜水使用或较低的 *NPSHR*，可自行启动的能力，以及处理各种流体黏度和比重的能力也是需要的。经验表明以下泵在打捞方面有着最广泛的应用：

- 电动或液压马达驱动的潜水泵（离心式或轴流式）

• 独立式、重型、柴油或汽油发动机驱动的离心泵
• 气动膜片泵和离心泵
• 喷射器和空气提升泵

表 10.B.11 比较了常用打捞泵优缺点。

表 10.B.11 泵特性

泵类型	排放压头	自吸	吸水高度	泵的适用性			典型的安装
				夹带的固体物	泥浆	黏性流体	
往复式	高	是	高	一般	好	好	用蒸汽推动的船用设备。泥浆泵。油田泥浆泵
旋转式	高	是	高	差	差	好	船用和工业燃料、货物、润滑油系统
膜片式	高	是	高	一般	好	好	多用途、计量
离心式	中等 a	否 b	低	c	c	差	一般用于非黏性液体，消防系统。用于农业、建筑、矿山、工业和打捞的水泵
混流式	低 a	否	非常低	c	c	d	一般用于非黏性液体，消防系统。用于农业、建筑、矿山、工业和打捞的水泵
轴流泵	非常低 a	否	非常低	c	c	d	一般用于不需要高排放压头的场合。潜水泵
喷射泵	低	是	中等	好	好	一般	蒸馏装置空气喷射器。舱底排水。便携式排水装置。消防泡沫配比系统

注：a 可以通过串联多级或串联泵来增加压头；b 一些泵在低吸水高度（$<$ 12 英尺）是自吸的；c 被设计用于垃圾处理或者打捞的泵；d 必须将叶轮设计成适合特定的黏度范围。

17）泵的计算

打捞泵计算通常是回答三个问题中的一个：

（1）需要什么样的泵送容量（以及泵的数量）以便在给定的时间将进水空间的水排干？

（2）用指定的泵的容量去排空一个空间需要多少时间？

（3）水面将下降到什么程度？

吸入和排出压头不是恒定的，而是在抽水过程中变化。对于固定位置泵，吸水高度随水位下降而增加。如果泵放低以限制吸水高度，排出压头会增加。潜水泵的排出压头保持不变，但随着水位下降，正吸水压头下降。

摩擦和蒸气压头的核算方法取决于泵性能数据的格式。在性能曲线或表格中，有时会考虑到假定长度的排出和吸入管道的摩擦头。大多数泵的性能曲线不考虑蒸气压头。增加的流体蒸气压力降低了净正吸头，因此可以考虑将蒸气压头添加到实际吸升高度中，以确定

有效吸程(负吸头)。因此,对性能曲线或表的输入参数是

$$H_{s\,eff} = H_{s\,actual} + H_{vp},\quad TDHR = H_{s\,eff} + H_d + H_f \tag{10.B.40}$$

式中,$H_{s\,eff}$是有效吸程;H_s 是实际吸程,以到液体的表面的距离来衡量;H_{vp}是蒸气压头;$TDHR$ 是总动力压头;H_d 是排出静压头;H_f 是软管或管道在性能数据中没有计入的摩擦头。

对于一个给定抽水容量的泵,排水时间等于要排出的水量除以抽水泵的容量。由于在抽水过程中,泵的抽水容量随泵吸入和排出头变化而变化,所以需要增量的解决方案。对于灌水空间中适当厚度(例如 10 ft)的水层,根据泵的容量对应于每层水的平均吸头和排出压头计算出泵出各层水所需的时间。总排水时间是各层排水时间之和。

为了确定水面的下降速度,首先计算或估算出一个单位(英寸、英尺、厘米等)层厚的容积。这个单位层厚的容积除以泵的容量,是水面下降的速率。

18) 特殊用途的泵

泵被设计成具有特定的流体特性或范围。如果泵输送的流体特性与泵的设计流体特性相差很大,泵的性能和使用寿命就会受到影响。有五种流体属性需要考虑:

- 比重
- 黏度
- 蒸气压
- 磨损
- 腐蚀性

19) 黏度

流体黏度对泵的性能的影响比较复杂。图 10.B.14 显示了黏度对泵容量和排出压头的影响。图表使用方法如下:以水泵的额定容量(水)作为底部水平标尺,一条垂直线从其上引出,直到它与对角线上对应的水压头曲线相交。然后在交点处绘制一条向左的水平线,直到它与泵输送的液体的黏度曲线相交。从这个交点作垂直线与修正因子曲线相交;修正因子从左边的刻度上读取。这个例子(点划线)表明,在排放压头为 100 英尺,输送的液体黏度为 400SSU(赛氏通用黏度秒)时,一个额定流量为 55 加仑/分的泵的修正流量为 45 加仑/分(0.82×55),此时泵的排出压头修正后为 103 ft(1.03×100)。

基本类型的泵的近似黏度极限:

- 离心泵:3 000 SSU
- 轴流泵:8 000 SSU
- 往复式泵:10 000 SSU
- 旋转泵:2 000 000 SSU

一般情况下,在黏度 1 000 SSU 以上,每增加十倍,泵的转速必须降低 25%~35%,以避免泵的原动机过载。这导致效率降低了 10%。泵的吸入要求也随黏度变化而变化,黏性液体泵制造厂商将其称为净进口所需压力(NIP)。

黏度随温度和末端压力而变化。在排水和减重操作中遇到的压力对流体黏度没有显著影响。表 10.B.12 列出了一些常用液体的黏度。

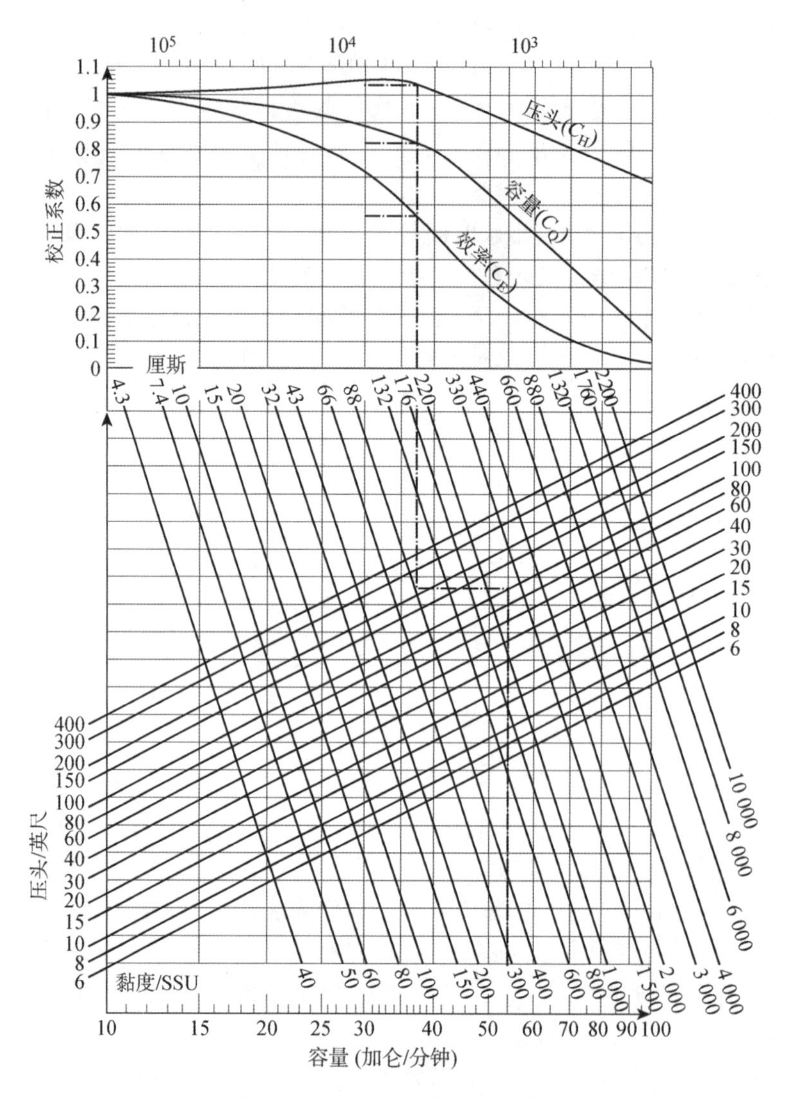

图 10.B.14 泵性能校正系数

表 10.B.12 黏 度

液体	黏度	
	SSU	厘斯
32℉的水	33.0	1.79
70℉的水	30.9	0.98
212℉的水	29.3	0.29
68℉的乙醇	31.7	1.52
70℉的氟利昂 12	0.27	21.1

（续表）

燃料油	黏度	
	SSU	厘斯
70°F的 1 号燃料油	34～40	2.39～4.28
70°F的 2 号燃料油	36～50	3.0～7.4
70°F的 3 号燃料油	33～40	2.69～5.84
70°F的 5 号燃料油	50～125	7.4～26.4
100°F的 5 号燃料油	42～72	4.9～13.7
122°F的 6 号燃料油	450～3 000	97～660
160°F的 6 号燃料油	175～780	37～172
−30°F航空煤油	52.0	7.9
润滑油		
0°F SAE-5W	6 000 最大	1 295 最大
0°F SAE-10W	6 000～12 000	1 295～2 590
0°F SAE-20W	12 000～48 000	2 590～10 350
210°F SAE-20	45～58	5.7～9.6
210°F SAE-30	58～70	9.6～12.9
210°F SAE-40	70～85	12.9～16.8
210°F SAE-50	85～110	16.8～22.7

10.B.6　石油、机油和润滑油

1）定义

有专门的术语描述影响作业行为的石油产品的特性。了解这些术语将有助于更好地理解油料（石油、燃油和润滑油）操作的机制，以便用户能够预见和避免在传输操作过程中出现的一些问题。

2）黏度

黏度是在特定温度下测量产品的流动阻力（内摩擦）的单位。运动黏度用厘斯（cSt）表示。水在 68°F时黏度约为 1.0 cSt。高黏性液体比黏性较小的液体厚，且流动得慢。对于离心泵，大约 875 cSt 黏度是泵送能力上限。另一种黏度称为绝对黏度，单位为泊（P）。32°F水的绝对黏度为1.808 6 cP（厘泊）。这两种黏度的关系为

运动黏度＝绝对黏度/密度。

运动黏度和绝对黏度都在石油作业中被使用。赛氏通用黏度秒（SSU）和赛氏弗罗黏度秒（SSF）是运动黏度的单位，可以通过赛波特黏度计测量，主要用于海洋石油作业，赛波特通用黏度计是用于测量低于 1 000 cSt 黏度的液体。赛波特弗罗黏度计用于更黏的燃料油

(赛氏弗罗是燃油和铺路沥青的英文首字母缩写)。赛氏弗罗黏度读数大约=1/10 赛氏通用读数。对于 37.8 ℃(100 ℉)黏度超过 50 cSt 的液体,1 SSU 约等于 0.215 8 cSt 或者 0.215 8 mm^2/s。对于 50 ℃(122℉)非常黏稠(液体黏度超过 500 cSt)的液体,1 SSF 约等于 2.120 cSt 或者 2.120 mm^2/s。赛波特秒被认为是过时的,但它们在石油工业中一直被使用,并且在技术文章中很常见。图 10.B.15 提供了一种方法,用于在赛波特秒和厘斯之间进行转换,并对打捞工作具有足够的准确性。表 10.B.13 给出了一些液体密度。

表 10.B.13 液体密度

	密度/(lb/ft^3)	密度/(lb/gal)	体积/(ft^3/ton)	体积/(gal/ton)	比重
酒精,乙基(100%)	49	6.6	45.7	342	0.789
酒精,甲基(100%)	50	6.7	44.8	335	0.795
酸,氯化的(40%)	75	10.0	29.9	223	1.20
酸,含氮的(91%)	94	12.6	23.8	178	1.50
酸,含硫的(67%)	112	15.0	20.0	150	1.30
酸,盐酸的(37%)	76	10.0	29.9	224	1.20
电池电解液					
完全充满电	81	10.8	27.6	207	1.30
放电后	69	9.2	32.6	244	1.11
啤酒	63	8.4	35.5	265	1.01
32℉的氨	39	5.2	57.6	431	0.62
三氯甲烷	95	12.7	23.6	176	1.52
柴油(DFM, Nato F-76)	52	7.0	42.7	320	0.83
乙醚	46	6.2	48.7	364	0.74
乙二醇(防冻)	70	9.4	31.9	239	1.12
燃料油,No. 6	60	8.1	37.1	279	0.96
燃料油,No. 5	58	7.8	38.4	287	0.93
燃料油,No. 2	55	7.3	40.9	306	0.88
燃料油,No. 1	51	6.8	44.3	332	0.82
汽油	44	5.9	50.6	379	0.70
航空煤油(JP-5)	51	6.9	43.5	326	0.82
煤油	50	6.7	44.9	336	0.81
牛奶	64	8.6	34.8	260	1.025

（续表）

	密度/(lb/ft³)	密度/(lb/gal)	体积/(ft³/ton)	体积/(gal/ton)	比重
亚麻籽油	59	7.8	38.3	286	0.95
碱液，苏打水(66%)	106	14.2	21.1	158	1.7
植物油	58	7.8	38.6	289	0.91～0.94
润滑油	56	7.5	39.9	293	0.88～0.94
橄榄油	57	7.6	39.2	293	0.91
原油	44	5.8	51.3	383	0.70
糖水溶剂					
68℉，20%	67	9.0	33.2	248	1.07
68℉，40%	73	9.8	30.5	228	1.12
68℉，50%	80	10.7	27.9	209	1.28
松脂	54	7.2	41.5	310	0.86～0.87
醋	67	9.0	33.2	249	1.07
39℉纯水	62.426	8.3	35.9	269	1.000
标准海水	63.987	8.6	35.0	262	1.025
水，冰	56	7.5	40.0	299	0.88～0.92

注：包含化合物的混合物的液体，如石油产品和菜油，密度会有所不同，此表中给出的密度是平均值，或者是典型值，液体的密度，尤其是石油产品的密度，也会随温度变化而明显不同。

3）比重

海水的比重是 1.025，在一些油水计算中必须加以考虑。比重也用 API(美国石油学会)重度来表示。API 重度是基于淡水为 10°重度的武断分配。高重度的液体比水轻；API 重度较低的液体比水重。下面描述了比重和 API 重度之间的转换。表 10.B.14 给出了水和代表性的石油产品的具体的 API 重度和重量体积数据。

表 10.B.14　比重、API 重度以及代表性石油产品的重量

产品	比重	API 重度	磅/加仑	桶/吨
淡水	1.000	10.00	8.33	6.30
沥青	1.040	4.61	8.67	6.06
粗苯	0.882	28.87	7.36	7.14
原油，重	0.983	12.40	8.19	6.41
原油，轻	0.797	46.03	6.64	7.90

（续表）

产品	比重	API 重度	磅/加仑	桶/吨
柴油，馏分油	0.845	36.05	7.05	7.46
汽油，航空	0.708	68.40	5.90	8.90
汽油，汽车	0.741	59.41	6.17	8.50
汽油，自然	0.741	59.41	6.17	8.50
油脂	1.000	10.00	8.33	6.30
煤油，喷气燃料	0.813	42.57	6.76	7.75
润滑油	0.900	25.72	7.50	7.00
溶剂油	0.731	62.11	6.10	8.62
固体石蜡	0.801	45.26	6.67	7.87
凡士林油	0.801	45.26	6.67	7.87
石油焦	1.145	−7.97	9.55	5.50

比重与 API 重度的转换关系如下：

$$\text{API 重度} = \left(\frac{141.5}{\text{在 60°F 时的比重}}\right) - 131.5 \tag{10.B.41}$$

4）易燃性

易燃性是一种衡量产品燃烧容易程度的相对指标。美国海岸警卫队将油料产品分为两大类：闪点低于 80°F 的易燃产品，以及闪点 80°F 以上的可燃产品。产品细分为五个等级：A、B、C 级别都是易燃的，而 D 和 E 级别是可燃的。A、B 和 C 级别产品由它们的瑞德蒸气压力来界定。瑞德蒸气压力系指当产品被放置在一个密封的容器中，并加热到 100°F时产生的压力。D 级和 E 级产品通过闪点界定。D 级和 E 级产品都比较安全。表 10.B.15 给出可燃性分类的等级。

表 10.B.15　石油产品易燃性等级

等级	闪点	瑞德蒸气压力
A(易燃的)	80°F 或以下	14psi 或以上
B(易燃的)	80°F 或以下	8.5～14 psi 之间
C(易燃的)	80°F 或以下	8.5 psi 以下
D(可燃的)	80～150°F	不适用
E(可燃的)	150°F 以上	不适用

5）爆炸范围

爆炸范围系指空气中可以点燃和燃烧的碳氢化合物气体的浓度范围。该范围由爆炸上限和爆炸下限限定。低于爆炸下限(LEL)的蒸气由于碳氢化合物浓度太低(贫乏)不能燃烧,高于爆炸上限(UEL)的蒸气由于碳氢化合物浓度过高(富裕),也不能燃烧。爆炸范围通常为空气中碳氢化合物蒸气含量在 1%到 6%之间,但因石油产品不同而变化。少量的挥发性油料产品可以导致蒸气浓度在爆炸范围内。爆炸范围受大气中氧含量的影响,如果氧气含量为 11%或更少,爆炸条件就不能形成。图 10. B. 16 显示了在碳氢化合物蒸气中,爆炸范围是氧含量的函数。

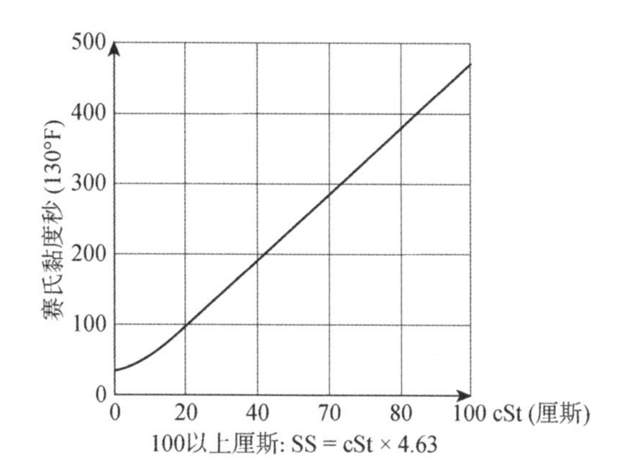

图 10. B. 15　赛氏黏度秒和厘斯之间的近似转换

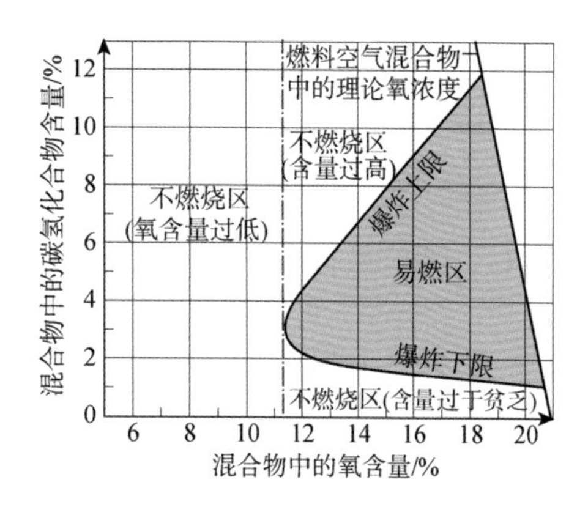

图 10. B. 16　爆炸范围

6）**毒性**

所有的油料产品在一定程度上对人体都有毒害作用,毒性作用包括引发接触性皮炎,甚至几乎直接的无意识和死亡。毒性通过允许的暴露量(浓度)来量化,浓度以百万分率和时间为单位。国家职业卫生研究所对化学危害的指导和职业安全与健康指令包含油料产品毒性信息。在进行紧急转移操作之前应了解所要处理的产品的特性。

7）**含油污水流体静力学**

了解破舱中的油液状况是正确处理事故船的基础。石油产品的重量,如比重所示,决定了溢油发生的机理。比重小于 1 的油料比纯净水轻,浮在水面上。如果一个装有油的油舱穿孔,要么油从舱中溢出,要么水进入舱中,直到孔外的水压和内部油压达到平衡。当达到平衡时,就停止流动。

对于水溶性液体或比重接近 1 的液体,水垫的效果是有限的。对于比重大于 1 的液体,根本不能形成水垫。许多散装化学品属于这一类,也包括一些原油和燃料油。

$$P_w = P_o$$

其中,P_w 是船体外水的静压力,以 psi 为单位;P_o 是船体内部油的静压力,单位为 psi。

流体的静水压力与流体的比重及其深度成正比,从而在流体静力平衡中达到平衡。

$$(SG_w)(D_w) = (SG_o)(D_o) \tag{10.B.42}$$

式中,SG_w 是将船浮起的水的比重;SG_o 是油舱中的石油产品的比重 ,D_w 是水的深度,D_o 是石油产品的深度。

对于海水

$$D_o = (1.025)\left(\frac{D_w}{SG_o}\right) \tag{10.B.43}$$

8）带压开孔

带压开孔使用一个可伸缩的旋转刀具切开油舱。该旋转刀具被密封在一个防水防油的钢瓶中，并通过一个打开的闸阀进行操作。当切割完成时，刀具通过阀门抽出，阀门关闭，用软管、管道或其他方式代替刀具，将油带走。

9）高黏度油

对于装有非常黏稠的油的船舶，可能有必要在泵的吸口和出口注入环形水，以便把油抽到表面。对于一些油，如在冷水中的C级油（#6 或 IFO380），需要对舱进行加热以使得油流动。即使油会流到泵，它可能需要一个环形的水喷射系统以及加热，在卸载软管不承受过大压力的情况下，将泵送速率提高到可接受的流速。

10.C 附录：船舶脱浅

10.C.1 浮起搁浅的船舶

下面的措施可以使搁浅船舶重新浮起来：

（1）将船移到足够深的水里，使其漂浮在与重量（排水量）相对应的吃水上。

（2）增加事故船舶周围的水的深度。

（3）通过移除重量或者改变纵倾角度，减少船舶搁浅部分所需的吃水量。

实际上，通常会使用几种方法的组合。在大多数情况下，减轻被搁浅船舶的重量，直到所需的作用力小于可用的牵引力，然后将船舶拖到深水中。

10.C.2 移动搁浅的船舶

移动事故船舶使其脱浅所需的力是下面所有力之和：

（1）克服船与海底的摩擦力。

（2）将可能被推到船前方的松散的海底材料移除所需的力。

（3）打破或粉碎障碍物或者刺穿物（如岩石突起部分、珊瑚头等）所需的力。

（4）克服软底的吸力所需的力。

摩擦力是考虑其他因素修正后的地面反作用力的函数，如底部的摩擦系数、与底部接触的船体面积、以及事故船舶纵倾和横倾。通过减少这些因素的影响，以及减少地面反作用力，可以减少解救船舶所需作用力。

10.C.3 减少地面反作用力

尽管可以使用外部提升装置，主要还是通过移除重量减轻地面反作用力。事故船舶的一端的一小段搁浅的情况下，采用移动或增加重量产生的纵倾力矩能够减少地面反作用力。

（1）可移除的重量：移除船舶灌进的水或者移除其他重量是减少地面反作用力的主要手段之一。船舶必须由地锚、拖船以及自身的推进动力控制，以防止船舶重新浮起时被进一步推到岸上。应该移除重量，以便船舶以龙骨与海滩斜坡大致平行的方式上浮，或者当船首仍然与地面保持接触时让船尾上浮的方式脱离搁浅。应考虑移除的重量对事故船舶强度和稳性的影响。

(2) 提升:提升是将事故船舶的重量转移到其他的船舶或浮力装置的一种方法,以减少其吃水量以便自由漂浮或者减少地面反作用力。任何类型的浮筒可能被放置在搁浅船舶的旁边,绑固到船体上或在船体下面绑扎吊带以提供举力和降低地面的反作用力。在有足够空间和水深允许的地方,可以将起重机和人字支架傍靠,以使搁浅的船升高,从而减少地面反作用力。当使用人字支架和吊车时,浮起要缓慢,且要进行控制,以避免当船浮起来且浮心向前移动时,起重装置突然承受高负荷或承受侧面负载。

10.C.4　减少摩擦力

减少摩擦力的方法取决于海底的类型。黏性和无黏性土以不同的方式产生摩擦力;能有效减少一种类型的土壤摩擦力的方法可能对另一种类型的土壤效果很小或没有效果。下列一般准则适用:

(1) 硬海底(岩石、珊瑚礁、硬土层、非常硬的黏土):摩擦本质上是地面反作用力的函数,与接触面积无关。船体接触一般不连续。减少地面反作用力是减少摩擦的唯一方法——减少接触面积并试图诱发振动通常是无效的。由于单位压力高,船体与海底接触的小区域之间不能保持减摩水膜。

(2) 无黏性土(砂、碎石、碎珊瑚、无塑性泥沙):摩擦本质上是地面反作用力的一个函数,它与接触面积无关。减少地面反作用力可以减少摩擦。在分布式垂直载荷下,砂子和砾石具有良好的抗侧流能力,因此单靠增加压力是无效的。作用在楔形上的重型垂直载荷,如狭窄的首踵,可能导致松散土壤的侧流。低频振动会引起砂石呈现流体特性。高流量的水流穿过砂床会造成流砂,具有流体的特性。使用大容量水流在土壤和船体之间保持短时间的水膜是可能的。

(3) 黏性土(黏土、塑性泥沙):摩擦力是土壤剪切强度和接触面积的函数。土壤的强度和黏附性取决于它抑制水流的能力。这些土壤在垂直压力下对侧向流动的阻力很小。减小接触面积和增大单位压力是减少摩擦的有效手段。振动作用不大,但主动干扰等措施开通水流经船体的路径能有效地减少摩擦力。干扰邻近的土壤也有帮助;它减少了水必须流入基本上不透水、不受干扰的土壤的距离。

如果能在事故船舶和海底之间诱发一些运动,无论多么小的运动,解救船舶所需作用力将基于较小的动摩擦系数。初始运动还可以在船体和海底之间形成一层水膜,进一步会减少摩擦。减少摩擦的具体措施包括:

(1) 猛扭:猛扭方法通过用事故船舶的长度作为杠杆,使拉力倍增,并沿着地面反作用力中心旋转事故船舶。诱发的运动减小摩擦到动摩擦力水平,在黏性土壤中打开了一条水流路径。

(2) 摇摆船体:具有明显船底斜度的船来回横向转移重量时会使船摇摆。当船舶以其龙骨为支点进行横摇时,在每一个循环周期内瞬时减少了接触面积并增加了单位面积的压力。

(3) 振动:在船体上诱导振动引起事故船舶和海底之间轻微的运动,可降低摩擦系数。传递到海底的振动可以使无黏性土流体化,并且轻微改善流过黏性土壤的水流。可以通过操作事故船上的机械装备、在船内或甲板上移动重型车辆、改变锚链的方向等方式诱导振动,仅当所有的支持系统(冷却水、润滑油等)可操作的情况下才能操作事故船上的机械设备。

(4) 减少接触面积:减少地面反作用力的措施往往是通过改变纵倾或清除事故船舶下方的地面来减少接触面积。重量转移或增加到首部会减少狭窄的龙骨前踵下的接触面积并增加压力。使用船舶的长度作为一个杠杆产生巨大的纵倾力矩来打破吸力;龙骨前踵下方增加的压力能减少摩擦并导致软土侧向流动。如果事故船舶要在海床中破底前行,只需要较少的力量可以在海床中犁出一条窄沟。

(5) 破坏土壤连续性:将水或喷射空气对准事故船舶底部可以搅动土壤。在泥底,绕过船底的绳索可以在船首上垂下,并沿着船体拖动。搅动黏性土降低了土壤的抗剪强度,打开了水流路径。类似的干扰可以使黏性土流体化和诱发流沙状行为。

(6) 增加压力或船首地面反作用力:经验表明,对于具有窄的龙骨前踵或者尖瘦型首部的纵倾船舶,当船首搁浅在沙地上或碎石海底上时能减少滑动阻力。滑动摩擦减少的原因尚不清楚。极端的压力可能导致摩擦系数的降低,或者足以引起土壤中的侧向流动。高承载压力实际上会增加摩擦力到某一点,在这一点使底层土壤在船体和土壤滑动之前剪切失效。如果这种情况发生在一个面积减小的区域,所需的总作用力可能低于克服船体和较大区域的海底之间摩擦所需的力。如果船的形状足够窄,船可以嵌入海底,在下陷时获得浮力。

(7) 排水管:插入与事故船体接触的土壤中的多孔管道可以使水在船体和土壤之间流动。

(8) 滑道:如果可以采用千斤顶或其他手段将事故船舶或其部分升起来,可以在下面建立滑道,使船在一个摩擦较小的表面移动。设置有效的滑道以便地面反作用力通过这种方式均匀分布。滑道和下面的土壤或岩石必须有足够的强度支持船舶而不发生变形,以便船能平稳地滑动。用飞机起落架改良成的千斤顶,包括轮胎,安装在合适位置,以便当事故船舶在拉力作用下穿过它们时,轮胎可以滚动,这种千斤顶已被成功地应用于平底船体。

10.C.5 增加水深

事故船舶周围的水深度可以增加,使得:

(1) 获得足够的水深使船上浮。

(2) 通过增加浮力减少地面反作用力。

(3) 船的一端可以自由运动,使之通过其他方法可以回转。

用钢板桩或者围堰关闭入口,可以增加小海湾或河口的水深。在一些通航的河流和运河中,水闸和水坝可以在一定程度上控制水位。通过增加上游水坝的流量也能使水位上升。在非常软的土壤上,通过注水或其他方式增加船的重量是可能的,以便船能更深入地沉到海底。船舶下沉之后,可以移除多余的重量让船浮起来。更常见的方式是移除事故船舶下方的土壤,事故船舶周围的水深度增加。清除船底下地面的方法是通过清理或疏浚软底,或通过爆破坚硬的底部来完成。这些方法也可用于开凿渠道,开通搁浅在高处的船舶后方或穿越障碍到达深水区的通道。

10.C.6 临时减少解救船舶所需的力

动摩擦几乎总是小于两物体之间的静摩擦力。如果可以减少解救船舶所需作用力,并保持足够长的时间，以便牵引系统使船移动，为此目的，船舶通常必须保持动态。

（1）涌浪经过时增加了搁浅船的浮力，减少了地面反作用力。在拉回过程中，巨浪或汹涌澎湃的波浪会降低船舶重新漂浮所需的拉力。当地面反作用力最小时，如果拉力足以使船在涌浪顶部移动，摩擦系数立即降低到动态水平。

（2）用千斤顶顶起船舶，改变地面反作用力的性质，而不是减少它，减少了解救船舶所需作用力。使用 60 吨或更大的液压千斤顶临时顶起船舶。通过将船的部分重量分担到千斤顶上，作用在船底及海床间的高摩擦界面上的重量减小。千斤顶安装在长的定位桩上，可以在底座上转动，当摩擦力减少到足够小时，可以使事故船舶移动。千斤顶对称放置在地面反作用力中心的估计位置上，并用通往甲板的回收绳来固定。

为了有效支撑千斤顶，海底必须足够坚硬，或者必须加固，以支撑顶起作用力。对岩石海底，碎石混凝土填充床或顶部加装钢板的粗大木桩都可以成为合适的基础。在沉积物形成的海底，使用板或木垫来分散负载直到单位压力小于土壤的承载能力。压碎的珊瑚、石头、贝壳或砾石可以用来增加土壤的承载力。同样，船体承受顶升力的部位必须防护。如果这些力不沿船体分散，则在使用时会造成局部损坏，甚至可能使船体破裂。钢焊件或焊接到船体并用原木衬垫的重型角钢是合适的千斤顶支垫。载荷通过焊接件和舷侧板的剪切应力传递到船舶结构中。

10.C.7　施加作用力

对搁浅的事故船舶施加一个作用力可以达到以下效果：

- 把事故船舶直接从海滩上移走
- 把事故船舶转移到更有利的位置
- 诱发扭转运动来破坏吸力或减少摩擦
- 使事故船舶就位
- 在脱浅/收回事故船舶时，控制事故船舶的运动

牵引系统是机械部件的组合体，这些组合体共同工作产生一个受控的、基本上水平的力，施加到搁浅的船舶上。牵引系统包括但不限于以下内容：

（1）拖船：拖船可以直接拉动事故船舶或驱动海滩绞拖工具的滑轮。拖船特别适合产生扭转力，可以快速投入使用，约束事故船舶。

（2）地锚：位于事故船舶、救助船、驳船或岸上的提升系统可以张紧地锚来移动或约束事故船舶。

（3）绞车牵引系统：安装在驳船、打捞船或岸上的重型绞车可以直接牵引事故船舶。

拖船和地锚是打捞中最常用的牵引系统。拖船用拖缆绑住搁浅船舶，用其机器发出牵引力。打捞地锚是由锚、地牛和牵引机构与拉具、牵索或平台上的绞车相连接构成的一个系统。平台可能是搁浅的船、辅助船、驳船或海岸。在许多打捞作业中，总拉力是由系统组合产生的。牵引系统是根据特定的搁浅情况来量身定制的，以产生最大的效果和最小的干扰。在极少数情况下，浅吃水拖船、千斤顶、重型车辆或安装了地锚的驳船可以用来推动事故船舶，使其离开海滩。图 10.C.1 显示了典型的牵引布置情况；图 10.C.2 为两个针对特定情况的创新牵引系统示例。

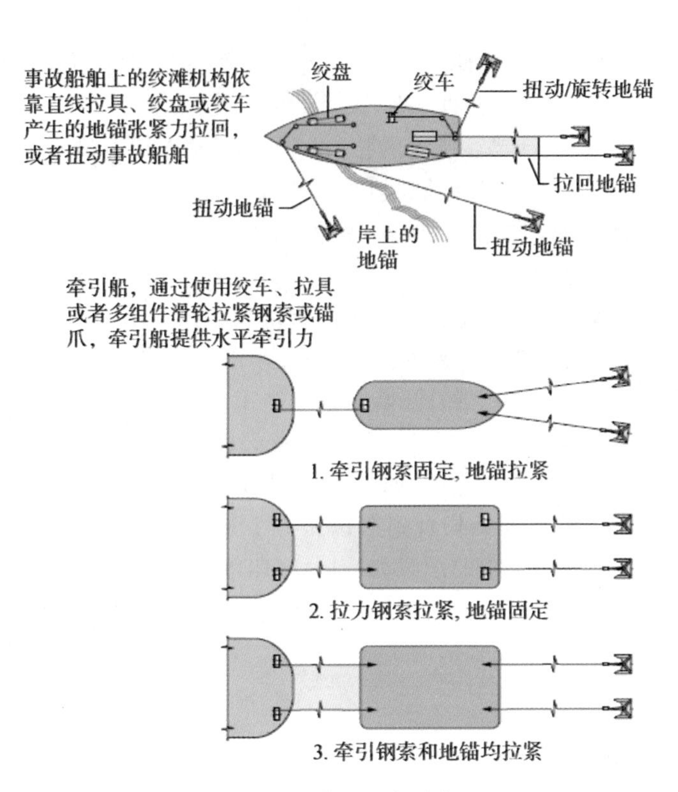

图 10.C.1　典型的牵引布置

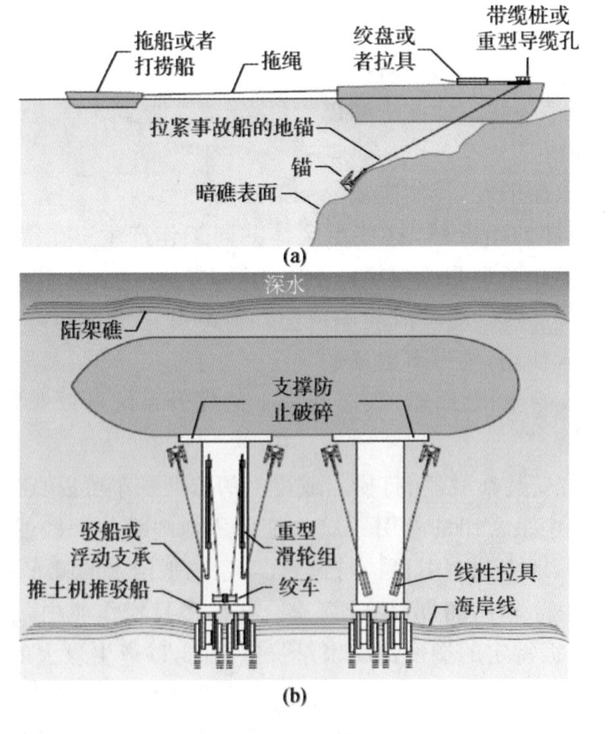

图 10.C.2　特殊情况的牵引布置

(a) 事故船尾下方水太深以致绞滩地锚起不到作用　(b) 在岸边的浅水处和靠近海岸的陡坡处适合施加推力

10.C.8　拖船系柱拉力

系柱拉力是拖船产生的牵引力或牵引钢丝绳的张力。系柱拉力基本上是零速度时的螺旋桨推力,且和发动机功率和螺旋桨特性相关。有导管的螺旋桨(郭氏导管)和可调螺距螺旋桨比相同马力的固定螺距螺旋桨产生更大的推力。由于脱浅作业一般需要拖船保持超过 5 分钟的稳定拖力,系柱拉力应以连续运行功率或间歇性运行功率为基准。

对于新的拖船以及经过重大改造后的拖船,拖力是通过标准试验测量的。如果没有拖力证明书,系柱静拉力(BP)可以表示为一个制动马力(BHP)的函数。

螺旋桨设计:

- 对于敞开式固定螺距螺旋桨,$BP = 0.011 \times BHP$
- 对于敞开式可调螺距螺旋桨,$BP = 0.012 \times BHP$
- 对于带导流罩的固定螺距螺旋桨,$BP = 0.013 \times BHP$
- 对于带导流罩的可调螺距螺旋桨,$BP = 0.016 \times BHP$

其中,BP 是系柱拉力/短吨;BHP 是拖轮主机的制动马力。

BHP 可以从轴马力 SHP(螺旋桨功率)估算出:

$$BHP = SHP \times 1.05$$

10.C.9　大功率绞车

重型绞车可以从固定锚泊的驳船或船、固定平台或岸上的某个位置直接吊起事故船舶。大型绞车可以安装在驳船或岸上为绞滩系统提供动力。在事故船舶上安装大型绞车通常是不实际的,但已安装在事故船舶的大型绞车可以用于拉紧绞滩的地锚。

10.C.10　地锚

线性拉具的一个缺点是地锚不能迅速释放。如果需要快速释放,可以用一个 $1\frac{5}{8}$ 英寸带掣索器的钢索,用来拉紧地锚。与其他起重系统相比,滑轮系统的主要优点是重量轻,单个部件便于携带。滑轮系统使低功率缆索操纵设备对地锚施加较大的作用力。例如,标准组滑轮需要五至八吨的直线拉力。采用变幅滑轮、链式提升机或手拉葫芦增加机械优势,人力就能拉动滑轮,虽然速度很慢。

10.C.11　起重系统位置

起重系统可以安放在事故船舶、救助船舶、拖船或驳船上,偶尔也会安装在岸上。

(1) 在事故船舶上:绞滩工具的首选安装位置是在搁浅的船舶上。当拉紧事故船时,船上的打捞人员可以直接观察到起重操作以及它们对搁浅船舶所产生的效果,绞滩工具通常更有效,同时也能最大限度地控制操作。

当汹涌澎湃的涌浪或波浪晃动船舶时,使用绞滩工具是有优势的,因为波浪的升力会暂时减少地面反作用力。在多点系泊情况下,船首上方使用了绷紧的地锚的打捞船能发挥作用。在恶劣天气下,限制船舶运动可能对拖绳或地锚造成过度负荷。

在陡峭的海滩上,地锚必须放置在靠近浅水区的岸上以保持拉力大致水平;使打捞船位于事故船和锚之间可能无法提供足够的空间来容纳地锚。

(2) 在打捞船上：当起重系统位于打捞船上，来自打捞船的拖曳将地锚的拉力传递到事故船舶。打捞船将自己拖向地锚，并将事故船舶拖走。如果甲板上的配件有足够的强度，牵引船可以傍靠事故船。

当绞滩工具卷扬系统不可能或不方便安装在事故船舶上时，或需要额外的绞滩机械支撑腿时，绞滩工具卷扬系统通常会安装在打捞船上。可能妨碍从事故船舶上起重的条件是：

① 天气、波浪、位置或其他条件阻碍了必要设备运输到事故船舶上。

② 事故船舶没有足够的甲板空间、可操作的卷扬机或滑轮系统的安装点。

③ 须保证即时的大拉力；在前往事故船舶的途中，卷扬系统可以安装在打捞拖船上，地锚一放下就可以使用。

在赶到打捞地点之前，救助船可以在受保护的水域安装好卷扬系统。

(3) 在驳船上：驳船可以像打捞船一样用作卷扬系统的工作平台。在驳船上安装卷扬系统的典型情况包括下列情况：

① 作业需要的绞滩工具支撑腿超过从事故船舶和打捞船上可操作的支撑腿。

② 事故船舶和辅助船舶都没有足够的甲板空间或配件来操作绞滩工具。

③ 事故船或辅助船上污秽的甲板是不可取的。

④ 从事故船舶上不能拉紧穿过浅水区的绞滩工具地锚。

如果拖缆和卷扬系统直接连接到驳船，地锚张力通过驳船结构传递。普通平顶驳船不是为这种载荷而建造的，如果不适当加固，可能会严重损坏。应安装眼板。或者，可以将一块足够坚固可以承受拉力的长条板焊接在甲板上。然后将卷扬机和用作止动的眼板和挡块焊接到这块板上。

(4) 在岸上：岸上的卷扬系统和地锚可以用来扭转或转动事故船舶。位于岸上的绞车或重型车辆可以为事故船甲板上的绞盘提供动力。绞车、固定块、挡块可以固定在混凝土地基、地锚，或天然岩石露出部分。通常，卷扬系统固定在岸上的优点包括无障碍以及工作区域大。最明显的缺点是在收回时卷扬系统不能跟随事故船舶。连接运载工具的绳索必须附属，以便他们可以快速松开避免将车辆拖入水中。当船退回时，绞车必须能把它们的缆索卷起来。

10.C.12 水下挖掘

实施水下挖掘、半潜式水下挖掘以及土方转移作业支撑下面几种打捞作业：

- 从搁浅船舶下方移除海底材料以减少摩擦和/或地面反作用力
- 清除沉船中积累的沉积物以减轻重量
- 疏浚河道以使得搁浅船舶撤回
- 挖掘壕沟，搁浅船舶可滑入或者被拉入壕沟内
- 在沉船下挖掘隧道以使承力吊索穿过
- 在下沉或搁浅的船舶下和周围扰动黏性土壤以减少吸力作用
- 在港口清理作业中开辟新的渠道或扩大/加深现有渠道
- 在残骸埋葬作业中，从残骸底下抽吸掉海底材料，或挖孔让残骸埋进去
- 当沉积物堆积在事故船周围，移除沉积物以避免严重的船体应力，并且保持机械设备

的海水吸口通畅

- 去除累积的沉积物以接近物品或者事故船舶的部分区域

有五种方法挖掘和/或把海底土壤移动到打捞船：

- 冲刷
- 气力提升
- 喷射
- 疏浚
- 爆破

表 10.C.1 比较了应用于不同情形的水下挖掘方法的相对优点。

表 10.C.1　水下挖掘方法比较

挖掘影响因素	挖掘方法				
	冲刷	气力提升	喷射	疏浚	爆破
海底类型	松散沉积物	松散沉积物、卵石	松散沉积物	除了岩石和珊瑚	珊瑚、岩石、砂砾或硬黏土
水深	在冲刷船只螺旋桨下面不到30英尺	25～75英尺	不受限制	取决疏浚类型，不受打捞深度限制	不受限制
水平交通破坏	短	短	短	从短到长不等，取决于疏浚类型	短
垂直交通破坏	可以忽略的	高达70英尺	短	取决于疏浚类型	短
海流依赖关系	不需要，可能有益(或有害)	不需要，可能有害	对于最高效的作业人员，需要	不需要，可能影响疏浚作业	不需要，但是只要负载不受干扰，有益处
辅助设备[a]	拖船或者大马力作业船	低压空气压缩机	高压泵	高压泵	对于大多数爆破作业，需要凿岩机
相对舱位/重量	大	大(如果气力提升管道部分装运，可以较少)	小到中等	小到中等	大(如果凿岩机通过船舶运输)

注：[a] 除了工作平台之外。

10.C.13　冲刷

水流可以冲刷船舶周围或河道外的松散土壤。可以用拖船或工作艇螺旋桨、搁浅船舶的螺旋桨、水泵，或者将天然的海流引入制造冲刷水流。垂直于海滩的挡浪板或者防波堤可以建立海流，防止船周围泥沙的堆积或用于冲走土壤。冲刷对松散、细粒度的沉积物（如砂或淤泥）效果最好。冲刷通常比疏浚效率低。选择冲刷的方法取决于可利用的资源、场地的条件和被移动的土壤数量。

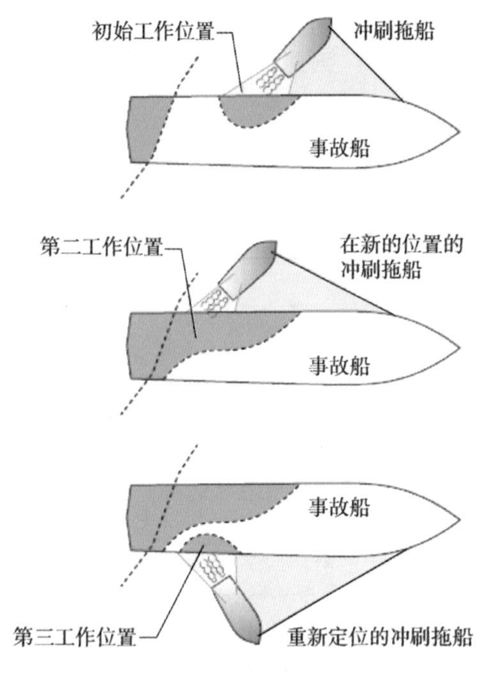

图 10.C.3 打捞拖船冲刷掉软质材料

(1) 拖船或作业船可停泊在搁浅的事故船舶旁边，船尾朝向要清除土壤的区域，船尾下倾，使螺旋桨尾流向下冲刷。拖船停靠在事故船舶旁边，与事故船航向成 40～50°角，慢慢加大主机功率直至开足马力，逐渐向事故船舶尾部靠近。连接事故船舶的绳索和拖船的拖缆可以放松或拉紧来改变冲刷方向。拖船的螺旋桨的冲刷力冲刷搁浅船舶的舭部，将海底土壤冲到一边，使得事故船周围无阻挡。拖船也可以从事故船舶中部向前工作，同时冲刷事故船舶的两侧。具有外旋螺旋桨的双螺旋桨船比单螺旋船产生更有效的冲刷流。旋转的螺旋桨流在螺旋桨圆周的底部互相倾斜，在那里合并成一个几乎笔直的水流，正对作业船龙骨水平线的后方。小于 500 轴马力的双桨船，小于1 000马力的单桨船通常是无效的冲刷平台。拖船的冲刷可以从船的特定区域移动适量的材料。可调螺距螺旋桨拖船不能用于冲刷，因为砂等研磨材料搅拌会破坏桨距控制机构。图 10.C.3 显示拖船的冲刷。一些救援船已装上螺旋桨导流管或螺旋桨尾流导流板更好地将桨尾流引向海底。如果一艘冲刷船在旁边工作时，事故船舶有可能从搁浅中解放出来，那么事故船舶应该用地锚来加以约束。这种冲刷法也可用于在砂、砾石或泥中开凿渠道。如果一个合适的船舶尾倾足以使螺旋桨尾流冲向船底，就可以从一系列的区域冲刷掉海底土壤，同时用锚掌控位置。

(2) 搁浅船舶的螺旋桨可以正车转动，以便清洗掉船舶后段的泥土。其效果将限于直接前方的区域和螺旋桨尾部的适当距离。当船的螺旋桨用于冲刷时，机械冷却水进水口应移至高位海水吸口，以减少海底物质注入船舶机械的量或为提供机械冷却水而安装的泵。另一种方法是，可以用一个装有大直径管道或固定软管配件的板来堵住海水吸入口，再用这管道通向一个净水区域。并且必须用地锚束缚住船舶，以防止它进一步搁浅。当船舶装有可调螺距螺旋桨或其他可能被砂砾损坏的水下装置时，不能尝试用来冲刷。当船舶用拖船和/或绞滩工具将其拖离其搁浅处时，这种冲刷方法可用于在船舶后面的障碍物中打开一个通道。搁浅的船舶就以这种自身工作方式穿越数英里的泥潭脱浅。

(3) 喷射泵或其他高压泵可用于冲刷有限区域。这些泵可以从搁浅的船舶上操作，但是通常更好的是将它们放置于离水更近且更容易移动的拖船或驳船上。

(4) 许多小型喷水射流往往比一个大射流更有效。通过在船旁安装的多孔管或软管的大流量,可以冲刷海底材料和/或有效地防止沉积物堆积。

10.C.14　气力提升

气力提升可以有效地清除中等深度(25～75 ft)的松散材料。提料量取决于气力提升管的大小、管道的淹没深度、空气压力和流量,以及排放压头或扬程。

10.C.15　喷射

通过引导高速水流冲向要移动的物质,喷射以最简单的形式转移大量的泥浆、淤泥或砂石。这一过程通常是由潜水员使用喷嘴和高压水管进行的。它可以在浅水表面用 10 ft 和 12 ft 的消防龙头或管道临时制作。其流量约为 100 gal/min,并且对于大多数喷射来说,超过底部压力 50 至 150 psi 之间的排放压力是足够的。当有强海流将被搅起的物质从工作区域带走时,喷射是最有效的。

10.C.16　疏浚

挖泥船能去除在事故船舶周围及其下面的大量海底材料,并能挖通道至深水。挖泥船在软土中效果最好,但是其中一些可以挖珊瑚、硬黏土和石灰石、页岩等几种软岩。这种用于疏浚的设备取决于事故船的位置和姿态,以及海底类型和水深。

一艘挖泥船的生产率取决于移走海底物质或弃土的速率。生产率取决于挖泥船的类型、大小和挖掘深度(即到绞刀底部的深度),以及海底类型。

如果疏浚似乎是一项可行的关于打捞作业的技术,应向最近的陆军工兵部队地区办事处咨询关于最佳型号和大小的挖泥船的使用建议,以及可能的生产率。

挖泥船的两种基本类型是机械式(抓斗式挖泥船)和液力式。

10.C.17　机械式挖泥船

机械式挖泥船分为抓斗式挖泥船、铲斗式挖泥船和链斗式挖泥船。机械式挖泥船通过实物捡起并存到其他地方的方式来移除弃土。

抓斗式挖泥船是从装在驳船的井架上操作的抓斗。无论是使用贝壳式抓斗还是多瓣式抓斗都取决于弃土的浓度。挖掘作用取决于斗的重量,所以抓斗式挖泥船在软土中工作效果最佳。装有体积为一立方码的斗的挖泥船的生产率是在 15～20 ft 水中,每小时可挖 4～55 立方码的泥。而在黏土中的生产率约为其一半。尽管生产率随着深度的增加而迅速下降,挖掘深度依然仅受提升绳索长度的限制。

铲斗式挖泥船就是一种从驳船上操作的动力铲。它在坚硬的海底,如砾石、破碎的岩石或页岩中最有效。铲斗容量从 1 立方码到 5 立方码不等。装有 1 立方码铲斗的挖泥船每小时可移除 50～250 立方码的泥;这大约是每小时黏土中的生产率的一半。挖掘深度受到吊臂长度的限制;其长度最大约为 65 ft。铲斗式挖泥船在美国以外是不常见的。

链斗式挖泥船用一条在倾斜的梯子上运行的连续的带铲斗的链条来移动废土,就像百货公司的自动扶梯一样,它会降到底部。铲斗的大小从 5～55 ft^3 不等。平均装满 85%铲斗时,在淤泥和泥浆中,铲斗的周期平均为 20～30 斗/分钟,中等土壤中约为 18～24 斗/分钟,硬黏土中约为 9～12 斗/分钟。最大挖掘深度通常约为 40 ft,但也可能深达 75 ft。

10.C.18 液力式挖泥船

液力式挖泥船用大容量离心泵或喷射泵运输废土。耙吸式挖泥船通过吸入管将海底材料经由吸管进入船体的泵中。泵排入船体内的泥舱或旁边的驳船中。在一些抽吸式挖泥船吸入管的下端有水射流,以破碎海底材料。

10.C.19 救援疏浚

打捞中的主要疏浚作业如下:

- 搁浅船舶回撤通道的挖掘
- 挖沟工作
- 筑塘

当挖泥船在松软或流质土壤中与事故船舶接近时,船下的土会流入孔中,使船沉降,并增加浮力和减少地面反作用力。由于吸入头上的水流,液力式挖泥船可以从船下提取物质。挖得足够深有可能让事故船舶重新浮起来。当土壤太坚硬而无法流动时,船舶可以被拉进或被拖到旁边挖掘的地沟中。用类似的方式,挖泥船可以在沉船旁边挖沟,使它们埋葬,就像从沉船下面抽走沉积物一样。

如果一艘船舶在水流(潮水)达不到地方,可以用运土设备挖一个盆地,并在船底部留下一些海底材料形成的柱子或脊,就像干船坞上的坞墩一样来支撑船舶。用挖泥船打开一条连接海洋和盆地的通道。必要时由高压水射流从船底冲洗支撑物使船舶脱浅。

救援疏浚是一项需要时间、工作、计划以及与其他工作的周密协调的复杂作业。

10.D 附录:重新浮起

10.D.1 沉船稳性

沉没且底部朝上搁置在海底的船舶的初稳性,主要取决于主甲板在水面以上,部分淹没,还是完全淹没。

10.D.2 主甲板在水面以上

如果船舶沉没,主甲板位于水面以上,则可以计算或估计水线面、稳心半径(BM)和稳性高度(GM)。在这种情况下,浮心可能位于重心(G)的上方。从图10.D.1中可以看出,船体在这种情况下是稳定的。当浮力恢复时,浮心向下移动到船体中,穿过重心的位置,最终位于重心下方。当发生这种情况时,由于水线面的惯性矩保持不变而排水量下降,所以稳心半径增加。理想情况下,该船在整个重浮过程中将保持稳定。但是,如果这艘船处于漂浮状态时不稳定,那么在恢复时也会不稳定。打捞作业过程中,增加高位的重量或移除低位的重量,会

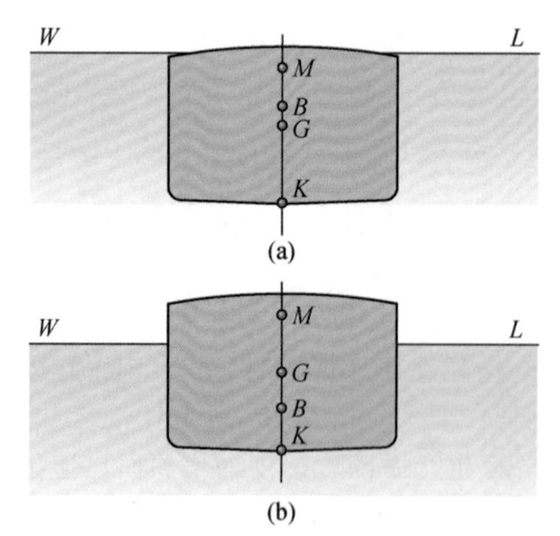

图10.D.1 沉船稳性,主甲板在水面上
(a) 重新漂浮前 (b) 重新漂浮后

造成不稳定的漂浮状态。更常见的是，在另外的处于稳定漂浮状态的船上执行重新浮起作业中，自由液面会造成的正稳性损失。自由液面效应可能如此之大以至于某些条件下不能使船舶产生正稳性。当发生这种情况时，必须采取预防措施防止倾覆，附录 10.D.13 讨论了防止沉船在重新浮起期间倾覆的方法。

10.D.3　主甲板部分露出水面

如果船舶沉没，使得主甲板部分露出水面，则可以基于仅存的部分水线面惯性矩来计算稳心半径。由于水线面惯性矩相对较小，水下部分体积较大，稳心半径很小。取决于重心位置，稳性高度可能是正的、负的，在极少数情况下为零。随着浮力恢复，水线面长度增加导致水线面惯性矩增加，水下的体积同步减小。总体结果是，稳心半径增加，船舶可能更稳定。当主甲板完全位于水面以上时，船舶的整体稳性取决于重心位置和部分灌水空间内的自由液面。图 10.D.2 显示了一艘上升船舶的稳性，该船舶的主甲板最初部分位于水面以上。

10.D.4　淹没的主甲板

到目前为止，当船舶将从主甲板完全淹没的位置升起时，会出现最复杂和最困难的稳定情况。在这种情况下，没有稳心半径，因为没有水线面。稳心位置和浮心位置是重合的，并且重心和浮心之间的距离成为衡量稳性的指标。应该强调的是 B 和 G 必须位于同一垂线上，在横向和纵向保持平衡。如图 10.D.3 所示，如果 B 高于 G，船舶稳定。如果 B 和 G 在同一点，稳性是中性的。如果 B 低于 G，则船舶不稳定。当一艘稳定的船舶从直立位置移位时，由于重力和浮力作用形成扶正力矩。在一艘不稳定的船舶上，由于重力和浮力耦合作用会倾覆船舶。对于一艘完全沉没的船舶，如果船舶搁在海底并且受到海底约束不会倾覆，其稳性

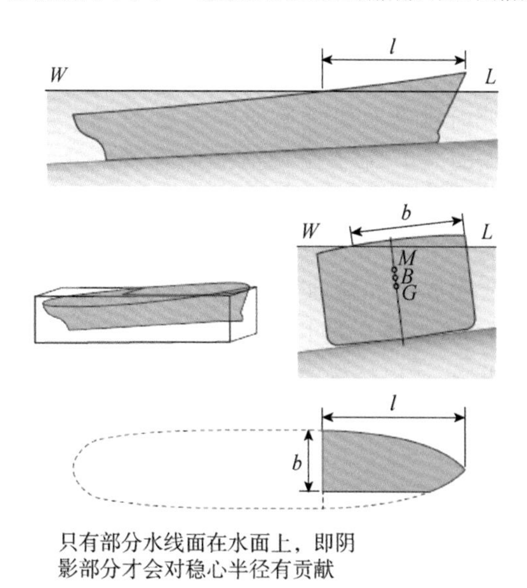

图 10.D.2　沉船稳性，主甲板部分在水面上

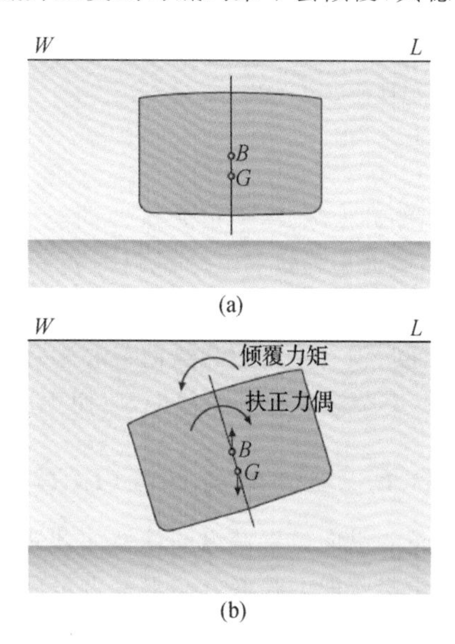

图 10.D.3　沉船稳性，完全沉没的船舶

(a) 船舶正浮，船底脱空，没有水线面　(b) 如果 G 在 B 上面，则船不稳定

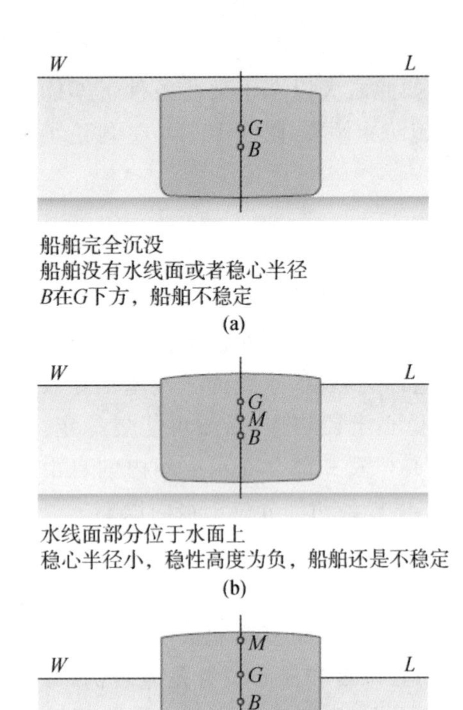

图 10.D.4 在升起一艘完全沉没的船舶时稳性的形成过程

通常不是一个问题；然而，如果它自由漂浮，情况将令人担忧。

随着船舶开始浮出水面并形成水线面，会形成一个稳心半径，并应用正常的稳性考虑因素。起初稳心半径相当小，稳性高度可能是负值，而且船舶不稳定，特别是当有可观的自由液面时。随着额外的水线面的增加和水下体积的减少，船舶变得更加稳定。在船舶开始升起到形成水线面这段期间，以及何时变成正稳定至关重要。在此期间，船舶必须稳定以防止倾覆。图 10.D.4 显示了一艘从完全淹没状态正在升起的船舶的稳性。

10.D.5 纵向稳定性

纵向稳定性是衡量船舶在绕横轴旋转的力量作用下，能否恢复到原来位置的能力。纵向稳定性对于打捞作业非常重要，由于搁浅或者沉没的船舶纵向的稳定性的变化不明显，因为这种船不会像漂浮时那种方式产生响应。必须计算变化量以确保打捞人员准确评估实际的纵向稳定情况。由于长度对水线面的纵向惯性矩有贡献，具有任何显著长度水线面的船舶本质上是纵向稳定的。当具有小或无内部横向分舱的船舶被提升时，自由液面可能引发较多问题。

自由液面对纵向稳定性的最大危害不在于纵向稳性高度的减小，而在于随着船舶重量的重新分配，船舶产生纵倾，大量海水冲向舱室的低端造成纵倾力矩。如果横向分舱不存在或不足时，纵倾力矩导致的纵倾足以导致向下注水，随后导致浮力损失以及纵摇。在淹没的船体内，纵倾受到 B 和 G 纵向分离的影响。在这种情况下，纵向和横向稳性基本相同，因为没有水线面。没有水线面和纵向稳心半径的船舶只有由重心和浮心的相对位置提供的纵向扶正力矩。必须注意提升的船舶，以便不产生进一步的纵倾，或保持船舶与海床底部接触。

10.D.6 重心纵向位置(*LCG*)

重心纵向位置对纵向稳性如此重要，就像重心高度对于横向稳性一样重要。它的位置完全由沿着船的长度方向上的重量分布决定。重心的纵向位置是从舯剖面或首垂线以英尺测量的。以类似于确定龙骨上方的重心高度的方式确定，其中将关于首垂线或舯剖面的重量的力矩总和除以总重量以获得期望的位置。以下步骤是必要的：

(1) 对船上的所有重量进行分类。

(2) 确定每个重量到参考点的纵向距离。

(3) 将每个重量乘以距离参考点的纵向距离以确定重量的力矩。

(4) 计算总重量和重量的力矩。

(5) 将总重量力矩除以总重量以确定重心的纵向位置距参考点的距离。

10. D. 7　浮心纵向位置(*LCB*)

浮心纵向位置是从首垂线或舯剖面测量的,单位为英尺。对于处于平衡状态的船舶,浮心的纵向位置和重心的纵向位置在同一条垂直线上。在任何特定的时间,只有一点是浮心;高度和纵向位置是两个单独坐标。确定浮心的纵向位置是漫长而烦琐的,需要计算船舶的水下体积及其分布。浮心的纵向位置可以从船形曲线获得。在打捞作业中,当浮力必须分散以便将重心和浮力的纵向位置放在同一垂线上时,浮心的纵向位置主要对强度计算重要。

10. D. 8　漂心纵向位置(*LCF*)

漂心纵向位置是船舶纵倾的旋转点。它是水线面的几何中心。漂心的纵向位置以距离舯剖面或首垂线的距离来衡量,以英尺度量。在标准形式的船舶上,它可能位于船舯剖面的前方或后方。在瘦削的船上,漂心纵向位置通常稍微在舯剖面之后。当纵倾变化时,需要用漂心纵向位置来计算最终的吃水。水线面的确切形状已知,可以计算出漂心纵向位置,或者从船形曲线中获得。如果无法获得位置,则可以假定其位于船舯部。

10. D. 9　纵稳心(*ML*)

纵稳心是纵向稳性的一个重要假想点,对纵向稳性很重要。

与横稳心一样,它位于穿过浮心纵向位置的浮力作用线与未纵倾的船舶浮心的垂直线相交的位置。当浮心和重心位于龙骨上方,并且纵向位置是同一点的两个坐标时。横稳心和纵稳心是分别的两个点,每个点都有自己的坐标系。

10. D. 10　纵稳心半径

纵稳心半径是浮心和纵稳心之间的距离。纵稳心半径以英尺计。它被定义为水线面绕横轴的惯性矩除以排水量。

10. D. 11　纵稳心高度

纵稳心高度是纵稳心与龙骨之间的距离,以英尺为单位。纵稳心高度是浮心高度和纵稳心半径之和。

10. D. 12　纵稳性高度

纵稳性高度是指重心与纵稳心之间的距离,单位为英尺。纵稳性高度是纵稳心的高度和重心高度之差。

10. D. 13　保持船舶正浮

当船升起时,使用各种方法来防止其倾覆,尤其是经过本来就不稳定的区域或由于自由液面导致的不稳定区域时。最常见的方法是让船舶的一端浮起来,同时使另一端与海床牢固接触。与地面接触可防止船舶发生危险的横倾或倾覆。在深水中,保持船的一端与地面接触从而限制另一端的上升以防止极端纵倾。

在接地端升起之前,通过排水减少浮动端的自由液面。船中较低的舱室(如双层底)可以灌水,以消除自由液面、降低重心,并增加稳性高度。

与此同时,顶端重量被移除,其他可移动重物尽可能移动到船内较低的位置,以降低重心。随着船舶漂浮部分的自由液面减少,以及重心尽可能低,搁浅的一端可能会升起。这些方法并不总是足够的;在尝试提升搁浅端之前,应在详细考虑自由液面的基础上对稳性进行仔细的计算。

可以通过修理损坏的舱壁和在进水区域内加装临时舱壁来减小大面积的自由液面。如果舱壁是用泵入到简单框架内的高压混凝土建造的,则加装临时舱壁的工作会大幅减少。舱壁加强件和临时舱壁都应建成底部比顶部宽,以协助降低重心。

对被提升的船舶施加作用力,以产生一个力矩来对抗倾覆力矩。这是通过附加起重机或吊索在靠近船侧施加一个垂直作用力来完成的。当船开始横倾时,会施加一个力来对抗倾斜并将船舶恢复到直立位置。图 10.D.5 显示了完成这项技术的方法。

如图 10.D.6 所示,可能绑扎浮筒、驳船或浮舟,以提供一种力来对抗倾斜力矩,使船保持直立。浮筒必须与船紧密地绑在一起,这样当船舶开始侧倾时,较低的一侧的浮筒会浸没到水中。没入水中的浮筒产生额外浮力和船体较高一侧浮筒损失的浮力共同作用产生了一个力矩,使船重新回到直立的位置。牢固安装的浮筒和浮舟不仅提供了一种向上的力,而且增加由船舶和浮筒组成的系统的水线面。浮筒的水线面增加了稳心高度以及船舶和浮筒组合系统的整体稳性。只有在船舶和浮筒紧密绑固以至于作为一个整体工作时才会获得这种

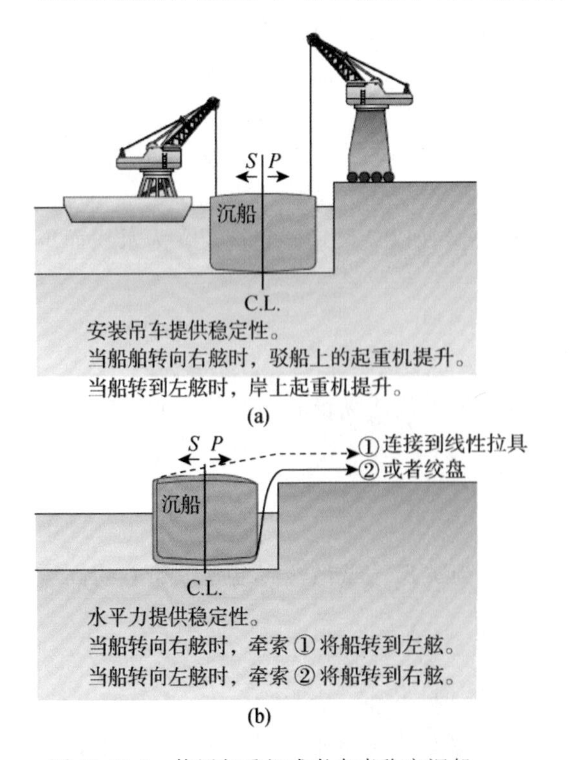

图 10.D.5　使用起重机或者牵索稳定沉船

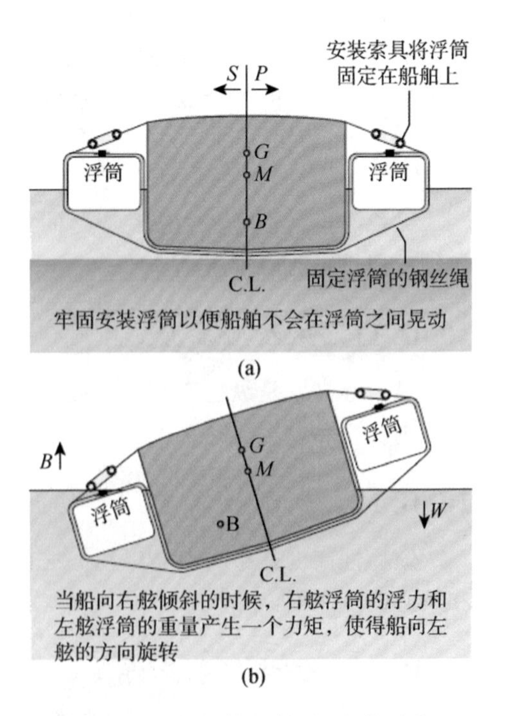

图 10.D.6　在打捞船舶时,安装浮筒以稳定沉船

优势。如果船舶可以在索具形成的支架中自由摆动时，浮筒只提供浮力。

通过在船舶的桅顶与岸上的锚点之间安装牵索使沉没在港口的船舶保持直立。如果尝试这种方法，船舶就应该被系泊缆绳牢牢地固定住，因为船舶会有一种摆脱桅杆上牵索约束的倾向。图 10.D.7 演示了这种技术。

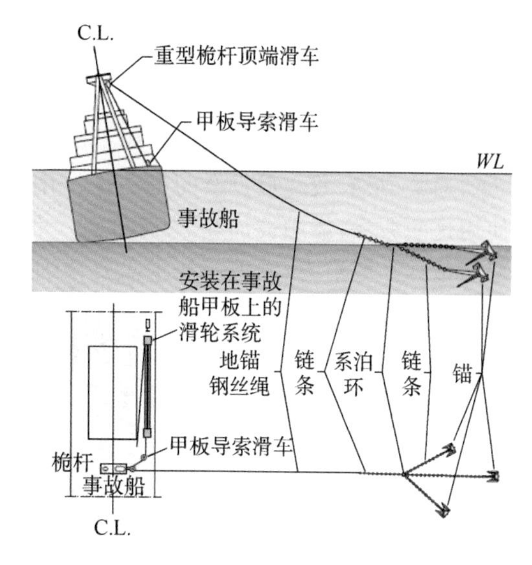

图 10.D.7　用桅顶的牵索控制沉船

控制船舶最安全的方法之一就是在其重量减轻时或被提升时，安装绞滩工具，并将船拖入浅水中。

绞滩工具保持恒定的大拉力，以使船舶在与海底持续接触的情况下移动到较浅的水中，直到它到达可安全脱浅和重新浮起的位置。可用绞车、直线拉具或重型车辆牵引安装在岸上的绞滩工具。拖船可用于帮助移动和引导船舶。岸上重型履带车辆也可用于拖曳用于定位船舶的绳索。

保持船舶的一端或者沿着船舶全长与海底接触，也有助于控制纵倾并防止由于水猛冲到船舶较低一端而导致的纵向稳性的丧失。

10.D.14　沉船强度

沉没船舶的局部强度、纵向弯曲强度和抗剪强度常常受到导致其下沉的船体破坏的损害。沉船的强度对打捞的方法的选择有重大影响。

通常可以通过简单的覆板来加强局部薄弱区域，或者有时那些打补丁以恢复水密包络的地方会被忽略。是否修补局部薄弱区域取决于在打捞作业期间将施加在这些区域中的负载、潜在失效的性质以及失效的后果。

局部的裂缝可能是危险的，特别是裂纹位于高应力区时。随着作业的进行，这些裂缝可能会增加，最终可能导致严重的失效。

对沉船的纵向强度和抗剪强度的评估方法与它们对完好无损的船舶的评估方法相同。

最常见的船体破坏类型是甲板或底部结构的压缩破坏。压缩破坏可以通过横向屈曲（板上的翘曲-上下皱褶）来识别。屈曲结构基本上不具有承受压缩载荷的能力，但可以承载几乎所有设计的拉伸载荷。可以通过在船上分配重量和浮力来提升压缩失效的船舶，以使在整个打捞作业期间失效的钢板处于拉伸状态。

处理剪切破坏最简单的方法是调整重量和浮力，以保持剪切应力在失效区域的最大值为设计剪应力最大值的 25%。试图在受影响区域加覆板通常是不成功的，因为板件和内部构件的变形通常会妨碍结构足够笔直和连续以承载适当的载荷。巨大的船体损伤使其离开船体成一个片段，可能形成铰链或已经形成铰链，需要决定使用哪种基本技术。这艘船可能：

- 被切割成多个部分，每件部分单独打捞
- 使用零应力/零剪切技术打捞

• 就地拆解

当船体的部分具有水密性且处于稳定状态时，残骸可能被切割成几段，每一段都单独打捞。每一段都可以用最适合它的方法来处理。例如，一部分可以打捞而另一个部分需要就地拆解。然而，将残骸切割成几段可能既费时又费钱。

通常，最有效和最复杂的方法是使用零剪切/零应力方法来打捞一艘严重受损的沉船。使用这些方法，船舶被加载，以便在整个作业过程中，在铰链或可能形成铰链的部分，剪力和弯矩是零。零应力/零剪切技术需要详细的工程分析和规划，以及在整个操作过程中关注船体载荷。

就地拆解也是一种选择，但它依赖于是否能获得切割船舶残骸、提升和处置碎片的设备。就地拆解可能是最费力、最耗时、最昂贵的选择；另一方面，它通常是零风险的选择。

10.D.15 侧面浮起

恢复足够浮力使船舶在其一侧漂浮的方法包括：

• 密封足够的主要空间，以便通过压缩空气进行脱水、水泵排水、诱导浮力或组合使用这些方法

• 部署足够的提升力使船体在侧面抬起

• 组合使用提升和浮力恢复方法

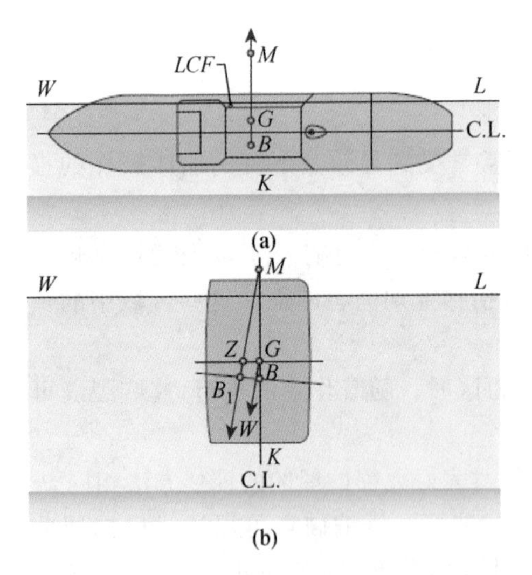

图 10.D.8 从侧面重新起浮船的稳定性
(a) 纵稳心 (b) 横稳心

船舶的横向稳定性和纵向稳定性必须由打捞工程师彻底检查。图 10.D.8 显示了侧打捞中横向和纵向稳心两种情况的相对位置。在宽阔的河流或通航水域中倾覆和沉没的船舶对交通造成危害。沉船一侧的单向交通可能会继续，但双向交通要么受限，要么不可能。在这种情况下，在将沉船拖到最合适的航道边缘之前，以其一侧重新浮起是最快捷的。该类型的作业包括：

• 在选定的航道或岸上设置牵引设备；

• 对船舶做一些准备工作使其一侧或实际倾覆角度重新漂浮来减少地面反作用力；

• 为浮吊、提升驳船或其他可稳定船舶的起重装置装配附件和吊点；

• 拆除增加倾覆力矩的结构、顶部障碍物或桅杆、堆叠物或设备。

重要的是在安装可能会导致工作渠道或航道受阻的牵引设备前，要完成所有的准备和系统测试。当打捞人员没有必要阻碍航道的通行时，最好让航道尽可能长的正常通航。安全航行经验表明，当一艘沉船被拖到岸上时，航道的交通要么受到限制，要么中断。

10.D.16 倒置打捞

船可能倾覆后沉入比船舶的宽度还要深的水中。沉船成为海上交通的障碍和危险。在

高水位下，船舶周围及上方的水深决定了危险的严重程度和移除沉船的迫切性。在这种情况下，把船倒置起来起浮是很合适的。

倒置起浮特别适合以下情况：

• 船舶倾翻角度大于 90°；

• 船的底部相对完整，或者可以气密；

• 可能导致倒置船舶航行吃水量增加的上部阻碍物、上层建筑和其他物品可以轻松移除；

• 通往最终目的地的通道足够深，允许倒置船舶通过；

• 打捞的船舶将在深水中沉没，在干船坞里报废，或者被拖带到一个可以容纳倒置船舶的位置。

通过用压缩空气恢复其浮力来起浮倒置的船舶。因此，重要的是船底板要保持完整，或者只需要最小的工作量使其保持气密。通常通过诱导浮力、施加相对小量的外部浮力或旋转力的组合方法来帮助船舶完全倒置，从而使其旋转到完全倒置的位置。图 10.D.9 显示了一艘倾覆沉没的船舶以及恢复浮力、旋转和倒置起浮的顺序。

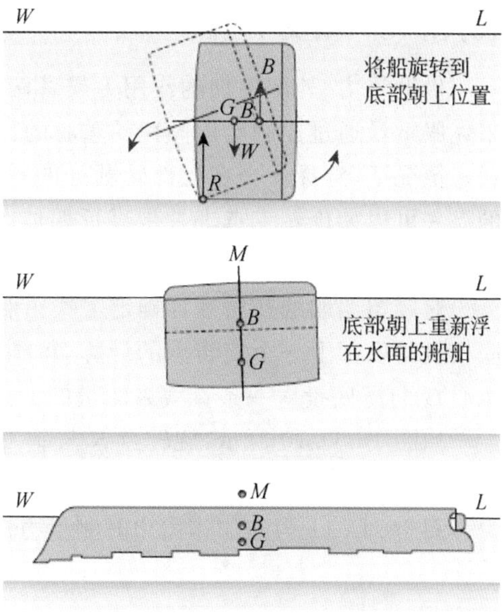

图 10.D.9　使船底部朝上重新起浮

对一艘倒置船舶的横向稳性和纵向稳性的计算方式与该船舶正浮的计算方式相同。通常，倒置船舶的稳性特征与正浮的同一艘船舶的稳性特征不同，具体表现如下：

• 横向稳性更高

• 纵向稳性略差

• 更大的初稳性

• 对外部倾斜力的抵抗力相当大

倒置的船舶通常非常稳定，并且在水线位于舱室顶部时很容易处理。没有双层底的船舶应该有一个约三英尺的干舷。

当船舶倒置并被长时间拖曳或者坐地时，空气会发生泄漏。如果没有补充空气，当足够多的浮力损失时，船舶会下沉。在船上提供压缩机或与事故船舶连接以补充失去的空气。当在港口或在沿海航道长途拖曳倒置的船舶时，这一点尤为重要。

10.D.17　扶正倾覆船舶

扶正倾覆的船舶几乎总是一个昂贵而复杂的作业。通常这样做是为了移除阻碍泊位、港口区域或通行航道的船舶，尽管由于环境或美观因素正在打捞越来越多的残骸。无法保证扶正并重新起浮的船舶可以重新投入使用。在通常情况下，扶正、起浮、修理和翻新的综合成本使得从财务角度考虑，船舶重新投入使用的可行性不大。几乎每一次扶正作业都涉及在作业条件不理想的情况下拆除相当多的上层建筑。这些清除会大大增加维修成本。

在决定使用哪种方法或多种方法组合来扶正倾覆船舶之前，有几个重要的工程和技术问题需要进行调查和回答。包括：

• 计算为克服倾覆力矩而需要施加的扶正力矩；

• 调查并计算以确定船舶绕着旋转的物理点，例如海底/土壤承载力和剪切力计算；

• 在扶正作业期间对船上局部船体应力的调查；

• 确定对扶正至关重要的船体区域的承载能力；

• 在选择套拉索工艺阶段进行的详细的横向稳性和纵向稳性分析（一系列平行的船体剪切和弯矩分析可能是必要的）；

• 必须调查和计算减少的重量、增加的浮力以及其他减少扶正力或降低倾覆力矩的方法。

10. D. 18 初始计算

借助浮力、外部施加的作用力或者两者兼有，产生一力矩，该力矩围绕着一个旋转支点来克服重量通过控制船舶倾覆的重心的作用产生的力矩。旋转点的位置在舭部或附近。在通常情况下，选择一个在舭部转圆处的点来进行初始计算。可以通过改变或挖掉支撑船舶的海底可以使旋转支点进一步靠近船体。将旋转支点移动到船体上，缩短了船舶重量的力矩臂。扶正力应该尽量远离旋转支点。

对倾覆船舶的初始计算确定了扶正船舶所需要克服的船舶重量的力矩。通过基于与海底接触的舭部上一个旋转点的计算，得到倾覆力矩的大小顺序。力臂是通过从自由浮动的重心 G 向海底投射一条直线来测量的。

如图 10. D. 10 所示，旋转点 R 与垂直通过 G 并与海底相交的线 W 之间的垂直距离为阻止扶正的船舶重量力矩的力臂。

图 10. D. 11 为施加作用力时测量力矩的变化。

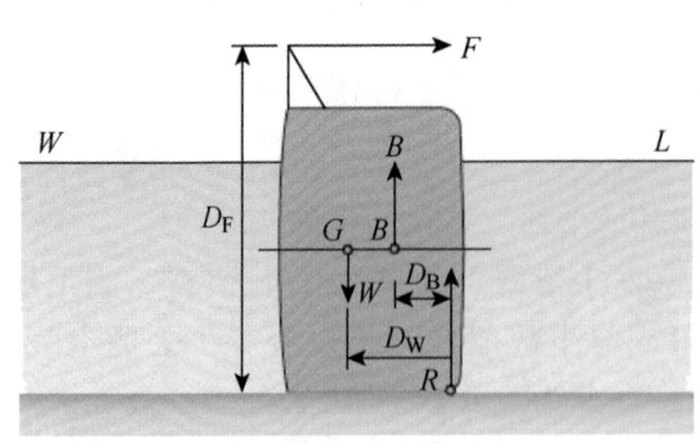

假定船舶绕点R转动。
扶正力矩(顺时针方向):
任何作用于浮心的剩余浮力B。
与转动船舶的支架成90度的作用力F使船旋转。
力矩 $=B\times D_B$
力矩 $=F\times D_F$
阻力矩(逆时针方向):
作用在重心的重量W。
力矩 $=W\times D_W$

图 10. D. 10 用于计算扶正船的旋转力的测量点

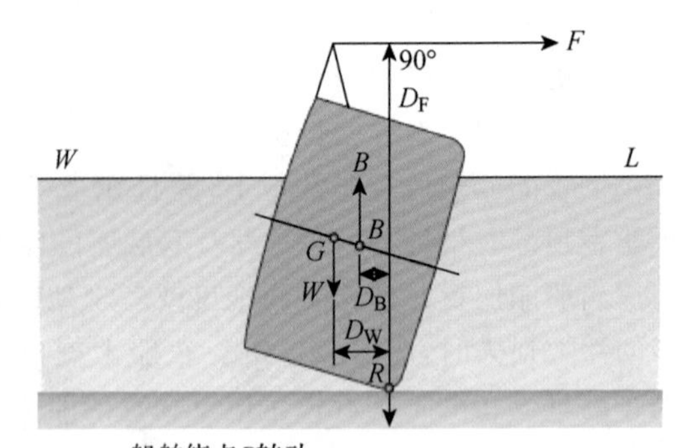

船舶绕点R转动。
扶正力矩(顺时针方向):
任何作用于浮心的剩余浮力B。
力矩 $=B\times D_B$
作用在支架上的力F。
力矩 $=F\times D_F$
倾覆力矩(逆时针方向):
作用在重心的重量W。
力矩 $=W\times D_W$

图 10. D. 11 船舶旋转时力矩变化量

备注：

进行扶正计算的打捞人员必须认真地使他们所使用的计量单位保持一致。船舶的排水量和重量都用长吨(1 长吨＝2 240磅)表示，而吊装系统和牵引系统则使用短吨(1 短吨＝2 000磅)。该领域的救援人员可能会发现将所有单位转换成磅或千磅更容易。

在整个扶正船舶的过程中，初始力矩是最大的。当船舶旋转时，它的重心越来越接近旋转点，减少了力矩臂和力矩。一旦重力最终穿越旋转点，重量就提供了一个协助扶正船舶的力矩。

10.D.19　扶正方法

图 10.D.12～图 10.D.20 演示了扶正一艘倾覆的船舶的几种基本方法。这些方法中的大多数都涉及将舭部与海底保持紧密接触的船舶扶正方法，即静扶正。有些情况下，静扶正不实用。如果船舶在其倾覆的情况下被重新浮起，然后要在漂浮状态下将其扶正，使用不同的准则：

方法 1(见图 10.D.12)：选择性地密封船舶上的主要空间，允许控制排水以恢复浮力。浮力加上高侧的压载物，产生一对能够使船舶扶正的力偶。

方法 2(见图 10.D.13)：通过压缩空气将浮力引入选定的空间，并增加水压载来提供一对力偶。使用一个小的外部作用力用于提供初始旋转力矩通常是必要的。这个系统是方法 1 的一个变化，但通常涉及压缩空气排水。

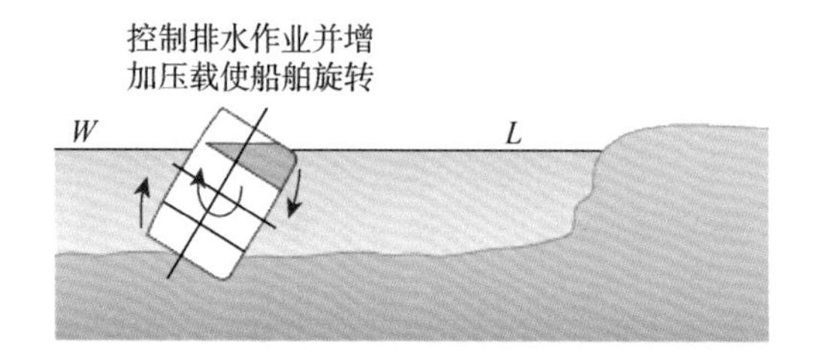

图 10.D.12　扶正方法 1

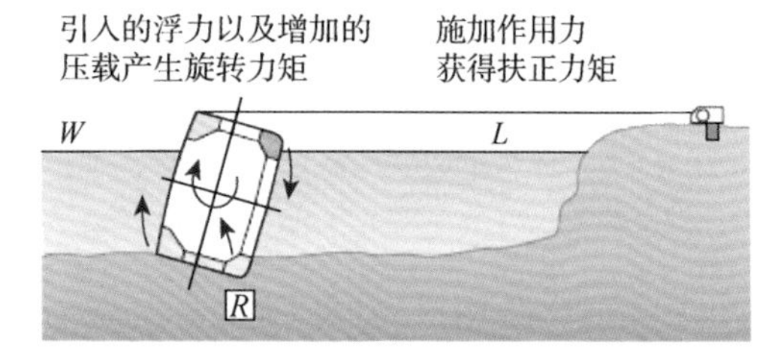

图 10.D.13　扶正方法 2

方法 3(见图 10.D.14)：将外部静态力应用于安装在船体上的杠杆臂。这种方法通常与方法 1 和方法 2 结合使用。

方法 4(见图 10.D.15)：将外部平衡配重应用到船体的高侧，并将浮力提升系统连接到船体较低的一侧。

方法 5(见图 10.D.16)：采用直接的、外部的旋转力或利用外拉或提升系统牵引船体的低侧。这不是一种特别常见的方法，因为除非船先浮起来，否则很难产生足够的扶正力矩。

方法 6(见图 10.D.17)：从船体上伸出杠杆臂或支架，并在这个系统的头部施加扶正的力。这是含有外部拖曳的一种最常见的扶正或套拉索方法。

方法 7(见图 10.D.18)：将直接的动举力应用于船体的低侧并在船体的高侧组合使用外部拉力。这种大型的机械系统适用于容易获得足够的运输/起重能力，而失去封闭的船体产生浮力不实际的情况下。

方法 8(见图 10.D.19):在倾覆的船舶的高侧建造并固定扶正梁,然后对这些扶正梁施加一个举力。这种方法通常结合大型浮吊或打捞起重支架一起使用,其结果一般是令人满意的。

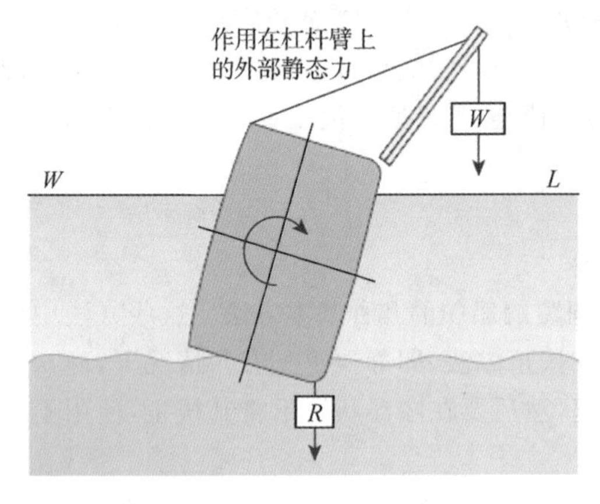

图 10.D.14　扶正方法 3

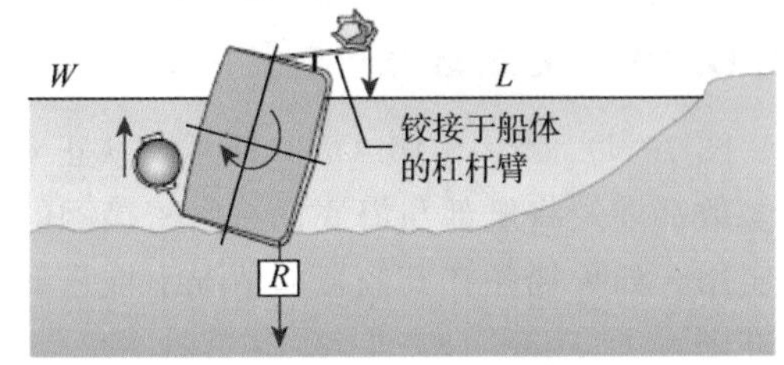

图 10.D.15　扶正方法 4

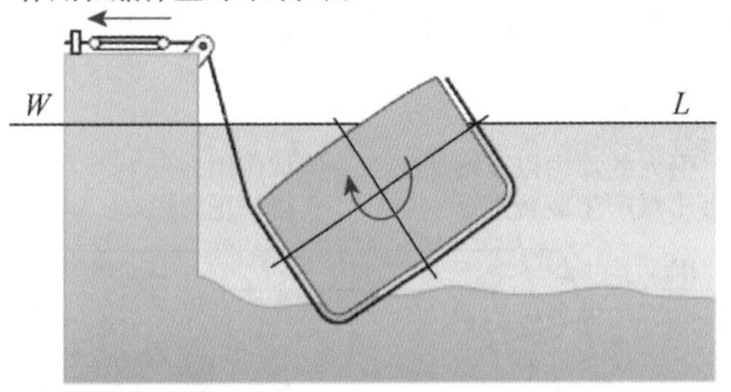

图 10.D.16　扶正方法 5

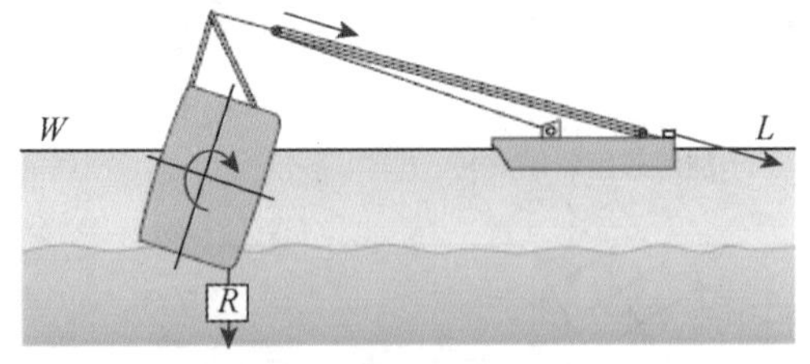

图 10.D.17　扶正方法 6

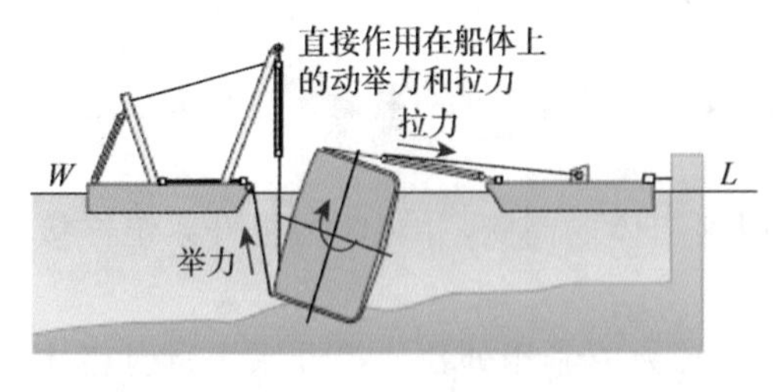

图 10.D.18　扶正方法 7

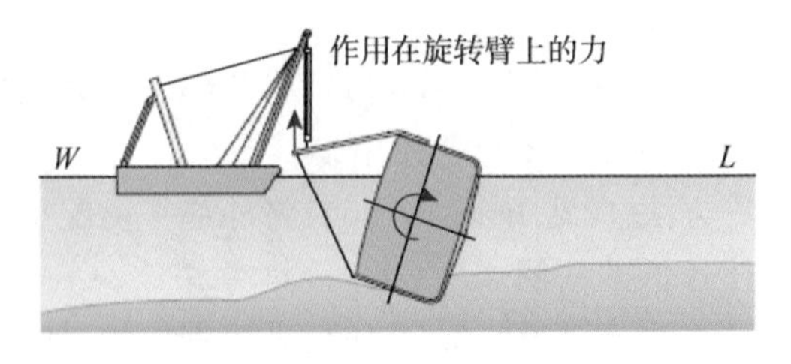

图 10.D.19　扶正方法 8

方法 9(见图 10.D.20):组合方法,包括:

(1) 通过排干选定空间内的积水恢复浮力。

(2) 在高侧增加可旋转的压载。

(3) 在船舶的高侧施加一个动态拉力,同时在低的一侧施加一个机械举力。

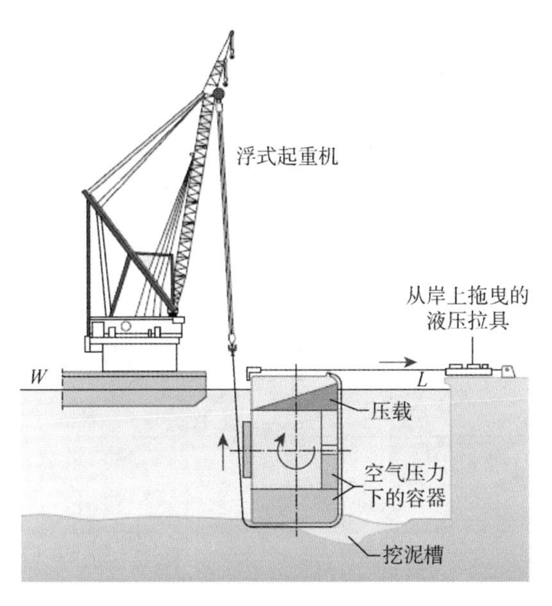

图 10.D.20　扶正倾覆船舶的组合方法

10.D.20　可变因素

打捞方法或组合方法的选择取决于几个可变因素，包括但不限于：

• 沉船可恢复的浮力；

• 在事故区域可获取的重型起重设备和重型运输设备；

• 恢复浮力所需考虑的因素，包括时间和成本，可能妨碍一个或多个明显的方法使用，因为该方法将严重干扰港口作业；

• 环境因素。

10.D.21　离岸作业

一艘船舶在离岸相当远的海域倾覆并沉没，会造成一些问题。这些问题并不是无法克服的，但却可以大大增加打捞作业的成本和时间。一些最常见的离岸或暴露位置的扶正作业困难是：

(1) 运输和起重系统通常由驳船或浮动起重机操作，这些设备受天气限制。只有在良好的天气条件下，才能进行套拉索作业、提升作业或套拉索作业和提升联合作业。

(2) 当由驳船上的拖运系统和锚地所产生的扶正力较差时，可能需要建立桩锚系统或使用埋有推进剂的锚。当作业完成时，通常必须在泥线上清除或切断堆积的锚杆。

图 10.D.21 显示了在一个暴露在近海区域，驳船采用拉拔的方法进行的一次套拉索操作。

10.D.22　扶正计划

根据纸面上所草拟的扶正计划，打捞指挥官和打捞工程师对该计划进行双重分析。

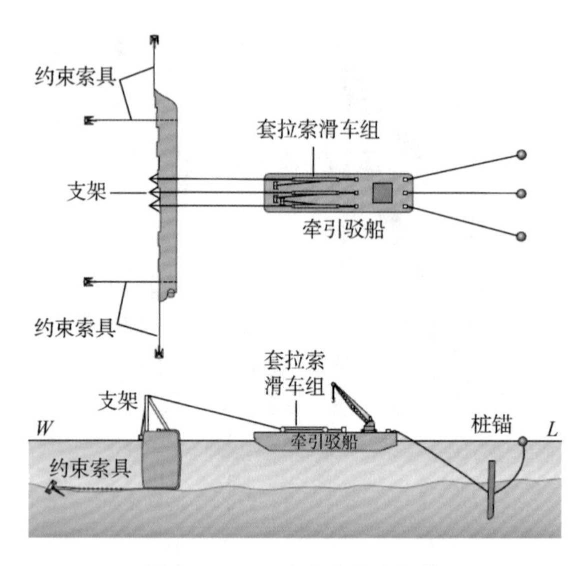

图 10.D.21　离岸套拉索操作

10.D.23　计算

通过计算明确如下参数：

• 重心在扶正过程中每个间隔(通常 5°或 10°)下的移动和需在每个阶段施加的拉力。

• 船舶到达中性加载点且倾覆力矩变为扶正力矩时的倾斜度。

• 假定旋转支点的变化，如果有的话，以及在旋转过程中可能发生的下沉的精确评估。

• 土的承重特性，如有必要，可以安排详细的土壤分析。

• 现存的泥沙淤积、剩余物料和货物数量；在许多情况下，必须作出估计。

• 为安装设在岸上的牵引系统所推荐的区域的土壤承重特性(牵引锚地的设计计算本身就是一项特殊的任务)。

• 计算船体强度，以确定支架安装位置所需的局部加强或加固量。

• 检查由于水被排出的主要空间造成的压力差，一些空间可能部分淹没。

• 所提出的方法能够形成的必要拉力，以及推荐的机械系统适合于此任务。

• 沿舭部用挖掘机疏浚的沟槽是否可以简化扶正作业。

• 在选定的舱室暂时引入空气腔或对主舱室进行进一步排水，是否将有助于扶正船舶。

• 减重计划，包括切除上层建筑、桅杆、烟囱和其他结构物，在船舶的整体扶正和起浮计划中，是否是必要且有用的。

10.D.24　支架

支架的使用在套拉索作业中提供了重要的杠杆作用。支架的数量和自身的强度由索具和工程因素组合决定，包括：

• 施加在每个支架上的拉力，一般是牵引系统能力的函数。支架的大小、强度和基础的复杂性随着拉力的增加而增加。

• 绳索是直接从支架顶部拉出来，还是连接到船体的配件上，或者是通过罩靴或导向器导入到支架顶部。

• 是否使用双重滑轮组。
• 可获得的适合建造支架的结构钢。

10. D. 25　支架的类型

支架结构通常遵循如下四项原则设计之一：

1）**支撑桁架设计**

在支撑桁架的设计中（见图 10. D. 22），支撑腿或从支架顶部沿拉力方向向外延伸的腿。该设计类似于一个与船体刚性连接的双桅杆或三桅杆系统。该连接是在主甲板或强力甲板上进行的。支撑桁架比任何其他设计需要更多的陆上预制件或采购的预制件。

2）**拉索桁架设计**

在拉索桁架设计中（见图 10. D. 23），支架被保留连接在沉船的船体上。这种设计在缺少结构钢时是有利的。拉索桁架的设计需要大量的支撑拉索，并且比支撑桁架设计更耗时，且需要耗费的现场固定工作。由于锚地、围护和现场连接的数量较多，难以获得均匀的静载张力，且难以控制质量。

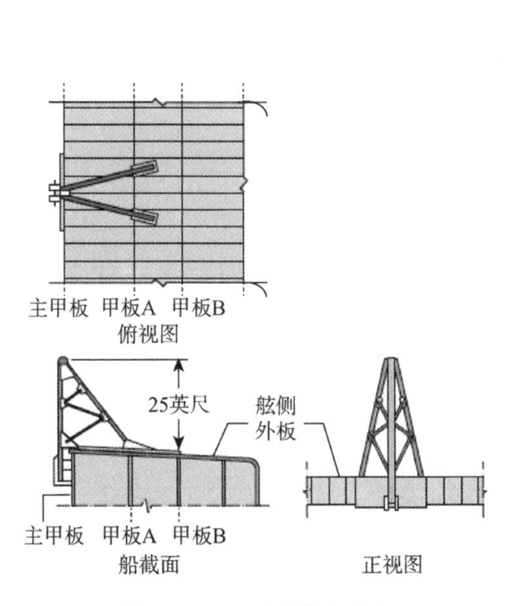

图 10. D. 22　支撑桁架支架

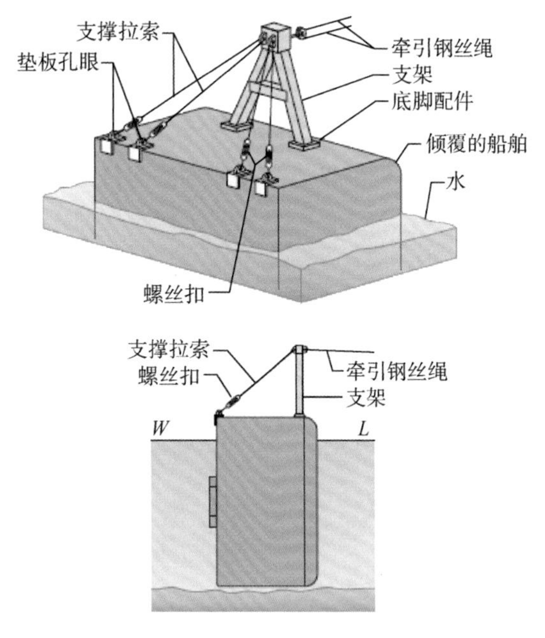

图 10. D. 23　拉索桁架支架

3）**悬臂支撑杆设计**

在悬臂式支撑结构中（见图 10. D. 24），每一个支架都是由一条简单的人字腿支撑，支撑在水平支撑或外伸支架上。该系统通常与木质结构相关联。除了获得均匀强度的木杆或圆木比较困难外，这种设计还需要一个复杂的背拉索系统。从支架到水平支撑，从水平支撑到船，都需要布置背拉索。该系统的主要优点是，当牵引钢丝绳穿过支架并连接到船体时，在整个作业过程中，扶正拉力与船体始终成直角。

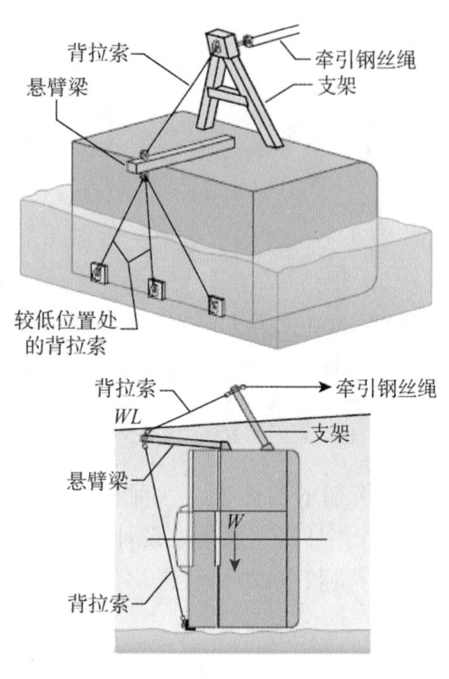

图 10.D.24　悬臂支撑架

4）三角形支撑半连续桁架设计

在三角形支撑半连续桁架的设计中（见图10.D.25），每个支架都类似于海上石油钻机的三角形支柱。支架结构通常是由厚壁管材制成。一个连续长度的管道或桁架有六根或八根焊接的支柱，使它们在管道或桁架上相互垂直。支柱焊接到船体上和桁架上。通常，这个系统会把牵引导缆拉到桁架上，并将它们连接到特殊的牛腿、系缆桩或那些焊接在船体上的吊眼上。

所有的四种系统的变型都是成功的，这取决于材料的可用性、船舶的具体问题和当地情况。通常情况下，最好是将牵引缆穿过支架顶部，直接连接到船体上，而不是直接把它们连接到支架的顶部。图10.D.25为三角形支撑半连续桁架，这一系统的优点之一是能够在两层甲板（主车辆甲板和主强力甲板）之间分享支腿的推力。

10.D.26　牵引缆的连接

主牵引缆可以通过多种方法连接到支架上或船体上。图10.D.26展示了连接方法。

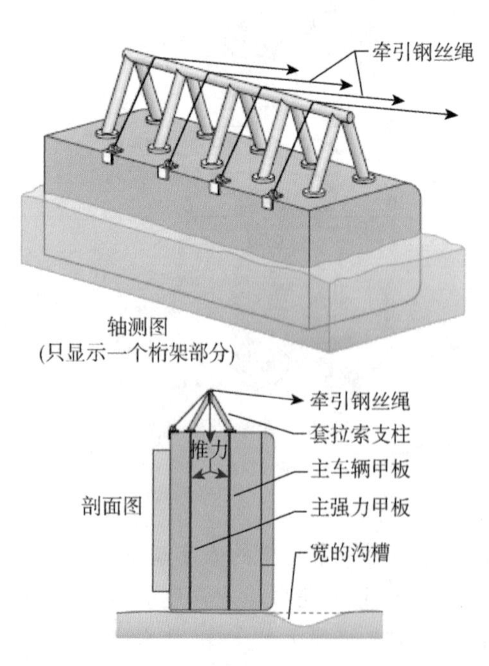

图 10.D.25　三角撑半连续桁架

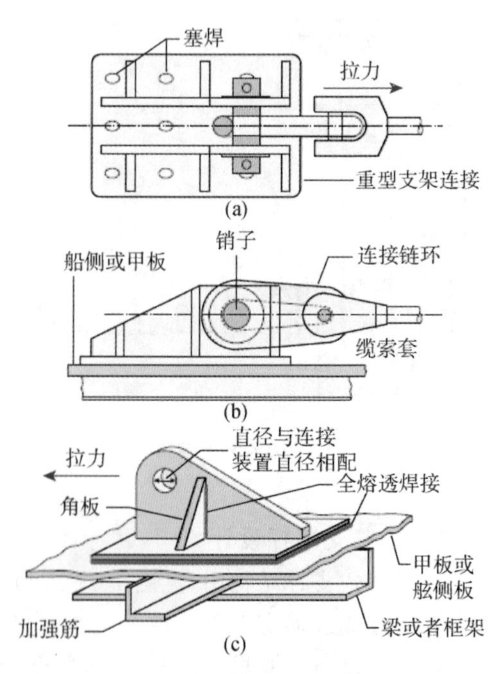

图 10.D.26　牵引和约束钢丝绳的典型连接点
(a) 平面图　(b) 正视图　(c) 重型眼板连接

10.D.27　连接到支架

主牵引索直接用卸扣或用螺栓或销子固定在单个支架的顶部。将主牵引索直接连接到支架上是较为常用的连接方式之一。支架包括一个重型的连接耳、吊眼或板式卸扣的装置，牵引索用卸扣或螺栓固定在这些装置上。这种方法的优点是，在制作支架时，所有的连接部件都可以建立统一的规格。打捞工程师对支架连接材料和部件要求的分析是整体支架设计分析中的一部分。

10.D.28　连接到船体

主牵引索是用螺栓或卸扣固定在那些焊接在船体强力点上的特制锚固点上的。在这种情况下，牵引索越过每个支架的顶部被拉到船体锚固点。直接焊接在倾覆船体或甲板上的特殊锚固点通常是为直径在 2.5 和 3.5 英寸之间的绳索而制作的。通常情况下，这样的锚固点是由连接在倾覆船体甲板上的两块厚钢板焊接而成的。每一个锚固点都位于套拉索支架的下方并对齐或与甲板边缘匹配。这种连接具有额外的优点，它的基础板的设计可以拾取几个肋骨站或强框架点，分析表明这样做对于传播载荷是必要的。

10.D.29　起吊眼板

主牵引索连接到起吊眼板，那里有足够的局部强度。分析表明，如果没有足够的强度，通常不值得花时间和精力去加强对吊点连接处的结构。在这样的情况下，通常最好有在岸上专门建造的锚固点。吊眼的开口必须足够大，才能接受与吊眼强度相当的卸扣销。吊眼周围必须有足够的金属来防止支撑或张力失效。应该安装起吊眼板，这样负载就可以自行平摊。加强板和/或甲板下的加强筋通过船体结构分散了吊点的负载。吊眼应该被定位在能够利用船上现有的加强筋的地方。

10.D.30　特殊的系缆桩

将短、厚壁的管桩焊接到合适的强横梁或结构型钢上，是一种可以将多个牵引绳索连接到倾覆船舶的比较有效的方法。每个短管桩安装一个宽的上法兰，以防止牵引绳索意外滑落。桩式连接不适合所有的船舶扶正或牵引作业。这个系统最常用的是配合专用的牵引驳船，用来将多根绳索部署到倾覆的船舶上。

10.D.31　锚链尾锭

主牵引索可能穿过倾覆船体上专门切割的孔或开口，卸扣在锚链尾锭上。当将部分淹没的倾覆船舶从航道中拖出时，穿过船体上的开口将牵索连接到锚链尾锭上是最常见的。使用锚链尾锭连接器的决定受潜水条件以及准备和焊接特殊的绳索连接锚固点到船体上所需要的时间的影响，特别是当附件需要湿焊时。除非船舶本身有一个非常坚固的框架系统，能够承受链的联合拉动和切割的影响，否则锚链尾锭并不是特别有效。该方法不允许对连接强度进行非常详细的分析。

10.D.32　船体上的牵引和起吊点的定位

在机械扶正过程中，多个因素分别单独地或组合性地影响着牵引和起吊点的位置。船体结构和船体强度通常都与扶正船舶的机械方法一起考虑。

10.D.33 支架连接位置

为了确保每个滑车组或牵引系统都有几乎相同的扶正力矩，支架顶部和牵引系统锚固点基线必须在同一平面上。为了达到这一目的，习惯的做法是将所有的井架连接位置定位在船的平行舯体上。

现代战舰上很少有平行的舯体，所以救援人员可能需要建造不同高度的支架，确保支架顶部对齐。大型的舰队辅助船和大多数大型商船都有长的平行舯体，可以简化支架的安装布置。图 10.D.27 显示了这种对齐方式。

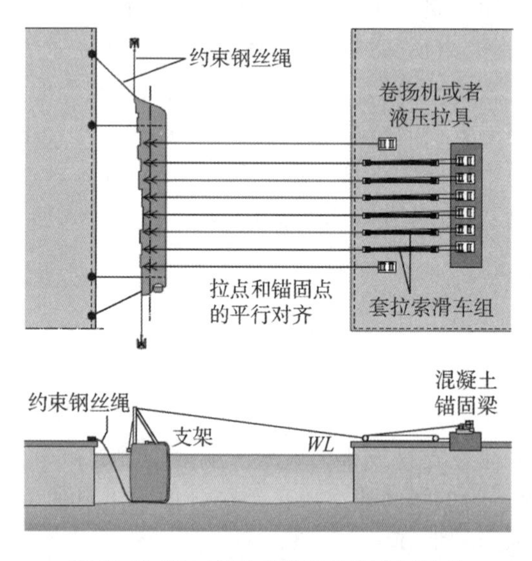

图 10.D.27 牵引点和索具的平行对齐

支架必须设置在强力甲板上，以确保最坚固的船体区域吸收垂直推力或拉力。打捞人员可以试着在舷侧列板和露天甲板的连接处，或主纵强度甲板和舷侧外板连接处设置支架。如果不能在船体连接点上设置支架，则打捞人员就可能需要安装重型的加强结构。

10.D.34 浮吊和人字支架

在船体扶正过程中，浮吊和起重机支架通常起吊倾覆船舶平行舯体的低侧或海底侧，或船底板的对侧。起重机的吊索或吊带通常从倾覆的船体下面穿过，沿着船底板，然后沿着船舷板被吊起。这可能需要在倾覆船舶的下面挖隧道、锯切或扫线。吊索连接到吊眼或焊接到高侧舷侧列板的特殊侧垫板配件上。当大的作用力或拉力施加于局部区域时，把垫板安装到舷板和甲板连接区成为吊钩的通道。图 10.D.28 和 10.D.29 分别展示了正在扶正一艘倾覆的船舶起重机架和一艘用于扶正船舶的浮筒附件。

打捞人员和浮吊的操作者必须建立密切联系，并就连接方式达成一致，以确保浮吊卸扣和相关的索具与打捞方制作的眼板或垫板相匹配。一些上层建筑构件、桅杆和其他舾装件可以从倾覆的船中移除，以防止它们在旋转操作过程中损坏驳船。

在套拉索操作中使用的高功率、单主钩海上起重驳船，鉴于他们的提升能力，可能需要多根位于船体下的吊环和连接点。图 10.D.28 显示了典型的使用打捞人字支架的扶正布置。这种人字支架已经部署了主吊钩和甲板索具用以提供最大的扶正力。

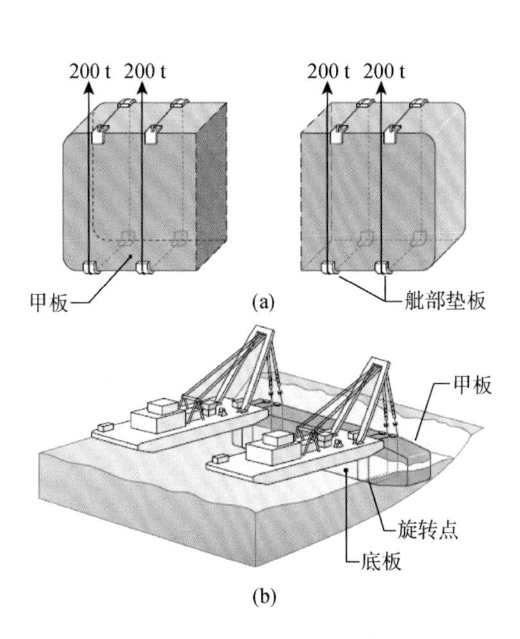

图 10.D.28　人字起重架扶正倾覆船舶
(a) 人字起重架起吊钢丝绳的配置　(b) 索具布置的细节

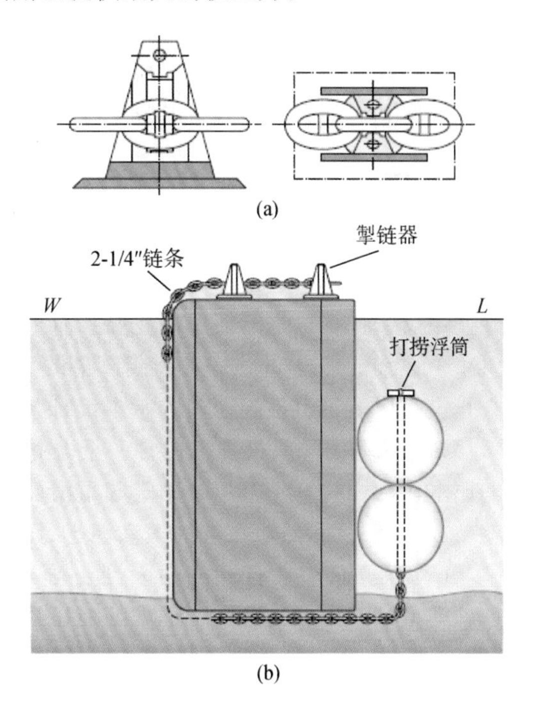

图 10.D.29　用于扶正的浮筒附件
(a) 掣链器　(b) 打捞浮筒的典型布置

10.D.35　小功率浮举装置

借助一些可以支撑浮力的装配和索具操作方法，将打捞浮筒和其他小功率浮举装置连接到倾覆的船舶上。浮举装置索具不涉及大型起重机或人字支架所需的工程程度或部件强度。图 10.D.29 显示了一种典型的用外部浮力来扶正船舶的打捞浮筒附件。

10.D.36　牵引系统的地锚

扶正倾覆船舶所用的机械牵引方法需要地锚来提供相反拉力。建造或铺设地锚是机械扶正操作中最重要、最耗时的部分。任何一个拖曳地锚的失效或拖动都会对船舶扶正工作造成一种窘迫甚至灾难性的局面。本节介绍了在选择和建立坚固的牵引地锚中的一些更加重要的实用性事项。

地锚分为两类：

- 设在岸上的牵引地基
- 海基拉升牵引锚固系统

用于大型扶正系统的地锚或地基系统需要仔细的工程和设计分析，需要考虑：

- 系统总拉力
- 每个地锚的单独拉力或反作用力

• 土壤剪切力和强度特性，包括地基区域的承载力

• 安装和移除方法，在适当情况下，还包括拆除和/或重建基础结构

• 推荐的地锚系统的优缺点及其在时间和材料上的成本

• 对比专门设计的地锚系统与凭借聪明才智，利用当地可用零部件临时制作的地锚系统在成本和时间方面的效果差异

10.D.37 岸基地锚

安装在岸上的牵引系统的地锚包括各种各样的设计，取决于施加在每个地锚的总拉力和土壤的特性。一些设计成单个地锚能吸收 40～60 t 拉力的系统有机会使用方便的材料，并使用反铲挖掘机进行简单的挖掘。而在数值范围的另一极端，主基础工程和现场工程需要单个地锚能够拉 200～300 t 或以上的重量。

设在岸上牵引系统地基的基本设计包括：

(1) 简单的地锚桩系统包含一个开挖的坑，其正面或压力面用垂直的挡板或重木制作的原木作为内衬。一个用于固定起重滑轮的链条绑固在木材面板后面的水平横梁上。链条就被放置在外面，然后在坑内填满泥土、压碎的岩石或加固的预拌混凝土。

(2) 简单的桩锚打入或钻入到土壤或基岩中，把链条尾端或重型眼板连接到桩锚上。这种类型的基础桩锚适用于标准的液压拉具或标准的绞滩机械滑轮组。

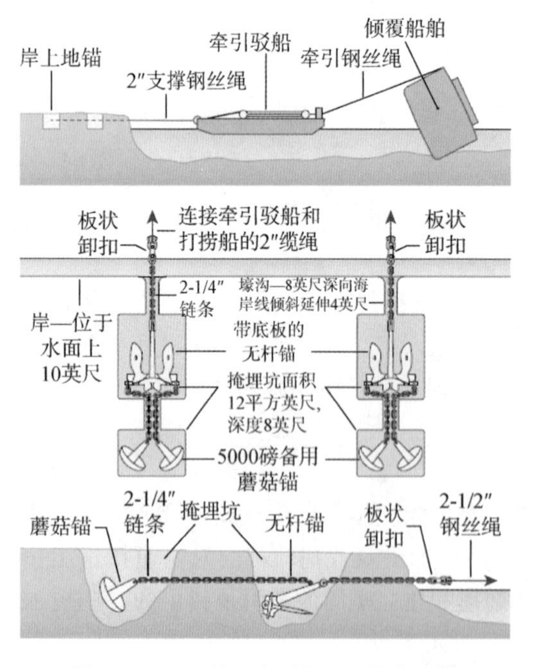

图 10.D.30 用于小型扶正工作的地锚

(3) 个别开挖的坑，其中放有钢结构梁作为绞车的基础。钢结构件焊接在一起后，坑内填充混凝土，从而完成每个地锚单元。这种方法的变体非常普遍；常用作绞车基础块。

(4) 用于安装多个绞车或液压拉具系统的大型复合地基。通常情况下，这些地基都挖得很深，包含斜桩的棱柱状壕沟以及大量钢筋混凝土。开挖、准备、固定钢筋和混凝土浇筑等构成了这些基础建造中的主要任务，这些任务最好分包给军事或民用工程组织。

(5) 有时，塞在粗糙坑内的推土机、履带式起重机和其他重型履带车辆(包括坦克等)，也能作为满意的岸上地锚。

有创新精神的打捞人员已经建造了他们自己的海岸牵引系统地锚，用于较小的船舶扶正任务。通过把绞滩工具的锚和锚链带到岸上，挖掘出合适的坑，并将其埋起来，可以建造简单而有效的岸上牵引基础。其他的一些打捞者已经成功地使用了大型的混凝土系泊块、废弃的钢结构或其他的材料，作为岸上牵引系统的地基。图 10.D.30 显示了这样一个系统。

10.D.38 移除重量

对于几乎所有的倾覆和沉没船舶，在扶正作业前，打捞人员必须先把船舶的结构物或钢铁的重量卸下来。最常被移除的结构物包括：

• 桅杆、烟囱和起重机

• 上层建筑

• 武器挂载配件和露天甲板舾装件

• 主甲板下方船体结构的大型型材

对于打捞人员来说，没有任何两艘沉没的、倾覆的船舶拥有完全相同的特征，即使是同一类型的船舶，情况亦如此。在搁浅情况下，也没有任何两艘事故船舶完全相同。在倾覆的船舶中，一艘船舶上必须卸下的重量，对另一艘在不同环境中倾覆的同类型船舶，可能是需要保留的有用的重量。

倾覆船舶的重量或部分结构被移除可能是由于以下四种原因之一：

• 移除妨碍船舶扶正或会对打捞船造成损害的结构物，以便作业进行

• 可用的总扶正力无法克服计算出的倾覆力矩，除非移除一部分重量

• 作为一种良好的打捞作业惯例，在船舶沉没后进入倾覆船舶的重量，如泥浆、泥沙或碎片等，通常被移除，以减少所需的扶正力

• 有关的重量具有危险或污染特性，如弹药或燃料油

重量移除计划需要考虑多方面的因素，包括：

• 以最小可能的表面和潜水作业最大限度地减少倾覆力矩

• 结构的移除不会使打捞作业更加困难或产生危害

• 可获得的起重设备，无论是机械的还是浮力的，决定了能够安全移除的型材的大小和重量

从倾覆的船舶中移除重量的方法取决于重量或结构物相对于平均高水位和低水位的位置。一般来说，通过传统的表面燃烧和切割的方式，在整个潮汐周期中都露出水面的任何结构物被整体或部分移除。完全位于水下的结构物或单独的重物则由潜水员进行切割。受制于设备的可获得性，一些主要的水面和水下构件可以通过机械切割或爆炸切割的方式来移除。

10.E 附录：沉船就地拆解

10.E.1 就地拆解方法和技术

沉船就地拆解作业除了常规的打捞技术外，还采用了几种专门的方法。这些方法大致可以归类如下：

• 由潜水员和地面工人手工切割

• 使用重型起重吊车进行机械拆卸

• 爆破分割，分散，或压扁

• 用水力挖掘掩埋或沉陷

每种方法都有其特定的设备需求、操作技术和特定的优缺点。某一种适用于一艘沉船的方法，在另外不同的情况下，则可能在技术层面不切合实际，或在环境层面不可接受。打捞方必须确定什么方法或方法的组合最适合他们的沉船，并且考虑是否有合适的设备可用。在有机会的地方，打捞方可以综合运用沉船就地拆解和常规的打捞技术。

10.E.2 人工切割

潜水员和地勤人员的人工切割是执行小型沉船就地拆解作业的最常见方法，并广泛用于大型就地拆解作业。水面上的工作人员使用传统的氧乙炔或氧气电弧燃烧装置，或半自动切割机来进行切割。潜水员用水下切割设备进行水下切割。水面上的人工切割是最精确的就地拆解方法，也是劳动密集型作业。许多环境和沉船条件影响水下切割的速度和精度。

10.E.3 机械拆除

机械拆除通常是由重型起重机和安装在浮吊、打捞人字支架、打捞船或临时的打捞驳船上的拖曳设备来实施的。机械拆除方法包括：

- 链条和金属丝的切割或锯切
- 直接撕裂或倾轧不结实的钢结构物
- 用重型挖泥抓斗或专门设计的残骸抓斗撕裂残骸
- 用凿子粉碎沉船的残骸

10.E.4 爆破成分段

爆破是一种重要的沉船就地拆解工具，在沉船残骸移除和残骸分解作业中发挥作用。爆破的用途包括：

- 切割或破坏船体和上层建筑
- 将沉船残骸砸入或压入海底
- 破坏不能由其他方法处理的残骸部分
- 作为航道清理行动的一部分，将失事船舶的部分残骸或全部残骸分散

10.E.5 掩埋或沉降残骸

如果海底条件适宜，且水深足够深，则可能会挖掘出一条沟渠或一系列海沟，以便在周围土层塌陷时使残骸下陷或者滑入沟渠中。为了减少挖泥工作量，潜水员在疏浚开始前将残骸的上层建筑、桅杆和烟囱都切割掉。在掩埋残骸之前，应进行土壤分析，以确定土壤是否适合这种技术。用于沉船下陷的挖掘或掩埋作业的挖掘方法主要有三种方法，可单独使用或组合使用：

- 用蛤壳状挖泥船或液压绞吸挖泥船机械式或铣削挖掘
- 爆炸
- 高压喷射或冲洗抽吸

沉船残骸掩埋通常是最不受欢迎的残骸处理方法。尽管航道或泊位受阻的问题可以通过掩埋残骸来处理，然而沉船的残骸仍处在可能成为未来疏浚或施工障碍的地方。人们已经知道以这种方式埋藏的残骸可能会回到地表。如果没有彻底的土木工程勘察、与长期规

划部门的磋商以及环境监察或治理机构的批准，就不应该尝试沉船掩埋方法。

10.E.6　沉船就地拆解的问题

沉船残骸清除和就地拆解作业除了受制于其他打捞作业所面临的所有困难外，还包括：

- 大量关于对船舶损害的内容和程度的未知数
- 严格的安全和事故预防政策和程序
- 海底的泥沙淤积和下沉
- 与港口活动有关的实际工作环境
- 清除和处理剩余的货物、备用品、弹药和食品
- 环境法规和限制
- 可接受的和切实可行的工作计划和时间表
- 设备、人力、物流和资金限额
- 作业后的清理和复原

10.E.7　环境法规和限制

除了在战争期间纯粹的军事行动外，失事船舶的就地拆解作业通常与其他海洋或港口工业活动一样都要遵守相同的环境保护规则、规定和指南。执行港口或沿海遇难船舶的打捞方往往认为环境保护规定妨碍了他们的工作。这些规则很少会由于这种作业的特殊情况而网开一面。虽然当地有关爆炸物储存和处理和可允许的收费费率的规定可能是可协商的，但拆解计划不应建立在任何违反环境规则的基础上。

就地拆解总是产生如下形式的污染：

- 无意中散落的货物和残骸
- 水柱中的泥浆、淤泥和固体物
- 作业过程中排放的令人讨厌的垃圾和废弃物
- 意外泄漏的残油

10.E.8　人工切割

人工切割是使用便携式切割器具或其他工具进行水上或水下切割操作，这些工具包括：

- 在水面或水下使用的氧气油气切割炬
- 电动或液压切割、磨削或切断加工工具
- 潜水员操作的切割设备，如氧弧、热喷枪和凯瑞尔(Kerie)电缆

沉船就地拆解通常需要大量的水上切割和水下切割。许多小的操作最好由水上作业工人或潜水员使用基本的火焰或氧气电弧技术来切割钢结构物、管道和内部舾装件。当遇到如下情况时，人工切割用于如下大型沉船就地拆解作业：

- 机械拆解系统不可用或者不合适时
- 较大比例的上层建筑或船体位于水面以上部分
- 碎片或残骸阻碍了主要的工作区域或切割线，必须予以移除才能接近这些区域

人工切割是对其他的沉船原地拆解技术的补充。机械和爆炸切割的初步阶段可能需要准备性的手工切割以确保效率。

10.E.9 水下人工切割

几乎所有的沉船就地拆解作业中都使用了潜水员操作的人工切割系统。分配给水下切割团队的工作范围包括了从切割船体分段吊眼到切割整个船体。水下切割的成功与否和速度取决于以下几个因素：

- 潜水员的经验和技能
- 潜水条件、水流、沉船的姿态和作业水深等对潜水员的限制
- 切割线相对于船体结构特征、机械设备、管道和内部舾装件位置
- 切割线的入口

10.E.10 水下切割工艺

水下切割主要使用以下两种切割工艺：

- 用放热电极、钢管电极和放热电缆进行的氧气电弧切割
- 屏蔽金属电弧切割(用普通电焊导体和焊条切割)

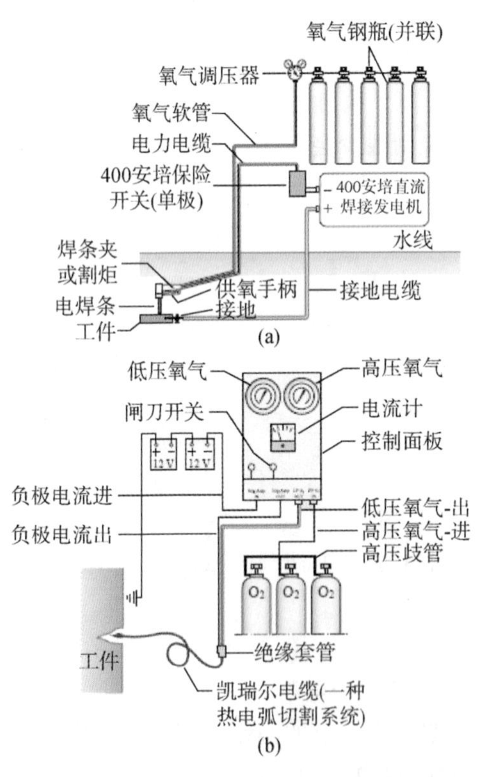

图 10.E.1 典型的水下切割系统
(a) 典型的氧弧配置 (b) 凯瑞尔电缆配置

氧气电弧切割因其易用性而受到青睐。氧气电弧切割有两种电极(棒)：放热型和钢管型。放热型是首选，因为它是在电弧被击发和氧气流动后独立燃烧的。

在屏蔽金属电弧切割中，金属在没有氧气的情况下被高温切割。屏蔽金属电弧切割特别适用于切割 1/4 英寸或更薄的钢，以及有色金属或任何厚度的耐腐蚀金属。图 10.E.1展示了用氧弧和凯瑞尔电缆系统进行水下切割的典型布局。

10.E.11 水面手工切割

水面切割通常是沉船原地拆解工作的重要部分。切割的任务从切割吊眼或通道孔到拆解和移除水线以上的主要船体部分。水面上的火焰切割团队的范围从使用便携式切割火炬的单人作业到散布在沉船上使用燃烧器的多人团队。大多数火焰切割是用氧乙炔或氧丙烷气体混合物进行的。切割气体是压缩的易燃易爆物质，有火灾和爆炸危险。使用气体切割系统的拆解作业需要严格的安全程序以防止事故发生。

10.E.12 起重

当未受过训练的人员被允许操纵、吊起或使用小型升降机时，很容易发生安全事故。大

多数失事船舶的就地拆解作业使用驳船上安装的履带牵引机或旋转起重机来进行一般用途的起重。起重机操作人员并非总能够看到提升区域，特别要依赖于来自残骸的信号。许多起重事故发生的原因：

- 起重操作前未清理起重区域内的人员
- 对起重机操作人员发出不正确或误导的信号
- 附着吊点的适应性
- 吊索强度不够或不适合于起吊物的重量、几何形状或起吊姿态
- 没有考虑船载起重机在海流和浪中的运动

大多数起重事故可以通过指派一小批合格的打捞人员作为索具团队来避免。由于起重操作是在不同的地方进行的，索具团队也从一个地方移动到另一个地方。团队的职责包括：

- 当要进行提升作业时，为每个部件或结构组件提供和绑定吊具
- 检查每个部件是否被切开并准备好了要起吊
- 计划和指导任何必要的最后削减，以克服起吊的困难
- 在起吊开始前，确保所有人手和他们的设备远离工作区域
- 用手势、哨子或无线电通信设备指导起重机操作人员进行起吊
- 操纵起重机直到起重机操作人员将起重机回转至离开残骸

10.E.13　机械拆解

机械拆解系指用大型起重吊装运输设备进行切割。这样的系统减少了沉船原地拆解操作中所需的水下潜水作业和水面作业劳动量。假如适当的重型起重和运输设备是可用的，那么机械切割无论是作为一个独立的技术还是与爆炸切割联合使用，都是非常有效。机械拆解方法包括：

- 链条和金属丝切割或将残骸锯成适合于吊装的分段
- 用专门设计的抓取装置或重型挖掘抓斗撕裂分开残骸
- 用拆解鈚凿或拆解冲压机直接冲击切割和粉碎残骸
- 通过直接撕扯，使薄弱的钢结构受力断裂

机械切割通常是通过安装在浮吊、打捞起重机支架、打捞船或临时打捞驳船上的重型起重运输设备来执行的。在某些特定情况下，一些机械切割系统可以通过岸基起重机或牵引系统来操作。

10.E.14　链条切割

链条切割残骸分段，以适应起重能力和当地环境。链条切割并没有精确的指导方针来适应每一个残骸的情况。残骸可能被垂直或水平切割成分段，这取决于残骸的姿态和合适的运输或起重设备的可用情况。在如下情况时，链条切割比线切割更有效，且具有优势：

- 可以获得合适的重型吊车、吊臂或起重机操作切割系统
- 潮汐或河流的水流严重限制了潜水作业
- 用氧弧或炸药进行切割并不是完全成功的
- 沉船所遭受的破坏使精确切割变得困难和危险，特别是在残骸分段具有部分浮力和铰接的地方

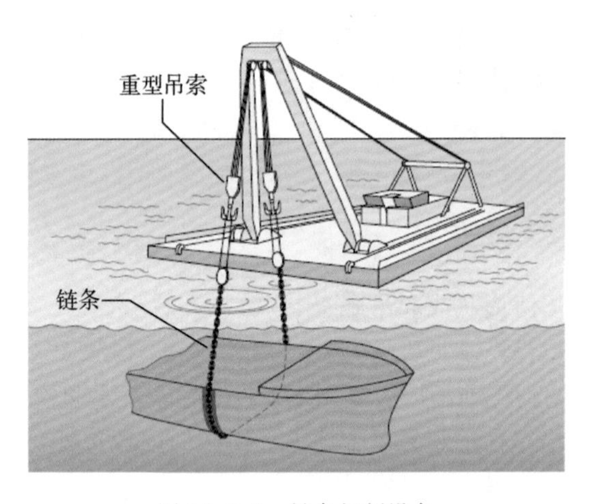

图 10.E.2 链条切割设备

• 大量的货物或碎片给清除和维护切割线通道造成严重障碍

图 10.E.2 显示了在沉船下面装配有一个切割链的重型打捞起重机支架。

10.E.15 链条切割的优势和劣势

链条切割残骸既有优点也有缺点。其优点包括：

(1) 当切割链落入其初始缺口后，该系统基本上不受潜水员的控制。

(2) 链锯通常比其他任何潜水员操作的水下切割方法能更快地切割任意给定的区域。

(3) 锚链不受泥浆、水下能见度低或海底时间的限制。

(4) 通过增加撕裂和断裂作用，由打捞吊车操作的链条切割系统所施加的浮力通常会对切割速度产生积极的影响。

链条切割系统的缺点包括：

(1) 由于沿着切割线存在着锯齿状和撕裂的金属边缘，对于潜水员来说，检查切割进程是很困难的，而且经常是危险的。即使是利用水下电视系统，对进程的视觉监控也很困难，甚至是不可能的。

(2) 在链条偏离既定的切割线的地方，可能会遇到切割延迟，无意中还会切入重型梁和纵桁。

(3) 链条有时会在切割线内部断裂。取出断裂链条的末端并将一条新的长链条重新嵌入切割线是费时且困难的。

(4) 大型打捞人字架能够执行最有效的链条切割工作。然而这些工艺装备并非总能获得。

10.E.16 切割链条

链条切割需要高等级的链条，如 Di-Lok 或同等的闪光对焊日字形链。切割链必须无瑕疵、无松钉且无结构变形。废料链条很少适合切割。直径为 $2\frac{3}{4}$ 英寸至 $3\frac{1}{2}$ 英寸的重型、高质量的石油钻机品质(ORQ)链条已成功地应用于链式切割。一般情况下，不应使用直径小于 $2\frac{1}{4}$ 英寸的链条进行链式切割。应将 Di-Lok 链留作这种类型的工作和吊装作业。

10.E.17 链条切割的准备

链条切割的效率和速度取决于救援人员可获得的吊车的起重能力和吊臂的延伸半径。链切割最有效的方法是用人字支架或装配两个或两个以上具有同等起重能力的提升滑轮组的重型吊机。每个起重能力为 150～200 吨的起吊滑轮是切割大型船舶的可接受的最低提

升功率。具有多个 300 吨提升能力的滑轮组的打捞支架更合适,但并非总能获得。进行链条切割的准备步骤如下:

(1) 在每一个切割站残骸下方,合适的穿梭钢丝绳被通过、清扫或锯下。

(2) 切割链条被传递或拖曳到残骸下面,并连接到装有重型钢丝绳吊索的起重机举力滑轮。

(3) 两个提升滑轮被轻微拉紧,以使切割链与沉船船体接触。两个接触点都被标记,并且链条是松弛的,以便潜水员用氧气电弧设备或锥形冲击切割起始缺口。

(4) 起始缺口的大小和深度取决于残骸的朝向和切割链的直径。作为一般的经验法则,每一个起始缺口里至少应该埋进三到四个链环。

在某些情况下,起始缺口可能是被先遣切割团队预先切开的,这样,起重驳船的船员和潜水员将切割链条装入预先切割的缺口内或之前尝试过的切割线内。如果要在螺旋桨轴和机座这样的重型结构部件处进行船体切割,进行预切割是必需而明智的。在可能的情况下,应尽量避免对机舱区域使用链条切割。

图 10.E.3 显示了一艘沉船切入舭部半径板的两个起始缺口以及链切割的一般进程。

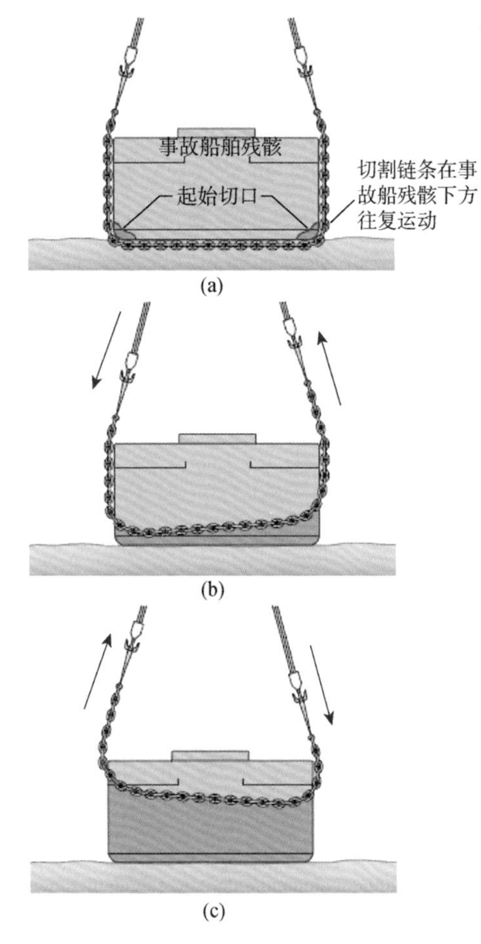

图 10.E.3　链条切割顺序

(a) 初始切割顺序　(b)进行中的切割顺序　(c) 几乎完成的切割顺序

10.E.18　链条切割作业

切割链经由沉船残骸的船体和上层建筑中交替地前后锯切。通过控制升举力,通过应力、剪切、撕裂等方式实现切割。切割链的每一个环都像链锯上的刀片一样。因为链环持续地磨损和撕裂金属,钢板和结构物被破碎或变形到它们的失效点。

在切割链条放入起始缺口后,链条切割操作通常按如下程序进行:

(1) 在链条的一端施加一个 150～200 吨左右的提升拉力,而另一个滑轮系统则以缓慢地放松大约张力的一半。

(2) 在链条切开或破坏沉船的船体之前,通常每个滑轮都要交替地提升或松弛,持续几个周期。

(3) 通过读出吊钩上应变片的重量数据以及观察起重滑轮牵索的行程长度来监测切割速率。越来越短的起重滑轮行程表明切割正在有效地进行。

(4) 当起重滑轮的长度短得不可用时,将每个提升吊钩连接到切割链末端的长钢丝吊索必须换成短钢丝吊索。

(5) 切割链的绳圈锯穿了沉船并回收到打捞起重机时,切割完成。

10.E.19 临时制作的链条切割系统

当有利条件形成时,链切割系统也可以临时制作,然而其成功的程度则取决于打捞人员的知识、经验和技能。非常强大的绞车,如油田桁架绞车,适用于在驳船或起重机上装配的链条切割。

图 10.E.4 示出了一个安装在单钩起重机上的临时制作的链锯系统。这个系统利用一个穿过弓形导缆孔的甲板滑车组操作,与起重机支架上的起重滑轮牵索一起工作。在此系统中,主要的切割和撕裂载荷是通过人字架式起重装置施加的,而在每一个张力循环后,用甲板滑车组回拖切割链条。

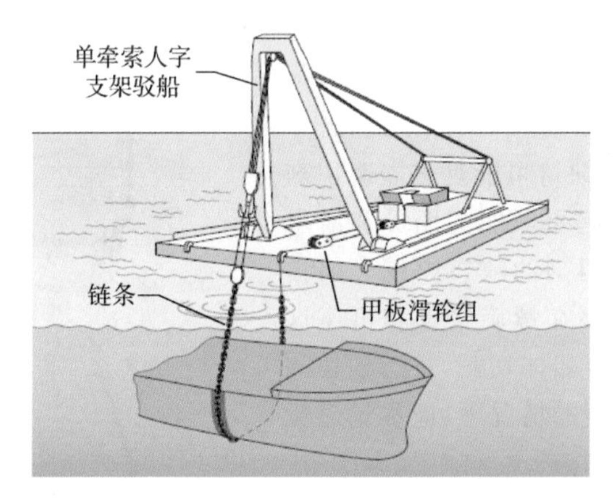

图 10.E.4 带框架和甲板牵索的临时链条切割系统

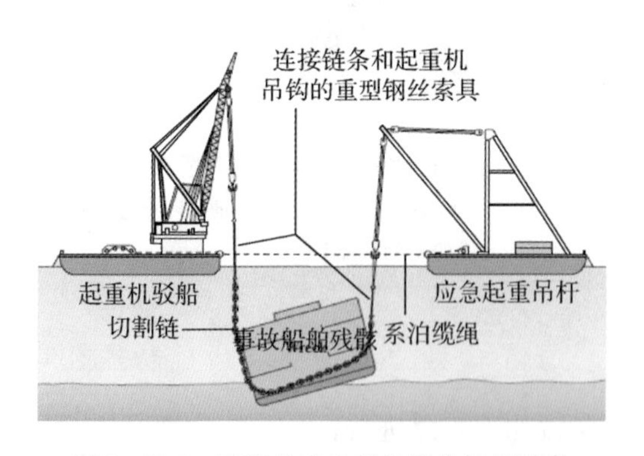

图 10.E.5 两艘起重机驳船操作锯切链条

成功的链切割可以由几对单钩浮吊或人字形起重架来实现。在沉船残骸或待切割部分的每一侧都有一个转臂起重机,链锯在两个吊车之间稳定地锯切。这种方法在技术上相对有效,但需要两个大小和起重能力完全匹配的浮吊或人字形起重架。由于操作是由两艘独立的船舶进行的,所以起重机操作员之间的协调和控制是安全、成功操作的关键因素。启动的特点是在起重机操作员和救援人员调整自己和他们的工艺使之适合此种方法的过程中,通常会进行一定的实验,也会出现一些差错。置于起重驳船之间的牢固系泊系统对于有效操作该系统至关重要。图 10.E.5 显示了由两个浮吊操作的链锯系统的布局。

单一的中心立轴移动式或履带起重机,如驳船装载的履带式起重机,不适合作链条切割系统。使用桁架臂架式旋转起重机临时作链条切割系统可能会导致吊杆或枢轴系统遭受无法承受的超重载荷。

10.E.20 沉船抓取装置

部分或全部被掩埋在海底的残骸，随着时间的增长而恶化，或被严重损坏，带来了清除沉船残骸的难题。在这种沉船上的潜水作业通常会受到强流、低能见度和高风险度的阻碍。在没有机械系统的情况下，试图拆除或移除严重损坏或部分损毁的沉船残骸通常非常耗时且代价高昂。

挖泥抓斗通常不能有效地碾压钢铁，也不能承受沉船的沉重压力。然而，改良的多爪抓斗对于抓住和撕裂被削弱的钢板非常有用。这些多爪抓斗，也被称为橘瓣式抓斗，成功地撕毁了先前被削弱的或部分被炸药切割了的钢结构物。

多爪抓斗建造得很结实，但它的全颌开口不大。这种抓斗适合于拆卸和处置沉船残骸相关用途，是因为它们：

- 被制造得很结实，而且相对而言操作比较简单
- 可以由潜水员独立操作，减少了人员的风险
- 有能力抓取甚至已经被严重扭曲了的钢结构物

拆卸和移除沉船残骸的基本程序是：

(1) 沉船调查完成后，首先确定先对沉船的哪一端进行拆除。抓取作业通常从沉船最浅的一端开始，并朝着被埋得更深的部分稳步前进。

(2) 在沉船周围布置大量的系泊设备，而且人字形起重架或救援起重机面向对齐，或与沉船的首向相同。起重机的对齐方式是由水流和基本的拆卸顺序决定的。

(3) 抓斗以完全打开的状态下降，直到它接触到残骸。关闭的索具被慢慢地抬起，以使抓斗颚板钩咬在船体残骸中。当抓斗颚板夹紧时，它们刺入钢构件，开始粉碎和撕裂这些钢铁。

(4) 当抓斗不再夹紧的时候，它的起重索具就会被提起来从而抬起抓斗，同时也提升被牢牢抓在抓斗颚板中的残骸。逃脱夹紧的抓斗是人字形起重架和残骸之间的力量较量。

(5) 当起重机支架抬起抓斗时，被抓斗颚抓住的残骸结构就被撕裂、粉碎，并从残骸中剪开。人字形起重架的上提力和撕咬力的共同作用突破钢结构超限应力并且破坏钢构件。

(6) 打捞沉船的抓斗工具被带回到水面上来，并将打捞到的残骸放到驳船上。在理想的条件下，抓斗可以抓取 60～80 吨的残骸。

10.E.21 残骸冲头和凿子

残骸冲头或沉船凿子是一种工字钢梁，其下端截面被切割成一个凿子形状。残骸冲头粉碎那些没有被炸药、氧弧或表面切割技术完全切断的钢质船体。在某些情况下，残骸冲头将船体切割成几部分。

残骸冲头通常是由经硬化处理的，有时用厚钢板围起来焊接在梁翼上的重型工字梁制成。铅锭可以安装在横梁凸缘内，以增加额外的重量。残骸冲头通常有 40 英尺长，重量在 10 吨到 15 吨之间。残骸冲头是由吊车操纵的。冲头被吊在沉船的上方，然后在被切割的地方反复地落下。一种重型构造的冲头，从足够高的高度落下，在冲击时获得足够的能量来切割或破碎板块和框架。图 10.E.6 示出了用本地可用的材料制造的典型的残骸冲头。

当链切割不切合实际，而残骸抓斗也无法实施时，残骸冲头是比较有效的机械切割设

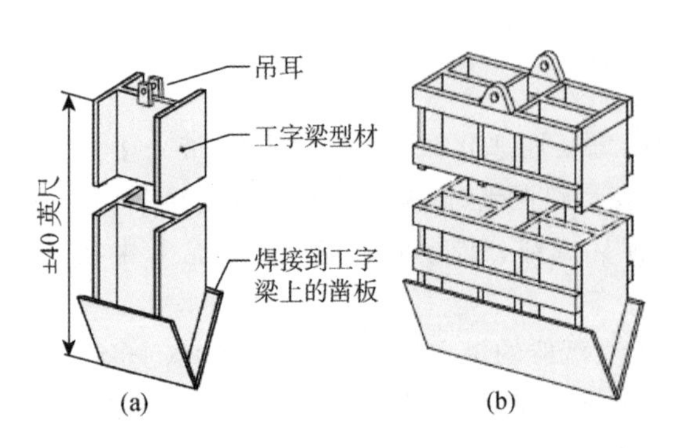

图 10.E.6 现场制作残骸凿子

(a) 单一的工字梁凿子 (b) 双工字梁凿子

备。绝大多数大型的驳船装载的履带起重机都能操作残骸冲头。油田建造的重型起重机可以操作非常大的残骸冲头。临时的重型残骸冲头可以由如下材料建造：

(1) 大型挖泥船桩柱，其尖端用焊接钢板覆盖，从而形成一个凿子端。其中一些改造后的桩柱重达35吨到40吨。

(2) 将多对大截面的工字梁焊接在一起，并用铁轨和废钢坯进行加重。

并不是所有的起重机或吊车都适用于操作残骸冲头。主吊钩的自由落体能力是残骸冲压的关键。候选的起重机必须能够从一个较高的吊杆高度释放和自由落下一个沉重的重量。成功的残骸冲压取决于冲力重量和下降速度的组合作用。为海上抓斗式挖泥船而设计或专门改制的起重机，几乎总是适用于操作残骸冲头。大型海上桅杆式起重机的辅助吊钩被设计为具有自由落体能力和足够举力，并配合合适的长臂吊杆，用来快速和安全地操纵残骸冲头。

10.E.22 爆破切割

炸药是沉船残骸清除、港口清理和残骸疏散作业中的重要打捞工具。涉及使用炸药的海难打捞及港口清理用途包括：

- 切割和破坏船体和上层结构部分
- 把残骸沉到海底，把它们压扁、或掩埋入海底
- 作为港口或航道清理的一部分，将沉船或残骸部件分散开来
- 拓宽、加深、矫直航道
- 拆除阻碍港口或打捞作业的混凝土砖石建筑和港口钢铁设施

10.E.23 掩埋、压扁和减少残骸

在某些情况下，时间、成本和物理条件的组合使得彻底移除沉船残骸不经济或不切合实际。在这种情况下，可能只将沉没的残骸的危险降到足够低，而不需要移除残骸的主要部分。三种常见的减少沉船残骸的技术：

- 残骸埋葬
- 压扁残骸
- 把残骸切下来

沉船埋葬可能作为战时的军事行动，伴随大量炸药的使用，也可以作为一项涉及专门疏浚技术的和平时期的任务。在过去，把沉船切割掉是增加沉船上方的航行深度的一种常见方法。战时情况下可能仍然需要打捞人员来切掉沉船残骸，但民用港口当局并不鼓励这种做法。本节所描述的每一种方法都将导致船体结构留在或接近失事地点，可能会造成未来的航行、施工或环境的潜在危害。

10.E.24 掩埋沉船

沉船的掩埋使航行的危险最小化，但并不是移除潜在的障碍。已经发生过被掩埋的残骸因为水流冲刷而改变了它们的位置，甚至在最糟糕的情况下，它们又重新回到了水面。如果没有向港口作业、航行和环境管理当局进行详细的咨询并获得批准，就不应该尝试掩埋沉船。详细的工程调查和疏浚技术是和平时期沉船掩埋任务的关键因素。细致的剖面疏浚和爆破或重力诱导滑移结合起来，从而将残骸埋在深坑壕沟里。

现场条件和残骸清除设备的缺乏或费用问题，结合适当的土壤条件，使沉船的掩埋成为可能。在决策过程中，海底土壤特性是至关重要的。详细的海底调查和测试对于下述任务的实施是必要的：

(1) 确定海底和航行基准面下方的水准，基岩或不可挖掘的材料地层位于这些地方。

(2) 确认沉船可以被沉降或掩埋到当局要求的通航深度。在被掩埋的残骸上的通航深度是操作的关键。

(3) 预测在疏浚作业过程中可能发生的由水流诱导的土壤沉积或回填的速率。

(4) 确定土壤的特性，以计算沟槽轮廓和滑移角。

(5) 确定挖泥的适当方法，或者联合使用挖泥和必要的爆破相结合的方法，以挖掘埋沟。

研究沉船运动的打捞工程通常能与土壤工程和开挖调查一起进行。这些研究结合起来，基于要么疏浚，要么爆破与疏浚相结合挖壕沟，形成一个沉船掩埋和挖掘计划。

挖掘方法包括：

(1) 切开残骸的一侧的下部，使其倾翻到预先挖掘的海沟或掩埋区域。

(2) 在残骸的两边交替进行疏浚和下挖，使其在从左舷到右舷的摇摆运动中下沉。

(3) 在沉船附近挖一条深沟，然后从那条沟到残骸剖开一条倾斜的滑道。

在传统的沉船掩埋任务中，大多数工作都是由挖泥船和土木工程人员完成的。在利用打捞人员技能方面的打捞工作包括：

(1) 详细的沉船调查和辅助的对系泊和船艺方面的土壤调查。

(2) 水下切割和拆除桅杆、烟囱、上层建筑以及其他伸到切割线上方的残骸。

(3) 如有需要，监测项目进程，提供技术咨询并辅助安放炸药。

10.E.25 压扁残骸

压扁残骸包含的实践，其更为人熟知和提到的如：

- 船舶沉降
- 船舶压扁
- 残骸分散

这三种方法被归并在一起，是因为它们产生的效果相似，虽然采用了不同的技术，但是它们都有共同的特点，包括：

- 破坏沉船残骸的主要目的是分散航行危险或增加可通航深度
- 时间和环境不允许残骸被常规性地移除

- 残骸被爆破拆除、压扁或被消除
- 大多数主要的沉船部件和结构物都是以残骸碎片的形式被留在原地。

船舶压扁或沉降通常只是作为通道或港口清理的应急手段。在对残骸进行后续的抓取清理之前,可以进行爆炸性的残骸分散。

10.E.26 船舶沉降

船舶沉降系指使沉船沉到海底深处。船舶沉降可能是降低沉船从而增加其上的水面深度的唯一方法,船舶沉降也可能与船舶压扁或残骸拆解一起进行。为了取得爆破沉船沉降的成功,必须有合适的土壤条件。松软的沙土或泥泞的海底允许沉降,但坚硬的黏土可能就会带来一些困难。沉船残骸沉降的做法是:

(1) 在船体内部放置强力炸药包,从而在其与海底接触的残骸的底部或侧面炸出孔洞。船底板的损坏和承载表面积的减少会导致船体下沉。海底的物质通过被炸药炸出的孔进入船体。

(2) 在船体周围放置的炸药同时引爆,从而在残骸周围挖掘出一条粗糙的壕沟。在强水流地区,冲刷发生并加速沉降。

这些方法可能是按顺序进行的;首先,残骸的侧面或底板被炸开,然后是在残骸周围起爆埋入的炸药。

图 10.E.7 显示了沉降一个正浮的船舶残骸时的炸药布置。

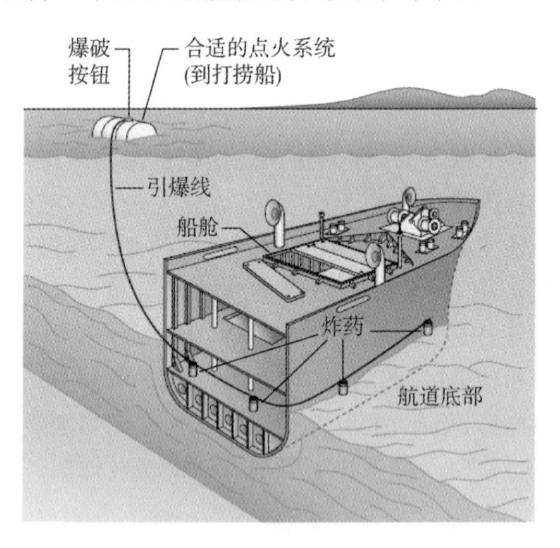

图 10.E.7 用于沉降事故船舶残骸的炸药安装位置

10.E.27 船舶压扁

船舶压扁的过程取决于船沉入海底时的姿态。侧躺倒在海底的沉船残骸面临的问题与船底与海底接触且保持直立的残骸面临的问题不同。直立的残骸是从上往下被压平的。桅杆、烟囱和上层建筑可以用氧弧或爆破切割方法进行切割或拆除或爆破掉,并允许散布在海底。一些将船体炸平的方法是利用沿着甲板边缘的线切割和冲击捣碎的组合方法来使船体塌陷。重型爆炸线性切割和重击常常导致残骸塌陷成一个废料堆。

另一种爆炸性的残骸压扁方法，往往与残骸分散有关，在内部放置一系列强力炸药。炸药被放置在沉船的船体内侧，其中最强大的炸药装在船中部。当船首、船中和船尾的炸药同时被引爆时，就会产生非常沉重和相反的压力。内部超压导致侧板和舱壁破裂以及甲板塌陷。重型炸药内部引爆时对沉船的冲击波和爆炸的超压作用都不容易控制，造成残骸变形和粉碎。

在这样的残骸周围进行潜水活动是危险的，必须极其谨慎地进行。已被重型炸药压扁或炸散的残骸通常会使后续的残骸清除变得更困难。

10.E.28　切削沉船

有时通过将残骸切割到指定水位以下的指定深度来减少航行障碍物。考虑到目前和未来的交通情况，港口或地区管理当局建立了沉船上方的净空水位。沉船可以通过各种破坏技术被削减到指定的净空水位，包括：

- 氧弧切割
- 爆破切割
- 氧弧切割和爆破切割相结合
- 残骸抓取

手动切割和爆炸切割是这种类型的沉船残骸砍削最常见的方法。在成本和缺乏合适的打捞设备影响残骸清除计划的区域，部分减少残骸是解决沉船问题的一个短期到中期的解决方案。

参考文献

[10.1] US Navy：US Navy Salvage Manual，Vol. 1，Strandings and Harbor Clearance and Afloat Salvage，S0300-A6-MAN-010（Naval Sea Systems Command，Washington 2013）

[10.2] US Navy：US Navy Salvor's Handbook，S0300-A7-HBK-010（Naval Sea Systems Command，Washington 2014）

[10.3] C. A. Bartholomew，B. Marsh，R. W. Hooper：US Navy Salvage Engineer's Handbook，Vol. 1，Salvage Engineering，S0300-A8-HBK-010（Naval Sea Systems Command，Washington 1992）

[10.4] ASTM STD F1074-87：Standard Specification for Cleats，Welded Horn Type（ASTM International，West Conshohocken 2012）

[10.5] Crane Co.：Flow of Fluids through Valves，Fittings，and Pipe，Tech. Paper 409（Crane Co.，Stumford 1942）

[10.6] R. Peele，J. A. Church：Mining Engineer's Handbook，3rd edn.（Wiley，New York 1948）

第 11 章　石油泄漏事故及其对策

Merv Fingas

石油泄漏是一种随机现象,其泄漏范围的大小和形式多种多样。在世界上规模最大的50起漏油事件中,1991年发生的海湾战争漏油事件仍然是世界上规模最大的漏油事件。对漏油事故作出有组织且快速的反应将会减少对环境的破坏。针对泄漏事故的应急计划应详述应对措施。发生漏油频率较高的油类及燃料包含五种,分别为汽油、柴油、轻质原油、重质原油以及船用燃料。这些油类的两个重要特性为黏度和密度。溢出物的黏度可以有数量级的变化。溢油的表现形式决定了它们对环境将会造成何种影响。溢油最主要的两种表现形式是蒸发和吸水。蒸发量随时间呈指数变化,因此大部分蒸发(约80%)发生在泄漏后的前2天。吸水表现为以下五种方式:

- 溶于水
- 夹杂于水
- 中度稳定的乳液
- 稳定的乳剂
- 不形成任何其他类型或不稳定的状态

实验室分析是评估石油泄漏的一个重要方式。最常用的分析方法是气相色谱-质谱检测(GC-MS)或火焰离子化检测器(FID)。这些方法不仅用于量化测试,也可以用于识别和测量蒸发量或生物降解。遥感技术,特别是卫星雷达技术,常被用来绘制海上溢油图。一旦发生泄漏,对海上溢油通常包含使用拦油栅收容和使用撇油器回收,最重要的是围堰和亲油表面撇油器。回收油的处理及其归置是一个重要步骤。有时会使用溢油处理剂,特别是溢油分散剂。使用这些措施需要考虑许多条件和因素。在合适的条件下,就地燃烧这种方式使用得越来越普遍,它能迅速清除溢油。最后,溢油通常会漫延到海岸线,因此有必要对海岸线除油技术进行细致的评估。

如果石油泄漏规模大或者发生在备受关注的区域,将会受到媒体的广泛关注,反之则受到媒体的关注较少。这也反映出漏油规模及其造成影响的多样性。石油从油田到消费者的运输过程中,涉及多达10~15次不同方式的运输转驳,包括油船、管道、铁路车辆和油罐车。石油被储存在中转站以及沿途的码头和炼油厂。在这些运输步骤或储存时间中的任何一个过程中,都有可能会发生泄漏事故。

在过去10年里,溢油率有所下降。尤其是海上油船事故的溢油率。对相关工作人员强化培训方案的制定,可以减少发生人为错误的可能性。尽管如此,据专家估计有30%~50%的石油泄漏是由直接或间接地人为失误造成的,其中20%~40%的溢油是由设备故障或失灵造成的[11.1-11.2]。

11.1　石油泄漏事故的频率

由于石油和石油产品的大量使用，任何一种规模的石油泄漏都是会经常发生的。美国每天大约使用 4×10^6 吨石油，全世界每天大约使用 20×10^6 吨石油[11.3]。在美国，每天大约使用 4×10^6 吨的石油和石油制品中有一半以上是从加拿大、沙特阿拉伯和非洲进口的。在美国，每天大约 40%的需求是用于汽车供油，大约 15%是用于运输的柴油。美国使用的能源中大约 40%来自石油，25%来自天然气，20%来自煤炭。

美国部分机构统计了一些有关石油泄漏的数据。海岸警卫队维护着一个泄漏到可航行水域的数据库，而政府机构则保存了陆地上泄漏的统计数据，这些数据有时被收集到国家统计数据中。美国安全和环境执法局(BSEE)维护着一个近海勘探和生产活动中发生泄漏的数据库。

然而，由于在收集数据的过程中使用了不同方法，有时比较漏油统计数据也会产生一些误导。泄漏体积或数量难以确定或估计。例如，在发生船舶泄漏事故时，在事故发生前就可能知道某一舱室的确切体积，但剩余的油可能在事故发生后立即转移到其他船舶上。一些漏油事故数据库中不包括燃烧的数额，而其他数据库则包括以任何方式损失的全部石油量。有时因为对损失石油的确切特征或物理特性的未知，直接造成了对损失量的估算差异。

实际上，漏油量只占世界上使用石油量的很小一部分。图 11.1 从溢油次数和实际溢油量两方面概述了美国的石油泄漏情况[11.4]。就石油泄漏而言，许多国家也有类似的趋势。

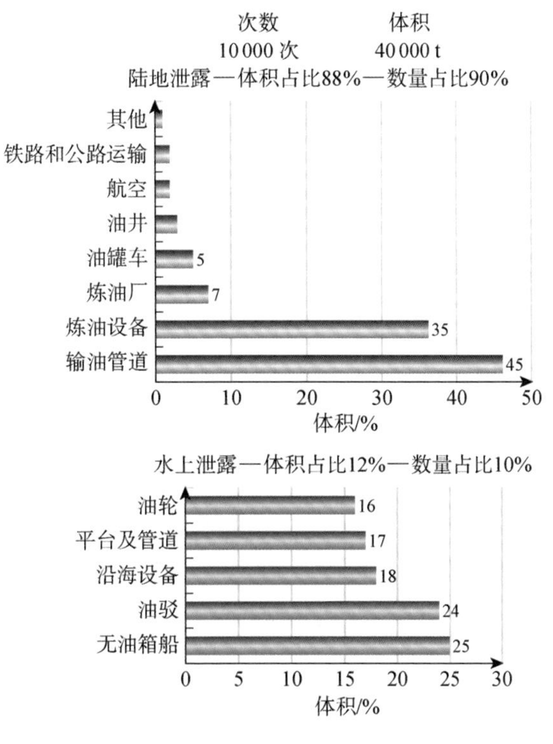

图 11.1　美国典型年均泄漏统计

表11.1列出了过去50年来最大的石油泄漏案例[11.1,11.4]。这些石油泄漏是根据其泄漏量排序的，从迄今为止最大的石油泄漏开始至1991阿拉伯海湾战争期间石油泄漏。这里必须指出的是，由于记录方式和漏油报告着重点的差异，有关泄漏规模大小排序可能因来源而异。

表11.1 世界上最大的泄油事故统计表

排名	年份	日期	船舶/事故	源由	国家	位置	溢油吨数/($\times 10^3$)
1	1991	1月26日	海湾战争	战争破坏	科威特	海岛	800
2	2010	4月20日	深水地平线	油井井喷	美国	墨西哥湾	500
3	1979	6月5日	IXTOC 井喷	油井井喷	墨西哥	墨西哥湾	470
4	1979	7月19日	“太平洋皇后”号 Aegean Captain	油船碰撞	多巴哥	加勒比海	287
5	1992	3月2日	油井井喷	油井井喷	乌兹别克斯坦	费尔干纳谷	285
6	1993	2月4日	石油平台爆炸	油井井喷	伊朗	诺鲁兹油田	270
7	1983	8月6日	“贝勒城堡”号	油船事故	南非	萨尔丹哈湾	260
8	1991	5月28日	“ABT Summer”号	油船事故	安哥拉	大西洋	260
9	1978	3月16日	“Amoco Cadiz”号	油船事故	法国	布列塔尼	223
10	1991	4月11日	“港口”号	油船事故	意大利	热那亚	144
11	1980	8月11日	油井井喷	油井井喷	利比亚	内陆	140
12	1988	11月10日	“奥德赛”号	油船事故	加拿大	北大西洋	132
13	1967	3月18日	“托利峡谷”号	油船事故	英国	兰兹角	119
14	1972	12月19日	“海星”号	油船事故	阿曼	阿曼湾	115
15	1981	8月20日	存储油箱	从油箱流失	科威特	Shuaybah	110
16	1971	12月7日	“德士古丹麦”号	油船事故	比利时	北海	107
17	1994	10月25日	管道破裂	管道泄漏	俄罗斯	乌辛斯克	105
18	1976	5月12日	“Urquiola”号	油船事故	西班牙	拉科鲁纳	100
19	1978	5月25日	管道破裂	管道泄露	伊朗	阿瓦津	100
20	1980	2月23日	“艾瑞恩斯小夜曲”号	油船事故	希腊	皮洛斯	100
21	1969	2月11日	“朱利叶斯·辛德勒”号	油船事故	葡萄牙	亚速尔	95
22	1977	2月23日	“夏威夷爱国者”号	油船事故	美国	夏威夷西部	95
23	1979	11月15日	“自主”号	油船事故	土耳其	博斯普鲁斯海峡	95
24	1975	1月29日	“雅各布·麦尔斯克”号	油船事故	葡萄牙	波尔图	88
25	1979	7月6日	存储油箱	从油箱流失	尼日利亚	福卡多斯	85

(续表)

排名	年份	日期	船舶/事故	源由	国家	位置	溢油吨数/($\times 10^3$)
26	1993	1月5日	"贝尔"号	油船事故	英国	设得兰群岛	85
27	1989	12月19日	"卡克 5"号	油船事故	摩洛哥王国	大西洋	80
28	1992	12月3日	"爱琴海"号	油船事故	西班牙	拉科鲁纳	75
29	1985	12月6日	"诺瓦"号	油船事故	伊朗	波斯湾	72
30	1992	4月17日	"Katina P"号	油船事故	南非	印度洋	72
31	1996	2月15日	"海洋女皇"号	油船事故	英国	米尔福德港	72
32	1971	2月27日	"尘土"号	油船事故	南非	大西洋	70
33	1978	12月11日	燃料存储油罐	从油罐流失	罗得西亚	索尔兹伯里	65
34	2002	11月13日	"普雷斯蒂奇"号	油船事故	西班牙	西班牙海岸	63
35	1960	12月6日	"Sinclair Petrolore"号	油船事故	巴西	巴西海岸	60
36	1970	3月20日	"奥赛罗"号	油船事故	瑞典	瓦克斯霍尔姆	60
37	1975	5月13日	"史诗 Colocotronis"号	油船事故	美国	波多黎各西岸	60
38	1978	1月12日	燃料存储油罐	从油罐流失	日本	仙台	60
39	1974	11月9日	Yuyo Maro 10	油船事故	日本	东京	54
40	1983	1月7日	Assimi	油船事故	阿曼	阿尔哈德	53
41	1965	5月22日	Heimvard	油船事故	日本	北海道	50
42	1978	12月31日	安德罗斯・帕特里亚	油船事故	西班牙	比斯开湾	50
43	1968	6月13日	"世界荣耀"号	油船事故	南非	印度洋	48
44	1983	12月9日	"大力英雄 GC"号	油船事故	卡塔尔	波斯湾	48
45	1974	8月9日	"梅图拉"号	油船事故	智利	麦哲伦海峡	47
46	1970	6月1日	"恩纳代尔"号	油船事故	塞舌尔	印度洋	46
47	1975	1月13日	"英国大使"号	油船事故	日本	硫磺岛	46
48	1994	10月21日	"萨纳西斯 A"号	油船事故	香港	中国南海	46
49	1978	12月7日	"多度津"号	油船事故	印度尼西亚	马六甲海峡	44
50	1968	2月29日	"Mandoil"号	油船事故	美国	俄勒冈州	43

有一种误解认为油船溢油是海洋环境中主要的油污来源。诚然，一些大型溢油事故是由油船造成的，但必须认识到，这些溢油仍然少于进入海洋的造成石油污染总量的5%。油船泄漏的石油量巨大，以及媒体对这些事件的高度重视，都助长了这种误解。在海上泄漏的

石油中有一半是由于陆地的石油和燃料径流造成的,而不是意外泄漏的。

11.2 泄漏石油的回收

为了尽量减少对环境的损害,必须对石油泄漏做出迅速有效的反应。尽管关注防止石油泄漏的方法非常重要,控制和清理漏油的方法也必须非常迅速且有效地实施。一套完整的应急计划和应急方案可以显著减少泄漏对环境的影响程度和严重程度。

应急计划的目的是协调应对漏油事件的各个方面。这包括阻止溢油的流动,拦截溢油,并清理它。应急计划所涵盖的区域可以从单一的散装石油码头到整个海岸线。石油泄漏,就像森林火灾一样,是不可预测的,可以在任何时间和任何天气发生。因此,对溢油事件做出有效反应的关键是为意外情况随时做好准备,并计划可适用于各种可能情况的溢油对策。

大多数应急计划采用分层反应,这意味着随着事件变得更加严重,应急步骤和计划会随之升级。由于事故的严重性在最初阶段往往不为人所知,首要优先事项之一是确定泄漏的规模及其潜在影响。

应急计划通常包括收集所涉地区的背景资料。这包括从研究和调查中收集的数据,而且往往以该地区的敏感地图的形式出现。现在地理信息系统(GIS)已将敏感地图电脑化。这些系统允许分层绘制复合地图或图像。这使得人员能够迅速更新和分析该地区的数据。详细资料通常保存在表格中,作为地理信息系统的一部分。敏感性地图也可以与计算机化的溢油模型相结合。

由于大多数处理石油的石油公司或机构没有专门负责清理漏油的工作人员,同一地区的几家公司往往联合起来组建合作机构。通过汇集资源和专业知识,这些漏油合作机构可以一起制定有效的应对方案。他们合作采购和维护用来遏制、清理和处置漏油的设备,并为其使用方法提供相关培训。

11.3 典型常见的油类及其特性

11.3.1 油的构成

原油是烃类化合物的混合物,范围广泛,从较小的挥发性化合物到大分子化合物。这种化合物的混合物根据发现油类的区域的地质形成而变化,并强烈地影响着油的性质。石油可以被认为是由几种叫作饱和烃、芳烃、胶质、沥青质组成的混合物。

油类中饱和成分主要是烷烃,是一种碳氢化合物,每个碳原子周围的氢原子数量达到最大。使用饱和一词是因为碳原子周围被氢原子占满了。较大的饱和化合物通常称为蜡。饱和成分还包括环状烷烃,它们是由相同数量的碳和氢组成的化合物,但不同的是碳原子在环中的相互牵掣方式。

芳香族化合物至少包括一个由六个碳组成的苯环。环上共有三个碳-碳双键,增加了稳定性。由于这种稳定性,含苯环的化合物会存在非常久,且对环境产生毒性作用。在油中发现的最常见的较小和更易挥发的化合物通常被称为BTEX或苯,甲苯,乙苯和二甲苯。多环芳烃(PAH)是由至少两个苯环组成的化合物。多环芳烃构成油的0～30%成分。

极性化合物是那些由于与诸如硫、氮或氧结合而带有相当数量分子电荷的化合物。在某些情况下，分子所携带的极性或电荷导致其与非极化化合物的性质不同。在石油工业中，最小的极性化合物被称为树脂。较大的极性化合物称为沥青质，通常大部分用于道路施工。沥青的分子非常大，如果其在油中含量丰富，它们对油的性质有显著影响。

11.3.2 油的特性

油的主要品质是黏度，密度和比重。表11.2列出了石油的品质[11.5]。

表11.2 典型的石油特性

特性	单位	汽油	柴油	轻质原油	重质原油	中间燃料油	燃料油C
黏度	mPa・s (15 ℃)	0.5	2	5～50	50～50 000	1 000～15 000	10 000～50 000
密度	$g\cdot ml^{-1}$ (15 ℃)	0.72	0.84	0.78～0.88	0.88～1.00	0.94～0.99	0.96-1.04
API重度		65	35	30～50	10～30	10～20	5～15

黏度是衡量液体中流动的阻力。黏度越低，液体越容易流动。轻组分如饱和物质的百分比越高，沥青质的量越少，黏度越低。与其他物理性质一样，黏度也受温度影响，温度越低黏度越高。在溢油清理方面，黏度会影响油的表现行为。黏稠的油不会迅速分散，并且不容易穿透土壤，但会妨碍泵和浮油回收装置处理油的效率。

密度系指单位体积油的质量，通常以克每立方厘米($g\cdot cm^{-3}$)来表示。这是石油工业中用来定义轻质或重质原油的一个属性。密度也是一个重要的参数，因为它可以判别油是否会漂浮或沉入水中。由于海水密度为1.025 $g\cdot cm^{-3}$，通常比较轻一点的油会浮在水面上。石油中一小部分成分的蒸发导致油的密度会随着时间的推移而增加。有时候，当油的密度大于淡水或海水的密度时，油会下沉。这种下沉是罕见的，但只发生在很少一类油，通常是残渣之类的渣油。

另一个衡量密度的指标是比重，它是指在15℃时与水的相对密度。在相同的温度下，与密度值相同。另一个重量衡准是美国石油学会(API)的重度。API重度是基于纯水的密度，纯水的密度在API重度中被任意指定为10°(即10度)。比重逐渐降低的油类具有更高的API重度。API重度的计算式为

$$\text{API重度} = \frac{141.5}{(\text{在 }15.5\ ℃\text{ 时的密度})} - 131.5$$

高密度的油具有较低的API重度，反之亦然[11.1]。

11.4 石油在环境中的行为

石油泄漏后，出现的特定的油气候行为过程决定了油应该如何清理及其对环境的影响。一次具体溢油事故的走向和影响是由其行为过程决定的，而这些过程反过来又几乎完全取决于溢油事故发生时的石油类型和环境条件。

风化过程包括蒸发、乳化、自然分散、溶解、光氧化、沉降、与微细粉末的相互作用、生物降解和焦油球的形成[11.7]。这些过程将会按它们对总质量平衡的百分比影响的重要性顺序，浮油造成最大损失的百分比，以及对该过程的了解程度，在之后进行一一讨论。

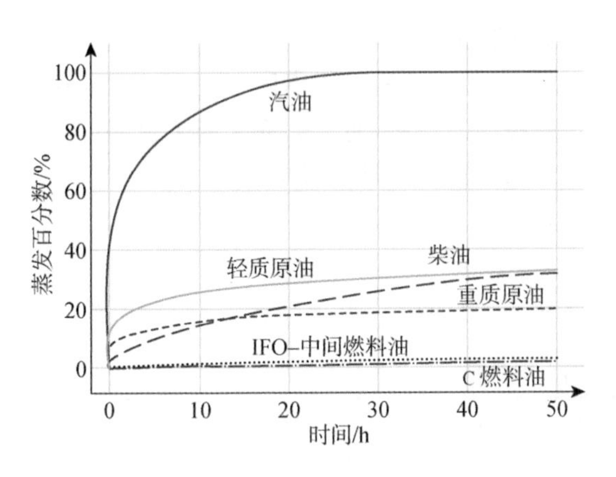

图 11.2 典型石油在 15℃下的蒸发

11.4.1 蒸发

对多种油类而言，蒸发通常是最主要的风化过程。溢出后残存在水里或土地里的油造成的影响最大。在几天的时间里，像汽油这样的轻质燃料在高于冰点的温度下可以完全蒸发，而较重的 C 燃料油只有小部分会蒸发。油蒸发的速率在本章中的讨论来源于文献[11.1]，示于图 11.2 中。油蒸发的速率主要取决于油的组成成分。油或燃料中挥发性成分越多，蒸发的程度及比率就越大。

溢出后立即蒸发的速度非常快，然后显著减慢。溢出后的前两天大约有 80%的成分蒸发，如图 11.2 所示。大多数油的蒸发随时间呈对数曲线变化。但是，像柴油这样的一些油，至少在最初的几天里，会随着时间的平方根蒸发。油的性质可随蒸发程度而显著改变。如果有大约 40%的油蒸发，其黏度可能会增加一千倍。它的密度可能会上升 10%。

11.4.2 吸水

水可以通过几个过程进入石油。乳化是将一种液体以小液滴的形式分散到另一种液体中的过程。产品必须具有一定的稳定性才能被称为乳液。否则，这个过程被称为加水。水滴可以以稳定的形式保留在油层中，所得到的材料与起始油完全不同。表 11.3 列出了油吸收水分的五种方式，以及加水在油中后的性能[11.8]。

表 11.3 油吸水的五种方法

类型	机制	起始油特性	需求	摄入水后颜色	典型寿命	典型黏度增加倍数[a]	典型吸水量
可溶油	可溶性	大多数		相同	几年	1	<1%
不稳定或不吸水	无	多种油类		相同		1	
中度稳定	黏性雾沫和 A/R 相互作用	适度黏性和部分 A/R	海洋能	略带红色直至分解	3～6 天	50	50%～70%
稳定	黏性雾沫和 A/R 相互作用	适度黏性和部分 A/R	海洋能	略带红色	几个月	800～1 000	60%～80%
雾沫化	黏性雾沫		海洋能	油本身的颜色	2～10 天	2～5	30%～40%

A/R：沥青质和树脂，[a] 黏度较起始油的增加倍数。

对乳状液形成的认识处于早期阶段，但是从海洋能开始，迫使大小约 10～25 μm 的小水滴进入油中。如果油仅稍微黏稠，则这些小液滴不会快速离开油。另一方面，如果油太黏稠，水滴就不会进入油中。一旦水滴进入油中，油中的任何沥青质和树脂将与水滴相互作用以使其稳定。根据沥青质和树脂的数量和类型，可以形成乳液。只有在蒸发一段时间后才能达到形成任何稳定性的乳液所需的条件。蒸发降低了低分子量化合物的量，并将黏度提高到临界值。

水可以以五种方式存在于油中：

(1) 一些油含有 1%左右的水作为可溶水。这种水不会显著改变油的物理或化学性质。

(2) 当水滴在油中停留的时间足够长形成了乳剂。这些称为油，不形成任何类型的油包水混合物或不稳定的乳化液。当水滴被海浪作用混入油中，油中没有足够的沥青质和树脂时，和/或如果黏度不足以防止水滴迅速离开油块，就会产生这种现象。一旦海水能量减弱，不稳定的乳化液会在几分钟或几个小时内分解成水和油。不稳定油的性质和外观与起始油的性质和外观相同。

(3) 中度稳定乳液。当小水滴在一定程度上通过油的黏度和沥青质与树脂的相互作用相结合而稳定下来时，就形成了这种现象。中度稳定乳液的黏度比起始油高 20～80 倍。这些乳化液通常在几天内分解成油和水，有时分解成水、油和乳化液残留物。中度稳定乳剂是黏稠液体，呈红棕色，直到破裂。

(4) 稳定的乳化液形式。这些形成的方式类似于中度稳定的乳化液，只是油中含有足够的沥青质和树脂来稳定水滴。稳定乳状液的黏度比起始油高 800～1 000倍，形成后的乳化液可保持数周甚至数月的稳定。稳定的乳化液呈红棕色，看起来几乎是固体的。

(5) 黏性雾沫。如果油的黏度达到水滴能穿透的程度，只要它在充满能量的海洋中，油就能容纳大约 30%～40%的水。一旦海水平静下来，或油被移走，水就会慢慢排出。通常情况下，大部分水会在大约两天消失。这样的吸水被称为“雾沫水”。这不是乳液类型，如中度稳定或稳定的乳液是通过树脂和沥青质的化学作用而稳定的。

这些体积和黏度的增加会使清理工作更加困难。稳定的乳化油很难或不可能分散、用吸油带回收或燃烧。乳化液可以用特殊的化学物质分解，以便用吸油带回收或燃烧。认为乳化液通过进一步的风化、氧化、不乳化油稀释和冻融作用而分解成油和水。中度稳定乳液相对容易分解，而稳定乳液可能需要数月或数年才能自然分解。

11.4.3 自然分散

当波浪作用或湍流产生细小的油滴时，会发生自然分散。小油滴(小于约 30 μm)在水中短时间内稍微稳定。较大的油滴(大于约 100 μm)趋于上升，并且不会停留在水柱中超过几秒钟。根据油的状况和可利用的海上能源的数量，自然分散可能是微不足道的，或者可以暂时除去大部分石油。自然分散取决于油的性质和海浪能量。重油如 C 燃料油或重质原油不会自然分散，而轻质原油和柴油燃料会显著分散。另外，需要大量的波浪作用来分散油。在 30 年的海洋溢油监测时间里，自然流失导致的石油泄漏事件都发生在非常活跃的地带，有时海风高达80 kn(40 $m \cdot s^{-1}$)。石油的分散是一个长期过程，大部分分散的油也可能上升，形成另一个表面油膜或可能与沉积物结合并沉淀到海底。

11.4.4 溶解

通过溶解过程，油膜下一些可溶性最强的组分会在水中流失。这些包括一些较低分子量的芳族化合物和一些极性化合物。由于只有少量(通常远小于百分之一的油分)实际上进入水柱，溶解并不会显著改变环境中油的质量平衡。溶解的意义在于可溶性芳香族化合物对鱼类和其他水生生物具有特别的毒性。如果含有大量可溶性芳香族成分的石油泄漏在浅水中，并产生局部高浓度的化合物，则会杀死大量的水生生物。汽油、柴油和轻质原油最有可能造成水生物毒害。在开阔水域，水体中碳氢化合物的浓度不足以杀死水生生物。

11.4.5 光氧化

光氧化可以改变油的组成成分。光氧化产物有一定的可溶性，并可溶于水中。目前还不清楚石油光氧化的作用机理，尽管某些油对这一过程是敏感的，而其他的则不然。对于大多数石油来说，光氧化并不是一个溢出后改变命运或质量平衡的重要过程。

11.4.6 沉淀和石油-矿物颗粒的相互作用

沉淀是石油沉积在海底或其他水体的过程。虽然对这个过程本身还没有完全理解，但是关于它的一些事实是:过去发现的大多数沉积物是在与水柱中的矿物质相互作用后油滴达到比水更高的密度时发生的。这种相互作用有时发生在海岸线上或非常靠近岸边。一旦油沉在海底，它通常被其他沉积物覆盖并且非常缓慢地降解。在少数研究过的溢油中，有相当数量(约 10%)的油沉积在海底[11.9]。这样的量可能对与海底上的油接触的生物群体非常有害。

海岸线上的油膜和油有时与悬浮在水柱中的矿物颗粒发生相互作用，因此油被转移到水柱中。沾上油的矿物颗粒可能比水重，沉降到海底成为沉淀物，或者油可能分离和回流。油与颗粒的相互作用通常不会在大多数石油泄漏事件发生的早期中起重要作用，但是油污可能会对海岸线的复兴产生长期影响。

11.4.7 生物降解

大量的微生物能够降解石油烃。许多细菌、真菌和酵母菌的代谢以石油烃作为食物能源[11.10-11.11]。虽然这些微生物在环境中到处可见，但是在已经有石油渗漏的地区，细菌和其他有降解的生物是非常丰富的。由于每个物种最多只能降解少数相关化合物，因此不会发生广谱降解。由微生物代谢的烃通常转化成氧化物，其可以进一步降解，可溶，或可能积聚在剩余的油中。生物降解产物的水生毒性有时大于母体化合物的水生毒性。

生物降解速率主要取决于烃的性质，然后取决于温度。通常，随着温度升高，降解速率趋于增加。然而，一些细菌群在较低温度下功能更好，而其他细菌则在较高温度下功能更好。通常土著细菌和其他微生物能够最适合和最有效地降解油，因为它们适应该地区的温度和其他条件。在油中添加超级臭虫并不一定会提高降解率。

饱和物，特别是对于含有大约 12～20 个碳的那些石油，生物降解速率最大。总的说来，具有高分子量的芳族化合物和沥青，生物降解非常缓慢。这就解释了含沥青屋顶瓦片和柏油路面的耐用性，因为焦油和沥青主要由芳烃和沥青质组成。另一方面，柴油燃料是一种高度可生物降解的油，因为它主要由可生物降解的饱和物组成。轻质原油在某种程度上也是可生物降解的。汽油含有可生物降解的成分，但也含有一些对某些微生物有毒的化合物。汽油会在降解之前蒸发掉。重质原油含有很少的易于生物降解的物质，而燃料油 C 几乎不含。

生物降解速率也高度依赖于氧气的可用性。在陆地上，如柴油等油类可以在地表迅速降解，但是如果在表面以下只有几厘米，就会非常缓慢，这取决于氧气的可获得性。在水中，氧气水平可能太低，降解是有限的。据估计，它将把约 40 万升海水中的全部溶解氧完全降解 1 升油[11.1]。降解速度还取决于氮和磷等营养物质的供应情况，这些营养物最有可能在海岸线或陆地上得到。石油在海上和陆地的油水界面处显著降解，大部分在土壤、石油和空气的界面。

生物降解对于一些油是非常缓慢的过程。在最佳条件下，50%的柴油燃料可能需要几周的时间才能生物降解，在不大理想的情况下，10%的原油生物降解需要数年的时间。因此，生物降解在短期内不被认为是重要的风化过程。

11.4.8　形成焦油球

焦油球是直径小于约 10 cm 的重油团聚物。相同材料直径约 10 cm 至 1 m 的较大堆积被称为焦油垫。焦油垫是薄饼形的。还没有完全了解它们的形成机理，但是已知它们是由重质原油和燃料油的残余物形成的。这些油在海上风化和油膜破碎后，残留物仍然留在焦油球或焦油垫。也已经观察到液滴形成焦油球和焦油垫，其中粘合力是结合力。

焦油球的形成是许多溢油在海上的最终命运。然后这些焦油球沉积在海岸线上。石油可能来自泄漏，但也可能来自天然油渗漏的剩余油，或来自船舶等有意的操作泄漏。焦油球定期通过机器回收，或由各种机构或度假村业主从休闲沙滩手工回收。

11.4.9　扩散和移动

溢油在水上的扩散相对较快[11.12]。在溢油之后，油会扩散到水面上的浮油中。对于轻石油产品，如汽油、柴油和轻原油，尤其如此，它们迅速形成非常薄的薄片。较重的原油和燃料油 C 扩散到厚达几毫米的薄片上。重油也可能形成焦油球和焦油垫，因此可能不会经历逐步的减薄阶段。

即使在完全没有风和水流的情况下，油也会在水平的水面上扩散。这种扩散是由重力和油水表面张力引起的。油的黏度与这些力相反。随着时间的推移，重力对油的影响减弱，但表面张力使得油继续蔓延。这些力之间的转换发生在泄漏发生后的最初几个小时。

油膜会随着风和水流的方向拉长，随着铺展的进行，根据驱动力的不同而呈现出许多形状。油的光泽常常领先于更重或更厚的油浓度。如果风速高（超过 20 km/h），光泽可能会从较厚的油膜分离，并进一步向下风向移动。

除了其自然传播的趋势外，水面上的浮油还会沿着水面移动，主要是由于地表水流和风。油膜通常以表面水流的 100%和风速的大约 3%的速率移动。

11.4.10　浸没或下沉

当油密度大于表面的水密度时，它可能会下沉。一些稀有的重质原油和燃料油可以达到这样的密度和下沉。当发生这种情况时，油可能会下沉到更密集的水层而不是海底。请注意，任何形式的沉没，无论是到达海底还是到达密度更高的海水层的顶部，都是很少见的。当油下沉时，清理操作变得更复杂，因为油只能通过专门的水下抽吸装置或专用挖泥船才能回收。

过度冲蚀是另一种经常发生的现象。在中等海况下，密实的浮油可能被水过度冲蚀。当发生这种情况时，如果从倾斜角度观察溢油，那么油可以从视野中消失，如果有人从船上观察，会发生这种情况。过度冲蚀会导致溢油变得混乱，因为它会给人一种印象，那就是油已经沉没，然后重新露面。

11.5 溢油事故的分析、检测与遥控

11.5.1 实验室分析

实验室分析可提供信息，以帮助识别油（如果其来源未知），且初始油的样品可用。利用原油样品，可以确定溢油的风化程度和蒸发或生物降解量。通过实验室分析，可以测量出油中毒性较多的化合物，并且可以确定油在泄漏各阶段的相对毒性。随着泄漏的进程，这些信息非常重要。

最常见的做法为：取一份石油样本送到实验室进行后续分析[11.13]。最简单且最常用的分析方法是测量样品中的油量。这样的分析得出了一个称为总石油碳氢化合物（TPH）的数值。TPH 的测定可以通过多种方法获得，包括从土壤中提取油或通过进一步的化学分析。

一种典型的分析形式是使用气相色谱仪（GC）。该系统是通过已知标准材料作为单位来校准的。因此，对油中许多个别化合物的数量进行了测量。通过检测器的化合物也能累计起来确定 TPH 值。虽然它是高度精确的，这个 TPH 值不包括树脂、沥青质和一些其他成分的较高分子量的油，这些较高分子量的油通不过该柱形检测器。

图 11.3 为一种典型的轻质原油色谱图，其中一些比较突出的原油组分可以识别。气相色谱中最常用的两种检测器是火焰离子化检测器（FID）和质谱仪（MS）。后一种方法通常称为 GC-MS，可用于石油中多种成分的定量和鉴别。质谱仪提供了有关物质结构的信息，因此化合物可以被更肯定地识别。然后，这些信息可以用来预测石油在环境中存在了多长时间，以及其中蒸发或生物降解的百分比。同样的技术也可用于石油的指纹识别和对其来源的积极识别。某些化合物在石油中的分布是一致的，不管风化程度如何，这些化合物被用来识别特定的油。

11.5.2 检测和监控

对石油泄漏的观测通常只使用人类视觉[11.14]，从直升机或飞机上观察与定位。但也有一些前提条件，如雾和黑暗，海洋表面上的油不能被看见。当油很薄时，从低于 45°的倾角去看也很难检测到。特别是在朦胧或其他限制视力的情况下，很难检测到非常细的油光。在大浪以及杂物和杂草丛中也可能难以看到石油，它可以混合成深色背景，如水、土壤或海岸线。

此外，许多自然界的物质或现象可能被误认为是石油。这些包括杂草和沉陷的海带床、

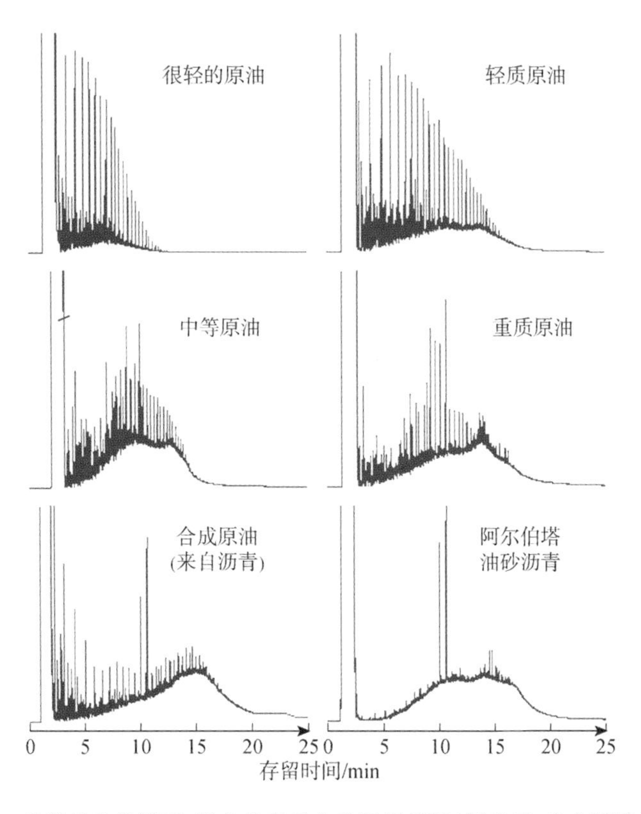

图 11.3　几类油的色谱图,用火焰离子化检测器(FID)测定(加拿大环境部提供)

鲸鱼精子、生物或来自植物的天然油、冰川粉(精细的地面矿物材料)、海气(有机物质)、波浪阴影、阳光和风在水面上闪烁、海洋和河口两种不同的水体相遇,例如一条河流进入大海。

如图 11.4 所示,水面上出现的一种非常薄的油膜。这个数字显示了在这种情况下可能存在的石油的厚度和外观。重要的是要注意,颜色和油膜的外观只是粗略地与厚度有关,这

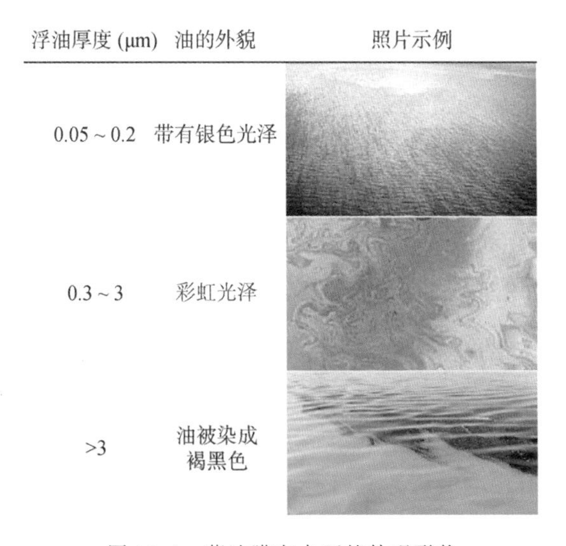

图 11.4　薄油膜在水面的外观形状

种关系只适用于非常薄的一层浮油。

11.5.3 遥感

石油遥感涉及使用传感器来检测或画出溢油地图。在某些情况下，通常不能使用视觉手段来检测油。遥感提供了在许多情况下绘制溢出油位置的方法。遥感通常使用机载仪器或卫星进行。表 11.4 显示了传感器的综述，它们的特性以及它们对各种任务的适用性[11.14]。

许多使用可见光谱的设备，包括传统摄影机和视频摄像机，都是以低成本获得的。由于这些设备受到与视觉监视相同的干扰，它们主要用于记录泄漏或为其他传感器提供基准框架。

表 11.4 传感器特性及适用性

传感器	任务适用性					常规覆盖宽度/km	购置费用范围/千美元	发展现状
	支持清理	可在夜晚或雾天操作	油污染的海岸线监测	漏油测绘	卸船监管			
静止相机	2	n/a	2	2	2	0.25～2	1～5	高等
录像机	2	n/a	2	2	2	0.25～5	1～10	高等
夜间视觉摄像机	3	4	n/a	2	2	0.25～2	5～20	中等
IR 相机(8-14 μm)	4	2	n/a	3	3	0.25～2	20～50	高等
UV 相机	2	n/a	n/a	3	2	0.25～2	4～20	中等
多谱扫描器	1	n/a	1	2	1	0.25～2	100～200	中等
雷达	n/a	4	n/a	4	3	5～50	1 200～8 000	高等
微波辐射计	1	3	n/a	2	2	1～5	400～1 000	中等
激光荧光传感器	4	3	5	1	5	0.01～0.1	300～1 000	中等

注：n/a＝不适用；IR：红外线；UV：紫外线；数值 1-5 代表适用程度：1 代表非常不合适；5 代表非常合适。

水中厚厚的油吸收了来自太阳的红外线辐射，因此在红外图像中就像在寒冷海面上的热点。不幸的是，许多其他虚假目标，如杂草、生物油、碎片、海洋和河流交汇处都会干扰油的探测。红外传感器相对便宜，广泛用于支持清理操作和指导清理人员到达无光泽的漏油事故区。

像大多数油一样，含有芳香化合物的油会吸收紫外线并发出可见光。由于很少有其他化合物以这种方式作出反应，这可以作为在海上或陆地上探测石油的一种积极方法。激光荧光传感器利用紫外光谱中的激光触发这种荧光现象，并通过一个敏感的光探测系统提供了一种石油专用的检测工具。可见光返回中的信息可以用来确定该油是轻质的还是重质的，抑或是润滑油。从某种意义上说，使用激光荧光传感器就像从空气中进行化学反应一样。激光荧光传感器是可用的最强大的遥感工具，因为它们几乎不受干扰。激光荧光感应器在水面和陆地上同样工作良好，是在某些冰雪条件下探测石油的唯一可靠手段。

有几种类型的传感器可以用来测量浮油的厚度。可以校准被动微波传感器以测量浮油的相对厚度。由于多种原因,无法测量绝对厚度。如大气层之类的其他因素也改变了辐射水平;信号以循环方式随溢出厚度而变化,并且信号必须在相对宽的区域上被平均,并且浮油可以在整个该区域变化。一些供应商通过使用多个频率单元(如五个不同的频率)来克服具有厚度的微波辐射变化的周期性质。

海面上的石油会使较小的波浪(波长约几厘米)平静下来,因此雷达可以探测到海面上的石油酷似一个平静的区域。然而,这种技术很容易产生虚假目标,并且仅限于狭窄的风速范围(约 2～6 ms^{-1})。在此风速以下,没有足够的小波来产生油污区和海洋之间的差异。在大风时,海浪可以通过石油传播,雷达可能无法看到波浪之间的低谷。雷达在海岸线附近或海岬之间没有用,因为风的影子看起来像油。海洋上也有许多自然平静区酷似油。尽管雷达设备体积大,费用高,但它特别适合大面积搜索和在夜间工作,或在雾中或其他恶劣天气条件下工作。

有几种卫星雷达可用,其操作方式与机载雷达相同,并有许多限制[11.14]。尽管有这些限制,卫星的雷达图像对于绘制大的石油泄漏是特别有用的。现代溢油响应依赖于卫星雷达的数据。图 11.5 显示了在卫星雷达传感器中成像的主要溢油。

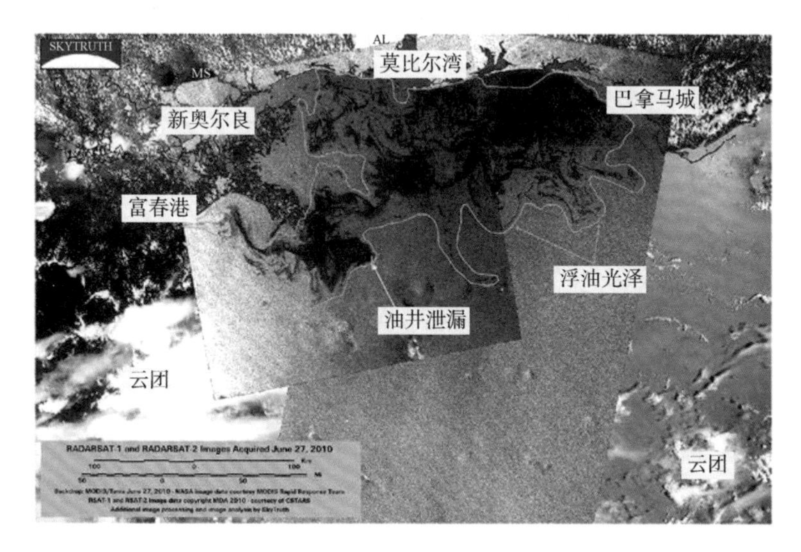

图 11.5 RADARSAT-1 号和 RADARSAT-2 号卫星合成的海湾石油泄漏的图像。这幅雷达图像把重点放在卫星可见的沿岸。浮油和油光用彩色线勾出轮廓(照片由加拿大空间署提供)

虽然许多卫星在可见光谱中提供图像,但在这些图像中看不到石油,除非溢油范围非常大或罕见的海况与油形成反差。油没有光谱特性,因此可以从背景中增强。

11.6 在水上围堵

对溢油的围堵是禁闭石油的过程,要么阻止它扩散到某一特定区域,要么将其转移到另一个可以被回收或处理的区域,要么将溢油聚集,使其能够被回收或燃烧。围堵水栅或简单的水栅是最常使用的用于围拦漏油的设备。拦油围堰通常是在溢出时被使用的第一设备,并且通常在整个操作过程中使用。

11.6.1　围油水栅

水栅是一种漂浮的机械屏障，旨在阻止或转移水上石油的运动。水栅类似于垂直窗帘，部分延伸到水面上方和下方。大多数水栅包括四个基本组成部分：

- 一个浮体
- 一块防止石油溅过水栅顶部的干舷
- 一块防止油污被扫到水栅下面的围裙
- 连接器以及一个或多个支撑整个围栏的张力部件

水栅是按分段建造的，通常长 15 m 或 30 m，两端都安装了连接器，这样就可以将水栅各个分段相互衔接起来，可以拖曳或者锚定。图 11.6 显示了一段典型的水栅构造[11.1]。

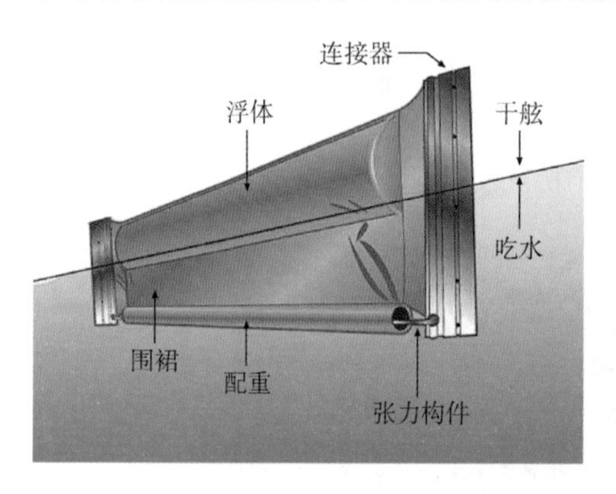

图 11.6　水栅元件

水栅由各种纤维类型组成，如尼龙、聚酯、芳纶(Kevlar)或相同的混纺物。然后，这些材料被饱和树脂涂覆或涂上各种类型的聚合物涂层，从聚氯乙烯(PVC)、聚氨酯、腈或这些材料的混合物，以在机织基布上提供不透水层。

大多数水栅也安装了一个或多个张力构件，沿着水栅底部运行，并加强其抵御波浪和水流所施加的水平载荷。张力构件通常由钢缆或链条制成，但有时由尼龙或聚酯织带或绳索组成。除了在受保护的水域之外，水栅结构本身还不足以抵挡其所承受的强大力量。例如，100 m 长的水栅分段上的力可能高达 10 000 kg，这取决于海情和水栅的构造。

最基本的三种类型是：栅栏和幕帘水栅，它们是常见的，而海岸线密封围栏则是相对罕见的。围栏也可根据使用地点——近海、近岸、港口和河堰——根据它们的尺度和构造的坚固程度进行分类。栅栏是在浮子上方用一个干舷构件建造的。虽然相对便宜，但这些水栅是不建议使用在强风或强水流中。幕帘水栅是在浮子下面用围裙建造的，浮子上方没有干舷构件。

在确定其操作能力时，水栅的特点是浮力/重量比或储备浮力、垂荡响应和横摇响应[11.15-11.17]。浮力与重量之比或储备浮力取决于浮力及水栅重量。这意味着浮子必须提供足够的浮力来平衡水栅的重量和水流和波浪所施加的力，从而保持水栅的稳定性。水栅的储备浮力越大，其随浪升降的能力就越强。垂荡响应是水栅顺从陡峭波浪的能力。它的表现是储备浮力和水栅的柔顺性。具有良好的垂荡响应的水栅将随着波浪在水面上移动，而不是被波浪作用交替淹没和冲出水面。横摇响应系指水栅在水中保持直立而不翻滚的能力。

水栅主要用于围拦石油，尽管它们也被用来转移石油。当用于围堰时，水栅通常以 U、V 或 J 的形式排列。U 形配置是最常见的，通过将水栅拖到两艘船后面、锚定水栅或将这两种技术结合在一起来实现。U 形是由水流推动水栅的中心而产生的。临界要求是 U 顶点的水流不超过 0.5 m/s 或 1 kn，即临界速度。这是垂直于水栅的水流速度，高于这个速度，石油就会从水栅中流失。在扫油配置中，水栅也可以用来转移石油，或者将其包围起来，以供扫油器拾取。用固定的臂远离船扫油并允许水栅形成 U 形。浮油回收器通常放置在 U 形水栅中，或者有时固定在船体上，油会偏转到这个位置。

如果在水流可能超过 0.5 m/s 或 1 kn 的区域使用，例如在河流和河口，水栅通常采用偏转模式。然后以不同的角度相对水流部署水栅，使临界速度不超过。然后，石油可以被转移到可以收集的区域。

11.6.2　水栅失效模式

水栅的表现和容留石油的能力受到水流、波浪和风的影响。无论是单独的还是综合的，这些力往往导致水栅失效和石油流失。这里讨论了 8 种常见的水栅失效的方式。图 11.7 说明了其中的一些情况。

1）**卷吸失效**

这种类型的故障是由水流的速度引起的，并且更有可能发生在较轻的油中。当石油被流水中的水栅收容时，如果水流足够快，水栅的作用像一道坝，使得表面被控制的水向下转移并加速。引起的湍流使液滴从在水栅前积聚的石油中分离出来，称为油头波，从水栅下通过，然后在水栅的后面重返水面。油头波中的水速变得不稳定，油滴开始脱落的水速度称为临界速度。它是垂直于水栅的水流速度，高于此速度就会发生石油流失。对于大多数垂直于水流的水栅，这个临界速度大约是 0.5 m/s(约 1 kn)。

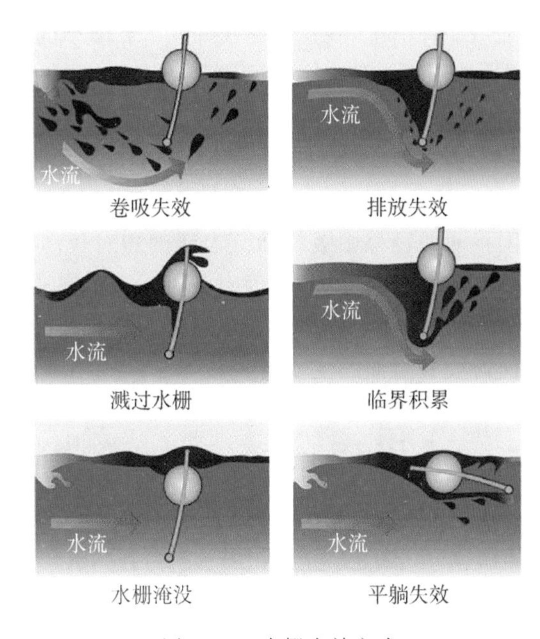

图 11.7　水栅失效方式

2）**排放失效**

类似于卷吸，这种类型的故障与水流的速度有关，只是它直接影响到水栅处的油。在达到临界速度后，直接被水栅收容的大量油可以被水流扫到水栅下面。

3）**临界积累失效**

这种故障通常发生在较重的油，不太可能被水卷吸时发生。较重的油往往在靠近水栅前缘的地方堆积，当某一临界聚集点出现时，油会被扫到水栅下面。这种积累通常是在接近临界速度的水流下达到的，但在较低的流速下也可以达到。

4）**溅过水栅**

这种故障发生在波涛汹涌的海面或高海情时，当波浪高于水栅的干舷，油溅过水栅的浮子或干舷。这也可能是由于在水栅上大量的石油积累与干舷相平造成的。

5）**水栅淹没于水中**

这种类型的失效发生在水从水栅上流过时。通常情况下，水栅的浮力不足以跟随波浪的运动，一些水栅下沉到水下，而石油则通过它流失。淹没失效通常是由于低的垂荡响应所致。淹没导致的失效并不像其他形式的失效，比如卷吸，通常是先发生的。

6）水栅平躺入水中

当水栅从其设计的垂直位置向水面上几乎水平的位置移动时就会发生平躺。油通过平躺水栅的上面或下面流失。如果张力构件设计不当，没有将水栅保持在垂直位置，或者水栅在超过临界速度的水流中被拖曳，就会发生平躺入水中的状况。

7）结构失效

这种情况发生在水栅的任何部件失效，而水栅让石油泄漏时。有时，结构故障是如此严重，以至于水栅被水流冲走了。漂浮的碎片，如原木和冰，可能会导致结构失效。

8）浅水堵塞

这种类型的失效发生在快速水流在水栅下形成，当它被使用在浅水。由于水栅的作用就像大坝一样，下面的水流会增加，石油也会以已经被描述过的几种方式流失。浅水可能是唯一一种情况，在这种情况下，一个较小的水栅可能比一个较大的水栅更好地工作。但是，应该指出，在浅水中不经常使用水栅。

11.6.3 吸附水栅和围栏

吸附水栅是一种由多孔吸附材料制成的专用围堰和回收装置，如机织或编织聚丙烯，在围拦油的过程中吸收油。当浮油相对较薄时，吸附水栅即用于石油泄漏的最后清理，去除少量的油迹或光泽，或作为对其他水栅的备份。吸附水栅通常被放置在岸线的外面，此岸线相对无油或刚清洗过，以去除可能重新污染海岸线的油污。它们的吸收能力不够，不足以作为任何大量溢油的主要对抗技术。

吸附水栅需要大量额外的支撑，以防止在强水流的作用下破损[11.18]。它们还需要某种形式的浮子，这样它们就不会浸透溢油和水就下沉。

11.7 回收在水面上的溢油

11.7.1 浮油回收器

浮油回收器是设计用来从水面上去除溢油的机械装置。根据所使用的区域，例如沿岸、近海、浅水或河流，以及它们打算回收的油的黏度，即重油或轻油，对浮油回收器进行分类[11.19]。浮油回收器有多种形式可供选择，包括内置在船舶上的独立装置或围拦装置，以及以静止的或移动(前进)模式运行的装置。一些浮油回收器有回收油的存储空间，其中一些还有设备，如分离器来处理回收的油。

浮油回收器的有效性根据其回收的油量以及含油的水量来评定。从回收的油中去除水可能与最初的回收一样困难。有效性取决于多种因素，包括溢油的类型，油的性质(例如黏度、油膜厚度、海况、风速、环境温度以及存在冰或碎屑)。当浮油相对较厚时，大多数浮油回收器功能最佳。在浮油回收器工作之前，通常将油收集在水栅中。

溢出现场的天气条件对浮油回收器的效率有重大影响。所有的浮油回收器在平静的水域中工作最好。取决于浮油回收器的类型，大多数在大于 1 米的波浪中或在超过 1 kn 的水流中不能有效地工作。大部分浮油回收器在有冰或杂物的水域(如树枝、海藻和浮动的废弃物)中不能有效运行。非常黏稠的油、焦油球或油污残渣可能堵塞浮油回收器的进口或入口，并且不可能从浮油回收器的回收系统中抽取油。浮油回收器也按其基本工作原理分类：

- 亲油的表面扫括器
- 篱坝式撇油器
- 吸尘式浮油回收器或真空装置
- 提升式浮油回收器。

1）亲油表面扫括器

亲油表面扫括器(有时称为吸附表面扫括器)使用可以黏附油的表面以从水表面去除油。这种亲油性表面可以是盘状、鼓状、带状、刷状或绳状的形式，其通过在水的顶部油中运动吸附油。雨刮片或压力辊将油扫括下来并将其存放在船上的容器中，或者将油直接泵入驳船或岸上的存储设施。亲油表面本身可以是钢、铝、织物或塑料。如聚丙烯和聚氯乙烯。图 11.8 为几种类型的亲油扫括器。

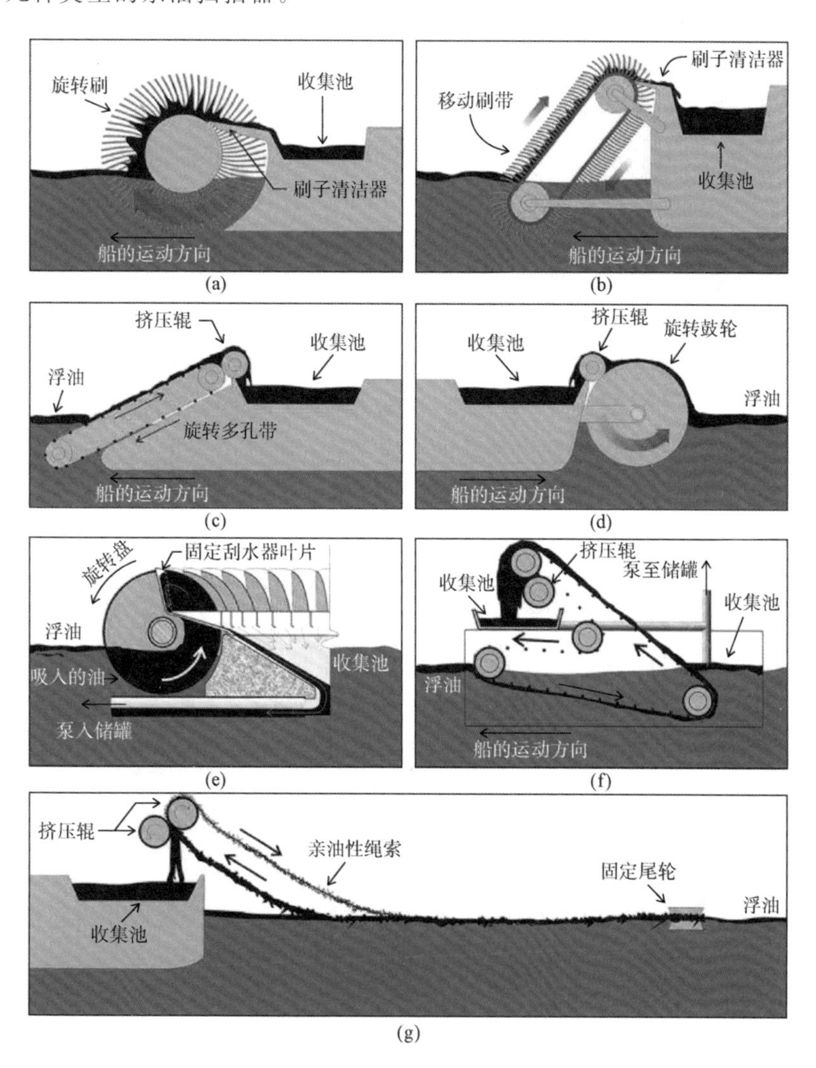

图 11.8　亲油扫括器

(a)筒刷式扫括器　(b)带式扫括器　(c)吸附带式扫括器　(d)鼓式扫括器　(e)盘式扫括器　(f)倒带式扫括器　(g)绳式扫括器

相比于回收的油量，亲油扫括器汲取的水非常少，这意味着它们具有高的油水回收率。它们可以在相对较薄的浮油层上高效运行，并且不像其他类型的撇油机那样容易受到冰和碎片的影响。

盘式扫括器是一种常见的亲油表面装置。盘通常由聚氯乙烯或钢制成。圆盘式扫括器回收轻质原油的效果最好，非常适合在小浪和杂草或杂物中工作。新的凹槽盘已被证明对回收重油是有用的。

鼓式扫括器是另一种亲油表面扫括器。鼓用专利的聚合物或钢制成。鼓式扫括器用于扫括燃料油和轻质原油，工作相对较好，但对重质油的效果较差。鼓式扫括器的尺寸通常比盘式扫括器小。一个这样的扫括器如图 11.9 所示。

图 11.9　亲油鼓式扫括器在近岸边工作

带式扫括器由各种亲油材料构成，从织物到传送带。大多数带式扫括器的功能是将油从水面上提升到回收井。所有类型的带式扫括器在较重的原油中工作效果最好，有些专用于回收焦油球和非常重质的油。带式浮油扫括器很大，通常搭载在专门的清理船上。

刷式扫括器使用附着在鼓、链条或皮带上的塑料刷从水面回收油。油通常由楔形刮刀从刷子上除去。刷子扫括器对于回收较重的油特别有用，但是对于燃料油和轻质原油不太有效。

绳索浮油回收器用聚合物材料(通常为聚丙烯)制成的亲油绳将油从水面上除去。一些浮油回收器有一条或两条长绳索经由浮动的锚定滑轮在浮油中来回运转。其他的扫括器则使用一系列悬挂在扫括器上的小绳子下垂至水面。

2）篱坝式撇油器

篱坝式撇油器是一大群撇油器，利用重力将油从水面排入淹没的储油罐。这些设备的最简单形式是由一个篱坝，一个储水箱和一个外部或内部泵的连接来清除油液。离坝式撇油器有许多不同的型号和尺寸。

大多数篱坝式撇油器安装在 3 或 4 个浮子的中心，这些浮子使篱坝边保持在水、油交界处。离坝式撇油器在冰和碎屑中或在汹涛的水域中不能很好地工作，而且它们对非常重的油或焦油球没有效果。然而，离坝式撇油器是经济的，而且可以具有很大的回收油能力。

3）吸尘式或真空式浮油回收器

吸尘式或真空式浮油回收器使用真空从水面上取出油。通常情况下，撇油器只是一个小的浮头，连接到外部的真空源，如真空卡车。抽吸器与篱坝式撇油器相似，它们位于水面上，一般使用外部真空泵系统，如真空卡车，并调整到浮在油水界面处。

4）提升式浮油回收器

提升式浮油回收器使用传送带将油从水面提升到回收区。将带有括水的皮带或轮子或带有脊的传送带调整到水层的顶部，并且将油向上移动到回收装置上。操作类似于用橡皮刮板从地板上去除液体。油通常通过重力从传送带上除去。

5）其他设备

许多其他设备用于回收油。几个浮油回收器结合了已经讨论过的一些操作原理。例如，一个浮油回收器使用一个倒置的带子，既作为亲油扫括器又作为淹没式扫括器。

11.7.2　浮油回收器的性能

浮油回收器的性能受到许多因素的影响，包括被回收的油的厚度，油的风化和乳化程度，杂物的存在以及回收作业时的天气情况[11.20]。

浮油回收器的总体表现通常由其回收率和回收的油的百分比组合来确定。回收率是在特定条件下回收的油量。它是以每单位时间的体积来衡量的(单位为 m^3/h)，通常作为一个范围给出。如果撇油机吸入大量的水，对溢油回收操作的整体效率是不利的。表 11.5 给出了各种类型的浮油回收器性能测试的结果。

表 11.5　典型浮油回收器的特性

浮油回收器类型	各种油类回收率[a] /m^3 h^{-1}				油的百分比[b] /%
	柴油	轻质原油	重质原油	C 燃料油	
亲油性扫括器					
小碟盘	0.4～1	0.2～2			80～95
大碟盘		10～20	10～50		80～95
滚筒刷	0.2～0.8	0.5～20	0.5～2	0.5～2	80～95
皮带刷	0.4～1	15～30	1～10	1～10	80～95
大鼓轮		10～30			80～95
小鼓轮	0.5～5	0.5～5			80～95
大皮带	1～5	1～20	3～20	3～10	75～95
倒带		10～30			85～95
拖把绳		2～20	2～10		80～95
篱坝式撇油器					
小型篱坝	0.2～10	0.5～5	2～20		20～80
大型篱坝		30～100	5～10	3～5	50～90
向前移动的篱坝	1～10	5～30	5～25		30～70
提升式浮油回收器					
明轮传送带		1～10	1～20	1～5	10～40
抽吸式浮油回收器					
小型	0.3～1	0.3～2			3～10
大型拖网装置		2～40			20～90
大型真空装置		3～20	3～10		10～80

注：[a] 回收率取决于油的厚度、油的类型、海况等；[b] 在回收产品中油的百分比。

除了这些特性外，浮油回收器的其他重要性能还包括扫括器造成的乳化量，处理杂物的能力，易于部署，坚固性，适用于特定情况和可靠性。

11.7.3 吸附剂

吸附剂是指吸收或吸附回收油的材料。他们在溢油清理中发挥重要作用，并用于以下方面：

- 清理水或土地上漏油的最后痕迹
- 作为其他围拦手段的后盾，诸如吸附水栅
- 作为小规模泄漏的主要恢复手段
- 作为被动的清理手段。

这种被动清理的一个例子是，当吸附水栅被锚定在轻微油污的海岸线外面时，吸收从岸上释放的任何剩余的油，并防止海岸线进一步污染或重新油污。

吸附剂可以是天然或合成材料。天然吸附剂分为有机物质，如泥炭藓或木制品，无机物质如蛭石或黏土。吸附剂有松散形式，包括颗粒、粉末、块状物和立方体，经常装在袋子、网或袜子里。吸附剂也可以形成垫、卷、毯子和枕头。成形的吸附剂也被制成吸附围栏和清扫器。

在过去几年中，合成吸附剂在溢油回收中的使用有所增加。这些吸附剂经常用于在溢油清理操作之后擦拭其他溢油回收设备，如扫括器和水栅。为了这个目的，经常使用片材或卷筒吸附剂。吸附剂的能力取决于油可以黏附的表面积的大小以及表面的类型。具有许多小毛细管的多孔吸附剂具有大量的表面积，并且最适于回收轻质原油或燃料油。表面粗糙的吸附剂最适合清理重质原油。

吸附剂的性能是以总石油回收率和水的拾起量来衡量的，类似于浮油回收器[11.21]。油回收率是与原始吸附剂重量相比回收的特定油的重量。例如，高效合成吸附剂可以回收其自身重量的 30 倍的油，而无机吸附剂可能仅回收两倍于其重量的油。吸水量也很重要。理想情况下，吸附剂不会回收任何水。

11.8 分离、泵送、去污和处置

11.8.1 临时存储

溢油回收后，回收的产品必须有足够的存储空间。回收的溢油通常含有大量的水和杂质，这增加了所需的储存空间。

有几种类型的专用储罐可用于储存回收油[11.1]。灵活的便携式储罐，由塑料薄壳和框架构成，是从河流和湖泊回收溢油到陆地储存的最常见类型。这些产品的尺寸从 1 到 100 立方米不等，装配前需要很少的存储空间。这些类型的储罐大多没有屋顶，所以雨水或雪可以进入储罐，蒸气可以逃逸。通常由金属构成的刚性罐也是可用的并且经常在海上使用。通常使用由聚合物和重型织物构成的枕式储罐在陆地上储存回收的油。在陆地上回收的油通常储存在为其他目的建造的固定式储罐中，以及用塑料衬里的自卸卡车和模块化容器中。回收的油也可以暂时储存在衬有聚合物片材的凹坑或沙滩上，尽管这种开放式的储存不适用于挥发性油。

在海上回收的油通常暂时储存在驳船中。许多清理组织拥有专门用于储存回收油的驳船，并在较大的泄漏情况下使用租赁驳船。

11.8.2　泵

在溢油回收中，泵起着重要的作用。它们是大多数浮油回收器不可分割的组成部分，也用于将油从浮油回收器转移到储油罐。用于回收油的泵与水泵的不同之处在于它们必须能够泵送非常黏稠的油并处理水、空气和杂质。用于泵送回收溢油的三种基本类型的泵是离心泵、真空泵和容积式泵。

离心泵有一个旋转叶轮，它通过离心力将液体排出泵腔外。这些泵，它经常用于泵水和废水，不是为泵送油设计的，因此一般是不能够处理比轻质油更黏稠的物质。它们既经济又通用。

真空泵系统由安装在拖车或卡车上的真空泵和油箱组成。真空泵在油箱中造成真空，于是油能直接通过软管或管道从撇油器或油源吸入油箱。真空泵系统能够处理杂质油、黏性油、空气或水。

容积泵通常是直接装在浮油回收器中以回收更黏稠的油。这些泵有多种工作原理，所有工作原理都有一个共同的方案。油进入泵内的一个腔室，由一个运动叶片、滑靴或活塞推动到泵的出口。油和其他材料必须通过腔室，因为没有可替换的通道，因此称为正排量。

螺杆泵或螺旋泵是普通类型的容积式泵。油进入螺杆的一部分，并被运载到输出。刮水器刮片将螺旋片上的油去除，以防止其驻留在螺旋轴上。螺杆泵可以处理非常黏稠的油，并且经常内置在浮油回收器中。

膜片泵使用柔性板或膜片将油从腔室中移出。这种类型的泵通常需要一个阀门，阀门限制了经过阀门的材质，使其不适合含杂质的油。

叶片泵使用可移动的金属板或聚合物板在腔室中移动油，其功能类似于离心泵，且具有正位移。

滑靴式泵中的活塞式柱塞在输入和输出端口之间移动油。这种泵不需要阀门，虽然某些型号也包括阀门。活塞泵与滑靴式泵相似，不同之处在于将油从输入阀吸入后简单地推出油缸进入输出阀。滑靴泵和活塞泵都可以处理黏性油，但通常不能处理杂质油。

渐进式空腔泵使用模制缸体内的旋转构件，形成一个移动的空腔，在中心旋转时，这个空腔从输入口到输出口移动。

泵的性能通常是根据在给定黏度、吸头和压头下每单位时间的排量来测量的。吸头是泵可吸取目标液体的最大高度，压头是泵可推动液体排出的最大高度。其他要考虑的重要因素是泵处理乳化液和杂质的能力以及泵本身发生的乳化程度。

11.8.3　分离器

由于所有的浮油回收器都将油和水一起回收，所以通常需要分离油和水的方法[11.22]。油必须从回收混合物中分离出来用于处理、回收，或者由炼油厂直接再利用。有时沉淀式或重力式分离器被纳入浮油回收器，但分离器更多地安装在浮油回收船或驳船上。便携式储罐通常用作分离器，在储罐的底部安装有出口，以便沉降到储罐底部的水可以被排出，并将油留在储罐中。真空卡车也用这种方式来分离油和水。用于去除杂质的筛网或其他装置也被结合到分离器中。

重力式分离器是最常见的分离器类型。其最简单的形式是由一个大的储油罐组成,在这个储油罐中,油和水的混合物保持足够长的时间,使油仅靠重力就能分离。当流入量很大时,可能很难找到足够大的分离器来提供所需的长时间停留。

分离器通常由挡板或其他内部装置制成,这增加了停留时间,从而增加了分离的程度。平行板分离器是重力式分离器的一种形式。许多平行板垂直于流动方向设置,产生低水湍流的区域,其中油滴可以从水中重新聚结并上升到表面。

离心式分离器具有旋转部件,能够驱动较轻的油中较重的水分,这些油分集聚在容器的中心。这些分离器非常有效,但比重力式分离器的容量更小,不能处理大的杂质。离心式分离器现在变得越来越普遍。离心式分离器最适合于恒定量的油和水。

由于乳液不会在分离器中分解,所以通常在回收的混合物进入分离器之前将破乳剂添加到回收的混合物中。将乳液加热至 80 ℃或 90 ℃通常会导致分离,然后可以将水除去,尽管这个过程使用了大量的能量。

分离器性能是通过除水效率和吞吐量来衡量的。影响性能的重要因素包括处理小杂质的能力(较大的杂质通常已被清除)以及各种油和水的比例,含油量和流量有时会突然变化。

11.8.4 去污净化

泄漏期间使用的设备和船只通常会被油污染。进一步运输这些设备之前,要对其进行去污染。这通常包括去除衬里区域,高压清洗和处理回收水。指定一些区域准备为船舶、水栅或者浮油回收器进行净化。大型船舶必须在海上进行去污净化,这涉及用水栅把船围起来,并回收从船上释放出来的油。经常使用吸附布用于擦拭轻度污染的船舶。除油的主要工具是高压水。去污释放的水按回收油处理。

工人们还必须清洗靴子和衣服,如果被油沾污的话。站点通常设置在离登船点非常近的地方,以避免带来进一步污染。

11.8.5 处理

处理回收的油和油污是泄油清理操作中最困难的一个方面[11.23]。任何形式的处置都受当地、省或州和联邦法律的约束。不幸的是,大多数回收的油含有广泛的成分,不能简单地归类为液体或固体废弃物。回收的油可能含有难以与油分离的水,以及包括植被、砂子、砾石、原木、树枝、垃圾和围拦水栅的片断。这些杂质可能太难去除,因此整个散装物料可能不得不被丢弃。

溢出的液体油有时可以通过炼油厂的后处理或作为加热燃料直接重新使用。一些发电厂甚至小型暖气设备可以使用广泛的碳氢化合物燃料。通常炼油厂的设备不能处理含有杂质、过量的水或其他污染物的油,油的预处理成本可能远远超过使用它们所能获得的价值。

较重的油有时充分地除去了杂质,当与普通沥青混合时用作路面。清理海滩回收的材料有时可以用这种方法来使用。如果材料具有合适的稠度(通常含砂子),则整个混合物可能与道路沥青混合。

为了大量的石油和杂质可以在相对较短的时间内处理,因此焚烧是常见的处理方法。缺点是成本高,其中可能包括运输材料到处理设施的成本。此外,必须从政府监管部门获得批准。已经开发了几个焚烧炉来处理液体或固体材料，但是这些都需要特殊的许可或权限才能操作。在偏远地区，可能有必要在没有焚化炉的情况下直接在回收场点上燃烧油污，因为它太笨重，无法运送到最近的焚化炉。

由于砂子和砾石的含量，被污染的沙滩物质难以焚烧。只有机器可以清洗油砂或砾石。从这个过程中回收的油必须从洗涤水中分离出来，然后分开处理。现场燃烧的残渣通常只适用于轻微油污的浮木，必须获得有关部门的特别许可。

在垃圾填埋场有时会处理被污染的垃圾、沙滩物质和吸附剂。立法要求该材料不含可能从现场迁移并污染地下水的游离油。大多数政府都有标准的可浸出性测试程序，这些程序决定材料是否会在给定的时间内释放油。

11.9 溢油处理剂

11.9.1 分散剂

分散剂是一种化学溢油处理剂，它能促进小油滴的形成，这些油滴会分散到水柱的上层[11.24]。分散剂是含有水溶性和油溶性成分的分子的表面活性剂。在分散剂中使用的表面活性剂或表面活性剂混合物在油和水中具有大致相同的溶解度，能暂时稳定水中的油滴，使得油分散到水柱中。

在过去 40 年中，与使用分散剂相关的两个主要问题——它们的有效性和所得油分散体在水柱中的毒性——产生了广泛争议。

在 20 世纪 60 年代末和 70 年代初，一些被使用过的产品毒性很大，严重破坏了海洋环境[11.25]。分散剂的有效性取决于它向水柱中注入的油量，及其与水面上的残留油量进行比较的结果。当分散剂起作用时，在水柱中会出现一股咖啡色的分散油烟羽状物质，它也可以从船舶和飞机上看到。这种烟羽状物质可能需要半个小时才能形成。如果在使用过程中，没有这样的烟羽状物质，它表明效果甚微或没有效果。但如果只有白色的烟羽状物质形成，这是单独的分散剂，也表明很少或没有效果。

分散剂的有效性受多种因素的影响，其中包括油品的成分、风化程度、分散剂的用量和种类、海水能量、海水盐度、水温等。油的成分是这些因素中影响最大的因素，其次是海水能量和分散剂的用量。在一定的油膜厚度以下，分散剂会与水相互作用，而不是与油作用。

当其在水中形成弥散时，烟羽状物质扩散。一些在分散剂形成分散时的表面活性剂，慢慢渗入水中。这会慢慢引起色散。大概 1～3 小时后，油中的一些重质组分可能再次浮现出水面。在这段时间内，一种通过波浪作用重新扩散形成的油滴和在此过程中缓慢、连续上升的油滴之间存在着竞争。浮油的很大一部分可能会在一天内再次浮现出水面。由于转移到水表面下和表面浮油往往不同，重新浮现出水面的浮油可能太薄而不能被观察到，或者相对于未被分解的浮油处于不同的位置。

11.9.2 表面清洗剂

表面清洗剂或海滩清洁剂不同于分散剂，虽然历史上这两种产品有时称为分散剂。表面清洗剂在某些情况下是有效的，但他们并没有被广泛地接受，部分是因为对分散剂本身的困惑[11.26]。虽然过去一些分散剂在表面应用中的毒性一直是一个问题，但试验表明，表面清洗剂比分散剂具有较小的水生物毒性，它们的使用可以防止对海岸线物种的损害。

虽然两种产品都含有表面活性剂成分，在分散剂中表面活性剂在水中的油中等量溶解。但是表面清洗剂中，它的表面活性剂相较于在油中，更易溶解于水中。表面清洗剂的作用机理不同于分散剂。这种作用机理被称为洗净，类似洗涤剂用于洗衣所起到的作用，而不是使油分散。表面清洗剂适用于海岸线表面脱油。在低潮时，油喷上表面清洗剂，随着表面清洗剂分散，让其尽可能长时间地浸泡于其中。然后在一个被水栅隔离区域内用低压水流冲洗掉。浮油回收器通常用于除去泄漏的油。

11.9.3 固化剂

固化剂用于将液体油变成固体化合物，该固体化合物可以通过网具或机械手段从水面收集。固化剂由交联化学品组成，这种化学品连接两个分子或更多分子，或是引起分子相互连接的聚合催化剂。固化剂通常由能够快速与油反应并融合的粉末组成。根据所使用固化剂的量，在理想的混合条件下，需要约10%～40%重量的试剂来起到固化油的作用。

以前，由于多种原因，固化剂没有投入使用。最重要的原因是，如果油在海上凝固，它会使回收变得更加困难，因为撇渣设备、泵、储罐和分离器是为了处理液体而建造的。其次，需要大量的试剂来固化油，这对于处理中等规模的溢油事件是不可执行的。

11.9.4 生物降解剂

生物降解剂主要用于加速环境中油的生物降解。它们主要用于海岸线或陆地。由于高度稀释和油的快速流动，它们在海上使用时是无效的。生物降解剂包括生物增强剂，它含有化肥或其他物质来提高烃降解的生物活性，生物降解剂含有可以降解石油的微生物和这两种物质的结合物。

11.10 就地燃烧

就地燃烧是一种溢油清理技术，涉及在泄漏现场控制燃烧石油。这种技术已经在实际的泄漏现场被使用过一段时间，特别是在冰覆盖水域，在那里油被冰围起来。在2010年墨西哥湾漏油事件中，它被广泛使用，并在此次从海面上清除石油中发挥了巨大作用[11.27]。

11.10.1 优势

与其他溢油清理技术相比，燃烧处理有一些优势，其中最显著的优势是它能够一次性解决，并且能迅速去除大量的油[11.28]。燃烧处理可以防止石油扩散到其他地区，污染海岸线和生物群。燃烧石油是一种一步到位的解决方案。当使用机械的回收方式时，它还需要被运输、储存和处理，这些都需要一定的设备、人员、时间和资金。而当发生大规模泄漏时，往往无法及时获得足够的资源。燃烧会产生少量的燃烧残余物，其可以通过回收或重复燃烧进一步减少。

在理想的情况下，就地燃烧需要较少的设备和相比其他清理技术更少的劳动力。它可以应用在其他方法由于距离和基础设施缺乏而不能使用的远程区域。在某种情况下，当油与冰混合或结冰时，它可能是处理溢油的唯一可用选项。

最后，虽然燃烧处理的效率会随着若干物理因素而变化，但清理效率一般比其他普遍方法高，如撇油处理或使用化学分散剂。这在一些试验和实际燃烧处理中得到了证实，效率高达95%。

11.10.2　劣势

燃烧处理最明显的缺点是会产生大量的黑烟。这些担忧集中在黑烟中的有毒排放物。这些排放物在本节中会讨论到。第二个缺点是，除非油层足够厚，否则油不会被点燃或足量燃烧，大量的油会迅速扩散到水上，并且浮油也会很快就变得稀薄，以至于不能燃烧。防火水栅通常必须应用，以便将油集中成厚膜浮油时，使其可以燃烧。

11.10.3　如何点燃和燃烧什么

早期的就地燃烧研究主要集中在如何点火方面，因为点火是在水上成功燃烧漏油的关键[11.28]。点火问题曾经被说成是一件困难的事情，但仅仅是在某些特定状况下。有研究表明，如果浮油可以被点燃，几乎任何类型的油都可以在水上或陆地上燃烧，但是风速大于20 m/s (40 kn)时点火会很困难。

对就地燃烧而言，有一个重要的事实是，如果油至少为1～3 mm厚，则油可以更容易点燃，并且将继续燃烧至约0.5～1 mm厚的浮油。需要足够的热量来汽化燃烧原料，由此火才能继续燃烧下去。在非常薄的油膜中，大部分热量散发到水中，因此汽化/燃烧不能持续进行。一般来说，重油和风化油的点火时间要比轻质油来得长，并且还需要在刚开始时加入诸如柴油之类的引燃物来助重油点燃。这同样适用于油中含有水的情况，尽管用水完全乳化的油可能根本不能被点着燃烧。虽然不确定乳化物随着水浓度变化的可燃性，但是含有一定量乳液的油也可以被点燃和燃烧。

11.10.4　燃烧效率和燃烧速率

燃烧效率取决于，剩余的残余油量与被需要除去的初始油量的百分比。燃烧过程中所产生的烟灰量通常被忽略，因为它量少且难以测量。燃烧效率在很大程度上是油层厚度的函数。油层厚度大于2～3 mm时，较易被点燃且能够燃烧至0.5～1 mm。如果2 mm厚的浮油被点燃并燃烧至1 mm，则最大燃烧效率为50%。然而，如果点燃了20 mm厚的油池，并且燃烧至1 mm，燃烧效率约为95%。当有可牵引的防火水栅时，油可以连续地被驱动到后部，燃烧，并最终仅留下少量未燃烧的残余物时，通常就能实现更高的效率。

大部分燃烧产生的残余物是未燃烧的油，其中还有一些轻质油或除去了易挥发性的产物。残留物是有附着力的，因此可以人工回收。重油燃烧和高效燃烧的残余物有时会直接沉入水中，尽管这种情况很少发生，因为当残留物冷却后，其密度可能会比海水略高。大多数油池以每分钟2～4 mm的速率燃烧，这意味着油层的厚度每分钟减少2～4 mm。该燃烧速率随油的类型、风化程度和油的含水量而变化。

柴油燃料和轻质原油的最佳燃烧速率是每天约5 000 L/m^2 的油(每天100加仑/ft^2)。

11.10.5　使用围堰

然而，对于大多数原油，仅在泄漏发生后几小时才维持足够的厚度。开阔海面上的大部分油会快速扩散到均衡的厚度，该平衡厚度对轻质原油约为 0.01～0.1 mm，对重原油和残余油约为 0.05～0.5 mm。所以需要使用围堰来聚集油，使其厚度足以有效地被点燃和燃烧。

耐火水栅也被溢油处理者用来将油与泄漏源隔离开。当考虑燃烧作为溢油清理技术时，泄漏源的完整性和是否会进一步泄漏的可能性总是被优先考虑的。如果火灾有可能会飞回溢出的源头，如油船，那么油就不会被点燃处理。

当使用燃烧作为溢油清理技术时，还可以使用特殊的耐火水栅来围拦油。由于它们必须能够长期耐热，这些水栅需要测试其耐火性和围堵能力，其设计也是根据这两项测试结果进行修改的。耐火水栅由于其大小和重量，需要进行特殊处理。

耐火水栅由多种材料制成，包括陶瓷、不锈钢和水冷玻璃纤维。在石油泄漏燃烧处理过程中，它必须经受住高温、高热流以及机械力。此外，人们也期望这种特定的防火水栅能够承受多个小时的燃烧，并能够被重复多次使用。

在墨西哥湾的"深水地平线"溢油处理过程中，使用耐火水栅进行了 400 多次的燃烧。在这一泄漏过程中，油上升到地面与其到达就地燃烧所指定区域中间相差了一些时间。耐火水栅不仅用于收集足够的油量用于燃烧的准备，还用于将燃烧区域与周围区域隔离开来。

一个大约 200 m 长的耐火水栅可容纳约 5 万升(11 000 加仑)的油，如果是轻质原油，则大约够燃烧 45 分钟。总共需要花费大约 3 小时的时间来收集这些油，将其从浮油区拖走并烧掉。一个由两个牵引船和一个防火水栅构成的燃烧作业队每班可燃烧大约三批油。如果每天有两班轮流作业，一天可以烧掉大约 30 万升的油。

最后，应该注意的是，通常大于约 5～10 mm 的稠油可以在水面上燃烧而无须围堰。这种稠油通常是高风化原油或重质燃料油。执行无围拦燃烧的机会并不经常。

11.10.6 油燃烧的排放物

作为溢油处理对策，向大气或水中释放有毒排放物的可能性已成为燃烧溢油的广泛使用和接受的最大障碍。一些大气排放的问题涉及从烟羽、燃烧气体和未燃烧的碳氢化合物中沉淀出颗粒物质[11.28]。虽然烟尘颗粒主要由碳颗粒组成，但也含有大量吸收的化学物质。留在焚烧现场的残留物也是一个值得关注的问题。可能的水排放包括下沉或漂浮的焚烧残渣和可溶性有机化合物。

最近已经进行了大量的研究来测量和分析溢油焚烧中所有排放成分。大多数焚烧产生大量的颗粒物质。在地面上的颗粒物质是接近火源和烟羽状物质的健康问题，尽管浓度随着离火场距离迅速下降。最大的问题是尺寸小于或等于 2.5 μm 的可吸入颗粒。距离小型原油火场 500 m 以远的下风处，地面上(1 m)处的浓度仍然可能高于正常健康水平(35 μm/m^3)。

聚碳酸芳香烃(PAH)是燃烧油排放的主要问题，既是煤烟颗粒，又是气态排放物。所有的原油都含有 PAH，含量从 9%下降到 0.001% 左右。大部分这些多环芳烃燃烧到基本气体，除了留在残留物和烟尘中。原油火场留下的残留物数量各不相同，但通常在 1%至 10%的范围内。已经发现，与原始油相比，来自几个实验性焚烧的烟尘包含相似浓度的一些更高分子量的 PAH 和更低浓度的更低分子量的 PAH。这可能是一个问题，因为较高分子量的多环芳烃通常毒性更大。然而，这被抵消了，因为在任何情况下，烟灰和残渣中的多环芳烃总量远远少于原油中的多环芳烃。

尽管估计值在原油容积的 0.5%～3%之间，但实际上并不清楚就地油火所产生的烟尘量。

11.11　海岸线的清理和复原

11.11.1　油在海岸线上的命运和行为

油在海岸线上的命运和行为受多种因素影响[11.29]。这些因素包括油的类型和数量，在它到达海岸线之前和在海岸线上时，油的风化程度、温度，油冲刷海岸时的潮汐状态，沙滩基质的类型，其物质组成、海滩上生物群的类型和敏感性以及海岸的陡峭程度。

油渗透和扩散的程度，其粘附性以及油与海岸线上的物质类型混合的程度，都是清理方面的重要因素。如果油深深地渗入海岸线，清理就更困难了。渗透率随着油的类型和海岸线上的材料类型而变化。例如，石油不会穿透沙子或黏土等细沙滩材料，但会广泛地渗入由粗石块组成的海岸。卵石滩上如柴油一类的轻油可在某些条件下渗透约 1 m 并难以除去。另一方面，沉积在细沙滩上的风化原油可以无限期地保留在地表面上，并且使用机械设备很容易地被清除。

油覆盖的程度往往取决于油沉积在海岸线上的潮汐阶段。在涨潮时，油可以沉积在正常潮汐线之上，并且经常散布在广阔的潮间带区域。在落潮过程中，海岸线上沉淀的油出现最少的油污量，尽管当水从海岸线上移开时这种情况不太可能发生。潮间带的性质，例如其组成和坡度，往往决定了油的命运。如果潮间带没有留下大量的油，那么油对这个区域的影响就会减小。

油在海岸线上的命运也取决于波浪动态。油可以在几天之内被能源浪潮带走，而在屏蔽区可以保持几十年。海滩在季节性风暴过程中发生形状变化的动态环境。这可能导致油被掩埋在海滩上，通常深达 1 m，或埋藏的油可能被带到地表面上。

滞留在海岸线上的油，尤其是高潮线以上的油，会随着时间风化而变得更黏稠，黏性更大，并且难以除去[11.30-11.31]。由于滞留在高潮线之上的油超出了正常波浪作用的极限，因此只有在风暴事件发生时才能进行实质性清除。

另一个可以显著影响海岸线上油命运的机制是油与沙滩物质的混合。油通常与沙滩和砂石混合在一起，然后通过风化形成一种硬质弹性材料，称为沥青，难以去除。这种材料可能只有重量 1%～30%的油，这大大增加了要去除的材料的量。有时候，这种搁浅的油不会造成任何环境问题，因为油完全被束缚，没有任何物质会流失到水中或重新漂浮起来，但可能会担心海岸线上可以看到这种油，具体情况取决于海岸线的位置。

11.11.2　海岸线类型及其对油的敏感度

海岸线的类型对于确定溢油的命运和影响以及使用的清理方法至关重要[11.29]。事实上，海岸线的基本结构和材料的大小是溢油清理最重要的因素。这里总结的类型是：

- 岩基
- 人造固体结构

- 巨石滩
- 鹅卵石
- 混合砂砾沙滩
- 沙滩
- 沙质潮汐平地
- 泥质潮汐平地
- 沼泽

岩基海岸线由大量不透油的岩石组成，尽管油可以穿过岩石的裂隙或裂缝。油更可能沉积在上潮汐区。如果海岸受到波浪作用，每次潮汐周期后可能会有大量的石油被清除。

由人造固体结构组成的海岸线包括挡土墙、港口墙壁、防波堤、坡道和码头，通常由岩石、混凝土、钢材和木材制成。这种类型的海岸线通常被认为是不透油的，虽然有些类型是可渗透的，并且这些类型可能被认为与它们的天然类似物相似。

巨石滩主要由直径超过 256 mm 的材料组成。除冰、人类活动或极端的波浪条件外，这些海滩不会受到任何条件的影响。在低潮间带，巨石滩往往让位于泥滩或沙质潮汐平地。由于各个巨石之间有巨大的空间，油可以被带到沉积物并在那里停留多年。

鹅卵石海滩由 2 至 256 mm 不等的材料组成。鹅卵石的大小从 4 到 64 mm 不等，而圆石的大小从 64～256 mm 不等。一些细小的材料可能存在于卵石之间的间隙区域，并且该地区也可能有大石块。油很容易通过岩石之间的开放空间穿透卵石滩。

混合沉积沙滩由多种尺寸为 0.1 到 64 mm 的材料和可能的高达 256 mm 的圆石组成。这些有时被称为砂砾沙滩，因为较大的砂砾似乎占主导地位。只有较轻的油可以穿透砂砾沙滩。由于这个原因，这些海滩不认为对溢油特别敏感。溢出的油可以在潮汐上游形成沥青铺面。油停留时间有所不同，但通常比其他类型的海滩短。

沙滩是大多数人想象的海滩。沙被定义为直径为 0.1～2 mm 的颗粒，由几种不同尺寸和类型的矿物组成。粗沙通常定义为 0.5～2 mm 大小，细沙小于 0.5 mm 大小。在许多海岸，沙滩经常位于其他类型的海滩之间。只有轻油渗入沙滩，停留时间可能很短，除非将油埋入或携带到上潮区。油很容易埋在沙中，随着时间的推移，这可能会导致沙和油层。在休闲区域，如果发生任何类型的油污，沙滩都会得到很高的清理优先权。

沙质平地由类似于沙滩的材料组成，但倾斜度很小，从不完全排水。他们包含很多淤泥或非常细的材料。由几厘米组成的沙滩表层是动态的，不稳定的。该表面层通常是水饱和的，因此不能渗透油。油很难进入沙质潮汐平地，因此清理是有限的。

泥质平地类似于沙质潮汐平地，因为它们的坡度很小，并且具有薄的，可移动的表面层，该层由不渗透油的水饱和的泥组成，尽管油可以穿过动物挖掘形成的孔。油很可能集中在上潮汐区。车辆或作业人员无法进入泥质平地，因此不能轻易清理。

沼泽是重要的生态栖息地，经常作为该地区的海洋和鸟类生活的栖息地。沼泽范围从主要水体旁边的狭窄地区到广阔的盐沼草甸。盐沼草甸只在春季高潮期间或风暴潮期间灌满水。沼泽富含植物，可以捕获石油。轻油可以通过动物洞穴或裂缝渗入沼泽而成为沉积物。更重的石油往往留在表面上，并扼杀植物或动物。油污沼泽、淡水或盐水，可能需要几年甚至几十年才能恢复。沼泽难以进入，用脚或车辆进入沼泽会造成比油本身更大的损害。

11.11.3 清理方法

可采用许多方法从海岸线去除油。他们大多是昂贵的,需要很长时间来实施。选择适当的净化技术是基于底质的类型、沉积物中油的深度、油的数量和类型及其现有形式/状态,海岸线支持交通的能力、环境、人类、海岸线的文化敏感度以及当前的海洋和天气条件。表 11.6 列出了适用于各类海岸线的一些溢油清理技术[11.29]。

清理的主要目的是尽量减少滞留油的影响,加速受影响地区的自然恢复。完成清理所需的时间是选择清理技术时的另一个重要准则。海滩上的油搁置时间越长,清理的难度就越大。在许多情况下,一种能够快速消除大部分移动油的方法要比需要花费数周才能完成的更彻底的方法好得多。使用何种清理方法通常由处理时间的长短来决定。

表 11.6 各种类型海岸线的清理技术

海岸线类型	油的状态	自然恢复	灌溉	低压冷水	低压热水	人工清除	真空清除	机械清除	吸附	耕耘/曝气	再造沉淀/拍岸浪冲刷	清洗剂
岩基	流体	+	+	+	▲	▲	▲		▲			■
	固态				■	▲						+
人造型	流体	+	+	+	▲	▲			▲			■
	固态				■	▲						+
多巨石型	流体	+	+	+	▲	▲			▲			■
	固态				■							+
卵石铺垫型	流体	+	+	+		▲			▲	▲	▲	
	固态					▲		▲				■
混合沙砾型	流体	+	+	+		▲			▲	▲	▲	
	固态					▲		+				■
沙滩	流体	+	+	+		▲		+	▲	▲	▲	
	固态					▲		+				
沙潮平地	流体	+	+	+		▲	▲		▲			
	固态					▲		▲				
泥潮平地	流体	+	+	+			▲		▲			
	固态							▲				■
沼泽	流体	+	+	+					▲			
	固态	+	+	+		▲						■

注:+ 可接受的方式 ▲ 适合量小的方式 ■ 有前提条件的方式或只能在某些特定状况下作业。

11.11.4 推荐的清理方法

一些推荐的海岸线清理方法是自然恢复、人工清除、灌溉或冲刷,使用真空、机械清除,耕耘和曝气,沉积物再造或拍岸浪冲刷以及使用吸附剂或化学清洁剂。有时如果让环境自行恢复的成本低于人工清理,则对海岸线石油泄漏的最佳反应可能是离开石油泄漏区,并监测受影响地区的自然恢复。

人工清除是海岸线清理最常用的方法。工作人员团队用手套、耙子、叉子、刮刀、铲子或吸附剂材料拾取油、油污沉积物或油性残渣。它也可能包括用吸附剂材料刮擦或擦拭,或者用筛子去除焦油球。

灌溉或冲洗海岸线也是常见的清理方法。用冷水或低温水进行低压清洗几乎不会对生态环境造成损害,并能迅速清除油污。温水可以去除更多的油,但会造成更多的伤害。高压和高温会造成严重的生态破坏,但可能会安全地用于人造表面。

使用压力低于约 200 kPa(50 psi)且温度低于约 30 ℃的低压冷水或温水冲洗。灌溉是一个过程,在该过程中大量的水冲刷着沙滩。

低压冲洗和灌溉冲刷往往是相结合的,以确保油被带到海滩下游的水中,在那里可以用浮油回收器回收。

参考文献

[11.1] M. F. Fingas: The Basics of Oil Spill Cleanup (Taylor and Francis, New York 2012)

[11.2] ITOPF: Response to Marine Oil Spills (Witherby, Edinburgh 2012)

[11.3] J. Hilyard (Ed.): International Petroleum Encyclopedia(Pennwell, Tulsa 2011)

[11.4] D.S. Etkin: Spill occurrences: A world overview. In: Oil Spill Science and Technology, ed. by M. Fingas(Gulf, New York 2011) pp. 7-48

[11.5] B. Hollebone: Measurement of oil physical properties. In: Oil Spill Science and Technology, ed. By M. Fingas (Gulf, New York 2011) pp. 63-86

[11.6] National Research Council: Oil in the Sea (National Academy Press, Washington 2003)

[11.7] M. Fingas: Introduction to oil spill modeling. In:Oil Spill Science and Technology, ed. by M. Fingas(Gulf, New York 2011) pp. 187-200

[11.8] B. Fieldhouse, M. Fingas: Studies on water-in-oil products from crude oils and petroleum products,Mar. Pollut. Bull. 64, 272-283 (2011)

[11.9] J. Sun, A. Khelifa, X. Zheng, Z. Wang, S. Wong,L. L. So: Formation of oil-SPM aggregates under variousmixing intensities, Proc. 33rd AMOP Tech. Sem. ,Vol. 1 (2010) pp. 145-158

[11.10] R.C. Prince, K.M. McFarlin, J.D. Butler, E.J. Febbo,T.J. Nedwed: The primary biodegradation of dispersed crude oil in the sea, Chemosphere 90(2), 521-526 (2013)

[11.11] S.Z. Yang, H.J. Jin, Z. Wei, R. He, Y.J. Li, S.P. Yu:Bioremediation of oil spills in cold environments:A review, Pedosphere 19, 371-381 (2009)

[11.12] B. Lehr, D.S. Etkin: Ecological risk assessment modeling in spill response decisions, Proc. 35th AMOP Tech. Sem., Vol. 1 (2012) pp. 667-674

[11.13] Z. Wang, M. F. Fingas: Oil spill identification, J. Chromatogr. A 843, 369-411 (1999)

[11.14] M. Fingas, C. E. Brown: Oil spill remote sensing: A review. In: Oil Spill Science and Technology, ed. by M. Fingas (Gulf, New York 2011) pp. 111-169

[11.15] A. Amini, E. Bollaert, J. L. Boillat, A. J. Schleiss: Dynamics of low-viscosity oils retained by rigid and flexible barriers, Ocean Eng. 35, 1479-1491 (2008)

[11.16] R. Chebbi: Profile of oil spill confined with floating boom, Chem. Eng. Sci. 64, 467-473 (2009)

[11.17] S.-P. Zhu, D. Strunin: A numerical model for the confinement of oil spill with floating booms, Spill Sci. Technol. Bull. 7, 249-255 (2002)

[11.18] D. Cooper, K. Flood, C. E. Brown: Multi-track sorbent boom testing with loose sorbent material, Proc. 29th AMOP Tech. Sem., Vol. 1 (2006) pp. 173-194

[11.19] N. P. Ventikos, E. Vergetis, H. N. Psaraftis, G. Triantafyllou: A high-level synthesis of oil spill response equipment and countermeasures, J. Hazard. Mater. 107, 51-58 (2004)

[11.20] A. Guarino, J. E. Delgado, W. Schmidt, M. Crickard, B. N. Midkiff: Development of skimmer testing protocol based on ASTM standards by Minerals Management Service and US Coast Guard at Ohmsett facility, Proc. 30th AMOP Tech. Sem., Vol. 1 (2007) pp. 371-386

[11.21] D. Cooper, I. Gausemel: Oil spill sorbents: Testing protocol and certification listing program, Proc. Int. Oil Spill Conf., Vol. 1 (1993) pp. 549-551

[11.22] A. B. Nordvik, J. L. Simmons, K. R. Bitting, A. Lewis, T. Strøm-Kristiansen: Oil and water separation in marine oil spill clean-up operations, Spill Sci. Technol. Bull. 3, 107-122 (1996)

[11.23] M. McDonagh, J. Abbott, R. Swannell, E. Gundlach, A. Nordvik: Handling and disposal of oily waste from oil spills at sea, Proc. Int. Oil Spill Conf., Vol. 1 (1995) pp. 589-593

[11.24] M. Fingas: Oil spill dispersants: A technical summary. In: Oil Spill Science and Technology, ed. By M. Fingas (Gulf, New York 2011) pp. 435-582

[11.25] J. Wise, J. P. Wise Sr.: A review of the toxicity of chemical dispersants, Rev. Environ. Health 26, 281-300 (2011)

[11.26] M. Fingas, B. Fieldhouse: Surface-washing agents. In: Oil Spill Science and Technology, ed. by M. Fingas (Gulf, New York 2011) pp. 683-711

[11.27] N. Mabile: Controlled in-situ burning: Transition from alternative technology to conventional spill response option, Proc. 35th AMOP Tech. Sem., Vol. 1 (2012) pp. 584-605

[11.28] M. Fingas: In-situ burning. In: Oil Spill Science and Technology, ed. by M.

Fingas (Gulf, New York 2011)pp. 737-903

[11.29] E. H. Owens, G. Sergy: Field Guide for the Protection and Cleanup of Oiled Shorelines (Environment Canada, Ottawa 2009)

[11.30] E. Taylor, D. Reimer: Oil persistence on beaches in Prince William Sound-A review of SCAT surveys conducted from 1989 to 2002, Mar. Pollut. Bull. 56, 458-474 (2008)

[11.31] Y. Xia, M. C. Boufadel: Lessons from the Exxon Valdez oil spill disaster in Alaska, Disaster Adv. 3, 270-273(2010)

特别鸣谢

浙江大学
南京信息工程大学
中国海洋大学
中船黄埔文冲船舶有限公司
上海研途船舶海事技术有限公司
国家深海基地管理中心
中国船舶及海洋工程设计研究院
国家海洋局第一海洋研究所
国家海洋局第二海洋研究所
哈尔滨工程大学自动化学院
西北工业大学
中国船舶重工集团公司第七一二研究所
中国船舶重工集团公司第七一九研究所
中国船舶重工集团公司第七一三研究所
中国船舶重工集团公司第七〇五研究所昆明分部
华中科技大学
江苏科技大学海洋装备研究院
大连理工大学
广东海洋大学
国防科技大学气象海洋学院
哈尔滨工业大学
北京机电工程研究所
西安交通大学机械工程学院
中国铁建港航局集团有限公司
浙江大学机械电子控制工程研究所
北京理工大学
上海点鱼仪器有限公司
上海交通大学
中国海洋工程网
船海书局

（以上排名不分先后）

诚挚感谢以上单位对本书的出版所做出的贡献！